柴达木盆地盐碱地综合治理技术研究

李润杰　贺康宁　马玉寿　贾绍凤　主编

黄河水利出版社
·郑州·

图书在版编目(CIP)数据

柴达木盆地盐碱地综合治理技术研究/李润杰等主编. —郑州:黄河水利出版社,2020.9
ISBN 978-7-5509-2807-7

Ⅰ.①柴… Ⅱ.①李… Ⅲ.①柴达木盆地-盐渍土改良-研究 Ⅳ.①S156.4

中国版本图书馆 CIP 数据核字(2020)第 172635 号

组稿编辑:李洪良 电话:0371-66026352 E-mail:hongliang0013@163.com

出 版 社:黄河水利出版社
地址:河南省郑州市顺河路黄委会综合楼 14 层
网址:www.yrcp.com
邮政编码:450003
发行单位:黄河水利出版社
发行部电话:0371-66026940、66020550、66028024、66022620(传真)
E-mail:hhslcbs@126.com
承印单位:广东虎彩云印刷有限公司
开本:787 mm×1 092 mm 1/16
印张:27.5
字数:635 千字
版次:2020 年 9 月第 1 版
印次:2020 年 9 月第 1 次印刷

定价:200.00 元

#《柴达木盆地盐碱地综合治理技术研究》
编委会

主　　编	李润杰	贺康宁	马玉寿	贾绍凤
副 主 编	吕爱锋	王彦龙	李月梅	李　毅
	刘得俊	樊光辉		
主要参加人员	史长青	张　潭	王建科	张金旭
	谢永忠	郭凯先	温　军	连利叶
	王晓丽	王　莉	王　钧	黄佳盛
	韩　雁	王占林	严尚福	朱文彬
	高永胜	胡延萍	张震中	张东升
	杨　阳	王永亮	贺　睿	李　申

前 言

柴达木盆地作为新一轮西部大开发和中亚新丝绸之路的重点开发区之一，也是维系青藏高原的生态屏障。由于其本身所处的自然环境条件恶劣，气候干旱，降水稀少，太阳辐射强烈，风蚀、沙化严重，土壤含盐量较高，自然生态系统十分脆弱。据有关资料，青海省的盐碱地面积近6 000万亩，主要分布在柴达木盆地，盐土呈大片分布面积且土壤含盐量高，地表往往形成厚且硬的盐结壳。

20世纪50年代开发以来，由于生态环境的承载能力没有引起足够的重视，盲目开荒破坏了大面积的优良牧场和林地，开荒地达到55%以上，造成大面积耕地次生盐渍化。灌溉水质母质矿化度较大，加上灌溉区灌溉措施不配套，耕地大水漫灌，基本上是有灌无排，渠道渗漏严重，造成地下水位上升，盐分上返，农田次生盐渍化发展很快，农田盐渍化成为了影响柴达木盆地农业经济作物高产稳产的主要障碍之一。

为此，青海省从20世纪60年代就开始了这方面的研发工作。青海省水利水电科学研究所、青海省农林科学院联合成立青海省盐改组，开展了柴达木盆地盐碱地资源调查，在格尔木河东农场开展了竖井排灌技术的研究工作并取得阶段成果，70年代在德令哈农场尕海农场开展了盐碱地渠道防渗技术、竖井排灌技术改良盐碱地的研究工作，并完成3 000亩示范区建设，取得了很好成效，其成果水平达到国内领先，中科院南京土壤研究所专家就该技术到现场进行观摩并给予高度评价。80年代，随着盐碱地改良技术的迅猛发展，为解决格尔木地区盐渍化、涝渍化问题，青海水利厅邀请瞿兴业、张友义等国内知名专家，对格尔木地区的涝渍、盐渍化问题进行了专题论证，提出了很好的建议。为此，青海省水利厅根据专家组建议，在格尔木河西农场开展了暗管排水治理盐碱地的研究和示范工作，通过3年的研究，提出了柴达木盆地盐碱地分布区域、类型治理措施等。在格尔木河西灌区建立700亩暗管灌水技术示范，通过试验示范，当年土壤地下水位降到了临界深度以下，土壤含盐量降低到0.2%以下，粮食产量从颗粒无收达到400 kg的产量，提出了粮食作物的耐盐极限等成果，取得了良好成效。

为贯彻国家发展和改革委员会、科技部等10部委下达的《关于加强盐碱地治理的指导意见》精神，全面提升青海省盐碱地资源的开发利用水平，青海省科技厅决定启动青海省重大科技专项计划“柴达木盆地盐碱地综合治理技术研究与示范”。本项目旨在通过对青海省盐碱地资源的研究与开发，改变青海省土地资源紧缺的现状，建立盐碱地资源利用与产业发展技术平台，提出适合柴达木盆地盐碱地治理的技术方法，促进柴达木盆地盐碱地资源的开发利用，推进盐碱地农牧业产业链，带动盐碱地治理技术的推广和农业综合效益的全面提高。

针对柴达木盆地盐碱地荒地农业开发的需求，对柴达木盆地盐渍土现状进行快速调查、性状评估和分类，建立柴达木盆地盐碱荒地农业开发水土资源承载力分析评估；提出柴达木盆地次生盐碱化、涝渍化发生、发展的成因；开展耐盐农作物、林、草品种筛选，研发土壤水盐调控、土壤改良培肥、农作物和植被栽培等关键技术,形成柴达木盆地盐碱地农业利用技术体系和模式;搭建盐碱地生态农业产业,为柴达木绿洲高效生态农业和社会经济的发展提供技术支撑和示范,使盆地农业综合效益得到全面提高。

为更加清晰地表达柴达木盆地盐碱地治理技术的发展状况,本书在现有成果的基础上,对老一辈科学家在柴达木盆地开展的研究工作一并进行了梳理,同时对老一辈科学家做出的贡献表示敬意!

本书共分为9章,第1章柴达木盆地盐碱地水土资源及立地分析评估,运用现代遥感与GIS技术,结合实地调查与采样等方法,对盆地盐渍土的分布与盐化程度进行科学分级,摸清了柴达木盆地盐碱地分布及盐渍化程度,对柴达木盆地盐渍土进行了合理的水土资源评估,为开展耐盐农、林、牧作物筛选、土壤水盐调控、土壤改良等相关技术集成,为柴达木盆地生态产业提供基础技术支撑。第2章土壤水盐运动规律及植物耐盐品种筛选,通过柴达木尕海、格尔木典型灌区的水盐运动的实际观测,基本摸清了柴达木盆地水盐运动的规律,以及柴达木绿洲灌区发生次生盐渍化的成因,并运用现代分子生物学技术方法对两种牧草的耐盐极限进行了研究,提出了同德小花碱茅、紫花苜蓿两种优质牧草的耐盐极限。第3章盐碱地综合治理技术工程化措施示范,主要对柴达木盆地采用的竖井排灌技术、暗管排水技术和本次提出的毛细排水板排水技术的成效进行了翔实的分析,同时结合生物措施、农艺措施提出了柴达木盆地不同地区盐碱地综合治理的模式,为柴达木盆地次生盐渍地和涝渍地的治理提供了技术示范。第4~6章就盐碱地造林技术集成示范、盐碱地整治新材料、新产品和盐碱地主要造林树种试验开展了研究工作。首先,通过研究提出了十种植物在三种盐胁迫下的耐盐阈值。提出了柴达木盆地盐碱地进行造林的优选品种,其中乔木优选树种为胡杨,其次为小×胡;生态灌木优选乡土树种白刺、梭梭,其次为外来引进树种四翅滨藜;经济树种以黑果枸杞和红果枸杞为栽植树种。其次,提出了在柴达木盆地严酷自然环境条件下,研发了粉煤灰基盘、煤矸石基盘和基盘表面喷施W-OH水溶液的最优配比,为提高造林的成活率提供了新的方法。最后,在以上工作的基础上在都兰县诺木洪枸杞产业科技园区,开展了以枸杞经济林和黑果枸杞经济林有机生产为主,以新疆杨、旱柳为主配置防护林带的建植示范,同时进行了河北杨、胡杨、大果沙枣、甘蒙柽柳、白柠条在盐碱地造林的相关试验。第7章盐碱地牧草种植技术集成示范,是在第1章提出的盐碱地分级标准的基础上,开展了盐碱地适宜草种适应性评价,由野外引种栽培试验和大田推广种植相结合可以得出,豆科牧草中紫花苜蓿中草6号、中苜1号、甘农3号、金皇后等7个品种表现出了较好的生产性能;禾本科多年生牧草同德小花碱茅表现出了较强的耐旱、耐寒、耐盐碱性和返青早的特点,是适合柴达木盆地盐碱地改良与重建的优良草种;提出了豆科牧草在中、轻度盐碱地结合暗管水改良技术的覆膜播种的模式及盐碱地人工草地利用及管护技术。第8章柴达木盆地盐碱地水土资源配置,首先根据《全国水资源分区》对水资源分区,柴达木盆地区域划分为柴达木盆地东和柴达木盆地西两个水资源三级区。按照水资源三区套县划分水资源单元,对研究区进行分区,通过模型计算得到柴达木盆地耗水量为8.59亿m^3,耗水率为47.42%,扣除生活、工业、农业以及生态环境的耗水后,柴达木盆地东部和西部可用于林草地灌溉的水资源总量分别为3.66亿m^3和5.19亿m^3。按照亩均675 m^3的灌溉定额,柴达木盆地可灌溉耕地面积为131.1万亩。根据计算的优先开发的盐碱地面积为 118.1 万亩,水资源可以满足优先开发区域的开发。剩余水量可优先考虑开发西部。第 9 章柴达木盆地盐碱地综合治理技术推广机制。根据先建机制后建工程的原则,同时考虑到柴达木盆地“重灌轻排、重建轻管”的经验教训,结合水资源管理“三条红线”、农业水价综合改革和水权交易平台建设,探讨了盐碱地资源开发利用的机制。

本成果由青海省水利水电科学研究院有限公司、中国科学院地理科学与资源研究所、北京林业大学、青海畜牧兽医科学院、青海大学农林科学院土肥研究所、林业研究所和青海省诺木洪农场等单位组成项目组,是在全体参研人员的共同努力下集体智慧的结晶。全书由李润杰统稿,由李申校核。

本书在编写过程中得到了青海省海西州水利局、德令哈市水利局、青海诺木洪农场的大力支持,在此深表谢意!感谢青海省科技厅重大专项和出版基金的经费资助。感谢研究生张震中、李申对本书数据和图表的校核。

由于作者水平有限,书中难免存在不足,敬请批评指正!

作　者

2020 年 7 月

目　录

绪　论

土壤盐碱化和次生盐碱化问题在世界范围内广泛存在,特别是干旱、半干旱地区,问题更为严重。根据联合国教科文组织(UNESCO)和粮农组织(FAO)不完全统计,全球盐碱地面积9.54亿hm^2,土壤盐碱化已成为全球灌溉农业可持续发展的关键制约问题。随着农业土地开发利用的加速,土壤盐碱化的问题日趋严重,合理开发利用和保护盐碱地十分迫切。土壤盐碱化分为原生盐碱化和次生盐碱化两类。目前,全世界盐碱地改良利用已形成如下六类主导技术:

(1)灌排结合与水盐调控盐碱地农业利用与植被建设方法。

灌溉淋盐与排水相结合的方法,是国内外使用历史最长、应用范围最广泛的盐碱地治理开发技术,起源可追溯到数千年以前,无论是美国、加拿大等发达国家,还是巴基斯坦、埃及等发展中国家,至今仍在使用。从20世纪50年代开始,我国就灌溉淋盐与排水相结合的盐碱地治理方法进行了大量研究和实践,形成了一系列效果良好的技术。1965年中国科学院在河南省封丘县建立了除灾增产科学研究试验区,研究出了井沟结合,以井灌带排,降低明沟排涝综合防治次生盐碱化的技术模式;中国科学院地理研究所和中国农业科学院土壤肥料研究所等单位与禹城县合作,研究出了井灌沟排引黄补源综合治理旱涝盐碱的模式。山东省陵县试验区研究出了提灌提排综合治理低洼盐碱地的技术模式。河北省水利科学研究所与南皮县盐改指挥部建立了乌马营综合治理旱涝盐碱试验区,研究出了井灌沟排、抽咸补淡、咸淡混浇综合治理盐碱地的模式。河北省曲周县张庄试验区研究出了深沟浅井综合改良盐碱地的技术模式。新疆生产建设兵团二十二团在巴音郭楞蒙古自治州研究出了渠、沟、井结合改良利用盐渍土的技术模式。“七五”和“八五”期间,中国科学院地理研究所和中国科学院南京土壤所等单位研究出了适合盐碱及重盐碱地区“井灌井排”技术,采用浅群井强排强灌与覆盖抑盐相结合调控水盐运动技术,在灌排工程与生物措施相结合的基础上,建立以调控土体盐分垂直运动为重点进行土壤、水分、盐分和作物综合管理模式。这些技术在我国新疆、宁夏、甘肃等干旱半干旱地区盐碱地开发和黄淮海平原等地的盐碱地治理中发挥了巨大作用。由于灌排结合的方法要求的渠系系统庞大,需要大量的灌溉水量来淋洗盐分,排水量大且直接影响周边区域的地下水位,所以研究水盐运移和调控方法、尺度效应和生态环境的响应等,是传统灌排结合方法近年来研究的重点。

另外,传统灌溉淋洗盐分的方法以地面灌溉为主,造成土壤饱和,团聚体破碎,分散的土壤颗粒随重力水向下运动,堵塞部分土壤孔隙,使得土壤导水率进一步下降。可溶性盐电导率(EC)大于4 dS/m、可交换性钠(ESP)高于15%的盐碱土,土壤遇水易产生因可交换性钠含量过高,造成土壤颗粒膨胀,孔隙度减小,导水率下降,影响盐分淋洗效果,严重时土壤入渗系数很低,甚至水分不下渗。所以,探讨更加经济、效果更好的重度盐碱土盐分淋洗方法,是国内外研究的重点。

随着现代灌溉技术的发展，喷、滴、灌、淋、洗土壤盐分治理开发盐碱地的研究和实践得到了发展。喷灌灌水均匀度高，灌水时间和灌水量可以高度控制，Oster 等研究发现，与地面灌溉相比，喷灌用水较少而且能达到相同的淋洗效果，我国新疆等地也有一些地方采用喷灌淋洗盐分。由于当喷灌雨滴直径过大时，雨滴打击土壤表面，会造成表层土壤破碎和土壤颗粒的位移、重组，同样破坏土壤团粒结构，造成土壤表面封闭，形成土壤结皮，土壤入渗速率下降，严重时出现表面径流，影响盐分淋洗效果。其他参数选择得不合适时，也会影响土壤结构，形成结皮和导致土壤入渗速率下降，影响盐分淋洗效果。另外，灌溉水质对盐碱土土壤结构和土壤入渗也有重要影响。所以，通过对喷灌设计参数等与土壤质地、含盐量和盐分组成关系的研究，形成完整、系统的喷灌水盐调控技术和盐分淋洗与排水结合的综合技术体系，是下一步喷灌盐碱地治理开发技术研究的发展方向。

地表滴灌点水源扩散的特点，可以将土壤中的盐分离子淋洗到作物根系分布范围以外，从而在作物根系周围形成一个低盐区，适宜作物生长。由于滴灌的这个特点，自从 20 世纪 70 年代开始以色列就将滴灌用于盐碱地灌溉。埃及在尼罗河两岸也大面积采用滴灌，防止次生盐渍化。我国从 20 世纪 90 年代末，在新疆针对棉花的膜下滴灌，在次生盐碱化土壤上开展了大量研究工作和实践，取得了较好的效果。近年来，中国科学院地理科学与资源研究所在滴灌盐碱地开发利用技术方面取得突破性进展，研究出了可使重度盐碱土在 1~3 年内变为轻度盐碱土、产量达到高产良田水平的盐碱地开发利用新技术，包括控制滴头正下方 20 cm 深度处土壤水分的滴灌土壤水盐调控方法、咸水滴灌土壤水盐调控技术和咸水滴灌技术、“滴灌+垄作+覆膜”模式的滴灌盐碱地开发利用技术体系等，形成了较为完整的技术体系。但由于滴灌灌水强度等设计参数和淋洗盐分水量不但与土壤的含盐量有关，而且与土壤质地、盐分组成、灌溉水矿化度等有关，滴灌技术本身也与农业特点、作物的耐盐性和需水需肥规律以及操作者基本素质和管理水平等有关。另外，这些研究工作还主要属于点上的研究工作，应用到面上后将产生大量高矿化度的盐水，而对于随淋洗盐分的水排出的高矿化度盐水的去处及区域环境效应，尚需要做系统、深入的研究。因此，针对不同类型区的盐碱土，研究和修订关键技术参数和与之相结合的环境友好排水系统并为淋洗排出盐分寻找出路，是下一步滴灌盐碱地治理开发技术需要研究的重点。

(2)地下水位控制盐碱地农业利用与植被建设方法。

地下水位高是地下水浅埋区盐渍化的主要原因，而降低地下水位和控制地下水临界高度是该项技术的核心。灌区开发后为了防治灌溉引起的地下水位抬升造成次生盐渍化，也往往需要控制地下水位。

沟渠排水和暗管排水是控制地下水位的主要方法，在我国新疆、宁夏、甘肃等干旱半干旱地区灌区开发和黄淮海平原等地的盐碱地治理中发挥了巨大作用。沟渠排水是国内外使用历史最长、应用范围最广泛的盐碱地治理开发技术，我国汉代在黄河下游制碱采用了类似的方法。暗管排水的起源也很早，公元前 2 世纪古罗马人将石头和树枝填放在沟槽内用来排除地下水，英国人于 1810 年首创近代暗管排水，随后欧洲许多国家和美国、日本等也均推广应用。我国河南省济源市用合瓦管排水，山西省太原市五府营采用砖砌暗管排水，也都有悠久的历史。

台田通过抬高田面降低地下水位，与沟渠和暗管排水起到同样的效果。台田可有效控制临界地下水位，使得水分和盐分通过毛管作用上升不到土壤表面，从而防止因土面蒸发造成的上层土壤积盐，土壤中的盐分只能随灌溉水或雨水向下运动进入浅层地下水并随排水系统排走。我国明代万历年间在宝坻的大田整治，利用开挖渠道的弃土，将大田整理成中间高四围低的田面，就是台田的雏形。"七五"和"八五"期间，中国科学院南京土壤所等单位在禹城研究出的"台田池塘"模式，是低洼盐碱地生态农业开发的典型模式，在我国黄淮海平原等地的盐碱地治理中发挥了巨大作用。

地下水浅埋区沟渠结合、台田等控制地下水位的盐碱地治理和次生盐渍化防治方法，要求有完善的排水渠系系统或农田基本建设土方工程量较大的台田，在水平排水困难的地区还需要修改大型泵站进行强排。为了使系统更有效，也为了与生态景观农业结合，进一步研究水盐运移和渠系优化配置、水盐运移和调控机制以及尺度效应并与生态景观农业结合，是主要的发展趋势。

近几年来，中国科学院地理科学与资源研究所结合滴灌水盐调控、滴灌精确施肥灌溉技术、咸水滴灌技术等，研究出了利用淡水和咸水在水平排水困难的地下水浅埋区开发利用重度盐碱地（第三系红土盐土和低洼次生盐渍化盐土）的"滴灌+高垄+覆膜"和"咸水滴灌+高垄+覆膜"技术体系，在青铜峡第三系红土盐土上应用，当年枣树成活率便达到95%以上且长势旺盛；在平罗低洼次生盐渍化盐土上应用，当灌溉水矿化度高达 7.5 g/L 时枸杞和枣树的生长状况仍然良好，栽植 2 年的枸杞产量（干重）达到 40~50 kg/亩，总糖、蛋白质、脂肪和灰分等主要指标达到特优等级，粒度达到特级等级。垂直排盐的尺度水文和环境效应、不同类型区的盐碱土研究和修订关键技术参数及与之相结合的排水系统、大型灌区的设计技术参数、长期的生态环境问题等是该项技术迫切需要研究的问题。

（3）灌排结合种稻盐碱地农业利用与生态建设方法。

灌排结合种稻治理盐碱地的方法具有促进土壤脱盐、形成地下水淡水层（淡水灌溉）和低矿化度（微咸水灌溉）水层、滞蓄沥涝等作用，是世界上公认的适合水源充足、排水条件良好地区的盐碱地改良利用方法。印度中央盐渍化研究所在 20 世纪 80 年代开始研究盐碱地种稻，采用精细整地，培育壮秧，增锌肥，改良土壤、管理水肥等技术，取得了 6 t/hm^2 的水稻产量。美国中南部利用密西西比河水发展灌溉水田，建立完善的灌排系统，避免了盐分在土壤中的累积。匈牙利专家通过对中欧及东欧地区盐渍土的研究提出灌溉冲洗、施用化学改良剂和种稻改良三结合的综合改良措施，至今仍然是改良盐渍化的重要措施。罗马尼亚、苏联和泰国等国家都在大面积盐土上种水稻，取得良好的改土增产效果。

灌排结合种稻治理盐碱地的方法也是我国人民长期与土壤盐碱化作斗争的传统经验方法，早在 300 多年前天津郊区葛沽地区农民就采用种稻的方法改良利用滨海盐土。20 世纪 50 年代，我国科技工作者在吉林省前郭灌区进行盐碱地种稻研究，得到的结果是种稻 6 年，盐碱地耕层碱化度下降，容重降低，产量提高，前郭灌区就是在古河道盐碱湿地上开发出来的。辽宁盘锦灌排结合种稻改良滨海盐碱土获得成功后，经过几十年的发展，已经成为富饶的"鱼米之乡"。新疆阿克苏地区实践表明，种稻前土壤含盐以 Cl^- 和 Na^+ 为主，经过连种 4~7 年水稻后变为以 SO_4^{2-} 和 Ca^{2+} 为主。从 90 年代起，原中国科学院长春地理研究所、吉林农业大学等单位在松嫩平原西部开展了盐碱地综合治理与区域农业可持续发展的研究。在轻度低洼易涝盐碱地水稻开发方面取得了很多有价值的研究成果，如吉林省大安市叉干镇东大泡的水田开发，开发前东大泡属半封闭型涝洼地，长满蒲草、芦苇等沼泽植物，土壤主要是盐碱化草甸土、盐化沼泽土，土壤表层含盐量为0.24%，pH为8.4~9.0，目前盐碱地水稻产量达到7 500 kg/ hm^2。

盐碱地分布区的地下水往往为微咸水或咸水。在灌排结合种稻治理开发盐碱地时，如果灌溉水为微咸水，则灌溉水中含有大量盐分。在采用淡水水源时，初期田间含盐量仍然会较高。因此，要在初期使水稻优质高产，迅速获得较高的经济效益，耐盐且优质高产的水稻品种至关重要。菲律宾国际水稻所耐盐水稻品种选育取得重要成果，培育出IR系列耐盐水稻品种。中国科学院东北地理与农业生态研究所筛选了4个耐盐碱水稻突变体，培育出了水稻品种“东稻1号”。

由于大规模水田开发需要大量灌溉用水，也会有大量排水，势必对区域水盐平衡和生态环境产生深刻影响。如果没有一个科学合理的灌溉制度和排水系统，将会抬高水田周边区域的地下水位，导致盐分上升，有可能造成盐碱化与次生盐碱化的恶性循环。大量的水田排水淋洗下来的盐碱成分和农药、化肥等环境污染物质，在较长的排水沟渠中入渗、蒸发、浓缩，排水汇流区长期盐分累积也会影响到大面积湿地生态的保护与农业可持续发展。因此，长期观测大规模盐碱地水田开发对区域地下水埋深、地下水化学组成的影响，研究排水汇流区生态环境效应、盐碱地种植水稻后土壤盐碱时空分布动态和灌溉水田周边土壤次生盐碱化变化，不同类型、不同区域盐碱地灌排种稻的节水灌溉制度和排水系统等是需要研究的重点。培育耐盐且优质高产的水稻品种，也是快速、高效、低成本盐碱地治理开发的重点。

(4)适应性种植盐碱地农业利用与植被建设方法。

掌握适宜的播种期，根据土壤含盐状况筛选和培育适宜的耐盐作物品种进行种植，增加地面覆盖以减少地表蒸发，既可改良土壤，扼制土地的盐渍化，又可实现盐碱荒地的利用。在盐碱化程度比较重的土地上，先种植耐盐性较强的作物，造成地面覆盖，待土壤逐渐脱盐后，再种植耐盐性较次的作物。国内外已经筛选出了约1 500种既可作为粮食、牧草、食用油，也可作为纤维及化工、医药原料的盐生植物。我国科学工作者根据我国北方盐渍土地区群众的长期实践，筛选出了向日葵、碱谷、糜子、大麦、高粱、甜菜、棉花、胡麻等适合在盐碱地上种植的作物和大米草、咸水草、芦苇、罗布麻、沙棘、枸杞、杜仲等耐盐经济植物。王玉珍等选择在含盐量0.5%以上的盐碱地种植6种盐生植物，每年测定土壤中氮、磷、钾、有机质和含盐量，经过3年的人工种植，发现6种盐生植物都能不同程度地改良盐碱，土壤含盐量逐渐减少，而氮、磷、钾和有机质含量逐年增加，影响程度由大到小依次为翅碱蓬、中亚滨藜、柽柳、白刺、地肤、罗布麻，白刺对土壤深层改良效果较好，而翅碱蓬对土壤表层改良效果较好。

Ilyas在盐碱土上利用四种不同的方法对土壤进行改良：种植多年生紫花苜蓿、刺田菁和小麦轮种、秸秆覆盖、休耕处理。每个处理都加或不加石膏，设置或不设置明渠排水。试验表明，一年后，作物轮作结合石膏的处理区内表层20 cm EC、pH和 Cl^- 都有很大的下降；紫花苜蓿结合石膏的处理和休耕相比地面以下80 cm上述指标均有下降；明渠的作用不明显。甘肃省农业科学院在重度次生盐渍化土壤上,研究种植野生耐盐植物碱茅草进行盐碱地改良,取得较好的效果。吉林大学等单位研究了敖汉苜蓿、军需1号野大麦、羊草和碱茅改良盐碱地效果,结果表明,种植4种牧草后均改善了土壤养分状况,增加了土壤中的氮、磷和钾。中国科学院东北地理与农业生态研究所在大安苏打盐碱地上研究成功的羊草移栽新技术,克服了羊草种子粒小、坚硬、休眠期长、发芽率低等缺点,不但适合轻碱地,也适用pH大于9.5的重碱地,为松嫩平原苏打盐碱地生态恢复与羊草群落人工快速重建提供了一条新途径。

适应性种植治理盐碱地和盐碱化草场恢复重建的方法具有方法简单、投资费用低等优点。如何与其他措施,如灌溉淋盐与排水系统、土壤改良、农业措施与土壤培肥等方法结合,将有可能加快土壤生产力提高速度,使盐碱化草场恢复重建的速度加快,目前国内外已经开展相关的研究工作。

(5)土壤改良与农业措施结合盐碱地治理开发技术。

平整土地、培肥抑盐改土、深翻窖盐改土、合理耕作等农业措施是国内外根据长期实践总结出来的较为有效的盐碱地治理方法。深耕是美国、加拿大等国家采用的盐改技术,秸秆覆盖加深耕防盐效果更为突出,在生产上常配合应用。Sadiq等用不同的耕作器械(圆盘犁、旋耕机和中耕机)辅以硫酸、石膏耕作盐碱地,试验结果表明,2.5年后土壤EC、pH和SAR值都有所下降,水稻和小麦的产量逐步提高,尤其是利用圆盘犁耕作;硫酸的应用可以进一步增加产量并能使盐碱地得到很快的改良。免耕法是近年来兴起的土壤耕作法,覆盖秸秆是免耕法采用的有效保水措施,在抑制水分大量蒸发的同时改良了盐渍土。山西省在中度盐碱化土上进行免耕秸秆覆盖的研究结果表明,免耕覆盖农田土壤含水量增加1.4%~5.2%,脱盐率达40%~70%,增产44%~94%。山东省陵县改碱的实践证明,一块高低不平的盐碱地,经过平整后耕作层土壤含盐量一般比原来降低35%左右;内蒙古自治区狼山农场的实践证明,经过平整后小麦出苗率由57%增加到88%;新疆生产建设兵团二十九团的试验结果表明,土地平整后结合灌溉淋盐,根层脱盐率可达60%,植株成活率提高47%。北京永乐店、宁夏贺兰、新疆生产建设兵团29团、江苏盐城、河南商丘、内蒙古五源等地的大量试验和实践证明,施用人、畜粪及土杂肥、厩肥、堆肥、河塘泥等农家肥和田菁、草木樨、紫花苜蓿、沙打旺等绿肥培肥土壤,可增加土壤有机质含量、培肥土壤,提高养分含量,促进土壤熟化,调节土壤理化性质,增加土壤的孔隙度,提高土壤的通气性和渗透性,为作物生长和盐分淋洗提供良好条件。通过作物和牧草生长过程根系产生的分泌物和留在土壤中的根系、秸秆茬和落叶等使得土壤的理化性质得到进一步改善,起到良好的盐碱地改良效果。针对不同类型区的盐碱土,因地制宜,试验研究具体的方法措施,是目前和今后技术发展的主要方向。

客土改良和铺沙法是国际上常用的改良盐碱土的方法,主要用于改良原生型的盐碱土,比如埃及就是在滨海滩地盐碱土上先铺0.5 m厚的沙子,再铺0.1~0.15 m厚的有机肥,然后铺0.5 m厚的沙子,种植适于当地生长的番石榴和椰枣树,在树行间开沟引湖水灌溉。研究表明,客土更换10~12 cm能抑制盐碱3~4年,13~16 cm能抑制10~15年,16~20 cm能抑制20年左右。铺沙田因土壤水分蒸发显著减少,土壤可溶性盐类随水上升聚集作用减轻,在0~30 cm土层内的含盐量,新、中、老沙田相对减少27.6%、37.5%和

42%。客土改良方法在我国也普遍使用。与平整土地、培肥抑盐改土、深翻窖盐改土、合理耕作等农业措施一样，针对不同类型区的盐碱土，因地制宜，试验研究具体的方法措施，也是目前和今后该项技术发展的主要方向。

在碱化土壤中添加石膏、工业废品磷石膏（磷肥厂）、风化煤（煤矿）、亚硫酸钙（热电厂等）、糠醛渣等物质，用钙离子交换土壤吸收性复合体上的钠离子，消除苏打，调节土壤理化性质，增加土壤的孔隙度，提高土壤的通气性和渗透性，效果良好。使用的酸性物质风化煤和糠醛渣等，还可直接降低土壤的 pH，为作物生长和盐分淋洗提供良好条件。一些发达国家如美国、澳大利亚在盐渍土上，特别在碱土上施化学改良剂，如石膏、硫酸、矿渣（磷石膏），因土地类型不同，施入量也不同，施用时间长短取决于当地的经验和资金的状况。埃及已将 20 世纪 50~80 年代开垦的 50 万 hm^2 耕地列入改良规划，根据土壤监测情况，分期分批采取相应的改良措施。Qadir 等利用石膏和卡拉草（*Leptochloa fusca*）对盐碱地进行改良研究，得出结论认为施用石膏可以从土体中除去 Na^+，降低土壤 EC、SAR 值，并随着石膏施用量的增加效果更为显著；种植卡拉草可以很好地去除土壤中的 Na^+，夏季效果要比冬季明显。通过选用合适的耐盐碱作物不仅可以有效地改良盐碱地，而且可以避免传统淋洗方法对下游水体的污染，减少对经济和环境的影响。1999 年以来，清华大学与宁夏大学、沈阳市科委、内蒙古农业大学等单位合作，在沈阳市康平县、内蒙古土默川平原、宁夏农垦局前进农场等地开展了利用脱离石膏改良碱化土壤试验，取得了明显成效。2007~2010 年，由宁夏大学等单位承担的“十一五”国家科技支撑计划项目《黄河河套地区盐碱地改良及脱硫废弃物资源化利用关键技术研究与示范》，通过新技术引进及消化吸收再创新、技术集成创新，突破了碱化土壤难以改良的瓶颈，研究开发了一批拥有自主知识产权的新技术和新产品，提出了脱硫石膏改良盐碱地施用技术、水盐调控技术、专用改良剂筛选施用技术、土壤养分快速调控与作物平衡施肥技术、耐盐植物配置与栽培技术等 6 个关键技术体系，使盐碱地改良、脱硫石膏资源化利用和生物质能源植物开发利用有机结合，实现了工农业废弃物资源化利用，促进了循环经济发展，对保障国家粮食安全、生态安全起到了重要推动作用，是国内外化学改良剂改良碱化土壤的主要发展趋势。经过文献、包括专利文献的调研和美国等国家的实地考察，当前清华大学最早拥有该项专利技术（授权专利号：ZL200610011116.0），并已进行了大规模的碱化土壤改良。清华大学早期的合作单位宁夏大学和中国农业大学也申请了若干中国发明专利。

（6）滨海盐碱地客土绿化植被建设方法。

国内外滨海盐碱地区绿化都是以高投入换取景观的改良和生态环境的改善。现有滨海盐碱地绿化模式主要有微区改碱、淡水洗盐、管线排碱及更换客土等，同时选用一些比较耐盐的苗木品种。其中的微区改碱、淡水洗盐、管线排碱只是局部应用，客土绿化占相当大的比例。如天津市针对滨海盐碱地的绿化做了大量的探索和尝试，研究摸索出了“砾石隔离层+客土”“暗管排咸+淡水压碱+客土”“台田淋碱”等滨海盐碱地治理开发和城市绿化方法，筛选出了白蜡、火炬树、洋槐和黑松等耐盐乔灌树种，形成了具有滨海盐碱地分布区特色的盐碱地绿化造林技术。重点地段、重点工程、道路绿化实行客土种植，是迅速见成效的有效手段，但大规模客土则是对土地资源的严重浪费，具有明显的局限性。首先，客土挖运在破坏了外地土地资源地形地貌的同时，也破坏了客土地段的原土资源；

其次，盐碱土有它本身的进化演替规律，从土地生态角度讲，挖除原土就破坏了土地表层的某种平衡。因地下水位升高，蒸发量加大，客土发生次生盐渍化的趋势是难以避免的；再次，绿化成本太高，在中重度盐碱地区的绿化成本高达 250~300 元/m^2，最高甚至达到 500 元/m^2。其中客土绿化成本巨大，客土费用约占绿地成本的 2/3，加上客土建植草坪多是冷季型进口草坪，浇水修剪频繁，建成后养护、管理成本逐年递增。不难看出，建立在巨大资金支持基础上的客土绿化，浪费了土地资源、水资源，并因管理费用高，限制了城市绿化面积的进一步扩大。最后，不利于盐碱土的改良，破坏了盐碱地的植物演替规律，在一定程度上加剧了生态环境的进一步恶化。效果好、成本低、保持植物可持续生长的道路和园区植被高效构建技术，是主要的研究和发展方向。

“十五”至“十二五”期间，我国在盐碱地资源开发利用技术研发方面从以下三个方面开展了研发工作。中国科学院地理科学与资源研究所主持《农业综合开发节水灌溉技术试验示范》项目，在宁夏青铜峡建有第三系红土盐土治理开发试验研究基地和平罗咸水滴灌次生盐渍化盐碱荒地治理开发试验研究基地，研究发现了滴灌、垄作和覆膜综合措施对盐碱地水盐分布、作物生长和产量、灌溉水量和灌溉水利用效率、土壤物理性质、土壤化学性质和土壤生物性状（微生物和酶）的影响规律，提出了控制滴头正下方 20 cm 深度处土壤水分的土壤水盐调控新方法。研究出了基于滴灌施肥灌溉技术、控制滴头正下方 20 cm 深度处土壤水分的土壤水盐调控方法和“滴灌+垄作+覆膜”模式的滴灌盐碱地开发利用技术并建立了技术体系。研究出了咸水滴灌土壤水盐调控技术和咸水滴灌技术，建立了“咸水滴灌+垄作+覆膜”的行栽培耐盐作物和“咸水滴灌+高垄+覆膜”的多年生耐盐植物（药用植物和果树等）的盐碱地开发利用技术体系。

这些技术使用后，土壤脱盐速度快，土壤理化性质和微生物状况迅速改善，土壤生产力水平在 1~3 年内大幅度提高。滴灌土壤水盐调控技术和盐碱地开发利用技术在宁夏金沙湾第三系红土盐碱土上应用，120 cm 土层内的土壤含盐量 3 年内由 1.3%~3.0%下降到 0.3%以下。当年白菜、菠菜、糯玉米等作物便开始生长并获得产量，枣树成活率达到 95%以上且长势旺盛；第二年油葵和糯玉米产量分别达到 297 kg/亩和 816 kg/亩（鲜重），是周围良田产量的 1.5~2 倍、0.8 倍；第三年番茄、黄瓜、高粱等 10 多种作物生长良好，产量达到或接近周边良田的水平。咸水滴灌水盐调控技术、咸水滴灌技术和盐碱地开发利用技术在平罗低洼次生盐渍土（土壤含盐量 1.3%~1.6%）上应用，当灌溉水矿化度高达 7.5 g/L 时枸杞和枣树的生长状况仍然良好。栽植 2 年的枸杞产量（干重）达到 40~50 kg/亩，总糖、蛋白质、脂肪和灰分等主要指标达到特优等级，粒度达到特级等级，为我国盐碱地资源的利用提供了新的技术方法。

从资源开发利用角度出发，我国盐碱地资源划分为以下几个主要类别：盐渍土资源、盐生植物资源、咸水和微咸水资源、生态与旅游资源，其中盐渍土资源是盐碱地资源的核心（李彬，2005）。我国盐渍土面积大、分布广泛且类型多样，根据气候生物等环境因素的差异，俞仁培（1999）将我国盐渍土分为滨海盐土和海涂、黄淮海平原的盐渍土、东北松嫩平原的盐土和碱土、半漠境内陆盐土、青海新疆极端干旱的漠境盐土。我国各类盐碱地面积总计 9 913.3 万 hm^2，占全国耕地面积的 6.62%（赵可夫，2002），每年因盐渍化废弃的土地达 100 万~150 万（赵英时，2006）；西北、华北、东北及沿海是我国盐渍土主要集中分布地区，其中西北六省区（陕西、甘肃、宁夏、青海、内蒙古、新疆）盐渍土面积占全国的69.03%（杨劲松，2008）。依据《中国1：100万土地资源图》土地资源数据集，青海盐渍土面积达229.84万hm^2，其中轻盐化面积43.82万hm^2、中盐化面积186.02万hm^2。青海省盐渍土除了河湟流域和黄河谷地外，绝大部分分布在柴达木盆地，其特点是面积大，土壤积盐量高，盐分积聚明显。

柴达木盆地地处青藏高原北部，处于内陆干旱荒漠地带，是我国干旱区的一部分，总面积为25.7万km^2，其中盆地细土平原带约12万km^2，处于戈壁和盐沼之间，为冲洪积平原，地势平坦，水土、气候条件较好，是盆地发展农牧业的精华地带。由于人类活动对自然资源长期的盲目利用、毫无节制的索取、掠夺式的经营、过度的放牧以及其他人类活动的干扰，荒漠草地严重退化、沙化，植被盖度降低，生产力水平下降，生态环境不断恶化，严重威胁着人类的生存和发展。据统计，自20世纪50年代至80年代初，盆地共垦殖宜农地8.67万hm^2，现有耕地4.4万hm^2，撂荒一半，其中盐碱化面积达1.87万hm^2（牛东玲，2002）。受盐害影响的农田粮食产量，始终徘徊在亩产150 kg左右的低产数，至今盐害仍然继续加剧，弃耕土地有增无减。引起柴达木盆地土地盐渍化的原因，一是管理不善，为了暂时满足耕种，发展自流渠灌以后，用大水漫灌压盐，致使地下水位上升，盐渍化程度逐年加剧；二是盐湖开发中废卤随地排放（谢娟，2001）。从资源开发利用角度，盐碱地具有盐渍土资源、盐生植物资源、咸水与微咸水资源，以及生态与旅游资源等。分析评估柴达木盆地的盐碱地资源，对于改善柴达木盆地生态环境，提高区域经济社会的可持续发展具有重要意义。

第 1 章　柴达木盆地盐碱地水土资源及立地分析评估

1.1　柴达木盆地盐碱地水土资源分布特征

1.1.1　研究区概况

柴达木盆地地跨北纬 35°00′~ 39°20′,东经 90°16′~ 99°16′,海拔 2 675~3 350 m,总面积约 24.68 万 km^2,是我国著名的内陆山间盆地。盆地气候干燥少雨,沙漠化面积大,植被稀少,生态环境极为脆弱,拥有德令哈、察汗乌苏、香日德、诺木洪、格尔木等绿洲农业区,在青海省农业生产发展中具有举足轻重的地位。柴达木盆地适宜绿洲形成的光热类型是温凉和寒温类型,相当于温带与寒温带的光热类型。最冷月(1 月)平均气温-15~-10 ℃,最热月平均气温 15~17 ℃;≥0 ℃连续积温 1 800~2 800 ℃,持续日数 190~218 d;≥10 ℃连续积温 1 000~2 300 ℃,一般为 1 500 ℃左右,持续日数最短的 68 d(冷湖),最长的 138 d(察尔汗),大多数在 100~110 d,可满足温凉型植被和农作物一年一熟的温度需求。全盆地年蒸发量 1 590~3 292 mm,是世界上蒸发量最大的地区之一。年蒸发量的分布与降水量相反,即由四周高山地区向盆地中心地带递增,在盆地中部和西部广阔的区域内蒸发量和降水量之比可达百倍。这样的气候条件下,形成了没有灌溉就没有农业的区域特征。在柴达木盆地东部植被垂直分布为荒漠草原—林灌草原、草甸—草原草甸—高寒荒漠,土壤垂直分布依次为棕钙土—山地草原草甸土(山地灌丛草甸土、灰褐土)—高山草原土(高山草原草甸土)—高山寒漠土。在柴达木盆地西部植被垂直分布依次为荒漠—荒漠草原—高寒荒漠;而土壤垂直分布依次为灰棕漠土—粗骨土—高山荒漠草原土—高山寒漠土。柴达木盆地细土平原带是盆地发展农牧业的精华地带,分布在海拔 2 700~3 200 m,为冲洪积平原,地势平坦,其面积约 3 718.15 万亩,占盆地土总面积的 9.6%,水土、气候条件较好,形成良好的天然水草绿洲(朱胤椿,1991)。20 世纪 80 年代作为农业开发的细土平原面积约为 71.15 万亩,主要分布在盆地东部和南部山前细土带和北部祁连山麓的山间盆地。

1.1.2　土壤资源分布特征

1.1.2.1　柴达木盆地盐渍地球化学类型调查与分区

我国历来高度重视盐渍土的调查、利用和治理方面的研究工作。中华人民共和国成立初期,国内开展全国性的土壤普查,首次对青海盐碱地资源开展了调查研究。20 世纪 80 年代,为了摸清盆地荒漠自然特征和自然资源,特别是农业开发的条件,青海省科技工作者做了大量调查研究工作;国务院有关部门、中国科学院综考会、地理所及南京大学、兰州大学等单位也先后对盆地进行了多次考察，重点对盆地细土带如何合理利用水土资源进行合理农业开发利用，建设绿洲农业做了探索性研究。通过对盆地社会经济及农业自然资源和开发条件的综合评价，探讨了其潜力和开发前景，对农业综合开发合理利用水土资源的开发类型区进行了划分。目前盆地农业开发基本以此次考察确定的细土带区域为开发界限，因此本着科学合理的原则，本项目盐碱地调查分析以盆地细土带为研究区域开展了一系列相关工作。

柴达木盆地内部，戈壁、盐滩、丘陵、平原和沙丘以及众多的盐湖分布其间，由于四周高山的阻挡，东南季风极难进入盆地，气候干燥温凉。从生物气候的差异可划分为东西两部分，大致以怀头他拉—香日德一线为其分界线。西部为极端干旱的中心部分，降水量仅十几毫米至几十毫米，水面蒸发为 2 500～3 000 mm，蒸降比为 24～200，昆仑山北麓的格尔木、乌图美仁、阿尔金山南麓的冷湖等地为盆地西部极端干旱部分，降水稀少，生长抗旱和耐盐性强的植被，或无植被的盐渍荒漠景观，荒漠植被十分稀疏，种属贫乏，群落结构简单，主要建群和优势植物有驼绒藜、膜果麻黄、红砂、盐爪爪、木本猪毛菜、柽柳、白刺等旱生、超旱生灌木与半灌木，土壤类型主要为灰棕漠土；而东部德令哈、茶卡、香日德一带，降水量在 160～200 mm，蒸降比为 10～20，水草较好，属漠境—草原景观，土体中水分移动较西部明显，有一定数量碳酸钙盐类在土体聚积，形成棕钙土景观。根据盆地内各湖盆所处的自然环境、水盐补给来源和盐类组成比例，将柴达木盆地大致划分为三个各有特点的盐渍地球化学类型区（黎立群，王遵亲，1990）：①盆地西部硫酸盐累积区；②盆地北部小盆地硼酸盐类和氯化物盐类累积区；③盆地中、南部氯化物盐类累积区，如图 1-1 所示。

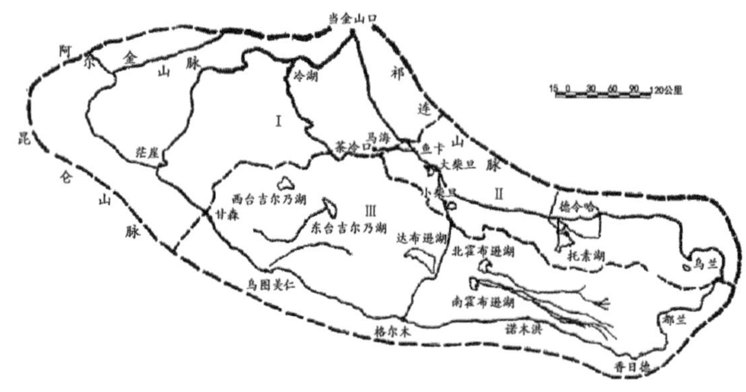

图 1-1　柴达木盆地盐渍地球化学分区示意图（引自黎立群，王遵亲，1990）

20 世纪 60 年代，青海省农林科学院土壤肥料研究所在柴达木盆地开展了灌溉区农田盐斑调查与改良研究，按各地盐斑地表征和颜色，将其分为三种类型：白碱斑，地表有白色盐霜，主要含氯根及硫酸根较多，容易冲洗改良；黄碱斑，地表初呈白色，后出现大量晶体，呈不同程度的黄至黄褐色，含碳酸根较多，俗称为马尿碱，改良困难；黑碱斑，地表呈褐色至黑色，阳光下有晶体炫光，吸湿性强，含氯根及镁离子多，很难改良，一般俗称为黑油碱（青海省农林科学院土壤肥料研究所，1962）。调查认为盐斑地的形成主要有 5 个原因。一是植物聚盐导致，盆地内植物多属深根耐旱的盐生植物。在生长过程中，由于泌盐作用或残体矿化灰化后，盐分积累在土体内。据研究，柽柳叶片水提取液中含盐量达

16.67%，其中氯化物 7.676%，白刺根际附近表层土壤中含盐量高达 8.05%，较周围无植物处高 2.86%和 3.95%。二是土壤剖面具有黏土层。盆地土壤尤其是洪积过程中，会因灌水漫淤形成数厘米厚的黏土层，其特点是质地紧密的片状结构土层，不易透水，冲洗时盐分积压遗留于其上。在强烈蒸发作用下，又上升至表层形成盐斑。一般黏土层厚 2~3 cm，深度不足 1 m 时，最易形成盐斑。三是田面不平整，局部微地形受热量不同，直接影响土壤水分的移动状况，因而地面不平整，易形成盐斑。四是灌溉不当。在无排水设施条件下，冲洗时将盐分压至土壤深层，极易引起返盐，并且灌溉水中矿化度较高，也是土壤易溶盐积累的主要来源。五是施肥影响。当地所用有机肥料含盐量高，处理使用不当亦可导致土壤盐分积累。

1.1.2.2　土壤盐化分级标准

国际：国际上迄今还没有公认的盐渍土分类原则和系统。目前以美国为首的一些国家把电导率大于 4 mS/cm 的土壤划为盐渍土范围，并将其中电导率大于 4 mS/cm、碱化度（ESP）小于 15%、pH 小于 8.5 者划为盐土类；将电导率小于 4 mS/cm、碱化度（ESP）大于 15%、pH 大于 8.5 者划为碱土类；将电导率大于 4 mS/cm、碱化度（ESP）大于 15%、pH 大于 8.5 者划为盐碱土类。而以苏联为代表的一些国家则将表土含盐量大于 0.1%的土壤划为盐渍土范畴，以表土含盐量大于 1%、pH 小于 8.5 者划为盐土类；将表土含盐量小于 0.5%，碱化度大于 20%、pH 大于 9 的划为盐碱土类（王遵亲等，1993）。

国内：1987 年，中国土壤学会盐渍土专业委员会召开了我国第一次盐渍土分类分级学术研讨会。根据土壤含盐量的高低，将盐化土壤进行了分级。区分了半湿润、半干旱地区和干旱及盐漠区，对盐土和碱土分别做了界定。确认了土壤表层含盐量达 0.6%~2%时，即应属盐土类，氯化物盐土含盐下限一般为 0.6%，氯化物-硫酸盐和硫酸盐-氯化物盐土含盐下限为 1%，含较多石膏的硫酸盐盐土下限为 2%。

在干旱及漠境区，表土含盐量小于 0.2%者为非盐化土壤，含盐量为 0.2%~0.3(0.4)%者为轻度盐化，含盐量为 0.3(0.4)%~0.5(0.6)%者为中度盐化，含盐量为 0.5(0.6)%~1.0(2.0)%者为重度盐化，大于 1%或 2%者为盐土（王遵亲等，1993），见表 1-1。

表 1-1　土壤盐化分级指标

盐化系列及适用地区	土壤含盐量(%)					盐渍类型
	非盐化	轻度	中度	重度	盐土	
半漠境及漠境区	<0.2	0.2~0.3 (0.4)	0.3(0.4)~ 0.5(0.6)	0.5(0.6)~ 1.0(2.0)	1.0 (2.0)	SO_4^{2-}、Cl^--SO_4^{2-}、SO_4^{2-}-Cl^-

注：此表引自王遵亲等编著的《中国盐渍土》。

盐化土层界定：土壤盐化分级应以植物耐盐程度和各种盐类对植物的毒害程度为依据。确定土壤盐化等级应以植物根系活动层或耕作层（一般厚 0~20 cm 或 30 cm）的含盐量为准。主要原因为：①考虑到盐分主要在种子发芽期和幼苗期，此阶段根系活动主要在土壤表层和亚表层；②盐分在土壤剖面中一般是上层高下层低；③从盐分动态来看，由于水分状况变化而引起盐分变化的范围，以 0~30 cm 土层最明显。

柴达木盆地盐土分类：伍光和、赵和等在 1985 年编著的《柴达木盆地》中，对其自然条件和经济发展问题做了比较全面系统的论述，是国内数十年来关于柴达木盆地的经典专著,其中对该区域盐土分类进行了研究。盐土在柴达木盆地集中分布在扇缘绿洲带,湖滨滩地、河间洼地、河谷低阶地。母质为冲积-洪积物和湖积物。盆地盐土结构是以残湖为中心呈同心圆带状分布,即沼泽盐土向草甸盐土发展,草甸盐土向盐土发展,盐土向残积盐土发展。按照土壤形态特征和盐分累积特点,盆地中的盐土分为沼泽盐土、草甸盐土、残积盐土。

盐土中的盐分一般由多种可溶盐组成,但每种盐中都有一两种主要的组成盐类,主要组成盐类不同,土壤的理化性质和脱盐的难易及对作物的危害均不相同。盐土中所含阴离子:$(HCO_3^-+CO_3^{2-})$、$(SO_4^{2-}+Cl^-)>1$ 为苏打盐土;$Cl^-/SO_4^{2-}>4$ 为氯化物盐土;$Cl^-/SO_4^{2-}=1\sim4$ 为硫酸盐氯化物盐土;$Cl^-/SO_4^{2-}=0.5\sim1$ 为氯化物硫酸盐盐土;$Cl^-/SO_4^{2-}\leqslant0.5$ 为硫酸盐盐土。

柴达木盆地农业土壤盐化分级:据全国第二次土壤普查时制定的“海西州农业土壤盐化程度分级标准”,依据主要组成盐类不同,将农业土壤盐化程度分为 3 级,即轻盐化、中盐化和重盐化,见表 1-2。

表 1-2　海西州农业土壤盐化程度分级标准

盐化分级	含盐量(%)		农作物指示(以春小麦为例)
	$SO_4^{2-}-Cl^-$	$Cl^--SO_4^{2-}$	
重盐化	0.6~1	0.9~1.2	不易出苗,保苗困难,大片无苗不保产
中盐化	0.4~0.6	0.6~0.9	秃斑无苗,生长受抑制,管理好可保一定产量
轻盐化	0.2~0.4	0.3~0.6	基本上可保全苗,措施得当可稳产

1.1.3　柴达木盆地水资源分布特征

1.1.3.1　河流水系概况

柴达木盆地主要河流河川有那棱格勒河、格尔木河、香日德河、巴音河、大哈尔腾河、察汗乌苏河、诺木洪河、塔塔棱河、阿拉尔河、鱼卡河、沙柳河、夏日哈河、都兰河、赛什克河、巴勒更河等,径流量情况见表 1-3。

表 1-3　柴达木盆地主要河流河川径流量

河流名称	控制站名称	汇入湖泊	控制站位置		集水面积(km^2)	河长(km)	天然径流量(亿 m^3)	
			东经	北纬			1956~2000 年	1956~2010 年
那棱格勒河	那棱格勒	台吉乃尔湖	92°42′	36°42′	21 898	396	10.37	11.15
格尔木河	格尔木(三)	达布逊湖	94°49′	36°00′	18 648	323	7.657	7.973
香日德河	香日德	霍布逊湖	97°59′	35°55′	12 339	231	4.53	4.379
巴音河	德令哈	克鲁克湖	97°27′	37°23′	7 281	200	3.323	3.524
大哈尔腾河	花海子	苏干湖	95°30′	38°49′	5 967	340	2.662	2.810

续表 1-3

河流名称	控制站名称	汇入湖泊	控制站位置		集水面积（km^2）	河长（km）	天然径流量（亿 m^3）	
			东经	北纬			1956~2000 年	1956~2010 年
诺木洪河	诺木洪	霍布逊湖	96°23′	36°12′	3 773	123	1.545	1.585
察汗乌苏河	察汗乌苏	霍布逊湖	98°08′	36°14′	4 434	152	1.544	1.703
塔塔棱河	小柴旦	小柴旦湖	95°30′	37°43′	4 771	180	1.195	1.261
鱼卡河	鱼卡桥	德宗马海湖	95°05′	38°00′	2 139	175	0.941 4	0.991 6
沙柳河	查查香卡	素棱郭勒河	98°21′	36°35′	1 965	95.7	0.650 3	0.680 2
夏日哈河	夏日哈	霍布逊湖	98°52′	36°11′	1 627	80.0	0.518 5	1.54
都兰河	上尕巴	都兰湖	98°35′	37°00′	1 107	57.8	0.432 6	0.449
斯巴利克河	斯巴利克河	尕斯库勒湖	89°55′	38°02′	8 970	228	1.382	1.456
阿达滩河	阿达滩	尕斯库勒湖	89°54′	37°52′	5 033	158	1.157	1.218
赛什克河	（出山口）	柯柯盐湖	98°23′	37°01′	965	62.0	0.262	0.269 9
巴勒更河	（出山口）		96°44′	37°21′	882	66.5	0.237	0.240 6

1. 那棱格勒河

那棱格勒河是柴达木盆地最大的一条河流，位于柴达木盆地西南部，属台吉乃尔湖水系。发源于昆仑山布喀达坂山北坡的雪莲山，河源海拔 5 598 m，由西南流向东北，最后汇入台吉乃尔湖。那棱格勒河上游有冰川分布，面积 774.63 km^2，年冰川融水量 3.072 亿 m^3，约占该河年径流的 29.7%，那棱格勒站集水面积 21 898 km^2，多年平均径流量 11.15 亿 m^3。

2. 格尔木河

格尔木河是柴达木盆地第二条大河，格尔木昆仑经济开发区的水源是格尔木河地下水。该河位于柴达木盆地南部，最终流入达布逊湖，格尔木河上游分东西两支，东支舒尔干河，发源于昆仑山北麓的刚欠查鲁马，河源海拔 5 692 m，河长 317 km，集水面积 10 723 km^2，河道平均比降 5.56‰；西支奈金河，发源于昆仑山脉的狼牙山，河源海拔 5 400 m，集水面积 7 527 km^2，河道长 248 km，平均比降 6.42‰。东西两支汇流后称格尔木河，汇合口以下 6.8 km 处为格尔木（三）站，集水面积 18 648 km^2，该站多年平均天然径流量 7.973 亿 m^3。扣除温泉水库的蒸发损失后，水量为 7.694 亿 m^3。

3. 香日德河

香日德河是柴达木盆地第三条大河，位于柴达木盆地东南部，属霍布逊湖水系。发源于昆仑山脉布尔汗布达山，河源海拔 4 846 m，自河源河道走向由东南向西北流入冬给措纳湖（托索湖），河流经冬给措纳湖调节后转向西流，河名托索河，与最大支流乌兰乌苏河（红水川）汇合后称香日德河，至香日德镇后潜入地下，后又以泉的形式泄出，称柴达木河，最后汇入霍布逊湖。香日德站集水面积 12 339 km^2，多年平均径流量 4.379 亿 m^3。

4. 巴音河

巴音河是柴达木盆地第四条大河，该河位于柴达木盆地东北部，属库尔雷克湖水系，发源于祁连山脉野牛脊山，河源海拔 4 900 m 左右，上游称乌兰哈达郭勒，中游称阿让郭勒，下游称巴音郭勒。当其在野牛脊山、哈尔科山以南与宗务隆山以北的山间向东流动时，左岸接纳大量支流，形成典型的梳状水系。河流切穿宗务隆山南坡，流经克利尔齐、泽林沟、德令哈、尕海、戈壁，最后注入克鲁克湖和托素湖。上游山区属雨雪补给型，进入蓄集盆地后，一部分径流潜入地下，形成长约 30 km 的潜流段，人们称之为“地下水库”，其调蓄量为 0.7 亿~0.9 亿 m^3。德令哈站集水面积 7 281 km^2，多年平均径流量 3.524 亿 m^3。

5. 大哈尔腾河

大哈尔腾河是柴达木盆地第五条大河，位于柴达木盆地北部，属苏干湖水系，发源于祁连山脉的果青克尔班夏哈尔格山，河源海拔 5 320 m 左右。上游分两支，北支较短为野马河，南支较长称马特郭勒，由东南流向西北，合成大哈尔腾河，进入沙漠后潜入地下，最后汇入苏干湖。河流上游有冰川分布，属冰雪融水补给类型。大哈尔腾河花海子站集水面积 5 967 km^2，多年平均径流量 2.810 亿 m^3。

6. 察汗乌苏河

察汗乌苏河位于柴达木盆地东南部，属霍布逊湖水系，发源于鄂拉山西南部的约根涌，源头海拔为 5 092 m，由东南流向西北，进入盆地后，以潜流的形式注入柴达木河，最后流入霍布逊湖，察汗乌苏站集水面积 4 434 km^2，多年平均径流量 1.703 亿 m^3。

7. 诺木洪河

诺木洪河位于柴达木盆地东南部，属霍布逊湖水系，发源于昆仑山脉的布尔汗布达山，河源海拔 4 866 m，由东南流向西北，至诺木洪农场以北渗入地下，最后汇入霍布逊湖。诺木洪站集水面积 3 773 km^2，多年平均径流量 1.585 亿 m^3。

8. 塔塔棱河

塔塔棱河是大柴旦饮马峡工业园区的水源地。该河位于柴达木盆地北部，属小柴旦湖水系，发源于德令哈市的伊克达坂海拔 4 600 m 高地，河源段河名为艾力斯台郭勒，到牙马图河汇口以下称塔塔棱河。在牙马图河汇口河道进入峡谷，山口以上为时令河，长约 180 km，山口以下流向转为从东北向西南，其间有泉水补给，河水最终汇入小柴旦湖。小柴旦站集水面积 4 771 km^2，多年平均径流量 1.261 亿 m^3。

9. 阿拉尔河

阿拉尔河位于柴达木盆地西北部，上游称铁木里克河，发源于昆仑山支脉的也赛瓜子山的沼泽地，流经新疆境内的阿达滩山谷，沿尕斯山南麓山谷由东向西至夏拉布鲁克山口，与斯巴利克河汇合后，因受山地阻挡，由西向东潜入茫崖境内，几经潜流注入尕斯库勒湖。阿达滩河和斯巴利克河在新疆境内的多年平均径流量为 2.87 亿 m^3，流入茫崖境内的多年平均径流量为 1.03 亿 m^3，其余水量除一小部分消耗于包气带外，大量以潜流形式排泄于尕斯库勒湖。

10. 鱼卡河

鱼卡河位于柴达木盆地北部，属于德宗马海湖水系。河源海拔 5 347 m，干流流向由东向西再转向西南，河源至马海渠进水口名鱼卡河，以下至德宗马海湖入口名马海河，鱼卡桥水文站以上流域面积 2 139 km²,多年平均径流量 0.941 6 亿 m³。

11. 沙柳河

沙柳河位于柴达木盆地东部,发源于鄂拉山,河水沿夏日哈乡与查查香卡农场分界线向西北方流至查查香卡农场西部渗入地下,由阿拉腾布拉格湖地带露出地面,汇入素棱郭勒河。查查香卡站集水面积 1 965 km²,河长 95.7 km,多年平均径流量 0.680 2 亿 m³。

12. 夏日哈河

夏日哈河位于柴达木盆地东部,都兰县境内,属霍布逊湖水系。发源于都兰县哈次谱山西侧,河源海拔 4 720 m。上游干流自东南流向西北,河源一带河床较窄,为时令河;中游流经安固滩,流向转为从东向西,河水潜入地下,至安固泉,以泉的形式流出地面。出山口后,河道转为从东北向西南,与察汗乌苏河汇合后潜入戈壁滩,最终流入北霍布逊湖。夏日哈站集水面积 1 627 km²,多年平均径流量 1.54 亿 m³。

13. 都兰河

都兰河位于柴达木盆地东部,属都兰湖水系,乌兰庆华煤化工业园即位于都兰河上游察汗诺谷地。都兰河发源于天峻县境内青海南山,河源海拔 4 520 m,由西北流向东南,至察汗诺又折向由东向西,至乌兰县城附近又转为从北向南,最后流入都兰湖,河流长 83.1 km。察汗诺以上地表径流均渗入地下,河沟平时均为干沟,地下水至察汗诺谷地全部溢出,汇集成察汗诺湖。据国土部门勘探,该地地下水资源量为 1 150 万 m³/a。出山口处上尕巴站集水面积 1 107 km²,多年平均径流量 0.449 亿 m³。

14. 赛什克河

赛什克河位于柴达木盆地东部,属都兰湖水系,源于乌兰别力和果尔勒山,南流约 25 km 穿老虎嘴峡谷后,进入希赛盆地,分成多支注入都兰湖和柯柯盐湖,集水面积 965 km²,多年平均径流量 0.269 9 亿 m³。

15. 巴勒更河

巴勒更河位于柴达木盆地北部,发源于宗务隆山,源头分东西两支,汇合后向南切割宗务隆山出山。受怀头他拉构造影响,巴勒更冲洪积平原被分为南、北两部分。巴勒更河在出宗务隆山前 5 km 处即开始大量渗漏补给地下水。出山后,水流在北部平原上分散,主流向南流经约 17 km 后进入怀头他拉水库。巴勒更河全长 66.5 km,流域面积 882 km²,多年平均径流量为 0.240 6 亿 m³。

1.1.3.2　水资源分布

1. 多年平均地表水资源量

柴达木盆地径流产于四周山区,消耗于盆地中部平原,河流出山口成为径流形成区与散失区的界限。本次以西安地质调查院划分的分区面积为计算值,柴达木流域总面积 27.623 3 万 km²,其中四周山区面积 14.57 万 km²,底部盆地平原面积为 13.05 万 km²。柴达木盆地青海省境内总面积 23.89 万 km²,其中山区面积 12.37 万 km²,平原面积 11.52 万 km²。

本次柴达木盆地共划分了 8 个水资源三级区、17 个四级区、90 个五级分区(山区),五级分区的边界严格与河流分水岭一致。对五级区逐一计算地表水资源量,对于分区内有水文测站的河流,水文站断面以上区域水量均采用 1956～2010 年系列天然径流量值;

对资料条件较差的 26 条沟道，采用核实后的径流量值；对其他没有控制的山区，根据等值线图量算产水量。

柴达木盆地 1956~2010 年多年平均径流量 49.58 亿 m^3。茫崖冷湖区主要河流有阿拉尔河、东沟、西沟、宽沟、双石峡、黑山沟、狼牙沟等，山区面积 20 077 km^2，地表水资源量 3.909 亿 m^3，占全盆地径流量的 7.88%；哈尔腾河苏干湖区主要河流有大哈尔腾河、小哈尔腾河，山区面积 11 064 km^2，地表水资源量 3.606 亿 m^3，占全盆地径流量的 7.27%；鱼卡河大小柴旦区主要河流有鱼卡河、塔塔棱河、嗷唠河、羊水河、温泉沟、八里沟、大头羊沟等，山区面积 10 231 km^2，地表水资源量 2.603 亿 m^3，占全盆地径流量的 5.25%；巴音河德令哈区主要河流有巴音河、巴勒更河、白水河，山区面积 11 809 km^2，地表水资源量 4.293 3 亿 m^3，占全盆地径流量的 8.66%；都兰河希赛区主要河流有都兰河、赛什克河，山区面积 3 562 km^2，地表水资源量 0.983 3 亿 m^3，占全盆地径流量的 1.98%；那棱格勒乌图美仁区主要河流有巴音格勒河、那棱格勒河、乌图美仁河、大中小灶火河、拉棱灶火河等，山区面积 31 837 km^2，地表水资源量 12.88 亿 m^3，占全盆地径流量的 25.98%；格尔木区主要河流有格尔木河、托拉海河、红柳沟、白日其力沟、大水沟等，山区面积 22 589 km^2，地表水资源量 9.076 亿 m^3，占全盆地径流量的 18.31%；柴达木河都兰区主要河流有大格勒、五龙沟、诺木洪河、洪水河、清水河、乌拉斯泰河、淄木浑河、哈图河、伊克高河、科日河、香日德河、察汗乌苏河、夏日哈河、沙柳河等，山区面积 34 532 km^2，地表水资源量 12.23 亿 m^3，占全盆地径流量的 24.66%。径流主要集中在盆地南部三个流域分区，北部分区产流相对较少。柴达木盆地按省级行政区分，多年平均径流量青海境内为 43.81 亿 m^3，甘肃境内为 2.55 亿 m^3，新疆境内为 3.22 亿 m^3。柴达木盆地三四级分区地表水资源量及特征值见表 1-4。

表 1-4　柴达木盆地三四级分区地表水资源量及特征值　　（单位：亿 m^3）

三级区	四级分区	参证站	计算面积（km^2）	统计参数			设计年径流量			
				均值	C_v	C_s/C_v	$P=20\%$	$P=50\%$	$P=75\%$	$P=95\%$
茫崖冷湖区	小计	鱼卡桥	20 077	3.909	0.33	2	4.93	3.77	2.98	2.06
	尕斯库勒湖水系		14 009	3.450			4.35	3.32	2.63	1.81
	老茫崖湖水系		930	0.147			0.19	0.14	0.11	0.08
	大浪滩—风南干盐滩区		2 087	0.096			0.12	0.09	0.07	0.05
	察汉斯拉图干盐滩区		1 067	0.055			0.07	0.05	0.04	0.03
	冷湖周边区		1 984	0.161			0.2	0.16	0.12	0.08
哈尔腾河苏干湖区	哈尔腾河苏干湖区	鱼卡桥	11 064	3.606	0.33	2	4.56	3.48	2.75	1.90
鱼卡河大小柴旦区	小计	鱼卡桥	10 231	2.603	0.33	2	3.28	2.51	1.98	1.37
	马海湖水系		4 386	1.187			1.5	1.14	0.90	0.62
	大柴旦湖水系		772	0.135			0.17	0.13	0.10	0.07
	小柴旦湖水系		5 073	1.281			1.61	1.23	0.98	0.67

续表 1-4　（单位：亿 m^3）

三级区	四级分区	参证站	计算面积（km^2）	统计参数			设计年径流量			
				均值	C_v	C_s/C_v	$P=20\%$	$P=50\%$	$P=75\%$	$P=95\%$
巴音河德令哈区	巴音河德令哈区	德令哈	11 809	4.293 3	0.22	3	5.04	4.19	3.61	2.93
都兰河希赛区	小计	上尕巴	3 562	0.983 3	0.27	3	1.19	0.94	0.79	0.61
	都兰湖水系		1 768	0.616 5			0.74	0.59	0.50	0.38
	柴凯湖-柯柯盐湖水系		1 794	0.366 8			0.45	0.35	0.29	0.23
那棱格勒乌图美仁区	那棱格勒乌图美仁区	那棱格勒	31 837	12.88	0.28	3	15.68	12.38	10.26	7.92
格尔木区	格尔木区	格尔木	22 589	9.076	0.22	3	10.67	8.86	7.64	6.21
柴达木河都兰区	小计	查查香卡察汗乌苏香	34 532	12.23	0.30	2	15.16	11.86	9.60	6.88
	霍布逊湖水系		33 017	11.9			14.75	11.54	9.34	6.70
	全集河协作湖水系		811	0.09			0.11	0.09	0.07	0.05
	苦海水系		704	0.24			0.30	0.23	0.19	0.13
合计			145 701	49.58	0.26	2.5	59.83	48.19	40.3	31.0

2. 分区不同保证率地表水资源量

分区年径流系列的计算主要采用：将四级分区内主要控制站 1956~2010 年径流系列或相邻分区的水文站系列进行水量缩放，推求出分区的径流系列，然后将各四级分区同步期系列中同一年份的年径流相加，得出三级流域分区 1956~2010 年径流系列。依次类推，计算出全盆地 1956~2010 年多年平均径流量 49.58 亿 m^3。不同频率的地表水资源量分别为：丰水年（$P=20\%$）为 59.83 亿 m^3，平水年（$P=50\%$）为 48.19 亿 m^3，偏枯年（$P=75\%$）为 40.3 亿 m^3，枯水年（$P=95\%$）为 31.0 亿 m^3，见表 1-4。

3. 地表水资源量合理性分析

此次评价，柴达木盆地地表水资源量 49.58 亿 m^3，按照新的省界划定，青海 43.81 亿 m^3，甘肃 2.55 亿 m^3，新疆 3.22 亿 m^3。

原第二次水资源综合评价采用 1956~2000 年系列，柴达木盆地为现青海省部分及甘肃省部分，不包括新疆境内面积，评价地表水资源量为 44.4 亿 m^3。按照新的省界划定，根据青海省水文水资源勘测局于 2009 年完成的《柴达木盆地水资源与开发利用调查评价》，采用 1956~2000 年系列，柴达木盆地青海省的水量加上归属甘肃省的水量为 44.4 亿 m^3，与第二次水资源综合评价成果一致。本次计算采用 1956~2010 年系列，由于 2001~2010 年处于水量的丰水期，大多数河流水量呈增加趋势，1956~2010 年系列比 1956~2000 年系列水量增加 5%左右，1956~2010 年系列柴达木盆地青海省的水量加上归属甘肃省的水量为 46.36 亿 m^3，因此整个盆地的水量比第二次评价成果增加了 4.4%。

1.1.3.3　水资源分区

历次评价、规划，均将柴达木盆地划分为 2 个分区或七八个分区，但柴达木盆地一个分区中往往有多条河流和多个汇水中心，各个汇水区之间往往水量悬殊，开发利用状况差别也较大，分区过大往往不能回答小区域的水资源和开发利用情况，造成水资源优化配置上的困难。本次按照《柴达木循环经济试验区水资源综合规划》，根据区域地质构造、地形地貌、水文气象、产业结构的差异，以及从便于反映区域水资源开发利用问题的角度考虑，以水系为单位进行水资源分区，将柴达木盆地共划分为 8 个水资源三级区：茫崖冷湖区、哈尔腾河苏干湖区、鱼卡河大小柴旦区、巴音河德令哈区、都兰河希赛区、那棱格勒乌图美仁区、格尔木区、柴达木河都兰区。其中，茫崖冷湖区、鱼卡河大小柴旦区、都兰河希赛区、柴达木河都兰区按水系又进行了四级流域的划分，共划分 16 个四级区，见表 1-5。

1. 茫崖冷湖区

茫崖冷湖区位于盆地西北部，流域面积 57 763 km^2，青海省境内面积 38 116 km^2，新疆维吾尔自治区境内面积 18 083 km^2，甘肃省境内面积 1 564 km^2，该区是盆地降水最稀少的地区，平原区降水量不足 25 mm，蒸发强烈，平原区蒸发能力可达 1 800 mm 以上。该三级区划分了 5 个四级流域：尕斯库勒湖区、老茫崖湖区、大浪滩—风南干盐湖区、察汗斯拉图干盐湖区、冷湖周边区。该区青海省内地域主要归茫崖、冷湖两行委管辖。

尕斯库勒湖区主要河流有铁木里克河、东沟、西沟等，山区面积 25 626 km^2，其中新疆维吾尔自治区境内面积 17 702 km^2，青海省境内面积 7 924 km^2，花土沟镇、茫崖镇均位于此区。

表 1-5　柴达木盆地水资源分区

三级区	四级分区	土地面积(km^2)			省境内面积(km^2)			省境外面积(km^2)	
		小计	山丘区	平原区	小计	山丘区	平原区	新疆	甘肃
茫崖冷湖区	合计	57 763	20 586	37 177	38 116	8 284	29 832	18 083	1 564
	尕斯库勒湖水系	25 626	14 329	11 297	7 924	3 329	4 595	17 702	
	老茫崖湖水系	4 105	943	3 162	4 105	943	3 162		
	大浪滩—风南干盐湖区	12 053	2 153	9 900	12 053	2 153	9 900		
	察汗斯拉图干盐湖区	5 621	1 104	4 517	5 240	863	4 377	381	
	冷湖周边区	10 358	2 057	8 301	8 794	996	7 798		1 564
哈尔腾河苏干湖区	哈尔腾河苏干湖区	20 835	11 432	9 403	2 833	1 949	884		18 002
鱼卡河大小柴旦区	合计	19 100	10 522	8 578	19 100	10 522	8 578		
	马海湖水系	11 408	4 567	6 841	11 408	4 567	6 841		
	大柴旦湖水系	1 690	732	958	1 690	732	958		
	小柴旦湖水系	6 002	5 223	779	6 002	5 223	779		
巴音河德令哈区	巴音河德令哈区	16 403	12 026	4 377	16 403	12 026	4 377		

续表 1-5

三级区	四级分区	土地面积(km^2)			省境内面积(km^2)			省境外面积(km^2)	
		小计	山丘区	平原区	小计	山丘区	平原区	新疆	甘肃
都兰河希赛区	合计	4 706	3 609	1 097	4 706	3 609	1 097		
	都兰湖水系	2 260	1 792	468	2 260	1 792	468		
	柴凯湖—柯柯盐湖水系	2 446	1 817	629	2 446	1 817	629		
那棱格勒乌图美仁区	那棱格勒乌图美仁区	66 166	32 028	34 138	65 416	31 278	34 138	750	
格尔木区	格尔木区	36 202	22 539	13 663	36 202	22 539	13 663		
柴达木河都兰区	合计	59 266	34 507	24 759	59 266	34 507	24 759		
	霍布逊湖水系	55 797	33 682	22 115	55 797	33 682	22 115		
	全集河协作湖水系	3 469	825	2 644	3 469	825	2 644		
合计		280 441	147 249	133 192	242 042	124 714	117 328	18 833	19 566

其他 4 处四级区，钾矿、芒硝矿资源丰富，缺乏常年性地表径流，水资源贫乏。老茫崖湖区，面积 4 105 km^2，主要依靠祁曼塔格山双石峡、黑山峡等季节性河水的补给；大浪滩—风南干盐湖区，面积 12 053 km^2，包括大浪滩、咸水泉、油泉子、风南等干盐湖，钾矿资源丰富；察汗斯拉图干盐湖区，位于大浪滩与昆特依之间，面积 5 621 km^2，其中青海省境内面积 5 240 km^2，新疆维吾尔自治区境内面积 381 km^2，芒硝资源丰富；冷湖周边区范围为西至俄博梁、东至赛什腾山的大片地区，面积 10 358 km^2，其中青海省境内面积 8 794 km^2，甘肃省境内面积 1 564 km^2。湖泊包括奎屯诺尔湖、昆特依湖、钾湖、牛郎织女湖等，冷湖镇即位于此区。大浪滩—风南干盐湖区、察汗斯拉图干盐湖区、冷湖周边区主要依靠北部阿哈提山、安南坝山沟谷溪流补给，这些溪流到沟口后全部渗失到山前平原中。这些沟谷的集水面积仅在百余平方千米，平常是干沟，如遇大雨，常见滚滚洪流从沟谷中倾泻而出，流入盆地，成为盆地中地下水的补给来源。

茫崖冷湖区水资源利用主要是茫崖、花土沟、冷湖等地的石油、钾肥企业生产用水和城镇生活用水，水资源开发利用率较低。

2. 哈尔腾河苏干湖区

哈尔腾河苏干湖区位于盆地最北端，流域面积 20 835 km^2，该区主要河流有大哈尔腾河、小哈尔腾河。按照新的省界划定，该区大部分现已归甘肃省管辖，仅余哈尔腾河源头及大苏干湖的一部分在青海境内，青海省境内面积 2 833 km^2，甘肃省境内面积 18 002 km^2。

3. 鱼卡河大小柴旦区

鱼卡河大小柴旦区位于盆地北部，面积 19 100 km^2，降水量 25～200 mm，水面蒸发量 1 000～2 000 mm，径流深 0～50 mm。该区按水系划分为 3 个四级区：马海湖水系、大柴旦湖水系、小柴旦湖水系。马海湖水系面积 11 408 km^2，主要河流有鱼卡河、嗷唠河、羊水河等,河流尾闾分为德宗马海湖和巴仑马海湖。大柴旦湖水系面积 1 690 km^2,主要河流有大头羊沟、八里沟、热水沟等小沟道,大柴旦镇即位于此区,北部鱼卡河在出山口后,河水在向西流动的过程中,一部分河水渗入地下,向南越流补给大柴旦湖;小柴旦湖水系面积 6 002 km^2,主要河流为塔塔棱河。

鱼卡河大小柴旦区用水以农业灌溉及采煤、钾肥企业生产用水为主,开发利用率较低。

4. 巴音河德令哈区

巴音河德令哈区位于盆地东北部,面积 16 403 km^2,降水量 35~250 mm,水面蒸发量 1 000~1 800 mm,径流深 0~60 mm。主要河流为巴音河、巴勒更河、白水河,盆地中心湖泊有尕海、克鲁克湖、托素湖。海西州州府所在地德令哈市即位于此区,该区用水以农业灌溉为主,近年来随着德令哈工业园区的发展,工业用水量增加较快,水资源开发利用程度较高。

5. 都兰河希赛区

都兰河希赛区位于盆地东部,属乌兰县管辖,面积 4 706 km^2,降水相对丰沛,一般为 80~300 mm,水面蒸发量 1 000~1 800 mm,径流深 0~50 mm。常年性河流有都兰河、赛什克河,季节性河流有查汗赛,盆地中心湖泊有都兰湖、柯柯盐湖、柴凯湖。该区按水系划分为 2 个四级区:都兰湖水系、柴凯—柯柯盐湖水系。都兰湖水系面积 2 260 km^2,都兰河自东北向西南补给都兰湖,柴达木盆地循环经济试验区察汗诺煤化工工业园及乌兰县城希里沟镇即位于此区;柴凯—柯柯盐湖水系面积 2 446 km^2,赛什克河、查汗赛自北向南补给湖水,柯柯盐湖以生产钠盐为主。

都兰河希赛区用水以农业灌溉为主,水资源开发利用程度较高。

6. 那棱格勒乌图美仁区

那棱格勒乌图美仁区位于柴达木盆地西南部,面积 66 166 km^2,其中青海省境内面积 65 416 km^2,新疆维吾尔自治区境内面积 750 km^2。降水量在 25~250 mm,水面蒸发量 1 000~2 000 mm,径流深 0~60 mm。主要河流有发源于祁曼塔格山的哈德尔甘·呼都森、巴音格勒河及发源于昆仑山脉的那棱格勒河、乌图美仁河、大小灶火河等。那棱格勒河是盆地最大的河流,出山后水流分为多股,并大量下渗,形成潜流,在洪冲积扇前缘以泉的形成出现,汇流到台吉乃尔河,最终流入东、西台吉乃尔湖;乌图美仁河、大小灶火河最终流入西达布逊湖。哈德尔甘·呼都森、巴音格勒河在出山口附近大量下渗,潜流到甘森一带,溢出汇入台吉乃尔河。

那棱格勒乌图美仁区内以前仅有乌图美仁一个牧业乡,近年来,中信国安在东、西台吉乃尔湖区的盐湖资源开发形成一定规模;2007 年,青海盐湖集团察尔汗盐湖采补平衡调那棱格勒河水项目建成。

7. 格尔木区

格尔木区位于盆地中南部,面积 36 202 km^2,降水量 25~300 mm,水面蒸发量 1 000~2 000 mm,径流深 0~100 mm。主要河流有格尔木河、托拉海河等,河水最终流入东布逊湖、大别勒湖、达西湖。

工业重镇格尔木市即位于此区,城市人口达 20 万。用水以灌溉为主,工矿企业生产和城镇生活用水次之。

8. 柴达木河都兰区

柴达木河都兰区位于盆地东南部，面积 59 266 km^2，降水量 25~300 mm，水面蒸发量 1 000~2 000 mm，径流深 0~75 mm。该区东、南部降水较丰沛，河流较多，主要河流有沙柳河、夏日哈河、察汗乌苏河、香日德河、诺木洪河、大格勒、五龙沟等，最终均流入南北霍布逊湖；北部库尔雷克山、阿木尼克山、锡铁山，海拔低，山区狭窄，雨雪贫乏，地表水及地下水均不发育，仅有全集河从北部汇入协作湖。该区按水系划分为 2 个四级区：全集河协作湖水系、霍布逊湖水系。全集河协作湖水系面积 3 469 km^2，霍布逊湖水系面积 55 797 km^2。

锡铁山镇即位于全集河协作湖水系，该区水资源开发利用以煤炭开采、铅锌矿采选及钾肥生产用水为主，霍布逊湖水系以农业为主，灌溉面积大，灌溉用水占总用水的 95%以上，水资源的开发利用程度较高。

1.2　柴达木盆地土壤盐分指标空间分布格局

1.2.1　材料与方法

1.2.1.1　样品采集与处理

选取青海省德令哈市、都兰县、格尔木市和乌兰县典型地块，根据海西州农业土壤盐化程度分级标准中的地表植被状况，初步区分轻度、中度和重度盐化，采集表层混合土壤样品，采集深度 0~20 cm，采集时采用 GPS 定位，每个样品由 5 个采样点混合而成，用四分法保留约 1.5 kg，并记录调查该样点的行政归属至自然村、土地利用方式、土壤类型、地表植被及种类等情况。共采集土壤样品 221 个，见图 1-2。土壤样品采集并经自然风干后，拣出砾石及植物根系等杂物，将土样磨细后分别过 1 mm、0.25 mm、0.149 mm 筛后制成待测样，用于土壤全盐、阳离子代换量、pH 和盐分离子测定。

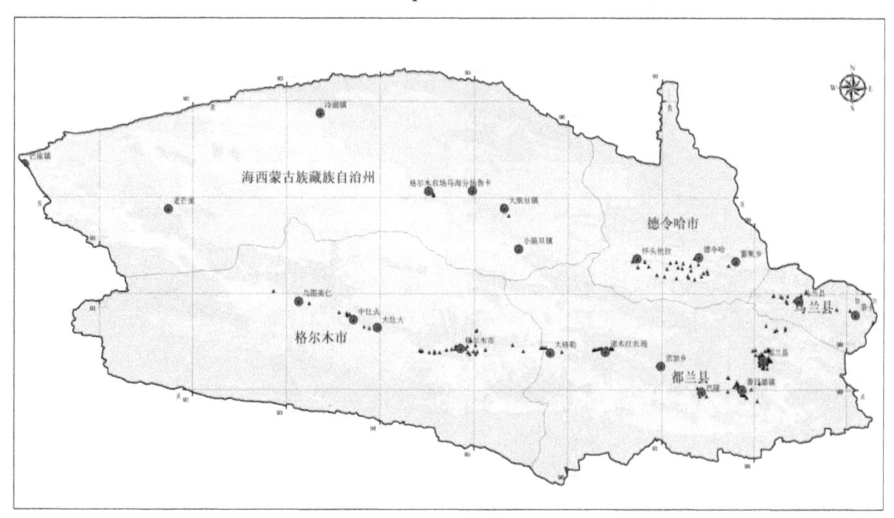

图 1-2　柴达木盆地土壤样点分布图

1.2.1.2　土壤盐分指标测定

土壤样品均采用常规分析方法进行测定，对所采集的土壤样品进行风干，过 1 mm 筛，然后以 5∶1 的水土比进行抽滤浸提，按南京土壤研究所编著的《土壤理化分析》进行土壤盐分及其组成的测定，其中全盐量：以重量法计算；K^+、Na^+：火焰光度计法；Ca^{2+}、Mg^{2+}：原子吸收分光光度计法；Cl^-：$AgNO_3$ 滴定法；CO_3^{2-}、HCO_3^-：双指标剂中和法；SO_4^{2-}：EDTA 间接滴定法。土壤 pH 采用电位法（水土比为 2.5∶1）测定。土壤有机质采用重铬酸钾加热法测定，土壤阳离子代换量（CEC）采用 NH_4Cl-NH_4OAc 交换法测定。

1.2.1.3　数据处理

采用传统的 Fisher 统计分析方法，主要利用 SPSS22 统计软件进行描述性统计和相关性分析。盐分各指标的空间分布所需的图件主要包括土壤图（1∶500 000）、行政区划图（1∶500 000）。所采用的 GIS 平台为 ESRI 公司的 ArcGIS10.2，使用 Kriging 插值法绘制出各盐分指标空间分布图。

1.2.2　研究结果

1.2.2.1　盐分指标的描述性统计

土壤盐分及其相关指标的描述性统计见表 1-6。

表 1-6　土壤盐分及其相关指标的描述性统计

指标	全盐(g/kg)	pH	CEC(me/100 g 土)	OM(g/kg)	K^+(mg/kg)	Ca^{2+}(mg/kg)	Na^+(mg/kg)	Mg^{2+}(mg/kg)	HCO_3^-(mg/kg)	SO_4^{2-}(mg/kg)	Cl^-(mg/kg)
最小值	0.3	7.6	0.9	1.3	0	0	0	0	0	0	0
最大值	160.0	9.9	29.5	40.7	5.4	3.9	72.4	3.4	1.9	6.4	241.5
平均值	5.0	8.7	6.5	15.3	0.1	0.3	1.1	0.1	0.3	0.9	2.0
标准差	14.7	0.2	3.4	6.4	0.3	0.6	4.2	0.4	0.2	1.2	11.8
变异系数	294.4	2.8	52.4	42.2	391.0	197.9	399.3	289.9	66.3	140.2	597.7
偏度	6.5	0.2	2.4	0.2	12.4	3.8	10.8	6.0	2.4	2.4	15.7
峰度	52.9	2.4	9.6	0.2	189.3	14.7	156.4	40.4	9.0	5.5	303.3

Fisher 经典统计方法可以用来判别样本分布类型统计中数、均值、标准差、变异系数等，还可以在一定程度上反映研究区域的总体养分水平及变异状况（见表 1-6），柴达木盆地细土带区域盐碱地土壤为中性偏碱，pH 为 7.6~9.9，平均值为 8.7；土壤有机质范围在 1.3~40.7 g/kg，平均含量为 15.3 g/kg；土壤阳离子代换量（CEC）范围在 0.9~29.5 me/100 g 土，平均值为 6.5 me/100 g 土。Cl^-为 2.0 mg/kg，SO_4^{2-} 为 0.9 mg/kg，HCO_3^- 为 0.3 mg/kg，Ca^{2+}为 0.3 mg/kg，K^+为 0.1 mg/kg，Na^+为 1.1 mg/kg，Mg^{2+}为 0.1 mg/kg。若变异系数小于 10%，则表现为弱变异性；变异系数为 10%~100%，表现为中等变异性；变异系数不小于 100%，表现为强变异。研究区域内土壤盐分及相关指标存在不同程度的变异，变异范围在 2.8%~597.7%（见表 1-6）。变异系数较高的指标主要为 Cl^-、K^+、Na^+、全盐、Mg^{2+}、Ca^{2+}

和 SO_4^{2-},其值均高于 100%,存在强变异,说明存在人为影响产生的特异值;变异系数在 10%~100%的指标为 CEC、有机质和 HCO_3^-;pH 变异系数最低,仅为 2. 8%。

从偏度来分析,pH 和有机质的偏度值小于 1 且接近 0,说明 pH 和有机质的数据结构均呈略左偏的正态分布;其他 9 个指标(全盐、CEC、Cl^-、SO_4^{2-}、HCO_3^-、Ca^{2+}、K^+、Na^+、Mg^{2+})均大于 1,说明数据不呈正态分布,需要进行数据处理。

1. 2. 2. 2　盐分指标的相关性分析

盐分离子及相关指标相关性分析见表 1-7。

表 1-7　盐分离子及相关指标相关性分析

	全盐	pH	CEC	OM	K^+	Ca^{2+}	Na^+	Mg^{2+}	CO_3^{2-}	HCO_3^-	SO_4^{2-}	Cl^-
全盐	1											
pH	0.066	1										
CEC	-0.068	-0.261**	1									
OM	-0.030	-0.421**	0.466**	1								
K^+	0.718**	0.079	-0.052	-0.021	1							
Ca^{2+}	0.775**	-0.112**	-0.016	0.022	0.545**	1						
Na^+	0.906**	0.091*	-0.066	-0.039	0.692**	0.645**	1					
Mg^{2+}	0.648**	0.126**	-0.084*	-0.090*	0.612**	0.514**	0.601**	1				
CO_3^{2-}	0.371**	0.276**	-0.077	-0.023	0.331**	0.087*	0.461**	0.174**	1			
HCO_3^-	-0.020	0.013	0.240**	0.107*	0.083*	-0.106*	0.004	0.040	0.088*	1		
SO_4^{2-}	0.597**	-0.024	-0.070	-0.064	0.392**	0.759**	0.484**	0.540**	0.154**	-0.171**	1	
Cl^-	0.807**	0.012	-0.032	-0.002	0.437**	0.557**	0.562**	0.317**	0.197**	-0.039	0.345**	1

注:*表示显著性概率水平为 0. 05;**表示显著性概率水平为 0. 01;n=221。

通过对各盐分离子及其相关因素间的相关分析,揭示盐分在土体中的存在形态,可在一定程度上反映出盐分的运动趋势。结果(见表 1-7)表明,在 0~20 cm 土层,全盐量与 K^+、Ca^{2+}、Na^+、Mg^{2+}、CO_3^{2-}、SO_4^{2-} 和 Cl^-间达极显著正相关(P<0. 01),说明全盐含量的高低与这 7 个离子间关系极为密切。pH 与 CEC、有机质和 Ca^{2+}间达极显著负相关(P<0. 01),与 Mg^{2+}、CO_3^{2-} 间呈极显著正相关(P<0. 01),与 Na^+间呈显著正相关(P<0. 05)。CEC 与有机质和 HCO_3^- 间呈极显著正相关(P<0. 01),而与 pH、Mg^{2+}间则呈显著负相关(P<0. 05)。有机质与 pH 呈极显著负相关(P<0. 01),与 CEC 间呈极显著正相关(P<0. 01),与 Mg^{2+}间呈显著负相关(P<0. 05),与 HCO_3^- 呈显著正相关(P<0. 05)。K^+与全盐、Ca^{2+}、Na^+、Mg^{2+}、CO_3^{2-}、SO_4^{2-} 和 Cl^-间达极显著正相关(P<0. 01),仅与 HCO_3^- 间呈显著正相关(P<0. 05)。Ca^{2+}与全盐、K^+、Na^+、Mg^{2+}、SO_4^{2-} 和 Cl^-间呈极显著正相关(P<0. 01),与 CO_3^{2-} 间呈显著正相关(P<0. 05),与 pH、HCO_3^- 间呈显著负相关(P<0. 05)。Na^+与全盐、K^+、

Ca^{2+}、Mg^{2+}、CO_3^{2-}、SO_4^{2-} 和 Cl^-间达极显著正相关($P<0.01$),与 pH 间呈显著正相关($P<0.05$)。Mg^{2+}与全盐、pH、Ca^{2+}、Na^+、CO_3^{2-} 间达极显著正相关($P<0.01$),与有机质和 CEC 间呈显著负相关($P<0.05$)。HCO_3^- 与 CEC、SO_4^{2-} 和 Cl^-间达极显著正相关($P<0.01$),与有机质、K^+、CO_3^{2-} 间呈显著正相关($P<0.05$),与 Ca^{2+}间呈显著负相关($P<0.05$)。SO_4^{2-} 与全盐、K^+、Ca^{2+}、Na^+、Mg^{2+}、CO_3^{2-} 和 HCO_3^- 间达极显著正相关($P<0.01$)。Cl^-与全盐、K^+、Ca^{2+}、Na^+、Mg^{2+}、CO_3^{2-} 和 SO_4^{2-} 间达极显著正相关($P<0.01$)。

1.2.2.3 盐分指标的空间分布

为掌握柴达木盆地区域内土壤各盐分指标的空间分布特征,应用 ArcGIS 软件中的 Kriging 最优内插法绘制了不同土壤盐分指标的插值图(见图 1-3～图 1-14)。结果表明,不同盐分指标空间分布格局呈现一定的规律性。全盐在整个盆地呈现西高东低的趋势(见图 1-3),与 Na^+、Ca^{2+}和 SO_4^{2-} 的分布格局较为一致(见图 1-5、图 1-6、图 1-8);K^+、Mg^{2+}和 Cl^-在采样区域内呈现由东向西递增的趋势,在格尔木区域表现出高值点(见图 1-4、图 1-7、图 1-9);CO_3^{2-} 的空间分布则呈现出东西两头高,中间低的格局(见图 1-10)。HCO_3^- 的空间分布最为突出,其整体分布与其他指标相反,呈现出东高西低的趋势(见图 1-11),这一点也与上文中相关分析结果相符,HCO_3^- 与全盐之间呈负相关关系。

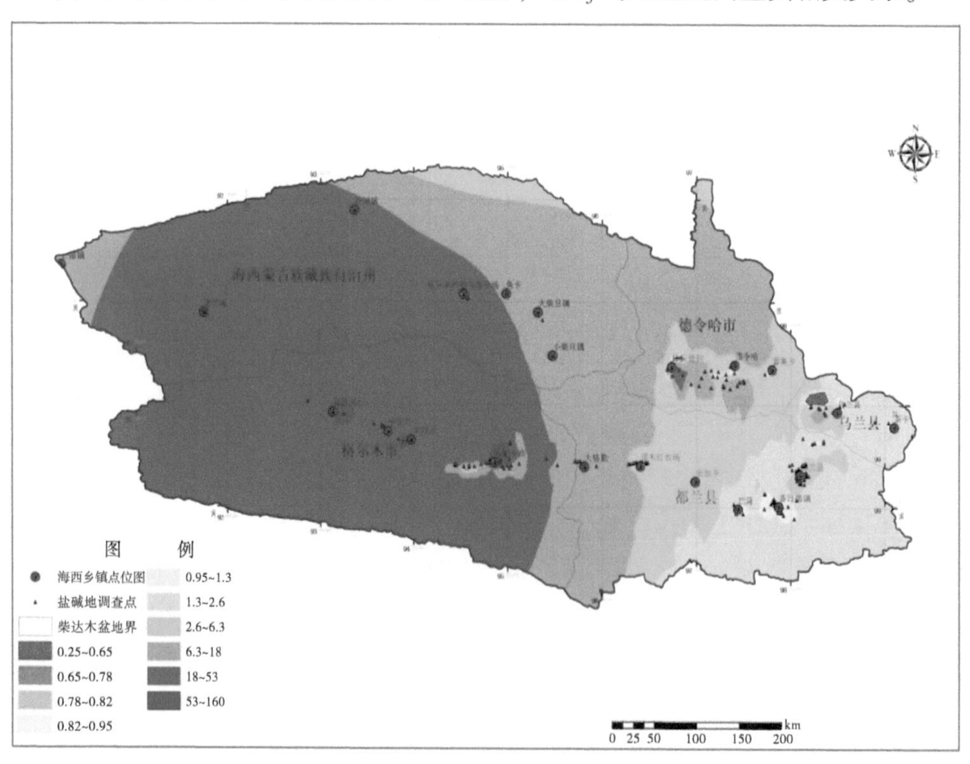

图 1-3 柴达木盆地盐碱地全盐插值图

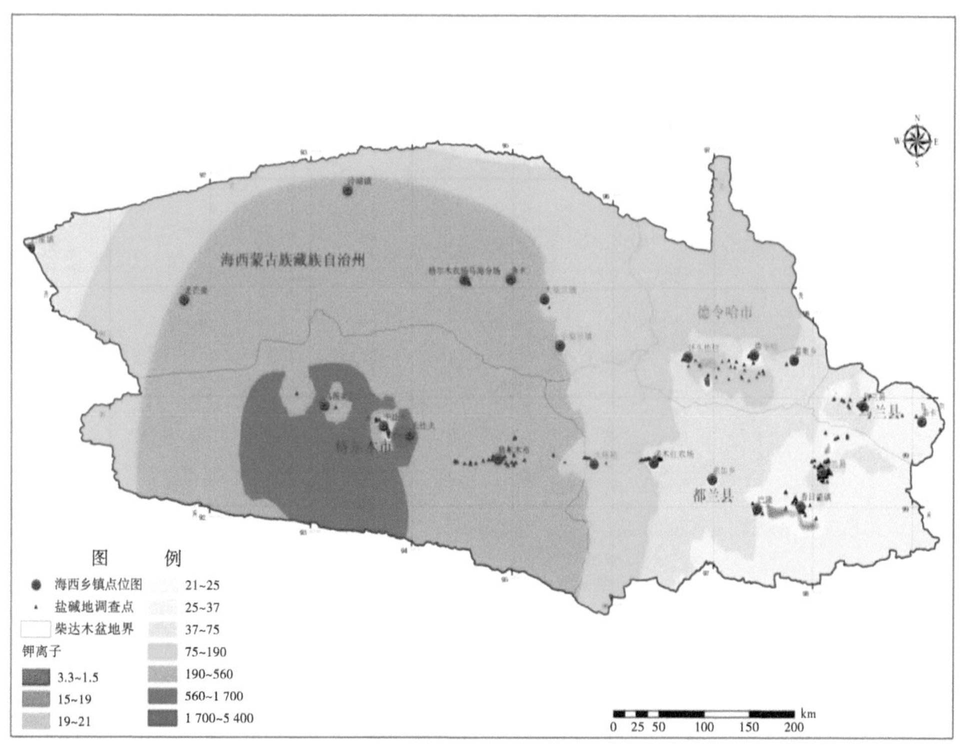

图 1-4　柴达木盆地盐碱地 K^+ 插值图

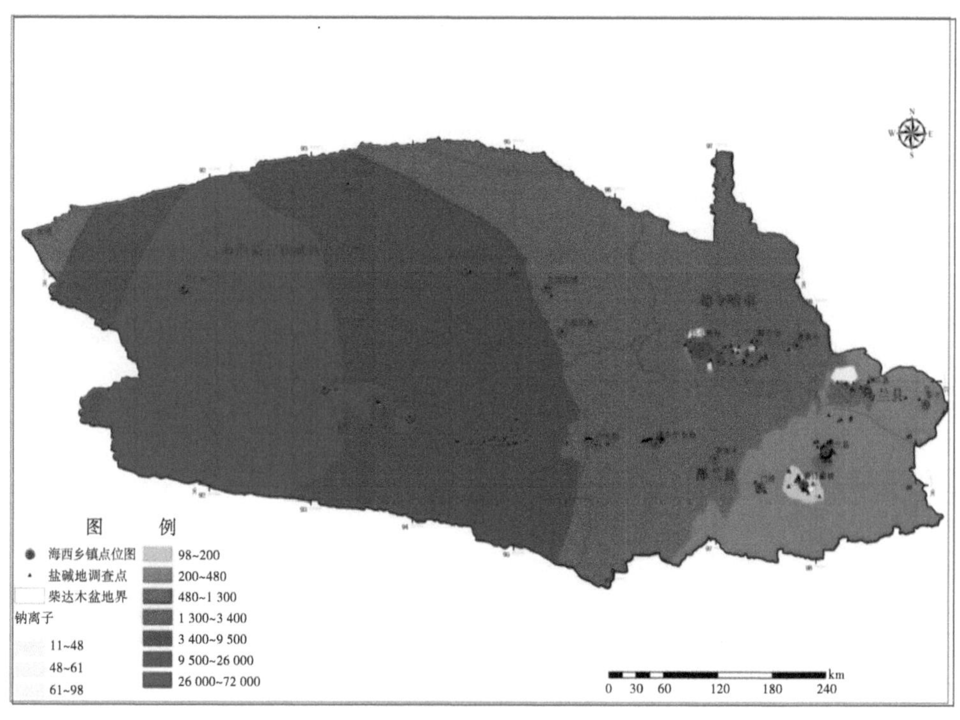

图 1-5　柴达木盆地盐碱地 Na^+ 离子插值图

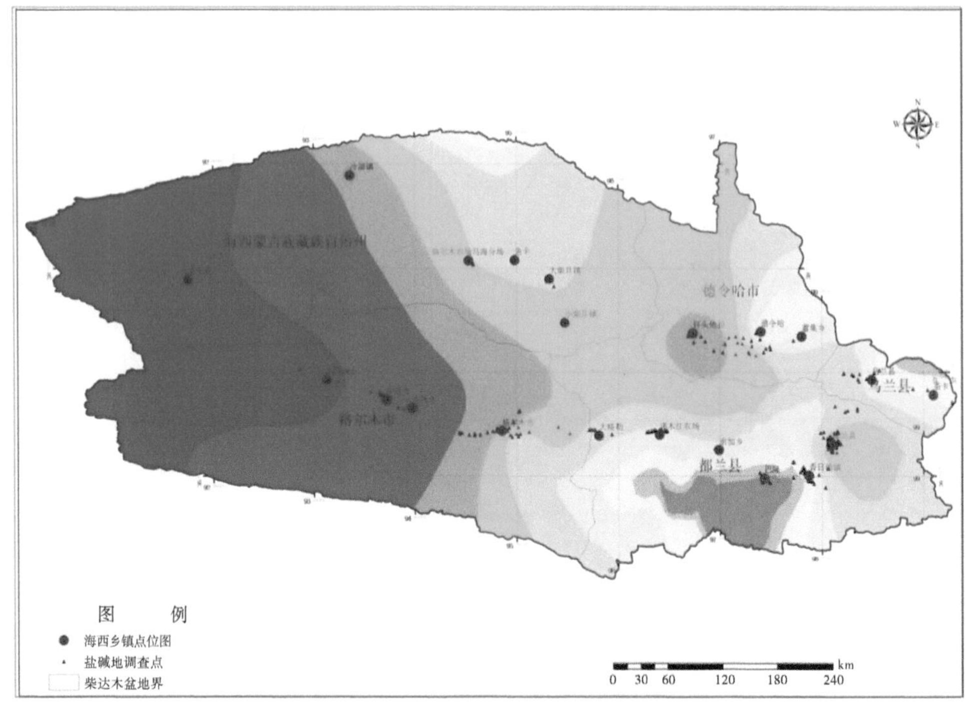

图 1-6　柴达木盆地盐碱地 Ca^{2+} 离子插值图

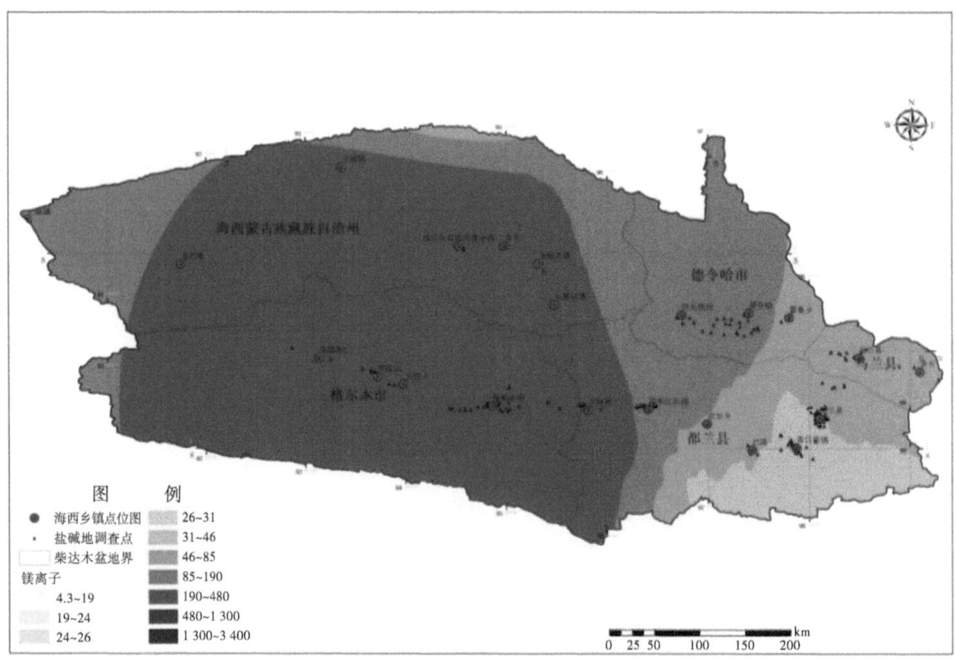

图 1-7　柴达木盆地盐碱地 Mg^{2+} 离子插值图

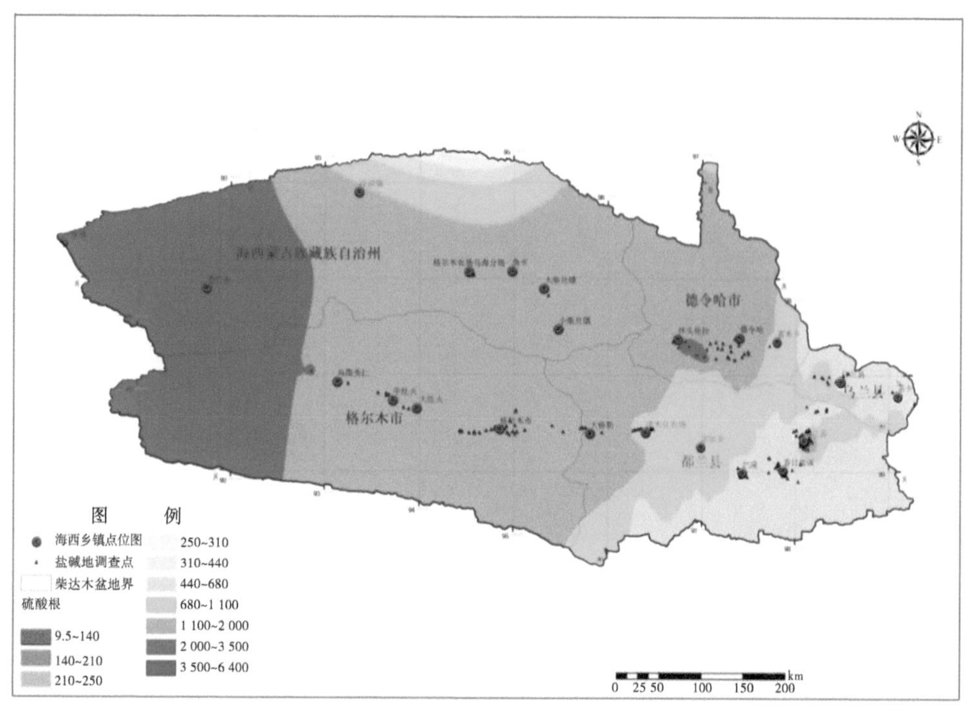

图 1-8　柴达木盆地盐碱地 SO_4^{2-} 离子插值图

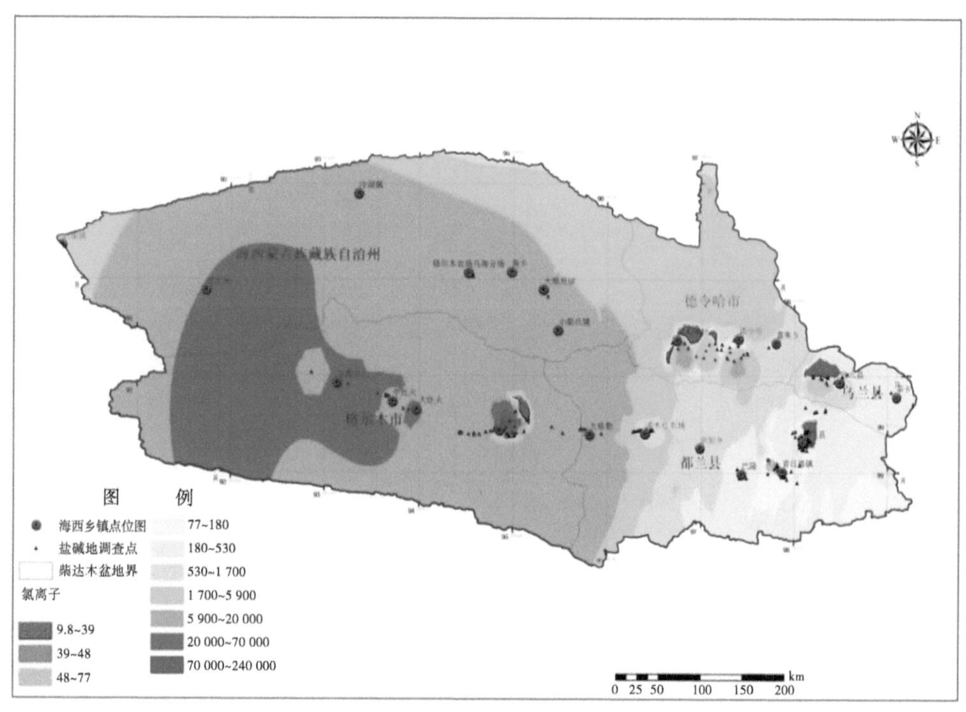

图 1-9　柴达木盆地盐碱地 Cl^- 离子插值图

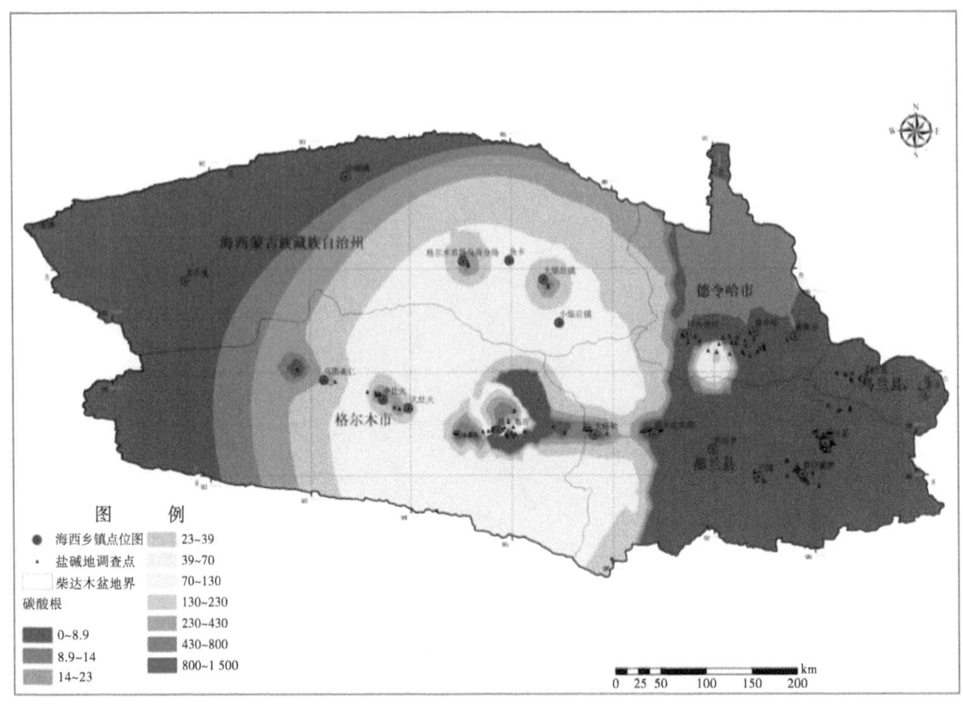

图 1-10　柴达木盆地盐碱地 CO_3^{2-} 离子插值图

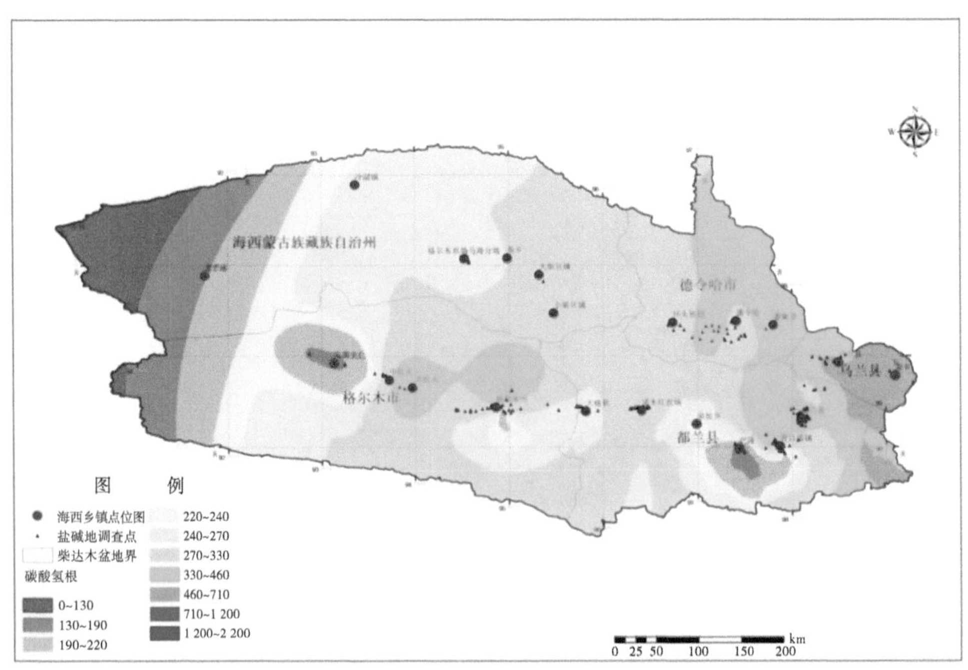

图 1-11　柴达木盆地盐碱地 HCO_3^- 离子插值图

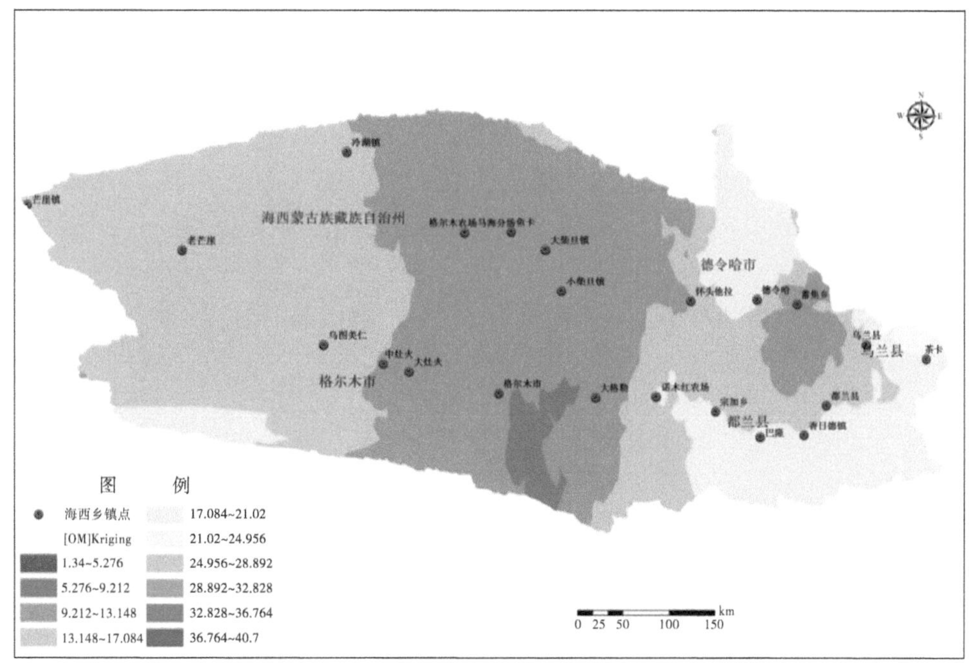

图 1-12　柴达木盆地盐碱地有机质插值图

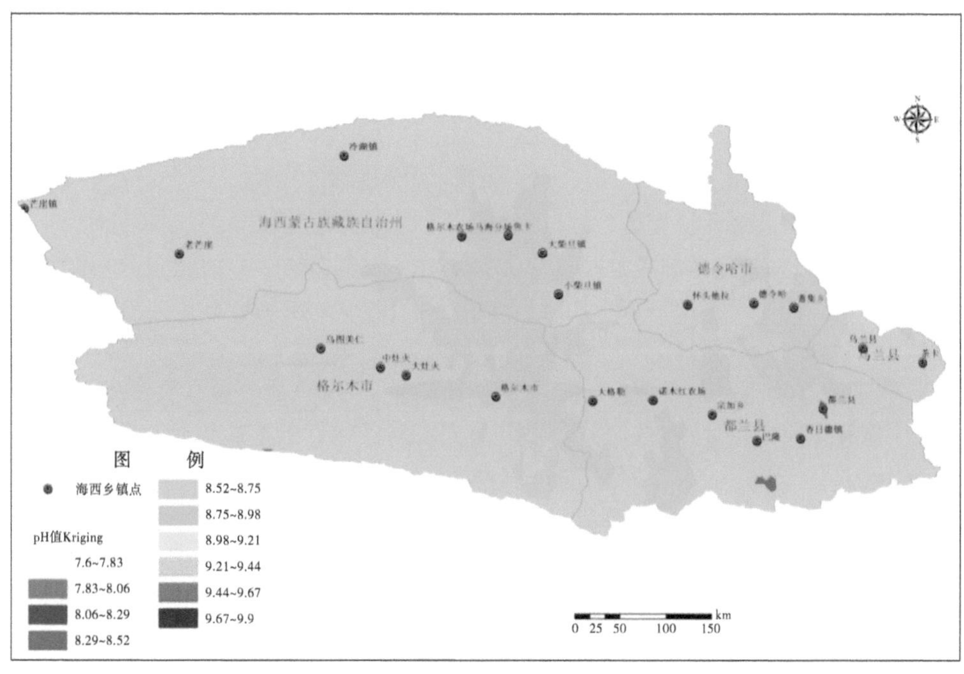

图 1-13　柴达木盆地盐碱地 pH 插值图

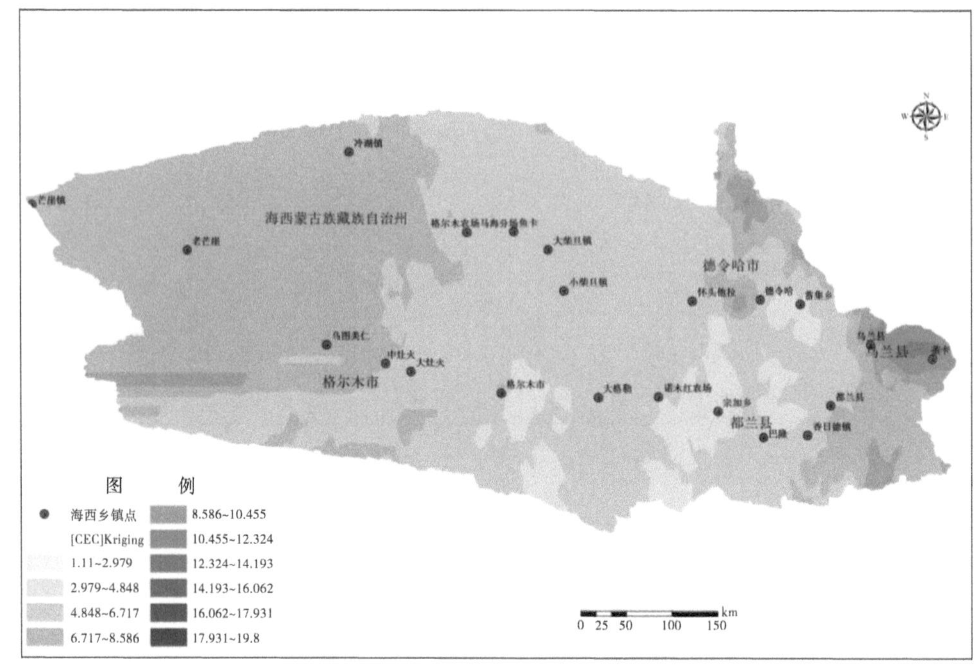

图 1-14　柴达木盆地盐碱地阳离子代换量插值图

1.3　柴达木盆地土壤盐化综合评价与分级

1.3.1　材料与方法

1.3.1.1　土壤盐化综合评价指数(*IFI*)计算

将土壤盐分及相关指标的统计特征中数据利用 SPSS22 软件中的因子分析功能进行主成分分析。主成分分析(PCA 法)是将多个变量转换为少数几个不相关的综合指标的多元统计分析方法,其重要目的在于对原始变量进行分门别类的综合评价。PCA 法通过因子分析确定参评土壤指标主成分特征值和特征向量,根据主成分累计贡献率,选择关键主成分,计算各主成分得分,再利用综合得分公式求出各样点土壤盐化综合评价指数 *IFI*。

$$IFI = A_1Y_1 + A_2Y_2 + \cdots + A_nY_n$$

式中:Y 为单个主成分得分;A 为对应主成分的贡献率;n 为样本数量(黄安,2014)。

1.3.1.2　半方差函数及 Kriging 插值图制作

土壤养分描述性统计分析方法虽然能说明养分含量变化的全貌,但不能反映土壤养分的结构性、随机性、相关性和独立性,因此需要进一步采用统计学方法进行土壤盐分及其相关因素空间变异结构的分析和探讨。

原始数据呈正态分布是地统计学前提假设,当所评价数据满足正态分布时,才能进一步进行空间插值研究(沈润平等,2009)。因此,对初步计算获得的土壤盐化综合评价指数(*IFI*)数据依据相关文献按平均值±3 倍标准差进行了特异值筛选,去除了部分特异值,使数据分布更趋向于正态分布,数据处理完毕后用于地统计学分析。

本书采用 GIS 平台为 GS+7. 0 用于分析半方差函数选择合适的半方差模型、输出半方差函数图和制作 Kriging 插值图。半方差函数和半方差函数模型参照王政权(1999)、王学锋(1995)的文献。半方差常用的有球形模型、线性模型、指数模型和高斯模型等,半方差函数模型的确定主要依据拟合参数 R^2 和 RSS 值,这两个参数均是反映模型拟合程度的,但 RSS 较 R^2 更灵敏,模型拟合中 RSS 值越小,说明拟合模型程度越好(吴荣贵,1992)。

1. 3. 2　研究结果

1. 3. 2. 1　主成分分析

对所测定的 12 项土壤属性指标进行主成分分析,计算特征值的贡献率和累积贡献率(见表 1-8),特征值不小于 1 的主成分有 3 个,考虑到一般主成分累积贡献率要超过 85%,据此本书提取了 6 个主成分,第 1 主成分对于总方差的贡献率是 39. 62%,第 2 主成分对于总方差的贡献率是 15. 40%,第 3 主成分对于总方差的贡献率是 11. 29%,第 4 主成分对于总方差的贡献率是 7. 35%,第 5 主成分对于总方差的贡献率是 6. 26%,第 6 主成分对于总方差的贡献率是 5. 36%,六者之和达到 85. 28%,即前 6 个主成分能把土壤全部指标提供信息的 85. 28%反映出来,保持了原变量信息的大部分。可以说,用这 6 个因子代替 12 个原始变量,可以概括原始变量所包含信息的 85%以上。由以上输出结果可以认为对因子的提取结果是较为理想的,但对 6 个因子的命名就较为困难,各因子中原始变量的系数没有很明显的差别。因为须进一步进行旋转,使系数向 0 和 1 两极分化(见表 1-9)。

表 1-8　主成分分析特征值及方差贡献率

项目	1	2	3	4	5	6	7	8	9	10	11	12
特征值	4. 754	1. 848	1. 354	0. 882	0. 751	0. 643	0. 567	0. 447	0. 341	0. 263	0. 140	0. 009
贡献率(%)	39. 62	15. 40	11. 29	7. 35	6. 26	5. 36	4. 73	3. 73	2. 84	2. 19	1. 17	0. 08
累积贡献率(%)	39. 62	55. 02	66. 30	73. 65	79. 91	85. 27	90. 00	93. 72	96. 57	98. 76	99. 92	100. 00

表 1-9　旋转后主成分提取结果

项目	成分					
	1	2	3	4	5	6
Mg^{2+}	0. 848	0. 056	0. 108	0. 084	-0. 100	0. 170
SO_4^{2-}	0. 826	0. 131	-0. 046	0. 055	0. 085	-0. 316
Ca^{2+}	0. 759	0. 465	-0. 080	-0. 092	0. 064	-0. 169
K^+	0. 652	0. 311	0. 344	-0. 073	-0. 146	0. 249
Na^+	0. 623	0. 505	0. 429	-0. 007	-0. 073	0. 060
Cl^-	0. 227	0. 937	0. 057	0. 014	0. 008	-0. 025

续表 1-9

项目	成分					
	1	2	3	4	5	6
全盐	0. 654	0. 697	0. 262	0. 009	−0. 039	0. 017
CO_3^{2-}	0. 108	0. 106	0. 918	0. 153	0. 004	0. 004
pH	−0. 005	−0. 014	0. 250	0. 900	−0. 068	0. 025
OM	−0. 059	−0. 028	0. 188	−0. 650	0. 559	0. 014
CEC	−0. 027	−0. 002	−0. 065	−0. 133	0. 915	0. 171
HCO_3^-	−0. 020	−0. 016	0. 013	0. 021	0. 173	0. 924

第 1 主成分中，Mg^{2+}、SO_4^{2-}、Ca^{2+}、K^+ 和 Na^+ 的主成分载荷相对较高，分别为 0. 848、0. 826、0. 759、0. 652、0. 623(见表 1-9)，说明第 1 主成分是对土壤盐渍状况的综合反映。第 2 主成分中，Cl^- 和全盐主成分载荷最高，分别达到了 0. 937 和 0. 697，说明第 2 主成分反映了这两种盐化因子对土壤盐化程度的影响状况。而在第 3 主成分中 CO_3^{2-} 的载荷最高，为 0. 918，说明第 3 主成分是对碳酸盐属性的描述。第 4 主成分中，pH 主成分载荷最高，达到了 0. 900。第 5 主成分中有机质(OM)和 CEC 的载荷较高，为 0. 559 和 0. 915。第 6 主成分中的 HCO_3^- 载荷最高，达 0. 924，说明该成分是对另一种碳酸盐属性的反映。

对选取的 6 个主成分进行载荷值旋转计算，可得成分得分系数矩阵(见表 1-10)。由此可计算出 6 个主成分的综合得分，单个主成分综合得分线性方程为

表 1-10　主成分得分系数矩阵

项目	成分					
	1	2	3	4	5	6
全盐	0. 023	0. 325	0. 031	0. 001	−0. 007	0. 022
pH	−0. 019	0. 005	0. 074	0. 811	0. 313	−0. 057
CEC	0. 041	0. 029	−0. 084	0. 272	0. 865	−0. 007
OM	−0. 022	−0. 080	0. 296	−0. 435	0. 289	−0. 095
K^+	0. 190	−0. 066	0. 168	−0. 185	−0. 210	0. 251
Ca^{2+}	0. 228	0. 108	−0. 217	0. 005	0. 106	−0. 124
Na^+	0. 073	0. 119	0. 230	−0. 078	−0. 067	0. 039
Mg^{2+}	0. 448	−0. 346	−0. 047	0. 022	−0. 064	0. 190
CO_3^{2-}	−0. 093	−0. 119	0. 815	−0. 008	0. 055	−0. 144
HCO_3^-	0. 030	0. 021	−0. 135	0. 035	−0. 004	0. 858
SO_4^{2-}	0. 414	−0. 247	−0. 130	0. 139	0. 222	−0. 293
Cl^-	−0. 307	0. 796	−0. 159	0. 081	0. 040	−0. 003

$Y_1 = 0.023x_1 - 0.019x_2 + 0.410x_3 - 0.022x_4 + 0.190x_5 + 0.228x_6 + 0.073x_7 + 0.448x_8 - 0.093x_9 + 0.030x_{10} + 0.414x_{11} - 0.307x_{12}$

$Y_2 = 0.325x_1 + 0.005x_2 + 0.029x_3 - 0.080x_4 - 0.066x_5 + 0.108x_6 + 0.119x_7 - 0.346x_8 - 0.119x_9 + 0.021x_{10} - 0.247x_{11} + 0.796x_{12}$

$Y_3 = 0.031x_1 + 0.074x_2 - 0.084x_3 + 0.296x_4 + 0.168x_5 - 0.217x_6 + 0.230x_7 - 0.047x_8 + 0.815x_9 - 0.135x_{10} - 0.130x_{11} - 0.159x_{12}$

$Y_4 = 0.001x_1 + 0.811x_2 + 0.272x_3 - 0.435x_4 - 0.185x_5 + 0.005x_6 - 0.078x_7 + 0.022x_8 - 0.008x_9 + 0.035x_{10} + 0.139x_{11} + 0.081x_{12}$

$Y_5 = -0.007x_1 + 0.313x_2 + 0.865x_3 + 0.289x_4 - 0.210x_5 + 0.106x_6 - 0.067x_7 - 0.064x_8 + 0.055x_9 - 0.004x_{10} + 0.222x_{11} + 0.040x_{12}$

$Y_6 = 0.020x_1 - 0.057x_2 - 0.007x_3 - 0.095x_4 + 0.251x_5 - 0.124x_6 + 0.039x_7 + 0.190x_8 - 0.144x_9 + 0.858x_{10} - 0.293x_{11} - 0.003x_{12}$

式中：Y_1、Y_2、Y_3、Y_4、Y_5 和 Y_6 分别代表第 1、2、3、4、5 和 6 主成分；x_1、x_2、x_3、x_4、x_5、x_6、x_7、x_8、x_9、x_{10}、x_{11}、x_{12} 分别代表全盐量、pH、CEC、OM、K^+、Ca^{2+}、Na^+、Mg^{2+}、CO_3^{2-}、HCO_3^-、SO_4^{2-}、Cl^-。

1.3.2.2　盐化综合评价指数(*IFI*)分析

根据盐化综合评价指标公式，可计算出每个样点的综合分值。在本研究中具体模型为：$IFI = 0.3962Y_1 + 0.154Y_2 + 0.1129Y_3 + 0.735Y_4 + 0.626Y_5 + 0.536Y_6$。对上述分析最终计算所得 221 个土壤样点的综合分值进行一般性统计描述：分值范围在 5.32～36.21，平均值为 9.64，标准差为 2.91，变异系数为 30.14%，属中等变异程度。

分析柴达木盆地盐化综合评价指数数据，依据相关文献按平均值±3 倍标准差进行了特异值筛选，并删除了不符合条件的数据。发现经过处理后 *IFI* 数据偏度系数为 1.37，趋向于 0，峰度系数为 1.94，趋向于 3，其分布接近正态分布。重新对综合分值 *IFI* 进行一般性统计描述：分值范围在 5.97～17.88，平均值为 9.53，标准差为 2.13，变异系数为 22.35%，变异程度有所降低。土壤盐化综合指数频率最高的区间为 7.22～9.1，分布频率占总样本的 51.3%，见图 1-15。

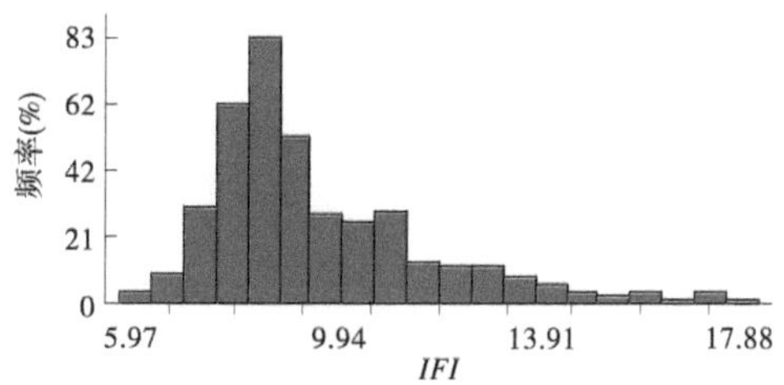

图 1-15　柴达木盆地盐化综合评价指数 *IFI* 频数分布

为掌握柴达木盆地区域内土壤盐化空间分布特征，应用 Kriging 最优内插法绘制了土壤盐化综合评价指数 *IFI* 的插值图，见图 1-16。结果表明，*IFI* 呈现较明显的空间分布格局，盆地北部 *IFI* 值高于南部，东部和西部各有一个高值中心，南部有一个低值中心，为全盆地最低值所在区域；从行政区域看，*IFI* 值由高到低排序为德令哈、乌兰、都兰、格尔木，其平均值分别为 2. 17、2. 00、1. 81 和 1. 69，也就是说德令哈和乌兰盐化程度要高于都兰和格尔木，需要更加重视细土带区域的盐化治理问题。

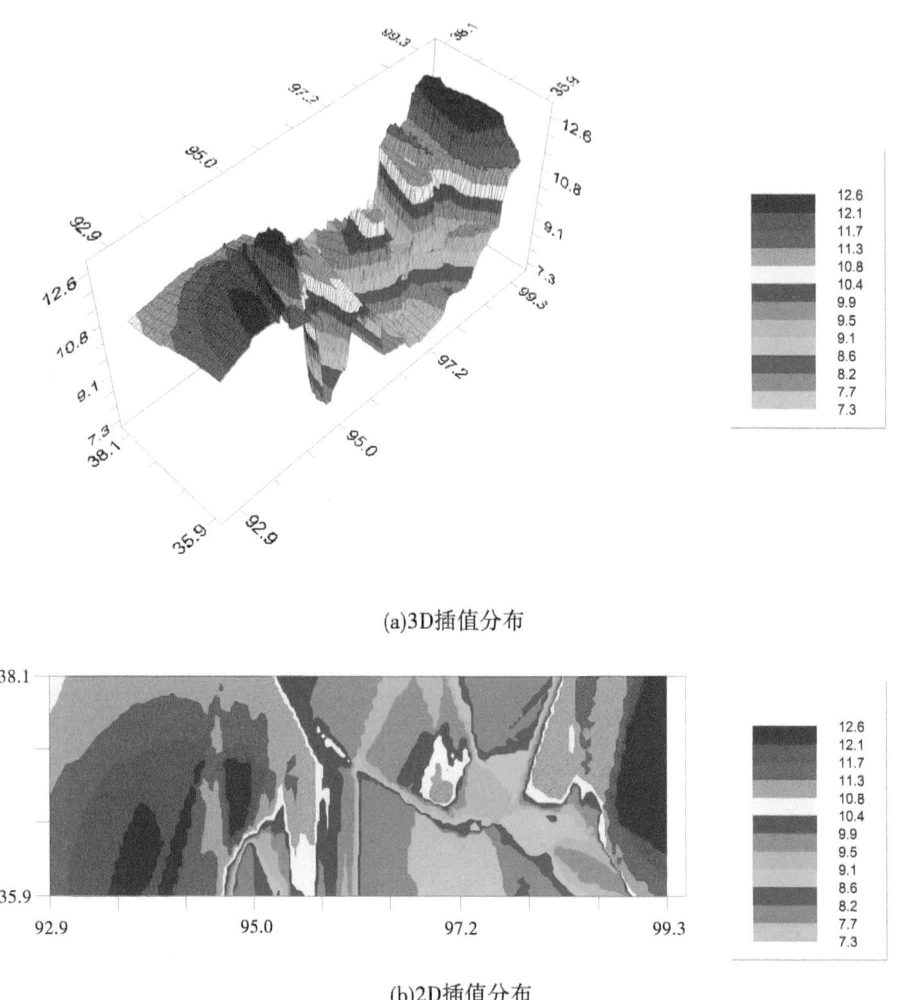

(a)3D插值分布

(b)2D插值分布

图 1-16　柴达木盆地盐化综合评价指数 *IFI* 插值图

1. 3. 2. 3　基于 *IFI* 的盐化程度分级

利用土壤盐化综合评价指数 *IFI* 采用自然间断点分级法(Jenks)开展盐化分级(见表 1-11)，“自然间断点”类别基于数据中固有的自然分组，将对分类间隔加以识别，可对相似值进行最恰当的分组，并可使各个类之间的差异最大化。

表 1-11　基于 *IFI* 的盐化分级标准

盐化分级	*IFI* 范围
无盐化	5. 97～8. 03
轻盐化	8. 03～9. 53
中盐化	9. 53～11. 46
重盐化	11. 46～14. 22
盐土	14. 22～17. 88

1. 3. 2. 4　基于盐化综合评价指数的各盐分指标变化规律

依据盐化综合评价指数 *IFI*，将盆地调查土壤盐化程度分为 5 级，即无盐化、轻盐化、中盐化、重盐化和盐土。随着盐化指数和盐化程度的增加，全盐、CEC、K^+、Ca^{2+}、Na^+、Mg^{2+}、HCO_3^-、CO_3^{2-}、SO_4^{2-} 和 Cl^-含量逐渐升高，仅有机质（OM）呈下降趋势，pH 则随盐分等级的升高变化程度不明显。土壤溶液中高浓度的全盐量、SO_4^{2-} 和 Cl^-是盐土的特征，而高含量的 HCO_3^-、CO_3^{2-} 则是碱土的特点。当土壤中含较高的盐浓度，在一定程度上也影响盐基交换，对土壤碱化起一定的抑制作用（牛东玲等，2001）。本书中各盐分离子在不同分级的分布特征符合以上特点，说明该分级方法科学可靠。基于盐化综合评价指数的各盐分相关指标统计特征见表 1-12。

表 1-12　基于盐化综合评价指数的各盐分相关指标统计特征

盐化分级	*IFI* 平均值	全盐 (g/kg)	pH	OM (g/kg)	CEC (me/100 g 土)	K^+ (g/kg)	Ca^{2+} (g/kg)	Na^+ (g/kg)	Mg^{2+} (g/kg)	CO_3^{2-} (g/kg)	HCO_3^- (g/kg)	SO_4^{2-} (g/kg)	Cl^- (g/kg)
无盐化	7. 38	1. 04	8. 6	16. 44	4. 6	0. 022	0. 104	0. 120	0. 032	0. 005	0. 234	0. 398	0. 148
轻盐化	8. 70	1. 52	8. 7	14. 98	5. 8	0. 032	0. 127	0. 230	0. 046	0. 005	0. 375	0. 476	0. 240
中盐化	10. 39	5. 83	8. 7	15. 19	7. 3	0. 064	0. 478	1. 120	0. 163	0. 004	0. 367	1. 538	1. 371
重盐化	12. 56	11. 41	8. 6	15. 11	9. 0	0. 165	0. 648	2. 686	0. 332	0. 037	0. 409	1. 798	3. 836
盐土	16. 11	25. 39	8. 7	14. 40	11. 8	0. 509	0. 952	5. 281	0. 778	0. 006	0. 433	1. 782	12. 362

从各离子组成来看，从无盐化级别到盐土级别，K^+、Mg^{2+}、CO_3^{2-} 在全盐中所占比例变化很小，在 1%范围内，见表 1-13。其次为 Ca^{2+}，随盐化等级的增加其在全盐中所占比例呈轻度下降趋势；Na^+则呈轻度增加趋势，在全盐中所占比例增加约 10%。随着盐化等级的增加，比例变化较大的盐分离子主要为 HCO_3^-、SO_4^{2-} 和 Cl^-，其中前两者均呈下降趋势，说明随着盐化等级的增加，HCO_3^-、SO_4^{2-} 这两种阴离子在全盐中的占比降幅明显，唯一增幅最大的盐分离子为 Cl^-，其从无盐化到盐土，含量占全盐的比例增幅达 34. 4%。根据盐分上下运动的规律，以氯化物最为活跃，硫酸盐次之，碳酸盐较为稳定（戈敢，1987）。本书中各盐分离子相比，其所占比例变幅顺序依次为 $Cl^->SO_4^{2-}>HCO_3^->Na^+>Ca^{2+}>CO_3^{2-}>K^+>Mg^{2+}$。阴阳离子中随着盐化程度的加重，含量变化最快的为 Na^+和 Cl^-，也就是说盐化过程即为 NaCl 逐渐占据主导地位的过程。在盐土中由于 Cl^-在全盐中的占比高达 54%，其

危害性也最大，植被也从农田作物（小麦、油菜、青稞）逐渐演变为白刺、芦苇、黑枸杞、猪毛菜等盐生植被。

表 1-13　不同盐分离子占全盐比例变化结果　(%)

盐化分级	K^+	Ca^{2+}	Na^+	Mg^{2+}	CO_3^{2-}	HCO_3^-	SO_4^{2-}	Cl^-
无盐化	2.2	10.0	11.5	3.0	0.4	22.5	38.3	14.3
盐土	2.0	3.8	20.8	3.1	0	1.7	7.0	48.7
变幅(%)	-0.2	-6.2	9.3	0	-0.4	-20.8	-31.3	34.4

1.4　基于遥感的柴达木盆地盐碱化程度时空格局

1.4.1　材料与方法

1.4.1.1　盐渍化土地识别方法

根据盐渍化土地的波谱特征与其他地物波谱特征的区别将盐渍化土地识别出来，是进行盐渍化遥感影像解译的基本原理。对解译结果的影响主要产生于数据源、波谱的选择、组合、变换、辅助数据等。从对波谱反射值的处理程度上，解译的方法通常可以分为单波段或者多波段组合、两波段或者多波段运算。从过往的研究来看，根据单波段影像值的大小来区分盐碱地和非盐碱地的研究很少，主要因为单一波段对影像分类的精度不高。选择 3 个波段组合成真或假彩色像，通过目视或者计算机自动分类进行盐渍化土地解译是常见的做法。

利用土壤盐分指数方法反演地表的土壤盐分分布，该指数由 Khan, N. M. 和 Sato, Y.(2001)在对比多种反演陆地地表的盐分时提出，能利用简洁的光谱信息反映陆地地表的土壤盐度状况，其计算公式如下：

$$SalinityIndex(SI) = \sqrt{\rho_{blue} \times \rho_{red}}$$

式中：ρ_{blue} 和 ρ_{red} 分别为蓝色波段和红色波段的反射率。

为进一步分析不同积盐程度的空间分布格局，按照一定的阈值对 *SI* 值进行等级划分为无或弱度积盐区、低度积盐区、中度积盐区和重度积盐区四种类别。等级划分标准见表 1-14。数据处理流程见图 1-17。

表 1-14　*SI* 值等级划分标准

SI 值	盐度等级
<0.15	无或弱度积盐
0.15~0.2	低度积盐
0.2~0.25	中度积盐
>0.25	重度积盐

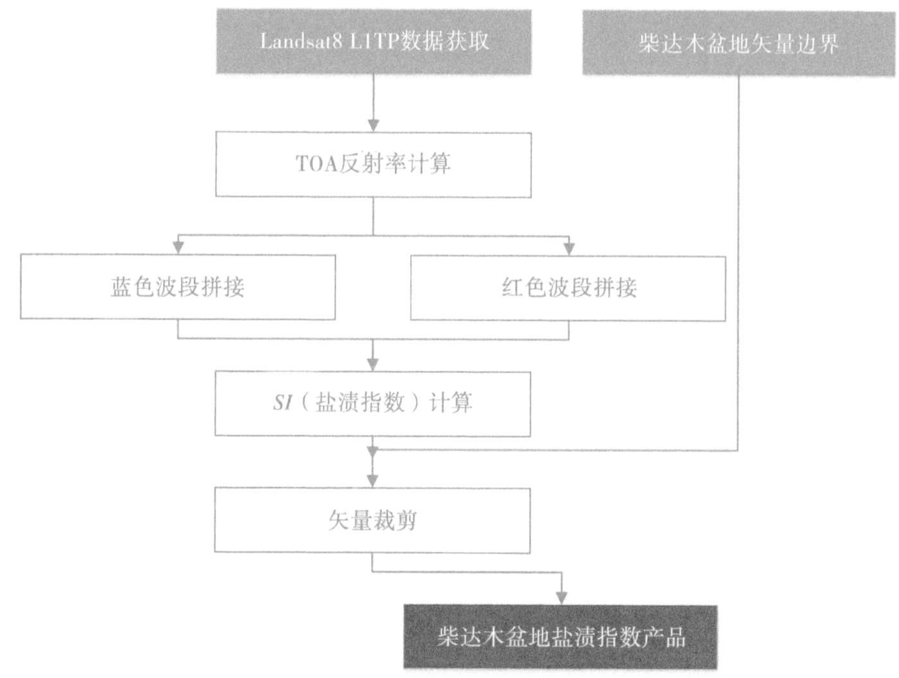

图 1-17　数据处理流程

1.4.1.2　盐渍化土地时空分析模型

对过去长时间内盐渍化土地的时空变化进行分析是认识土壤盐渍化变化及其成因的基础内容。结合卫星遥感技术，对不同时期的影像进行解译，得到不同时期土壤盐渍化土地空间分布状况。不同时期的盐渍化土地空间分布变化对比，可以利用转移矩阵的方法。

1. 转移矩阵

利用转移矩阵可以分析盐渍化土地与其他非盐渍化土地间的变化关系。转移矩阵(见表 1-15)中，行 T_1 和列 T_2 分别表示时段初期和末期的盐渍化土地和其他非盐渍化土地；A_1 表示盐渍化土地，A_2-A_n 表示其他非盐渍化土地；P_{ii} 表示 $T_1 \sim T_2$ 期间 i 种土地利用类型保持不变的面积百分比；P_{i+}表示 T_1 时 i 的总面积百分比；P_{+j} 表示 T_2 时 j 的总面积百分比；$P_{i+}-P_{ii}$ 为 $T_1 \sim T_2$ 期间 i 面积减少的百分比；$P_{+j}-P_{jj}$ 为 $T_1 \sim T_2$ 期间 j 面积减少的百分比。

表 1-15　转移矩阵模型

	T_2					P_{i+}	减少
		A_1	A_2	…	A_n		
	A_1	P_{11}	P_{12}	…	P_{1n}	P_{1+}	$P_{1+}-P_{11}$
	A_2	P_{21}	P_{22}	…	P_{2n}	P_{2+}	$P_{2+}-P_{22}$
	⋮	⋮	⋮		⋮	⋮	⋮
	A_n	P_{n1}	P_{n2}	…	P_{nn}	P_{n+}	$P_{t+}-P_{11}$
P_{+j}		P_{+1}	P_{+2}	…	P_{+n}	1	$P_{n+}-P_{nn}$
新增			$P_{+1}-P_{11}$	$P_{+2}-P_{22}$	…	$P_{+n}-P_{nn}$	

2. 动态度模型

动态度模型用来表达区域内一定时间范围内某种土地利用类型的数量变化情况，表达式如下：

$$SD = \frac{U_b - U_a}{U_a} \times \frac{1}{t} \times 100\%$$

式中：SD 为某一时间段内盐渍化土地动态度；U_a、U_b 分别为时间段初期与时间段末期盐渍化土地的数量；t 为变化时段。

1.4.2　研究结果

1.4.2.1　盐碱地总体变化趋势

柴达木盆地盐碱地面积约占整个盆地面积的 7%，1990～2010 年间柴达木盆地的盐碱地面积变化明显，呈迅速减少的趋势，见图 1-18、表 1-16。除 1995 年相比 1990 年略有增加外，之后均迅速减少。1990 年盐碱地面积为 19 236. 06 km^2，占盆地面积的 7. 44%，1995 年盐碱地面积增加 72. 17 km^2，占盆地面积的 7. 47%；1995 年之后盐碱地面积迅速减少，其中 2000 年相比 1995 年面积减少 187. 85 km^2，2005 年相比 2000 年减少 286. 96 km^2，2010 年相比 2005 年减少 1 028. 97 km^2。

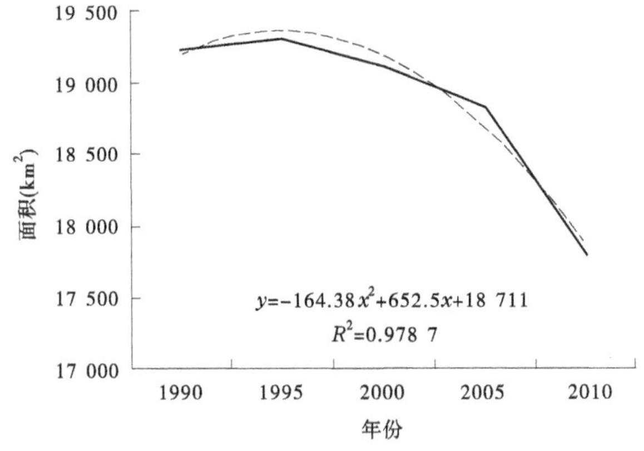

图 1-18　1990～2010 年盐碱地面积变化趋势

表 1-16　1990～2010 年盐碱地面积变化

年份	1990	1995	2000	2005	2010
盐碱地面积(km^2)	19 236. 06	19 308. 23	19 120. 38	18 833. 42	17 804. 45
面积比例(%)	7. 44	7. 47	7. 40	7. 29	6. 89

研究时段内，盐碱地面积的变化呈二次指数的速度下降，多项式拟合的可决系数 R^2 = 0. 9787，拟合多项式为 $y = -164.38x^2 + 652.5x + 18\ 711$。

空间上，盐碱地主要分布在柴达木盆地的中部，在各大内陆湖流域包围的荒漠地带集中分布，其次是内流河流经的区域，包括东西台吉乃尔湖、大小柴旦湖、盐湖、达布逊湖流域。盆地东部的霍布逊湖流域，西北部的尕斯库勒湖流域和大小苏干湖流域有分布。

1990~2010年盐碱地变化的区域主要分布在柴达木盆地的中部内流河流域所包围的荒漠区域,另外在西台吉乃尔湖北部有成片分布,见图1-19。

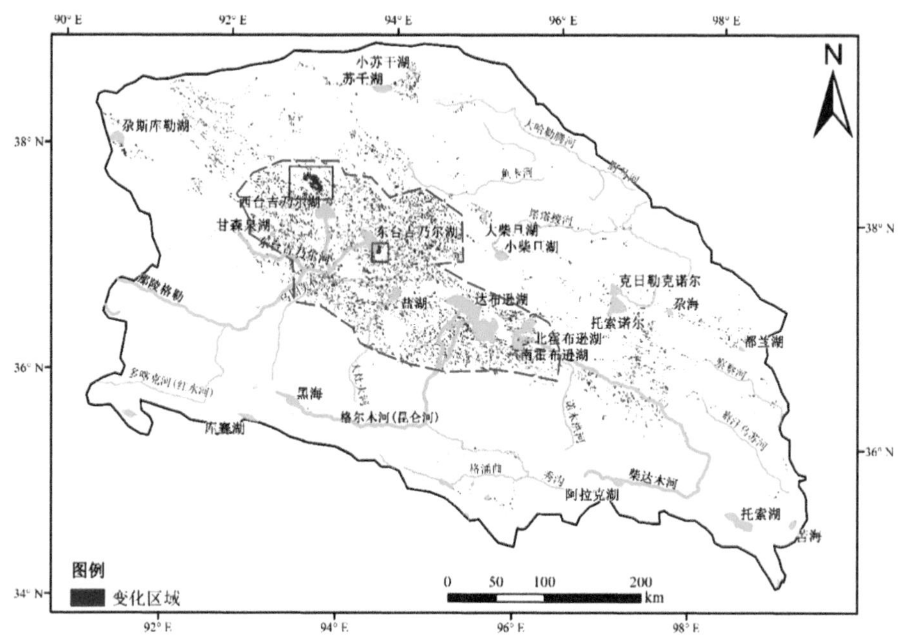

图中:紫色区域为盐碱地发生变化的区域,即1990~2010年盐碱地转化为非盐碱地及非盐碱地转化为盐碱地的总的空间分布情况

图1-19　1990~2010年柴达木盆地盐碱地空间分布变化

1.4.2.2　土壤盐碱化特征

2015年,柴达木盆地的盐碱化土壤进行采样并化验分析土壤的盐碱化离子特征。全年共采样194个点位(其中190个点位完全在研究区内),涉及德令哈市、都兰县、格尔木市和乌兰县4个县级行政单位22个乡(镇)内的111个村庄。

土壤样品的记录内容包括土壤类型、成土母质、土地利用现状和地表植被。土壤化验分析的盐化指标包括K^+、Ca^{2+}、Na^+、Mg^{2+}、SO_4^{2-}、Cl^-和全盐量;碱化指标包括CO_3^{2-}和HCO_3^-离子。同时,根据土壤化验分析结果对采样点的盐碱程度进行了划分。

从采样点来看,研究区土壤以盐化为主,碱化性质不明显。如图1-20所示,研究区内共采样190个点,其中都兰县111个,格尔木市42个,德令哈市25个,乌兰县12个。总体来看,采样的点中以轻度盐化土为主,约占全部点数的66%,中度盐化土约占6%,重度盐化土约占28%。都兰县、格尔木市、乌兰县采样点中以轻度盐化土为主,德令哈市以重度盐化土为主。

研究区盐化土的盐化性质主要是Cl^-和SO_4^{2-}结合K^+、Ca^{2+}、Na^+、Mg^{2+}的形式存在。土壤中盐的含量主要以Cl^-结合K^+、Ca^{2+}、Na^+、Mg^{2+}的形式存在,检测全盐量与金属离子的相关系数R为0.928,与Cl^-的相关系数R为0.851,SO_4^{2-}的相关系数R为0.539,均通过0.01显著性水平检验。由此可见,研究区的土壤盐渍化除了以氯离子结合金属离子的形式存在,硫酸盐的含量也非常大。因此,将研究区的土壤盐化指标分成两类,以SO_4^{2-}含量

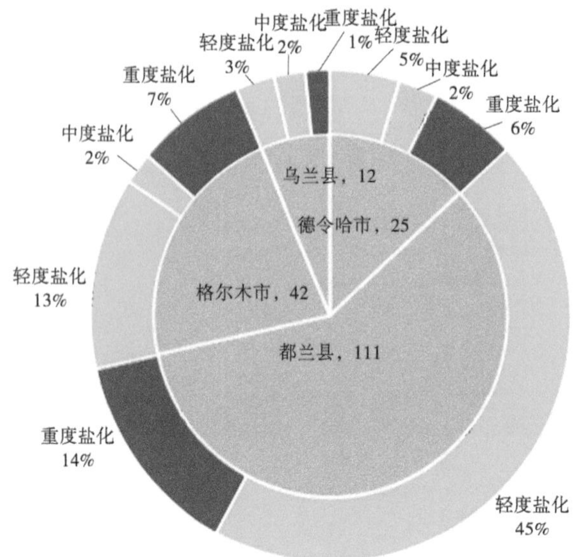

图 1-20　各县采样点数量及盐化程度

代表土壤中硫酸盐的含量,以金属离子含量代表土壤中所有盐和碱成分的含量。

1.4.2.3　遥感反演结果验证

利用 2015 年与采样时间相近的 Landsat 遥感影像对柴达木盆地的盐碱化程度进行反演,去除云量较大的时段,计算 *SI* 指数表示土壤的盐碱化程度。遥感图像处理和反演的结果见图 1-21～图 1-23。

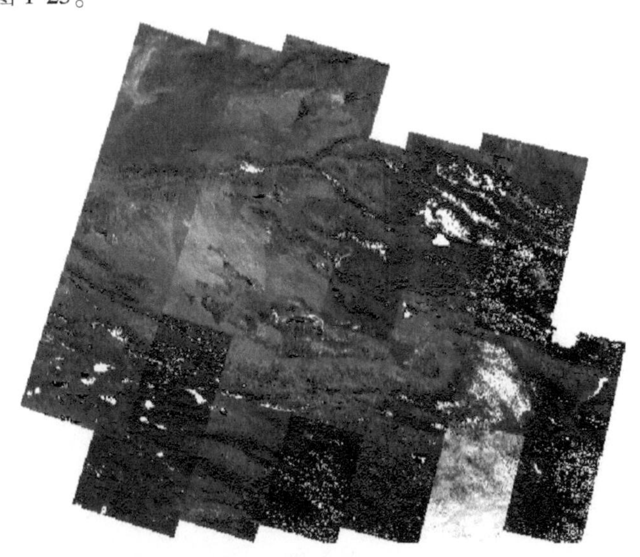

图 1-21　柴达木盆地 28 景数据拼接结果(原始 *SI* 值,未匀色处理)

由遥感反演结果来看,柴达木盆地的盐碱化土地最严重的区域主要分布在盆地东南角,位于都兰县的东部。其次是冷湖和茫崖地区,位于柴达木盆地的中北部。格尔木市、大柴旦地区的土壤盐渍化程度不如前两个区域,但是盐碱化的程度分布广泛。

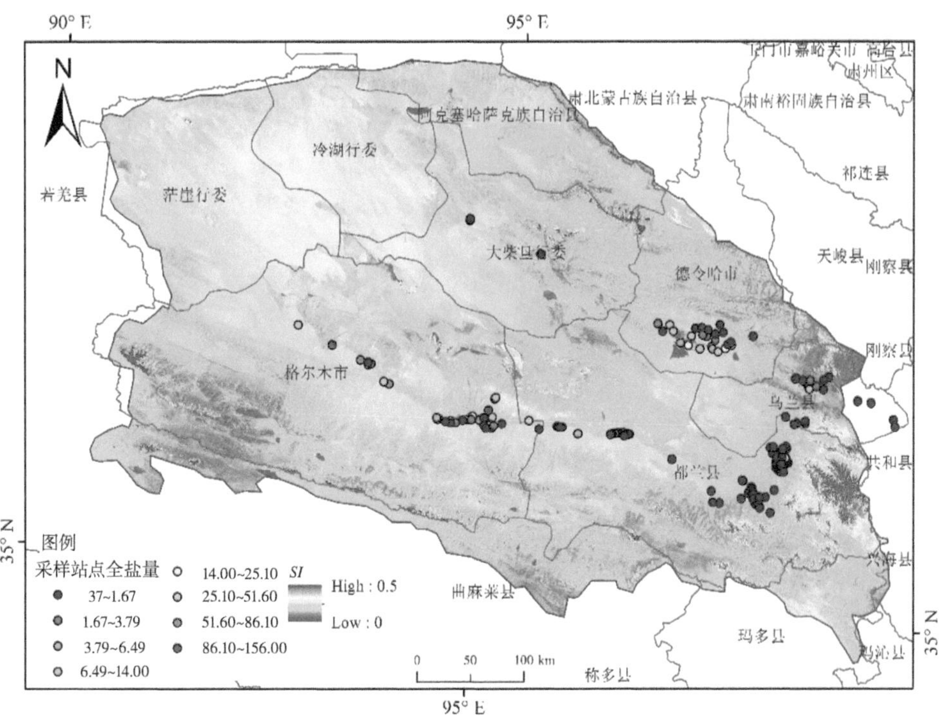

图 1-22　柴达木盆地遥感反演 *SI* 值、采样点空间分布和全盐量

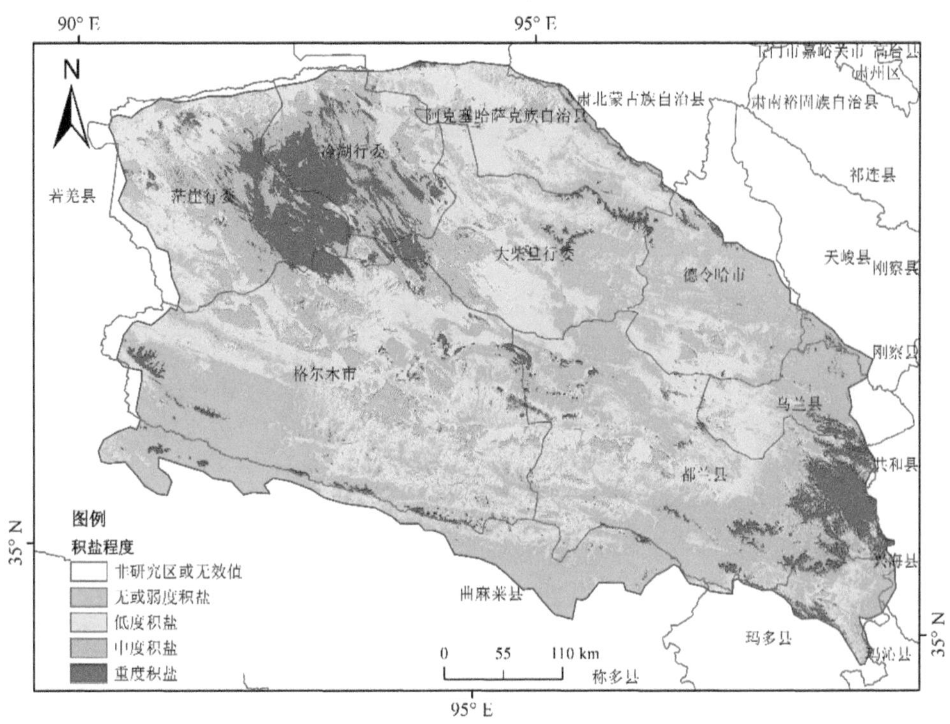

图 1-23　柴达木盆地遥感反演积盐程度

根据以上对研究区土壤化验结果的分析，SO_4^{2-} 和 K^+、Ca^{2+}、Na^+、Mg^{2+} 总含量可以代表土壤的盐碱化程度。因此，本书用实测的 SO_4^{2-} 含量和金属离子含量验证 *SI* 指数反演土壤盐渍化的准确性。

由图 1-24 可见，遥感反演的 *SI* 指数和实地采样监测的 SO_4^{2-} 保持了较高的相关性，相关系数 *R* 达到 0.358，通过 0.01 显著性水平检验。通过前面的分析，实地采样的 SO_4^{2-} 可以较好地反映柴达木盆地的盐渍化程度，因此 *SI* 指数在柴达木盆地具有较好的适用性，能用于反演柴达木盆地的盐渍化程度和分布面积。

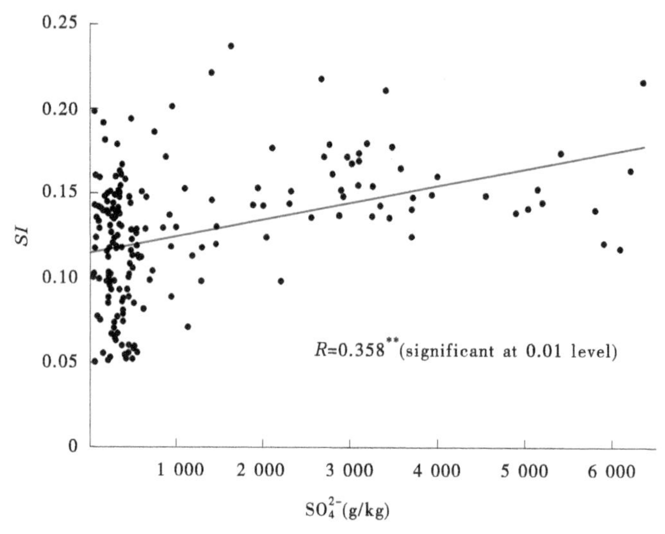

图 1-24　遥感反演 *SI* 和 SO_4^{2-}

1.4.2.4　盐碱地的时空分布及变化

用 *SI* 方法对 2000~2015 年柴达木盆地的积盐程度进行遥感反演，结果见图 1-25、图 1-26。

由此可见，柴达木盆地的积盐区域广泛分布在茫崖和冷湖地区，盐渍化最严重的区域主要分布在格尔木市和德令哈市的水域周边及融雪集水区周边。由于 Landsat8 和 Landsat5 的波段略有差异，反演得到的 *SI* 值直方图分布有所差别，但对盐渍化的反演区域一致。为对比 2000~2015 年盐渍化程度的空间变化，参照 *SI* 的程度分级阈值对盐渍化区域的积盐程度进行划分。

由图 1-26 可见，茫崖和冷湖地区都属于重度积盐区。从多年变化情况来看，2000~2015 年柴达木盆地盐渍化面积和程度均有明显下降趋势。尤其是茫崖和冷湖地区的重度积盐面积自 2000 年开始逐渐减少，2015 年面积最小，大面积的重度积盐区转化为中度积盐区。柴达木盆地北部和南部的严重积盐区的分布面积在 2005 年和 2010 年出现增多趋势，但 2015 年的重度积盐区明显减少，柴达木盆地东南部的都兰县境内重度积盐区面积有所增加。历年不同程度的盐渍化变化面积见表 1-17。

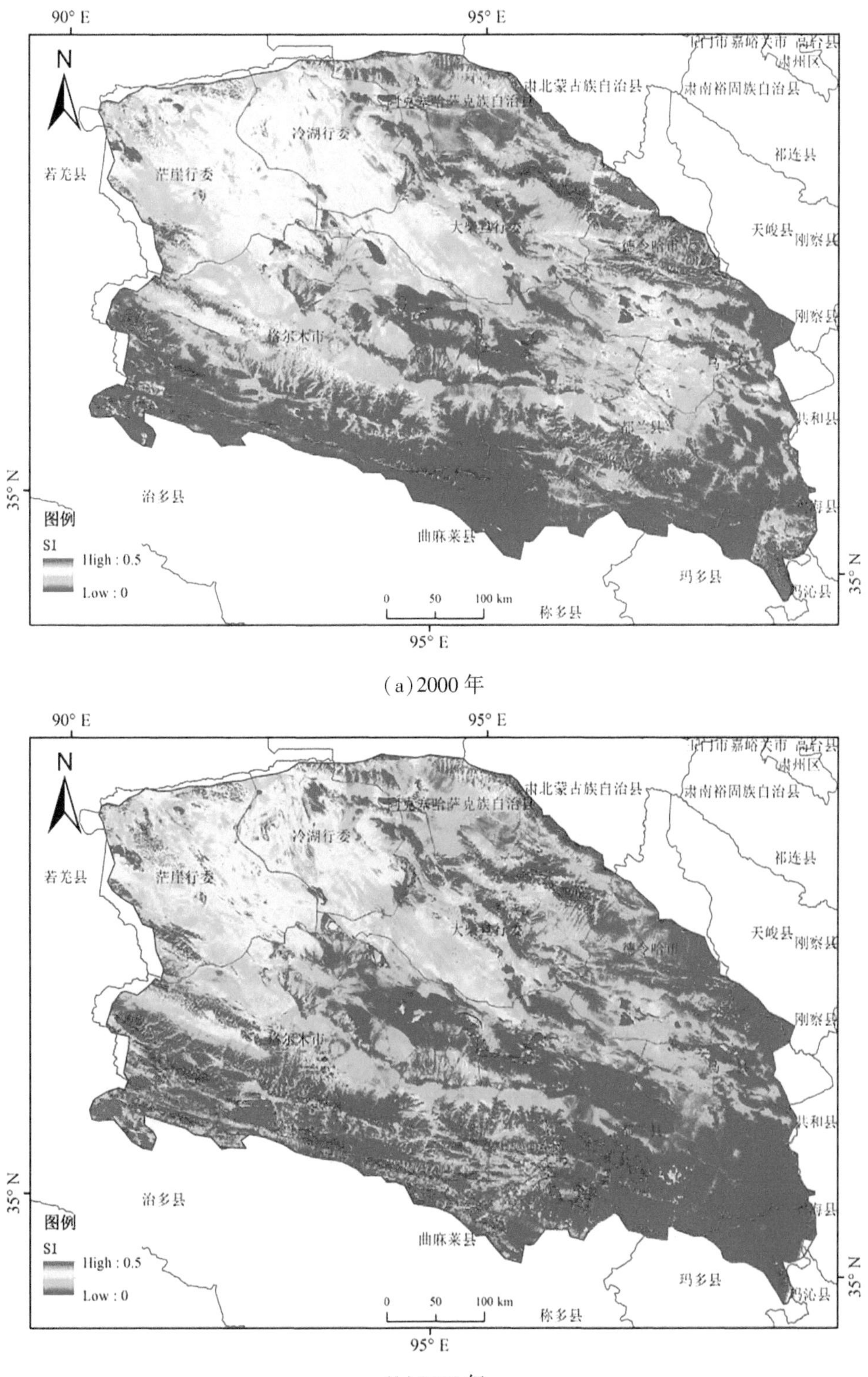

(a) 2000 年

(b) 2005 年

图 1-25　2000~2015 年柴达木盆地遥感反演 *SI* 值空间分布

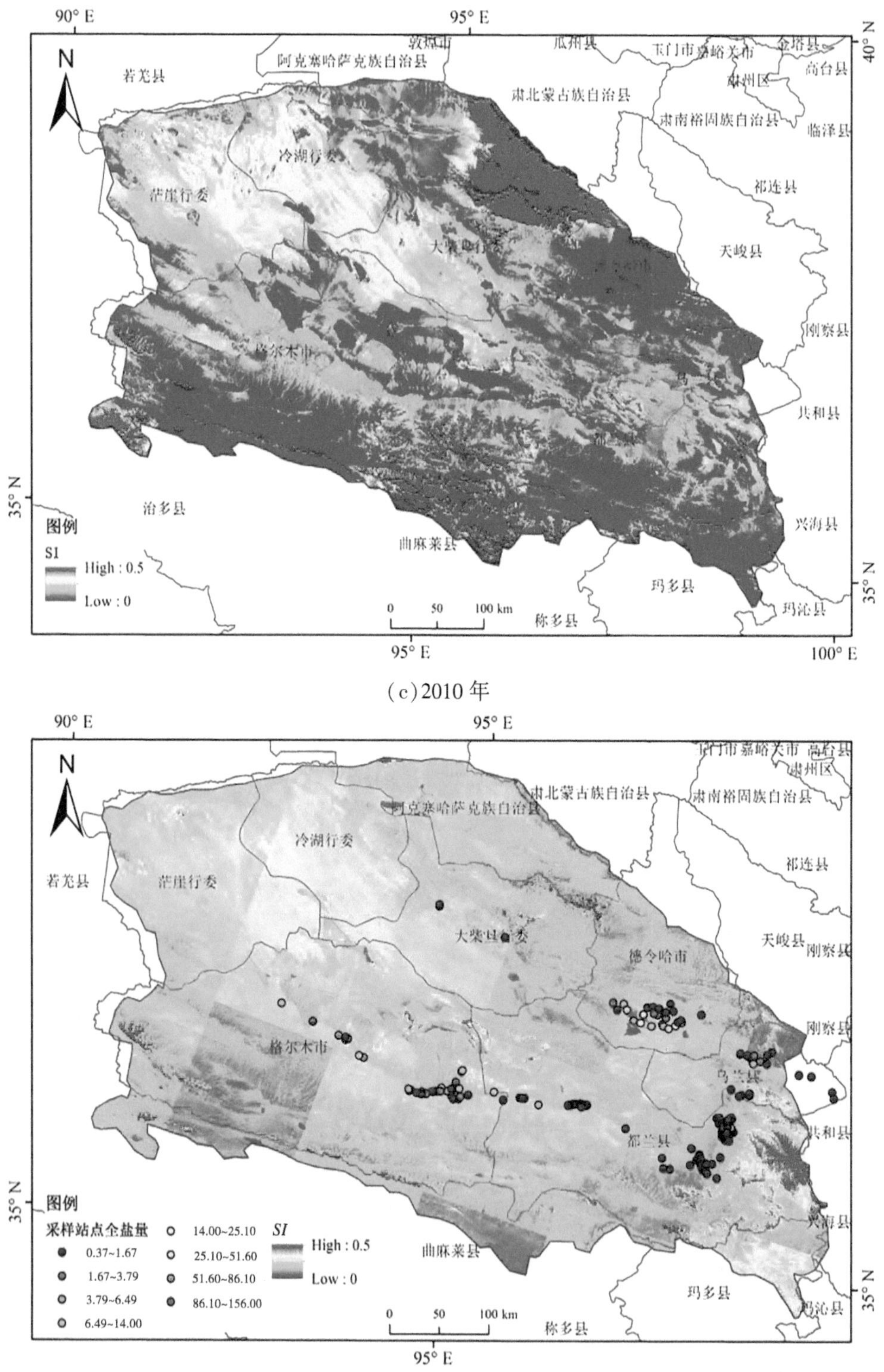

(d)2015 年

续图 1-25

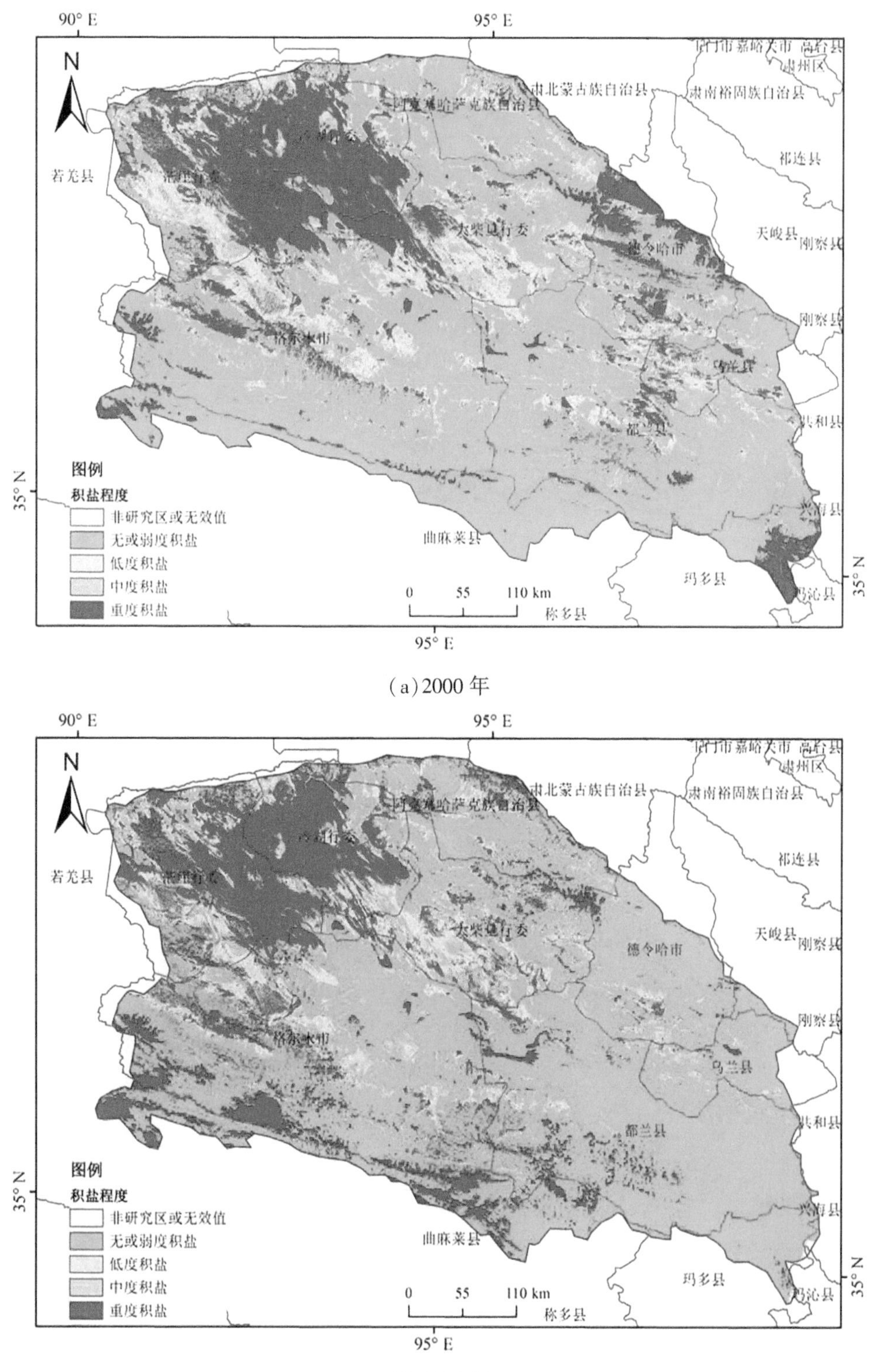

(a) 2000 年

(b) 2005 年

图 1-26　2000~2015 年柴达木盆地遥感反演积盐程度

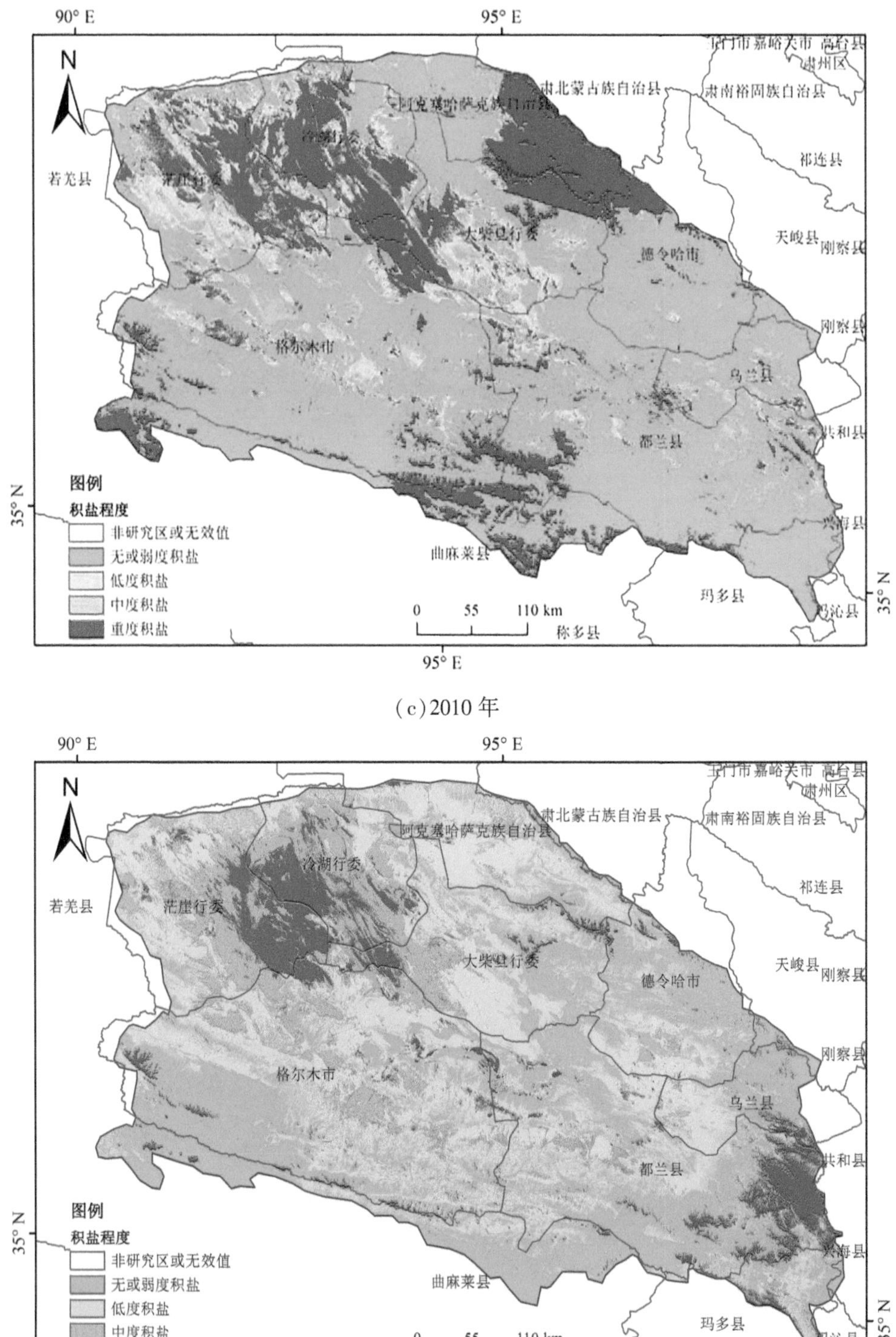

(d)2015 年

续图 1-26

表 1-17　2000～2015 年柴达木盆地不同程度积盐面积及占比

年份	重度积盐		中度积盐		低度积盐		无或弱度积盐	
	面积(km^2)	占比(%)	面积(km^2)	占比(%)	面积(km^2)	占比(%)	面积(km^2)	占比(%)
2000	50 194	19.35	30 953	11.93	36 187	13.95	142 092	54.77
2005	47 918	18.47	26 202	10.10	32 640	12.58	152 454	58.77
2010	46 155	17.79	25 995	10.02	32 282	12.44	154 996	59.75
2015	22 304	8.60	55 355	21.34	92 083	35.49	89 685	34.57

由表 1-17 可见，柴达木盆地的重度盐渍化面积自 2000～2015 年逐年减少，由 2000 年的 50 194 km^2 减少到 22 304 km^2，比例自 19.35%减少到 8.60%。中度、低度积盐区自 2000～2010 年逐年降低，2010 年后增加，而无或弱度积盐区面积减少，大部分转化为中度或者低度积盐区。

由变化的空间分布（见图 1-27）可见，格尔木市和德令哈市的重度盐渍化分布区明显减轻，转化为中度或者低度积盐区。盆地东南部的积盐程度也有明显减轻。格尔木市的其他大部分无积盐区的积盐程度有所加重，转化为低度或者中度积盐区。茫崖和冷湖地区中重度盐渍化的区域变化不明显，部分较重的区域有所减轻。总体来看，柴达木盆地的盐渍化程度有所减轻，尤其是重度盐渍化的区域面积和程度均减轻，但中度积盐和低度积

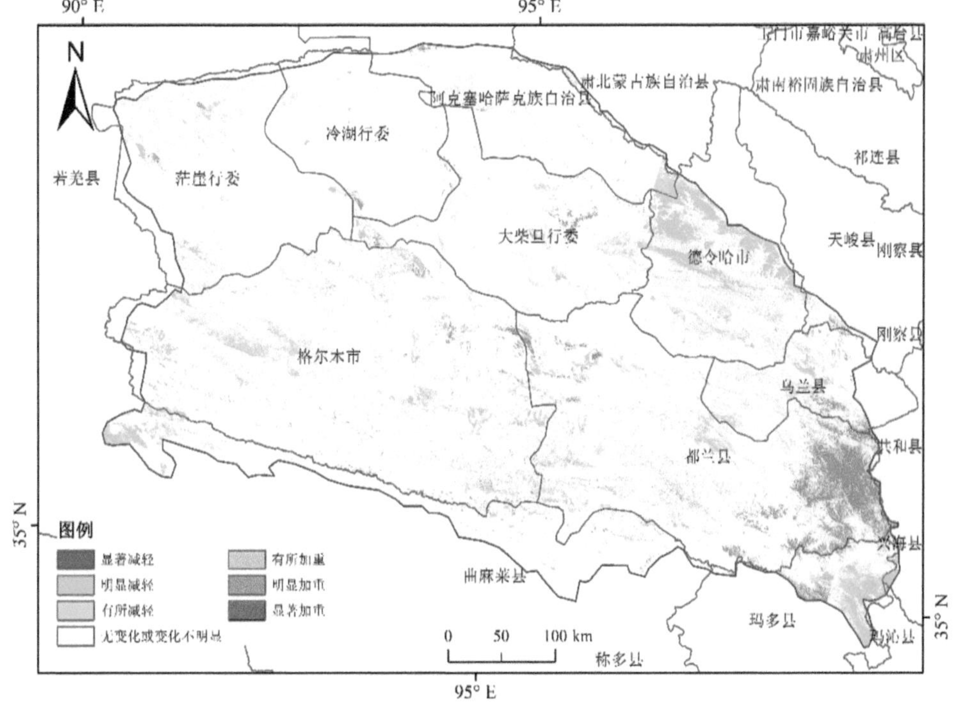

图 1-27　2015 年与 2000 年相比柴达木盆地盐碱程度变化空间分布

盐的面积有所增加,程度加重,土壤盐渍化的风险加大。需要采取相关措施进一步降低盐渍化风险,缩小盐渍化风险区面积,加强盆地脆弱生态区的保护。

1.4.2.5 5 年尺度盐碱地变化转移矩阵

统计 2000~2005 年盐碱地的变化转移矩阵(见表 1-18),表中行标签表示 2000 年地表类型,列标签表示 2005 年地表类型。2005 年相比 2000 年盐碱地面积减少 286.96 km^2,从转移矩阵分析,和盐碱地互相转化的地表类型主要包括水域、居民用地和草地,5 年间盐碱地相互转化的面积主要为水域,盐碱地与居民用地和草地的相互转化面积均较小。

表 1-18 2000~2005 年盐碱地变化转移矩阵 (单位:km^2)

项目	草地	戈壁	耕地	居民用地	林地	裸土地	裸岩石质地	其他	沙地	水域	盐碱地	沼泽地
草地	79 123.49		3.00	42.00					78.42	26.00	13.00	
戈壁		37 618.79		9.00					1.00			
耕地			758.00	1.00								
居民用地				326.00								
林地			3.00		2 670.09							
裸土地			4.00			1 551.25						
裸岩石质地							45 329.60		0.90			
其他								25 401.32				
沙地				3.00					33 761.97	11.00		
水域								3.00		4 966.06		
盐碱地	14.00			70.00						218.00	19 106.83	
沼泽地				75.00						141.00		6 939.82

2000~2005 年,盐碱地转化为水域的面积为 218.00 km^2;盐碱地转化为居民用地和草地的面积分别为 70 km^2 和 14 km^2,而期间只有 13 km^2 的草地转化为盐碱地。总体上盐碱地面积减少,主要转化为水域和居民用地。

空间上,盐碱地变化的区域集中在两个区域,第一片分布在西台吉尔湖北部,面积较大;第二片分布在格尔木河下游入湖区,面积较小(见图 1-28)。

统计 2005~2010 年盐碱地的变化转移矩阵(见表 1-19),表中行标签表示 2005 年地表类型,列标签表示 2010 年地表类型。2010 年相比 2005 年盐碱地面积减少明显,从转移矩阵分析,和盐碱地互相转化的地表类型主要包括草地、沙地和沼泽地,5 年间相互转化的面积基本在 1 000 km^2 以上。除草地、沙地和沼泽地外,和盐碱地有相互转化关系的

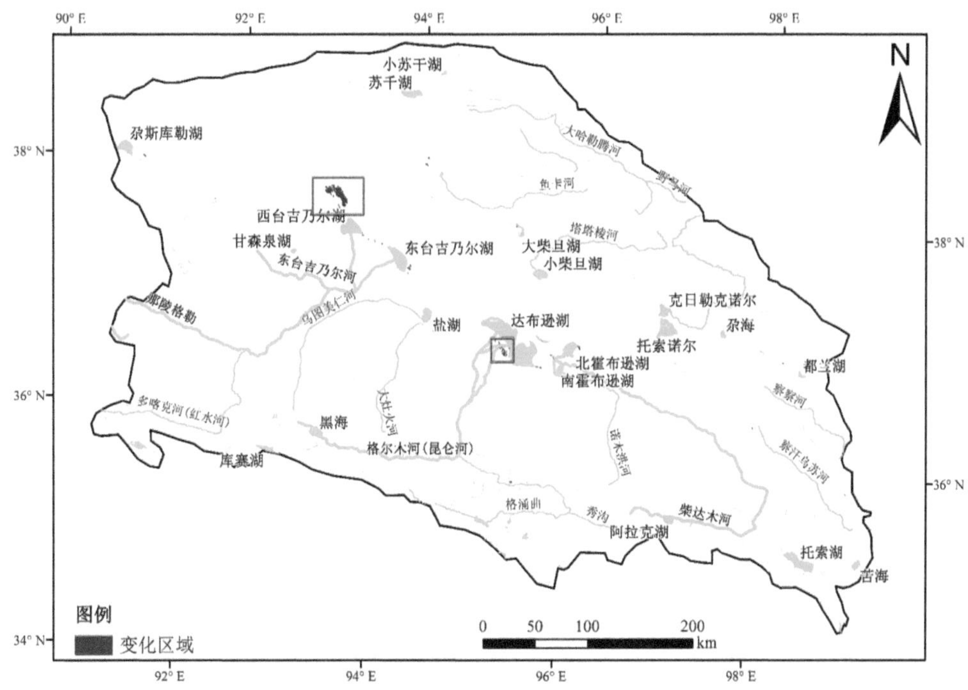

图中：紫色区域为盐碱地发生变化的区域，即 2000~2005 年盐碱地转化为非盐碱地及非盐碱地转化为盐碱地的总的空间分布情况

图 1-28　2000~2005 年盐碱地空间变化

主要地类是戈壁、林地和裸岩石质地，相互转化的面积在 100 km² 以上。盐碱地与其他地类的相互转化面积较小，均小于 100 km²。

2005~2010 年，盐碱地转化为草地的面积为 3 207.09 km²，而草地转化为盐碱地的面积为 2 830.31 km²，即盐碱地面积减少 376.78 km² 转化为草地；盐碱地转化为沙地的面积为 2 840.76 km²，沙地转化为盐碱地的面积为 2 383.23 km²，即盐碱地面积减少 457.53 km² 转化为沙地；盐碱地转化为沼泽地的面积为 1 161.87 km²，沼泽地转化为盐碱地的面积为 1 302.00 km²，即盐碱地面积增加 140.13 km²，来源于沼泽地；盐碱地转化为戈壁的面积为 269.52 km²，戈壁转化为盐碱地的面积为 241.31 km²，即盐碱地面积减少 28.21 km² 转化为戈壁；盐碱地转化为林地的面积为 229.47 km²，林地转化为盐碱地的面积为 194.04 km²，即盐碱地面积减少 35.43 km² 转化为林地；盐碱地转化为裸岩石质地的面积为 118.34 km²，裸岩石质地转化为盐碱地的面积为 111.23 km²，即盐碱地面积减少 7.11 km² 转化为裸岩石质地。

总体上盐碱地面积减少 1 028.97 km²，面积减少明显，主要转化为草地、沙地、戈壁、林地和裸岩石质地，仅有 140.13 km² 的沼泽地转化为盐碱地。

空间上，盐碱地变化的区域主要集中在柴达木盆地的中部荒漠，即东西台吉乃尔湖、大小柴旦湖、盐湖、布达逊湖之间的区域（见图 1-29）。除此之外，西台吉乃尔湖和甘森泉湖之间的区域盐碱地变化较明显。昆仑山山麓至盐湖流域、布达逊湖流域之间的区域有零星分布。

表 1-19　2005~2010 年盐碱地的变化转移矩阵

（单位：km^2）

项目	草地	戈壁	耕地	居民用地	林地	裸土地	裸岩石质地	其他	沙地	水域	盐碱地	沼泽地
草地	55 043.95	3 662.53	125.51	101.05	811.99	354.35	8 007.39	4 136.95	2 609.46	471.13	2 830.31	982.90
戈壁	4 178.27	28 348.78	34.10	11.40	43.15	50.42	2 654.54	468.37	1 197.58	344.31	241.31	46.57
耕地	157.25	51.68	485.38	9.20	14.47	4.65	22.27	3.42	5.82	2.43	10.05	1.40
居民用地	64.55	14.55	34.00	367.41	1.64	0.08	4.28		3.86	1.97	22.57	11.09
林地	821.99	38.99	12.79	3.35	1 221.66	2.31	245.05	35.54	51.80	16.75	194.04	25.82
裸土地	431.89	73.50	1.24		0.28	879.01	66.45	2.76	64.22	4.08	23.60	4.22
裸岩石质地	8 708.94	2 893.51	27.61	2.62	258.77	77.84	31 667.18	1 025.66	429.26	102.80	111.23	24.18
其他	4 476.26	534.30	0.88		37.19	0.34	1 041.97	18 723.52	25.08	561.66	1.02	2.11
沙地	2 914.20	1 084.55	7.72	5.32	45.48	34.73	410.79	25.84	26 592.38	84.33	2 383.23	253.72
水域	432.27	350.35	5.87	15.59	26.82	4.22	99.28	606.86	82.48	3 578.07	113.66	46.59
盐碱地	3 207.09	269.52	9.16	57.96	229.47	19.38	118.34	0.95	2 840.76	250.68	10 954.65	1 161.87
沼泽地	1 145.24	46.31	1.75	49.09	25.88	1.92	19.18	1.93	291.27	84.97	1 302.00	3 970.27

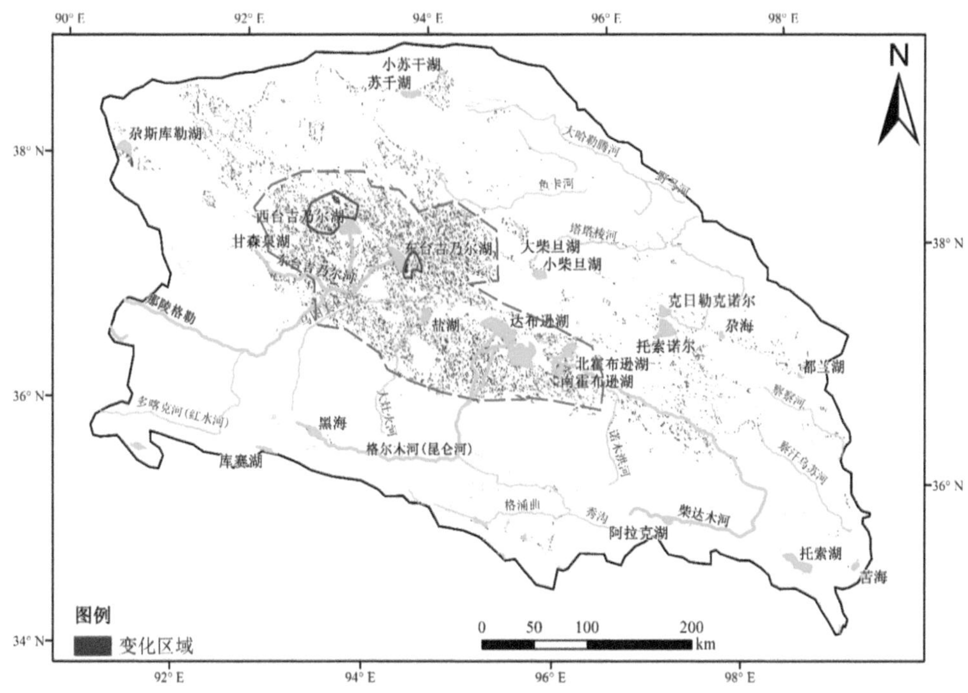

图中:紫色区域为盐碱地发生变化的区域,即 2005~2010 年盐碱地转化为非盐碱地及非盐碱地转化为盐碱地的总的空间分布情况

图 1-29　2005~2010 年盐碱地空间变化

1.5　柴达木盐碱地开发潜力

粮食安全是国家安全的重要组成部分。作为人口众多的发展中国家,中国的粮食安全问题对世界粮食安全具有重要影响。虽然影响粮食生产的因素有很多,但耕地资源作为农业生产最基本的物质条件,是影响我国粮食安全的最关键因素。过去 20 年,由于城市化的发展和退耕还林还草等政策的实施,我国的耕地资源在数量上有了一定程度的减少。要实现耕地总量的动态平衡,措施之一是实行严格的耕地保护,保证现有耕地的数量和质量;措施之二就是实施后备耕地资源的开发,实现“占补挂钩”。

青海省柴达木盆地土地辽阔,光热水条件均相对较好,粮食单产水平高,曾连年出现过亩、千亩甚至万亩的小麦丰产田,创造过闻名全国的春小麦高产纪录(1978 年香日德农场平均单产 1 013.05 kg/亩),具有非常高的粮食生产潜力。青海省虽然地域辽阔,但耕地所占比重很少,随着经济社会的发展,耕地资源的保护面临极大的挑战且日趋严峻。科学评价柴达木盆地的后备耕地资源,无论是对青海省还是对全国的粮食安全都具有非常重要的现实意义。

柴达木盆地盐碱地分布较广,大部分分布于细土带,具有较大的开发潜力。本书基于遥感技术和地理信息系统对柴达木盆地盐碱地开发潜力进行研究,并对开发模式进行分析。由于现阶段的研究并没有考虑水资源的约束,仅从海拔、坡度和土壤等方面对青海省的宜开发盐碱地进行分析,因此称为盐碱地开发潜力分析。盐碱地开发首要考虑的因素包括地形、坡度、盐分等要素,同时也要考虑水土条件、开发便利条件等因素。在开发过程中也应该避开自然保护区等区域。依据以上要素,本书从四个层次探讨柴达木盐碱地的开发潜力。

1.5.1 柴达木盆地盐碱地限制开发区域

限制开发区域目前只考虑柴达木梭梭林保护区。柴达木梭梭林省级自然保护区于2000年5月由省人民政府批准建立,2013年7月晋升为国家级自然保护区。保护区位于德令哈市西南部,地理位置为北纬36°00′~37°24′,东经95°58′~97°52′,位于柴达木盆地中部,东西长200 km,南北宽150 km,范围涉及德令哈市、乌兰县和都兰县。总面积373 391 hm^2,其中,核心区面积130 289 hm^2,占保护区总面积的34.9%;缓冲区面积104 737 hm^2,占总面积28.0%;试验区面积138 365 hm^2,占总面积的37.1%。保护区所在区域是柴达木盆地的梭梭资源和生物多样性聚集地,也是柴达木盆地东部地区的生态屏障。通过叠加分析(见图1-30),保护区内共有盐碱地250.29 km^2,区内盐碱地是限制开发区域(见图1-31)。

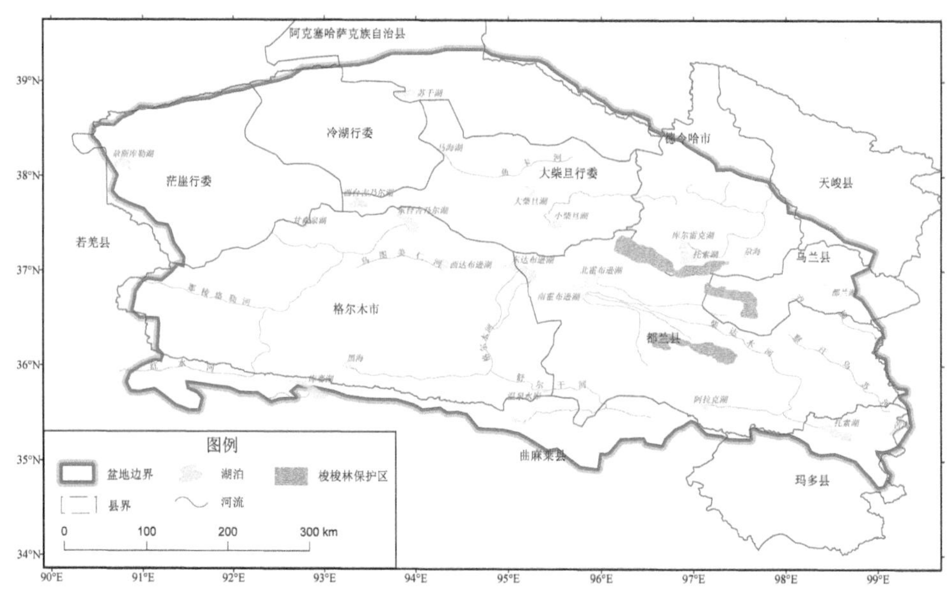

图1-30　柴达木梭梭林保护区分布

1.5.2 柴达木盆地盐碱地可开发潜力

盐碱地可开发潜力主要考虑地形、坡度和高程对开发的限制。首先,基于青海省土地利用图提取了柴达木盆地现有耕地的空间分布,目前约为100万亩。然后,从海拔、坡度和盐度(*SI*指数)三个方面对现有耕地的空间分布进行了分析,得到以下结果:①现有耕地的海拔分布累计曲线呈指数规律,而坡度分布累计曲线呈对数规律;②柴达木盆地耕地海拔分布的临界值约在3 400 m,坡度分布的临界值约在20°;③现有耕地多分布于*SI*指

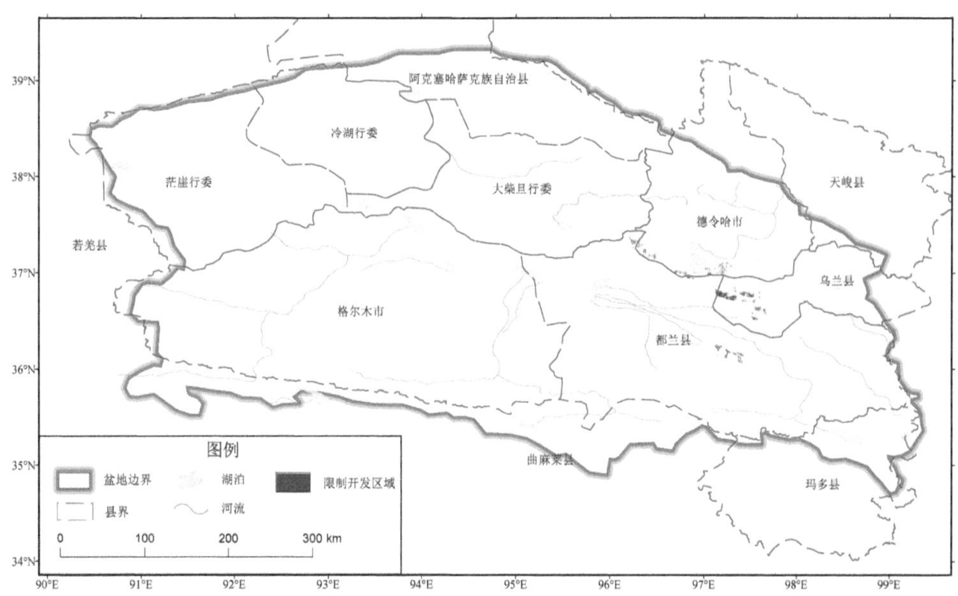

图 1-31　柴达木盆地盐碱地限制开发区域

数小于 0. 22 的区域。最后,根据上述结果,以 3 400 m 作为耕地分布的海拔上限,以 20° 作为耕地分布的坡度上限,*SI* 指数小于等于 0. 22 为盐度界限,在 ArcGIS 下通过叠加高程(见图 1-32)、*SI*(见图 1-33)与坡度(见图 1-34)分布分析的方法,得到柴达木盆地可开发的盐碱地空间分布(见图 1-35)。据统计分析,开发的盐碱地面积为 11 994. 07 km^2。

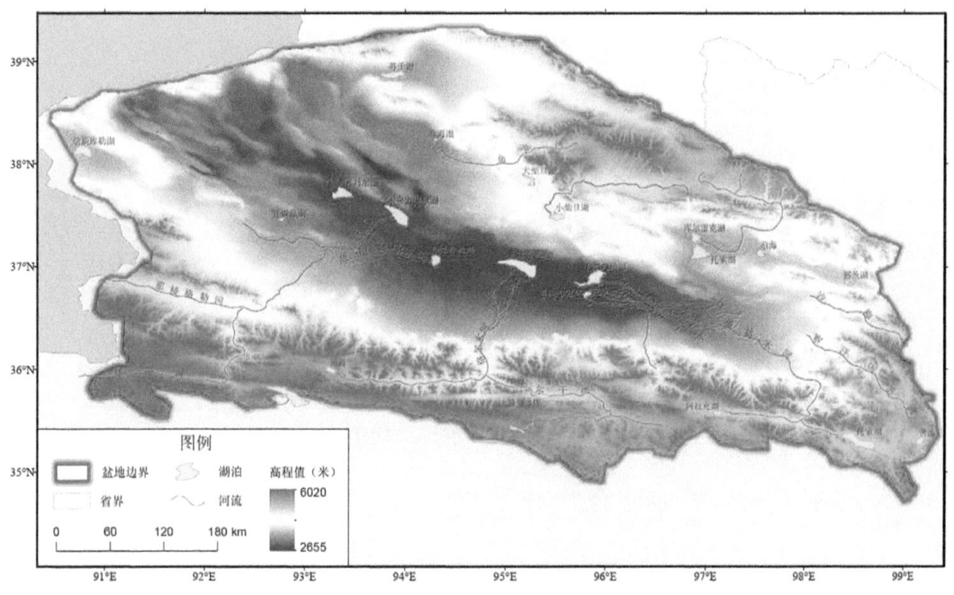

图 1-32　柴达木盆地高程

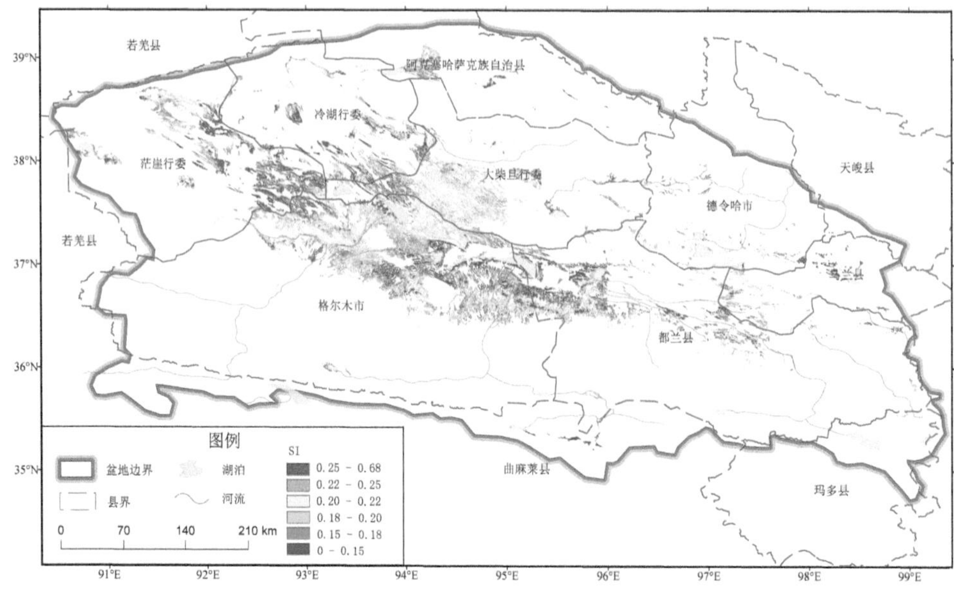

图 1-33　柴达木盆地 *SI* 指数

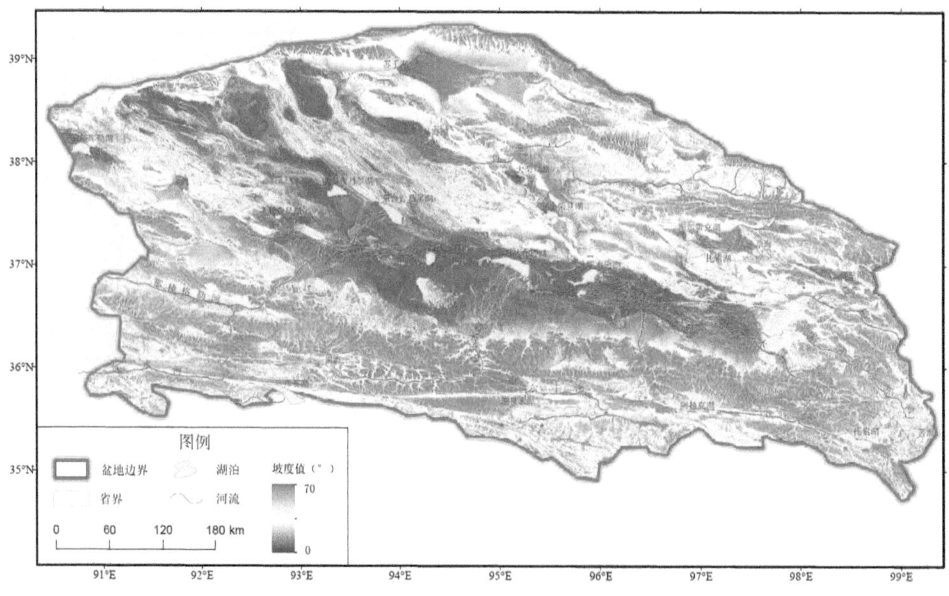

图 1-34　柴达木盆地高坡度

1.5.3　柴达木盆地盐碱地适宜开发潜力

由于柴达木盆地属于山前内陆盆地，自山前出山口向盆地中央呈现典型的冲洪积扇分带规律，即山前的盐分溶滤带、中间的盐分过路带和平原低平处的盐分积聚带。由各带的地层岩性可知中部和上部主要为颗粒较大的卵砾石，且这些地带地形起伏很大，地下水埋藏太深，地表水量缺乏，不适应植物生长，此外考虑到通过盐碱地的开发，土壤相应发生改变后，这些土地主要将作为耕地进行后续开发使用，而位于高海拔、土壤质地粗糙，水量

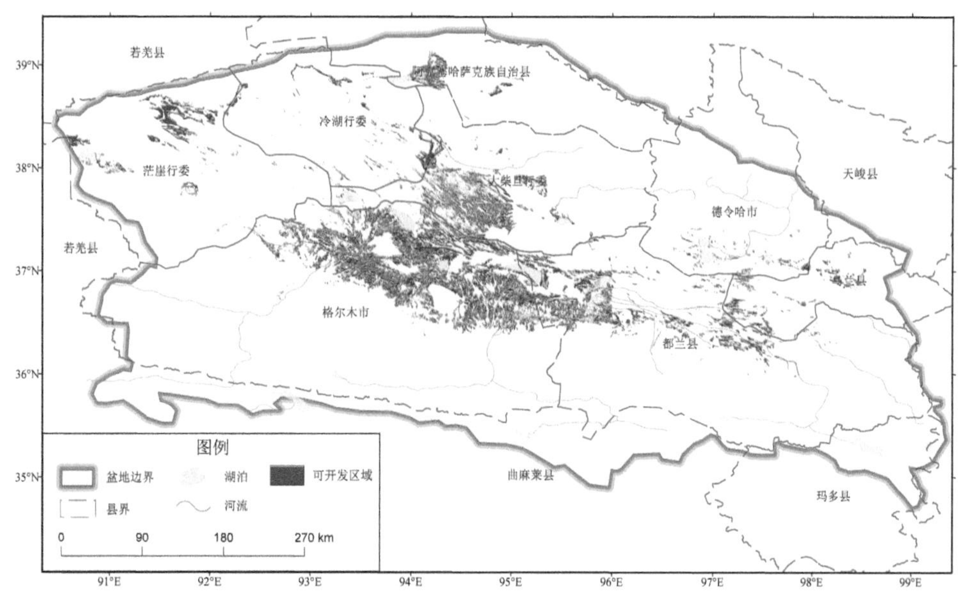

图 1-35　柴达木盆地盐碱地可开发区域

缺乏的区域显然不满足耕地粮作的条件。因此，在对盐碱地开发最适宜区域主要是细土带上的盐碱地。

将可开发盐碱地的分布与细土带(见图 1-36)的分布通过 ArcGIS 空间叠加，进一步获取了盐碱地适宜开发的区域范围，如图 1-37 所示。据统计分析，适宜开发区域面积总计 5 305.83 km^2。

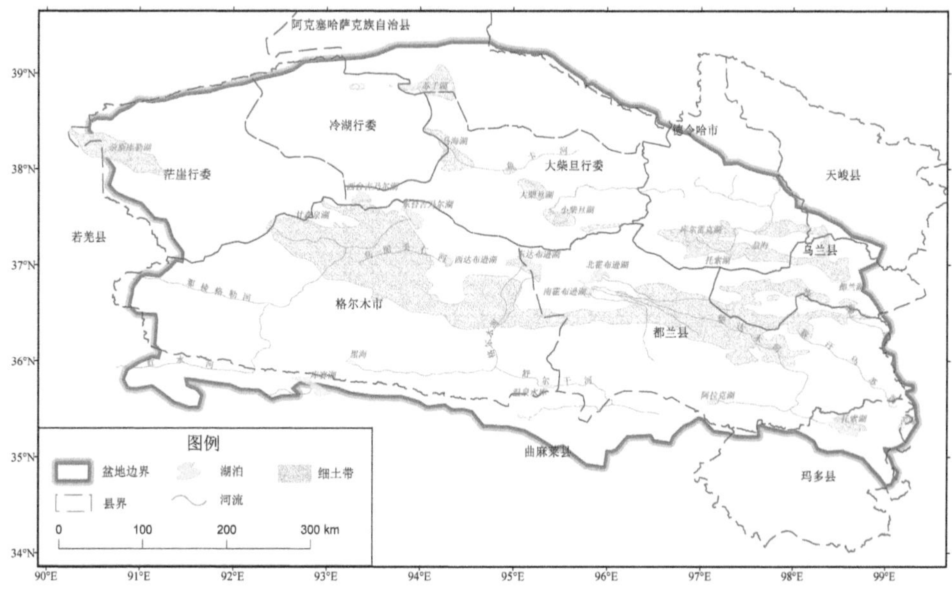

图 1-36　柴达木盆地细土带分布

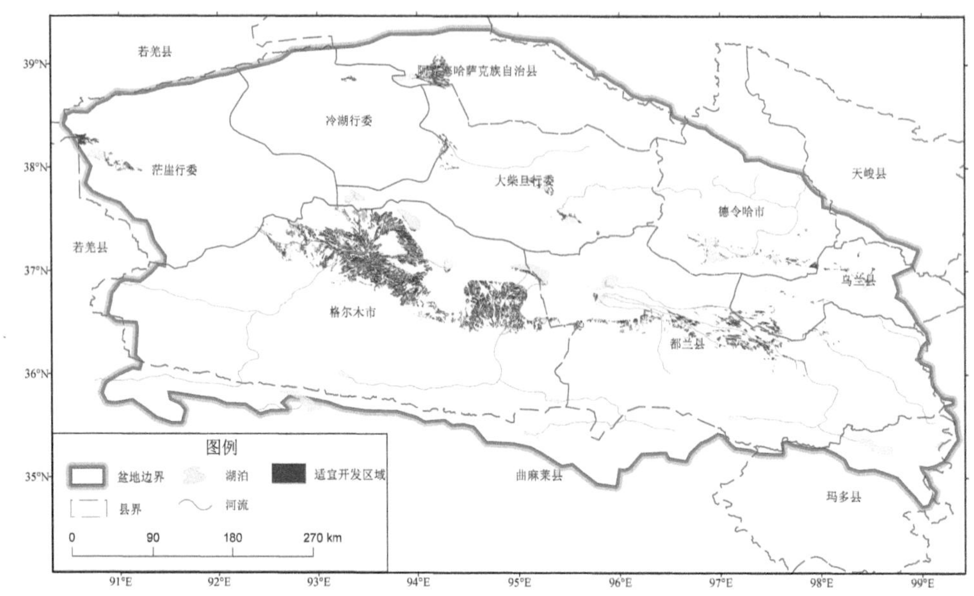

图 1-37　柴达木盆地盐碱地适宜开发区域

1.5.4　柴达木盆地盐碱地优先开发区域

在条件(资金、水等)约束下,盐碱地开发应该首先考虑有较好的水土条件以及利于开发的区域。研究认为,由草地退化成的盐碱地和耕地退化而成的盐碱地具有较好的水土条件和开发便利条件(例如灌溉)。本书通过多期的土地利用数据,识别出了有草地、耕地转化而来的盐碱地(见图 1-38)。据统计分析,面积共计 787.65 km^2。

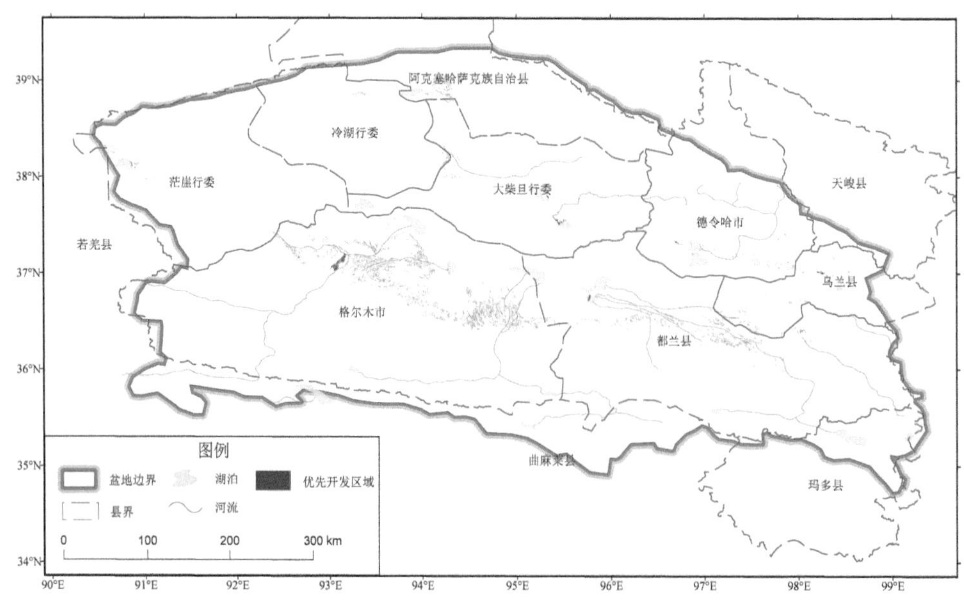

图 1-38　柴达木盆地盐碱地优先开发区域

1.5.5　不同等级盐碱地适宜植被

干旱区内陆盆地盐碱地因地下水位过高加上高强度的蒸发作用使土壤盐分不断向地表聚集,土壤物理性质和结构发生了变化,土壤孔隙通透性变差,好氧性微生物活力降低,不利于植物的生长发育。土壤含盐量过高,造成土壤电导率变大,土壤水中盐离子浓度过高,影响土壤养分的吸收。而不同植物对土壤盐分含量的适应程度不同,因此在对盐碱地开发过程中应根据土壤含盐量的多少,因地制宜有目的地选择抗盐碱树种。参考国内外有关耐盐植被的研究得到适宜不同盐碱程度的植被,见表 1-20。

表 1-20　适宜不同程度盐碱地的植被

植被类型	轻度	中度	重度
乔灌木	刺槐(任媛媛等,2006;洪丕征,2011) 水曲柳(王磊,2008) 沙地柏(陈佳楠等,2005) 金露梅(刘行等,2009)	桑树(于翠等,2012;于振旭等,2014) 梭梭(董梅,2013) 白蜡 碱蓬紫穗槐(任淑梅等,2016;毛前等,2015) 木地肤(马赞留等,2017;颜宏等,2008) 滨藜(毛前等,2015) 枸杞(姜霞等,2012)	沙枣(李绍忠等,2007;孙守文等,2011) 胡杨(卢树昌等,2004) 白榆(卢树昌等,2004) 苋科紫穗槐(毛前等,2015) 柽柳(董梅,2013;毛前等,2015;肖克飚,2013) 白刺(卢树昌等,2004) 盐爪爪(李利等,2007;杨瑞瑞等,2015)
草本植物	紫花苜蓿(李莉等,2012;王洪水,2007) 沙蒿(许爱理,2014) 喜盐鸢尾(韩玉林,2008;张云等,2013)	马蔺(陈佳楠等,2005) 合头草(董梅,2013) 苇状羊茅(贾倩民等,2013)	芨芨草(倪细炉等,2013;张雅琼等,2010) 二色补血草(刘玉艳等,2009;于德花,2009) 盐角草(史文娟等,2015) 南美藜(毛前等,2015) 克拉草(毛前等,2015)

1.6　结　论

柴达木盆地地处青藏高原北部,属于内陆干旱荒漠地带,盆地细土平原带处于戈壁和盐沼之间,水土条件较好,是盆地发展农牧业的精华地带。由于过度的放牧以及其他人类活动的干扰,盆地荒漠草地严重退化、沙化,盐碱化面积达 1.87 万 hm^2。分析评估柴达木盆地盐碱地的水土资源,对于改善柴达木盆地生态环境,提高区域经济社会的可持续发展具有重要意义。因此,本书运用现代遥感与 GIS 技术,结合实地调查与采样等方法,对盆地盐渍土的分布与盐化程度进行科学分级,摸清了柴达木盆地盐碱地分布及盐渍化程度,然后在对柴达木盆地盐渍土进行合理水土资源评估的基础上,结合柴达木盆地的水资源、土地资源等实际情况,因地制宜提出柴达木盆地盐碱地的开发利用模式;对盐碱地的水土资源进行优化配置,为开展耐盐农、林、牧作物筛选,土壤水盐调控,土壤改良等相关技术集成,为柴达木盆地生态产业提供支撑。

所得主要结论如下:

(1)研究区域内土壤盐分各指标存在不同程度的变异,且各指标间存在相关性。

各盐分指标变异范围在2.8%~597.7%,存在强变异的指标主要为Cl^-、K^+、Na^+、全盐、Ca^{2+}和SO_4^{2-};中等程度变异的指标为CEC、有机质和HCO_3^-;pH变异程度最低。全盐量与K^+、Ca^{2+}、Na^+、Mg^{2+}、CO_3^{2-}、SO_4^{2-}和Cl^-之间呈极显著正相关($P<0.01$),与有机质、阳离子代换量和HCO_3^-之间呈显著负相关。

(2)不同盐分指标的空间分布特征。

全盐在整个盆地呈现西高东低的趋势,与Na^+、Ca^{2+}和SO_4^{2-}的分布格局较为一致,K^+、Mg^{2+}和Cl^-在采样区域内呈现由东向西递增的趋势,在格尔木区域表现出高值点;CO_3^{2-}的空间分布则呈现出东西两头高、中间低的格局。HCO_3^-的空间分布最为突出,其整体分布与其他指标相反,呈现出东高西低的趋势。

(3)基于土壤盐化综合评价指数(*IFI*)的盐化分级结果。

土壤盐化综合评价指数*IFI*空间分布表明在盆地东部和西部各有一个高值中心,南部有一个低值中心;各行政区域*IFI*值由高到低排序为德令哈、乌兰、都兰、格尔木。基于土壤盐化综合评价指数*IFI*的盐化分级标准将柴达木盆地细土带区域盐碱地土壤分为5级:非盐化(*IFI*=5.97~8.03)、轻盐化(*IFI*=8.03~9.53)、中盐化(*IFI*=9.53~11.46)、重盐化(*IFI*=11.46~14.22)和盐土(*IFI*=14.22~17.88)。与基于盐渍类型的盐化分级标准相比,其评价结果更为合理。

(4)基于遥感解译的盐碱地的时空演变特征。

1990~2015年,柴达木盆地盐碱地总体上呈减少趋势,占盆地面积的比例由7.44%减少到6.89%。柴达木盆地的积盐区域广泛分布在茫崖和冷湖地区,盐渍化最严重的区域主要分布在格尔木市和德令哈市的水域周边及融雪集水区周边。从多年变化情况来,柴达木盆地的盐渍化程度有所减轻,尤其是重度盐渍化的区域面积和程度均减轻,但中度积盐和低度积盐的面积有所增加,程度加重,土壤盐渍化的风险加大。

(5)盐碱地的变化转移特征。

2000~2005年,盐碱地面积减少,主要转化为水域和居民用地,分别转化了218.00 km^2和70 km^2,变化区域主要分布在西台吉尔湖北部。2005~2010年,盐碱地面积明显减少,主要转化为草地、沙地、戈壁、林地和裸岩石质地,变化区域主要集中在柴达木盆地的中部荒漠。

(6)盐碱地可开发潜力。

以海拔小于3 400 m,坡度小于20°,土壤盐渍化指数小于0.22为标准对柴达木盆地耕地进行筛选,得到柴达木盆地可开发盐碱地面积为11 994.07 km^2,细土带是本研究关注的开发区域,得到适宜开发盐碱地面积5 305.83 km^2。由草地和耕地退化成的盐碱地具有较好的水土条件和开发便利条件,统计得到优先开发盐碱地面积787.65 km^2。

参考文献

[1] Barrett - Lennard E G. Restoration of saline land through revegetation [J]. Agricultural Water Management, 2002, 53: 213-226.

[2] Ranatunga K, Nation E R, Barodien G. Potential use of saline groundwater for irrigation in the Murray hydrogeologicalbasin of Australia[J]. Environmental Modelling & Software, 2010, 25: 1188-1196.

[3] Manjunatha M V, Oosterbaan R J B, Gupta S K et al. Performance of subsurface drains for reclaiming waterlogged salinelands under rolling topograph in Tungabhadra irrigation project in India [J]. Agricultural Water Management, 2004, 69: 69-82.

[4] Ravindrana K C, Venkatesana K, Balakrishnana V et al. Restoration of saline land by halophytes for Indian soils[J]. Soil Biology & Biochemistry, 2007, 39: 2661-2664.

[5] Kafi M, Asadia H, Ganjealib A. Possible utilization of high-salinity waters and application of low amounts of water forproduction of the halophyte Kochia scoparia as alternative fodder in saline agroecosystems[J]. Agricultural Water Management, 2010, 97(1): 139-147.

[6] 李彬,王志春,孙志高,等. 中国盐碱地资源与可持续利用研究[J]. 干旱地区农业研究,2005(2):154-158.

[7] 俞仁培,陈德明. 我国盐渍土资源及其开发利用[J]. 土壤通报,1999(4):15-16.

[8] 赵可夫,范海,江行玉,等. 盐生植物在盐渍土壤改良中的作用[J]. 应用与环境生物学报,2002(1):31-35.

[9] 赵英时. 遥感应用分析原理与方法[M]. 北京:科学出版社,2006.

[10] 杨劲松. 中国盐渍土研究的发展历程与展望[J]. 土壤学报,2008(5):837-845.

[11] 牛东玲,王启基. 柴达木盆地弃耕地盐碱化形成机理及防治对策[J]. 草业科学,2002(8):7-10.

[12] 谢娟,杨军,张骏. 柴达木盆地环境地质的调查及评价[J]. 西北地质,2001,34(3):29-34.

[13] 朱胤椿,洪世奇,董婉如,等. 柴达木荒漠灌区退耕撂荒地调查研究报告[J]. 青海农林科技,1991(3):11-19.

[14] 黎立群,王遵亲. 青海柴达木盆地盐渍类型及盐渍地球化学特征[J]. 土壤学报,1990(1):43-53.

[15] 王遵亲,等. 中国盐渍土[M]. 北京:科学出版社,1993.

[16] 伍光和,胡双熙,张志良,等. 柴达木盆地[M]. 兰州:兰州大学出版社,1985.

[17] 牛东玲,彭宏春,王启基,等. 柴达木盆地弃耕地盐渍状况的主分量分析[J]. 草业学报,2001(2):39-46.

[18] 戈敢. 盐碱地改良[M]. 北京:水利电力出版社,1987.

[19] 黄安,杨联安,杜挺,等. 基于主成分分析的土壤养分综合评价[J]. 干旱区研究,2014,31(5):819-825.

[20] 沈润平,丁国香,魏国栓,等. 基于人工神经网络的土壤有机质含量高光谱反演[J]. 土壤学报,2009,46(3):391-397.

[21] 王政权. 地统计学及在生态学中的应用[M]. 北京:科学出版社,1999.

[22] 王学锋,章衡. 土壤有机质的空间变异性[J]. 土壤,1995(2):85-89.

[23] 吴荣贵,林葆,李家康,等. 粉状与粒状硝酸磷肥的肥效比较[J]. 土壤肥料,1992(4):25-27.

[24] Khan N. M, Sato Y. Monitoring hydro-salinity status and its impact in irrigated semi-arid areas using IRS-1B LISS-II data[J]. Asian Journal of Geoinform, 2001,1(3): 63-73.

[25] 任媛媛,罗晓雅,周玲,等. 盐胁迫下刺槐生理响应及耐盐性综合评价[J]. 中国农学通报,2016

(31):6-12.
[26] 洪丕征. 刺槐耐盐优良无性系初步选育及 AFLP 遗传多样性分析[D]. 泰安:山东农业大学,2011.
[27] 王磊. 水曲柳×绒毛白蜡杂交与胚培养体系建立及 F1 耐盐性[D]. 哈尔滨:东北林业大学,2008.
[28] 陈佳楠,袁小环,刘艳芬. 十四种地被植物的耐盐性评价[J]. 北方园艺,2015(22):74-78.
[29] 刘行,张彦广,安军超,等. 金露梅耐盐生理特性的研究[J]. 河北农业大学学报,2009,32(2):34-37.
[30] 于翠,胡兴明,邓文,等. 桑树耐盐性研究进展[J]. 蚕桑通报,2012,43(2):6-9.
[31] 于振旭,王延平,王华田,等. 干旱和盐分交互胁迫对桑树部分生理生化性状的影响[J]. 蚕业科学,2014(6):987-994.
[32] 董梅. 柴达木地区主要树种抗旱耐盐生理研究[D]. 北京:北京林业大学,2013.
[33] 毛前,司吉花,高云,等. 柴达木盆地本地资源盐生植物的应用及引种外源盐生植物的评估[J]. 青海师范大学学报(自然科学版),2015(2):39-47.
[34] 马赞留,蔡红海,崔成华,等. 红叶地肤耐盐生理特性研究[J]. 现代园艺,2017(6):9-10.
[35] 颜宏,矫爽,赵伟,等. 不同大小碱地肤种子的萌发耐盐性比较[J]. 草业学报,2008(2):26-32.
[36] 姜霞,任红旭,马占青,等. 黑果枸杞耐盐机理的相关研究[J]. 北方园艺,2012(10):19-23.
[37] 李绍忠,潘文利,于雷. 沙枣的耐盐力与固氮研究[J]. 防护林科技,1997(1):17-21.
[38] 孙守文,李宏,郑朝晖,等. 6 种新疆主栽树种耐盐能力及盐胁迫下光合特性分析[J]. 西南林业大学学报,2011(5):10-14.
[39] 卢树昌,苏卫国. 重盐碱区耐盐植物筛选试验研究[J]. 西北农林科技大学学报(自然科学版),2004(S1):19-24.
[40] 肖克飚. 宁夏银北地区耐盐植物改良盐碱土机理及试验研究[D]. 杨凌:西北农林科技大学,2013.
[41] 李利,张希明. 温度和盐分对两种盐爪爪属植物种子萌发的影响(英文)[J]. 应用与环境生物学报,2007(3):317-321.
[42] 杨瑞瑞,曾幼玲. 盐生植物盐爪爪的耐盐生理特性探讨[J]. 广西植物,2015(3):366-372.
[43] 任淑梅,潘丽晶,张妙彬. 碱蓬对盐碱地的生态修复探索性研究[J]. 农业科技通讯,2016(6):69-72.
[44] 李莉,贾纳提,热娜,等. 五个紫花苜蓿品种耐盐性的研究[J]. 草食家畜,2012(3):52-56.
[45] 王洪水. 适合盐碱地种植的牧草——苜蓿[J]. 现代农业科技,2007(3):14-15.
[46] 许爱理. 几种蒿属植物耐盐性及再生技术研究[D]. 南京:南京农业大学,2014.
[47] 韩玉林. 铅与盐胁迫对喜盐鸢尾生长及生理抗性的影响[J]. 西北植物学报,2008(8):1649-1653.
[48] 张云,商荣雪,常新薇,等. 温度、光照及盐分对喜盐鸢尾种子萌发的影响[J]. 新疆农业大学学报,2013(5):395-399.
[49] 贾倩民,陈彦云,韩润燕. 荒漠草原区次生盐碱地 4 种牧草的适应性及生产性能研究[J]. 中国饲料,2013(18):11-15.
[50] 倪细炉,岳延峰,沈效东,等. 盐胁迫对芨芨草生理响应的比较研究[J]. 北方园艺,2010(3):18-21.
[51] 张雅琼,梁存柱,王炜,等. 芨芨草群落土壤盐分特征[J]. 生态学杂志,2010(12):2438-2443.
[52] 刘玉艳,王辉,于凤鸣,等. 盐胁迫对二色补血草种子萌发的影响[J]. 生态学杂志,2009(9):1794-1800.
[53] 于德花. 二色补血草的耐盐性研究[J]. 武汉植物学研究,2009(5):522-526.
[54] 史文娟,杨军强,马媛. 旱区盐碱地盐生植物改良研究动态与分析[J]. 水资源与水工程学报,2015,26(5):229-234.

第 2 章　土壤水盐运动规律及植物耐盐品种筛选

2.1　柴达木盆地土壤水盐运动规律

根据柴达木盆地的地形、地貌及地理、气候特征,从水平、垂直两个维度和典型地区的观测对柴达木盆地水盐运动规律进行分析。

2.1.1　土壤盐分特点

2.1.1.1　水平分布

柴达木盆地自南而北约跨 2 个纬度,同属干旱荒漠和半荒漠气候带,土壤纬度地带性分异不明显。盆地东西两端约跨 10 个经度,800 余 km,受海洋季风影响强弱不同,造成土壤由东而西的演替:①荒漠草原棕钙土(钙积正常干旱土)地带,在盆地东部,处于怀头他拉和香日德一线以东,年降雨量 150~250 mm,湿润系数 0.09~0.21;②荒漠灰棕漠土(石膏正常干旱土)带(亚带),包括盆地东部棕钙土地带以西和西部塔尔丁—苏干湖一线以东的广阔地区,年降水量 25~80 mm,湿润系数 0.02~0.04;③石膏灰棕漠土地带(亚带),包括塔尔丁—苏干湖一线以西所有地区,年降水量小于 50 mm,湿润系数小于 0.04(伍光和等,1990)。

2.1.1.2　垂直分布

盆地四周环山,山地有冰雪融水和大气降水。河源地区地表水的矿化度只有 0.1~0.5 g/L,河流的下游矿化度增至 1 g/L。成土母质在冲积洪积过程中就积盐,特别在河流下游母质含盐量高。从盆地周边山麓到盆地中心,可划分出戈壁带、细土带、盐沼与盐湖带。在这些自然地段带中,按潜水化学类型,大致也可划分出三个段带:

(1)戈壁带为淡水带,以溶滤作用为主,水化学类型为重碳酸钙、镁型水,矿化度小于 0.5 g/L,土壤含盐量一般较低,以磷酸盐和碳酸盐为主。

(2)细土带为咸水作用带,以盐渍作用为主。细土带的上端,地形部位较高、地下水位较深,为氯化物、硫酸钠、镁型微咸水,矿化度 1~3 g/L,土壤含盐量 5~10 g/kg,盐分组成为 Cl^-—SO_4^{2-} 型或 SO_4^{2-}—Cl^- 型;细土带的中段,地下水位较前者高,为氯化物、硫酸钠型半咸水,矿化度 3~10 g/L,土壤含盐量 10~30 g/kg,为 Cl^-—SO_4^{2-} 型或 SO_4^{2-}—Cl^- 型;细土带的下段,地下水位 1~3 m,为氯化物和氯化物—硫酸钠型咸水,矿化度大于 10 g/L,土壤含盐量 30~50 g/kg,为 SO_4^{2-}—Cl^- 型或氯化物型。

(3)盐沼与盐湖带为盐卤水带,以浓缩作用为主,为 Cl^-—Na^+ 型或 Cl^-—Mg^{2+} 型水,矿化度大于 50 g/L,土壤含盐量高,盐分组成也为 Cl^-—Na^+ 型或 Cl^-—Mg^{2+} 型。

从盐分组成看,冲积洪积扇的上部以碳酸盐为主,中部以碳酸盐、硫酸盐占优势,扇缘及细土带以氯化物、硫酸盐为主导盐类,盐沼与盐湖以氯化物占绝对优势。化合物中 $CaCO_3$、$CaMg(CO_3)_2$、$CaSO_4 \cdot 2H_2O$ 呈固态堆积;$NaCl$、$MgCl_2$、$CaCl_2$、$MgSO_4$、Na_2SO_4 可呈液态,也可呈固态堆积。盆地含盐量由周围高地向盆地中心逐渐增大,随着含盐量的增大,K^+、Na^+、Cl^-和 SO_4^{2-} 离子大幅度上升,CO_3^{2-} 和 HCO_3^- 也有上升趋势。

2.1.2 农田土壤盐分的变化特点

2.1.2.1 农田盐分的空间分异

土壤水盐运动的特征一般具有从绿洲灌区的上段、中段到下段,依一定的自然坡降,随农田的长期灌溉,易溶盐由上段向中下段迁移积累的规律。其中 K、Na、Mg 的氯化物溶解度大,迁移能力强,多在灌区尾端聚集;硫酸盐的溶解度比氯化物弱,多在灌区的中段聚集。灌区末端,地下水位普遍升高,距地表 1.0~0.8 m,表土强烈积盐,常导致灌区末端农田因土壤重盐化而弃耕。绿洲细土带的局部地段,土体中部仍保留一层或数层沙黏质冲洪积淤积层,透水性差,易溶盐不易从土体上部向下部淋洗。因此,农田中亦常出现盐斑地,造成缺苗或枯苗现象。

2.1.2.2 农田盐分的季节性变化

农田土壤的含盐量具有季节变化特征,表现为季节性积盐和季节性脱盐。基本规律是:在非灌溉期的冬春季土壤积盐,在灌溉期的夏秋季脱盐。非灌溉期主要有三个阶段,5 月上旬春灌前、秋收后到冬灌前和冬灌后,这段时间由于地表强烈蒸发以及大风吹入的含盐尘粒,土壤积盐。灌溉期有两个阶段,春播后到秋收前和 11~12 月的冬灌,因灌溉水(多为重力水)将易溶盐淋洗入土体的下部或汇入地下水,土壤脱盐。表 2-1 是盆地格尔木东农场灌溉期土壤盐分的变化。未灌水前,全盐量、氯化物和硫酸盐在 1 m 深有效七层中,表层(0~10 cm)、中层(30~50 cm)含量较高,四水后脱盐效果明显。底土层(70~100 cm)一水前盐分含量低,四水后盐分有所增加。

表 2-1 格尔木东农场灌溉期土壤盐分动态变化 (%)

盐分类型	全盐			Cl^-			SO_4^{2-}		
	0~10 cm	30~50 cm	70~100 cm	0~10 cm	30~50 cm	70~100 cm	0~10 cm	30~50 cm	70~100 cm
一水前	0.947	0.301	0.125	0.134	0.070	0.036	0.491	0.292	0.038
一水后	0.471	0.221	0.275	0.012	0.030	0.071	0.256	0.064	0.057
二水后	0.391	0.076	0.104	0.033	0.016	0.025	0.225	0.094	0.029
三水后	0.315	0.252	0.164	0.075	0.069	0.054	0.117	0.069	0.040
四水后	0.192	0.259	0.200	0.011	0.072	0.062	0.106	0.066	0.049

在柴达木盆地这一蒸发强烈(蒸发量>2 000 mm)的干旱区农田盐渍化程度、类型与地下水位、地下水矿化度及地下水盐分组成:一般情况下,在干旱区地下水埋深为 1 m 时,30 d 地表土积盐增加 5~10 倍;而地下水埋深为 2 m 时,30 d 地表土积盐量只增加 1~2 倍。可见地下水位越高,土壤表层积盐量越重。农田土壤的次生盐渍化,不仅与地下水位

高低有关，而且与地下水矿化度有密切的关系，当地下水位为 2~2.5 m，地下水矿化度为 1~3 g/L 时，表土含盐量可达 0.5%~1.0%。土壤的盐分组成与其地下水盐分的组成基本一致，如 Cl^-、Na^+占优势的地下水，土壤为氯化物盐渍化土壤 SO_4^{2-}、Cl^-、Na^+、K^+、含量高的地下水，土壤多为硫酸盐盐渍化土壤；HCO_3^-、Cl^-、Na^+含量高的地下水，则导致碱性土壤产生。盆地内气候干旱，蒸发量大，耕地每年灌水 5~8 次，总灌水量 10 000~15 000 m^3/hm^2（667~1 000 m^3/亩），大部分农田无排水渠系或排水条件极差，引起地下水位上升，并导致盐渍化。

2.1.3　造成柴达木盆地农田盐渍化的因素

柴达木盆地农田盐渍化的形成与人类活动有着密切的关系，通过调研认为主要影响因素体现在以下三个方面。

2.1.3.1　重灌轻排

柴达木盆地降水稀少而蒸发大，是典型的绿洲灌溉农业区，没有灌溉就没有绿洲、没有农业，但柴达木盆地所有灌区在规划设计之初，仅考虑了灌溉工程，未对排水设施有所涉及，甚至忽略了排水设施，灌区处于有灌无排状况，从而致使地下水位上升，造成土壤次生盐渍化。如盆地格尔木灌区，1955 年开垦种植时，只有灌溉渠系而无排水系统，大量退水和田间渗漏水无出路，地下水位迅速升高，灌溉头两年平均地下水位上升 1.21 m，随着工程运行年限的增长，地下水以每年平均 0.25 m 的速度上升，灌区土地耕地 21 年后，随地下水位的升高，地下水矿化度由 2.6~2.8 g/L 增大到 8~20 g/L。地下水位上升，从而引起盐分上返，致使灌区部分土地盐碱严重而弃耕。

2.1.3.2　大水漫灌

柴达木盆地至今仍普遍采用大水漫灌、串灌的浇后灌溉方式。大水漫灌不仅造成地下水位上升，成为土壤次生盐渍化的一个重要原因，而且导致灌溉用水浪费严重。格尔木灌区按照灌溉定额，每亩用水一般在 400~550 m^3，即每万亩渠道需流量 0.8 m^3/s 左右，但格尔木地区用水状态是：灌区主要作物春小麦灌水量 1 400~1 600 m^3/亩，油菜 1 000~1 200 m^3/亩，蔬菜 1 800~2 000 m^3/亩。格尔木河西农场 1992 年种地 2.0 万亩，但引水流量达 5.5~6.0 m^3/s，每万亩地用水流量 3.0 m^3/s，相当于一般定额的 4 倍。整个柴达木盆地灌区都存在类似的现象。

2.1.3.3　渠系渗漏严重

柴达木盆地目前灌溉水源几乎是利用地表水，采用自流引水方式，引水渠道又较长，干渠一般在 20 km 以上，最长的为 88 km（尕海灌区），渠道经过戈壁带时，质地多为砂砾质，渗透率大。该盆地万亩灌区干、支渠总长度累计约为 967 km，需做防渗处理的长度为 710 km。渠系水利用系数一般在 0.43 左右，大量的水资源在输水过程中被渗漏地下，破坏了灌区地下水的平衡，逐渐抬高地下水位，造成次生盐渍化。

以格尔木为例，格尔木灌区有东西老干渠和西新干渠 4 条渠道，除格尔木市区老东干渠段及新东西干渠管理较好外，其余干、支、斗、农渠系及田间用水均处于放任自流状态。

据测，新干渠渠漏率 1.05%/km；老干渠达 2.7%/km，格尔木灌区 4 条渠道的渗漏经实测资料分析计算的情况是：河东边的市区及东部园艺范围一年的总渗漏量为 4 622 万

m^3,折算流量 2.4 m^3/s,格尔木市区 2 个渠系及田间回归水在 3 月 20 日至 10 月底引灌期内的渗漏量为 9 033.8 万 m^3,折算流量 4.9 m^3/s,较干渠使用前的渗漏量大约增加 1 倍(见表 2-2)。

表 2-2　格尔木农场及市区渠系渗漏量总表(1981 年 3 月 20 日至 10 月 20 日)

<table>
<tr><th>渠系类别</th><th>渠系长度(km)</th><th>毛流量(m^3/s)</th><th>渗漏率(%/km)</th><th>渗漏量(m^3/s)</th><th>总渗漏量(万 m^3)</th><th>备注</th></tr>
<tr><td>老东干渠渠首段</td><td>12</td><td>2.0</td><td>2.7</td><td>0.65</td><td>1 201.8</td><td>海西州农科所实测数据</td></tr>
<tr><td>新东干渠渠首段</td><td>23.3</td><td>2.5</td><td>1.05</td><td>0.6</td><td>1 109.4</td><td>已衬砌,1978 年正式使用</td></tr>
<tr><td>新东干渠中、下渠段</td><td>18.6</td><td>1.9</td><td>2.7</td><td>0.95</td><td>1 756.5</td><td>原老东干渠的中、下段,未衬砌</td></tr>
<tr><td colspan="7">河东农场田间渗漏:目前种地面积约 7 000 亩,实际每亩用水量达 1 500 m^3,损失 25%,则渗漏量为 262.5 万 m^3,灌溉渗漏 7 个月计,则为 0.15 m^3/s</td></tr>
<tr><td colspan="7">郭里木德乡田间渗漏:目前种地面积 2 165 亩,其余参数同上,渗漏量 81.2 万 m^3,灌溉渗漏按 7 月计则为 0.045 m^3/s</td></tr>
<tr><td>市区河东及园艺场合计</td><td></td><td>4.5</td><td></td><td>2.4</td><td>4 411.4</td><td></td></tr>
<tr><td>老西干渠</td><td>15</td><td>3.0</td><td>2.7</td><td>1.22</td><td>2 255.7</td><td>渠系原长约 40 km,部队、单位、农场及哈区使用浇地约 400 亩</td></tr>
<tr><td>新两干渠及支渠</td><td>108.2</td><td>3.3</td><td>1.5</td><td>0.99</td><td>1 830.5</td><td>格尔木水文一队资料,渠系损失 30%,衬砌损失严重</td></tr>
<tr><td colspan="7">河西及农场田间渗漏:目前耕地 14 215 亩(包括哈区一部分),定额同上,则渗漏量为 533 万 m^3,灌溉渗漏按 7 个月计,则为 0.29 m^3/s</td></tr>
<tr><td>市区以西合计</td><td></td><td>6.3</td><td></td><td>2.5</td><td>4 622.4</td><td></td></tr>
<tr><td>总计</td><td></td><td>10.8</td><td></td><td>4.9</td><td>9 033.8</td><td></td></tr>
</table>

注:表中资料来源为青海省水利厅水利科学研究所,青海省涝渍盐碱灾害,1992.11。

上述原因导致地下水位上升,在干旱气候条件下,浅层地下水的蒸发作用十分强烈。据分析(青海土地科学考察队,1989),当地下水埋深小于 7 m 时,地下水的矿化度开始升高;小于 3 m 时快速升高,小于 1 m 时近乎直线上升(见图 2-1),超过临界水位后,高矿化度的地下水不断蒸发,盐分积累在地表,土壤盐分增加(见表 2-3),引起土壤次生盐渍化。

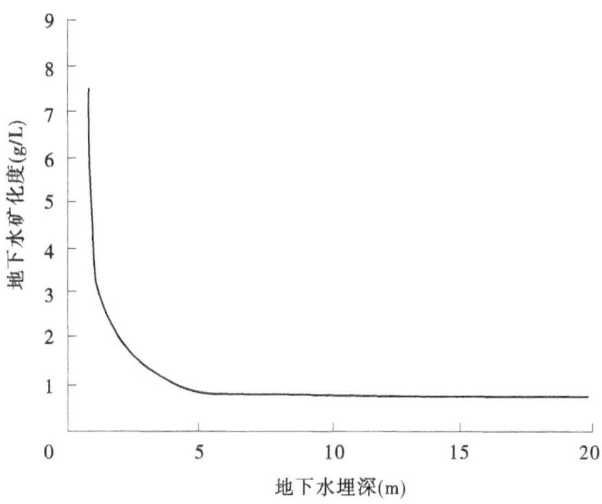

图 2-1　柴达木盆地南部地下水矿化度与埋深关系曲线

表 2-3　格尔木农场地下水位上升和盐分增加情况

地区	原地下水位(m)	上升后 1977 年的地下水位(m)	地下水位上升后表土(0~30 cm)含盐量(%)
南部地区	7~9	3~5	—
中部地区	4~5	2~3	1.218
北部地区	2~3	1~2	1.759

注:表中资料来源为青海土地科学考察队,1989。

项目组在柴达木盆地盐碱涝渍比较严重的巴音河流域德令哈市尕海村选择具有代表性的盐碱地荒地,针对其周期性的地下水变化开展水盐运动规律的观测,在掌握其规律的基础上,提出切实可行的治理方案。同时选择适应性强、经济价值高的作物黑枸杞、优良牧草进行试验示范种植,提高综合治理经济效益。通过柴达木盆地耐盐植物的耐盐机制、耐盐极限研究,筛选出适合柴达木盆地盐碱化地区种植的植物,为柴达木盆地盐碱地治理和开发利用提供良好的品种。

2.2　尕海地区水盐运动规律

尕海灌区位于柴达木盆地东北部,巴音河中游东南侧属巴音河冲洪积扇边缘地带,海拔 2 700 ~ 2 800 m,东北两侧环山,南临尕海湖,地势由西向东南倾斜,自然坡降 1/600~1/900,为一小型山间盆地。区内气候干旱,多年平均降水量 102.9 mm,蒸发量 2 370 mm,平均气温 2.6~3.1 ℃,冬春多风干旱,最大风力 10 级,属内陆型干旱荒漠气候。

尕海灌区于 1966 年开始垦殖,由于灌区地势所限,有灌无排,地下水位大幅上升。次生盐渍化迅速发展。据统计,该区现有盐碱地 25 000 亩,占耕地面积的 45%,被迫弃耕的重盐碱地 12 000 亩,同时大面积的草场也遭受涝渍灾害,农牧业生产面临严重的威胁。柴达木盆地盐碱地调查样点分布见图 2-2。

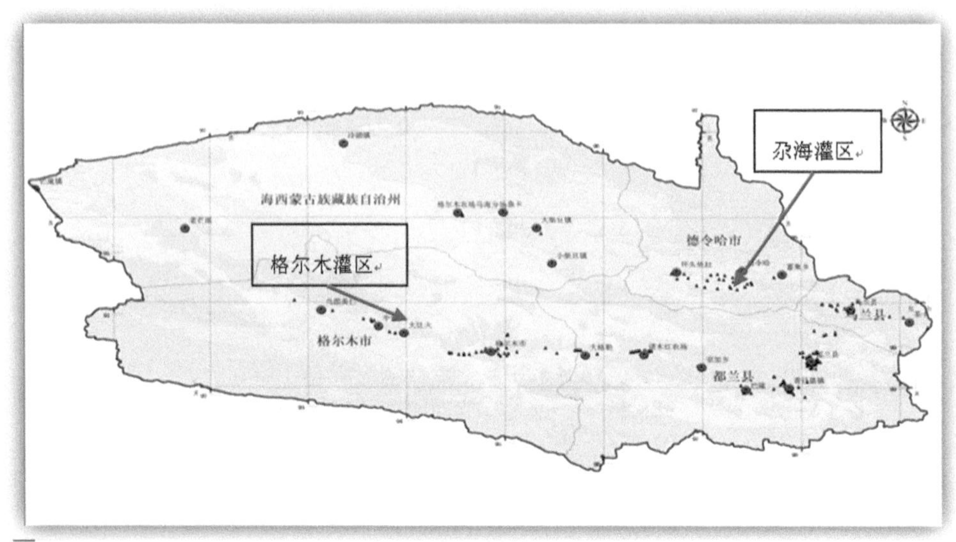

图 2-2　柴达木盆地盐碱地调查样点分布

2.2.1　地下水现状及特点

尕海地区地下水资源丰富，据勘测，浅层潜水动储量 1.4 m^3/s，其中巴音河河床渗漏补给量为 0.868 m^3/s，占 62%，基岩裂隙水补给量 0.532 m^3/s，占 38%，深层动储量 3.61 m^3/s，静储量为 70 亿 m^3 以上，犹如一座地下水库。

2.2.1.1　地下水矿化度

浅层地下水矿化度 3.0~7.0 g/L，局部透水性差的黏土地段，矿化度大于 10.0 g/L，灌溉系数 2~8，属氯化物—硫酸盐或硫酸盐—氯化物水质。深层地下水，即 30 m 以下的地下水，矿化度小，一般小于 0.5 g/L，灌溉系数大于 18。

2.2.1.2　地下水流向

以德令哈市为中心呈辐射状流向尕海滩，即从西北流向东南、西南，由于南部丘陵的阻隔，地下水部分汇集于尕海湖，一部分流向戈壁，水力坡降为 1/600~1/900。

2.2.1.3　地下水埋深

受地形和黏土出现部位的影响，地形是北高南低，土壤粒径自北向南由粗变细。而地下水的埋深则是由北向南渐次抬高，为 10.0~2.0 m，在接近尕海湖滨草原地下水以泉水的形式出露。

2.2.2　地下水运动规律

盐随水来、盐随水去这一运动规律的特点说明水是盐分运动的主要载体，而可溶性盐分是形成次生盐碱化的内在因素，治盐必先治水，治水必先了解水分运动的特点和规律。

从在灌区设立的浅层水观测的 3 年资料看出，尕海灌区浅层地下水属灌溉型。水位变化（垂直运动）主要受渠系和田间渗漏影响。众所周知，土壤水分垂直运动的强度与气候有关，还受土壤质地和地下水埋深的影响。从图 2-3 可以看出两点：一是耕地地下水位年内出现两次水位高峰，即作物生长期 5~8 月的灌溉和 9~10 月的冬灌两个阶段。水位变幅在 0.6~1.0 m，持续时间 3~4 个月，后者 1.0~1.5 m，持续时间在 1.5~2.0 个月。之后水位逐渐下降，直至翌年 4 月底 5 月初苗水前为水位最低时期。二是撂荒地地下水位较稳定，变幅小，仅 0.3~0.5 m，而且上升缓慢。项目由于进行了工程排水措施，破坏了地下水在自然条件下的平衡状态。水位变化显示出以下特点：

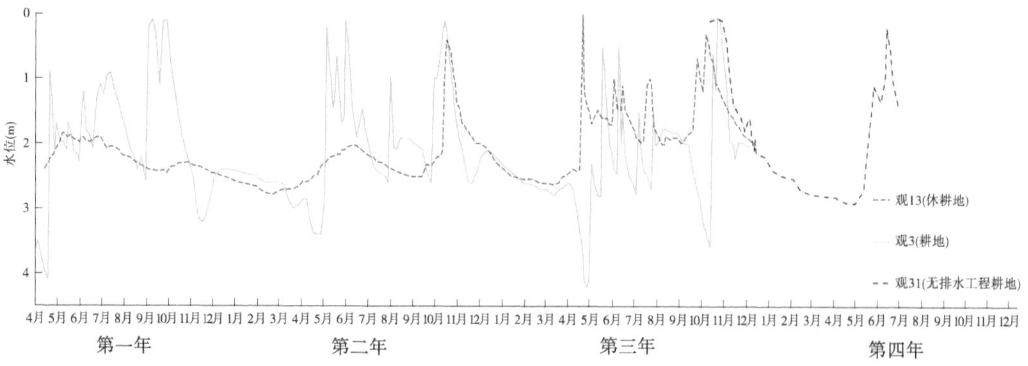

图 2-3　尕海灌区地下水动态变化

(1)缩短了灌溉所形成的 1 m 以上的高水位持续时间 10~15 d，变幅大，普遍在 1.5~2.0 m。

(2)地下水位的降低、高水位时间缩短减弱了土壤蒸发强度和盐分在表土层的累积，这对作物特别是幼苗期的生长是极为有利的。

(3)工程排水措施加速了地下水的循环，浅层地下水有了出路，如 14 号观测井，排水前的 5~8 月的灌溉期，水位始终在 0.6 m 以上，个别低洼地段出路地面，表土积盐严重，幼苗难以生长，在采取排水后，苗期水位在 0.6 m 以上的地块，只有 5~7 d，在 1.0 m 以上的也仅有 13 d。

2.2.3　地下水矿化度的动态

地下水矿化度的高低、地下水的埋深及盐分垂直运动的强度是影响土壤盐渍化的主导因素。在项目排水试验区，含盐地下水普遍埋深 2.00 m 左右，灌溉期间水位距离地表 0.5~1.0 m，强烈的蒸发(项目区年蒸发量 2 370 mm，5~8 月蒸发量 1 287 mm)导致地下水的盐分不断沿着毛细管上升而积聚到地表，产生次生盐渍化。经取样分析，项目区地下水矿化度的有两种类型。

2.2.3.1　排水井内水质(混合潜水)

矿化度一般在 0.5~1.7 g/L，为 SO_4^{2-}-Cl^-(或 HCO_3^-)型水，灌溉系数 18，可以用于灌溉，从而实现灌排结合，由于地下水水温较低(水温 6.7 ℃)，不能直接灌溉，不利于幼苗的生长，见图 2-4。

地下水年内矿化度变化受其田间灌水的影响，在灌溉时期，特别是在盐碱冲洗或冬灌阶段，由于土体中盐分被淋洗下渗，造成矿化度增高，盐分组成亦发生明显变化。Cl^-、Na^++K^+ 随着矿化度的增高而增高，次为 SO_4^{2-}、Ca^{2+}，而 HCO_3^- 在盐分冲洗阶段都很稳定，影响极小，

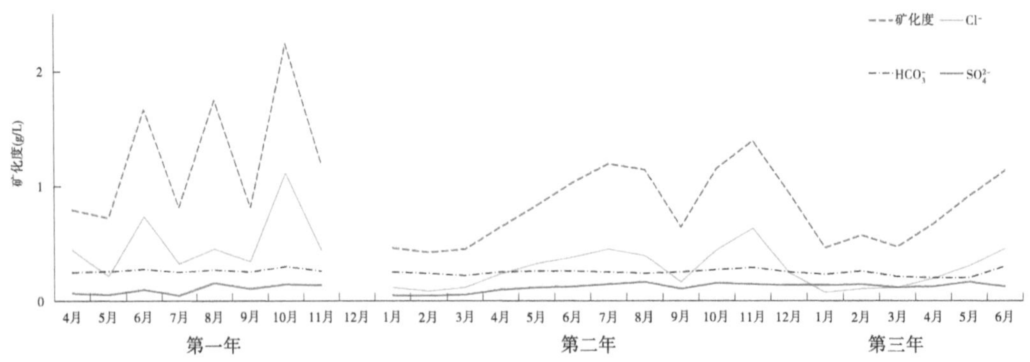

图 2-4 观测井地下水矿化度变化

说明土体盐分中各离子在淋洗时的脱出顺序。从 30 眼井的水质分析报告看,排出水的水质有淡化趋势。如 1~7 号井水质变化情况。

2.2.3.2 浅层地下水

矿化度一般在 3~7 g/L,在灌溉冲洗阶段矿化度增高到 6~12 g/L,局部盐碱重的地段如 25 号观测井矿化度高达 61.0 g/L。矿化度的变化受田间灌溉的直接影响,灌水时期,土体盐分通过淋洗。下渗到浅层地下水中,矿化度随之增高,灌溉期结束,矿化度则有下降,见表 2-4、图 2-5。

表 2-4 浅层地下水年际变化 (单位:mg/L)

时间	1 月	2 月	3 月	4 月	5 月	6 月	7 月	8 月	9 月	10 月	11 月	12 月
第一年				835.0	722.0	1 675.2	820.8	189.2	921.7	2 287.3	1 104.0	
第二年					789.0	1 345.0		944.4	915.5	1 269.0		
第三年	479.8	440.2	475.5		834.7		1 202.0	685.8		1 166.0	1 417.0	
第四年	457.0	592.7	498.0		948.0	1 162.0						

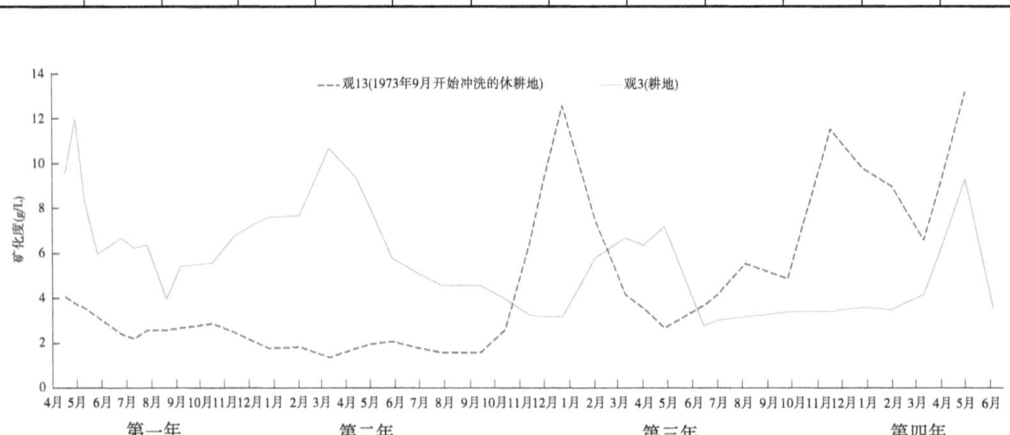

图 2-5 浅层地下水年际变化

这里需要指出的是，作物生育期内第一次灌水后，矿化度升高极大，主要是 Cl^-，第二次灌溉后矿化度有所下降，直至生育期结束到冬灌(10 月)前都较稳定，如 22 号观测井。究其原因是由于经过一个生育期，土体内积聚的大量盐分受到灌溉水的淋洗，导致第一水灌溉时地下水矿化度急剧增加。

2.2.3.3　地下水盐分化学组成及其特点

尕海灌区地下水矿化度差异较大。其年际变化也因灌溉排水等因素影响而有所不同，但其各离子在离子总量大于 40 mg/L 时各离子所占比例近乎一致，不受或很少受矿化度变化的影响，这一现象说明灌区地下水化学组成是比较稳定的，见图 2-6(a)。

地下水盐分中各离子相关性变化较小，是由于该地区地下水中所含盐分以氯化物、硫酸盐等易溶盐为主，阳离子主要是 $K^+ + Na^+$、Ca^{2+}、Mg^{2+}，这些阳离子与阴离子结合形成的盐类，在水中易溶解，以离子状态存在，见图 2-6(b)。

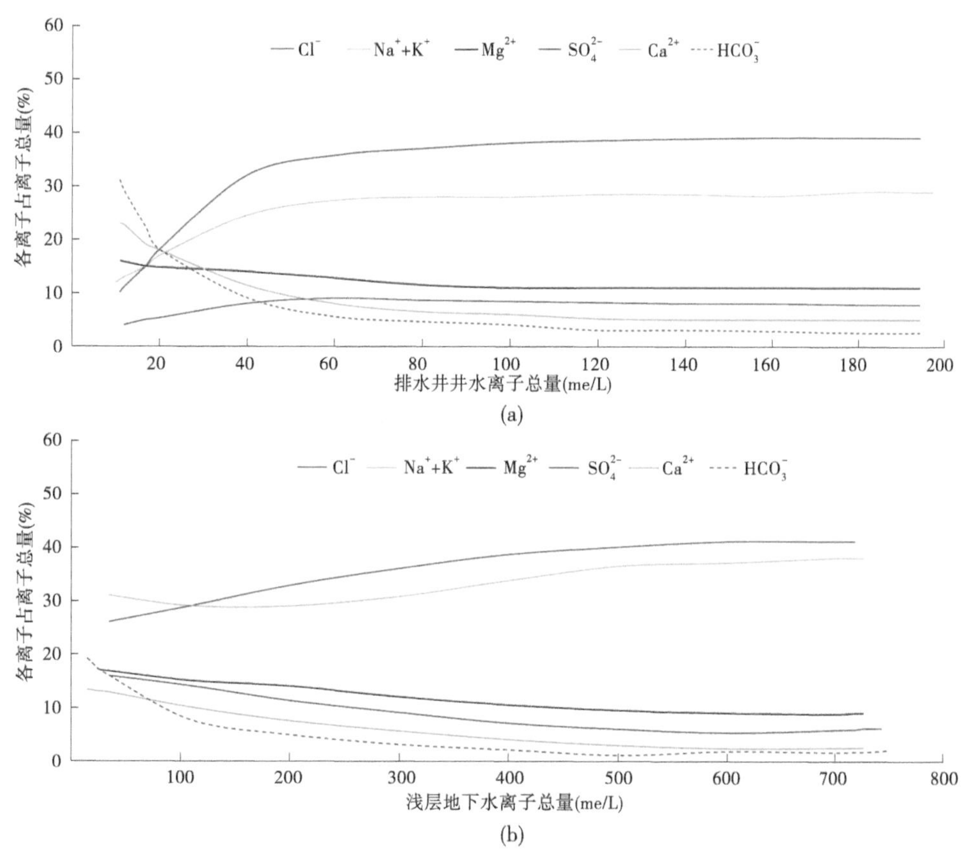

图 2-6　盐分组成变化

另外，从图 2-7 看出，Cl^- 含量大大高于 SO_4^{2-} 含量。说明地下水已从 SO_4^{2-} 型水发展到氯化物型水的高矿化度阶段。而 $CO_3^{2-}+HCO_3^-$ 的变化却随着矿化度的增高而减少。这可能是在矿化度较低情况下，硅酸盐水解的结果。

$$Na_2SiO_3+CO_2+H_2O \longleftrightarrow Na_2CO_3+SiO_2\downarrow+H_2O$$

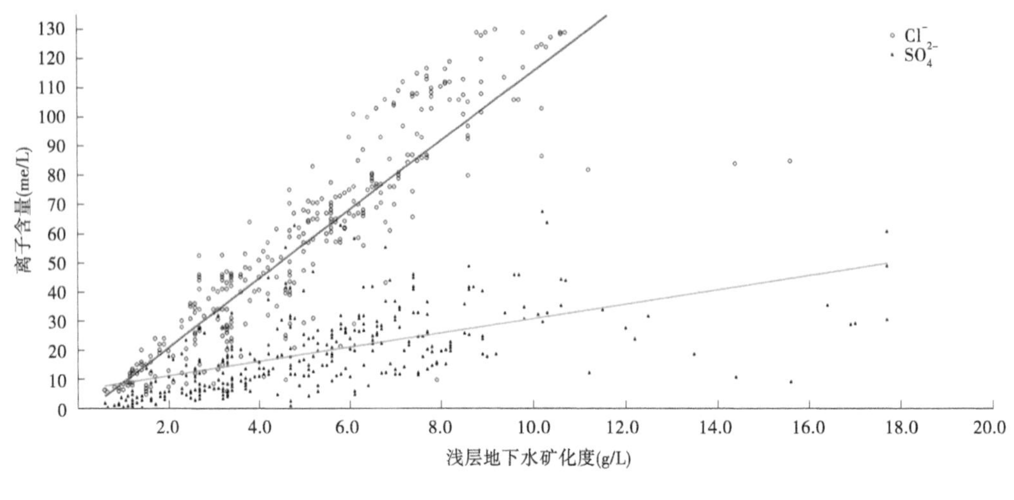

图 2-7

2.3　土壤盐分

2.3.1　土壤盐分的组成及其特点

研究区在垦殖前分布有荒漠盐土及荒漠盐渍化土壤，由于地形、岩性、地下水埋深的差异，土壤内部的盐分在水平、垂直运动发生非同一性的变化。与此相应，在试验区内分布着含盐量、盐分组成均不相同的各类次生盐渍化土壤，水平分异规律性不是很明显，但总的趋势是：由西北向东南，地势逐渐低平，越接近尕海湖湖积平原，地下水埋深越小，土壤质地越黏重，土体含盐呈现出西北轻、东南重的这一水平分布特点。

该区自垦殖以来，有灌无排、无计划的大面积漫灌，造成该区地下水位的迅速抬升，距地表 0.5~1.0 m，含盐地下水由于强烈的蒸发而上升，地表积盐高达 2%~8%，形成大面积的次生盐渍化。经取样分析，研究试验区的土壤属硫酸盐氯化物盐土或氯化物硫酸盐盐土，1 m 土层含盐量 0.6%~1.0%，分别以 Cl^-、Na^++K^+为主，见表 2-5。

表 2-5　土壤含盐量　　(%)

土壤深度(cm)	Cl^-	SO_4^{2-}	全盐量
0~10	0.230	0.473	1.153
10~20	0.740	0.487	1.980
20~30	0.135	0.129	0.423
30~50	0.070	0.056	0.200
50~70	0.275	0.147	0.704
70~100	0.215	0.101	0.403
100~150	0.085	0.038	0.200
150~200	0.020	0.024	0.100

从图 2-8 剖面看出，①土壤含盐量上大下小，70 cm 以上含盐量约是下部的 5~10 倍。盐分在整个土体内呈“T”形分布；②组成以 Cl^-，Na^++K^+为主，属氯化物盐渍土；③表土普遍有一层厚度不等、以硫酸盐为主的盐结皮。

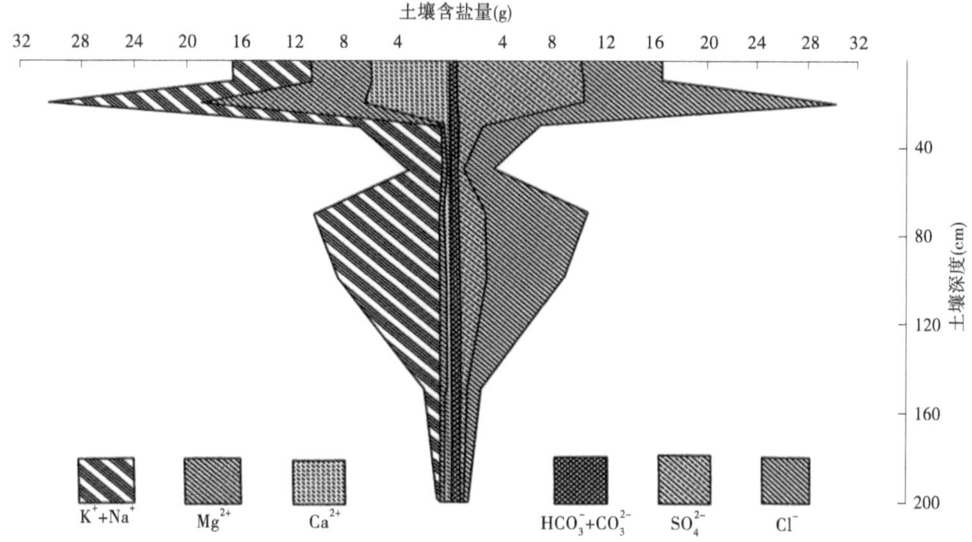

图 2-8　土壤剖面离子分布

2.3.2　土壤盐分季节性变化

盐分在土体内的垂直运动主要受其气候、灌溉的影响，而机械组成、盐分性质、地下水埋深、土壤容重等物理化学因素对其运动强度也有一定的影响。

从图 2-9、表 2-6 看出，12 月至翌年 5 月这一阶段，虽然处于封冻时期，但整个土层内部都在积盐，特别是 0~30 cm 尤为显著，由 0.487%增加到 0.842%，1 m 土层盐分也有所增加，由 0.358%增加至 0.518%，以 4 月积盐最快、最多，这对作物出苗发芽均不利。

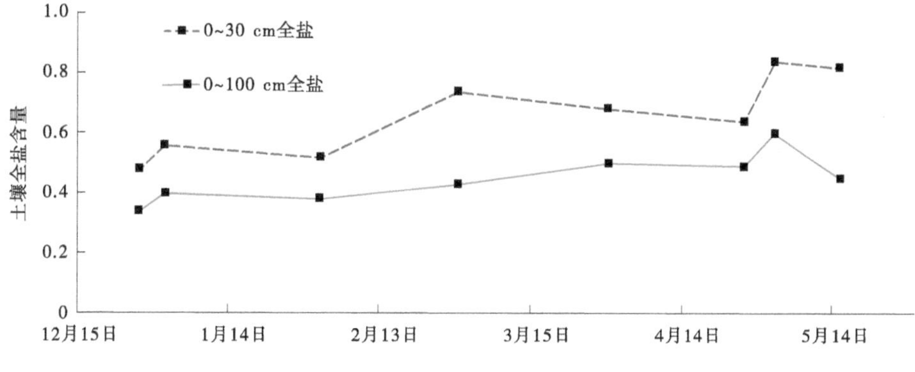

图 2-9　冬春土壤盐分变化

表 2-6　三号井西土壤盐分冬春变化　　(%)

土层	项目	12 月	1 月	2 月	3 月	4 月	5 月
0~30 cm	全盐量	0.487	0.670	0.537	0.749	0.679	0.842
	Cl^-	0.055	0.017	0.048	0.029	0.012	0.047
	SO_4^{2-}	0.263	0.375	0.317	0.459	0.471	0.537
0~100 cm	全盐量	0.358	0.400	0.380	0.427	0.504	0.518
	Cl^-	0.048	0.055	0.065	0.049	0.061	0.077
	SO_4^{2-}	0.174	0.228	0.179	0.209	0.268	0.265

要解决这一问题,主要应搞好冬灌淋洗盐分,同时做好耙地保墒,适时灌水则可抑制返盐。在灌溉时期盐分动态主要受田间灌水的影响,其特点是积盐、脱盐相互交替,表层以脱盐为主。因各离子的性质不同,所以其脱盐、积盐强度也不相同。

从表 2-7、图 2-10 可看出,一是 5 月上旬灌头水后,土层上部由于灌溉水的淋洗而脱盐,0~30 cm 表土尤为显著,全盐脱盐率 50%,Cl^-、SO_4^{2-} 脱盐率达到 70%~80%,这给作物幼苗的生长发育创造了有利条件。二是在进行二水、三水灌溉后,已是 6 月上旬,幼苗封垄,蒸发减弱,作物耐盐能力已较幼苗期要高。0~30 cm 表土层全盐一般稳定在 0.3%~0.4%。田间实践证明,"适浇头水,紧跟二水"是盐碱地改良的关键措施之一,不仅淋洗了表土层的盐分,而且满足了作物对水分的需要,再结合追肥,促进了青苗的发育和耐盐能力。三是冬灌水是对盐碱地淋洗保墒的有效措施之一,对轻度盐碱地的改良成效更佳。

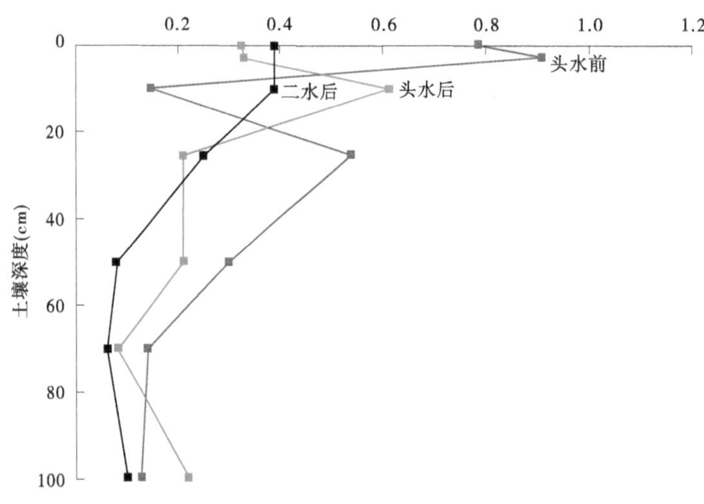

图 2-10　灌溉前后盐分变化

总的来看,在作物生育期内土壤盐分的运动受多种因素的影响,呈积盐(冬春)—脱盐(田间管理阶段)—积盐(收割后地表裸露)—脱盐(冬灌)的交替运动。

表 2-7　灌溉期土壤盐分动态

（%）

灌水次数	全盐					Cl^-					SO_4^{2-}				
	0~10 m	10~30 m	30~50 m	50~70 m	70~100 m	0~10 m	10~30 m	30~50 m	50~70 m	70~100 m	0~10 m	10~30 m	30~50 m	50~70 m	70~100 m
灌水前	0. 974	0. 536	0. 301	0. 135	0. 125	0. 134	0. 090	0. 070	0. 024	0. 036	0. 491	0. 247	0. 292	0. 057	0. 038
春灌水	0. 471	0. 206	0. 221	0. 180	0. 235	0. 012	0. 015	0. 030	0. 039	0. 071	0. 256	0. 076	0. 064	0. 052	0. 067
灌二水	0. 391	0. 255	0. 076	0. 067	0. 104	0. 033	0. 018	0. 016	0. 015	0. 025	0. 225	0. 140	0. 023	0. 011	0. 029
灌三水	0. 315	0. 276	0. 252	0. 166	0. 164	0. 075	0. 071	0. 069	0. 049	0. 054	0. 117	0. 080	0. 069	0. 040	0. 040
灌四水	0. 192	0. 176	0. 259	0. 232	0. 200	0. 011	0. 025	0. 072	0. 075	0. 062	0. 106	0. 056	0. 066	0. 054	0. 449

2.4　盐类对植物的毒害和作物的耐盐性能

所有植物都从土壤中吸取如 N、P、K、Ca、Mg、Fe、S、Zn、B 等矿物质元素，这些元素在土壤中多以化合物状态存在，并参与植物的生长循环过程。若土壤中缺乏这些盐类，植物营养意义就不存在了。植物从土壤中摄取营养物质依赖于植物根毛细胞的渗透作用，而土壤盐类又必须溶解于水，才能被根毛细胞吸收。当根毛细胞液浓度大于土壤溶液浓度时，土壤水和溶液就能进入根毛细胞；而当土壤溶液浓度大于根毛细胞液浓度时，土壤溶液进入根毛细胞极为困难。在土壤溶液浓度很高时，不仅土壤溶液不能进入根毛细胞，甚至根毛细胞中水分还会渗向土壤，致使根毛细胞脱水，引起植物全株死亡。由此，盐渍化土壤改良，就是使土壤溶液浓度稀释淡化，促使种子和植物能从土壤中吸收水分和养分。

植物从土壤中吸收水分和养分，是根据自身生理特点进行选择吸收的。盐溶液浓度在万分之几或十万分之几时，对植物是有益的，并能刺激植物生长。如在碱性土壤中种植甜菜和瓜类，则会有较高的含糖量。又如 NaCl 在酸性土壤中是好肥料，而在碱性土壤中对植物有害。当土壤中某种盐类含量过高时，植物就失去选择吸收的能力而超量摄取，导致植物生长受到抑制或产生畸形，这种毒害是盐类的化学性质引起的。盐渍化土壤的改良，主要是消除过量的有害盐分。在柴达木盆地中，盐分含量过量并构成危害的有害盐分有 $NaCl$、Na_2SO_4、Na_2CO_3、$MgCl_2$、$MgSO_4$、$MgCO_3$ 和 $CaCl_2$ 等。

作物的耐盐性能即土壤盐分对作物的毒害程度与植物的耐盐能力有密切关系，而植物的耐盐性能又随其品种以及盐渍土盐分组成不同而有差异（Jan Kotuby et al.，1997）。盐渍土上的盐生植物具有特别强的抗盐能力。据试验，全盐量在 0.8%～1.0%盐渍土上，能生长的品种有甜菜、冰草、无芒雀麦和燕麦；全盐量在 0.6%～0.8%的盐渍土可生长的有油菜、饲料甘蓝、高粱、草用大麦、黑麦草；全盐量在 0.4%～0.6%的盐渍土可生长的作物有棉花、食用大麦、黑麦、燕麦、小麦、猫尾草等；全盐量在 0.1%～0.4%的盐渍土可生长的作物有小麦、燕麦、豌豆、蚕豆和苜蓿等。本书就柴达木盆地春小麦、油菜、青稞的耐盐性做了初步观测，得到三种作物的耐盐极限范围，见表 2-8。

表 2-8　作物幼苗期耐盐性调查

作物生长情况	全盐量	Cl^-
全苗地块	0.102～0.132	0.022
受抑制或死苗地块	0.321～0.398	0.080～0.100
未出苗地块	>1.00	>0.500

对比我国华北、内蒙古西南部、西北各地以及柴达木盆地农作物品种的耐盐性能（董振国等，1995），大致可以看出，甜菜、向日葵、黍、大麦、棉花、高粱、青稞、蚕豆、扁豆较耐盐，小麦、玉米、谷子耐盐性能弱，一些豆类和水稻耐盐性能低。从作物生育期看，芽期比较耐盐，幼苗期对盐敏感，三叶期最不耐盐，孕穗和开花期对盐又敏感，成熟期耐盐性能增强。

此外,作物的耐盐能力在不同的地方也有差异,因此本书对柴达木盆地主要牧草紫花苜蓿和同德小花碱茅的耐受情况从分子生物学的角度开展了一定的探索。

2.5　植物耐盐品种筛选

柴达木盆地位于青海省西北部,属于高原断陷内陆封闭性盆地。由于四周冰山雪水对溶岩的长期侵蚀和溶解,大量的盐分随雪水进入盆地中形成湖泊。盆地内气候干旱,降雨稀少,蒸发量较大,使得盐分不断沉积,形成大量盐碱地。盆地内的盐渍土的类型和分布总的规律是:在大湖盆的周围从湖心起向外推,依次出现化学沉积→盐泥→盐壳→沼泽盐土→草甸盐土→残余盐土→砾质戈壁石膏盐盘残余盐土;在小湖盆的周围,从湖心起向外推,依次为化学沉积→盐泥→地下水溢出的部位发育为沼泽盐土或盐化沼泽土→湖滨草甸盐土→砾质盐化土或砾质戈壁石膏盐盘残余盐土。按照盆地地质历史特点和盐类地球化学累积特征,将盆地划分为三个积盐区:西部硫酸盐类累积区,主要为 $CaSO_4$、Na_2SO_4 和 $SrSO_4$ 等盐类;北部小盆地硼酸盐类和氯化物盐类等累积区;中、南部为氯化物盐类累积区,主要为 NaCl、$MgCl_2$ 和 KCl 等盐类。盐碱土地严重影响柴达木地区的植被覆盖和生态环境,同时影响土地利用状况,由此影响整个柴达木地区的经济发展,所以对盐碱化土地的改良是一个刻不容缓的任务。

2.5.1　盐胁迫对植物的影响

2.5.1.1　不同营养元素对植物的作用

植物在生长发育过程中需要从外界不断地汲取营养物质来维持自身的新陈代谢。正常情况下,土壤中含有比较平衡的营养元素,植物可以通过不同的方式来吸收土壤中的营养物质,不同的营养元素对植物的作用不同,已经证实有一些元素是植物生长所必需的,称为必需元素。根据植物对营养元素的利用方式和需求程度的不同可以将必需元素分为四组(见表 2-9)。

表 2-9　根据生物化学功能对植物矿质元素的分类

矿质元素	功能
第一组	组成碳化合物的营养元素
N	构成氨基酸、氨基化合物、蛋白质、核酸、核苷酸、辅酶和己糖胺等物质
S	半胱氨酸、胱氨酸、甲硫氨酸和蛋白质的组分。构成硫辛酸、辅酶、硫胺素焦磷酸、谷胱甘肽、腺苷-5′-磷酸硫酸酐和 3′-磷酸腺苷
第二组	能量储存和结构完整中起重要作用的营养元素
P	糖磷酸、核酸、核苷酸、辅酶、磷脂、肌醇六磷酸等物质的成分。在与 ATP 有关反应中起关键作用
Si	在细胞壁中以二氧化硅沉淀形式存在,参与了细胞壁机械性质的形成,包括刚性和弹性

续表 2-9

矿质元素	功能
B	与甘露醇、甘露聚糖、藻酸和细胞壁的其他组分结合,参与细胞伸长和核酸代谢
第三组	以离子形式存在的营养元素
K	至少 40 种酶所需的辅助因子,建立细胞膨压和维持细胞电中性所需的最重要的阳离子
Ca	细胞壁中间层的组分,一些参与 ATP 和磷脂水解的酶所需的辅助因子,代谢调节过程中作为第二信使
Mg	参与磷酸转移的许多酶所必需的,叶绿素分子的组成部分
Cl	与 O_2 释放有关的光合反应所需
Mn	一些脱氢酶、脱羧酶、激酶、氧化酶和过氧化物酶的活性所必需的,参与了其他阳离子活化酶的构成和光合反应中氧释放有关的反应
Na	参与了 C4 和 CAM 植物中磷酸烯醇式丙酮酸的再生反应,有时可代替钾离子的一些功能
第四组	与氧化还原反应有关的营养元素
Fe	与光合作用、氮固定和呼吸作用有关的细胞色素和非血红素铁蛋白的组成成分
Zn	乙醇脱氢酶、谷氨酸脱氢酶和碳酸酐酶等酶的组分
Cu	抗坏血酸氧化酶、酪氨酸酶、单胺氧化酶,尿酸酶、细胞色素氧化酶、酚酶和质体蓝素的组分
Ni	脲酶的组成元素,在细菌固氮中时氢化酶的组分
Mo	固氮酶、硝酸还原酶和黄嘌呤脱氢酶的组分

注:表中资料来源:改编自 Evans and Sorger,1996;Mengel and Kirkby,1987。

(1)第一组必需元素由氮和硫组成。植物可以同化这些元素,即通过氧化和还原的生物化学反应与碳形成共价键,并产生有机化合物。

(2)第二组必需元素在植物能量储存反应和维持结构完整性中起重要作用。它们在植物组织中常以磷酸、硼酸和硅酸盐酯的形式存在,共价地结合在有机分子的羟基上。

(3)第三组必需元素作为酶的辅因子和渗透调节中的重要参与者。在植物组织中,它们以自由离子形式溶解于水,或以静电力结合到诸如植物细胞壁的果胶等物质上。

(4)第四组必需营养元素主要参与电子的转移,由铁等金属元素组成。

2.5.1.2　盐胁迫对植物的危害

土壤中某些单一的矿质元素过多,就会危害植物的正常生长,称为盐害。植物的盐害通常表现在不同的方面,但究其原因主要有两个方面:一是渗透胁迫,二是离子毒害,其中渗透胁迫是最初也是最明显的盐害形式。

(1)渗透胁迫过程中,当土壤中离子浓度较高时,溶液渗透势下降,阻碍植物正常水分代谢过程,导致植物吸水困难,甚至导致组织细胞内的水分倒流至土壤中,造成植物生理性干旱,轻则抑制植物生长发育,重则使植物死亡。

(2)离子毒害作用是土壤中大量离子进入植物体后所引发的,植物体内离子浓度过高,会破坏细胞膜结构完整性,使得植物细胞透性增加,细胞液外渗,胞内离子平衡被破坏,植物生长发育受到抑制。当植物体内某一种离子浓度过高时,还会竞争性抑制植物对其他营养离子的吸收,造成植物营养胁迫和伤害。

2.5.1.3　盐胁迫对植物种子萌发的影响

植物生长的不同时期对外界环境因子的耐受范围和适应性存在差异,种子萌发期是植物整个生命周期中的重要阶段,通常也是对盐碱胁迫最敏感的时期,种子是否能够正常萌发直接决定种群能否成功建植。一些植物的种子在盐分浓度超过最适萌发条件时种子仍能保持活力,但当盐分胁迫超过种子耐受阈值时丧失萌发能力,甚至死亡。土壤中的盐分会通过渗透胁迫和离子毒害作用阻止或延缓种子萌发,溶液中溶质浓度过高,阻止种子正常吸水。水分是种子萌发的重要因素之一,盐胁迫导致的生理性干旱限制了种子萌发过程中一些水解酶类的合成,影响种子蛋白质、淀粉等营养物质的分解利用过程,造成种子萌发受阻甚至停滞。种子萌发过程中伴随着细胞膜系统的不断修复重建,盐胁迫下膜的修复受阻,使得大量有毒离子进入萌发中的种子细胞,对胞内结构及稳态环境造成一系列的影响,导致种子活力减弱甚至完全失活。

2.5.1.4　盐胁迫对植物形态结构的影响

盐胁迫对植物器官和组织的生长发育及分化都有抑制作用,常表现为植物地上地下生物量降低,植物叶片数目、叶片面积减小,根系数量减少等。土壤中过高的 Na^+浓度会使土壤的水势降低,植物体吸收水分受到抑制或不能吸水,导致植物水分缺失,形成生理干旱,产生的水分胁迫会迅速从植物的根部向上传递到植物体的其他部位引起细胞膨压的降低并抑制细胞的扩增。降低的水势会促进 ABA 的产生并产生信号传导,引起保卫细胞的去极化、降低气孔的开放程度和 CO_2 的同化速率,较低的气孔导度会通过减少细胞的扩增,抑制光合作用和碳代谢过程降低生物量的生成。此外,较低的蒸腾速率也会影响植物体对养分的吸收和叶片水分的蒸发,后者可能会导致叶片温度超过最适叶片温度,不利于植物的正常代谢活动。在高浓度盐胁迫下植物叶片表皮气孔密度较小,而表皮细胞面积增大,角质膜厚度增加,这种适应性变化均有利于植物减少蒸腾,以适应其生长环境中因含大量盐分而造成的生理性干旱。另外,有些植物的叶片会变厚,使细胞体积或液泡容量增大,这样能够吸收更多的水分,盐分浓度也会随之降低。还有些植物生长了盐腺,通过此特殊结构可将吸收到体内的盐分排出。

2.5.1.5　盐胁迫对植物细胞膜结构的影响

质膜是最先感应逆境胁迫的细胞结构,一般情况下植物不能在高盐度盐渍土壤上正常生长的原因是外部盐分胁迫会改变质膜分子结构,造成水分、离子及溶质渗漏,而导致这种变化的原因主要有以下几点。

(1)高浓度 Na^+对植物有毒害作用,高浓度的 Na^+可以置换质膜和细胞内膜系统所结合的 Ca^{2+},使结合于膜上的酶脱落,膜磷脂降解,从而破坏了质膜的结构,致使细胞内 K^+、磷和有机质外渗。细胞内 K^+/Na^+下降,抑制液泡膜 H^+-PPase 活性和胞质中 H^+跨液泡膜运输,跨液泡膜运输的 pH 梯度下降,液泡碱化,不利于 Na^+在液泡内积累。

(2)盐渍生境中,植物细胞质膜内正外负的膜电势和胞外 Na^+浓度的升高建立起的

Na^+梯度，都有利于Na^+/H^+被动运输。胞质中过多的Na^+从外界环境到植物细胞内对细胞有毒害作用，必须将其区隔化到液胞或排出胞外。这样，质膜Na^+逆向转运蛋白将胞质中过多的Na^+排出细胞后，即可减轻细胞的盐害，但其行使功能时必须借助质膜H^+-ATPase为其提供能量，二者协同作用才能真正将植物的盐害降低到最低水平。高浓度盐胁迫会使质膜主动运输系统ATPase活性降低乃至失活，胞内多余盐离子不能排出，最终损伤细胞膜系统。

(3)质膜膜脂相变，从液晶态变成凝胶态，进而可从脂双层转变为单层，膜上功能蛋白失活，质膜功能变化。

(4)在盐胁迫等逆境条件下，植物体内活性氧代谢系统的平衡受到影响，增加活性氧的产生量，破坏或降低活性氧清除剂的结构活性或含量水平。植物体内活性氧含量增高能启动膜脂过氧化或膜质脱脂作用，导致膜的完整性被破坏，差别透性丧失，电解质及某些小分子有机物大量渗漏，细胞物质交换平衡被破坏，进而导致一系列的生理生化代谢紊乱，使植物受到伤害。

(5)盐胁迫造成细胞脱水，而细胞脱水和再度吸水会对质膜造成机械损伤，质膜结构完整性被破坏。

2.5.2 植物耐盐相关机制

2.5.2.1 离子的跨膜运输过程

在大多数植物细胞中液泡占细胞体积的90%，其内包含大量的细胞溶质。细胞质中离子浓度的控制对代谢酶类的调节非常重要。围绕细胞原生质体的细胞壁并不是透性屏障，并不影响溶质的运输。质膜不但形成了疏水的扩散屏障，而且在细胞吸收营养、溶质输出及调节细胞膨压时，能够选择性地促进离子和分子向内或向外运输，并不断地进行适时调控。不同离子在细胞中的跨膜运输方式并不相同，如图2-11所示，K^+在细胞质和液泡内都是被动积累的，当细胞外K^+浓度非常低时，K^+可以通过主动方式吸收；Na^+从细胞质主动泵出，进入细胞外空间和液泡；中间代谢产生的过剩质子也可主动从细胞质中泵出，该过程有助于维持细胞质的pH接近中性，而液泡和细胞外介质的pH则较细胞质低1~2个pH单位；阴离子靠主动吸收进入细胞；Ca^{2+}经质膜和液泡膜主动运输出细胞质。

2.5.2.2 植物耐盐机制

土壤盐渍化是影响所有植物生理功能的非生物胁迫因子之一。当NaCl的浓度高于一定值时，维持蛋白质结构的静电力就会受到破坏，几乎所有酶的活性都会严重下降。盐胁迫下，超氧化物和H_2O_2介导的氧化作用会严重破坏植物的光合系统，影响植物的生长代谢。植物体通过一系列的胁迫应答适应环境胁迫，其中包括激活一些信号转导机制、增强与胁迫应答有关的基因的表达及代谢产物的合成。不同的非生物胁迫应答基因、植物启动子中的转录因子及调节序列也已经被发现并报道。植物耐盐反应主要涉及形态学、生理生化及分子生物学等不同层面，总体来说可分为三种方式，即渗透调节、拒盐及离子区域化作用。

盐环境下对植物的一个重要影响是造成细胞的水分亏缺和渗透胁迫，渗透调节剂和渗透保护剂的积累是植物适应盐渍化环境的重要机制。抗渗透胁迫最有效的措施就是渗

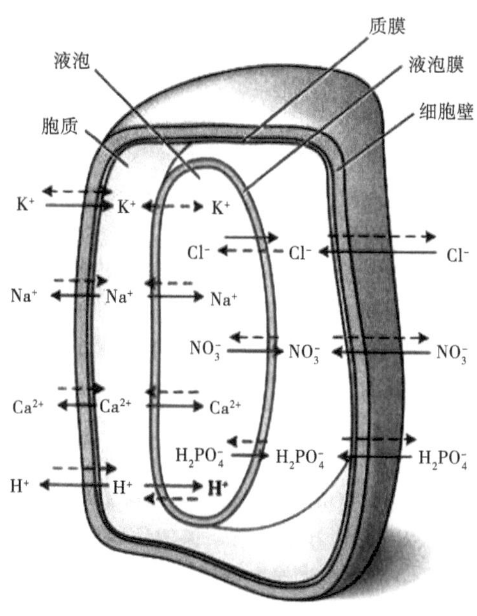

注:实箭头表示主动运输;虚箭头表示被动运输

图 2-11　不同离子跨膜运输方式

透调节。所谓渗透调节是指植物生长在渗透胁迫条件下,其细胞中相容性物质主动增加的过程。参与渗透调节过程的渗透调节物质主要分为两类:一是外界进入植物体内的无机离子;二是植物细胞内合成的有机溶质。有机渗透调节物质大致可分为三类,即氨基酸及其衍生物(如甘氨酸、甜菜碱、脯氨酸、β-丙氨酸、γ-氨基丁酸、苏氨酸等)、糖类及其衍生物(如山梨糖醇、甘油、甘露糖醇等)和叔硫酰化合物(如 β-二甲基硫代丙酸)。研究证实,脯氨酸和甜菜碱是分布最普遍的两种相容性物质,它们不仅可以降低细胞内的水势,而且能够有效保护和稳定各种酶系以及复合体蛋白的四维结构,并能维持细胞膜在盐胁迫下的稳定性,降低膜脂过氧化等。关于它们在盐胁迫下的生物合成和积累的动态已被广泛研究,与合成有关的酶基因已从许多植物中分离和克隆,通过这些酶的基因工程,增加脯氨酸和甜菜碱的积累水平,可以提高植物的抗盐性。

植物拒盐是指在确保其他离子吸收的条件下,植物细胞选择性地排斥 Na^+,不让其透过质膜。研究显示,介导 Na^+跨膜吸收的途径可能有三种,即高亲和 K^+转运体(HKT1)、低亲和阳离子转运体(LCT1)与非选择性阳离子通道(NSCC),其中由非选择性阳离子通道介导的 Na^+跨膜吸收途径得到了较为普遍的认识。研究表明,耐盐植物在盐胁迫下质膜非选择性阳离子通道的运输活性下降,以减少 Na^+进入细胞。阻止 Na^+从根部向地上部分运输,降低地上部分盐分浓度也是植物耐盐的机制之一。Lauchli 提出的脉内再循环假说可以较好地解释这一机制(见图 2-12):在盐胁迫下,拒盐植物根部吸收的 Na^+通过木质部导管运到地上部分或根茎部,再通过木质部传递细胞运到韧皮部传递细胞,进入韧皮部筛管,然后通过筛管后根细胞质膜 Na^+/H^+逆向转运蛋白分泌到根外,形成一个循环,从而保证植物体内的离子平衡。

一旦 Na^+进入到细胞,为适应盐分的两种胁迫(渗透胁迫和离子胁迫),避免 Na^+在胞质中积累,盐生植物会通过两种方式来达到此目的:①通过细胞膜上的离子通道和转运蛋白将 Na^+ 排除到细胞外;②通过液泡膜上的转运蛋白把盐离子区域化到液泡中保存起来。

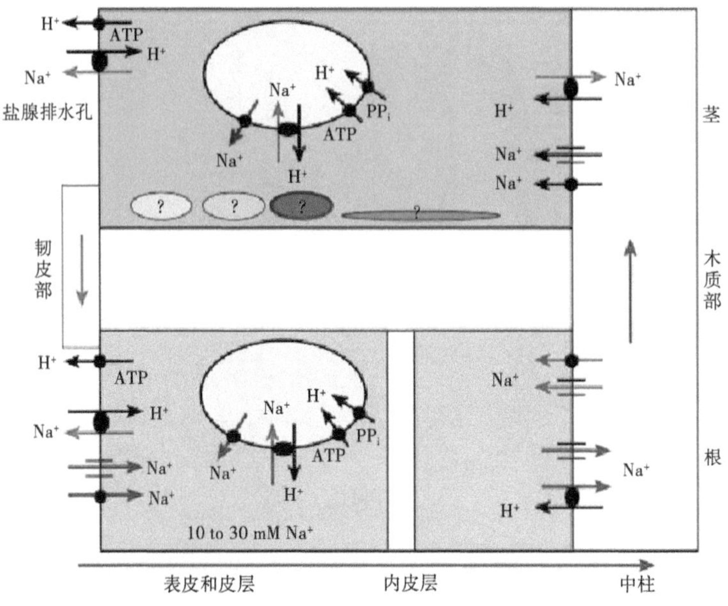

图 2-12 Na^+ 在非盐生植物脉内再循环的模型(引自 Lauchli 1984)

高等植物细胞质对 Na^+ 是极其敏感的,Na^+ 抑制细胞质中各种合成酶的活性,并干扰和抵抗 K^+ 和 Ca^{2+} 的吸收,破坏细胞的生理生化过程,造成细胞的伤害和死亡。盐生植物抗盐并能适应盐渍化生境的一个重要机制是能够将 Na^+ 及时从细胞质输送到液泡中,一方面维持了细胞质中低 Na^+ 高 K^+ 的离子稳态平衡;另一方面,液泡中 Na^+ 的积累能够维持细胞膨压,降低细胞水势,起到渗透调节作用。因而,Na^+ 液泡内的区域化,是植物抗盐的一个重要机制,也是液泡对植物抗盐性的最重要和最特殊的功能。离子区域化过程主要由质膜和液泡膜上的质子泵、Na^+/H^+ 逆向转运蛋白(Na^+/H^+ antiporter)和离子通道调控,一方面把进入细胞的 Na^+ 运出细胞;另一方面把进入细胞的 Na^+ 区域化到液泡中,以维持细胞离子及 pH 稳态。

2.5.2.3 植物对盐分胁迫信号的接收与传递

盐分胁迫对植物生长发育的抑制效应,基本上可以概括为渗透效应和对植物产生专一性毒害作用的离子效应,这就是盐分胁迫传递给植物的两种信号。在盐渍环境中,植物如何接收这两种信号以及接收后又如何传递到细胞内,使植物对盐胁迫做出响应,这在植物盐害生理和抗盐生理机制研究中是一个十分重要的问题。

1. 渗透胁迫信号的接受和传递

环境中盐浓度过高使渗透势降低,从而引起细胞渗透保护物质合成基因表达等一系列的生理生化响应。而环境和细胞渗透势的变化必须被细胞质膜上的受体或感受器所感受。随着分子生物学研究的进展,植物细胞渗透感受器的研究取得了一定进展,牵拉激活通道、细胞骨架相关的机械感受器和跨膜蛋白激酶都可能是植物渗透感受器,参与盐胁迫下渗透胁迫信号的接收与传递。在拟南芥细胞的质膜上鉴定出一种组氨酸激酶

(ATHK1, *Arabidopis thaliana* histidine kinase 1),该酶接收外部渗透势变化并磷酸化激酶结构中的组氨酸残基,继而把磷酸基转移到接收结构域中的天冬酰胺残基,然后引起脱落酸(ABA)合成等下游信号传递。研究表明,ABA 和干旱、高温、盐胁迫等多种逆境胁迫有关,是植物响应逆境胁迫的信号,是引起植物体内适应性调节反应和基因表达的重要因子。

ABA 作用于植物地上部分可以引起气孔关闭,还会使保卫细胞及其他细胞质中 Ca^{2+} 浓度增加。胞质 Ca^{2+} 浓度的增加一方面可以通过 CaM(钙调蛋白)引起相应的生理生化响应,另一方面可以通过钙依赖的激酶传递放大信号引起相应的生理生化响应。研究表明,植物细胞在受到不同的外部信号刺激时,胞质中游离 Ca^{2+} 浓度都会有一个短暂的、明显的升高,或者引起 Ca^{2+} 在细胞内的梯度分布或分布区域发生变化,其变化的幅度和频率都不相同,不同的刺激信号的特异性可能是靠 Ca^{2+} 浓度变化的不同形式来体现的。

2. 离子胁迫信号的接收和传递

离子胁迫信号的接收和传递较之渗透胁迫信号的更加复杂,目前有两种观点:一种是 Na^+ 作为信号物质直接引起一系列的生理生化响应,另一种是 Na^+ 通过 Ca^{2+} 及磷脂酰肌醇信号系统起作用。目前已经阐明与盐胁迫信号转导途径相关的有促细胞分裂原活化蛋白激酶(mitogen-activated protein kinase, MAPK)信号转导途径、盐超敏感(salt overly sensitive, SOS)信号转导途径以及其他蛋白激酶参与的信号转导途径。迄今为止,已从多种植物中分离到了 MAPK 基因,并发现 MAPK 级联途径与植物干旱、高盐、低温、激素、创伤、病原反应、氧化反应以及细胞周期调节等多种信号转导途径有关,单个途径之间的相互关系还需进一步研究。在这些信号转导途径中研究较为清楚的是 SOS 信号转导途径。

SOS(salt overly sensitive)信号转导途径是由 Arizona 大学的朱健康研究室最先从拟南芥体内发现的,该途径介导了盐胁迫下 Na^+ 的外排及向液泡内的区域化分布,在盐胁迫下进行离子稳态调节和提高植物耐钠性。他们从不同突变株中鉴定出 5 个 SOS 耐盐基因:SOS1、SOS2、SOS3、SOS4 和 SOS5。

SOS1 基因位于 2 号染色体上,能够编码一个含 1 146 个氨基酸残基,分子量为 72 kD 的多肽—SOS1。SOS1 蛋白 N 端高度疏水,且具有 12 个跨膜结构域;亲水性 C 端约 700 个氨基酸残基,位于细胞质中。SOS1 功能与微生物或动物质膜 Na^+/H^+ 逆向转运蛋白相似,能够把多余的 Na^+ 排出细胞外。

SOS2 基因位于 5 号染色体上,能够编码一个含 446 个氨基酸残基,分子量约为 50 kD 的丝氨酸/苏氨酸蛋白激酶—SOS2。SOS2 蛋白 N 端具有一个 270 个氨基酸残基组成的蛋白激酶催化区域;C 端为调控区,特异性包含一个 21 个氨基酸残基的 FISL 基元,能够与钙传感器 SOS3 结合,使 SOS2 自磷酸化,从而具有激酶活性。

SOS3 基因位于 5 号染色体上,能够编码一个 N 端豆蔻酰化含有 3 个 EF-臂的钙结合蛋白。

SOS4 基因位于 5 号染色体中部,SOS4 基因在所有植物内普遍表达,它编码吡哆醛激酶,该酶参与吡哆醛-5-磷酸的生物合成。吡哆醛-5-磷酸是 VB6 的活性形式,可作为许多酶(如 ACC 合酶、Trp 合酶和 Trp 氨基转移酶等)的辅因子和离子转运蛋白(如 SOS1)的配体而发挥作用。

SOS5 基因位于 3 号染色体下臂上,总长 1 263 bp,是一个无内含子的基因。它编码一个含有 420 个氨基酸残基的多肽，N 端含有一个与质膜定位有关的信号序列。SOS5 蛋白广泛存在于植物组织和器官中，主要和植物细胞壁的形成和细胞伸展有关。

研究发现，拟南芥中三个 SOS 基因（SOS1、SOS2、SOS3）在同一信号转导途径中发挥作用。植物体感受外界盐胁迫信号，在细胞中形成 Ca^{2+} 聚集体，SOS3 蛋白感受盐胁迫激发的钙信号（胞内 Ca^{2+} 浓度增加）和参与信号转导。N 端豆蔻酰化钙结合蛋白与 Ca^{2+} 结合的 SOS3 是 Ca^{2+} 感受器类似物，其特异性的与 SOS2 蛋白 C 端调控区域中的自我抑制区（FISL 基元）结合后，使得 SOS2 自磷酸化而具有激酶活性。有学者提出 SOS3-SOS2 激酶复合体（SOS3-SOS2 kinase complex）的概念。SOS3-SOS2 激酶复合体可以活化质膜上的 Na^+/H^+ 逆向转运蛋白 SOS1，SOS1 蛋白可以将细胞中过量的 Na^+ 泵出细胞，降低细胞内 Na^+ 浓度，维持细胞 Na^+/K^+ 平衡。SOS3-SOS2 激酶复合体还可以调节 SOS1 基因的表达，增加质膜上 Na^+/H^+ 逆向转运蛋白的数目，增加植物细胞对 Na^+ 的外排能力。盐胁迫下 SOS 信号转导过程如图 2-13 所示。因此，深入研究 SOS1 基因的功能对了解植物耐盐的机制、提高植物的耐盐性有重要意义。

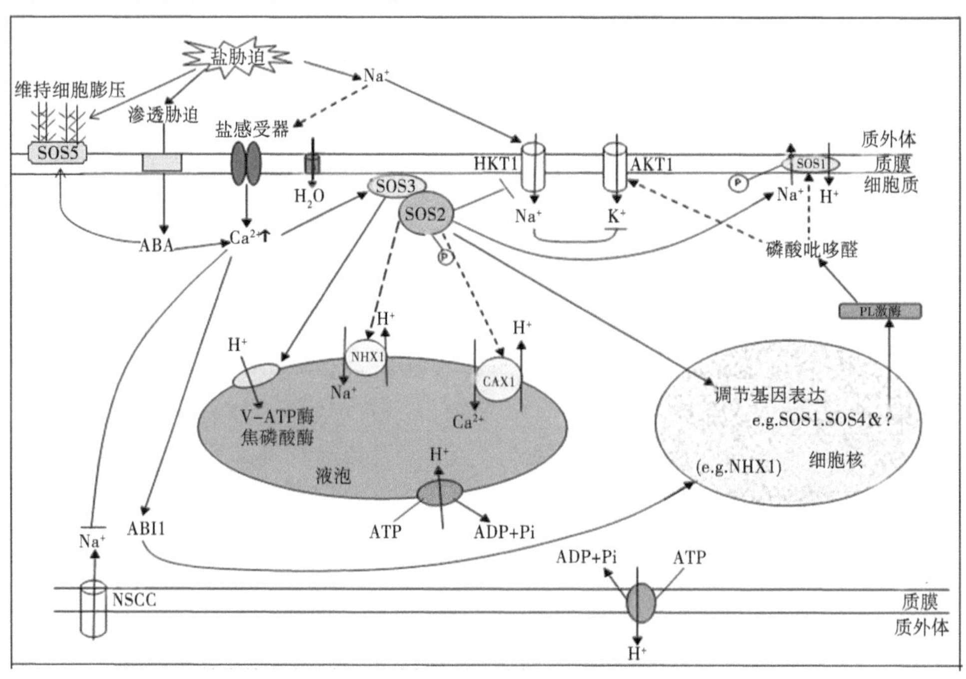

图 2-13　盐胁迫下植物 SOS 信号转导途径

2.6　研究意义

柴达木盆地和青海湖边缘地区盐渍土面积不断扩大。盐渍土造成了牧草根系环境渗透势的降低及高浓度 Na^+ 等离子效应，影响代谢调节，引起土壤 pH 的升高，使草原生态环境恶化。生态环境的建设和退化草地的改良，草地保护和恢复是其中最重要的内容。在生态环境保护和治理工程中，需要大面积的人工种草，而草种的选择是关键。近年来，在高海拔地区大面积人工种草，草种的适应性和供求矛盾日显突出。长期稳定地解决种源问题,最安全、最有效的办法就是就地取材,选择当地的适宜种源,科学合理地开发利用当地的植物资源。

紫花苜蓿属于豆科苜蓿属多年生牧草,素有"牧草之王"的美称,具有营养价值高、适口性好、适应性强等特点。紫花苜蓿在我国已有两千多年的栽培历史,全国各地都有种植,主要分布在西北和华北地区。紫花苜蓿在发展畜牧业生产、建植人工草地方面有着显著的经济效益和社会效益,又由于它具有发达的根系和生物固氮的特性,能够很好地改良土壤和保持水土,提高土壤养分,防止土壤盐碱化和荒漠化,对建设和保护当地生态环境具有重要意义。

同德小花碱茅(*Puccinellia tenuiflora* cv. Tongde)是青海省畜牧兽医科学院草原所和青海省牧草良种繁殖场于 1971 年在同德县巴滩地区采集的野生种,经 30 多年栽培驯化而成。通过对同德小花碱茅进行多年的引种驯化证实,同德小花碱茅也具有较高的耐盐碱性,能改良碱化土壤,降低土壤的 pH,但对同德小花碱茅适应盐碱土的结构基础、生理生态特性、耐盐分子机制均未见报道。对同德小花碱茅进行抗盐碱性研究,探讨同德小花碱茅对不同盐胁迫的响应机制,为同德小花碱茅在柴达木盆地和青海湖边缘地区大面积推广应用、广泛种植,成为高寒地区生长的优良草种和当家品种提供理论依据。

本试验就不同盐胁迫下,紫花苜蓿和同德小花碱茅的耐受情况做了一定的研究,根据两种牧草在不同盐胁迫下各指标的变化情况,可以为两种牧草在盐碱化土地上的种植提供参考依据,选择合适的盐碱类型及盐碱化程度的土地来种植。并且通过研究筛选出可以对牧草耐盐性进行快速测定的三种敏感指标,为在盐碱地上种植牧草的选种提供理论与技术参考,加快土壤改良过程中的选种速度。

2.6.1　不同盐胁迫对种子萌发的影响

2.6.1.1　材料和方法

1. 试验材料

试验所用紫花苜蓿种子是中国农业科学院北京畜牧兽医研究所育成的品种"中苜 3 号"(*Medicago sativa* cv. Zhongmu No. 3),是以耐盐苜蓿品种中苜 1 号为亲本材料,经 2 次轮回选择和 1 次混合选择培育而成的。该品种根系发达,株型直立,叶片大而呈绿色,花紫色到淡紫色,耐盐性好,产量高。在含盐量为 0.18%~0.39%的盐碱地上,比中苜 1 号紫花苜蓿增产 10%以上。2006 年 12 月通过全国草品种审定委员会审定,品种登记号为 321。

同德小花碱茅(*Puccinellia tenuiflora* cv. Tongde)是 1971 年在青海省同德县巴滩地区采集野生种,经长期选育,栽培驯化而成。2007 年 12 月通过国家鉴定,正式定名为同德小花碱茅。经过青海省畜牧兽医科学院草原所专家多年的引种、区域生产试验证实,同德小花碱茅在青海高寒地区海拔 4 000 m 以下地区均能种植,且能安全越冬,越冬率 95%左右,能完成生育期,播种第 2 年及以后每公顷可产干草 3 000 kg 左右。

2. 试验方法

选取饱满健康的种子作为试验材料,供试种子先用 0.3% $KMnO_4$ 溶液浸泡消毒 30 min,再用灭菌蒸馏水冲洗 4~5 次,用滤纸吸干备用。在干净培养皿(直径 9 cm)中放入双层滤纸,高压蒸汽灭菌后,皿内分别添加不同浓度的盐溶液($NaCl$、Na_2SO_4、KCl、K_2SO_4、

$CaCl_2$、$NaHCO_3$)至滤纸饱和,每种盐溶液设 9 个处理:CK、25 mmol/L、50 mmol/L、100 mmol/L、150 mmol/L、200 mmol/L、250 mmol/L、300 mmol/L、500 mmol/L,每个处理设 3 次重复。每个培养皿放入 100 粒种子,加盖后置于室温、自然光条件下培养。每天用 3 mL 溶液冲洗滤纸,然后吸出处理液,再加入少量处理液保持滤纸湿润,以保证培养皿内盐溶液浓度相对恒定。

以胚根突破种皮 2 mm 为发芽标准。逐天统计累计发芽种子数,按照《牧草种子检验规程》,苜蓿种子发芽计数 10 d,同德小花碱茅种子发芽计数 21 d。末次计数后,每个培养皿随机选取 20 株幼苗,测量其根长,记录数据。随后根据以下公式计算发芽率、发芽指数、盐害率、根长抑制率及平均发芽时间。

发芽率 GP=发芽种子数/供试种子数

盐害率=$(GP_{CK}-GP_{处理})/GP_{CK}$

发芽指数 $GI=\sum(G_t/D_t)$

根长相对抑制率=(对照组平均根长-处理组平均根长)/对照组平均根长

平均发芽时间=$\sum(G_t \times D_t)$/发芽种子数

式中:G_t 为第 t 天发芽种子数;D_t 为置床之日起对应的发芽天数。

试验数据用 Excel 录入并处理,用 Origin 9 进行方差分析、线性拟合、主成分分析及聚类分析等统计分析,采用 Photoshop CS6 进行图片处理,结果见图 2-14。

2.6.1.2 结果与分析

在发芽试验中,随着盐溶液浓度的升高,不同盐胁迫对种子发芽具有明显的抑制作用,但不同类型盐的抑制作用有明显差别,并且两种植物之间对盐胁迫的反应也不相同。为进一步揭示盐胁迫对种子萌发的影响,对种子萌发的各项参数指标进行分析。

1. 不同盐胁迫对种子发芽率的影响

盐胁迫处理中不同类型及同种类型不同浓度盐胁迫对紫花苜蓿种子发芽率的影响皆不相同。如表 2-10 所示,在盐胁迫处理中,当溶液浓度为 25 mmol/L 时,NaCl 和 $CaCl_2$ 处理种子发芽率与对照组无明显差异($P>0.05$),分别达到 0.91 和 0.95;而 $NaHCO_3$ 处理组种子发芽率显著下降为 0.90($P<0.05$)。在 100 mmol/L 溶液处理下,NaCl 处理组发芽率显著下降为 0.78,$CaCl_2$ 处理组无明显变化,$NaHCO_3$ 处理组发芽率显著下降,为 0.06($P<0.05$)。溶液浓度为 300 mmol/L 时,NaCl 处理组种子停止发芽,$CaCl_2$ 处理组有微弱发芽;而 $NaHCO_3$ 处理组在 150 mmol/L 时已停止发芽。总体来说,随着盐溶液浓度的升高,紫花苜蓿种子发芽率随之降低,同一浓度不同类型的盐胁迫对种子发芽率的影响作用不同。

不同类型及同种类型不同浓度盐胁迫对同德小花碱茅种子发芽率的影响也不相同。如表 2-11 所示,在盐胁迫下,各盐溶液浓度小于 50 mmol/L 时,同德小花碱茅种子发芽率与对照组并无显著差异($P>0.05$);当 NaCl、K_2SO_4、$NaHCO_3$ 三种盐溶液浓度为 150 mmol/L 时,同德小花碱茅种子发芽率显著下降;Na_2SO_4、KCl、$CaCl_2$ 三种盐溶液浓度为 100 mmol/L 时,发芽率相对对照组显著下降($P<0.05$),发芽率分别为 0.57、0.70、0.68。总体来说,随着盐浓度逐渐升高,同德小花碱茅种子发芽率随之降低,即不同盐胁迫对同德小花碱茅种子萌发的抑制作用随着盐浓度的升高而增加。

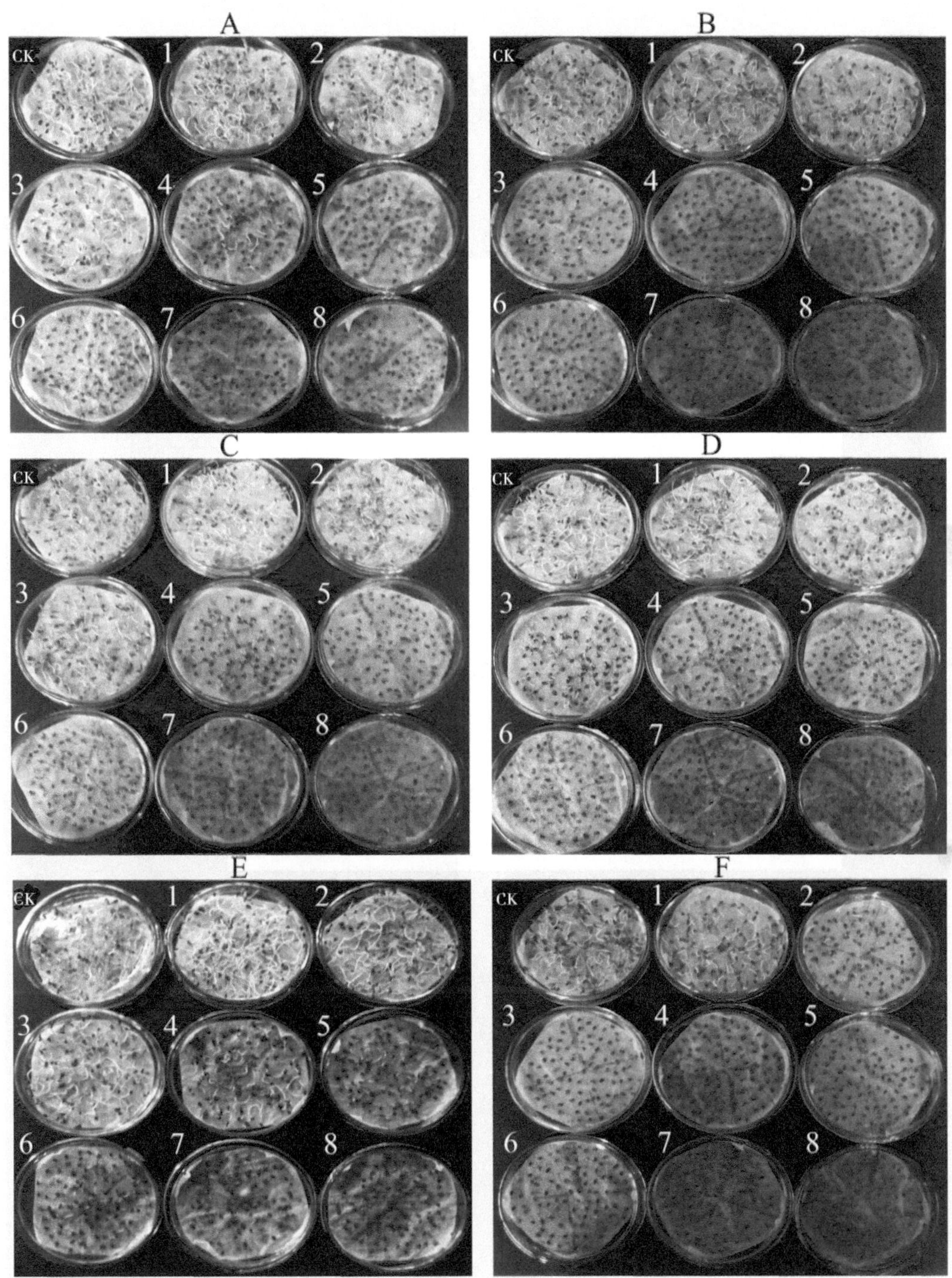

注：A～F 分别代表 $NaCl$、Na_2SO_4、KCl、K_2SO_4、$CaCl_2$、$NaHCO_3$；1～9 代表不同浓度

图 2-14　不同盐胁迫下紫花苜蓿种子发芽试验

表 2-10　不同盐胁迫对紫花苜蓿种子发芽率的影响

盐分浓度 (mmol/L)	盐分 Salt					
	NaCl	Na_2SO_4	KCl	K_2SO_4	$CaCl_2$	$NaHCO_3$
0	(0.93±0.03)a	(0.93±0.03)a	(0.93±0.03)a	0.94±0.03a	0.94±0.03a	0.94±0.03a
25	(0.91±0.02)ab	(0.89±0.03)b	(0.92±0.02)ab	(0.92±0.03)ab	(0.95±0.03)ab	(0.90±0.02)b
50	(0.90±0.01)abc	(0.89±0.02)bc	(0.92±0.02)abc	(0.92±0.01)abc	(0.94±0.04)abc	(0.84±0.03)c
100	(0.78±0.06)d	(0.25±0.01)d	(0.91±0.00)abcd	(0.72±0.08)d	(0.91±0.02)abcd	(0.06±0.02)d
150	(0.46±0.07)e	(0.01±0.01)e	(0.91±0.01)abcde	(0.43±0.02)e	(0.81±0.04)e	0
200	(0.16±0.03)f	0	(0.75±0.05)f	(0.07±0.07)f	(0.58±0.04)f	0
250	(0.05±0.03)g	0	(0.73±0.02)fg	0	(0.18±0.03)g	0
300	0	0	(0.16±0.05)h	0	(0.02±0.01)h	0

注:同列不同字母表示在 0.05 水平上差异显著。

表 2-11　不同盐胁迫对同德小花碱茅种子发芽率的影响

盐分浓度 (mmol/L)	盐分					
	NaCl	Na_2SO_4	KCl	K_2SO_4	$CaCl_2$	$NaHCO_3$
0	(0.79±0.01)a	(0.79±0.01)a	(0.79±0.01)a	(0.79±0.01)a	(0.79±0.01)a	(0.79±0.01)a
25	(0.72±0.06)ab	(0.73±0.01)ab	(0.76±0.01)ab	(0.73±0.02)ab	(0.72±0.03)ab	(0.78±0.01)ab
50	(0.69±0.01)abc	(0.72±0.01)abc	(0.77±0.02)abc	(0.71±0.01)abc	(0.71±0.06)abc	(0.75±0.04)abc
100	(0.67±0.03)abcd	(0.57±0.02)d	(0.70±0.02)bcd	(0.70±0.01)abcd	(0.68±0.06)bcd	(0.71±0.01)abcd
150	(0.58±0.04)cde	(0.46±0.06)e	(0.64±0.05)de	(0.66±0.01)bcde	(0.23±0.02)e	(0.68±0.01)cde
200	(0.46±0.07)ef	(0.09±0.03)f	(0.54±0.03)f	(0.35±0.07)f	(0.08±0.01)f	(0.62±0.01)ef
250	(0.29±0.06)g	0	(0.15±0.04)g	(0.22±0.06)g	0	(0.36±0.04)g
300	(0.15±0.02)h	0	0	(0.07±0.06)h	0	(0.09±0.01)h

注:同列不同字母表示在 0.05 水平上差异显著。

综合分析两种植物发芽率对不同盐胁迫的响应,紫花苜蓿和同德小花碱茅种子随着盐溶液浓度的增加种子发芽率逐渐下降;但是两种植物发芽率对不同类型盐胁迫的响应程度不同(见图2-15)。同德小花碱茅对除KCl和$CaCl_2$外的其余盐分具有较高的耐受性,紫花苜蓿次之。如同德小花碱茅种子在300 mmol/L $NaHCO_3$溶液中具有微弱发芽率,而紫花苜蓿在150 mmol/L时就停止发芽;在$CaCl_2$溶液胁迫下,紫花苜蓿在300 mmol/L时仍具有微弱发芽率,而同德小花碱茅在250 mmol/L时停止发芽。这两种植物对同类型盐胁迫的不同响应结果是由两种植物间的遗传差异引起的,因为同德小花碱茅属于中度盐生植物,而紫花苜蓿属于甜土植物。

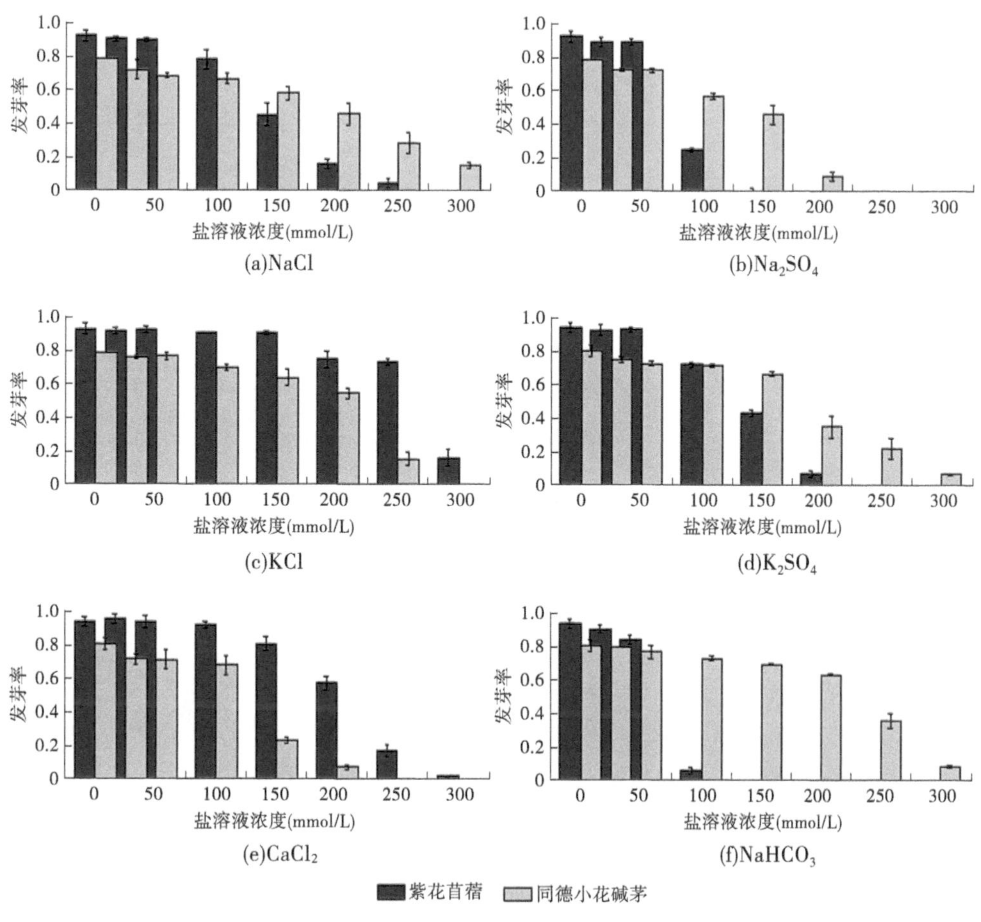

图2-15　不同盐胁迫对两种植物发芽率的影响

2. 不同盐胁迫对种子发芽指数的影响

发芽率反映种子在试验条件的发芽能力,而发芽指数是用来衡量种子活力的有效指标,它反映种子在广泛田间条件下的出苗能力。因此,发芽指数不仅能反映种子的潜在发芽能力,还能更好地衡量种子萌发过程中的抗逆性。

不同浓度盐溶液处理的紫花苜蓿种子发芽指数随盐浓度的升高呈显著下降趋势($P<0.05$)(见表2-12),与发芽率具有一致性。根据方差分析结果,不同盐分对紫花苜蓿种子

发芽指数的影响也各不相同,六种盐胁迫对紫花苜蓿种子发芽指数的影响作用大小依次为 $NaHCO_3>Na_2SO_4>K_2SO_4>NaCl>KCl>CaCl_2$($P<0.01$)。以盐溶液浓度为自变量 x、以种子发芽指数为因变量 y 建立线性回归方程,种子发芽指数达到对照发芽指数的 50%和 10%时对应的盐浓度分别为种子萌发的耐盐半致死浓度和耐盐极限浓度。经计算,紫花苜蓿种子萌发对不同盐胁迫的耐盐半致死浓度和耐盐极限浓度见表 2-13。

表 2-12　不同盐胁迫对紫花苜蓿种子发芽指数的影响

盐分浓度(mmol/L)	盐分					
	NaCl	Na_2SO_4	KCl	K_2SO_4	$CaCl_2$	$NaHCO_3$
0	(1.73±1.58)a	(81.73±1.94)a	(81.73±1.94)a	(88.60±4.67)a	(88.60±4.67)a	(88.60±4.67)a
25	(67.06±2.69)b	(47.42±3.62)b	(65.05±0.35)b	(69.39±0.19)b	(84.15±4.87)b	(78.72±2.99)b
50	(60.06±0.42)c	(34.47±1.45)c	(58.41±4.18)c	(62.26±2.73)c	(81.44±3.35)c	(58.49±2.64)c
100	(40.38±3.47)d	(7.12±0.73)d	(49.57±2.63)d	(34.83±3.13)d	(66.33±3.31)d	(3.28±0.25)d
150	(17.16±3.73)e	0	(41.28±5.86)e	(15.92±1.36)e	(48.28±2.34)e	0
200	(5.20±0.95)f	0	(37.47±1.92)f	(2.18±0.54)f	(22.74±2.58)f	0
250	(1.23±0.57)g	0	(25.56±2.53)g	0	(6.04±0.91)g	0
300	0	0	(3.70±1.33)k	0	(0.76±0.50)k	0

注:同列不同字母表示在 0.05 水平上差异显著。

表 2-13　紫花苜蓿种子对不同盐溶液的耐受极限浓度

溶液	回归方程	决定系数	半致死浓度(mmol/L)	极限浓度(mmol/L)
NaCl	$y=0.0009x^2-0.56x+82.8672$	0.993 26	86.6	190.97
Na_2SO_4	$y=0.0032x^2-1.0226x+77.2523$	0.985 61	40.37	92.84
KCl	$y=0.00025x^2-0.2827x+76.202$	0.943 55	148.36	347.31
K_2SO_4	$y=0.0012x^2-0.6635x+88.4889$	0.995 46	69.24	160.68
$CaCl_2$	$y=-0.00007x^2-0.3034x+92.6625$	0.980 55	153.93	260.55
$NaHCO_3$	$y=0.0025x^2-1.0463x+96.0136$	0.943 61	57.26	114.77

不同盐溶液处理的同德小花碱茅种子萌发指数随盐浓度的升高呈显著下降趋势($P<0.05$)(见表 2-14)。根据方差分析结果,不同盐分对同德小花碱茅种子发芽指数的影响也不相同,总体来说,$CaCl_2$ 对发芽指数的抑制作用最大,两种硫酸盐次之,再次为两种氯化盐,$NaHCO_3$ 对同德小花碱茅发芽指数的影响最弱。以盐溶液浓度为自变量 x、以种子发芽指数为因变量 y 建立线性回归方程,如表 2-15 所示,同德小花碱茅种子的发芽指数随盐浓度的升高呈下降趋势。经计算,同德小花碱茅种子萌发对不同盐胁迫的耐盐半致

死浓度和耐盐极限浓度如表 2-15 所示。

表 2-14　不同盐胁迫对同德小花碱茅种子发芽指数的影响

盐分浓度(mmol/L)	盐分					
	NaCl	Na_2SO_4	KCl	K_2SO_4	$CaCl_2$	$NaHCO_3$
0	(18. 89±0. 15)a	(18. 89±0. 15)a	(18. 89±0. 15)a	(17. 44±0. 67)a	(17. 44±0. 67)a	(17. 44±0. 67)a
25	(16. 30±1. 61)b	(16. 49±0. 20)b	(16. 38±0. 92)b	(15. 79±0. 46)ab	(14. 78±0. 62)b	(18. 42±0. 25)ab
50	(15. 46±0. 21)bc	(16. 34±0. 19)bc	(18. 03±0. 42)ac	(15. 40±0. 78)bc	(14. 25±1. 23)bc	(16. 80±0. 74)abc
100	(14. 56±0. 71)bcd	(9. 45±0. 31)d	(14. 97±0. 62)bd	(12. 43±0. 29)d	(11. 01±0. 88)d	(14. 74±0. 46)d
150	(10. 93±0. 56)e	(6. 46±0. 94)e	(12. 27±1. 12)e	(10. 71±0. 32)de	(3. 26±0. 26)e	(14. 70±0. 36)de
200	(7. 58±1. 10)f	(1. 10±0. 35)f	(8. 55±0. 31)f	(4. 11±0. 85)f	(0. 98±0. 17)f	(11. 49±0. 37)f
250	(4. 02±0. 95)g	0	(2. 05±0. 42)g	(2. 23±0. 58)g	0	(5. 61±0. 74)g
300	(1. 89±0. 25)gh	0	0	(0. 68±0. 54)gh	0	(1. 20±0. 14)h

注:同列不同字母表示在 0. 05 水平上差异显著。

表 2-15　同德小花碱茅种子萌发对不同盐溶液的耐受极限浓度

溶液	回归方程	决定系数	半致死浓度(mmol/L)	极限浓度(mmol/L)
NaCl	$y=-0.0559x+18.7204$	0. 981 5	165. 89	301. 09
Na_2SO_4	$y=-0.0812x+18.8059$	0. 970 9	115. 26	209. 56
KCl	$y=-0.0643x+20.0268$	0. 940 9	164. 56	282. 10
K_2SO_4	$y=-0.0596x+17.8629$	0. 967 0	153. 43	270. 46
$CaCl_2$	$y=-0.0758x+17.2066$	0. 947 5	111. 98	203. 99
$NaHCO_3$	$y=-0.0532x+19.7$	0. 879 9	206. 42	337. 52

综合分析两种植物盐胁迫下发芽指数的变化可以得出,两种植物的发芽指数随着盐浓度的增加而降低,盐胁迫抑制了种子活力(见图 2-16)。但由耐盐半致死浓度和耐盐极限浓度可以看出,两种植物发芽指数对同类型盐胁迫的响应不同,如紫花苜蓿对 $NaHCO_3$ 溶液的耐盐半致死浓度和耐盐极限浓度分别为 57. 26 mmol/L 和 114. 77 mmol/L,而同德小花碱茅为 206. 42 mmol/L 和 337. 52 mmol/L(见表 2-15)。且除 KCl 和 $CaCl_2$ 两种盐外,同德小花碱茅种子萌发对其余盐分的耐受性强于紫花苜蓿。这一结果与不同盐胁迫下发芽率的响应结果一致。

3. 不同盐胁迫对种子平均发芽时间的影响

平均发芽时间用来表示种子的发芽速率,平均发芽时间越小,表示种子发芽速度越快。紫花苜蓿种子在不同盐胁迫作用下平均发芽时间如图 2-17 所示,对照组平均发芽时

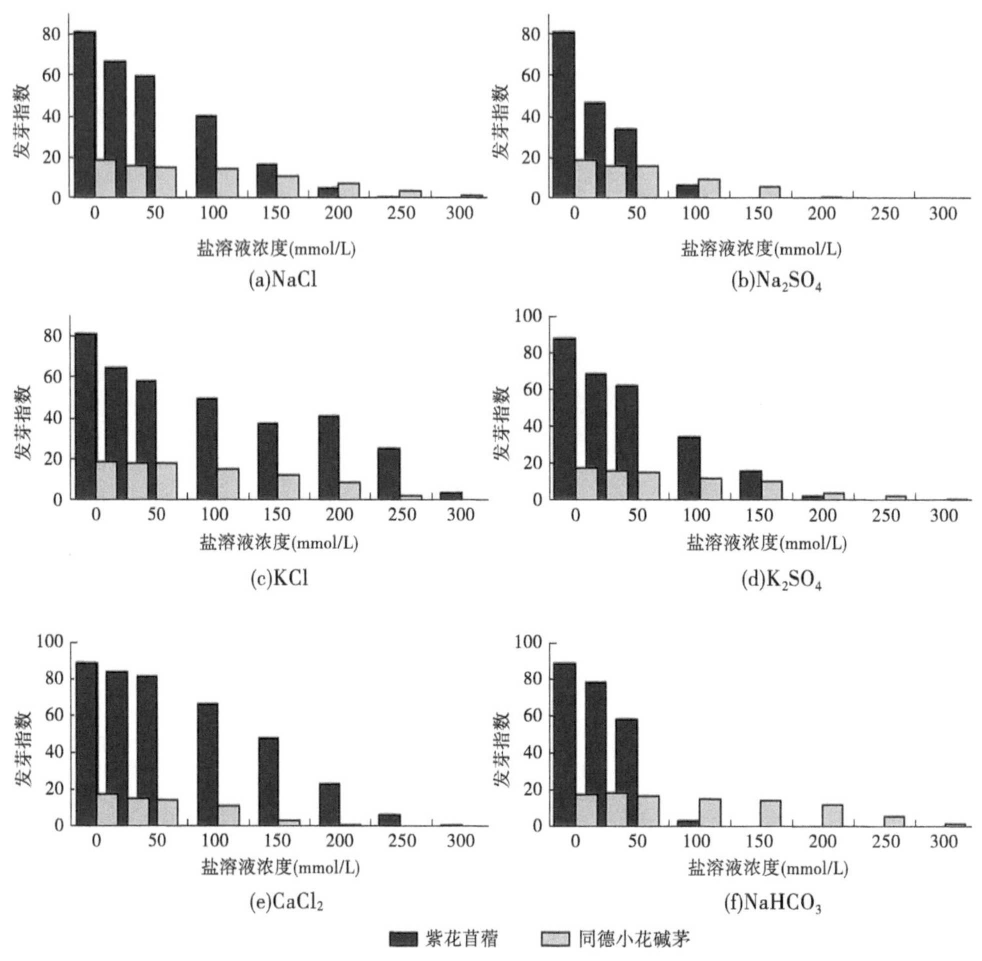

图 2-16　不同盐胁迫对两种植物发芽指数的影响

间为 1.27 d,随着盐溶液浓度的升高,紫花苜蓿种子平均发芽时间也逐渐升高,说明随着盐浓度的增加,种子萌发被逐渐抑制,盐浓度越高,萌发越慢。方差分析显示,不同浓度盐溶液下的紫花苜蓿种子平均发芽时间存在差异,如在氯化钠溶液浓度为 25 mmol/L 时,种子平均发芽日数(1.58 d)变化无显著差异($P>0.05$),说明这一浓度氯化钠溶液对种子萌发抑制作用很弱;在溶液浓度为 50 mmol/L 时,种子萌发平均发芽日数(1.78 d)显著增加($P<0.05$),种子萌发受到抑制;不同类型盐溶液对种子萌发平均发芽时间的影响差异显著($P<0.05$),Na_2SO_4、NaCl、KCl、K_2SO_4、$NaHCO_3$5 种盐不同浓度下差异显著($P<0.05$),而 $CaCl_2$ 在 0~50 mmol/L 浓度范围内无明显差异,6 种盐溶液对种子平均发芽时间的影响大小依次为 Na_2SO_4、K_2SO_4、NaCl、KCl、$NaHCO_3$、$CaCl_2$。

分析不同盐胁迫下的同德小花碱茅种子平均发芽时间结果可知,随着盐浓度的增加,同德小花碱茅种子平均发芽时间增大,种子发芽减慢,种子萌发受到抑制(见图 2-18)。方差分析显示,当溶液浓度为 0~50 mmol/L 时,Na_2SO_4、K_2SO_4、$CaCl_2$ 三种盐对平均发芽时间产生明显的抑制作用;当溶液浓度大于 100 mmol/L 时,NaCl 和 KCl 对平均发芽时间

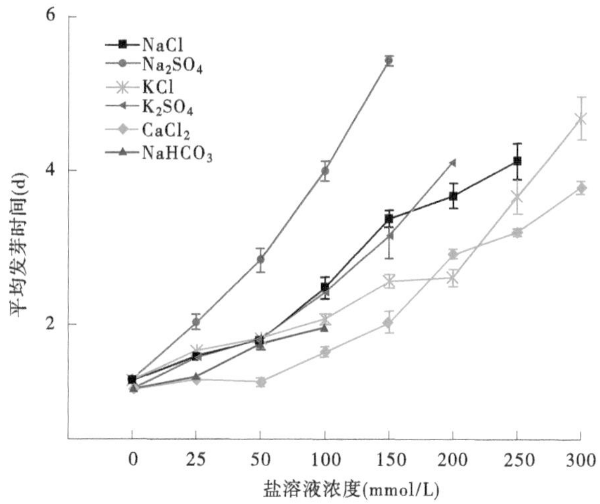

图 2-17　不同盐处理对紫花苜蓿种子平均发芽时间的影响

产生明显抑制作用($P>0.05$)。$NaHCO_3$ 对种子平均萌发时间的影响作用如图 2-19 所示，当溶液浓度不大于 100 mmol/L 时，种子平均发芽时间低于对照，尤其是当浓度为 25 mmol/L 时平均发芽时间明显缩短($P<0.05$)，说明低浓度 $NaHCO_3$ 溶液可以加快同德小花碱茅种子的萌发，而其余 5 种盐分在不同浓度下皆会延迟同德小花碱茅种子的萌发。

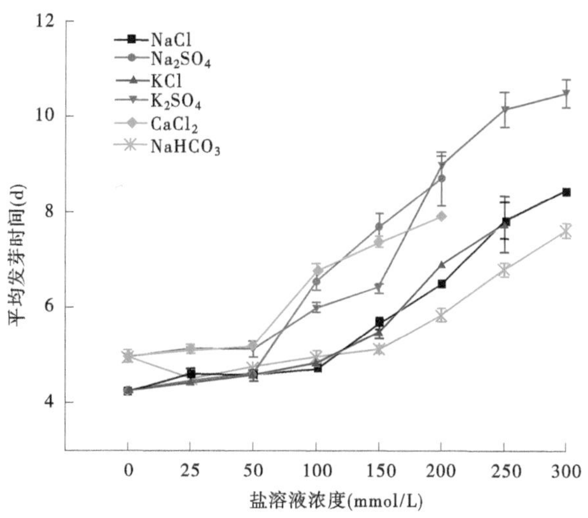

图 2-18　不同盐胁迫对同德小花碱茅种子平均发芽时间的影响

紫花苜蓿在 6 种盐胁迫下及同德小花碱茅在除 $NaHCO_3$ 外的其余 5 种盐胁迫下，随着溶液浓度的增加，平均发芽时间增加，发芽速率减小，发芽延迟(见图 2-19)。而在 $NaHCO_3$ 溶液浓度不大于 100 mmol/L 时，同德小花碱茅种子平均发芽时间减小，发芽进程被促进，当溶液浓度高于 100 mmol/L 时，发芽被抑制，平均发芽时间增加。

出现以上结果的原因可能是：溶液中的溶质浓度过高会阻止种子正常吸水，形成生理

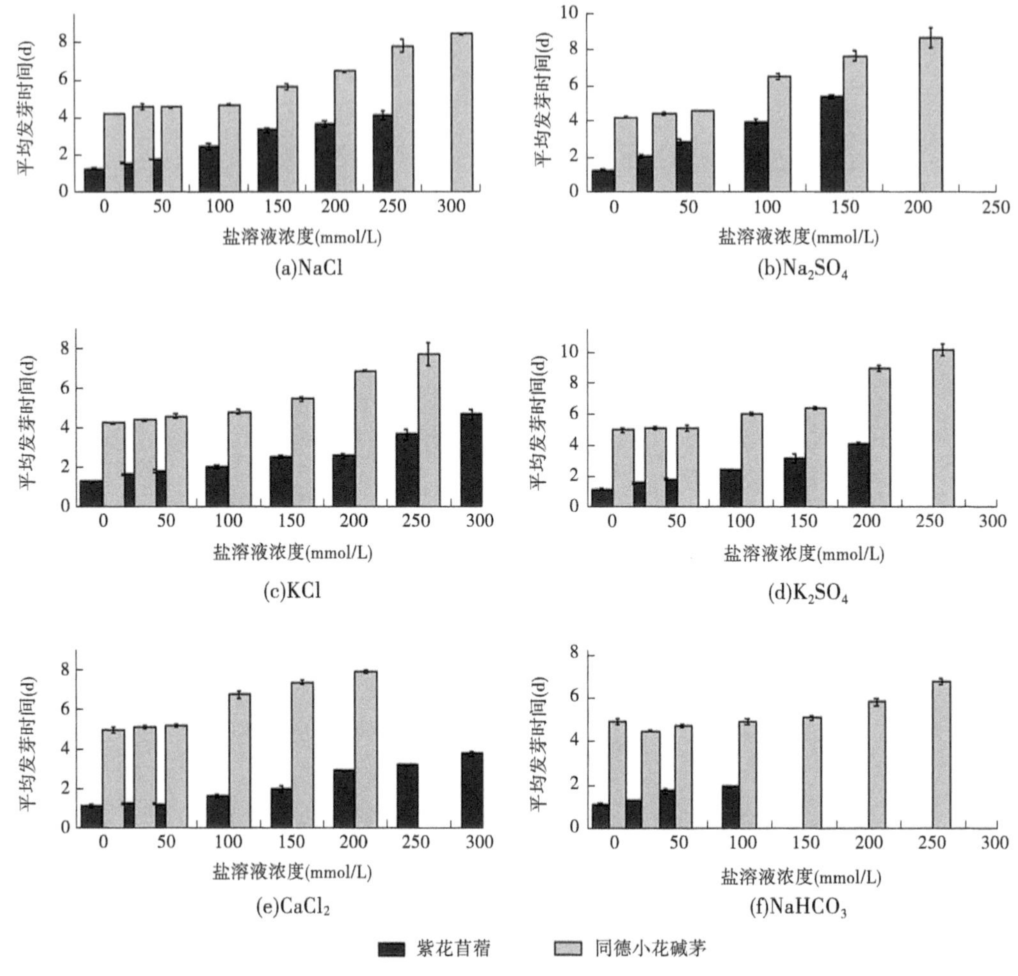

图 2-19　不同盐胁迫对两种植物平均发芽时间的影响

干旱,限制种子萌发过程中的一些水解酶类的合成,从而影响种子蛋白质、淀粉等营养物质的分解利用过程,造成种子萌发受阻甚至停滞。而一些盐生植物在低浓度的盐胁迫刺激下可以促进其生长,而关于同德小花碱茅在不大于 100 mmol/L $NaHCO_3$ 溶液中发芽速度增加的具体原因,还有待进一步的试验来解释。

4. 不同盐胁迫对种子萌发相对盐害率的影响

相对盐害率反映了种子萌发期盐胁迫对种子的毒害程度,不同盐分、不同浓度溶液处理种子,对紫花苜蓿种子萌发的毒害作用不同(见图 2-20),随着盐溶液浓度的增加,盐胁迫对紫花苜蓿种子萌发的毒害作用逐渐增加,最后完全抑制。盐溶液在 50 mmol/L 浓度时,除 $NaHCO_3$ 和 Na_2SO_4 外其他盐溶液对种子萌发的毒害作用并不明显;当溶液浓度为 100 mmol/L 时,NaCl、$NaHCO_3$ 等溶液对紫花苜蓿种子的相对盐害率升高,毒害作用显著增强。方差分析表明,用不同浓度的盐溶液处理种子,种子相对盐害率差异显著($P<0.05$)。用同浓度的盐溶液处理种子,种子相对盐害率的大小顺序总体为 $NaHCO_3$ > Na_2SO_4 > K_2SO_4 > NaCl > $CaCl_2$ > KCl。

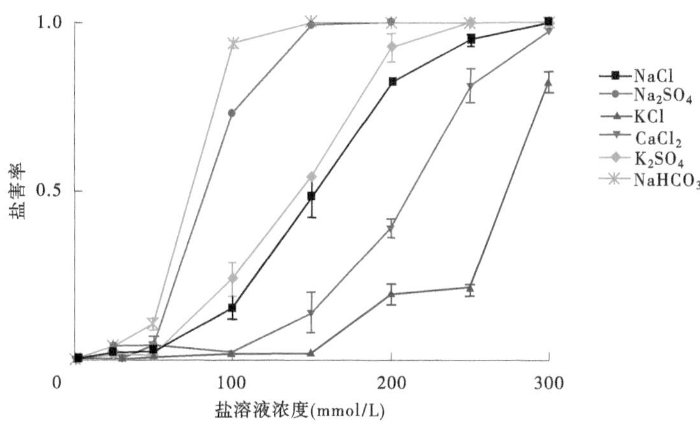

图 2-20　不同盐处理对紫花苜蓿种子的盐害作用

不同盐分不同浓度溶液处理，对同德小花碱茅种子萌发的毒害作用也不相同(见图 2-21)，随着盐溶液浓度增加，对同德小花碱茅种子萌发的毒害作用逐渐增加，最后完全抑制萌发。方差分析表明，用不同浓度的盐溶液处理种子，种子相对盐害率差异显著($P<0.05$)。各盐溶液浓度在低于 100 mmol/L 时，对种子萌发的毒害作用并不明显，当溶液浓度为 100 mmol/L 时，Na_2SO_4、KCl、K_2SO_4、$NaHCO_3$ 的相对盐害率显著升高，毒害作用显著增强；NaCl 和 $CaCl_2$ 溶液在浓度为 150 mmol/L 时相对盐害率显著升高。用同浓度的盐溶液处理种子，不同类型盐胁迫对同德小花碱茅种子相对盐害作用不同，种子相对盐害率的大小顺序总体为 $CaCl_2$>Na_2SO_4>KCl>K_2SO_4>$NaHCO_3$>NaCl。

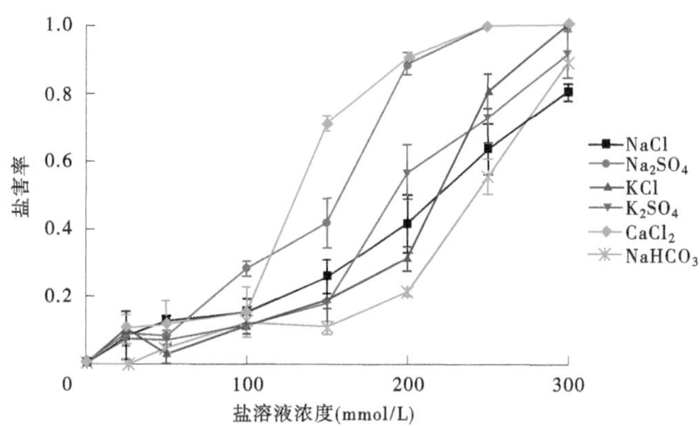

图 2-21　不同盐处理对同德小花碱茅种子的盐害作用

综上所述，随着盐浓度的增加，不同盐胁迫对紫花苜蓿和同德小花碱茅种子萌发的毒害作用逐渐增强，最后甚至完全抑制种子萌发(见图 2-22)。但同一盐胁迫对两种植物的毒害作用并不相同，如在 $NaHCO_3$ 溶液处理下，在 150 mmol/L 时对紫花苜蓿种子萌发的毒害作用达到最大值 1，而对同德小花碱茅种子萌发的毒害作用为 0. 107；NaCl 溶液处理下，在 200 mmol/L 时对紫花苜蓿种子萌发的毒害作用为 0. 827，对同德小花碱茅种子萌发的毒害作用为 0. 415。这一结果与发芽率和发芽指数两指标对盐胁迫的响应结果一致。

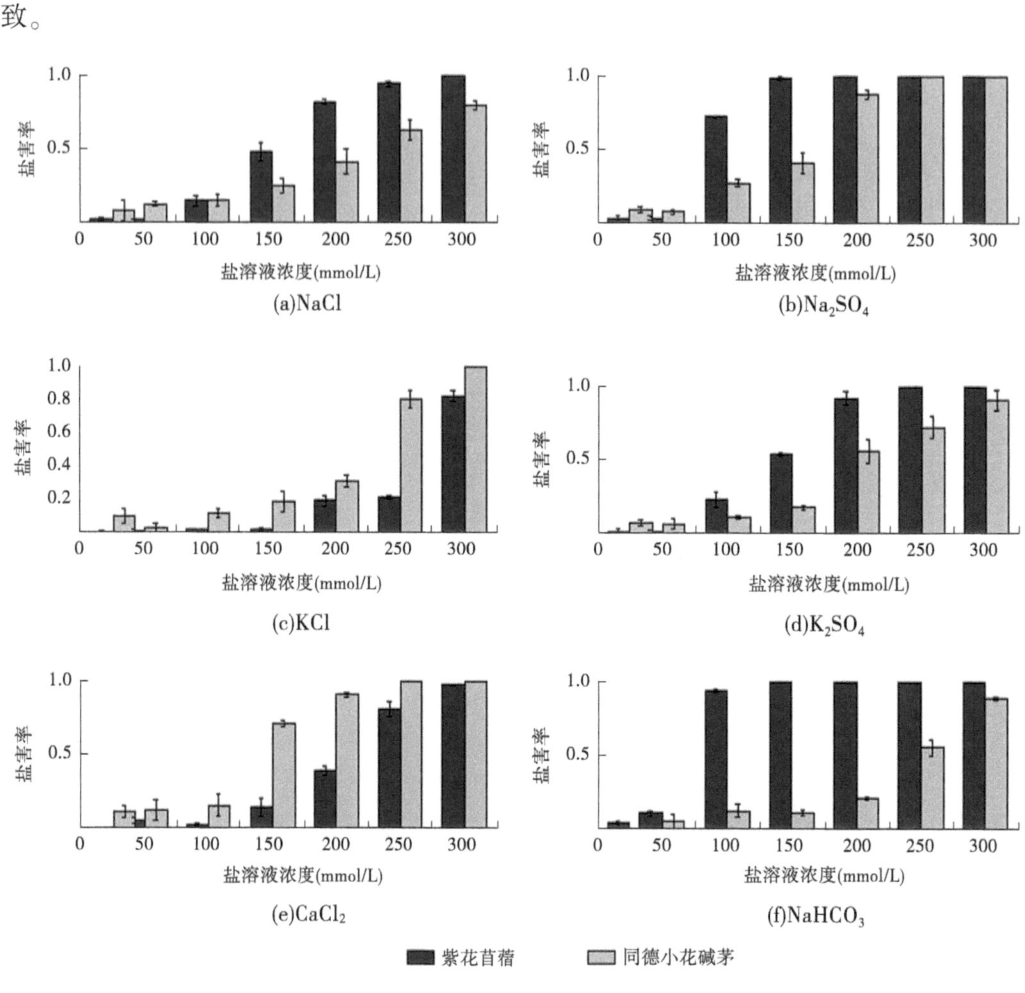

图 2-22　不同盐处理对两种植物种子的盐害作用

5. 不同盐胁迫对幼根生长的影响

种子萌发过程中，胚根最先突破种皮生长，它对种子萌发和幼苗的生长意义重大。根是植物体最先感受到盐胁迫的部位，也是对盐胁迫比较敏感的重要部位之一，所以根的生长状况是研究盐胁迫对植物生长影响的重要指标。

在 6 种盐分胁迫下，不同种类盐分各浓度皆对幼根生长有抑制作用，随着盐浓度的增加，不同盐胁迫对紫花苜蓿幼根生长的抑制作用逐渐增大；并且不同种类的盐胁迫对紫花苜蓿幼根生长的影响也不相同。不同盐胁迫对紫花苜蓿幼根的抑制作用结果如图 2-23 所示，当溶液浓度为 25 mmol/L 时，$NaHCO_3$ 对紫花苜蓿幼根生长的抑制率达到 63%，K_2SO_4 为 30%，NaCl 为 13%；当溶液浓度为 100 mmol/L 时，$NaHCO_3$ 对幼根生长达到 100%抑制，K_2SO_4 的抑制率为 74.9%，NaCl 为 25%。综合分析不同盐胁迫下紫花苜蓿幼根的生长情况，可以看出同浓度下碳酸氢钠溶液对紫花苜蓿幼根生长的抑制作用明显强于其他盐分，硫酸盐对幼根的抑制作用强于氯盐。

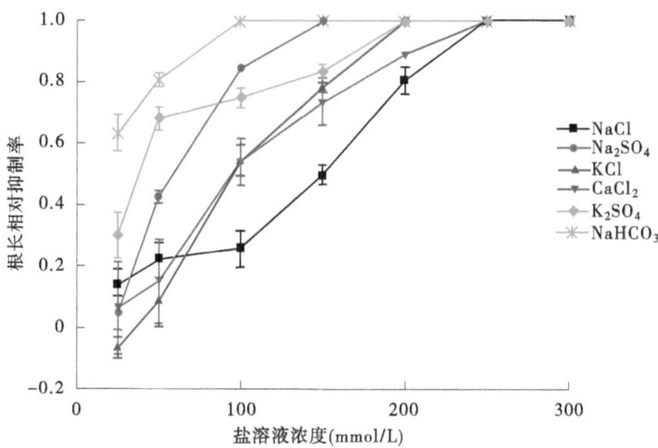

图 2-23　不同盐处理对紫花苜蓿幼根的影响

6 种盐分胁迫各浓度皆对同德小花碱茅幼根生长皆有抑制作用,并且抑制作用随着盐溶液浓度的增加而逐渐增大;不同盐分在同一浓度时对幼根生长的影响不同。不同盐胁迫对同德小花碱茅幼根长度的影响作用结果如图 2-24 所示,当溶液浓度为 25 mmol/L 时,$CaCl_2$ 的抑制率为 38%,Na_2SO_4 为 23%,其余盐分大约为 10%;当溶液浓度为 200 mmol/L 时,$CaCl_2$ 和 $NaHCO_3$ 的抑制率达到 100%,Na_2SO_4 为 91%,NaCl 为 60%。并且在 NaCl 浓度为 300 mmol/L 时,同德小花碱茅幼根仍能生长,说明同德小花碱茅幼根对 NaCl 的耐性较强。

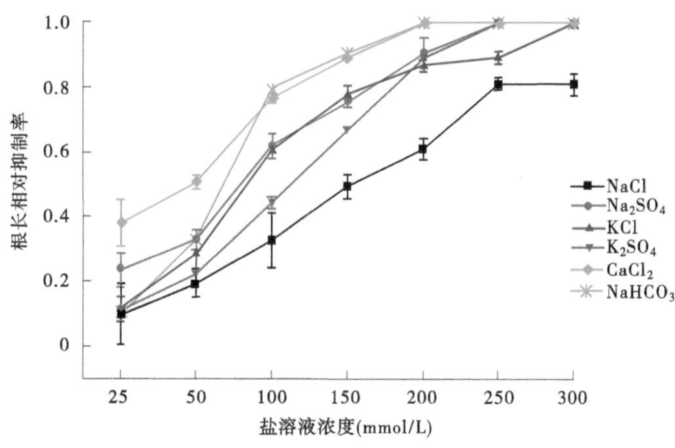

图 2-24　不同盐处理对同德小花碱茅幼根的影响

综上所述,不同盐胁迫对紫花苜蓿和同德小花碱茅幼根生长皆有抑制作用,且随着盐溶液浓度的增加抑制作用逐渐增强(见图 2-25)。但两种植物幼根对同种盐胁迫的响应程度不同,如 $NaHCO_3$ 溶液浓度为 25 mmol/L 时,对紫花苜蓿幼根的抑制率为 63%,而对同德小花碱茅幼根的抑制率为 9%;溶液浓度为 100 mmol/L 时,对紫花苜蓿幼根生长抑制率为 100%,而对同德小花碱茅幼根抑制率为 79%。所以,同德小花碱茅幼根生长过程中对不同盐胁迫的耐受性强于紫花苜蓿,这一结果与其他发芽指标的结果一致。

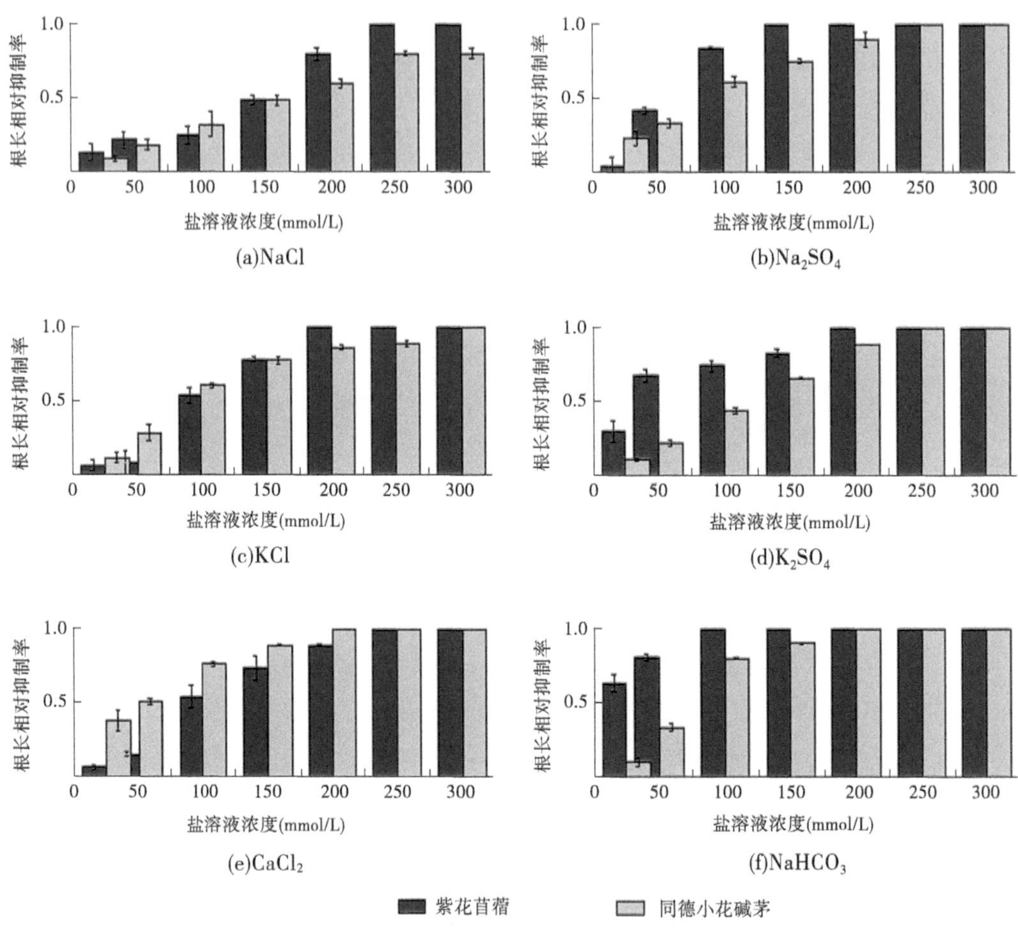

图 2-25　不同盐处理对两种植物幼根的影响

6. 不同盐胁迫对种子萌发的综合影响

通过以上分析可以看出,不同指标评判种子萌发过程中对不同盐胁迫的响应的结果并不完全一致,因此为了更准确地分析盐胁迫对种子萌发的作用,运用主成分分析法对各个指标进行综合分析。应用主成分分析法对不同盐胁迫下的发芽指标可做定量的描述,找出具代表性的主导因子,在不损失或少损失的条件下,从多个变量中构建相互独立的综合变量,从而对盐胁迫对种子萌发的影响作用做出正确的评价。

对不同盐胁迫下紫花苜蓿种子萌发的各项指标进行主成分分析,结果如表 2-16 所示,不同类型盐胁迫下紫花苜蓿种子萌发指标主成分突出,不同盐胁迫的第一主成分贡献率最高,皆大于 85%,即第一主成分能将盐胁迫下紫花苜蓿种子萌发状况给予正确的反映。由表 2-17 可见,第一主成分与根长抑制率、平均发芽时间和盐害率呈正向负荷,与发芽率和发芽指数呈负向负荷,代表了不同盐胁迫对紫花苜蓿种子萌发的抑制情况,第一主成分越大表示盐胁迫对紫花苜蓿种子萌发的抑制作用越强。

表 2-16　不同发芽指标主成分分析特征值及贡献率

成分	特征值	贡献率（%）	累积贡献率（%）	特征值	贡献率（%）	累积贡献率（%）	特征值	贡献率（%）	累积贡献率（%）
	$NaCl$			Na_2SO_4			KCl		
1	4.836	96.727	96.727	4.724	94.487	94.487	4.309	86.171	86.171
2	0.110	2.204	98.931	0.198	3.957	98.445	0.567	11.346	97.517
3	0.031	0.622	99.552	0.042	0.849	99.293	0.092	1.840	99.357
4	0.021	0.424	99.977	0.035	0.699	99.992	0.032	0.631	99.987
5	0.001	0.023	100	0	0.008	100	0.001	0.013	100
	K_2SO_4			$CaCl_2$			$NaHCO_3$		
1	4.576	91.513	91.513	4.589	91.773	91.773	4.339	86.784	86.784
2	0.327	6.547	98.060	0.266	5.310	97.084	0.521	10.427	97.211
3	0.070	1.391	99.451	0.133	2.670	99.753	0.134	2.686	99.897
4	0.027	0.542	99.994	0.012	0.242	99.996	0.005	0.096	99.993
5	0	0.006	100	0	0.004	100	0	0.007	100

表 2-17　主成分对各发芽指标的因子负荷量

项目	因子负荷量					
	$NaCl$	Na_2SO_4	KCl	K_2SO_4	$CaCl_2$	$NaHCO_3$
根长抑制率	0.203	0.208	0.192	0.195	0.200	0.195
平均发芽时间	0.202	0.208	0.227	0.212	0.206	0.210
盐害率	0.204	0.206	0.216	0.212	0.211	0.219
发芽率	-0.205	-0.206	-0.216	-0.212	-0.211	-0.219
发芽指数	-0.202	-0.200	-0.224	-0.215	-0.216	-0.229

根据主成分分析结果，不同盐胁迫下紫花苜蓿种子萌发指标第一主成分的表达式分别为

$$y_{NaCl}=0.203x_1+0.202x_2+0.204x_3-0.205x_4-0.202x_5$$

$$y_{Na_2SO_4}=0.208x_1+0.208x_2+0.206x_3-0.206x_4-0.200x_5$$

$$y_{KCl}=0.192x_1+0.227x_2+0.216x_3-0.216x_4-0.224x_5$$

$$y_{K_2SO_4}=0.195x_1+0.212x_2+0.212x_3-0.212x_4-0.215x_5$$

$$y_{CaCl_2}=0.200x_1+0.206x_2+0.211x_3-0.211x_4-0.216x_5$$

$$y_{NaHCO_3}=0.195x_1+0.210x_2+0.219x_3-0.219x_4-0.229x_5$$

式中：y 为第一主成分；x_1、x_2、x_3、x_4、x_5 分别为标准化后的根长抑制率、平均发芽时间、盐害率、发芽率、发芽指数。

根据第一主成分表达式获得不同盐胁迫下紫花苜蓿种子萌发的综合指标，结果如图 2-26 所示，随着盐浓度的增加不同盐胁迫对紫花苜蓿种子萌发的抑制作用逐渐增强，不同类型盐胁迫对种子萌发的作用也不相同。方差分析结果显示，NaCl、Na_2SO_4 和 $NaHCO_3$ 在溶液浓度为 25 mmol/L 时对紫花苜蓿种子萌发就产生了明显的抑制作用，而 KCl、K_2SO_4 在 50 mmol/L 时对种子萌发产生明显抑制作用，$CaCl_2$ 在 100 mmol/L 时对种子萌发产生明显抑制作用($P<0.05$)。选择不同类型盐胁迫下综合胁迫指数与对照组差异显著的处理浓度为该类型盐胁迫下紫花苜蓿种子发芽的近似最低响应浓度。

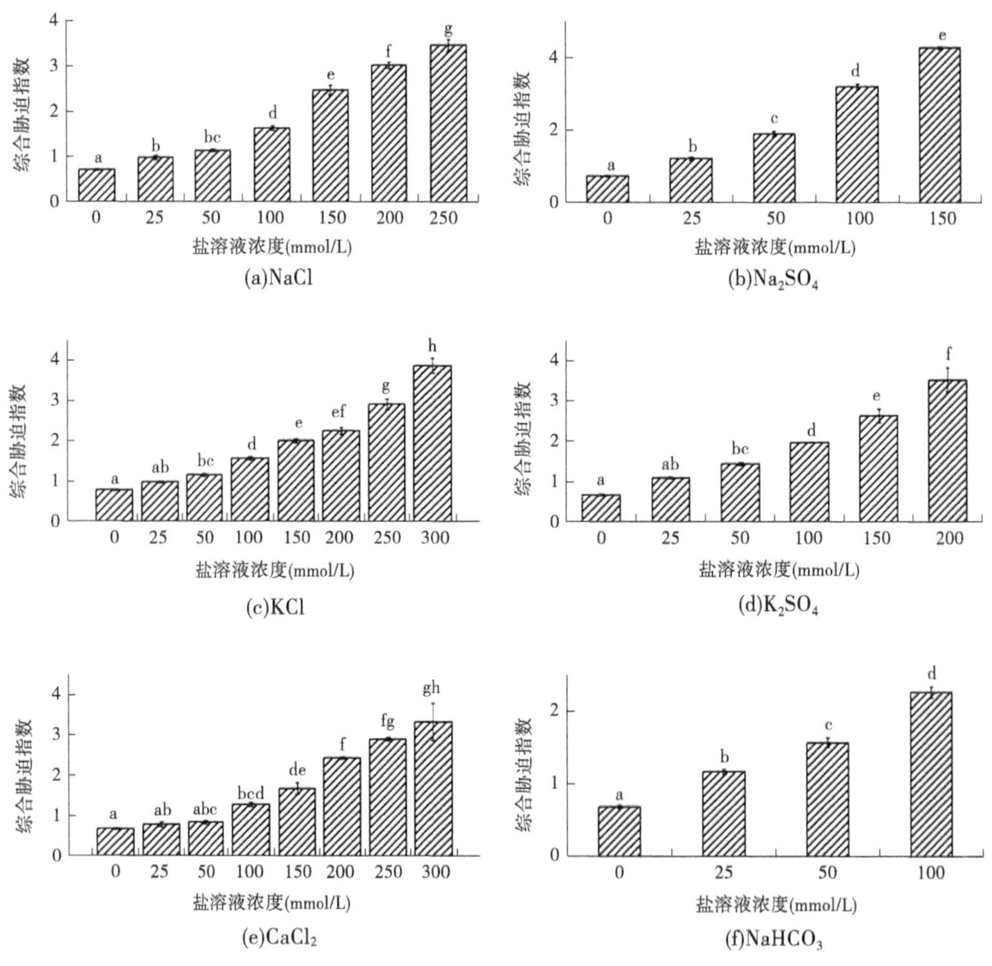

注：图中不同字母表示在 0.05 水平上差异显著

图 2-26 不同盐溶液对紫花苜蓿的综合影响作用

聚类分析结果如图 2-27 所示，$CaCl_2$ 和 KCl 处理组距离较近，首先聚为一类，再依次和 NaCl、$NaHCO_3$、K_2SO_4 分别聚为一类，最后整体与 Na_2SO_4 聚为一类。这一结果表明，紫花苜蓿种子萌发过程中对 KCl、$CaCl_2$、NaCl 型盐胁迫有较大的耐受性,对硫酸盐型胁迫敏感;根据聚类分析中不同盐分的位置排序可以看出,不同盐胁迫对紫花苜蓿种子萌发的抑制作用是阴阳离子共同作用的结果,但以阴离子的作用为主。

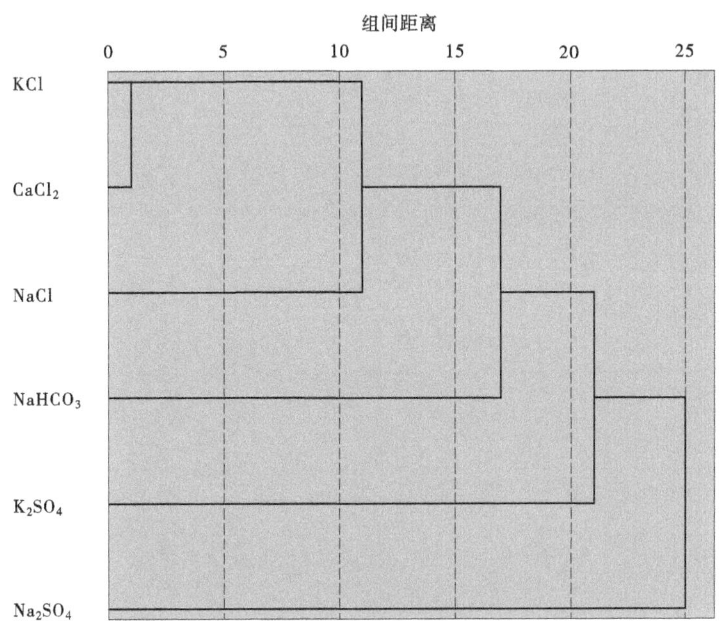

图 2-27　不同盐胁迫对紫花苜蓿种子萌发抑制作用的聚类分析

通过主成分分析和聚类分析结果可以看出,不同离子紫花苜蓿种子萌发的抑制作用不同。对紫花苜蓿种子萌发过程中不同盐溶液的综合胁迫指数进行方差分析,结果显示,同浓度下硫酸盐(Na_2SO_4 和 K_2SO_4)对紫花苜蓿种子萌发的抑制作用显著强于氯化物盐(NaCl 和 KCl),但由于硫酸盐中 Na^+浓度大于氯盐,并不能说明 SO_4^{2-} 和 Cl^-之间的差异,所以用硫酸盐处理组和 2 倍浓度的氯化盐处理组进行比较,使得两种溶液处理中 Na^+浓度保持一致,例如 Na_2SO_4(25 mmol/L、50 mmol/L、100 mmol/L、150 mmol/L)和 NaCl(50 mmol/L、100 mmol/L、200 mmol/L、300 mmol/L)进行分析比较,结果表明同 Na^+浓度下,Na_2SO_4 对紫花苜蓿种子萌发的抑制作用显著强于 NaCl($P<0.01$);K_2SO_4 和 KCl 处理组之间的比较,也得出相同的结果,所以可以认为 SO_4^{2-} 对紫花苜蓿种子萌发的影响显著强于 Cl^-。$NaHCO_3$ 较同浓度的 NaCl 和 1/2 浓度的 Na_2SO_4 溶液对种子萌发的抑制作用更为显著($P<0.05$),所以同 Na^+浓度下 HCO_3^- 对紫花苜蓿种子萌发的抑制作用显著强于 Cl^-和 SO_4^{2-}。根据这一结果,可以认为相同 Na^+浓度下,Cl^-、SO_4^{2-}、HCO_3^- 3 种阴离子对紫花苜蓿种子萌发的抑制作用从大到小依次为 HCO_3^-、SO_4^{2-}、Cl^-。

同浓度下,Na_2SO_4 和 K_2SO_4 处理组进行比较,结果显示,Na_2SO_4 对紫花苜蓿种子萌发的抑制作用显著强于 K_2SO_4;NaCl 和 KCl 处理组比较结果与前者一致,所以 Na^+对紫花苜蓿种子萌发的影响显著强于 K^+($P<0.05$)。以 $CaCl_2$ 和同浓度的 NaCl 和 KCl 处理组进行比较,使三种溶液处理中阳离子浓度保持一致,结果显示,同浓度下,NaCl 对紫花苜蓿

种子萌发的抑制作用最大，KCl 和 $CaCl_2$ 的抑制作用最小（$P<0.05$）。所以，可以认为相同 Cl^-浓度下，Na^+、K^+、Ca^{2+} 3 种阳离子对紫花苜蓿种子萌发的抑制作用由大到小依次为 Na^+、K^+、Ca^{2+}。所以，可以得出，紫花苜蓿适于种植在以氯化物盐为主的盐碱化土壤中，且能够耐受较高浓度的盐胁迫；在以硫酸盐或碱性盐为主的盐碱化土壤中生长不良。

对不同盐胁迫下紫花苜蓿种子第一主成分进行函数拟合，拟合方程如表 2-18 所示，对拟合函数进行二阶求导，二阶导数为 0 时所对应的点即为函数曲线的拐点，拐点左侧盐胁迫抑制作用随盐浓度增加速度缓慢，拐点右侧抑制作用随盐浓度增大呈快速上升态势。所以，以拐点处所对应的盐浓度作为紫花苜蓿种子萌发过程中的最低响应浓度。如表 2-18 所示，紫花苜蓿种子萌发过程中对不同盐溶液的理论最低响应浓度分别为：NaCl 4.89 mmol/L，Na_2SO_4 3.54 mmol/L，KCl 3.20 mmol/L，K_2SO_4 1.52 mmol/L，$CaCl_2$ 6.08 mmol/L，$NaHCO_3$ 1.97 mmol/L。

表 2-18　紫花苜蓿种子对不同盐溶液的最低响应浓度

溶液	回归方程	决定系数	最低响应浓度（mmol/L）
NaCl	$y=-0.017\ 56x^3+0.257\ 78x^2-0.621\ 83x-0.702\ 12$	0.979 27	4.89
Na_2SO_4	$y=-0.521\ 5x^3+0.553\ 7x^2-1.069\ 85x-0.534\ 45$	0.936 5	3.54
KCl	$y=0.015\ 57x^3-0.149\ 43x^2+0.556\ 07x-1.663\ 65$	0.975 49	3.20
K_2SO_4	$y=0.004\ 39x^3-0.020\ 01x^2+0.233\ 2x-1.443\ 19$	0.996 51	1.52
$CaCl_2$	$y=-0.010\ 17x^3+0.185\ 46x^2-0.547\ 48x-0.617\ 5$	0.990 21	6.08
$NaHCO_3$	$y=0.150\ 42x^3-0.887\ 83x^2+0.129\ 9x-2.426\ 5$	0.994 5	1.97

对不同盐胁迫下同德小花碱茅种子萌发的各项指标进行主成分分析，结果如表 2-19 所示，不同类型盐胁迫下同德小花碱茅种子萌发指标主成分突出，不同盐胁迫的第一主成分贡献率最高，皆大于 89%，即第一主成分能将盐胁迫下同德小花碱茅种子萌发状况给予正确的反映。

表 2-19　不同发芽指标主成分分析特征值及贡献率

成分	特征值	贡献率（%）	累积贡献率（%）	特征值	贡献率（%）	累积贡献率（%）	特征值	贡献率（%）	累积贡献率（%）
	NaCl			Na_2SO_4			KCl		
1	4.826	96.525	96.525	4.767	95.348	95.348	4.467	89.334	89.334
2	0.119	2.380	98.905	0.170	3.395	98.743	0.391	7.821	97.156
3	0.046	0.923	99.828	0.054	1.071	99.814	0.123	2.456	99.612
4	0.009	0.171	99.999	0.009	0.173	99.987	0.017	0.331	99.943
5	0	0.001	100	0.001	0.013	100	0.003	0.057	100

续表 2-19

成分	特征值	贡献率(%)	累积贡献率(%)	特征值	贡献率(%)	累积贡献率(%)	特征值	贡献率(%)	累积贡献率(%)
	K_2SO_4			$CaCl_2$			$NaHCO_3$		
1	4.674	93.487	93.487	4.503	90.059	90.059	4.450	89.000	89.000
2	0.263	5.268	98.755	0.301	6.018	96.078	0.483	9.660	98.660
3	0.046	0.916	99.671	0.112	2.232	98.309	0.054	1.090	99.749
4	0.014	0.276	99.947	0.082	1.645	99.954	0.007	0.130	99.879
5	0.003	0.053	100	0.002	0.046	100	0.006	0.121	100

由表 2-20 可见,第一主成分与根长抑制率、平均发芽时间和盐害率呈正向负荷,与发芽率和发芽指数呈负向负荷,代表了不同盐胁迫对同德小花碱茅种子萌发的抑制情况,第一主成分越大表示盐胁迫对同德小花碱茅种子萌发的抑制作用越强烈。根据主成分分析结果,不同盐胁迫下同德小花碱茅种子萌发指标第一主成分的表达式分别为

$$y_{NaCl}=0.198x_1+0.203x_2+0.205x_3-0.205x_4-0.206x_5$$

$$y_{Na_2SO_4}=0.2x_1+0.205x_2+0.205x_3-0.205x_4-0.209x_5$$

$$y_{KCl}=0.191x_1+0.212x_2+0.214x_3-0.216x_4-0.223x_5$$

$$y_{K_2SO_4}=0.207x_1+0.21x_2+0.208x_3-0.207x_4-0.202x_5$$

$$y_{CaCl_2}=0.202x_1+0.212x_2+0.213x_3-0.213x_4-0.212x_5$$

$$y_{NaHCO_3}=0.173x_1+0.219x_2+0.22x_3-0.22x_4-0.224x_5$$

式中:y 为第一主成分,x_1、x_2、x_3、x_4、x_5 分别为标准化后的根长抑制率、平均发芽时间、盐害率、发芽率、发芽指数。

表 2-20　主成分对各发芽指标的因子负荷量

项目	因子负荷量					
	NaCl	Na_2SO_4	KCl	K_2SO_4	$CaCl_2$	$NaHCO_3$
根长抑制率	0.198	0.200	0.191	0.207	0.202	0.173
平均发芽时间	0.203	0.205	0.212	0.210	0.212	0.219
盐害率	0.205	0.205	0.214	0.208	0.213	0.220
发芽率	-0.205	-0.205	-0.216	-0.207	-0.213	-0.220
发芽指数	-0.206	-0.209	-0.223	-0.202	-0.212	-0.224

根据第一主成分表达式获得不同盐胁迫下同德小花碱茅种子萌发的综合指标,结果如图 2-28 所示,随着盐浓度的增加不同盐胁迫对同德小花碱茅种子萌发的抑制作用逐渐增强,不同类型盐胁迫对同德小花碱茅种子萌发作用也不相同。方差分析结果显示,Na_2SO_4、KCl、$CaCl_2$ 在溶液浓度为 25 mmol/L 时对同德小花碱茅种子萌发就产生了明显

的抑制作用，而 NaCl 在 50 mmol/L、K_2SO_4 在 100 mmol/L 时对种子萌发产生明显抑制作用。$NaHCO_3$ 在溶液浓度为 25 mmol/L 时对同德小花碱茅种子萌发具有明显促进作用；当溶液浓度增加至 100 mmol/L 时，$NaHCO_3$ 对同德小花碱茅种子萌发产生明显抑制作用（$P<0.05$）。其余种类的盐分处理对同德小花碱茅种子萌发皆有抑制作用。选择不同类性盐胁迫下综合指数显著小于对照组的最小处理浓度为该类型盐胁迫下同德小花碱茅种子萌发的近似初始响应浓度。

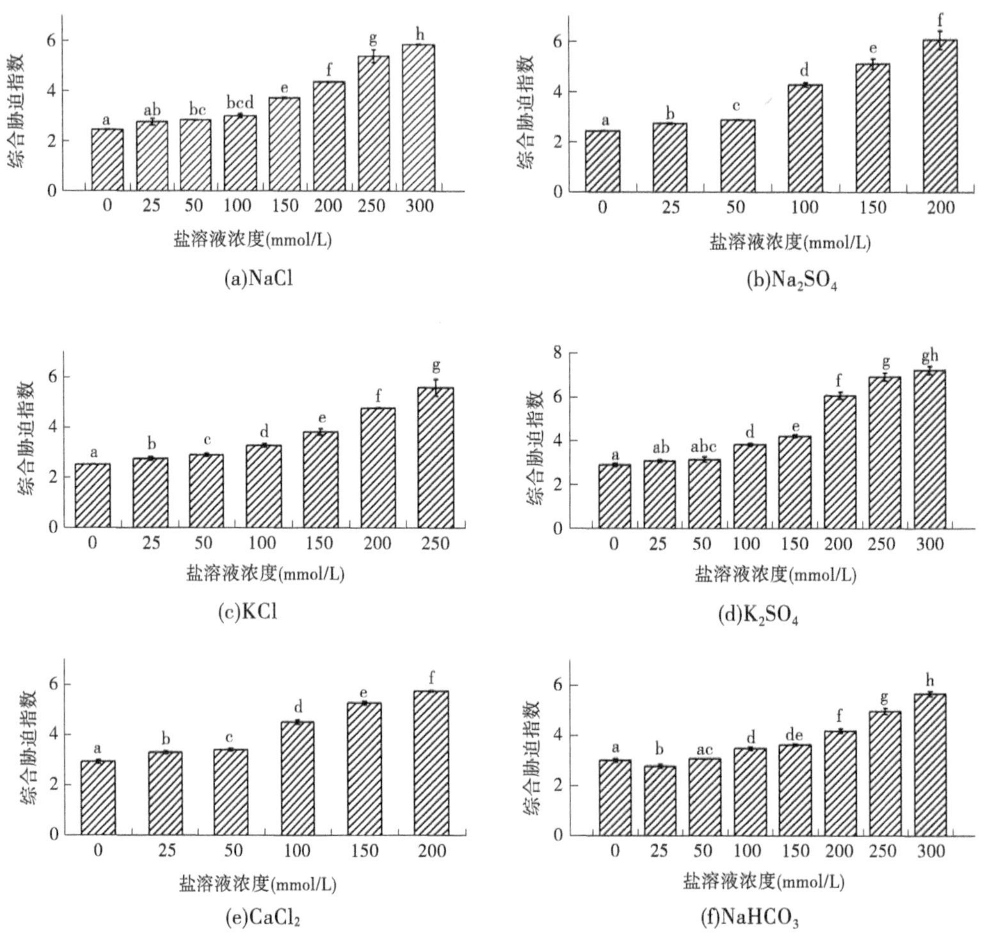

注：图中不同字母表示在 0.05 水平上差异显著

图 2-28　不同盐溶液对同德小花碱茅种子萌发的综合影响作用

聚类分析结果显示（见图 2-29），Na_2SO_4 和 $CaCl_2$ 处理组距离较近，首先聚为一类，再次 KCl 和 K_2SO_4 聚为一类，NaCl 和 $NaHCO_3$ 聚为一类，最后整体聚为一类。聚类结果表明，同德小花碱茅对 $CaCl_2$ 和 Na_2SO_4 型盐敏感，对 KCl 和 K_2SO_4 型盐具有相对较好的耐受性，对 NaCl 和 $NaHCO_3$ 型盐有较大的耐受性；根据聚类结果中不同盐分的位置排序可以看出，不同盐胁迫对同德小花碱茅种子萌发的抑制作用是阴阳离子共同作用的结果，但以阳离子的作用为主。对不同盐胁迫下同德小花碱茅种子萌发的综合指标进行分析，双因素方差分析结果显示，同浓度不同种类盐分胁迫下对同德小花碱茅种子萌发的影响无显著差异($P>0.05$)(见表 2-21)。所以,同德小花碱茅种子对不同种类的盐分胁迫都有一定的耐受能力,在种植时更应该注意选择合适程度的盐碱化土壤,而对土壤盐碱类型并无太大的要求,在一般含有氯化物盐、碱性盐及硫酸盐的土壤中都能正常萌发。

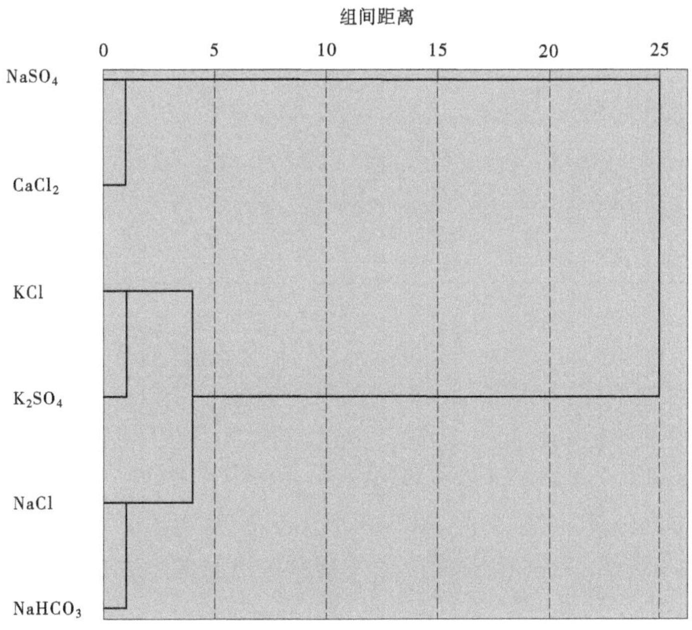

图 2-29　不同盐胁迫对同德小花碱茅种子萌发抑制作用的聚类分析结果

表 2-21　不同盐胁迫下同德小花碱茅种子萌发指标双因素方差分析结果

项目	自由度	平方和	均方	F 值	P 值
Type	5	0.013 54	0.002 71	0.126 75	0.985 96
Concentration	7	50.540 39	7.220 06	338.031 1	0
Interaction	35	6.289 97	0.179 71	8.413 89	2.00×10^{-15}
Model	47	121.334 7	2.581 59	120.865 8	0
Error	81	1.730 09	0.021 36	—	—
Corrected Total	128	123.064 8	—	—	—

对不同盐胁迫下同德小花碱茅种子萌发第一主成分进行函数拟合,拟合方程如表 2-22 所示,求曲线拐点,拐点左侧盐胁迫抑制作用随盐浓度增加速度缓慢,拐点右侧抑制作用随盐浓度增大呈快速上升态势。所以,以拐点处所对应的盐浓度作为同德小花碱茅种子萌发过程中的最低响应浓度。如表 2-22 所示,同德小花碱茅种子萌发过程中对不同盐溶液的理论最低响应浓度分别为:NaCl 11.91 mmol/L,Na_2SO_4 1.88 mmol/L,KCl 2.19 mmol/L,K_2SO_4 5.30 mmol/L,$CaCl_2$ 2.24 mmol/L,$NaHCO_3$ 7.80 mmol/L。

表 2-22　同德小花碱茅种子对不同盐溶液的最低响应浓度

溶液	回归方程	决定系数	最低响应浓度（mmol/L）
NaCl	$y=-0.0019x^3+0.0679x^2-0.06826x-1.11669$	0.983 63	11.91
Na_2SO_4	$y=-0.01261x^3+0.07107x^2-0.37249x+1.5919$	0.096 6	1.88
KCl	$y=0.01637x^3-0.10753x^2+0.41514x-1.34392$	0.989 499	2.19
K_2SO_4	$y=-0.01348x^3+0.21419x^2-0.56968x-0.71446$	0.975 11	5.30
$CaCl_2$	$y=0.0012521x^3-0.0806x^2-0.00715x-1.18872$	0.969 21	2.24
$NaHCO_3$	$y=0.00622x^3-0.1467x^2+0.09397x-1.06469$	0.981 64	7.80

综上所述，不同盐胁迫对紫花苜蓿和同德小花碱茅的抑制作用随着盐浓度的升高而逐渐增加，但是两种植物对不同盐胁迫的耐受性不同，紫花苜蓿对氯化物盐耐受性较好，对硫酸盐敏感，而同德小花碱茅对 $CaCl_2$ 敏感，对 K^+盐和除 Na_2SO_4 外的 Na^+盐耐受性较好。

7. 种子萌发时期相关指标对盐胁迫的敏感性分析

由于在牧草生产种植过程中并不能逐一统计种子萌发过程中的各个指标，所以就需要选择一种能够敏感反映盐胁迫对种子萌发影响作用的指标，并且该指标的测定需要简单快捷。

以紫花苜蓿种子萌发各相关性状的相对值，即该性状盐胁迫处理下的数值与对照条件下数值之比作为衡量种子耐盐性指标。在盐胁迫下紫花苜蓿各耐盐指标的变化幅度表示其对盐胁迫的敏感程度，变化幅度越大表明该指标在盐胁迫下的响应越灵敏。对不同盐胁迫下种子萌发的相关指标进行线性拟合，直线斜率的绝对值表示指标的变化幅度，斜率绝对值越大则该指标的变化幅度越大。综合分析表 2-23 所示结果，可以得出不同盐胁迫下，紫花苜蓿各耐盐指标对盐胁迫的敏感性大小分别为：平均发芽时间>发芽指数>盐害率>发芽率=根长相对抑制率。所以，平均发芽时间对盐胁迫最为敏感，可以作为生产种植中紫花苜蓿种子萌发期对盐胁迫的灵敏响应指标。

表 2-23　紫花苜蓿种子萌发指标对不同盐胁迫敏感性的分析结果

项目	NaCl	Na_2SO_4	KCl	K_2SO_4	$CaCl_2$	$NaHCO_3$
平均发芽时间	0.009 31	0.020 86	0.007 95	0.012 67	0.008 44	0.006 96
发芽率	0.003 14	0.003 77	0.002 35	0.003 79	0.003 26	0.003 48
发芽指数	0.003 88	0.004 78	0.002 38	0.003 77	0.003 8	0.011 51
根长相对抑制率	0.003 14	0.003 77	0.002 35	0.003 79	0.003 26	0.003 48
盐害率	0.003 56	0.003 01	0.002 07	0.002 17	0.003 62	0.001 06

以在盐胁迫下同德小花碱茅各耐盐指标的变化幅度表示其对盐胁迫的敏感程度，变化幅度越大表明该指标在盐胁迫下的响应越灵敏。对不同盐胁迫下种子萌发的相关指标

进行线性拟合，直线斜率的绝对值表示指标的变化幅度，斜率绝对值越大则该指标的变化幅度越大。由表 2-24 所示结果得出，各耐盐指标对盐胁迫的敏感性大小分别为：平均发芽时间>发芽指数>发芽率=盐害率>根长相对抑制率。所以，平均发芽时间对盐胁迫最为敏感，可作为种子萌发期对盐胁迫的灵敏响应指标。

表 2-24　同德小花碱茅种子萌发指标对不同盐胁迫敏感性的分析结果

项目	NaCl	Na_2SO_4	KCl	K_2SO_4	$CaCl_2$	$NaHCO_3$
平均发芽时间	0.003 60	0.006 11	0.003 59	0.004 47	0.004 50	0.004 19
发芽率	0.002 62	0.003 56	0.003 56	0.003 23	0.003 44	0.003 11
发芽指数	0.002 94	0.003 60	0.003 65	0.003 48	0.003 58	0.003 37
根长相对抑制率	0.002 75	0.002 92	0.003 06	0.002 50	0.002 27	0.002 91
盐害率	0.002 62	0.003 56	0.003 56	0.003 23	0.003 44	0.003 11

综上所述，在两种植物种子萌发过程中，平均发芽时间对盐胁迫有灵敏响应，可以作为生产种植过程中的敏感响应指标进行耐盐性的测定。依据敏感指标推算出两种植物种子萌发过程中的理论最低响应浓度，两种植物种子萌发对不同盐胁迫的最低响应浓度不同，同德小花碱茅对除 $CaCl_2$ 和 KCl 外的其他盐胁迫的最低响应浓度均高于紫花苜蓿。关于同德小花碱茅对 $CaCl_2$ 盐敏感的原因，还需进一步试验来解释。

2.6.1.3　讨论

种子能否在盐胁迫下萌发成苗，是植物在盐碱地生长发育的前提。张利霞等研究发现，不同盐胁迫下植物种子在低盐条件能够正常萌发生长，并且低浓度盐溶液处理可以促进某些植物的萌发生长；即使较高浓度盐分也不会对植物种子造成致命伤害，但会使种子萌发生长过程迟滞；过高浓度盐分会造成植物种子死亡，幼苗坏死，幼根腐烂等，对种子造成不可逆的致死性伤害。不同盐胁迫对不同植物种子萌发的影响程度与盐分种类、浓度及植物本身的耐盐能力有关。本试验研究结果表明，不同盐胁迫对紫花苜蓿种子萌发皆有抑制作用，这与高战武对紫花苜蓿的研究结果一致。并且 $NaHCO_3$ 胁迫对紫花苜蓿种子萌发的抑制作用强于其他中性盐分，王康英、张利霞等的研究也得出了相同的结果。同种盐胁迫下，随着盐浓度的升高，对种子萌发的抑制作用也增强，这一结果与张海南等的研究结果一致。研究中发现在阴离子浓度等量情况下，不同阳离子对紫花苜蓿种子萌发抑制作用的大小依次为 Na^+、K^+、Ca^{2+}，这一结果与吕杰等对黄瓜幼苗的研究结果一致；在阳离子等量时，不同阴离子紫花苜蓿种子萌发的抑制作用大小依次为 HCO_3^-、SO_4^{2-}、Cl^-，这一结果与 Sosa 等关于 *Prosopis strombulifera*、Zhang Hongxiang 等对驼绒藜（*Ceratoides latens*）和叉毛蓬（*Petrosimonia sibirica*）、张颖超等对白花草木樨（*Melilotus alba*）及王康英对中华羊茅（*Festuca sinensis*）的研究结果一致。

碱茅属植物应属于中度盐生植物，其抗盐性强弱与土壤盐分类型和盐浓度有关，也与植物生育期及灌溉因素有关。现有的研究结果表明，碱茅属植物对盐碱的忍耐程度（盐渍度）顺序是硫酸盐>氯化物盐>碳酸盐，种子的抗盐力强于幼苗，成株期也大于幼苗，灌水可降低盐分胁迫。本试验研究结果也表明，在低浓度下不同盐分胁迫对同德小花碱茅种子萌发的抑制作用并不明显,随着盐浓度的增加对种子萌发的抑制作用逐渐增强,最终完全抑制萌发,这与紫花苜蓿种子萌发的结果一致。但同浓度下同德小花碱茅种子对不同盐胁迫的耐受性差异不显著,可能是同德小花碱茅对不同盐胁迫的耐受范围较大的原因。

通过分析可以看出,相同条件下同德小花碱茅较紫花苜蓿对盐胁迫有更强的耐受性,这与两种植物本身的耐盐能力有关。石德成等对 *P. tenuiflora* 幼苗的研究表明,NaCl 浓度低于 300 mmol/L 时,幼苗地上部 Na^+、K^+含量变化甚微;盐胁迫大于 300 mmol/L 时,幼苗地上部 Na^+、K^+含量剧增。由此证明,在低盐度时,幼苗和成株期碱茅根系具有控制 Na^+向地上部运输的能力,换言之,小花碱茅根系有较好的选择性运输能力。王锁民对 *P. tenuiflora* 的研究表明,根系控制 Na^+促进 K^+向茎部的运输能力较强,可能与根部质外体中盐离子受到双层内皮层障碍经质膜的选择作用再进入木质部导管有关;随着土壤可溶性盐含量的增加,叶鞘控制 Na^+、促进 K^+向叶片的运输能力加强,尤其是在高浓度盐胁迫下,根系对盐离子选择性吸收与运输力降低时,叶鞘的选择性运输仍在增强,对于维持叶片较低的 Na^+/K^+比有重要作用。而豆科植物并没有类似的耐盐机制,在高浓度盐胁迫下大量的盐离子会随着植物导管液流进入叶片等光合器官中,在大量积累后会严重影响植物的生长状况,甚至导致植株死亡。

2.6.1.4　小结

(1)紫花苜蓿种子萌发时期对不同盐胁迫的最低响应浓度分别为 NaCl 4.89 mmol/L,Na_2SO_4 3.54 mmol/L,KCl 3.20 mmol/L,K_2SO_4 1.52 mmol/L,$CaCl_2$ 6.08 mmol/L,$NaHCO_3$ 1.97 mmol/L;耐盐极限浓度分别为 NaCl 190.97 mmol/L,Na_2SO_4 92.84 mmol/L,KCl 347.31 mmol/L,K_2SO_4 160.68 mmol/L,$CaCl_2$ 260.55 mmol/L,$NaHCO_3$ 114.77 mmol/L。

(2)同德小花碱茅种子萌发对不同盐胁迫的最低响应浓度分别为 NaCl 11.91 mmol/L,Na_2SO_4 1.88 mmol/L,KCl 2.19 mmol/L,K_2SO_4 5.30 mmol/L,$CaCl_2$ 2.24 mmol/L,$NaHCO_3$ 7.80 mmol/L;耐盐极限浓度分别为 NaCl 301.09 mmol/L,Na_2SO_4 209.56 mmol/L,KCl 282.10 mmol/L,K_2SO_4 270.46 mmol/L,$CaCl_2$ 203.99 mmol/L,$NaHCO_3$ 337.52 mmol/L。

(3)不同盐溶液处理下,两种牧草种子发芽的总体趋势为:随着盐浓度的升高,种子的发芽率和发芽指数逐渐降低,相对盐害率和根长相对抑制率逐渐升高。说明随着盐浓度的升高,盐胁迫对两种牧草种子萌发的抑制作用逐渐增强。

(4)通过对发芽率、发芽指数、平均发芽时间、相对盐害率和根长相对抑制率等指标的综合分析,所测定的 6 种盐中,$NaHCO_3$ 对紫花苜蓿种子的抑制作用最大,因为其不但对植物有盐胁迫还有 pH 胁迫;硫酸盐抑制作用次之,氯盐最弱,说明紫花苜蓿种子对氯盐的耐性最强,对碱性盐的耐性最弱;钠盐对紫花苜蓿种子的抑制作用最强,钾盐次之,钙盐最弱。不同离子对紫花苜蓿种子的抑制作用大小依次为 $HCO_3^- > SO_4^{2-} > Cl^-$;$Na^+ > K^+ > Ca^{2+}$。

(5)通过对发芽率、发芽指数、相对盐害率和根长相对抑制率等指标的综合分析,同德小花碱茅种子萌发时期对 6 种盐胁迫的耐受性较强,不同盐胁迫下影响同德小花碱茅种子萌发的主要因素为溶液浓度,而非离子类型。

(6)通过对盐胁迫下两种牧草种子萌发的相关指标进行分析,结果显示平均发芽时间对不同盐胁迫的响应最敏感,选择其为两种牧草种子萌发时期的灵敏响应指标。

2.6.2　不同盐胁迫对气孔发育的影响

2.6.2.1　材料与方法

1. 试验材料

不同盐溶液处理下紫花苜蓿 10 d 龄幼苗叶片,同德小花碱茅 21 d 龄幼苗子叶叶片。

2. 试验方法

取不同盐处理下的植物 10 株,每株取 1 片叶子片,加入 90%丙酮(预冷)固定 30~60 min,再依次加入 100%—90%—80%—70%乙醇溶液漂洗,各处理 30 min;最终保存于 70%乙醇中。镜检前加入透明液透明 24 h,制作简易压片,于暗视野下观察拍照,10×20 倍显微镜下观察统计不同盐胁迫处理叶片上表皮气孔数且量取视野面积;每次处理取 10 个叶片,每个叶片取 6 个视野,10×40 倍显微镜下观察并用标尺测定气孔器长度与宽度、气孔器面积、气孔宽度。以气孔宽度表示气孔开度。

气孔密度=视野中气孔数/视野面积×放大倍数

3. 数据处理

试验数据用 Excel 进行整理,Origin 9.0 软件进行统计分析并作图,图片处理使用 Photoshop CS6 软件、Fisher LSD 法进行差异显著性分析,综合分析采用主成分分析法和聚类分析法。

4. 结果与分析

气孔是植物表皮的一个特殊结构,一般由成对的保卫细胞以及保卫细胞之间的孔隙组成,它是植物与外界环境进行 CO_2 和 H_2O 等气体交换的重要通道,其孔径大小直接决定着植物的蒸腾和光合作用。有研究表明,盐胁迫会减少植物叶片面积,改变叶片的组织结构,增加叶片的气孔密度,降低植物的气孔导度和净光合速率。

2.6.2.2　不同盐胁迫对气孔密度及气孔器面积的影响

不同盐胁迫下,随盐溶液浓度的增加,紫花苜蓿叶片气孔密度呈现先升高后降低的趋势,不同类型的盐溶液处理下的气孔密度也不相同(见图 2-30、图 2-31)。对不同处理下的气孔密度进行统计分析,结果如表 2-25、图 2-32 所示,溶液浓度在 0~50 mmol/L 范围内不同盐处理下气孔密度随盐溶液浓度升高而升高;当盐溶液浓度大于 50 mmol/L 时,$CaCl_2$ 处理气孔密度依旧呈上升趋势,当浓度达到 200 mmol/L 时气孔密度下降;而 NaCl、Na_2SO_4、K_2SO_4、$NaHCO_3$ 盐处理下气孔密度一直呈下降状态;KCl 处理组在大于 100 mmol/L 时气孔密度下降。

由图 2-30 所示结果可以看出随溶液浓度的增加,不同盐胁迫下紫花苜蓿叶片气孔器面积显著减小。统计结果(见图 2-32)显示,盐胁迫显著影响紫花苜蓿气孔器面积,25 mmol/L 盐溶液处理下紫花苜蓿气孔器面积与对照相比显著减小;但不同类型盐胁迫下紫花苜蓿气孔器面积变化程度不同,溶液浓度为 25 mmol/L 时,$NaHCO_3$ 处理下紫花苜蓿气孔器面积比对照组减小 28%,而 NaCl 处理组减小 15%,K_2SO_4 处理组减小 5%。盐胁迫条件下气孔器较小而密度较大,角质层较厚等表皮特征有利于减少水分蒸腾,以适应由生境中含有大量盐分造成的生理性干旱。

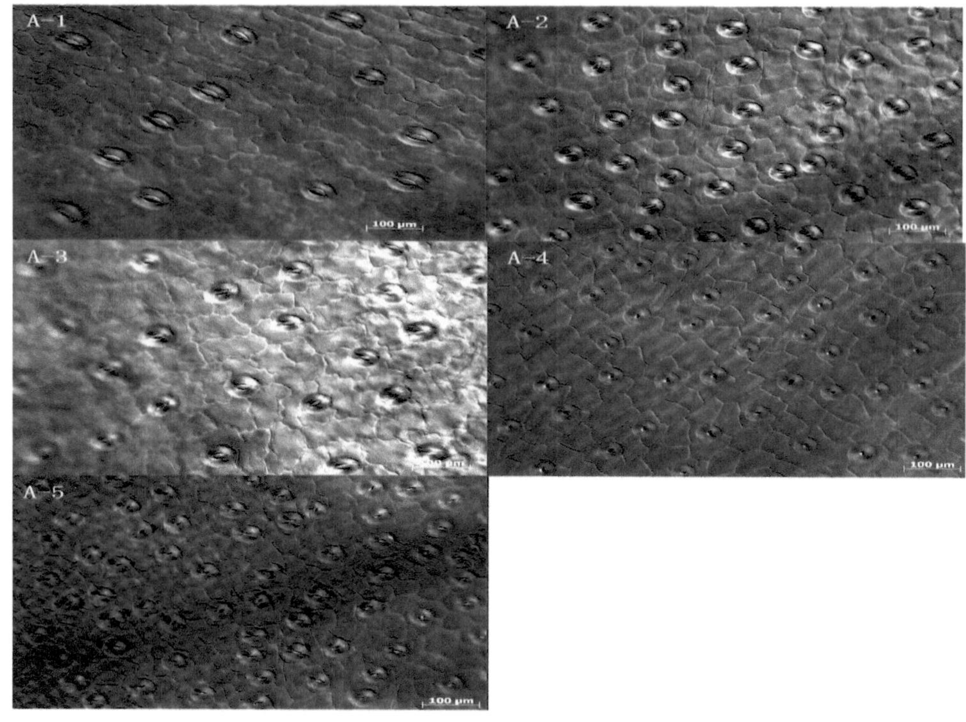

注：A 表示 10×20 倍的放大倍数；1～5 分别表示不同 NaCl 浓度：0、25 mmol/L、50 mmol/L、100 mmol/L、150 mmol/L

图 2-30　不同浓度 NaCl 溶液处理下紫花苜蓿气孔

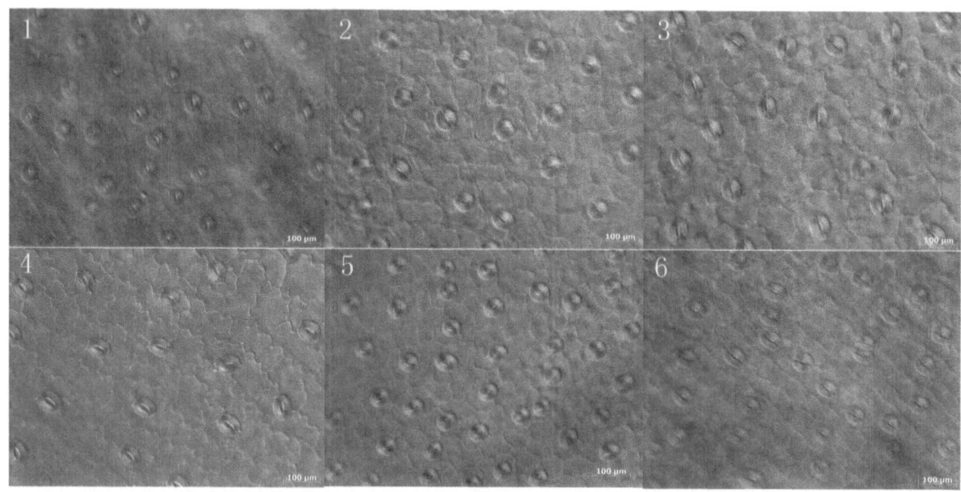

注：1～6 分别代表：NaCl、Na_2SO_4、KCl、K_2SO_4、$CaCl_2$、$NaHCO_3$

图 2-31　25 mmol/L 盐溶液下紫花苜蓿气孔发育情况

表 2-25 不同盐胁迫对紫花苜蓿叶片气孔特征的影响

浓度	气孔密度（个/mm^2）	气孔器面积（μm^2）	保卫细胞长（μm）	保卫细胞宽（μm）	气孔开度（μm）	气孔密度（个/mm^2）	气孔器面积（μm^2）	保卫细胞长（μm）	保卫细胞宽（μm）	气孔开度（μm）
	NaCl					Na_2SO_4				
0	69.6	610	30.9	8.6	7.6	69.6	610	30.9	8.6	7.6
25	121.3	520	28.8	8.8	7.0	92.3	540	30.1	8.9	6.8
50	127.9	440	27.7	8.8	6.7	101.9	490	29.7	8.8	6.7
100	118.1	430	26.7	9.3	5.4	93.3	480	27.7	9.3	5.4
150	113.5	380	24.8	9.8	4.2	72.3	420	25	10.1	3.7
200	98.6	370	24.1	10.3	3.0					
	KCl					K_2SO_4				
0	69.6	610	30.9	8.6	7.6	69.6	610	30.9	8.6	7.6
25	69.2	540	27.6	8.9	6.8	83.8	580	29.6	8.8	7
50	110.0	470	27.2	9.3	5.9	96.3	490	28.5	8.8	6.7
100	115.9	430	26.2	9.4	5.4	93.9	460	25.2	8.9	6.1
150	109.4	420	23.3	10.0	3.9	86.3	420	24	9.7	4.2
200	96.6	400	22.6	10.5	2.5					
	$CaCl_2$					$NaHCO_3$				
0	69.6	610	30.9	8.6	7.6	69.6	610	30.9	8.6	7.6
25	122.0	500	27.1	9.1	6.3	82.3	440	27.1	9.0	6.3
50	132.5	470	27.2	8.9	6.4	98.9	420	26.5	8.9	6.4
100	152.4	460	25.2	9.3	5.4	74.3	410	25.2	9.2	5.4
150	186.9	440	24.0	10.6	2.7					
200	163.4	420	23.1	10.5	2.5					

不同类型盐胁迫下，随着盐浓度的增加同德小花碱茅叶片气孔密度呈先升高后降低的趋势，不同类型盐胁迫对气孔密度的影响作用也不相同（见图 2-33、见图 2-34）。对不同盐处理下同德小花碱茅的气孔密度进行统计分析，结果如表 2-26、图 2-35 所示，当溶液浓度在 0~100 mmol/L 范围内，除 Na_2SO_4 和 K_2SO_4 外其余盐处理下气孔密度随浓度的升高而升高。当盐浓度大于 100 mmol/L 时，3 种氯化物盐处理下同德小花碱茅气孔密度持续下降，而 $NaHCO_3$ 处理组气孔密度依旧上升，在浓度大于 150 mmol/L 时开始下降；Na_2SO_4 和 K_2SO_4 处理组在溶液浓度大于 50 mmol/L 时气孔密度持续下降，方差分析结果显示，不同浓度盐胁迫下同德小花碱茅叶片气孔密度之间差异显著（见图 2-35）（$P<0.05$）。

由图 2-33 所示结果可以看出，不同盐胁迫下同德小花碱茅气孔器面积显著减小。统

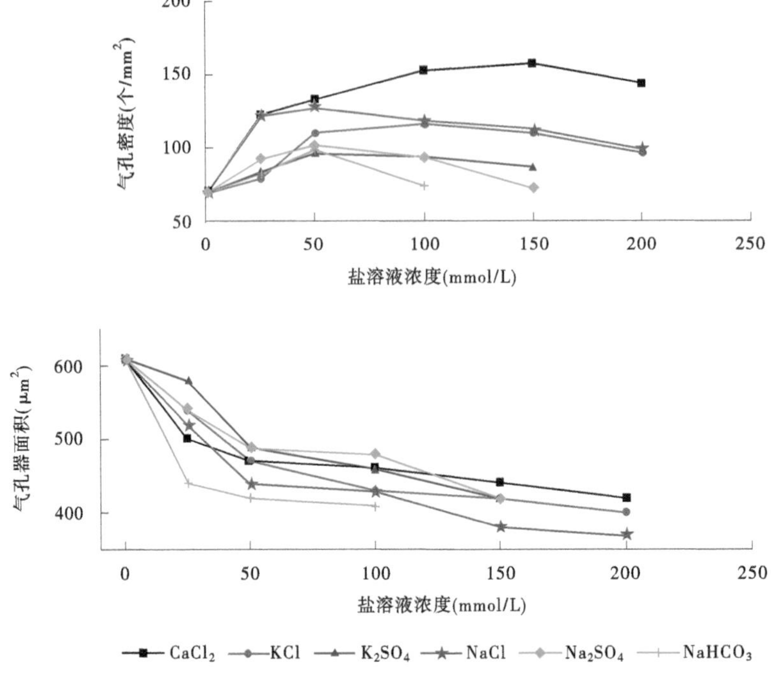

图 2-32　不同盐胁迫对紫花苜蓿叶片气孔密度及气孔器面积的影响

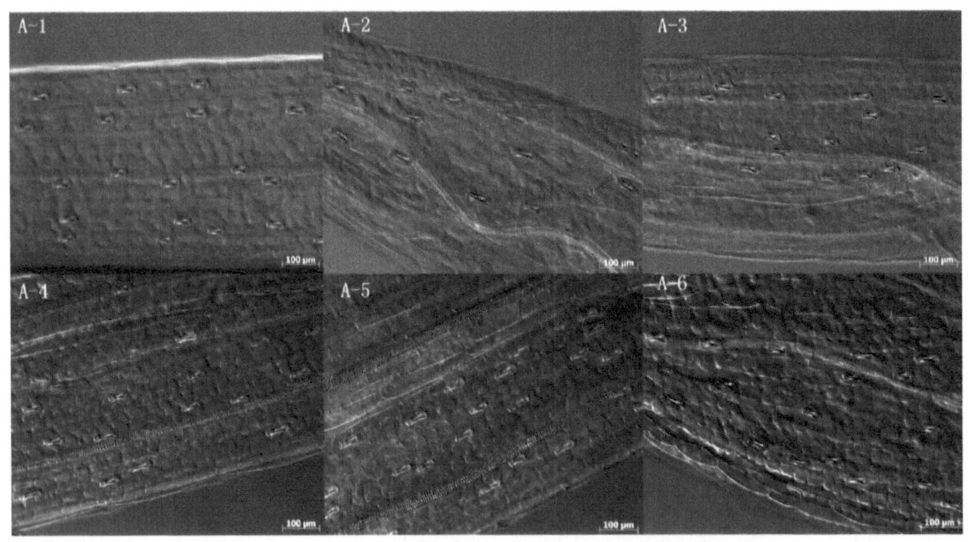

注：A 表示 10×20 倍的放大倍数；1～6 分别表示不同 $CaCl_2$ 浓度：

0、25 mmol/L、50 mmol/L、100 mmol/L、150 mmol/L、200 mmol/L

图 2-33　不同浓度 $CaCl_2$ 溶液处理下同德小花碱茅气孔

计结果(见图 2-35)显示，盐胁迫显著影响同德小花碱茅气孔器面积，25 mmol/L 盐溶液处理下同德小花碱茅气孔器面积与对照相比显著减小($P<0.05$)；但不同类型盐胁迫下同德小花碱茅气孔器面积变化程度不同，溶液浓度为 200 mmol/L 时，NaCl 处理下同德小花碱

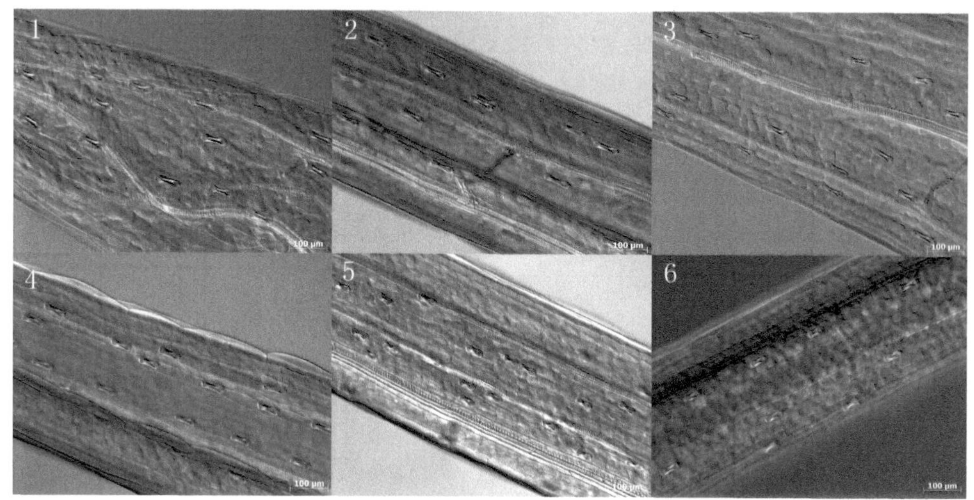

注：1~6 分别代表 NaCl、Na_2SO_4、KCl、K_2SO_4、$CaCl_2$、$NaHCO_3$

图 2-34　25 mmol/L 盐溶液下同德小花碱茅气孔发育情况

茅气孔器面积比对照组减小 26%，而 K_2SO_4 处理组减小 34%，$CaCl_2$ 处理组减小 46%。

综上所述，不同盐胁迫下随着盐溶液浓度的升高，紫花苜蓿和同德小花碱茅气孔密度呈现先升高后降低的趋势，气孔器面积持续下降。在盐渍环境下，气孔器较小但密度较大有利于减少水分的蒸腾，以适应因生境中含有大量盐分而造成的生理干旱，尽量协调水分蒸腾，减少体内水分的散失，以抵抗盐胁迫，使植物在逆境中保持正常的生理功能成为可能。

表 2-26　不同盐胁迫对同德小花碱茅叶片气孔特征的影响

浓度	气孔密度（个/mm^2）	气孔器面积（μm^2）	保卫细胞长（μm）	保卫细胞宽（μm）	气孔密度（个/mm^2）	气孔器面积（μm^2）	保卫细胞长（μm）	保卫细胞宽（μm）
	NaCl				Na_2SO_4			
0	93.3	226.6	31.35	7.23	93.3	226.6	31.35	7.23
25	107.7	192.6	31.02	6.21	151.2	196.2	30.21	6.50
50	122.5	190.9	30.86	6.18	159.8	162.5	28.28	5.75
100	134.3	185.9	30.21	6.15	140	156	28.05	5.56
150	115.7	180.8	29.86	6.05	115.3	155.3	27.96	5.55
200	102.7	168.4	28.00	6.02	92.8	132.2	23.94	5.52
250	95.4	152	25.33	6.00	93.3	226.6	31.35	7.23

续表 2-26

浓度	气孔密度（个/mm^2）	气孔器面积（μm^2）	保卫细胞长（μm）	保卫细胞宽（μm）	气孔密度（个/mm^2）	气孔器面积（μm^2）	保卫细胞长（μm）	保卫细胞宽（μm）
	KCl				K_2SO_4			
0	93.279	226.6	31.35	7.23	128	226.6	31.35	7.23
25	94.373	210.2	31.03	6.77	152.9	187.6	30.22	6.21
50	97.095	176.1	28.35	6.21	159.1	184.7	29.86	6.19
100	113.564	160.7	26.76	6.01	220.7	173.5	28.21	6.15
150	93.769	158.3	26.56	5.96	212.9	157.8	26.06	6.05
200	62.008	136.3	24.13	5.65	176.4	150.4	25.00	6.02
250					143.3	140	23.33	6.00
	$CaCl_2$				$NaHCO_3$			
0	128.0	226.6	31.35	7.23	128.0	226.6	31.35	7.23
25	161.3	209.2	32.21	6.50	123.9	187.6	30.22	6.21
50	160.6	174	30.28	5.75	132.5	172.3	27.86	6.18
100	179.1	161.5	29.05	5.56	158.3	161.2	26.21	6.15
150	151.2	149.7	26.96	5.55	177.1	152.9	25.26	6.05
200	112.5	121.7	22.04	5.52	161.4	146.2	24.30	6.02
250					149.7	144.2	24.03	6.00

2.6.2.3 不同盐胁迫对气孔形态的影响

盐胁迫对紫花苜蓿气孔形态具有显著影响，分析结果显示，不同盐溶液处理下紫花苜蓿气孔保卫细胞长宽比随溶液浓度增加而减小（见图 2-36）。随着盐溶液浓度的增加紫花苜蓿气孔器形态从椭圆形逐渐向圆形过渡，在较高浓度时保卫细胞长宽比值接近 2，气孔器近似成圆形。

以气孔宽度表示气孔开度，不同盐胁迫下，随着盐浓度的增加，紫花苜蓿叶片气孔开度持续降低。如图 2-36 所示，$CaCl_2$ 处理组在溶液浓度为 150 mmol/L 时，气孔开度较对照减小了 64.6%，KCl 和 NaCl 处理组，气孔开度在溶液浓度为 200 mmol/L 时，气孔开度比处理组减小了 66.8%和 60.2%。所以，在不同盐胁迫下，随盐溶液浓度的增加，气孔开度逐渐减小，气孔趋向于关闭状态，这可能是由于随着盐浓度的增加，由盐胁迫引发的生理性干旱程度加剧，对植物产生水分胁迫，气孔开度减小有利于减小蒸腾失水，保持体内水分。

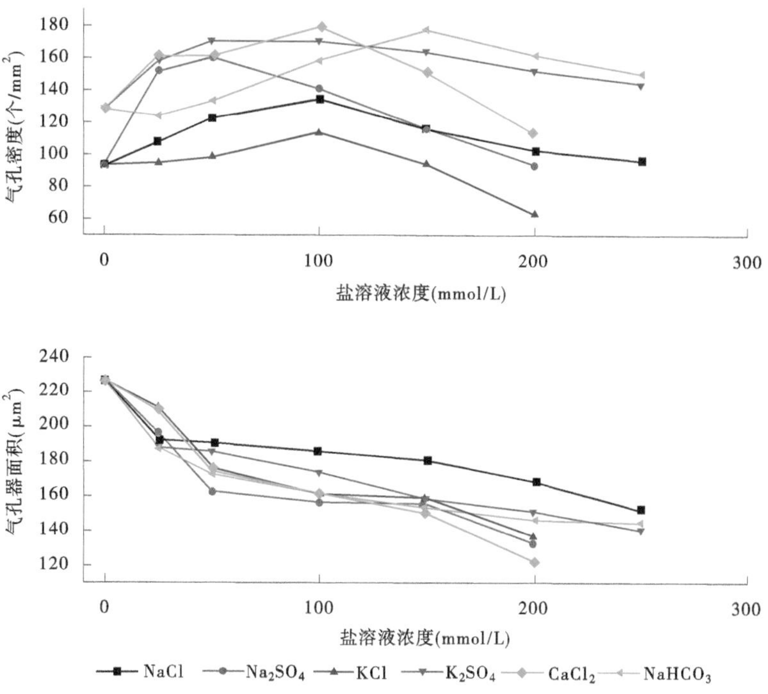

图 2-35　不同盐胁迫对同德小花碱茅叶片气孔密度的影响

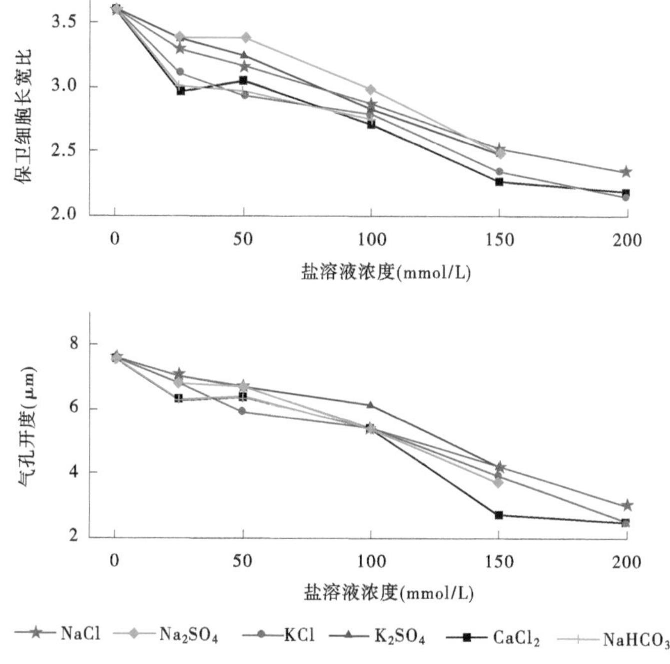

图 2-36　不同盐胁迫对紫花苜蓿叶片气孔形态的影响

不同盐溶液处理下同德小花碱茅保卫细胞长宽比随溶液浓度的增加呈先升高后降低的趋势。不同盐分对保卫细胞的影响不同，如图 2-37 结果所示，对照组保卫细胞长宽比为 8.673；NaCl 处理组在 25 mmol/L 时长宽比最大，达到 9.996；$CaCl_2$ 处理组在 100 mmol/L 时最大，为 10.45；KCl 处理组在 50 mmol/L 时最大，为 9.129；不同类型盐胁迫下保卫细胞长宽比不同，细胞形态存在明显差异，如 $CaCl_2$ 处理组气孔长宽比较大，细胞狭长，而 KCl 处理组保卫细胞长宽比较小，细胞较为粗短。

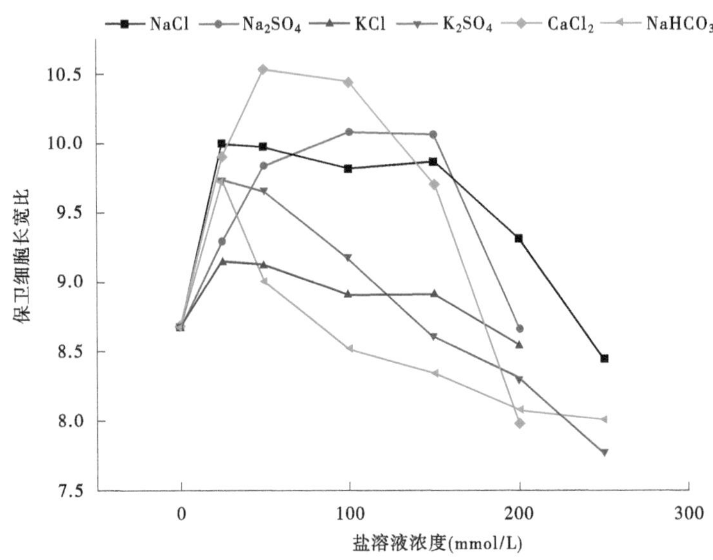

图 2-37　不同盐胁迫对同德小花碱茅气孔器大小的影响

综上所述，不同盐胁迫下紫花苜蓿保卫细胞长宽比随溶液浓度升高而减小，气孔形态接近圆形；而同德小花碱茅保卫细胞长宽比先升高后降低，气孔狭长，近似长方形。在盐胁迫下，紫花苜蓿气孔为开张状态，不同盐浓度下开张程度有所差别，而同德小花碱茅气孔完全闭合。究其原因可能为植物为了降低水分散失以适应由盐胁迫引起的生理性干旱；紫花苜蓿为 C3 型光合植物，而同德小花碱茅为 C4 型光合植物，紫花苜蓿需要较大的气孔开度来满足 CO_2 的摄入，而同德小花碱茅则可以在低浓度的 CO_2 环境中完成光合，所以造成了两种植物气孔对盐胁迫的响应差异。

2.6.2.4　不同盐胁迫下气孔发育综合分析

综上所述，单一指标并不能全面反映植物气孔发育对盐胁迫的响应，因此为了更准确地分析盐胁迫对气孔发育的作用，对各个指标进行综合分析。应用主成分分析法对不同盐胁迫下的气孔指标可做定量的描述，找出具有代表性的主导因子，在不损失或少损失的条件下，从多个变量中构建相互独立的综合变量，从而对盐胁迫对气孔发育的影响作用做出正确的评价。由表 2-27 可知，不同类型盐胁迫下紫花苜蓿气孔发育指标主成分突出，不同盐胁迫的第一主成分贡献率最高，皆大于 60%，即第一主成分能对盐胁迫下紫花苜蓿气孔发育状况给予正确的反映。

表 2-27　不同气孔指标主成分分析特征值及贡献率

特征值	贡献率（%）	累积贡献率（%）	特征值	贡献率（%）	累积贡献率（%）	特征值	贡献率（%）	累积贡献率（%）
NaCl			Na_2SO_4			KCl		
2.747	68.666	68.666	2.592	64.801	64.801	2.818	70.452	70.452
1.211	30.283	98.949	1.363	34.064	98.865	1.067	26.673	97.125
0.036	0.902	99.851	0.040	0.989	99.853	0.108	2.697	99.823
0.006	0.149	100	0.006	0.147	100	0.007	0.177	100
K_2SO_4			$CaCl_2$			$NaHCO_3$		
3.100	77.488	77.488	3.094	77.338	77.338	3.353	83.835	83.835
0.687	17.182	94.670	0.863	21.564	98.902	0.614	15.340	99.175
0.193	4.817	99.487	0.029	0.734	99.636	0.033	0.825	100
0.021	0.513	100	0.015	0.364	100	0	0	100

由表 2-28 可见，第一主成分与气孔密度、气孔长宽比呈负向负荷，与气孔器长宽比和气孔器面积呈正向负荷，代表了不同盐胁迫对紫花苜蓿气孔发育的影响情况，第一主成分越小表示盐胁迫对紫花苜蓿气孔发育的抑制作用越强烈。根据主成分分析结果，不同盐胁迫下紫花苜蓿气孔发育指标第一主成分的表达式分别为

$$y_{NaCl}=-0.154x_1+0.363x_2+0.356x_3-0.287x_4$$

$$y_{Na_2SO_4}=-0.230x_1+0.368x_2+0.261x_3-0.361x_4$$

$$y_{KCl}=-0.275x_1+0.340x_2+0.351x_3-0.202x_4$$

$$y_{K_2SO_4}=-0.282x_1+0.281x_2+0.297x_3-0.274x_4$$

$$y_{CaCl_2}=-0.303x_1+0.322x_2+0.318x_3-0.164x_4$$

$$y_{NaHCO_3}=-0.238x_1+0.275x_2+0.284x_3-0.291x_4$$

式中：y 为第一主成分；x_1、x_2、x_3、x_4 分别为标准化后的气孔密度、气孔器长宽比、气孔器面积和气孔长宽比。

表 2-28　主成分对各气孔指标的因子负荷量

指标	NaCl	Na_2SO_4	KCl	K_2SO_4	$CaCl_2$	$NaHCO_3$
气孔密度	-0.154	-0.230	-0.275	-0.282	-0.303	-0.238
气孔器长宽比	0.363	0.368	0.340	0.281	0.322	0.275
气孔器面积	0.356	0.261	0.351	0.297	0.318	0.284
气孔长宽比	-0.287	-0.361	-0.202	-0.274	-0.164	-0.291

根据第一主成分表达式计算获得不同盐胁迫下紫花苜蓿气孔发育的综合指标，以第一主成分代表盐胁迫对紫花苜蓿气孔发育过程中的影响作用，对第一主成分进行统计分析。聚类分析结果（见图 2-38）显示，NaCl、KCl 和 $CaCl_2$ 处理组距离较近，首先聚为一类，

再依次和 K_2SO_4、$NaHCO_3$、Na_2SO_4 分别聚为一类，最后整体聚为一类。聚类结果表明，紫花苜蓿气孔发育对氯化物盐耐受性较好，对 $NaHCO_3$ 和硫酸盐敏感，不同盐胁迫下对紫花苜蓿气孔发育的抑制作用是阴阳离子共同作用的结果，但以阴离子的作用为主。且在氯化物盐胁迫下，Cl^- 在气孔发育过程中起主要作用。这一结果与不同盐胁迫下紫花苜蓿种子萌发过程中的结论相似，说明在不同盐胁迫下紫花苜蓿的生长发育过程中阴离子起主要作用，以阴离子为主导引起盐害作用。

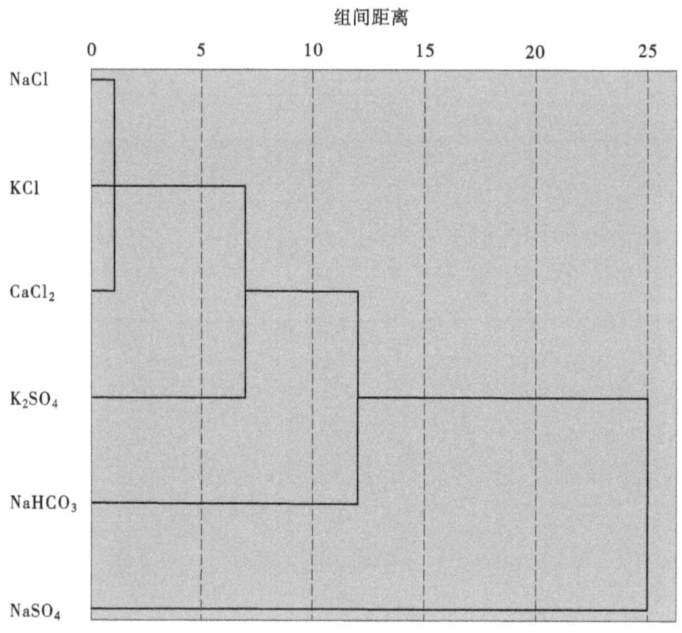

图 2-38　不同盐胁迫对紫花苜蓿气孔发育作用的聚类分析结果

对不同盐胁迫下紫花苜蓿气孔发育第一主成分进行函数拟合，拟合方程如表 2-29 所示，求曲线拐点，拐点左侧盐胁迫抑制作用随盐浓度增加速度缓慢，拐点右侧抑制作用随盐浓度增大呈快速上升态势。所以，以拐点处所对应的盐浓度作为紫花苜蓿气孔发育过程中的最低响应浓度。紫花苜蓿气孔发育过程中对不同盐溶液的理论最低响应浓度分别为 NaCl 4.06 mmol/L，Na_2SO_4 1.67 mmol/L，KCl 5.06 mmol/L，K_2SO_4 2.39 mmol/L，$CaCl_2$ 4.30 mmol/L，$NaHCO_3$ 1.02 mmol/L。

表 2-29　紫花苜蓿气孔对不同盐溶液的最低响应浓度

溶液	回归方程	决定系数	最低响应浓度（mmol/L）
NaCl	$y=-0.02352x^3+0.28675x^2-1.54973x+2.80402$	0.966 31	4.06
Na_2SO_4	$y=-0.08647x^3+0.43212x^2-0.42897x+0.42459$	0.945 3	1.67
KCl	$y=-0.01451x^3+0.22039x^2-1.46027x+2.83472$	0.995 62	5.06
K_2SO_4	$y=0.10797x^3-0.77433x^2+0.79048x+1.28728$	0.997 43	2.39
$CaCl_2$	$y=-0.03538x^3+0.5683x^2-2.22347x+3.4541$	0.904 51	4.30
$NaHCO_3$	$y=0.11933x^3-0.36216x^2-1.2772x+2.92721$	0.956 31	1.02

应用主成分分析法对不同盐胁迫下同德小花碱茅气孔指标进行分析。由表 2-30 可知,不同类型盐胁迫下同德小花碱茅气孔发育指标主成分突出,不同盐胁迫的第一、二主成分贡献率最高,即第一主成分与第二主成分能将盐胁迫下同德小花碱茅气孔发育状况给予正确的反映。根据主成分分析结果(见表 2-31),不同盐胁迫下同德小花碱茅气孔发育指标第一、二主成分的表达式分别为

$y_{1-NaCl}=0.525x_1+0.056x_2+0.529x_3$;

$y_{2-NaCl}=-0.128x_1+0.989x_2+0.023x_3$

$y_{1-Na_2SO_4}=0.468x_1-0.268x_2+0.526x_3$;

$y_{2-Na_2SO_4}=0.477x_1+0.900x_2+0.034x_3$

$y_{1-KCl}=0.471x_1+0.340x_2+0.455x_3$;

$y_{2-KCl}=-0.282x_1+0.998x_2-0.455x_3$

$y_{1-K_2SO_4}=0.396x_1+0.299x_2+0.609x_3$;

$y_{2-K_2SO_4}=-0.571x_1+0.653x_2+0.050x_3$

$y_{1-CaCl_2}=0.155x_1+0.481x_2+0.481x_3$;

$y_{2-CaCl_2}=1.003x_1-0.162x_2-0.162x_3$

$y_{1-NaHCO_3}=-0.327x_1+0.368x_2+0.368x_3$;

$y_{2-NaHCO_3}=1.432x_1+0.635x_2+0.635x_3$

式中:y_1、y_2 分别为第一、二主成分,x_1、x_2、x_3 分别为标准化后的气孔密度、气孔器面积和气孔器长宽比。

表 2-30　不同气孔指标主成分分析特征值及贡献率

特征值	贡献率(%)	累积贡献率(%)	特征值	贡献率(%)	累积贡献率(%)	特征值	贡献率(%)	累积贡献率(%)
NaCl			Na_2SO_4			KCl		
1.789	59.627	59.627	1.763	58.761	58.761	1.835	61.170	61.170
1.005	33.496	93.123	0.963	32.097	90.858	0.780	25.997	87.167
0.206	6.877	100	0.274	9.142	100	0.385	12.833	100
K_2SO_4			$CaCl_2$			$NaHCO_3$		
1.620	53.996	53.996	2.055	68.501	68.501	2.650	88.330	88.330
1.326	44.198	98.194	0.945	31.499	100	0.350	11.670	100
0.054	1.806	100	0	0	100	0	0	100

表 2-31　主成分对各气孔指标的因子负荷量

项目	主成分 1	主成分 2	主成分 1	主成分 2	主成分 1	主成分 2
	NaCl		Na_2SO_4		KCl	
气孔密度	0.525	-0.128	0.468	0.477	0.471	-0.282
气孔器面积	0.056	0.989	-0.268	0.900	0.340	0.998
气孔器长宽比	0.529	0.023	0.526	0.034	0.455	-0.455
项目	主成分 1	主成分 2	主成分 1	主成分 2	主成分 1	主成分 2
	K_2SO_4		$CaCl_2$		$NaHCO_3$	
气孔密度	0.396	-0.571	0.155	1.003	-0.327	1.432
气孔器面积	0.299	0.653	0.481	-0.162	0.368	0.635
气孔器长宽比	0.609	0.050	0.481	-0.162	0.368	0.635

根据主成分表达式计算获得不同盐胁迫下同德小花碱茅气孔发育的综合指标，以主成分代表盐胁迫对同德小花碱茅气孔发育过程中影响作用，对其进行统计分析，不同盐胁迫下的 2 个主成分聚类分析结果一致。聚类分析结果（见图 2-39）显示，Na_2SO_4 和 NaCl 处理组距离较近，首先聚为一类，再次 KCl 和 K_2SO_4 聚为一类，$CaCl_2$ 和 $NaHCO_3$ 聚为一类，最后整体聚为一类。结果表明，同德小花碱茅气孔发育对 $CaCl_2$ 和 $NaHCO_3$ 盐敏感，对中性的 Na^+盐和 K^+盐耐受性较好；在不同盐胁迫下对同德小花碱茅种子萌发的抑制作用是阴阳离子共同作用的结果，但以阳离子的作用为主，这一结果与同德小花碱茅种子萌发得出的结果相似。所以，在同德小花碱茅生长过程中，氯化物盐和硫酸盐型胁迫对其生长的盐害作用主要是由不同浓度的阳离子引起的，碱性盐胁迫的毒害作用有两种离子共同作用产生的。

对不同盐胁迫下同德小花碱茅气孔发育第一主成分进行函数拟合，拟合方程如表 2-32 所示，求曲线拐点，拐点左侧盐胁迫抑制作用随盐浓度增加速度缓慢，拐点右侧抑制作用随盐浓度增大呈快速上升态势。所以，以拐点处所对应的盐浓度作为同德小花碱茅气孔发育过程中的最低响应浓度。同德小花碱茅气孔发育过程中对不同盐溶液的理论最低响应浓度分别为 NaCl 4.29 mmol/L，Na_2SO_4 1.21 mmol/L，KCl 2.25 mmol/L，K_2SO_4 5.16 mmol/L，$CaCl_2$ 2.85 mmol/L，$NaHCO_3$ 1.24 mmol/L。

综上所述，紫花苜蓿气孔发育对氯化物盐耐受性较好，对 $NaHCO_3$ 和硫酸盐敏感；同德小花碱茅气孔发育对 $CaCl_2$ 和 $NaHCO_3$ 盐敏感，对中性的 Na^+盐和 K^+盐耐受性较好，这一结果与种子萌发时期对盐胁迫的响应结果相似。

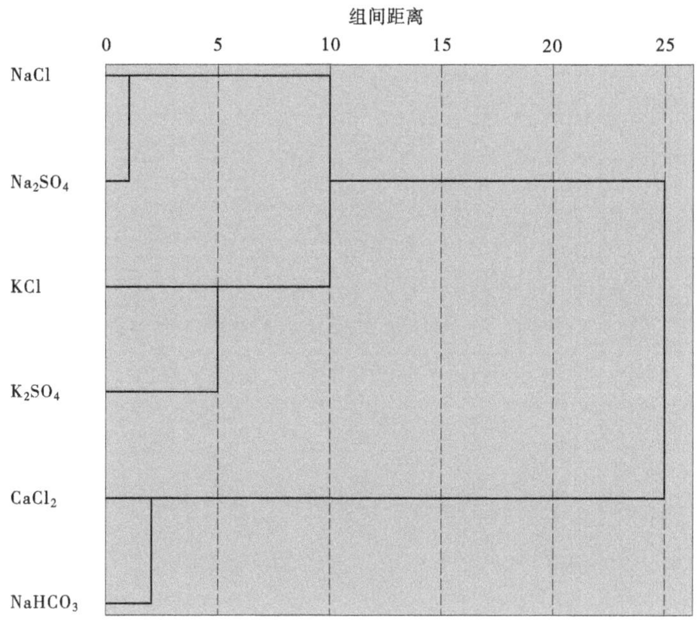

图 2-39　不同盐胁迫对同德小花碱茅气孔作用的聚类分析结果

表 2-32　同德小花碱茅气孔对不同盐溶液的最低响应浓度

溶液	回归方程	决定系数	最低响应浓度(mmol/L)
NaCl	$y=-0.050\ 66x^3+0.651\ 39x^2-0.285\ 56x+4.069\ 18$	0.971 52	4.29
Na_2SO_4	$y=-0.013\ 36x^3+0.493\ 48x^2+3.029\ 26x+4.100\ 2$	0.989 9	1.21
KCl	$y=-0.025\ 78x^3+0.022\ 38x^2+0.543\ 39x-0.348\ 82$	0.914 52	2.25
K_2SO_4	$y=0.051\ 59x^3-0.798\ 32x^2+3.239\ 41x-2.768\ 92$	0.987 93	5.16
$CaCl_2$	$y=-0.018\ 14x^3+0.155\ 1x^2-0.851\ 85x+1.962\ 18$	0.938 9	2.85
$NaHCO_3$	$y=0.012\ 59x^3-0.046\ 93x^2-0.739\ 86x+2.488\ 43$	0.985 47	1.24

2.6.2.5　不同气孔性状对盐胁迫的敏感性分析

以气孔发育各相关性状的相对值,即该性状盐胁迫处理下的数值与对照条件下数值之比作为衡量种子耐盐性指标。在盐胁迫下各耐盐指标的变化幅度表示其对盐胁迫的敏感程度,变化幅度越大表明该指标在盐胁迫下的响应越灵敏。以不同盐胁迫下盐溶液浓度每变化 1 mmol/L 时,各处理下叶片气孔性状指标相对对照组的变化倍数表示指标的变化幅度。综合分析表 2-33 所示结果,可以得出不同盐胁迫下紫花苜蓿各气孔性状对盐胁迫的敏感性大小分别为:气孔密度>气孔器面积>气孔开度>保卫细胞长宽比;同德小花碱茅气孔性状对盐胁迫的敏感性大小分别为:气孔密度>气孔器面积>保卫细胞长宽比。气孔密度可以作为气孔性状对盐胁迫的灵敏响应指标。

表 2-33　各气孔指标对不同盐胁迫敏感性的分析结果

项目	NaCl	Na_2SO_4	KCl	K_2SO_4	$CaCl_2$	$NaHCO_3$
	紫花苜蓿					
气孔密度	0.008 4	0.006 8	0.006 1	0.004 6	0.009 4	0.008 0
气孔器面积	0.002 7	0.002 5	0.002 2	0.002 5	0.002 1	0.004 3
保卫细胞长宽比	0.001 1	0.000 9	0.001 4	0.001 2	0.001 3	0.001 8
气孔开度	0.001 8	0.001 2	0.001 4	0.001 4	0.002 0	0.001 9
	同德小花碱茅					
气孔密度	0.003 9	0.013 5	0.003 3	0.004 5	0.006 8	0.003 2
气孔器面积	0.002 6	0.003 9	0.003 1	0.003 0	0.004 0	0.002 3
保卫细胞长宽比	0.002 6	0.002 4	0.001 1	0.002 3	0.003 4	0.001 5

2.6.3　讨论

本试验的研究结果表明，紫花苜蓿和同德小花碱茅叶片气孔密度随着盐胁迫程度的增加而表现出相似的变化趋势，即气孔密度达到最大值，此后随胁迫程度的进一步增加，气孔密度显著下降，说明随着胁迫程度的增加气孔密度并不能无限增加，即气孔对胁迫的适应响应是有一定限度的，超过了这一限度则表现出明显的受害症状，这一结果与宣亚楠等的研究结果一致。由于盐胁迫程度增加，光合作用受到严重影响，减少了植株的能量供应，并且抑制了气孔细胞的生长和发育，细胞分裂伸长和分化受到影响，造成气孔数显著减少，从而表现为气孔密度下降，或者严重盐胁迫导致植物内源物质含量的变化，可能会影响控制气孔发生的基因的表达，从而影响了气孔的发生、发育和分化，形成更少的气孔，则气孔密度表现为下降；或者严重盐胁迫造成植物体内抗氧化酶的含量剧减，而活性氧含量增加较多而无法被清除，细胞过早衰老死亡，从而使得气孔绝对数量减少，导致气孔密度减小。

许多研究认为，水分胁迫会使保卫细胞长度缩短。于海秋等对玉米的研究表明，在水分胁迫下，玉米叶片的气孔长度和宽度均明显减小；孟雷等对水稻的研究也证明了这一点。本研究结果显示，在不同盐处理下，叶片各部位的保卫细胞长度和宽度均有不同程度的减小，这与水分胁迫下植物气孔的变化情况极其相似，这可能是在盐胁迫过程中引发的生理性干旱对植物造成与水分胁迫相似的效果，从而表现出气孔长度与宽度都减小的现象。

2.6.4　小结

(1)不同盐胁迫下，紫花苜蓿和同德小花碱茅叶片气孔密度随溶液浓度的增加而表现出先增加后减小的变化趋势。紫花苜蓿气孔密度对不同盐胁迫的最低响应浓度分别为 NaCl 4.06 mmol/L，Na_2SO_4 1.67 mmol/L，KCl 5.06 mmol/L，K_2SO_4 2.39 mmol/L，$CaCl_2$

4. 30 mmol/L, $NaHCO_3$ 1. 02 mmol/L。同德小花碱茅气孔密度对不同盐胁迫的最低响应浓度分别为 NaCl 4. 29 mmol/L, Na_2SO_4 1. 21 mmol/L, KCl 2. 25 mmol/L, K_2SO_4 5. 16 mmol/L, $CaCl_2$ 2. 85 mmol/L, $NaHCO_3$ 1. 24 mmol/L。

(2)不同盐胁迫下两种植物气孔器面积随盐浓度的增加而减小。

(3)不同盐胁迫下,两种植物气孔形态发生变化:紫花苜蓿气孔器形态随溶液浓度的增加而趋向于圆形;同德小花碱茅气孔器形态随溶液浓度的增加而趋向于短粗—狭长—短粗的变化过程。

(4)两种植物叶片气孔密度对盐胁迫的反应较为灵敏,能够对低浓度的盐胁迫做出响应,可以作为鉴定植物对盐胁迫信号响应的灵敏形态学指标。

2.7　不同盐胁迫下 SOS1 基因表达分析

2.7.1　材料与方法

2.7.1.1　材料

不同盐溶液处理下紫花苜蓿 10 d 龄幼苗全株,同德小花碱茅 21 d 龄幼苗全株。

2.7.1.2　方法

1. 幼苗盐胁迫处理

选取饱满健康的种子作为试验材料,供试种子先用 0. 3% $KMnO_4$ 溶液浸泡消毒 30 min,在培养皿中放入双层滤纸,皿内分别添加不同浓度的 NaCl、Na_2SO_4、KCl、K_2SO_4、$CaCl_2$、$NaHCO_3$ 盐溶液至滤纸饱和,每种盐溶液共 9 个浓度水平(见表 2-34,参照第 2 章得到的最低响应浓度及耐盐极限浓度),加盖后置于室温、自然光条件下培养。每天用 3 mL 溶液冲洗滤纸,然后吸出处理液,再加入少量处理液保持滤纸湿润,以保证培养皿内盐溶液浓度相对恒定。取不同处理下紫花苜蓿 10 d 龄幼苗和同德小花碱茅 21 d 龄幼苗作为试验材料,液氮中研磨成粉末后置于-80 ℃冰箱保存备用。

表 2-34　各处理成分及盐分浓度

盐分	溶液浓度(mmol/L)																	
	紫花苜蓿									同德小花碱茅								
NaCl	0	20	40	60	80	140	160	180	200	0	20	40	60	80	140	160	180	200
Na_2SO_4	0	10	20	30	40	50	60	70	80	0	10	20	30	40	50	60	70	80
KCl	0	20	40	60	80	200	220	240	260	0	20	40	60	80	200	220	240	260
K_2SO_4	0	20	40	60	80	100	120	140	160	0	20	40	60	80	140	160	180	200
$CaCl_2$	0	20	40	60	80	180	200	220	240	0	20	40	60	80	180	200	220	240
$NaHCO_3$	0	10	20	30	40	50	60	70	80	0	20	40	60	80	180	200	220	240

2. 总 RNA 的提取及 cDNA 第一条链的获得

称取幼苗全株(保存于-80 ℃)约 1 g,采用改良 CTAB-LiCl 法提取总 RNA。采用超微量高精度紫外/可见分光光度计检测所提 RNA 纯度，记录 RNA 浓度、OD_{260}/OD_{280} 及 OD_{260}/OD_{230} 的比值，当 OD_{260}/OD_{280} 比值介于 1.80～2.00 时，RNA 样品可用于下一步分子生物学试验。为了进一步验证总 RNA 的完整性，可将提取所得总 RNA 进行 1.2%甲醛变性凝胶电泳。采用宝生物(Takara)公司 DNase I 去除总 RNA 中的基因组 DNA 的污染，参照说明书上的步骤进行纯化。再以去除 DNA 污染后的紫花苜蓿总 RNA 为模板，以 Oligo(dT)为逆转录引物，参照 Takara 公司逆转录酶说明书将总 RNA 逆转录成 cDNA。

1)改良 CTAB-LiCl 法提取植物总 RNA 具体操作步骤

(1)取植物材料加入适量交联聚乙烯吡咯烷酮(PVPP)，在液氮中研磨成粉末状。

(2)转移至 2 mL 离心管中(提前用 0.1%DEPC 水处理，灭菌并烘干)，加入 900 μL 65 ℃预热的 CTAB 提取缓冲液，同时加入 10 μL β-巯基乙醇，混匀。65 ℃温育 10 min，期间轻柔颠倒离心管 2～3 次。

(3)加入等体积氯仿:异戊醇(24∶1)混合溶液，上下剧烈振荡 10 s，12 000 rpm，4 ℃离心 15 min；转移上清至新 2 mL 离心管中，重复抽提 1～2 次，12 000 rpm，4 ℃离心 15 min。

(4)转移上清至新的 1.5 mL 离心管中，加入 1/4 体积 10 mol/L 的 LiCl 溶液，4 ℃沉淀 12 h。

(5)12 000 rpm，4 ℃离心 15 min；弃上清，留沉淀，加入 65 ℃预热的 SSTE 缓冲液 500 μL，65 ℃温育 5 min，充分溶解沉淀。

(6)加入等体积的氯仿:异戊醇(24∶1)后，12 000 rpm，4 ℃离心 15 min。

(7)取上清，加入 2 倍体积无水乙醇-20 ℃沉淀 5～8 h。

(8)12 000 rpm，4 ℃离心 15 min，弃上清，加入 1 mL 75%乙醇清洗沉淀，12 000 rpm，4 ℃离心 15 min。

(9)弃上清，自然干燥 30 min，加入 30～50 μL RNase-free 水溶解沉淀，-80 ℃保存备用。

2)植物总 RNA 样品纯化

(1)在微量离心管中配置下列反应液：Total RNA，10 μL；10×DNase Ⅰ Buffer，1.25 μL；Recombinant Dnase Ⅰ(Rnase-free)，0.5 μL；RNase Inhibitor，0.25 μL；DEPC-treated water，38 μL。

(2)37 ℃反应 20～30 min。

(3)加入 2.5 μL 0.5 mol/L EDTA，混匀，80 ℃加热处理 2 min，用 DEPC-treated water 定容至 100 μL 后转移至 1.5 mL 离心管中。

(4)加入 10 μL 3 mol/L 醋酸钠溶液和 250 μL 冷乙醇，混匀后-80 ℃静置 20 min。

(5)4 ℃，12 000 rpm 离心 10 min，弃上清。

(6)加入 75%冷乙醇洗涤沉淀，4 ℃，12 000 rpm，离心 10 min，弃上清。

(7)室温下干燥 20 min，用适量 DEPC-treated water 溶解沉淀，-80 ℃保存备用。

3)逆转录反应

(1)在微量离心管(200 μL)中配置下列反应液，总体积 7 μL。

Total RNA，1 μg；Oligo(dT)(20 μM)，1 μL；DEPC-treated water 定容至 7 μL。

(2)混匀,离心,70 ℃反应 10 min,立即冰浴 2 min,稍离心。

(3)在上述离心管中配置下列逆转录反应液,配置过程在冰上进行:

M-MLV Buffer(5×),4 μL;dNTP(10 μM),2 μL;RNase Inhibitor,0. 25 μL;M-MLV,0. 5 μL;DEPC-treated water,6. 25 μL。

(4)混匀,离心,42 ℃反应 60 min;70 ℃温育 15 min 后置于冰上冷却,-20 ℃保存备用。

3. 引物设计与合成

1)紫花苜蓿

通过对 GenBank 中发表的黄花苜蓿、蒺藜苜蓿、大豆、白刺等 9 种植物 SOS1 核苷酸序列进行同源性比对,找出高度保守区域,利用 Primer 5. 0 和 Oligo 7. 0 软件设计一对引物用于扩增紫花苜蓿 SOS1 基因片段的特异性扩增引物,由上海生工生物工程有限公司合成,推测目标片段长度为 540 bp 左右:*MsSOS*1-F:5'-TGTTGTGGAAGGAGAAGAAGC-3';*MsSOS*1-R:5'-CGAACTGAAGATGGGAGAGC-3'。并根据已发表植物 18srRNA 序列设计出一对用于半定量 RT-PCR 分析的内参引物推测目标片段长度为 250 bp 左右;18srRNA-F:5'-GAGAAACGGCTACCACATCCA-3',18srRNA-R:5'CCCAACCCAAGGTCCAACTAC-3'。

2)同德小花碱茅

通过对 GenBank 中发表的星星草、小盐芥、大叶补血草等 11 种植物 SOS1 核苷酸序列进行同源性比对,找出高度保守区域,设计用于 RT-PCR 检测的同德小花碱茅 SOS1 基因特异引物和 18srRNA 内参引物(方法同中首 3 号),推测同德小花碱茅 SOS1 基因特异引物目标片段长度为 300 bp 左右,内参引物目标片段长度为 250 bp 左右。引物序列如下:

PtSOS1-F:5'-CTCGATGATGCTTTGCAGAC-3'

PtSOS1-R:5'GACCTAACGTGCTCCCATGT-3'

18srRNA-F:5'-GAGAAACGGCTACCACATCCA-3'

18srRNA-R:5'CCCAACCCAAGGTCCAACTAC-3'

4. SOS1 基因核心片段扩增

以反转录的单链 cDNA 为模板,以设计合成的 SOS1 特异性引物进行 PCR 扩增。PCR 反应体系为 20 μL,内含 2×*Taq*Master Mix 10 μL,上下游引物各 0. 5 μmol/L,100 ngc DNA 模板。PCR 扩增程序为:94 ℃预变性 1 min 30 s,然后 94 ℃变性 20 s,56. 3 ℃退火 20 s,72 ℃延伸 45 s,共 36 个循环,最后 72 ℃延伸 5 min,4 ℃保存。扩增产物经 1%琼脂糖凝胶电泳检测完整性后送上海生工生物工程有限公司进行测序,确定扩增产物序列。

5. 不同盐胁迫下 SOS1 基因表达量分析

取不同处理样品总 RNA,RT-PCR 扩增 3 次,产物凝胶电泳后在凝胶成像系统中拍照,并用凝胶成像系统分析软件对样品条带的光密度值(*IOD*)进行测定。目的基因扩增条带的 *IOD* 值分别与各自的内参基因扩增条带(18srRNA)*IOD* 值相比,表示不同处理下 SOS1 基因的相对表达量。

2.7.2　结果与分析

2.7.2.1　紫花苜蓿 MsSOS1 基因表达

1. 紫花苜蓿总 RNA 提取及 MsSOS1 核心基因序列片段获得

以改良 CTAB-LiCl 法提取的紫花苜蓿总 RNA,采用超微量高精度紫外/可见分光光度计和甲醛变性胶电泳检测 RNA 纯度和完整性(见图 2-40),记录 OD_{260}/OD_{280} 比值介于 1.80~2.00,表明所提总 RNA 纯度较高,总 RNA 的完整性较好。

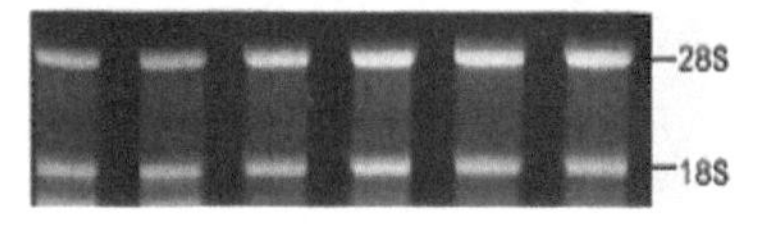

图 2-40　紫花苜蓿总 RNA

以紫花苜蓿总 RNA 反转录合成的第一链 cDNA 为模板,以 MsSOS1 引物进行 PCR 扩增,获得一个与预期片段大小相符合约 540 bp 的 cDNA 片段(见图 2-41)。测序后经 NCBIBlast 比对证实获得的 cDNA 片段与已知的植物质膜 Na^+/H^+ 逆向转运蛋白基因序列同源性较高(见图 2-42),说明得到的 cDNA 片段,为紫花苜蓿质膜 Na^+/H^+ 逆向转运蛋白的保守区域,将其命名为 MsSOS1。

测序结果显示,获得的紫花苜蓿 SOS1 基因片段序列长 548 bp,推测其可编码 182 个氨基酸(见图 2-43),氨基酸同源性分析表明,MsSOS1 氨基酸序列与大豆(*Glycine max*)、海滨锦葵(*Kosteletzkya virginica*)、可可(*Theobroma cacao*)、银白杨(*Populus alba*)等植物的 SOS1 氨基酸序列同源性较高,分别达到 60.81%、64.85%、61.5%、62.09%。

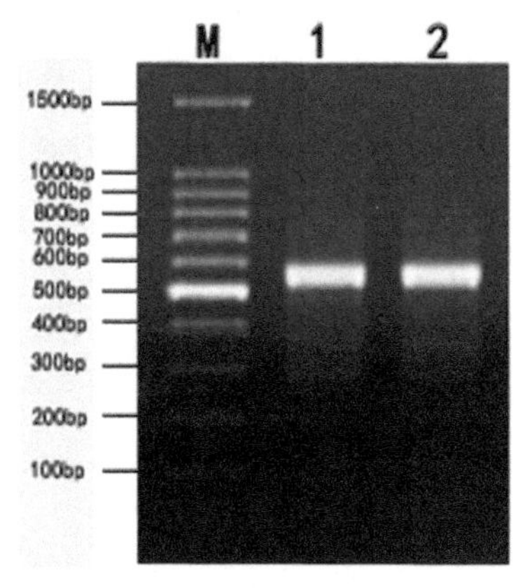

注:M,DNA marker;1,2 为 MsSOS1 基因片段扩增产物

图 2-41　紫花苜蓿 MsSOS1 基因保守区序列扩增结果

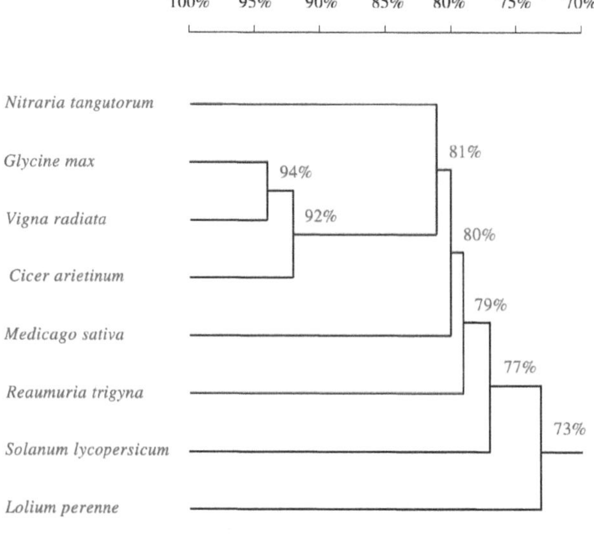

图 2-42　MsSOS1 与其他植物 SOS1 基因序列的同源性分析

```
1     GCCGCTCGATAATATTTTCATTTACATACCCTCAGGTTTGCTAATTAAACATACCGTTCA
1      A  A  R  *  Y  F  H  L  H  T  L  R  F  A  N  *  T  Y  R  S
61    ATGTTTTAGTTGCACTGTACTCTATCTGGATTAACCCTGACAACTTGTATATCAGTTTAA
21     M  F  *  L  H  C  T  L  S  G  L  T  L  T  T  C  I  S  V  *
121   AGCTTGGGGTGCCTCATATTTACGGCTATGAAGTGTTAAATAGATTCTTTTTCTGAAGTT
41     S  L  G  C  L  I  F  T  A  M  K  C  *  I  D  S  F  S  E  V
181   TTCTATGTTTTATATTGTGTACGTGTAATTATCAGGTTTTGCGTGTTGTAAAGACAAGGC
61     F  Y  V  L  Y  C  V  R  V  I  I  R  F  C  V  L  *  R  Q  G
241   AAGCAACATATGTAGTGCTAAATCATTTAATTGAATATGTTCAAAACCTTGAGAAGGCTG
81     K  Q  H  M  *  C  *  I  I  *  L  N  M  F  K  T  L  R  R  L
301   GGATGTTGGAAAAGAGAGAGATGCTACATCTTCATGATGTTGTCCAGGTATCTTGTGTTA
101    G  C  W  K  R  E  R  C  Y  I  F  M  M  L  S  R  Y  L  V  L
361   TTTCTTCTGTTAATCTTTATTTGATGGATCACTCTTCTGAGATCTATAGTTGGGATGGTC
121    F  L  L  L  I  F  I  *  W  I  T  L  L  R  S  I  V  G  M  V
421   GTCTATTAATTGATTAATTTATTTTTCAGACTGATTTAAAGAAATTACTTAGAAACCCTC
141    V  Y  *  L  I  N  L  F  F  R  L  I  *  R  N  Y  L  E  T  L
481   CTTTGGTTAAGCTTCCCAAAATAAGTAATATGCATCCTATGTTGGGTGCTCTCCCATTTT
161    L  W  L  S  F  P  K  *  V  I  C  I  L  C  W  V  L  S  H  F
541   CAGTTCGA
181    Q  F
```

注:划线部分为推测跨膜区

图 2-43　紫花苜蓿 MsSOS1 核苷酸序列及推测的氨基酸序列

2. 紫花苜蓿 MsSOS1 基因在不同盐胁迫下的表达量分析

取不同盐胁迫处理下的紫花苜蓿幼苗总 RNA,RT-PCR 扩增 3 次,产物凝胶电泳后在凝胶成像系统中拍照(见图 2-44),并用成像系统分析软件对样品条带光密度值(IOD)测定。目的基因扩增条带 *IOD* 值分别与各自的内参基因(18SrRNA)*IOD* 值相比,紫花苜蓿 MsSOS1 基因相对表达分析结果(见图 2-45)显示,在正常情况下紫花苜蓿 MsSOS1 基因也有少量表达,说明 MsSOS1 在紫花苜蓿中属于组成型表达;不同种类和浓度的盐胁迫对紫花苜蓿 MsSOS1 基因的表达影响不同。随盐溶液浓度增加,3 种 Na^+ 盐和 $CaCl_2$ 处理的紫花苜蓿 MsSOS1 基因相对表达量整体呈现先上升后下降的趋势;不同浓度 KCl 处理下的 MsSOS1 基因相对表达量呈下降趋势,K_2SO_4 溶液处理下的 MsSOS1 基因相对表达量在低浓度胁迫下变化不明显,高浓度下相对表达量显著下降。

不同浓度 NaCl 胁迫下,紫花苜蓿 MsSOS1 基因相对表达量在 40 mmol/L 条件时显著增加($P<0.05$),为对照组的 1.34 倍,说明紫花苜蓿质膜 Na^+/H^+ 逆向转运蛋白基因在 NaCl 浓度为 40 mmol/L 时对外界盐胁迫信号开始初步响应。其他种类的 Na^+ 盐及 $CaCl_2$ 胁迫下紫花苜蓿 MsSOS1 基因相对表达量显著增加时($P<0.05$)对应的盐浓度分别为 Na_2SO_4 20 mmol/L(1.16 倍),$NaHCO_3$ 10 mmol/L(1.18 倍);$CaCl_2$ 80 mmol/L(1.38 倍)。不同 KCl 溶液处理下,紫花苜蓿 MsSOS1 基因相对表达量随盐溶液浓度增加而下降,在溶液浓度在 40 mmol/L 时,MsSOS1 基因表达量显著下降($P<0.05$),为对照组的 0.83 倍;K_2SO_4 溶液处理下,紫花苜蓿在不同浓度的溶液条件下 MsSOS1 基因表达量与对照组差异不显著,在 160 mmol/L 时显著下降($P<0.05$),为对照组 0.65 倍。

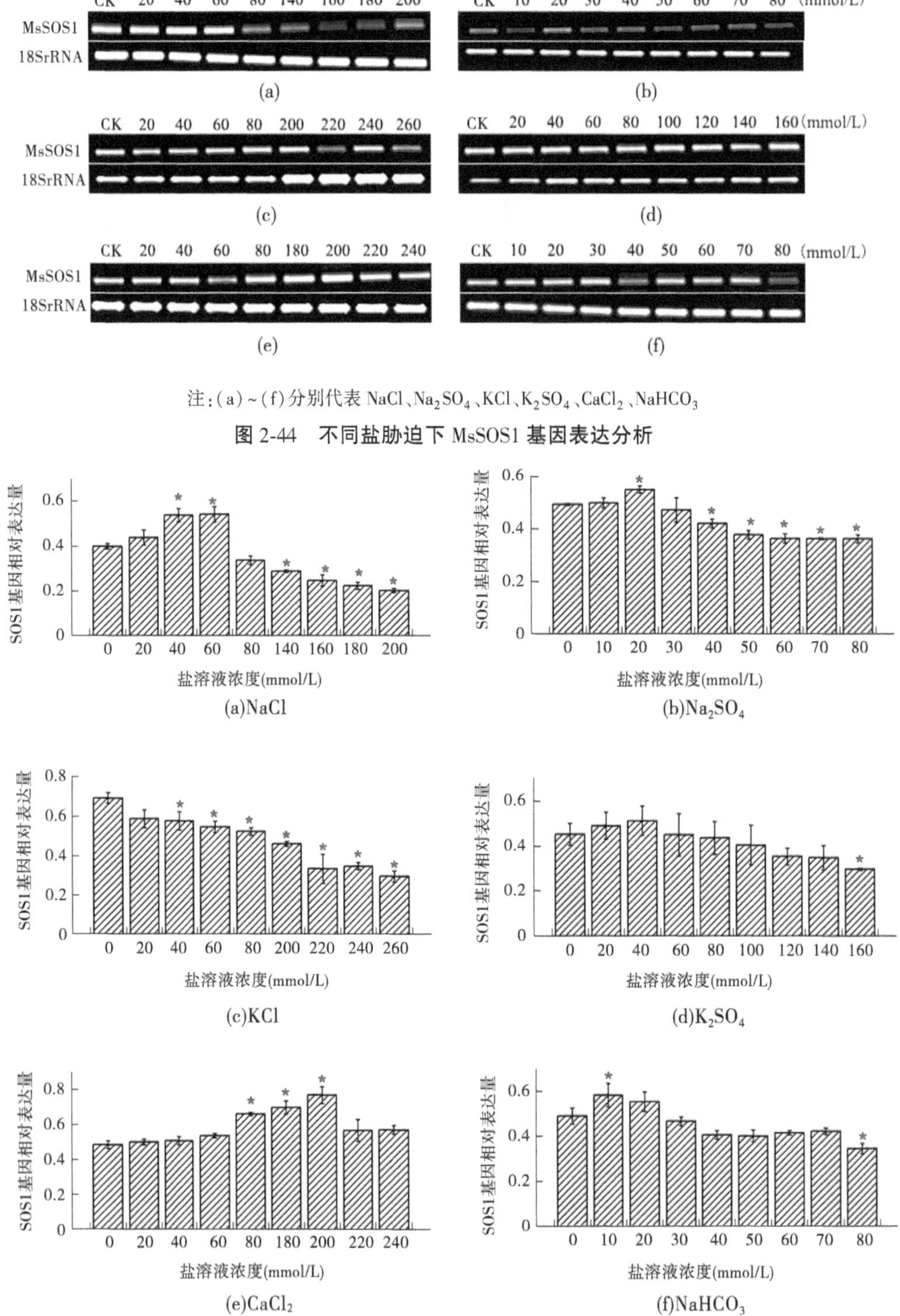

注：(a)～(f)分别代表 NaCl、Na_2SO_4、KCl、K_2SO_4、$CaCl_2$、$NaHCO_3$

图 2-44　不同盐胁迫下 MsSOS1 基因表达分析

注：图中数据为 3 个重复的平均值±*SD*；星标表示处理组与对照组在 $P<0.05$ 水平上差异显著

图 2-45　不同盐胁迫下紫花苜蓿 MsSOS1 基因表达差异

对不同盐胁迫下的紫花苜蓿 SOS1 基因表达量进行聚类分析,结果(见图 2-46)显示,MsSOS1 基因表达对 Na^+敏感,K^+次之。表明不同盐胁迫下对紫花苜蓿 SOS1 基因表达量的影响以盐分中阳离子的作用为主。

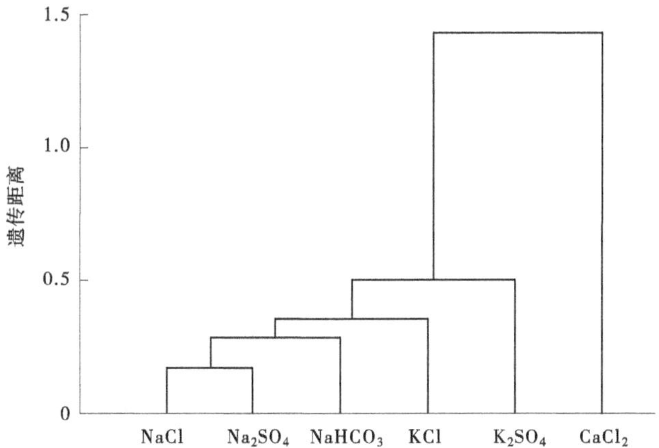

图 2-46　不同盐胁迫下紫花苜蓿 MsSOS1 基因表达量的聚类分析结果

对不同盐胁迫下紫花苜蓿 MsSOS1 基因表达量进行函数拟合,拟合方程如表 2-35 所示,对拟合函数进行二阶求导,获得函数曲线的拐点,以拐点处所对应的盐浓度作为紫花苜蓿 MsSOS1 基因表达的最低响应浓度。如表 2-35 所示,紫花苜蓿 MsSOS1 基因对不同盐溶液的理论最低响应浓度分别为 NaCl 5. 51 mmol/L,Na_2SO_4 5. 03 mmol/L,KCl 10. 02 mmol/L,K_2SO_4 6. 11 mmol/L,$CaCl_2$ 4. 23 mmol/L,$NaHCO_3$ 5. 06 mmol/L。

表 2-35　紫花苜蓿 MsSOS1 基因对不同盐溶液的最低响应浓度

溶液	回归方程	决定系数	最低响应浓度(mmol/L)
NaCl	$y=0.03141x^3-0.51872x^2+2.1655x-1.47471$	0. 838 12	5. 51
Na_2SO_4	$y=0.02684x^3-0.40526x^2+1.41214x-0.26556$	0. 894 46	5. 03
KCl	$y=0.00034697x^3-0.01043x^2-0.26764x+1.59044$	0. 922 65	10. 02
K_2SO_4	$y=0.00939x^3-0.1721x^2+0.7001x-0.1639$	0. 935 09	6. 11
$CaCl_2$	$y=-0.03249x^3+0.41224x^2-1.10821x+0.20217$	0. 865 55	4. 23
$NaHCO_3$	$y=0.0146x^3-0.22179x^2+0.67828x+0.34558$	0. 876 97	5. 06

2. 7. 2. 2　同德小花碱茅 PtSOS1 基因表达

1. 同德小花碱茅总 RNA 提取及 PtSOS1 核心基因序列片段获得

以改良 CTAB-LiCl 法提取的同德小花碱茅总 RNA,采用超微量高精度紫外/可见分光光度计和甲醛变性胶电泳检测 RNA 纯度和完整性(见图 2-47),记录 OD_{260}/OD_{280} 比值介于 1. 80~2. 00,表明所提总 RNA 纯度较高,总 RNA 的完整性较好。

以紫花苜蓿总 RNA 反转录合成的第一链 cDNA 为模板，以 PtSOS1 引物进行 PCR 扩增，获得一个与预期片段大小相符合约 300 bp 的 cDNA 片段（见图 2-48）。测序后经 NCBI Blast 比对证实获得的 cDNA 片段与已知的植物质膜 Na^+/H^+ 逆向转运蛋白基因序列同源性较高（见图 2-49），说明得到的 cDNA 片段，为同德小花碱茅质膜 Na^+/H^+ 逆向转运蛋白的保守区域，将其命名为 PtSOS1。

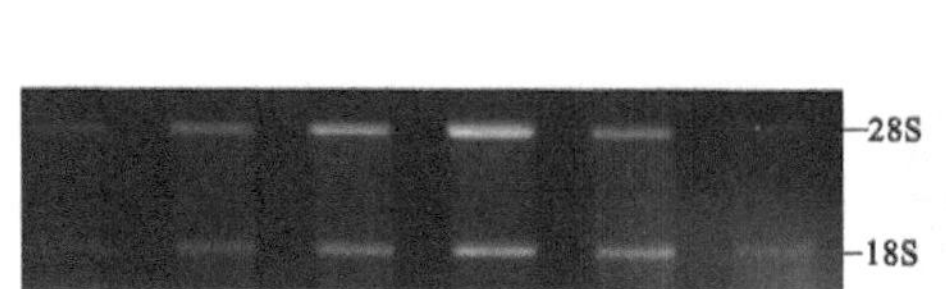

图 2-47　同德小花碱茅总 RNA

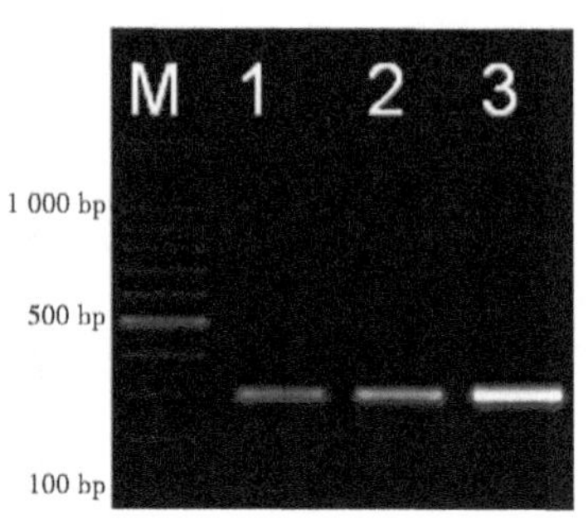

注：M，DNAmarker；1，2，3 为 PtSOS1 基因片段扩增产物

图 2-48　同德小花碱茅 PtSOS1 基因保守区序列扩增结果

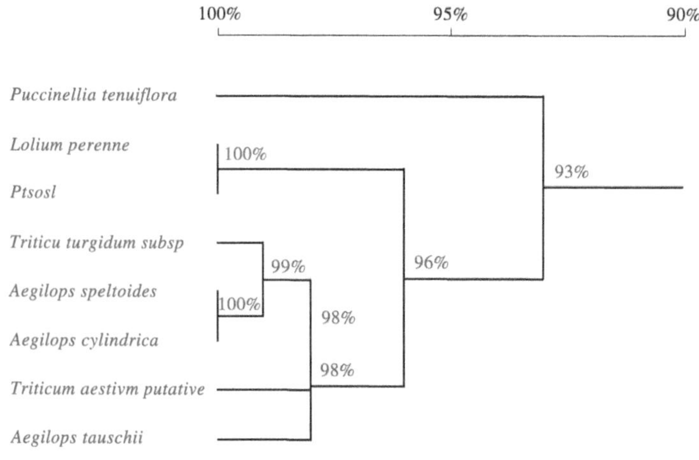

图 2-49　PtSOS1 与其他植物 SOS1 基因序列的同源性分析

测序结果显示，获得的同德小花碱茅 PtSOS1 基因片段序列长 300 p，推测其可编码 89 个氨基酸（见图 2-50），氨基酸同源性分析表明，PtSOS1 氨基酸序列与已发表星星草（*Puccinellia tenuiflora*）氨基酸序列完全吻合，与多年生黑麦草（*Lolium perenne*）、波兰小麦（*Triticum turgidum*）、节节麦（*Aegilops tauschii*）、短柄草（*Brachypodium sylvaticum*）等植物的 SOS1 氨基酸序列同源性较高，相似度在 90%以上。

2. 同德小花碱茅 PtSOS1 基因在不同盐胁迫下的表达量分析

取不同盐处理的同德小花碱茅幼苗总 RNA，RT-PCR 扩增 3 次，扩增产物经凝胶电泳检测后在成像系统中拍照（见图 2-51），并用成像系统分析软件对样品条带光密度值（*IOD*）测定。目的基因扩增条带 *IOD* 值分别与各自的内参基因（18SrRNA）*IOD* 值相比，

1　CGCAGTTGATGTTCATAGTAGACCTTTCAGAATGAGAACCCTCATCTCACGCATTGCCAT

1　R S * C S * * T F Q N E N P H L T H C H

61　TTTCTCAAATATCTGGGGAGAAAAATCCTCGCAATAACTAGAGCACTTTCCTGCCACAA

21　F L K Y L G E K N P R N N * S T F L P Q

121　AAAATCCTCAATGGAGGGATCAGACTGGCGCAATTGCTCTATTTTTTCAGCTTCAATGAA

41　K I L N G G I R L A Q L L Y F F S F N E

181　GAAACAATGCACCACCGATTCCGTAATAATGTCACAAATATAAGGCTTTCCAACTAAAGC

61　E T M H H R F R N N V T N I R L S N * S

241　CTCATATAGACCTAACGTGCTCCCATGTA

81　L I * T * R A P M

注：划线部分为推测跨膜区

图 2-50　同德小花碱茅 PtSOS1 核苷酸序列及推测的氨基酸序列

同德小花碱茅 PtSOS1 基因相对表达分析结果(见图 2-52)显示，在正常情况下同德小花碱茅 PtSOS1 基因也有少量表达，说明 PtSOS1 在同德小花碱茅中属于组成型表达；不同种类和浓度的盐胁迫对同德小花碱茅 PtSOS1 基因的表达影响不同。随盐溶液浓度增加，不同盐处理的同德小花碱茅 PtSOS1 基因相对表达量整体呈现先上升后下降的趋势；$CaCl_2$ 溶液处理组在低浓度下 PtSOS1 基因表达量显著低于对照组，高浓度时表达量增加，但增加不显著。

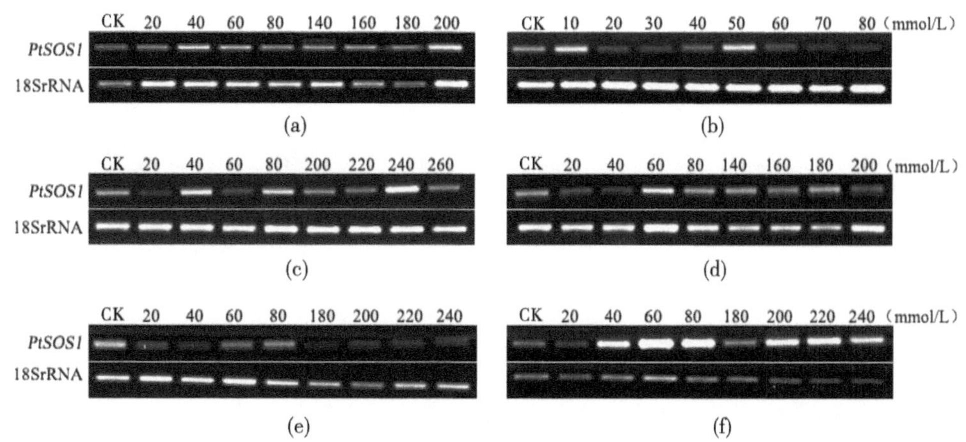

注：(a)~(f)分别代表 NaCl、Na_2SO_4、KCl、K_2SO_4、$CaCl_2$、$NaHCO_3$

图 2-51　不同盐胁迫下 PtSOS1 基因表达分析

如图 2-52 所示，不同浓度 NaCl 胁迫下，同德小花碱茅 PtSOS1 基因相对表达量在溶液浓度为 20 mmol/L 时显著增加($P<0.05$)，为对照组的 1.49 倍，说明同德小花碱茅质膜 Na^+/H^+ 逆向转运蛋白基因在 NaCl 浓度为 20 mmol/L 时对外界盐胁迫信号开始初步响应。其他种类的盐胁迫下同德小花碱茅 PtSOS1 基因相对表达量显著变化时($P<0.05$)对应的盐浓度分别为 Na_2SO_4 10 mmol/L，$NaHCO_3$ 80 mmol/L，$CaCl_2$ 20 mmol/L，KCl 40 mmol/L，K_2SO_4 40 mmol/L，$CaCl_2$ 溶液处理组溶液浓度在 20 mmol/L 时 PtSOS1 基因表达量显著下降($P<0.05$)，80 mmol/L 时表达量增加，但不显著。

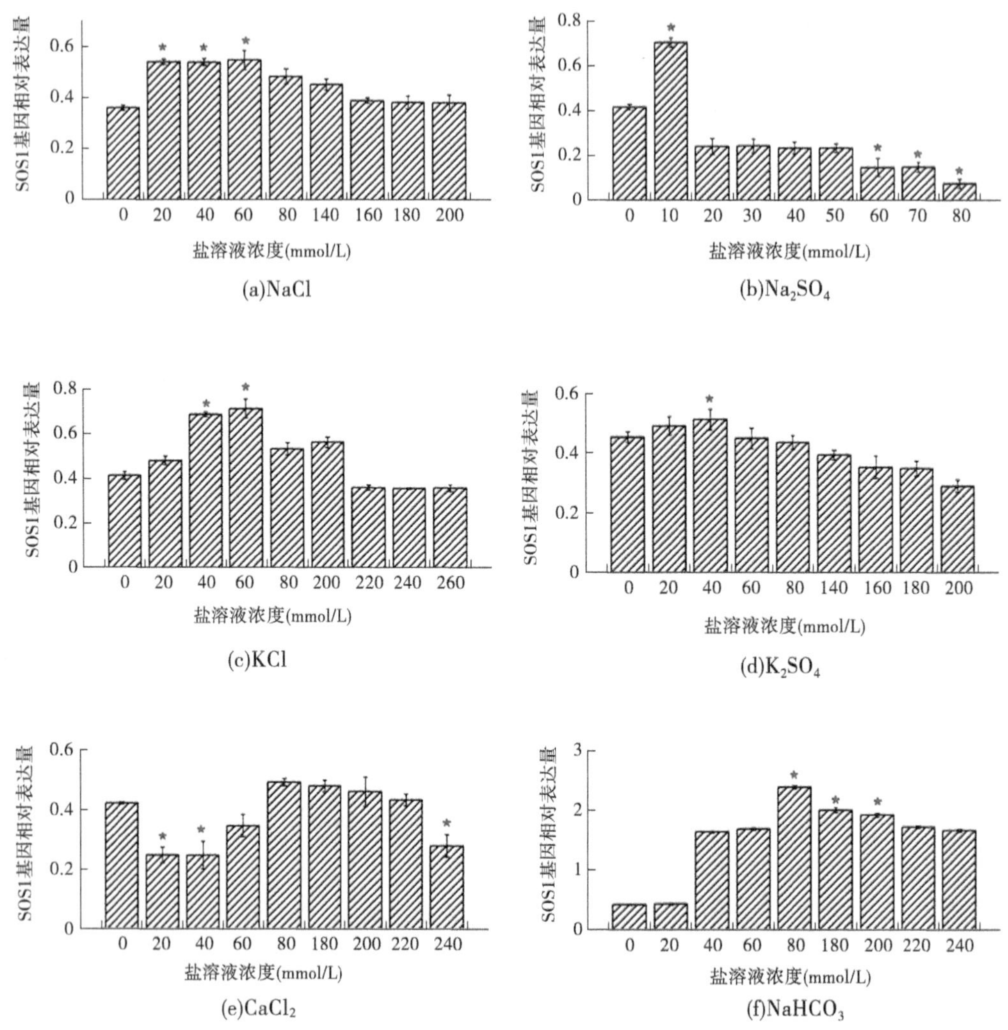

注：图中数据为 3 个重复的平均值±*SD*；星标表示同种盐胁迫下处理组较对照组在 $P<0.05$ 水平差异显著

图 2-52　不同盐胁迫下同德小花碱茅 PtSOS1 基因表达差异

对不同盐胁迫下的同德小花碱茅 SOS1 基因表达量进行聚类分析，聚类分析结果(见图 2-53)显示，NaCl 和 Na_2SO_4 处理组距离较近，首先聚为一类，氯化钾和硫酸钾聚为一类，氯化钙和碳酸氢钠聚为一类，最后整体聚为一类。结果表明，PtSOS1 基因对中性 Na^+ 盐敏感，对 $CaCl_2$ 和 $NaHCO_3$ 的敏感性次之，对 K^+盐敏感性最弱，对在不同盐胁迫对同德小花碱茅 SOS1 基因表达量的影响是以盐分中阳离子的作用为主，其表达量和细胞内阳离子浓度相关。

对不同盐胁迫下同德小花碱茅 PtSOS1 基因表达量进行函数拟合，拟合方程如表 2-36 所示，对拟合函数进行二阶求导，获得函数曲线的拐点，以拐点处所对应的盐浓度作为同德小花碱茅 PtSOS1 基因表达的最低响应浓度。同德小花碱茅 PtSOS1 基因对不同盐溶液的理论最低响应浓度分别为 NaCl 5.71 mmol/L，Na_2SO_4 0.86 mmol/L，KCl 5.99 mmol/L，K_2SO_4 6.12 mmol/L，$CaCl_2$ 4.70 mmol/L，$NaHCO_3$ 2.19 mmol/L。

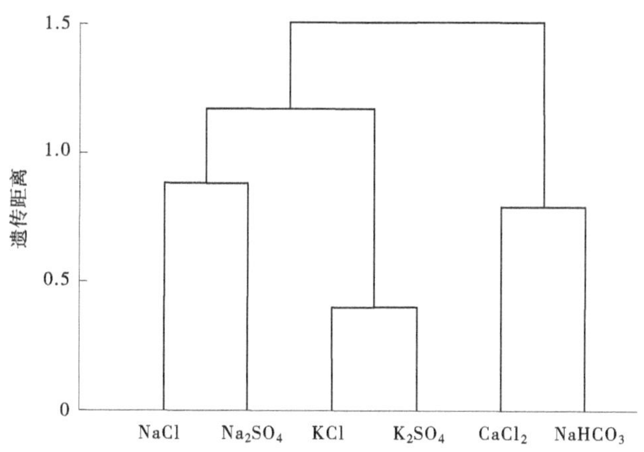

图 2-53　不同盐胁迫下同德小花碱茅 PtSOS1 基因表达量的聚类分析结果

表 2-36　同德小花碱茅 PtSOS1 基因对不同盐溶液的最低响应浓度

溶液	回归方程	决定系数	最低响应浓度（mmol/L）
NaCl	$y=0.02665x^3-0.45653x^2+2.16131x-2.34552$	0.907 34	5.71
Na_2SO_4	$y=0.00153x^3-0.00394x^2-0.33954x+1.47814$	0.891 69	0.86
KCl	$y=0.02191x^3-0.394x^2+1.931772x-2.11245$	0.840 99	5.99
K_2SO_4	$y=0.00992x^3-0.18199x^2+0.73542x-0.14601$	0.932 04	6.12
$CaCl_2$	$y=-0.05447x^3+0.76789x^2-2.87031x+2.29069$	0.859 02	4.70
$NaHCO_3$	$y=0.00149x^3-0.09788x^2+1.02093x-2.34123$	0.874 05	2.19

2.7.3　讨论

盐胁迫是影响植物生长发育的主要非生物胁迫之一，土壤高盐会影响植物水分摄取，造成植物生理性干旱；过量盐离子进入植物细胞会破坏细胞内部结构，并且干扰植物新陈代谢过程造成植物生长受抑，甚至导致植物死亡。为保护植物在高盐环境下生存生长，植物形成了多种调节保护机制来避免盐胁迫对其造成伤害。植物在盐胁迫生境条件下，为抵御外界盐分胁迫伤害，质膜上的 Na^+/H^+ 逆向转运蛋白发挥功能将胞内多余的 Na^+ 排外排出细胞，使得细胞免受过量盐离子的危害。盐胁迫下植物主要通过离子区域化作用将进入细胞内部的盐离子储存在植物液泡中或者通过质膜上的离子转运体将过量离子外排出细胞，以增强植物对盐离子的耐受能力。当前研究较为透彻的是盐胁迫条件下拟南芥中的 SOS 信号通路，SOS1 蛋白是由朱健康实验室在拟南芥中发现的一种位于细胞质膜上的 Na^+/H^+ 逆向转运蛋白，可以通过一系列的活化途径将进入细胞的过量盐离子外排出细胞，而且在其他植物如水稻、盐芥等中也相继发现了相似的 SOS 信号通路，这说明在大多数植物中都存在一套通用的盐胁迫信号传导通路。但植物中 SOS1 基因在不同胁迫中的表达模式存在差异，Shi 等研究发现盐胁迫下拟南芥中 AtSOS1 基因表达量显著增加。且有研究表明，盐胁迫下拟南芥中 Na^+/H^+ 逆向转运蛋白（AtSOS1）可以调节 Na^+ 从根部向茎叶等地上部分的运输,减弱 Na^+对叶片等器官的伤害。

本研究中,不同 Na^+及 Ca^{2+}盐胁迫下紫花苜蓿 MsSOS1 基因表达量随着盐浓度的增加均表现出先升高后降低的趋势,K^+盐胁迫下随着盐溶液浓度的增加 MsSOS1 基因表达量无升高趋势。在盐胁迫条件下,植物细胞对外部胁迫信号的快速响应是保证植物细胞免受过量离子胁迫伤害的前提,快速地将进入细胞的盐离子区域化至液泡或排出体外,保护细胞内膜结构、酶及其他功能结构免受损伤。本试验中,NaCl 和 Na_2SO_4 两种盐分在 Na^+浓度为 40 mmol/L 时 SOS1 基因表达量较对照组显著增加,随后又开始下降,说明在这两种中性盐胁迫下 Na^+胁迫起主导作用;$NaHCO_3$ 溶液处理下紫花苜蓿在 10 mmol/L 时 SOS1 基因表达量较对照组显著增加,说明在碱性盐胁迫中 Na^+和 HCO_3^- 离子共同起作用对植物细胞形成胁迫伤害,推测其原因可能为:碱性阴离子可能会破坏植物细胞的膜结构或者抑制细胞中与离子转运相关物质的活性,造成阳离子吸收增加或者下游区域化途径减弱,细胞外排途径被激活,SOS1 基因表达量增加。两种钾盐处理中,随着 KCl 溶液浓度的增加紫花苜蓿 SOS1 基因表达量逐渐下降,而随着 K_2SO_4 溶液浓度的增加 MsSOS1 基因表达量低浓度变化不明显,高浓度下表达量显著下降,推测其原因可能为:SOS1 转运蛋白为 Na^+/H^+逆向转运蛋白,特异性外排细胞中的 Na^+,当细胞受到 K^+胁迫时,胞内钾离子浓度增加,为了保持 K^+/Na^+比值稳定,细胞选择性调控 Na^+外排途径,下调 SOS1 基因表达。

而在 $CaCl_2$ 溶液处理组,随着溶液浓度的升高紫花苜蓿 SOS1 基因表达量也出现先升高后降低的趋势,与 Na^+盐胁迫相似,且其最低响应浓度较高为 80 mmol/L,推测其原因可能为:植物细胞在感受到外界盐胁迫时,Ca^{2+}作为第二信使分子与 SOS3 蛋白特异性结合,从而激发下游一系列的调控途径,但 SOS3 蛋白能够识别由外界盐胁迫引发的特异性的钙离子信号,所以在外界 Ca^{2+}浓度较低时,紫花苜蓿中 SOS1 基因表达量变化并不显著,当 Ca^{2+}浓度增加至一定程度时,SOS3 与 Ca^{2+}识别过程受到干扰,SOS3 蛋白识别非盐胁迫引发的 Ca^{2+}信号,激活下游调控途径,SOS1 基因表达量显著增加,质膜 Na^+/H^+逆向转运蛋白的合成量增加,使植物更好地应对外界盐胁迫。

本研究中发现不同 Na^+盐和 K^+盐处理下,同德小花碱茅 PtSOS1 基因表达量随溶液浓度的增加呈现先升高后降低的趋势,而 Ca^{2+}盐处理组随着盐浓度增加 PtSOS1 基因表达量呈现先降低后升高再降低的趋势。SOS 调控途径是由一系列的信号传递过程组成的,并与细胞内其他调控途径共同维持细胞稳态,保证细胞功能的正常运作。本试验中,在 NaCl 和 Na_2SO_4 两种中性盐的胁迫下,同德小花碱茅 PtSOS1 基因表达量在 Na^+浓度为 20 mmol/L 时显著增加,在浓度逐渐增加时 Na_2SO_4 处理组 PtSOS1 基因表达量较 NaCl 处理组快速下降,原因可能为:在低浓度下主要以 Na^+胁迫为主,较高浓度时阴离子参与胁迫作用,且 SO_4^{2-} 的胁迫作用强于 Cl^-。$NaHCO_3$ 处理组同德小花碱茅 PtSOS1 基因表达量在 80 mmol/L 时显著增加,较其他盐处理组其最低响应浓度更高,推测其原因可能是:同德小花碱茅对碱性盐胁迫具有较高的耐受性,在卢素锦等对小花碱茅的研究中有相似结果;两种 K^+盐溶液处理组 PtSOS1 基因表达量随溶液浓度升高而增加,可能是在 K^+浓度过高时细胞内 K^+含量增加,由于 K^+与 Na^+化学性质的相似性,竞争性刺激 SOS 调控途径激活,SOS1 基因表达量增加。在 $CaCl_2$ 溶液处理组随溶液浓度增加 PtSOS1 基因表达量呈现先降低后升高在降低的趋势,可能原因为:盐胁迫可以激发一种特异性的 Ca^{2+} 聚集,作为第二信使分子与 SOS3 蛋白结合激活 SOS 调控途径,但在较低浓度 $CaCl_2$ 溶液处理下细胞内并不会形成特异性的钙信号,SOS 调控途径不会被激活。当 $CaCl_2$ 溶液浓度增加时,细胞内的 Ca^{2+} 离子浓度增加,细胞特异性识别机制被抑制,外源 Ca^{2+} 与 SOS3 蛋白结合,激活下游 SOS 调控途径,SOS1 基因表达量升高。SOS 调控途径可以被外界的盐胁迫激活保护细胞内部结构及正常的新陈代谢过程,细胞内部的调控途径并不是单一行使功能的,若干个途径协调作用才能完成细胞内的调控过程。关于同德小花碱茅 SOS 途径的调控过程及 SOS1 基因表达量与不同离子胁迫之间的具体机制,还得进一步研究,从分子水平解释不同离子刺激与 SOS 途径之间的关系。

通过以上分析可以得出,SOS1 基因表达对 Na^+ 盐敏感,对 K^+ 盐的敏感性次之,所以 SOS1 基因可以作为在以 Na^+ 盐为主的盐胁迫下的敏感性指标,而对于 K^+ 和 Ca^{2+} 盐胁迫下的特异的敏感性分子指标还需进一步的试验研究来获得。

2.7.4　小结

不同盐胁迫下紫花苜蓿 SOS1 基因表达量分析结果显示,紫花苜蓿在 NaCl 40 mmol/L、Na_2SO_4 20 mmol/L、$NaHCO_3$ 10 mmol/L、$CaCl_2$ 80 mmol/L 时 SOS1 基因表达量显著增加,KCl 在 40 mmol/L 时 SOS1 基因表达量显著下降;K_2SO_4 溶液处理下,紫花苜蓿在不同浓度的溶液条件下 MsSOS1 基因表达量与对照组差异不显著,在 160 mmol/L 时显著下降($P<0.05$)。通过函数拟合计算得到紫花苜蓿 MsSOS1 基因对不同盐溶液的理论最低响应浓度分别为 NaCl 5.51 mmol/L、Na_2SO_4 5.03 mmol/L、KCl 10.02 mmol/L、K_2SO_4 6.11 mmol/L、$CaCl_2$ 4.23 mmol/L、$NaHCO_3$ 5.06 mmol/L。

不同盐胁迫下同德小花碱茅 PtSOS1 基因表达量分析结果显示,同德小花碱茅在 NaCl 20 mmol/L、Na_2SO_4 10 mmol/L、$NaHCO_3$ 80 mmol/L、$CaCl_2$ 20 mmol/L、KCl 40 mmol/L、K_2SO_4 40 mmol/L 时 PtSOS1 基因表达量显著增加;$CaCl_2$ 溶液处理组溶液浓度在 20 mmol/L 时 PtSOS1 基因表达量显著下降($P<0.05$),80 mmol/L 时表达量增加,但不显著。通过函数拟合计算得到同德小花碱茅 PtSOS1 基因对不同盐溶液的理论最低响应浓度分别为 NaCl 5.71 mmol/L、Na_2SO_4 0.86 mmol/L、KCl 5.99 mmol/L、K_2SO_4 6.12 mmol/L、$CaCl_2$ 4.70 mmol/L、$NaHCO_3$ 2.19 mmol/L。

2.8　牧草对盐胁迫的响应

由前文结果可知,紫花苜蓿和同德小花碱茅不同指标对盐胁迫的响应不同。以各指标的主成分方程式获得 3 个综合指标,对不同指标综合分析以确定各指标对盐胁迫的响应程度差异。

对不同盐胁迫下紫花苜蓿的各耐盐指标进行综合分析,结果如图 2-54 所示,随着盐浓度的增加,不同盐胁迫下紫花苜蓿种子萌发能力逐渐降低;Na_2SO_4 盐胁迫对紫花苜蓿气孔发育先促进后抑制,其余处理组气孔发育逐渐被抑制;NaCl、Na_2SO_4、K_2SO_4、$CaCl_2$、$NaHCO_3$

处理组 MsSOS1 基因表达量先升高后降低，KCl 处理组 MsSOS1 基因表达量持续降低。

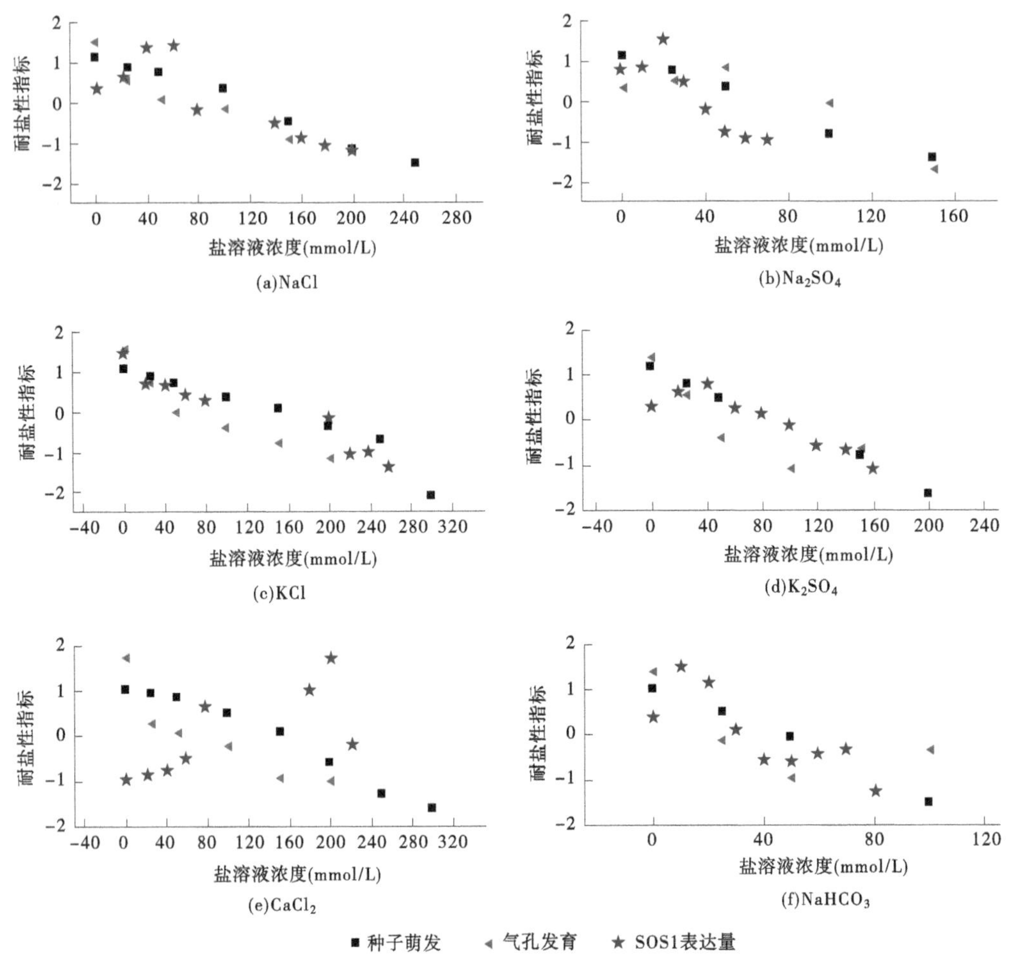

图 2-54　紫花苜蓿各耐盐指标对不同盐胁迫的响应

对不同盐胁迫下的同德小花碱茅各耐盐指标进行综合分析。如图 2-55 所示，随着盐浓度的增加，不同盐胁迫下同德小花碱茅种子萌发能力逐渐降低；Na_2SO_4 与 K_2SO_4 盐胁迫对同德小花碱茅气孔发育先促进后抑制，其余处理组气孔发育逐渐被抑制；各处理组 PtSOS1 基因表达量呈现先升高后降低的变化趋势。

从图 2-54 所示结果可以看出，不同指标对盐胁迫的响应存在差异，以 3 种耐盐指标主成分分析结果为参数，对其标准化后进行比较分析，以随盐浓度每增加 1 mmol/L 指标参数的变化幅度为参照，对 3 个耐盐指标对不同盐胁迫的响应的灵敏度进行分析。结果如表 2-37 所示，紫花苜蓿在 Na^+ 和 Ca^{2+} 盐胁迫下，MsSOS1 基因表达量对胁迫的响应更加灵敏，3 种指标的灵敏度依次为：MsSOS1 基因表达量>气孔发育>种子萌发；而在 K^+ 盐胁迫下，3 种指标的灵敏度依次为：气孔发育>MsSOS1 基因表达量>种子萌发。对同德小花碱茅 3 个指标分析也得出相同的结果。所以，在 Na^+ 和 Ca^{2+} 盐胁迫下，可以 SOS1 基因表

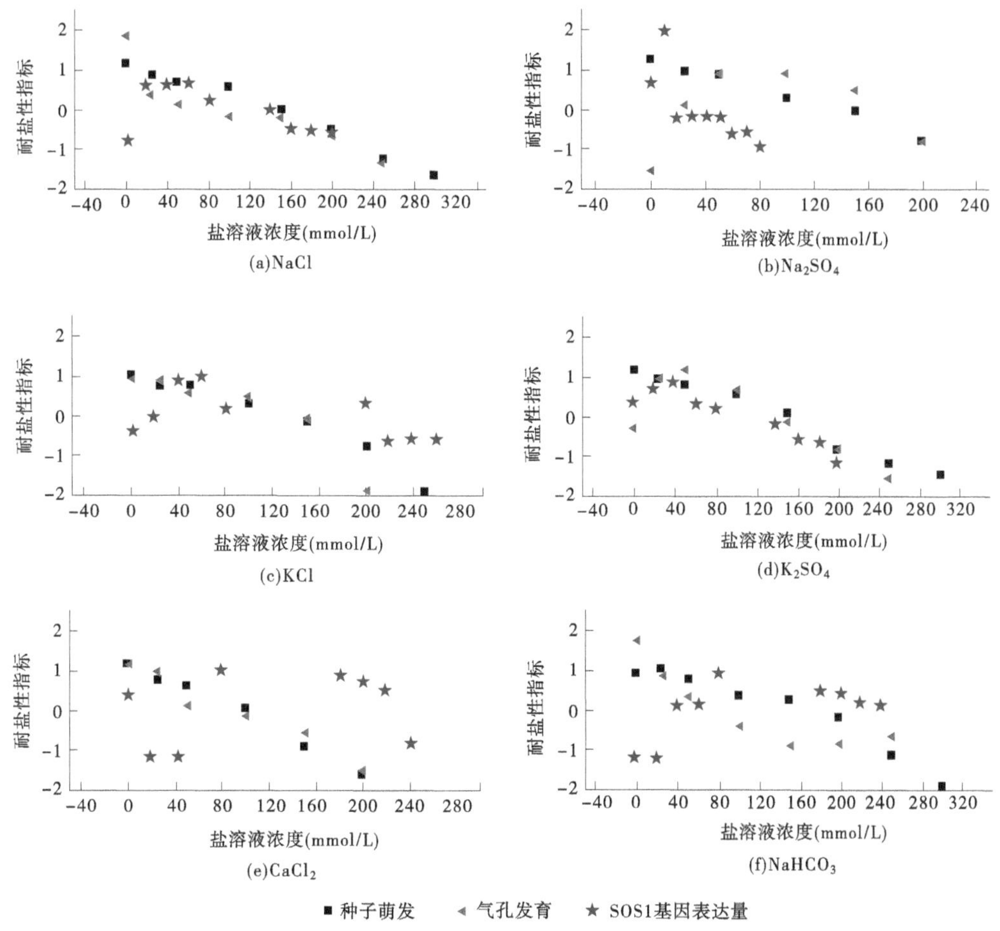

图 2-55　同德小花碱茅各耐盐指标对不同盐胁迫的响应

达量作为两种植物对盐胁迫响应的灵敏指标，而在 K^+ 盐胁迫下，以气孔发育作为植物的灵敏响应指标，种子萌发对盐胁迫的响应程度相对较为迟钝。所以，在 Na^+ 盐和 Ca^{2+} 盐胁迫下选择 SOS1 基因表达的最低响应浓度作为植物的初始响应浓度，种子萌发期的耐受极限浓度作为植物的耐受极限浓度；两种 K^+ 盐胁迫下选择气孔发育的最低相应浓度作为植物的初始响应浓度，种子萌发的极限耐受浓度作为植物的耐盐极限浓度，结果如表 2-38 所示。紫花苜蓿对不同盐胁迫的理论初始响应浓度分别为 NaCl 5. 51 mmol/L，Na_2SO_4 5. 03 mmol/L，KCl 5. 06 mmol/L，K_2SO_4 2. 39 mmol/L，$CaCl_2$ 4. 23 mmol/L，$NaHCO_3$ 5. 06 mmol/L；耐盐极限浓度分别为 NaCl 190. 97 mmol/L，Na_2SO_4 92. 84 mmol/L，KCl 347. 31 mmol/L，K_2SO_4 160. 68 mmol/L，$CaCl_2$ 260. 55 mmol/L，$NaHCO_3$ 114. 77 mmol/L。同德小花碱茅种子萌发对不同盐胁迫的理论初始响应浓度分别为 NaCl 5. 71 mmol/L，Na_2SO_4 0. 86 mmol/L，KCl 2. 25 mmol/L，K_2SO_4 5. 16 mmol/L，$CaCl_2$ 4. 70 mmol/L，$NaHCO_3$ 2. 19 mmol/L；耐盐极限浓度分别为 NaCl 301. 09 mmol/L，Na_2SO_4 209. 56 mmol/L，KCl 282. 10 mmol/L，K_2SO_4 270. 46 mmol/L，$CaCl_2$ 203. 99 mmol/L，$NaHCO_3$ 337. 52 mmol/L。

表 2-37 各耐盐指标灵敏性分析结果

项目	NaCl	Na_2SO_4	KCl	K_2SO_4	$CaCl_2$	$NaHCO_3$
	紫花苜蓿					
种子萌发	0.010 2	0.016 6	0.010 2	0.014 1	0.008 1	0.024 1
气孔发育	0.016 8	0.017 7	0.017 1	0.023 4	0.017 5	0.035 4
MsSOS1 基因表达量	0.021 8	0.040 8	0.016 5	0.015 0	0.027 1	0.054 5
项目	NaCl	Na_2SO_4	KCl	K_2SO_4	$CaCl_2$	$NaHCO_3$
	同德小花碱茅					
种子萌发	0.009 4	0.010 0	0.011 0	0.008 5	0.013 3	0.009 7
气孔发育	0.016 5	0.027 1	0.018 7	0.019 2	0.015 2	0.014 5
PtSOS1 基因表达量	0.018 2	0.052 8	0.017 3	0.014 6	0.034 6	0.015 9

表 2-38 两种植物对不同盐胁迫的耐受阈值

	紫花苜蓿		同德小花碱茅	
	初始响应浓度(mmol/L)	极限浓度(mmol/L)	初始响应浓度(mmol/L)	极限浓度(mmol/L)
NaCl	5.51	190.97	5.71	301.09
Na_2SO_4	5.03	92.84	0.86	209.56
KCl	5.06	347.31	2.25	282.10
K_2SO_4	2.39	160.68	5.16	270.46
$CaCl_2$	4.23	260.55	4.70	203.99
$NaHCO_3$	5.06	114.77	2.19	337.52

由前文分析结果可以看出,不同盐胁迫对两种植物的生长皆具有抑制作用,尤其是在对外界刺激敏感的种子萌发期,所以在土壤改良过程中,应当通过相应的栽培和管理措施,保证作物立苗。两种植物对不同盐胁迫的响应程度不同,两种植物都具有较强的耐盐性,紫花苜蓿对氯化物盐型的盐胁迫具有较大的耐受性,而对硫酸盐及碱性盐型盐胁迫耐受性不良;同德小花碱茅对 6 种盐胁迫的耐受阈值更大,对 Na^+盐和 K^+盐都具有强耐受性,且对氯化物型盐、硫酸盐及碱性盐的耐受性相对较强,所以在盐碱化土壤改良中,对于盐碱化类型较为复杂的土壤类型种植同德小花碱茅更适合,而在以氯化物盐为主的盐渍土壤中,种植紫花苜蓿能够获得更好的经济效益和生态效益。

本试验中只是对 6 种单盐对两种植物的影响做了研究,但是天然盐碱生境条件,其生态的复杂性在于所含盐分组成、比例各不相同。但是其中 2 种或 3 种盐混合存在的土壤在青海省也较为普遍,不同类型的盐渍土由于其组成成分不同,对植物的伤害程度也不同,受本次试验时间关系影响,这些类型盐渍土壤的研究有待于进一步补充。

参考文献

[1] 胡一,韩霁昌,张扬. 盐碱地改良技术研究综述[J]. 陕西农业科学,2015,61(2):67-71.
[2] 李志杰,孙文彦,马卫萍,等. 盐碱土改良技术回顾与展望[J]. 山东农业科学,2010(2):73-77.
[3] 王宝山. 逆境植物生物学[M]. 北京:高等教育出版社,2010.

[4] 牛东玲,王启基.盐碱地治理研究进展[J].土壤通报,2002,33(6):449-455.
[5] 杨真,王宝山.中国盐渍土资源现状及改良利用对策[J].山东农业科学,2015,47(4):125-130.
[6] Kowalik P J. Drainage and capillary rise components in water balance of alluvial soils[J]. Agricultural Water Management, 2006(86): 206-211.
[7] Aragüés R,Medina E T,Zribi W,et al. Soil salinization as a threat to the sustainability of deficit irrigation under present and expected climate change scenarios[J]. Irrigation Science,2014,33(1):67-79.
[8] 王淑云,鲁晓兵,时忠民.颗粒级配和结构对粉砂力学性质的影响[J].岩土力学,2005,26(7):1029-1032.
[9] 毛海涛,黄庆豪,吴恒滨.干旱区农田不同类型土壤盐碱化发生规律[J].农业工程学报,2016,32(S1):112.
[10] 牛东玲,王启基.柴达木盆地弃耕地盐碱化形成机理及防治对策[J].草业科学,2002,19(8):7-10.
[11] 刘建红.盐碱地开发治理研究进展[J].山西农业科学,2008,36(12):51-53.
[12] 牛东玲,王启基.柴达木盆地弃耕地盐碱化治理途径初探[J].中国草地,2002,24(2):30-35.
[13] 王遵亲,祝寿泉,俞仁培.中国盐渍土[M].北京:科学出版社,1993.
[14] 董莉丽,郭玲霞.青海黄河沿岸土壤盐分特征及影响因素研究[J].土壤通报,2016,47(4):882-888.
[15] 庞宁菊,郝学宁,李月梅,等.青海黄河沿岸农田土壤盐渍化成因及改良途径[J].土壤通报,2001,32(S0):52-56.
[16] 王海林.共和盆地弃耕地盐碱化主成分分析[J].草原与草坪,2008(6):61-65.
[17] 黎立群,王遵亲.青海柴达木盆地盐渍类型及盐渍地球化学特征[J].土壤学报,1990,27(1):44-53.
[18] 张得芳,樊光辉,马玉林.柴达木盆地盐碱土壤类型及其盐离子相关性研究[J].青海农林科技,2016(3):1-6.
[19] 王启基,王文颖,王发刚,等.柴达木盆地弃耕地成因及其土壤盐渍地球化学特征[J].土壤学报,2004,41(1):44-49.
[20] 李海英,彭红春,牛东玲,等.生物措施对柴达木盆地弃耕盐碱地效应分析[J].草地学报,2002,10(1):63-68.
[21] 徐云兵.盐碱地的改良和应用[J].现代园艺,2016(6):147.
[22] 孙慧霞,王晖,张元东.土壤盐碱化防治措施概述[J].河南水利与南水北调,2008(8):100-101.
[23] 王智慧,王志慧.土壤盐碱化防治措施概述[J].内蒙古水利,2016(1):71-72.
[24] 努果.浅谈盐碱地的改良与利用[J].青海草业,2000,9(2):42.
[25] 常军.酒泉地区次生盐渍化土地开发利用初探[J].四川草原,1994(1):17-19.
[26] 律兆松,王汝槦.不同生物措施改良苏打盐土效果的模糊综合评价初探[J].土壤通报,1989,20(5):200-205.
[27] 萧冰.五种豆科牧草耐盐临界值、极限值的研究[J].草业科学,1994,11(3):70-72.
[28] 武之新,纪剑勇,肖荷霞,等.五种粮草兼用型作物耐盐性的研究[J].中国草地,1991(5):28-32.
[29] 牛菊兰.用保温箱进行草坪草种萌发期耐盐性试验条件的研究[J].国外畜牧学—草原与牧草,1996(4):27-29.
[30] 刘春华,张文淑.六十九个苜蓿品种耐盐性及其二个耐盐生理指标的研究[J].草业科学,1993,10(6):16-22.
[31] 陈德明,俞仁培.作物相对耐盐性的研究——不同栽培作物的耐盐性差异[J].土壤学报,1996,33(2):121-128.
[32] 谷安琳,Holzworth L.中美耐盐禾草建植和产量试验[J].中国草地,1998(6):17-20.
[33] 朱兴运,阎顺国,沈禹颖,等.河西走廊盐渍化草地的生产模式研究[J].中国草地,1998(2):1-4.
[34] 朱兴运,任继周,沈禹颖.河西走廊山地-绿洲-荒漠草地农业生态系统的运行机制与模式[J].草业科学,1995,12(3):4-5.

[35] Parihar P, Singh S, Singh R, et al. Effect of salinity stress on plants and its tolerance strategies: a review[J]. Environ Sci Pollut Res Int, 2015, 22(6): 4056-4075.
[36] 陈洁,林栖凤.植物耐盐生理及耐盐机理研究进展[J].海南大学学报(自然科学版),2003,21(2):177-182.
[37] 简令成,王红.逆境植物细胞生物学[M].北京:科学出版社,2009.
[38] 常红军,秦毓茜.植物的盐胁迫生理[J].安阳师范学院学报,2006(5):149-152.
[39] 张学勇,陈忠林,刘强,等.盐胁迫对结缕草和高羊茅种子萌发的影响[J].种子,2012(31):4-7.
[40] 于志贤,耿稞,侯建华,等.盐胁迫对不同基因型向日葵种子萌发的影响[J].种子,2013(32):29-33.
[41] Esechie H A, Al-Saidi A, Al-Khanjari S. Effect of Sodium Chloride Salinity on Seedling Emergence in Chickpea[J]. Journal Agronomy & Crop Science 2002,188:155-160.
[42] 胡宗英.不同盐碱胁迫对披碱草和紫花苜蓿种子萌发的影响[D].长春:吉林农业大学,2014.
[43] 张亚军,王丽学,陈超,等.植物对逆境的响应机制研究进展[J].江西农业学报,2011,23(9):60-65.
[44] Munns R, Tester M. Mechanisms of Salinity Tolerance[J]. Annual Review of Plant Biology, 2008, 59(1): 651-681.
[45] Smith A M, Stitt M. Coordination of carbon supply and plant growth[J]. Plant, cell & environment, 2007, 30(9): 1126-1149.
[46] 宣亚楠,刘威,高彦博,等.外源 Ca^{2+} 对盐胁迫下唐古特白刺气孔形态的影响[J].北方园艺,2015:62-67.
[47] 张建锋,李吉跃,邢尚军,等.盐分胁迫下盐肤木种子发芽试验[J].东北林业大学学报,2003,31(3):79-80.
[48] 刘志华.植物盐腺的结构、功能与泌盐机理[J].衡水师专学报,2003,5(1):40-42.
[49] 袁芳,冷冰莹,王宝山.植物盐腺泌盐研究进展[J].植物生理学报,2015,51(10):1531-1537.
[50] 简令成,王红.逆境植物细胞生物学[M].北京:科学出版社,2009.
[51] 顾大形,陈双林,顾李俭,等.盐胁迫对四季竹细胞膜透性和矿质离子吸收、运输和分配的影响[J].生态学杂志,2011,30(7):1417-1422.
[52] 郑炳松,朱诚,金松恒.高级植物生理学[M].杭州:浙江大学出版社,2011.
[53] Barkla B J, Castellanos-Cervantes T, De Leon J L, et al. Elucidation of salt stress defense and tolerance mechanisms of crop plants using proteomics--current achievements and perspectives[J]. Proteomics, 2013(13): 1885-1900.
[54] 陈敏,王宝山.植物质膜 H^+-ATPase 响应盐胁迫的分子机制[J].植物生理学通讯,2006,42(5):805-811.
[55] 邓林,陈少良.ATPase 与植物抗盐性[J].植物学通报,2005(22):11-21.
[56] 龚明,丁念诚,贺子义,等.盐胁迫下大麦和小麦叶片脂质过氧化伤害与超微结构变化的关系[J].植物学报,1989(31):841-846.
[57] 祁淑艳,储诚山.盐生植物对盐渍环境的适应性及其生态意义[J].天津农业科学,2005,11(2):42-45.
[58] 张建锋,李吉跃,宋玉民,等.植物耐盐机理与耐盐植物选育研究进展[J].世界林业研究,2003(16):16-22.
[59] 郭启芳,马千金,孙灿,等.外源甜菜碱提高小麦幼苗抗盐性的研究[J].西北植物学报,2004(24):1680-1686.
[60] 张波,张怀刚.甜菜碱提高植物抗盐性的作用机理及其遗传工程研究进展[J].西北植物学报,2005,25(9):1888-1893.
[61] 赵勇.盐胁迫下植物组织中甜菜碱和脯氨酸变化的研究[D].北京:中国农业科学院,2004.
[62] 赵可夫.盐生植物[J].植物学通报,1997,14(4):1-12.

[63] Deinlein U, Stephan A B, Horie T, et al. Plant salt-tolerance mechanisms[J]. Trends in plant science, 2014, 19(6): 371-379.

[64] 赵福庚,何龙飞,罗庆云. 植物逆境生理生态学[M]. 北京:化学工业出版社,2004.

[65] 赵可夫,李孟杨. 论甜土植物的拒盐机理[J]. 曲阜师范大学学报,1986:63-70.

[66] 曾玲玲,季生栋,王俊强,等. 植物耐盐机理的研究进展[J]. 黑龙江农业科学,2009:156-159.

[67] Flowers T J, Colmer T D. Plant salt tolerance: adaptations in halophytes[J]. Annals of Botany, 2015, 115(3): 327-331.

[68] 杨春燕,张文,钟理,等. 盐生植物对盐渍生境的适应生理[J]. 土肥植保,2015(32):86-87.

[69] 张岩,许兴,朱永兴,等. ABA 响应植物盐胁迫的机制研究进展[J]. 中国农学通报,2015,31(24): 143-148.

[70] 易文凯,王佳,杨辉,等. 植物 ABA 受体及其介导的信号转导通路[J]. 植物学报,2013,47(5):515-524.

[71] 刘红娟,刘洋,刘琳. 脱落酸对植物抗逆性影响的研究进展[J]. 生物技术通报,2008(6):7-9.

[72] 郭文雅,赵京献,郭伟珍. 脱落酸(ABA)生物学作用研究进展[J]. 中国农学通报,2014,30(21): 205-210.

[73] Taiz L, Zeiger E. Plant physiology[M]. 北京: 科学出版社, 2009.

[74] Qiu Q S, Guo Y, Dietrich M A, et al. Regulation of SOS1, a plasma membrane Na^+/H^+ exchanger in Arabidopsis thaliana, by SOS2 and SOS3[J]. Proceedings of the National Academy of Sciences of the United States of America, 2002, 99(12): 8436-8441.

[75] Shi H, Ishitani M, Kim C, et al. The Arabidopsis thaliana salt tolerance gene SOS1 encodes a putative Na^+/H^+ antiporter[J]. Proc Natl Acad Sci U S A, 2000, 97(12): 6896-6901.

[76] Guo Y, Halfter U, Zhu J. Molecular Characterization of Functional Domains in the Protein Kinase SOS2 That Is Required for Plant Salt Tolerance[J]. The plant Cell, 2001, 13:1393-1399.

[77] Fujii H, Zhu J K. An autophosphorylation site of the protein kinase SOS2 is important for salt tolerance in Arabidopsis[J]. Mol Plant, 2009, 2(1): 183-190.

[78] Ishitani M, Liu J, Zhu J. SOS3 Function in Plant Salt Tolerance Requires N-Myristoylation and Calcium Binding[J]. The plant Cell, 2000,12:1667-1677.

[79] Shi H, Xiong L, Zhu J. The Arabidopsis salt overly sensitive 4 Mutants Uncover a Critical Role for Vitamin B6 in Plant Salt Tolerance[J]. The Plant Cell Online, 2002, 14(3): 575-588.

[80] Shi H, Kim Y, Zhu J. The Arabidopsis SOS5 Locus Encodes a Putative Cell Surface Adhesion Protein and Is Required for Normal Cell Expansion[J]. The Plant Cell Online, 2002, 15(1): 19-32.

[81] 马风勇, 石晓霞, 许兴, 等. 拟南芥 SOS 基因家族与植物耐盐性研究进展[J]. 中国农学通报, 2013(29):121-125.

[82] Goyal E, Singh R S, Kanika K. Isolation and functional characterization of Salt overly sensitive 1 (SOS1) gene promoter from Salicornia brachiata[J]. Biologia Plantarum, 2013, 57(3): 465-473.

[83] 巴逢辰,赵羿. 中国海涂土壤资源[J]. 土壤通报,1997,28(2):49-51.

[84] 颜红波,杨力军. 牧草引种试验研究报告[J]. 国外畜牧学—草原与牧草,1999(3):21-26.

[85] 韩明鹏,高永革,王成章,等. 高温胁迫对紫花苜蓿的影响及其适应机制的相关研究[J]. 基因组学与应用生物学,2010,29(3):563-569.

[86] 韩德梁,王彦荣. 紫花苜蓿对干旱胁迫适应性的研究进展[J]. 草业学报,2005,14(6):7-13.

[87] 包爱科,王强龙,张金林,等. 苜蓿基因工程研究进展[J]. 分子植物育种,2007,5(6):160-168.

[88] 卢素锦,周青平,颜红波. Na_2CO_3 胁迫对同德小花碱茅幼苗生长的影响[J]. 草原与草坪,2009(3): 16-19.

[89] 周学丽,周青平,颜红波,等. NaCl 胁迫对同德小花碱茅苗期生理特性的影响[J]. 草业科学,2009,

26(6):101-105.

[90] 史鹏,周青平,颜红波,等.同德小花碱茅种子发育过程中几个生理指标的变化[J].草业科学,2012,29(7):1084-1087.

[91] 周清平,孙明德,韩志林,等.同德小花碱茅(星星草)[J].草业科学,2008,25(3):136.

[92] 李荣峰,蓝业琳,曾小飚,等.不同消毒方法及铝浸种对麻疯树种子萌发的影响[J].种子,2013,32(2):5-8.

[93] 彭健,罗富成,许文花,等.不同消毒剂对非洲狗尾草种子萌发的影响[J].种子,2015(34):17-23.

[94] 杨丹娜,骆夜烽,谢家琪,等.酸、铝胁迫对苜蓿种子发芽和幼苗生长的影响[J].草业学报,2015(24):104-109.

[95] 张利霞,常青山,侯小改,等.不同钠盐胁迫对夏枯草种子萌发特性的影响[J].草业学报,2015(24):177-186.

[96] 伊丽米努尔,艾力江.麦麦提,卓热木.塔西,等.NaCl胁迫下不同种源胡杨种子萌发特性[J].西北林学院报,2015(30):88-94.

[97] 孙小芳,刘友良.棉花品种耐盐性鉴定指标可靠性的检验[J].作物学报,2001,27(6):794-801.

[98] 郑铖,易自力,肖亮,等.NaCl胁迫对芒属种子萌发及幼苗生长的影响[J].中国草地学报,2015,37(3):37-42.

[99] 张小娇,祁娟,曹文侠.盐分、温度及其互作对垂穗披碱草种子萌发及幼苗生长的影响[J].中国草地学报,2014,36(1):24-30.

[100] 汪霞,马啸,张新全,等.四种不同钠盐胁迫对多花黑麦草种子萌发的影响[J].中国草地学报,2014,36(4):44-51.

[101] 祁娟,罗琰,王沛,等.碱胁迫对超干处理垂穗披碱草种子萌发及幼苗生长的影响[J].中国草地学报,2017,39(1):79-84.

[102] 管博,栗云召,于君宝,等.不同温度及盐碱环境下盐地碱蓬的萌发策略[J].生态学杂志,2011(30):1411-1416.

[103] 高战武,蔺吉祥,邵帅,等.复合盐碱胁迫对燕麦种子发芽的影响[J].草业科学,2014(31):451-456.

[104] 王康英.3种钠盐胁迫对中华羊茅种子萌发的影响[J].贵州农业科学,2013(41):108-111.

[105] 张海南,周青平,颜红波,等.盐胁迫对5种碱茅材料种子萌发的影响[J].草业科学,2013(30):1767-1770.

[106] 吕杰,王秀峰,魏珉,等.不同盐处理对黄瓜幼苗生长及生理特性的影响[J].植物营养与肥料学报,2007(13):1123-1128.

[107] Sosa L, Llanes A, Reinoso H, et al. Osmotic and specific ion effects on the germination of Prosopis strombulifera[J]. Ann Bot, 2005, 96(2): 261-267.

[108] Zhang H, Zhang G, Lü X, et al. Salt tolerance during seed germination and early seedling stages of 12 halophytes[J]. Plant and Soil, 2014, 388:229-241.

[109] 张颖超,贾玉山,任永霞.钠盐胁迫对白花草木樨种子发芽的影响[J].草业科学,2013(30):2005-2010.

[110] 朱兴运,王锁民,阎顺国,等.碱茅属植物抗盐性与抗盐机制的研究进展[J].草业学报,1994,3(3):9-15.

[111] 石德成,殷立娟.盐(NaCl)与碱(Na_2CO_3)对星星草胁迫作用的差异[J].植物学报,1993,35(2):144-149.

[112] 王锁民,朱兴运,舒孝喜.碱茅离子吸收与分配特性研究[J].草业学报,1994,3(1):39-43.

[113] 王锁民.不同程度盐胁迫对碱茅离子吸收与分配的影响[J].草地学报,1996,4(3):186-193.

[114] 章英才,张晋宁. 白茎盐生草叶片结构与盐生环境关系的研究[J]. 宁夏农学院学报,2002,23(1):30-32.

[115] 李海波. 水分亏缺和盐胁迫对水稻叶片气孔及其他生理性状的影响[D]. 沈阳:沈阳农业大学,2004.

[116] 徐燕. 土壤水分胁迫对菜心生理生化指标及气孔发育的影响[D]. 广州:暨南大学,2010.

[117] 杨美娟. 盐胁迫对中亚滨藜营养器官内部结构的影响及其盐囊泡发育过程研究[D] . 济南:山东师范大学,2005.

[118] 王碧霞,曾永海,王大勇,等. 叶片气孔分布及生理特征对环境胁迫的响应[J]. 干旱地区农业研究,2010,28(2):122-126.

[119] 任安祥,王羽梅. 盐胁迫对三色苋叶片气孔分化及开闭的影响[J]. 园艺学报,2010,37(3):479-484.

[120] 杨秀红,陈刚,洪秀杰. 植物耐盐机理研究进展[J]. 宁夏农林科学,2012,53(11):126-128.

[121] 谭云,叶庆生,李玲. 植物抗旱过程中 ABA 生理作用的研究进展[J]. 植物学通报,2001,18(2):197-201.

[122] 童超. ABA 生理功能与信号转导相关综述[J]. 科技资讯,2006(10):44.

[123] 夏更寿,王加真. 高盐胁迫对沟叶结缕草叶片抗氧化酶活性的影响[J]. 河北农业大学学报,32(1):30-33.

[124] 肖国增,滕珂,李林洁,等. 盐胁迫下匍匐翦股颖抗氧化酶活性及基因表达机制研究[J]. 草业科学,2016,25(9):74-82.

[125] 于海秋,武志海,沈秀瑛,等. 水分胁迫下玉米叶片气孔密度-大小及显微结构的变化[J]. 吉林农业大学学报,2003,25(3):239-242.

[126] 孟雷,李磊鑫,陈温福,等. 水分胁迫对水稻叶片气孔密度-大小及净光合速率的影响[J]. 沈阳农业大学学报,1999,30(5):477-480.

[127] 程小丽. 基于 CHS-ALS 及 LAR 基因表达量差异解析大黄功效组分型形成的分子机制[D]. 北京:北京中医药大学,2013.

[128] 王玉成,张国栋,姜静. 一种适用范围广的总 RNA 提取方法[J]. 植物研究,2006,26(1):84-87.

[129] 李宏,王新力. 植物组织 RNA 提取的难点及对策[J]. 生物技术通报,1999(1):36-39.

[130] 胡群文,陈晓玲,张志娥,等. 干种子高质量总 RNA 的快速提取方法[J]. 植物遗传资源学报,2010,11(3):360-363.

[131] 付媛媛,穆春生,高洪文,等. 紫花苜蓿 18SrRNA 基因的克隆及内参基因表达稳定性评价[J]. 植物生理学报,2014,50(10).

[132] 郑琳琳,张慧荣,贺龙梅,等. 唐古特白刺质膜 Na^+/H^+ 逆向转运蛋白基因的克隆与表达分析[J]. 草业学报,2013,22(4):179-186.

[133] Oh D H, Gong Q, Ulanov A, et al. Sodium Stress in the Halophyte the llungiella halophilaand Transcriptional Changes in athsos1-RNA Interference Line[J]. Journal of Integrative Plant Biology, 2007, 49(10): 1484-1496.

[134] Shi H Z, Quintero F J, Pardo J M, et al. The Putative Plasma Membrane Na^+/H^+ Antiporter SOS1 Controls Long-Distance Na+ Transport in Plants[J]. The Plant Cell Online, 2002, 14(2): 465-477.

[135] Qi Z, Spalding E P. Protection of plasma membrane K^+ transport by the salt overly sensitive1 Na+-H+ antiporter during salinity stress[J]. Plant Physiol, 2004, 136(1): 2548-2555.

[136] Oh D H, Lee S Y, Bressan R A, et al. Intracellular consequences of SOS1 deficiency during salt stress [J]. Journal of Experimental Botany, 2010, 61(4): 1205-1213.

[137] Tester M. Na^+ Tolerance and Na^+ Transport in Higher Plants[J]. Annals of Botany, 2003, 91(5): 503-527.

[138] 卢素锦. 盐碱胁迫对同德小花碱茅种子萌发和幼苗生长的影响[D]. 西宁:青海大学,2008.

第3章　盐碱地综合治理技术工程化措施示范

随着世界人口的增加和土地退化等问题的出现,世界各国高度重视盐碱土地的改良、开发利用及保护。盐碱地改良利用不但可增加农牧业产量,缓解粮食危机,而且还可以改善生态环境,提高人们的生活品质。近年来开发治理盐碱地主要通过水利工程改良、化学改良、生物改良及综合改良等多种措施。

工程改良就是通过在盐碱地铺设排水设施,将地下水降低到临界水位以下,结合盐碱地的冲洗将土壤中盐分淋洗掉的方法以达到改良利用的目的,如采用灌溉排水系统,冲洗脱盐、松耕、压沙等方法。化学改良就是在盐碱地中施入一定比例的硫酸亚铁、石膏等酸性盐类化合物,进行中和反应,以达到改良盐碱地的目的。生物措施改良盐碱地,即通过种植绿肥如箭舌豌豆、紫花苜蓿、麦秸覆盖来改良盐碱地,通过种植绿肥可以逐渐改变土壤的物理特性,使土壤结构发生变化,质地变得疏松,透气和储水能力增强,增强土壤中微生物和酶的活性,促进植物根系生长,从而改善土壤的物理性质,增加了土壤团粒结构和土壤肥力。另外,也可以种植耐盐植物如柽柳、桑树等,可以对硫酸盐、氯化物等盐类产生很强的耐力,并且有泌盐腺、泌盐孔结构,因此种植耐盐植物对盐碱地具有明显的脱盐作用。

在第2章典型地区土壤水盐运动的基本特征分析的基础上,本章就目前在柴达木盆地开展的治理模式分别做一分析,最后提出农田土壤盐渍化防治的对策。

3.1　柴达木盆地尕海灌区竖井排灌技术

在尕海灌区(见图3-1),项目组根据其水盐动态规律,规划设计了竖井排灌技术的改良盐碱地的措施。

根据农场业主和土地盐渍化状况,本次试验的任务就是排除灌溉形成的高矿化度的地下水,降低地下水位至临界深度(2.5 m)以下,达到改良盐碱地的目的,同时用排除的地下水进行灌溉。

3.1.1　试验规划设计的原则

(1)以解决地下水位高造成的土壤次生盐渍化和地下径流不畅为原则;

(2)建立竖井排灌网络,发挥群井干扰的作用,迅速降低地下水位,以冲洗改良创造条件为原则;

(3)按照井、渠、田、林、路进行优化布局,占地少,施工方便的原则。

3.1.2　单井抽水试验

设置取得单井涌水量、降深、渗透系数、影响半径以及地下水水质的技术参数,给井群设计提供科学依据,见表3-1。

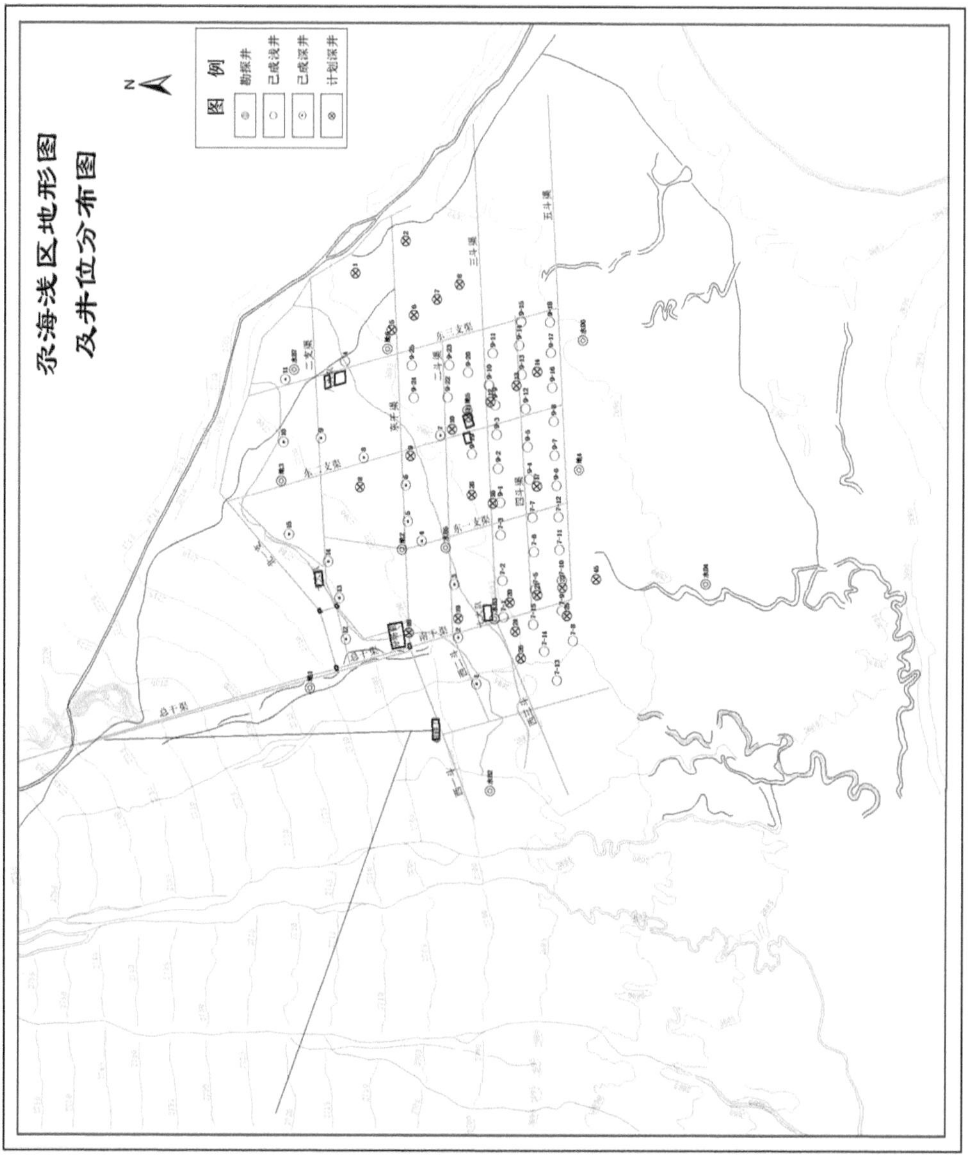

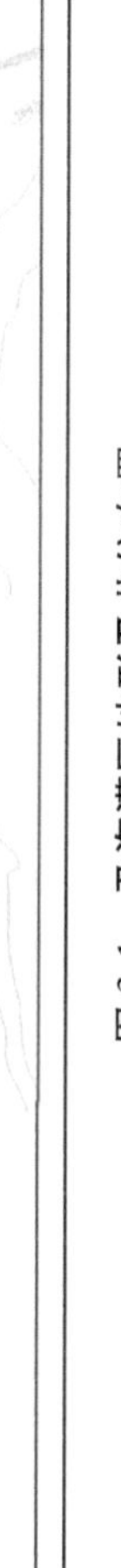

图 3-1　尕海灌区地形及井位布置

表 3-1　排水井技术参数

井号	井深（m）	降深（m）	涌水量（L/s）	单位涌水量[L/(s·m)]	不同井距(m)的干扰降深(m)						方向	渗透系数（m/昼夜）
					10	20	40	80	160	300		
7-1	22.5	6.33	16.7	2.63	2.18	2.37	2.0	1.58	1.26	1.20	东	16.6
7-2	20.0	7.15	16.7	2.34	3.16	2.36	1.80	1.52	1.30	1.20	西	12.2
7-4	25.0	11.4	14.33	1.42	1.62	1.52	1.22	1.12	0.95	0.70	南	5.7
7-5	25.0	12.2	13.0	1.06	3.6~3.0	2.15~2.75	1.75~2.6	1.3~1.9	0.95~1.35	0.75~1.2	北、南	5.9
7-8	25.5	8.0	13.0	1.65								7.3
7-9	21.7	10.1	13.2	1.32	2.40	2.26	2.02	1.70	1.40	0.60	北	6.4
7-10	26.1	12.2	12.2	1.0	3.0	2.60	2.30	1.95	1.70	1.20	北	5.6
9-9	20.4	11.97	13.24	1.10								8.2
9-19	26.7	9.45	16.2	1.72								
9-2	23.3	13.22	12.3	0.93								7.5

水质：矿化度 0.730 g/L，总硬度 22.3°，K_a=10.4，水温 6.4~6.6 ℃。

从以上数据表明：

(1)从井的涌水量、降深与影响半径看，该区采用竖井排灌改良盐碱地是可行的。

(2)从水质矿化度看，可以实施井灌井排，其井水能够用于盐碱地冲洗和灌溉。

(3)局部土壤黏重地段，对上层滞水的排水有所影响。

3.1.3 主要参数的确定

3.1.3.1 井距

影响井距的主要因素是土壤结构和水文地质条件，根据单井试验资料，井深 20 m，降深 11 m，影响半径 300~367 m，经计算，井间距确定为 500~700 m，并以梅花形布置。

3.1.3.2 井深

由该区水文地质资料可知：试验区潜水层，隔水底板在 22~27 m 处，隔水底板以上为细沙、中沙和砾石的含水层，透水性良好。隔水层以下为承压水层，根据抽水试验资料，井深确定为 24~27 m。

3.1.3.3 井径

此次打井采用井径为 1.1 m 的大口井。

3.1.4 排水效果

从项目区西北部上游布置的 13 眼排水井的排水结果来看：

井群井涌水量 12~20 L/s，单位涌水量 1.0~2.63 kg/(m·s)，渗透系数 5.6~16.6 m/昼夜，影响半径大于 300 m，起到明显的排水作用。但从单群井抽水可以看出，群井抽水由于相互干扰，全面控制了试验区地下水位，显然降深与影响范围比单井抽水有明显的增加，群井抽水在井距 300 m 处的降深比单井抽水要大 2.5~3.2 倍，但群井涌水量比单井有所减少，见表 3-2。

表 3-2　单群井降深对照表

井号	对照	井距			
		40 m	80 m	160 m	300 m
7-1	群井	2.00	1.58	1.26	1.20
	单井	1.92	1.47	0.90	0.36
	倍数	1.04	1.07	1.40	3.20
7-4	群井	1.22	1.12	0.95	0.70
	单井	1.02	0.70	0.40	0.28
	倍数	1.22	1.60	2.37	2.50

经计算，每眼井的控制面积在 400 亩左右，单井出水量 800 m^3/d，全年排水量 144 000 m^3(按 180 d，每天运行 20 h 计)，作物生育期灌水 4 次，每次灌水按 80 m^3/亩，一次灌水 32 000 m^3，灌溉 4 次共需水 128 000 m^3，由于该区域土壤渗透性，田间渗透量以 50%计，则

可以补给地下水 64 000 m^3,可见在上层透水性能良好的地区,能有效排除生育期内形成的浅层地下水。

3.1.5　盐碱淋洗试验

经化验分析知,该区盐碱土属硫酸盐氯化物型、氯化物硫酸盐型盐土,1 m 土层含盐量 1.5%~2.0%,生长植物主要为冰草、白刺、枸杞、芦苇等,地下水埋深 4.0 m,自引水灌溉以来,由于有灌无排,地下水迅速抬升至距地表 0.5~1.0 m,盐分在地表积聚高达 2%~8%并形成 2~3 cm 的盐结皮,形成重度的次生盐渍化地。

盐碱地的冲洗,通过排水设施将土壤中过多的有害盐分由灌溉水溶解并排走,降低地下水位,减少盐分上返,为农作物的正常生长创造条件。

冲洗定额和冲洗制度的确定:定额取决于土壤含盐量、排水条件、土壤质地及盐分性质。在土壤含盐量大且以 SO_4^{2-} 为主,排水条件好,地下水埋藏深的地段,可采用较大定额,反之采用小定额,根据盐分在土壤中的分布特征确定单次冲洗定额。根据新疆、华北以及青海省盐碱地冲洗资料,同时采用以下公式做进一步核定,最终确定冲洗定额为 350~450 m^3/亩。

$$M = K\lg\left(\frac{S}{S_0}\right)^{\alpha}$$

$$M = 1.296W_0\left(\frac{S_1}{S_2} - 1\right)$$

采用不同冲洗定额冲洗后,土体脱盐效果良好,见表 3-3。脱盐深度达到 1.5 m。

表 3-3　不同定额淋洗效果

编号	冲洗定额 (m^3/亩)	项目	全盐(%)		Cl^-		SO_4^{2-}		脱盐深度 (m)
			0~30	0~100	0~30	0~100	0~30	0~100	
7-3	280	冲洗前	2.515	0.896	1.002	0.347	0.529	0.176	
		冲洗后	0.193	0.115	0.001	0.000 2	0.071	0.033	
		脱盐率	92.5	87.2	99.9	99.0	86.5	81.4	1.50
	370	冲洗前	2.857	0.994	0.120	0.385	0.577	0.205	
		冲洗后	0.123	0.226	0.002	0.046	0.081	0.090	
		脱盐率	95.5	77.2	99.7	88.0	85.9	56.0	0.70

从冲洗方法上看,冲洗方法的正确与否对冲洗效果影响很大,一般情况下采用间隔冲洗,即在第 1 次冲洗后 2~4 d,当地里落干后,进行第 2 次、第 3 次冲洗。间歇冲洗方法适宜于排水条件较差,含盐少,以 SO_4^{2-} 为主的盐碱地,不但可以使盐分充分溶解,而且到提高地温,加速土体脱盐。在间歇冲洗当地面落干后应注意进行耙地保墒,防止土壤返盐。对于土质黏重、土壤含盐量大、排水条件良好的盐碱地,采用连续冲洗的方法或分期多次冲洗的方法,但连续冲洗面积不易过大,应控制在整个治理面积的 10%~15%。以避免过多补给地下水,增加排水的负担,抬高地下水位,影响改良效果。

3.2　柴达木盆地格尔木灌区暗管排水技术

3.2.1　灌区概况

格尔木西灌区位于柴达木盆地西南，格尔木河西侧，昆仑山冲洪积扇前缘细土平原带，地势平坦，海拔2 805 m，多年平均降雨量38.3 mm，蒸发量2 950 mm，最高气温32 ℃，最低气温-30 ℃，春季多风，最大风速20 m/s，全年日照时数2 800 h，无霜期150 d。

封闭型的柴达木内陆盆地，从地形看依次为高山、戈壁、丘陵、细土平原及盆心湖泊等5个环形带。格尔木河水及地下水从山区开始汇流过程中，将岩石中盐分溶解并携带至灌区及盆地低洼处，在强烈的蒸发作用下形成盐渍土，灌区1 m土层内平均含盐量2.56%，表土30 cm内含盐量高达4.3%，属氯化物—硫酸盐盐渍土，土壤以中轻壤土和粉质壤土为主，渗透系数0.5~1.0 m/24 h。

灌区适宜种植小麦、豌豆青稞、油菜、马铃薯和蔬菜等作物。灌区自1955年开始垦殖以来，地下水埋深5~10 m，总耕地面积8.5万亩。灌区渠系不配套造成渗漏、大水漫灌和无排水设施，造成地下水位迅速上升，导致土壤次生盐渍化加重。

3.2.2　试验排水工程

本试验区选在格尔木西灌区河西农场六连700亩弃耕盐碱地上（见图3-2），当年实施暗管排水工程措施改良后，春小麦产量从颗粒无收到2 701 g/亩，第3年产量达到370 kg/亩的可喜成绩。

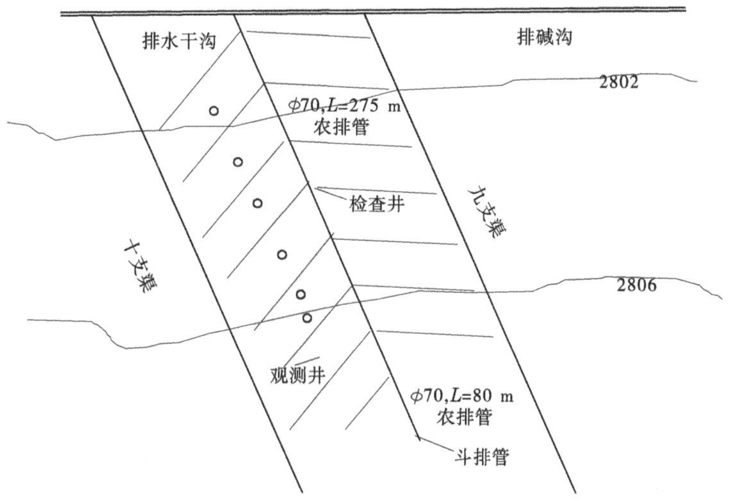

图3-2　格尔木河西灌区暗管排水平面布置图

3.2.2.1　管材及滤料选取

由于该试验区交通不便，加之该地区土壤中SO_4^{2-}含量高，集水管采用就地加工制作的水泥土管，承插式连接，壁厚3 cm，每节85 cm。吸水管采用聚氯乙烯波纹管，波纹管内槽缠绕两股丙纶丝覆盖进水孔眼，外包滤料采用 3~40 mm 的砂砾石作为吸水管外包料。

3.2.2.2 管路布局

根据试验区地势，确定斗、农排为暗管，与排水干沟连通，组成明暗结合的排水系统，布局如下：

1. 排水干沟

由于原排碱沟为东西向，1.0‰的坡降，本次改为南北走向，垂直于等高线，汇集的地下咸水直接排入下游盐湖，设计坡降 5.5‰。

2. 斗排管

采用水泥土管，位于试验区中部，由南至北 850 m，设计坡降 5.5‰，按汇集 16 条农排管的流量 0.015 m^3/s 计算出管径为 200 mm，为防止泥沙沉积和排盐水的要求，实际管径选 300 mm，埋管深度低于农排管 30 cm。

3. 农排管

采用聚氯乙烯波纹塑料管，排列在斗排东西两侧，并呈 7°夹角，形成羽状，为增大农排坡降，适当加大管内流速，防止泥沙和化学沉积，根据当地地下水临界深度为 1.8~2.0 m，并考虑滞流水头 0.2 m，取农排管埋深 2.0~2.2 m，并参照类似地区经验，间距取 80 m、100 m、120 m 3 种，坡降 2.9‰，每条农排管长 270 m，根据试验区水文地质条件，选地下水排水模数为 0.035 $m^3/(s \cdot km^2)$，相应 3 种间距的排水量分别为 2.7 m^3/h、3.4 m^3/h 和 4.1 m^3/h，按此选取最大管径为 6 cm，实际选用 7 cm 的波纹塑料管。

4. 检查井

为了检查农排管的排水和泥沙沉淀情况，在农排管与斗排管连接处设置检查井，井深大于斗排管 30 cm，井底径 1.2 m，井口径 0.8 m，加盖保护。

3.2.3 暗管排水效果

通过实际运行观测，各级管道排水通畅，不淤不堵，每条农排吸水管的排水流量为 2.5~3.75 m^3/s，达到设计要求。根据地下水位观测资料的整理分析得到，工程运行之前，地下水位维持在 0.5 m 以上天数为 1 d，1.0 m 以上天数为 9 d，1.8 m 以上天数为 23 d，在排水工程运行后同一观测井，地下水位为 0.5 m、1.0 m 的天数均为 0，1.8 m 以上只有 3 d，比工程运行前减少 20 d，暗排观测区地下水位变化详见表 3-4。

表 3-4　暗排观测区地下水位变化统计

井号	观测时段	地下水埋深天数		
		0.5 m 以上	1.0 m 以上	1.8 m 以上
2 号	工程施工当年冬灌	1	9	23
	工程施工 6~12 月	0	0	3
	工程运行 1~12 月	0	0	8
8 号	观测井观测开始	0	0	0
	工程运行 1~12 月	0	0	1
23 号	工程完工 11~12 月	0	0	28
	工程运行 1~12 月	0	0	168

通过暗排工程的运行,可以看出:

(1)暗排试验区建立后,由于排水作用,大大加快了地下水的流动速度,所以地下水位比暗排工程实施前降深大,降速快,表土0.5 m深度内同期下降速度快1 d,1.0 m深度内快9 d,1.8 m深度内快20 d。

(2)试验区建立第2年,全年地下水埋深小于1.8 m的时间仅3~8 d,也就是说在当前灌溉条件下,试验区暗排工程可以达到地下水临界深度以下的要求,因而可以抑制土壤积盐并有利于冲洗盐碱。

(3)根据观测资料分析,暗排区每次灌水后,地下水位由灌前深度上升到灌后最高点,平均每天上升4.1 cm,而回落到原深度时,平均每天下降3.3 cm,上升比下降快,虽然这与管道埋深、灌水量大小、土壤质地有关,但适当控制灌溉定额和制定合理的灌溉制度,提高灌溉技术,减少灌溉入渗对地下水的补给,使这一现象得到改观,减轻排水负担,降低排水工程投资,当然在盐碱地改良区还应结合灌溉淋盐作用综合考虑,统筹规划。

3.2.4　盐渍土冲洗

(1)冲洗定额设计:盐渍土冲洗的目的,在于将表土中危害作物生长的盐类淋洗到允许深度,在排水作用下将盐分随水排出土体至溶泄区,通常冲洗原则是用少量的水洗去更多的盐,洗盐水的多少应根据各地情况而定,本区气候极端干旱,土壤盐分重,地下水矿化度高,冲洗定额可采用列果斯达耶夫公式计算:

$$M = m_1 + m_2 + n_1 + n_2 - O_1 - O_2$$

$$m_1 = 666.7 \times h \times \gamma(\beta_1 - \beta_2)$$

$$m_2 = \frac{666.7 \times h \times \gamma(S_1 - S_2)}{K}$$

式中:M为冲洗定额,m^3/亩;m_1、m_2分别为使土层达到田间最大持水量和冲洗适量盐分所需的水量,m^3/亩;n_1、n_2分别为冲洗期间蒸发损失和深层渗漏的无效水量,m^3/亩;O_1、O_2分别为冲洗期间的降雨量和冲洗土层中的凝结水量,m^3/亩;h、γ分别为冲洗计划层深度(m)和该层土密度,kg/m^3;β_1、β_2分别为冲洗计划层的田间最大持水量和冲洗前土壤自然含水量(%);S_1、S_2分别为冲洗前土壤含水量和冲洗后要求土壤达到的含水量(%);K为排盐系数,kg/m^3。

(2)排盐系数是指单位水量从冲洗计划层中携走的盐分,常用实际冲洗的办法求得。根据试验,该区1.0 m土层平均含盐2.56%,每亩500 m^3的水可使深度1.0 m的土体内脱盐率达49.4%,则一亩净脱盐量为11.41 t,排盐系数K=114 100/500=22.8。根据实测暗排试验区土壤容重1.35 t/m^3,1.0 m土层最大持水量24%,冲洗前1.0 m土层平均含水量14%,按列果斯达耶夫公式求得$m_1 = 90$ m^3;又据试验区1.0 m土层平均含盐量2.56%,脱盐标准按0.4%计,由列果斯达耶夫公式可得$m_2 = 845$ m^3/亩;n_1为冲洗季节每亩蒸发量,约7.8 mm,以12 d田面有明水计,蒸发损失量为93.6 mm,折合62.4 m^3/亩;由于n_2、O_1、O_2数量微小,可忽略不计,则冲洗定额为997.4 m^3。考虑到试验区土壤盐分极重,按1.0 m脱盐深度求得的冲洗定额近1 000 m^3/亩,这对地下水的补给显然太大,也浪费水资源，因此将冲洗计划层深度减小到 0.5 m，略大于根系层埋深，冲洗定额可相应缩减为 500 m^3 或 600 m^3 较为符合实际，冲洗次数取 4~6 次，按大→小和小→大两种冲洗顺序进行，田块面积 0.5 亩，每个处理 2 个重复，每次 3 个平行试验，各相邻田块灌入水量和次数不同，试验冲洗定额设计见表 3-5。

表 3-5　盐碱冲洗定额设计　（单位：m^3/亩）

处理			1	2	3	4	5	6
600	6 次	大→小	120	110	100	100	90	80
		小→大	80	90	100	100	110	120
	5 次	大→小	150	120	120	110	100	
		小→大	100	110	120	120	150	
500	5 次	大→小	120	110	100	90	80	
		小→大	80	90	100	110	120	
	4 次	大→小	150	130	120	100		
		小→大	100	120	130	150		

3.2.5　脱盐效果分析

按照设计冲洗定额，在试验区进行冲洗试验，脱盐效果比较好，表层 0~30 cm 脱盐 55%~60%，1.0 m 土层脱盐 44%~49%，其中 Cl^- 脱除最多，30 cm 和 100 cm 土层内均可脱除 81%~85%，由于 SO_4^{2-} 溶解度随温度升高而加大，10 月冲洗时气温已降低，所以 SO_4^{2-} 脱除受到一定影响，30 cm 和 100 cm 土层内脱除率分别为 49%~54% 和 38%~43%，见表 3-6。因此，为提高 SO_4^{2-} 的脱除率，冲洗时间宜在气温高的伏秋季进行，根据格尔木和尕海灌区冲洗试验资料，1.0 m 土层 SO_4^{2-} 的脱除率 7 月为 93.6%，9 月为 61.8%，11 月冬洗时基本不脱盐。

表 3-6　盐渍土 10 月冲洗脱盐效果　（%）

盐类	0~30 cm 土层脱盐率	0~100 cm 土层脱盐率
总盐	55~60	44~49
Cl^-	81~85	81~85
SO_4^{2-}	49~54	38~43

根据两种冲洗定额和 4 种冲洗次数比较，500~600 m^3/亩的冲洗定额均以 5 次冲洗脱盐效果最好，总脱盐率均在 44% 以上。氯离子脱除率高达 84.5%，考虑到对水资源的合理利用，减少田间渗漏，推荐采用 500 m^3/亩 5 次水的冲洗定额，该定额虽然使脱盐深度减小，但在有排水条件下，每年作物生育期灌水时，土壤中盐分会继续得到淋洗，关于 5 次水量分配，从试验结果（见表 3-7）来看，600 m^3/亩 5 次冲洗定额以先大后小为好；500 m^3/亩 5 次冲洗定额两种水量分配均好，其原因是，水量先大后小，有利于迅速将表土盐分淋洗

到下层，造成表层 0～30 cm 脱盐率高，有利于作物生长，但是，为增大淋洗盐分作用，防止无效冲洗，末次水量不宜太小，以不小于 m_1(90 m^3) 为宜，既增大了淋洗作用又防止了无效冲洗。先小后大的配水方式，第一次水量最小，有利于表土溶盐，尤其是溶解度小的硫酸盐；以后水量依次加大，则可将已溶解的盐分淋洗到下层，同时避免了末次水因水量小淋盐弱的弊病，不过这种配水方式，只适宜于连续冲洗的田块，一般不用于间歇冲洗的田块，以减少表层土壤返盐。

表 3-7　不同冲洗水量分配顺序的脱盐率比较

冲洗水量分配顺序	深度(cm)	600 m^3/亩 5 水脱盐率			500 m^3/亩 5 水脱盐率		
		总盐	Cl^-	SO_4^{2-}	总盐	Cl^-	SO_4^{2-}
先大后小	0～30	59.5	84.5	54.1	54.8	81.1	48.9
	0～100	43.9	81.4	42.6	49.4	84.6	38.1
先小后大	0～30	40.3	42.8	33.0	72.0	95.0	70.9
	0～100	31.4	41.2	26.5	45.8	84.5	36.0

根据格尔木西灌区土壤特点，明沟排水占地大、边坡容易坍塌，难以维护；竖井排灌需要的动力费用大，管理成本高；而暗管排水效果好，占地少管理成本低，可以作为调控浅层地下水的主要措施。在冲洗淋盐过程中，确定适宜的冲洗定额和水量分配很重要，既节省水资源及对浅层地下水的补给，又能保证良好的脱盐效果，可采用 50 cm 的脱盐深度，并充分利用生育期灌水和冬灌洗盐。在排水洗盐后，土壤肥力将随之降低，必须全力培肥土壤，如种植绿肥、高湿堆肥和增施有机肥，以提高土壤肥力，增强作物的抗盐能力，巩固脱盐效果，提高作物产量，持久发挥盐碱地资源的作用。

3.3　尕海灌区毛细排水板排水

根据土壤盐渍化程度划分标准，将德令哈试验区划分为中度盐渍化区，将诺木洪试验区划分为重度盐渍化区，中度盐渍化试验区与重度盐渍化区分别位于青海柴达木盆地德令哈市尕海镇和诺木洪农场，尕海镇位于柴达木盆地东北部，德令哈市工业园区东北部，东经 97°20′，北纬 37°12′。总面积 1 954 km^2，海拔 2 870 m，年平均降水量仅 120 mm，年平均蒸发量高达 2 439 mm。诺木洪农场位于柴达木盆地东南缘，海西州都兰县宗加镇境内，东经 96°35′，北纬 36°30′，农场占地面积 91.3 km^2，年平均降雨量 58.51 mm，年平均蒸发量高达 2 849.7 mm。2 个试验区土壤类型为典型的氯化物—硫酸盐型盐土，盐分主要分布在地下 0～100 cm 处。试验区土壤地下水埋深 1.2～1.5 m，地下水矿化度 3.5～6 g/L。

3.3.1　新型滤水管网法排水材料简介

毛细透排水带(管)，是一种新型具有优良性能的防排透水材料[见图 3-3(a)]。它来自台湾基础排水专家多年潜心研制发明，采用薄片式软质橡塑材质，利用毛细力、虹吸力、表面张力和重力，设计出模拟自然生态机制，可防堵塞、防水土流失，促进排水，解决穿透性过滤方法存在的淤积堵塞、水土流失带来的表面沉降、崩塌，排水系统日久失效等问题。

(a) 实物图

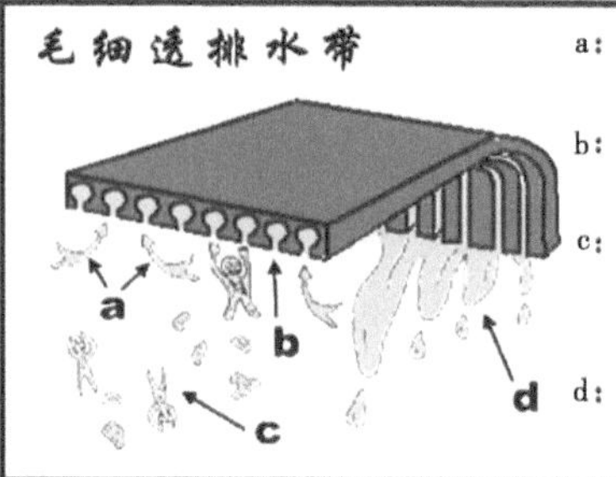

(b) 原理图

图 3-3　毛细透排水带

新型毛细透排水带，无须土工布包裹，可直接铺设于土壤中，节省材料，造价低，同时毛细排水带表面开孔率高，集水性好，抗压性强，耐久性和柔韧性好，适应土体变形，可与起伏不平的地形紧密贴合。所以，施工更容易、简便，工期短，土方量少，造价低，寿命长，易被业主接受和采纳。

3.3.2　毛细透排水带防堵塞工作原理及特性

3.3.2.1　毛细透排水带防堵塞工作原理

(1)毛细透排水带设计在宽 200 mm(或 100 mm)、厚度仅为 2 mm 的软质薄塑胶片上，每隔 1.5 mm 开设直径为 1 mm 的毛细孔，每根毛细孔再纵向剖开 0.3 mm 宽度之槽沟，设计上为内大外小，且埋设时吸水沟槽面向下。如此一来，当土壤中饱含水分时，由于圆孔直径为 1 mm，而沟槽宽度只有 0.3 mm，会产生毛细现象，迫使水流由下往上自行倒吸进入毛细导管内，而土壤中被水流挟带的颗粒将因重力作用自行向下沉淀，形成水土自动分离，利用排水带的虹吸力和安装落差产生吸力促进排水畅通[见图 3-3(b)]。

(2)毛细透排水带槽孔设计上内大外小，沟槽进水口宽度 0.3 mm，较导水毛细孔直径 1 mm 窄许多，就算有少数细小颗粒进入毛细导管，也会再次从沟槽向下沉降回归土壤或随管道流向出口排放。细长状槽沟本身较个别分离孔洞设计更不易堵塞。毛细透排水带有效集水面积开孔率大于 20%，透水系数为 0.2 cm/s，而传统排水材料的集水能力仅为 2%~7%。

(3)毛细透排水带集水槽缝径向无限延伸密集分布，确定入渗水流稳定，防止土壤细颗粒产生涡流扰动。在 20 cm 宽的排水带纵断面上，平行布置 130 余个排水槽，这样比传统材料的盲管进水孔进水率提高数倍至十几倍(是一般 PE 管的 8 倍、PVC 管的 13 倍)，大大提高了土壤的排水效率和排水量，尤其是使用在盐碱地中，能够真正快速排出土壤中上升的盐碱水，阻断盐碱水对植物根系的浸泡和腐蚀，保持植物根系的透水、透气。

(4)毛细式吸水相比传统重力式排水不会产生较大的水土扰动现象，可保持土壤长期稳定，不造成土壤流失和排水系统堵塞。

3.3.2.2　毛细透排水带特殊性能

(1)在盐碱土种植中、科学控水管理是成败的关键。但高水位盐碱区的树木要时刻注意土壤的适宜湿度。土壤水分过多，会造成根系缺氧呼吸，严重的会使根系窒息而腐烂造成植株死亡。有效的防止方法是要保持土壤的透气。而毛细排水带的一个重要作用就是能使土壤透气、通透。

(2)毛细透排水带可直接铺设于土壤中，不需用土工布包裹，随排水管长度安装铺设，排水带起端用硅胶封口，尾端顺势接入 DN100~DN200 的 PVC 干管中，不像传统排水管那样，需要用检查井连接。PVC 干管将排水带收集的水，直接排至附近雨水井中。从而降低整个工程造价，不影响绿化美观，方便工程运行维护管理。

(3)毛细透排水材料还具有自清功能，无须粗、细卵石级配，其开挖土方量较少，可直接覆土回填。这样将不仅减少工程造价和成本，并节约大量砂石料。

3.3.3　试验设计

3.3.3.1　排水管网的布设

将试验地分为波纹管排水系统与毛细透排水带排水系统 2 个处理，以集水管Ⅲ作为 2 个处理的分界线，波纹管排水系统采用外缠纱网的波纹管作为吸水管Ⅰ，长度为 80~110 m，并布置 1 条长度为 450 m 的集水管Ⅰ，吸水管Ⅰ与集水管Ⅰ呈 60°夹角；毛细透排水带排水系统采用在 PVC 管上布设毛细透排水带进行排水，PVC 管上开槽后将毛细透排水带插入槽孔，用硅胶将毛细透排水带背面与 PVC 管粘合，接口处铺设 200 mm 厚细砂垫层并对接口进行包裹，组成吸水管Ⅱ。吸水管Ⅱ的长度为 80~110 m，毛细透排水带的长度为 20~30 cm，集水管Ⅱ采用 PVC 材质，长度为 470 m，与吸水管Ⅱ呈 60°夹角以观测暗管流量及水流情况。2 组排水系统之间采取防渗措施。另外，根据试验区现状布设处水量观测井、水位观测孔和排水控制闸阀。试验区排水管网布设示意图见图 3-4。

3.3.3.2　田间试验设计

灌溉淋洗采用漫灌方式，灌溉用水为中水，矿化度大约为 1.5 g/L。本试验将试验区划分为 6 行，每行含 5 块面积约为 2 000 m^2 的格田，共 30 块，原排水沟渠以北前 4 行格田长 40 m、宽 50 m，下一行格田长 40 m、宽 60 m，最后 1 行格田长、宽分别为 40 m、50 m，格田之间埋设有 1 m 深的隔板，防止水分横向侧渗，6 行格田分别采取 1 650 m^3/hm^2、1 500 m^3/hm^2、1 350 m^3/hm^2、1 200 m^3/hm^2、1 050 m^3/hm^2、900 m^3/hm^2 的灌水量，共进行 5 次

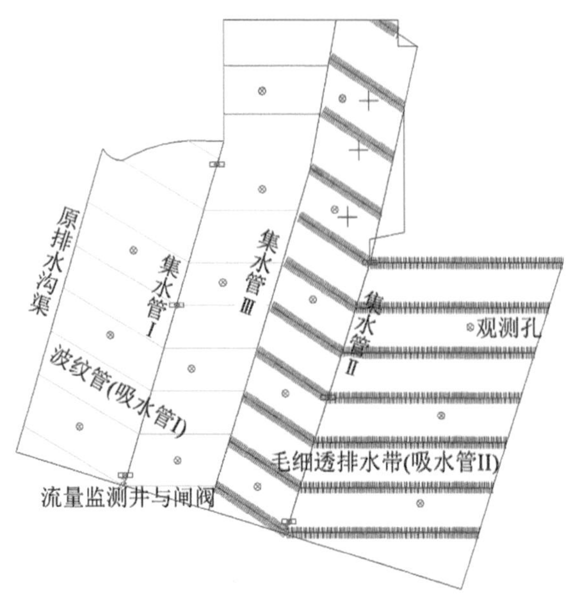

图 3-4　青海高寒区盐碱地灌排改良田间试验示意图

淋洗。灌水冲洗方法采用间歇冲洗的方式,每次冲洗结束后,等到地下水位降至距离地面 0.3~0.5 m 后,进行下一次灌水冲洗,本试验每 4 d 为 1 次淋洗周期,第 1 次淋洗从 2016 年 5 月 1 日开始。同时,每次灌水后第 4 天进行分层取土(0~10 cm、10~30 cm、30~50 cm 、50~70 cm、70~100 cm),共 6 次重复,并分析每层土样的盐碱变化情况,以总含盐量不大于 1.0 g 为准,进行数据的汇总分析。

3.3.3.3　田间排水工程措施

暗管的埋深与间距的确定:试验田间排水采用暗管,与试验区外排水沟连通,组成明暗结合的田间工程。暗管埋深一般要满足脱盐深度的要求,其值通常由下式计算:

$$D = \Delta H + \Delta h$$

式中:ΔH 为作物主要根系层深度,m;Δh 为剩余水头,m,一般情况下,Δh 取 0.2 m。参考试验区水文地质资料,当地的地下水安全深度为 0.8~1.3 m,考虑滞流水头 0.2 m,确定吸水管埋深为 1.0~1.5 m。

暗管间距的确定首先采用《灌溉与排水工程设计规范》(GB 50288—1999)建议的暗管间距,然后根据试验观测,修正间距,选择最优方案。试验区土壤属于轻壤土和沙壤土,吸水管埋深 1.2 m 左右,根据《灌溉与排水工程设计规范》,吸水管间距取 40 m,通过观测井地下水位数据进一步分析确定最优的吸水管间距为 40 m。

暗管排水设计流量,根据《灌溉与排水工程设计规范》设计流量公式计算,即

$$Q = CqA$$

式中:Q 为设计排水流量,m^3/d;C 为与面积有关的流量系数,此处 $C=0.90$;q 为设计排水模数,m/d,根据公式计算为 0.005 6 m/d;A 为暗管的排水控制面积,m^2。根据公式计算得出各管道类型对应的设计流量见表 3-8。

表 3-8　波纹管与毛细透排水带设计排水流量

管道类型	排水控制面积(m^2)	流量系数	排水模数(m/d)	设计流量(m^3/d)
波纹管(吸水波纹管Ⅰ)	5 000	0.90	0.005 6	25.20
毛细透排水带(吸水波纹管Ⅱ)	5 000	0.90	0.005 6	25.20
集水管Ⅰ	64 741	0.90	0.005 6	326.29
集水管Ⅱ	84 604	0.90	0.005 6	426.40

暗管比降与管径:依据规范,排水暗管的比降应满足管内最小流速不低于 0.3 m/s 的要求。试验区吸水管排水比降取 1/250,集水管排水比降取 6.4/1 000、6.5/1 000。

吸水管管径

$$d_1 = 2\left(\frac{nQ}{\alpha\sqrt{3i}}\right)^{3/8}$$

集水管管径

$$d_2 = 2\left(\frac{nQ}{\alpha\sqrt{i}}\right)^{3/8}$$

式中:d 为排水暗管内径,m;Q 为设计排水流量,m^3/d;i 为排水比降;α 为与管内充盈度相关的系数,根据规范此处取值为 1.80;n 为管内糙率,根据规范,波纹管管内糙率宜取 0.016,光壁塑料管管内糙率宜取 0.011,计算得出各管道类型管径见表 3-9。

表 3-9　波纹管与毛细透排水带不同吸水管内径

管道类型	管径(mm)	设计流量(m^3/d)	排水比降	相关系数	管内糙率
吸水管Ⅰ(波纹管)	76	25.20	0.004 0	1.80	0.016
吸水管Ⅱ(毛细透排水带)	72	25.20	0.004 0	1.80	0.011
集水管Ⅰ	734	326.29	0.006 4	1.80	0.011
集水管Ⅱ	810	426.40	0.006 5	1.80	0.011

经过计算,最终确定吸水管管径为 75 mm,集水管管径为 800 mm。

3.3.3.4　测定指标及方法

土样 pH 采用 pH 计进行测定,水土质量比为 5∶1。土壤全盐量采用称质量法进行测定,土壤离子量采用常规分析方法测定

土壤脱盐率(%)=(土壤初始全盐含量-灌水后土壤全盐量)/土壤初始全盐量×100%

3.3.4　结果与分析

3.3.4.1　不同排水措施下不同程度盐渍化土壤盐分变化

表 3-10 与表 3-11 为不同淋盐定额下每次淋洗后,德令哈中度盐渍化试验区和诺木洪重度盐渍化试验区 0~30 cm 土层土壤全盐量与脱盐率。由表 3-10 可知,德令哈试验区土壤整体盐分呈下降趋势,中度盐渍化土壤相同淋洗次数不同灌水量下,毛细透排水带排

水、土壤脱盐率明显高于波纹管,以 5 次淋洗为例,毛细透排水带排水后土壤脱盐率较波纹管高出了 5.03%~26.96%;而相同灌水量不同淋洗次数下,毛细透排水带排水下土壤脱盐率也明显高于波纹管,以 1 500 m^3/hm^2 为例,毛细透排水带排水后土壤脱盐率较波纹管高出了 20.5%~26.96%。毛细透排水带在灌水量 1 500 m^3/hm^2、4 次淋洗的淋盐定额下,土壤脱盐率最高,达到 98.61%,在此淋盐定额下,毛细透排水带排水洗盐效果最好。

表 3-10　德令哈中度盐渍化试验区不同淋洗定额下淋洗后 0~30 cm 土壤全盐量与脱盐率

灌水量 (m^3/hm^2)	排水措施	原始土样	1 次淋洗		2 次淋洗	
		全盐量 (g/kg)	全盐量 (g/kg)	脱盐率 (%)	全盐量 (g/kg)	脱盐率 (%)
1 650	毛细透排水带	(4.264±0.212)a	(3.465±0.175)ab	18.74	(1.26±0.065)c	70.45
	波纹管	(4.41±0.227)a	(1.45±0.076)c	67.12	(2.045±0.102)b	53.63
1 500	毛细透排水带	(3.592±0.188)a	(3.53±0.189)a	1.73	(0.185±0.011)d	94.85
	波纹管	(2.753±0.145)b	(1.37±0.071)c	50.24	(3.21±0.165)a	-16.6
1 350	毛细透排水带	(3.386±0.166)b	(2.565±0.138)b	24.25	(0.535±0.031)d	84.2
	波纹管	(2.701±0.147)b	(1.755±0.095)c	35.02	(3.175±0.162)a	-17.6
1 200	毛细透排水带	(2.462±0.128)bc	(3.01±0.157)b	-22.3	(0.415±0.027)d	83.14
	波纹管	(1.624±0.089)c	(1.71±0.094)c	-5.3	(2.27±0.116)b	-39.8
1 050	毛细透排水带	(2.091±0.101)bc	(2.575±0.135)b	-23.2	(0.47±0.025)d	77.52
	波纹管	(1.758±0.092)c	(4.195±0.212)a	-139	(2.855±0.144)a	-62.4
900	毛细透排水带	(1.062±0.058)d	(2.525±0.136)b	-137	(0.26±0.018)d	75.52
	波纹管	(1.622±0.086)c	(1.305±0.077)c	19.54	(2.915±0.152)a	-79.7

灌水量 (m^3/hm^2)	排水措施	3 次淋洗		4 次淋洗		5 次淋洗	
		全盐量 (g/kg)	脱盐 (g/kg)	全盐量 (g/kg)	脱盐 (g/kg)	全盐量 (g/kg)	脱盐 (g/kg)
1 650	毛细透排水带	(0.85±0.041)a	80.07	(0.73±0.042)b	82.88	(0.475±0.024)bc	88.86
	波纹管	(0.725±0.045)a	83.56	(1.65±0.083)a	62.89	(0.713±0.036)b	83.83
1 500	毛细透排水带	(0.49±0.022)b	86.36	(0.05±0.002)d	98.61	(0.18±0.009)c	94.99
	波纹管	(0.94±0.058)a	65.86	(0.625±0.031)b	77.3	(0.88±0.044)a	68.03
1 350	毛细透排水带	(0.755±0.046)a	77.7	(0.125±0.006)d	96.31	(0.285±0.014)c	91.58
	波纹管	(0.9±0.054)a	66.68	(0.68±0.034)b	74.82	(0.83±0.041)a	69.27
1 200	毛细透排水带	(1.185±0.012)b	51.87	(1.315±0.066)b	46.59	(0.25±0.013)c	89.85
	波纹管	(0.755±0.045)a	53.51	(1.5±0.075)a	7.64	(1.035±0.052)a	36.27
1 050	毛细透排水带	(0.32±0.027)b	84.7	(0.22±0.011)c	89.48	(0.645±0.032)b	69.15
	波纹管	(0.63±0.031)ab	64.16	(1.7±0.085)a	3.3	(0.94±0.047)a	46.53
900	毛细透排水带	(0.715±0.046)a	32.67	(0.47±0.024)c	55.74	(0.425±0.021)	59.98
	波纹管	(0.845±0.044)a	47.9	(1.825±0.091)a	-12.5	(0.825±0.41)a	49.14

注:图中不同小写字母表示各处理之间差异在 $P<0.05$ 水平显著,下同。

表 3-11　诺木洪重度盐渍化试验区不同淋盐定额淋洗后 0~30 cm 土壤全盐量与脱盐率

灌水量 (m^3/hm^2)	排水措施	原始土样	1 次淋洗		2 次淋洗	
		全盐量 (g/kg)	全盐量 (g/kg)	脱盐率 (%)	全盐量 (g/kg)	脱盐率 (%)
1 650	毛细透排水带	(9.921±0.496)a	(0.828±0.041)b	91.65	(4.655±0.233)b	53.08
	波纹管	(9.647±0.482)a	(2.004±0.100)b	79.23	(2.425±0.121)b	74.86
1 500	毛细透排水带	(2.594±0.130)c	(1.892±0.095)b	27.06	(1.495±0.748)a	42.37
	波纹管	(1.648±0.082)c	(6.316±0.316)a	-283	(2.72±0.136)b	-65.1
1 350	毛细透排水带	(6.532±0.327)b	(4.34±0.217)a	33.56	(1.45±0.073)a	77.8
	波纹管	(5.164±0.258)b	(5.708±0.285)a	-10.5	(3.715±0.186)b	28.06
1 200	毛细透排水带	(4.269±0.213)bc	(2.242±0.112)b	47.48	(0.465±0.023)c	89.11
	波纹管	(5.684±0.284)b	(2.718±0.136)b	52.18	(2.585±0.129)b	54.52
1 050	毛细透排水带	(2.215±0.111)c	(1.352±0.068)b	38.96	(5.34±0.267)b	-141
	波纹管	(1.264±0.063)c	(4.994±0.250)a	-295	(2.34±0.117)b	-85.1
900	毛细透排水带	(6.134±0.307)b	(5.58±0.279)a	9.03	(2.205±0.110)b	64.05
	波纹管	(5.486±0.274)b	(2.156±0.108)b	60.70	(3.955±0.198)b	27.91

灌水量 (m^3/hm^2)	排水措施	3 次淋洗		4 次淋洗		5 次淋洗	
		全盐量 (g/kg)	脱盐率 (%)	全盐量 (g/kg)	脱盐率 (%)	全盐量 (g/kg)	脱盐率 (%)
1 650	毛细透排水带	(0.56±0.028)b	94.36	(0.555±0.028)c	94.41	(0.56±0.028)c	94.36
	波纹管	(0.76±0.038)b	92.12	(1.25±0.063)b	87.04	(0.89±0.045)b	90.77
1 500	毛细透排水带	(0.675±0.034)b	73.98	(1.14±0.057)b	56.05	(0.95±0.048)b	63.38
	波纹管	(2.28±0.114)a	-38.4	(2.55±0.128)a	-54.7	(1.03±0.052)ab	37.5
1 350	毛细透排水带	(0.89±0.045)b	86.37	(0.885±0.044)bc	86.45	(0.78±0.039)b	88.06
	波纹管	(2.75±0.138)a	46.75	(2.835±0.142)a	45.1	(1.36±0.068)a	73.66
1 200	毛细透排水带	(0.93±0.047)b	78.22	(0.76±0.038)bc	82.2	(0.67±0.034)bc	84.31
	波纹管	(3.705±0.185)a	34.82	(2.66±0.133)a	53.2	(1.19±0.060)a	79.06
1 050	毛细透排水带	(3.11±0.156)a	-40.4	(1.855±0.093)a	16.25	(0.96±0.048)b	56.66
	波纹管	(2.95±0.148)a	-133.4	(1.825±0.091)a	-44.4	(1.16±0.058)a	8.23
900	毛细透排水带	(2.545±0.127)a	58.51	(1.95±0.098)a	68.21	(0.98±0.049)b	84.02
	波纹管	(2.155±0.108)a	60.72	(2.715±0.136)a	50.51	(1.55±0.078)a	71.75

由表 3-11 可知，诺木洪试验区土壤盐分整体呈下降趋势，不同排盐措施不同灌水量下土壤盐分的变化特征也明显不同。重度盐渍化土壤相同淋洗次数不同灌水量下，毛细透排水带排水土壤脱盐率与波纹管排水土壤脱盐率差异明显，5 次淋洗后，毛细透排水带排水后土壤脱盐率较波纹管分别高出了 3.59%、25.88%、14.4%、5.25%、48.43% 和 12.27%；而相同灌水量不同淋洗次数下，毛细透排水带排水下土壤脱盐率也明显高于波纹管，以 1 650 m^3/hm^2 为例，毛细透排水带排水后土壤脱盐率较波纹管高出了 2.24%~12.42%。毛细透排水带在灌水量 1 650 m^3/hm^2、4 次淋洗的淋盐定额下，土壤脱盐率最高，达到 94.41%，在此淋盐定额下，毛细透排水带排水洗盐效果最好。

不同排水措施灌排改良盐渍土的土壤盐分变化特征表明，相同灌水量不同淋洗次数下，毛细透排水带排水下土壤脱盐率更高；而相同淋洗次数不同灌水量下，毛细透排水带灌排改良盐渍土的土壤脱盐率更高，土壤盐分的淋洗更有效。两处试验区在灌水淋洗过程中，土壤均出现了不同程度的返盐现象，尤其以诺木洪试验区更为严重，土壤返盐现象是试验区气候干旱少雨，蒸发量大，导致土壤中的盐分随着水分的蒸发被带到土壤表层。两处试验区均具有干旱、少雨、蒸发量大的气候特点，这也是土壤返盐的主要原因。而从表 3-10 和表 3-11 可以看出，波纹管排水过程中返盐次数多于毛细透排水带，且返盐程度更严重。

3.3.4.2　毛细透排水带排水中不同土层盐分变化

盐渍土壤改良中，土壤全盐量的变化可以反映土壤盐渍状况和盐分运移动态。毛细透排水带排水淋盐处理下，德令哈试验区与诺木洪试验区在最优灌水量下土壤不同层次盐分变化规律如图 3-5 所示，与淋洗前相比，德令哈试验区 0～10 cm、10～30 cm、30～50 cm、50～70 cm、70～100 cm 土层土壤全盐量分别下降了 81.19%、63.8%、67.23%、60.14% 和 62.2%，诺木洪试验区 0～10 cm、10～30 cm、30～50 cm、50～70 cm、70～100 cm 土层土壤全盐量分别下降了96.62%、93.55%、87.56%、66.89%、39.41%，随土层深度的增加，土

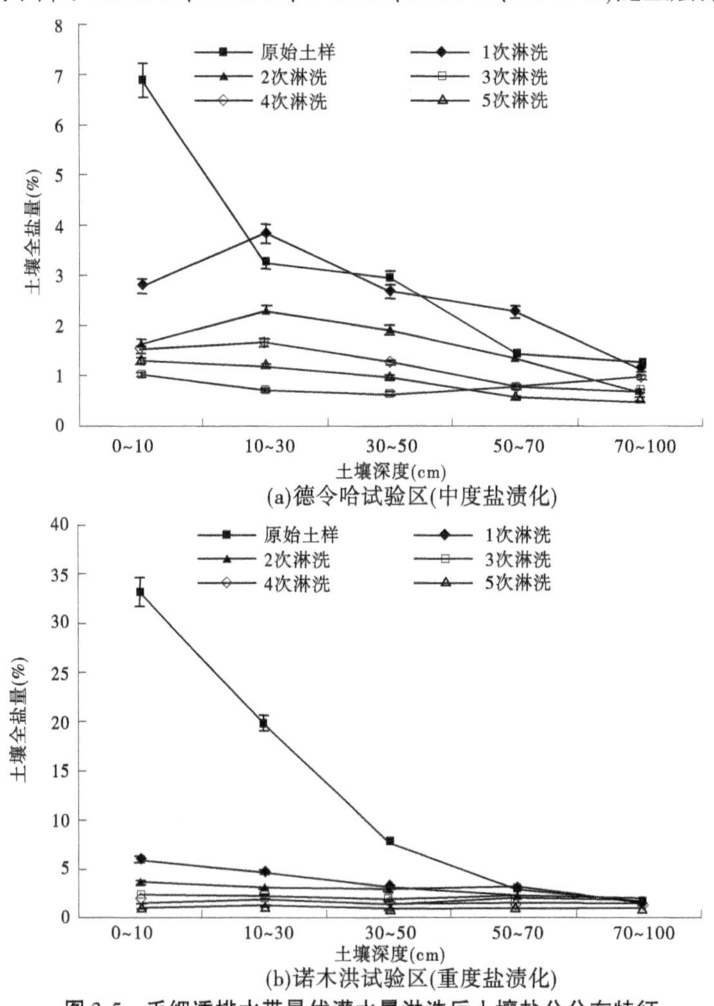

图 3-5　毛细透排水带最优灌水量淋洗后土壤盐分分布特征

壤脱盐效果逐渐降低。随着淋洗次数的增加,可以看出,土壤盐分含量呈现出表层降盐、中部积盐的趋势。德令哈试验区 2 次淋洗后,各层土壤盐分变化差异明显,特别是表层土壤,0~10 cm 土层的土壤全盐含量降低了 76.41%;而诺木洪试验区仅 1 次淋洗后,各层土壤盐分便已出现明显下降,特别是 0~10 cm 与 10~30 cm 土层,这两层土壤全盐含量分别降低了 82.11%和 76.14%。这表明毛细透排水带淋洗对表层土壤盐分有明显的淋洗效果。

3.3.4.3　毛细透排水带排水中 0~10 cm 土层土壤盐分离子的变化

柴达木盆地土壤盐渍化类型主要为氯化物-硫酸盐型,且交换性钠较高。两处试验区毛细透排水带最优脱盐率淋洗下土壤盐分离子量见表 3-12。灌溉淋洗用水来自深层地下水,矿化度较低,平均值 0.65 g/L,盐分受灌溉淋洗用水影响较低。由表 3-12 可知,2 个试验区土壤主要的阴离子是 Cl^- 和 SO_4^{2-},主要的阳离子是 Na^+ 和 K^+,这与俞永科等对柴达木盆地弃耕土壤盐分的分析结果相一致。与原始土样相比,2 个试验区淋洗后土壤盐分中 Cl^- 和 SO_4^{2-} 含量显著下降,中度盐渍化试验区淋洗后 Cl^- 和 SO_4^{2-} 量与原始土样相比分别降低了 63.58%和 24.25%,重度盐渍化试验区淋洗后 Cl^- 和 SO_4^{2-} 量较原始土壤分别下降了 94.21%和 43.84%;这说明毛细透排水带排水冲洗盐渍土起到了良好的作用,尤其是在重度盐渍化地区。2 个试验区其他土壤离子量的变化并不明显,可见毛细透排水带排水冲洗盐渍土对 Na^+、K^+、Cl^- 和 SO_4^{2-} 量影响较大,冲洗效果较好。

表 3-12　毛细透排水带排水对土壤盐分离子量的影响　（单位:g/100 g）

盐渍化程度	处理	Ca^{2+}	Mg^{2+}	K^++Na^+	Cl^-	SO_4^{2-}	CO_3^{2-}	HCO_3^-
中度盐渍化试验区	原始土样	(0.161±0.041)b	(0.042±0.004)b	(0.896±0.070)b	(0.615±0.080)b	(0.433±0.020)c	(0.031±0.003)b	(0.053±0.004)b
	淋洗后	(0.145±0.013)b	(0.057±0.003)b	(0.427±0.050)c	(0.224±0.010)c	(0.328±0.030)d	(0.014±0.001)b	(0.074±0.003)b
重度盐渍化试验区	原始土样	(0.384±0.025)a	(0.210±0.020)a	(3.924±0.460)a	(3.491±0.050)a	(0.901±0.080)a	(0.120±0.020)a	(0.126±0.020)a
	淋洗后	(0.203±0.030)a	(0.104±0.009)ab	(0.503±0.060)c	(0.202±0.000)c	(0.506±0.050)b	(0.017±0.001)b	(0.108±0.030)a

注:表中不同小写字母表示各处理间差异在 $P<0.05$ 水平显著。

3.3.5　讨　论

研究结果表明,毛细透排水带排水改良盐碱土可以有效降低土壤盐分,德令哈(中度盐渍化)试验区和诺木洪(重度盐渍化)试验区土壤脱盐均十分明显,德令哈试验区平均全盐量为 2~4.5 g/100 g,诺木洪试验区平均全盐量为 8~10 g/100 g,其对应土壤脱盐率最高分别为 98.61%和 94.41%,根据试验区土壤含盐量与干旱缺水情况,考虑较优脱盐率的情况下,确定了毛细透排水带在不同程度盐渍土地区适宜的淋洗定额,中度盐渍化地区淋盐定额为 1 500 m^3/hm^2,灌水次数 4 次;重度盐渍化地区淋盐定额为 1 650 m^3/hm^2,灌水次数 4 次。毛细透排水带排水淋洗后土壤盐分由表聚型向脱盐型转变,且中度盐渍化土壤的脱盐效果要优于重度盐渍化,这与前人对暗管排水滴灌的研究结果相一致,但是前人只是对暗管铺设滴灌等方面进行了研究与探讨,并没有对毛细透排水带淋洗和淋洗后不同土层土壤的脱盐效果进行深入分析。研究表明,暗管排水能将盐分向下淋洗,盐分聚集在土壤湿润锋附近，在强烈的蒸散发下土壤盐分再次转移到地表，造成次生盐渍化的发生；本试验中波纹管排水淋洗过程中出现多次地表返盐的现象，究其原因可能是试验区气候干旱，蒸散发强烈，盐分受淋洗向下聚集后在强烈的蒸散发作用下迁移到地表，造成返盐；而毛细透排水带淋洗过程中地表返盐现象出现次数较少，且返盐程度也没有暗管严重，说明毛细透排水带排水淋洗盐渍土更为稳定，不容易出现返盐现象。

从不同次数淋洗分析毛细透排水带排水淋盐效果的研究较少，灌排改良条件下，2 个试验区土壤各土层的脱盐规律基本一致，均呈现出逐渐下降的趋势，只是下降幅度不同，表层土壤盐分下降最为明显，而其他土层的土壤盐分下降没有表层土壤下降明显，这说明毛细透排水带排水冲洗盐渍土对土壤表层盐分具有良好的冲洗效果，这可能是因为毛细透排水带排水的原理是水流进入毛细透排水带后受重力作用流向出口，在毛细作用和虹吸作用下，不断抽吸土壤中过饱和水，排出淋洗后的盐水，降低了土壤盐分。

2 个试验区主要的盐分阴离子为 Cl^- 和 SO_4^{2-}，阳离子为 Na^+ 和 K^+，毛细透排水带淋洗对这 4 种离子有良好的冲洗脱除效果。中度盐渍化试验区 Mg^{2+}、Ca^{2+}、CO_3^{2-}、HCO_3^- 离子量较少，冲洗脱除效果不显著；而重度盐渍化试验区这 4 种离子冲洗脱除效果明显，说明毛细透排水带淋洗盐渍土有良好的作用。2 个试验区淋洗后土壤 SO_4^{2-} 的降低率较低，分别为 24.25%和 43.84%，低于 Cl^- 的降低率，这可能是因为硫酸盐的溶解度会随温度的增高而加大，冲洗时正值春季，气温较低，影响了 SO_4^{2-} 的冲洗效果，因此冲洗应在气温较高的伏秋季节进行。

本试验仅从土壤脱盐率、土壤离子量等方面探究了毛细透排水带在盐碱地淋洗方面的应用，针对土壤渗透性、有机质含量等方面的研究还有待进一步的深入，以期更全面地探究毛细透排水带在盐碱地淋洗工程中的应用。

3.3.6　结　论

采用毛细透排水带排水技术对青海高寒区氯化物-硫酸盐型盐碱地进行冲洗改良，确定了毛细透排水带在不同程度盐碱地的淋盐定额与洗盐效果，分析了毛细透排水带淋洗过程中盐分和离子的变化情况，对比了毛细透排水带与波纹管的经济实用性，结果表明：

(1) 中度和重度盐渍化土壤表层(0~10 cm)盐分下降最快，其他土层盐分呈现显著下降，中度和重度土壤最高脱盐率分别为 81.19%和 96.62%，重度盐渍化土壤盐分可降低至中度水平。

(2) 2 个试验区 0~10 cm 土层土壤盐分 Cl^-、SO_4^{2-}、Na^+ 和 K^+ 量较原始土样明显下降，毛细透排水带对 Cl^-、SO_4^{2-}、Na^+ 和 K^+ 有显著的淋洗作用。

(3) 毛细透排水带排水降盐技术在青海高寒区中度盐渍化地区淋盐定额为 6 000~6 750 m^3/hm^2，灌水量为 1 500 m^3/hm^2，灌水次数 4 次，土壤脱盐率可达 98.61%。重度盐渍化地区淋盐定额为 6 600~8 250 m^3/hm^2，灌水量为 1 650 m^3/hm^2，灌水次数 4 次，土壤脱盐率可达 94.41%。

上述结果表明，在青海高寒区盐碱地的治理过程中，毛细透排水带降盐技术对中度盐渍土壤和重度盐渍土壤改良效果良好，优于传统的暗管排水技术，今后还需对毛细透排水带在其他地区盐碱地治理中的应用进行更深层次的研究，以期更有效地治理盐碱土壤，为盐碱土的开发利用提供新的技术。

3.4　生物改良措施

生物改良措施主要适用于轻度盐渍化土地和经工程改良措施后的土壤培肥。在盐渍化土壤上种植绿肥牧草和耐盐作物，可以减小地面蒸发、改善土壤理化性质，种植绿肥的主要作用如下。

3.4.1　抑制土壤返盐

绿肥作物在生长期间对地面起覆盖作用，减小地面风速、减少地面蒸发，阻止土壤表层积盐。在黄淮海地区盐渍化土壤上种植田菁，在河西走廊、东北等地盐渍化土壤上种植碱茅，都取得了明显的脱盐效果。

3.4.2　提高土壤养分

俗话说“肥大压碱”的道理，就是种植绿肥不仅降低了土壤含盐量，而且增加了土壤有机质的含量，增强了土壤微生物的活力和酶活性。在我国西北地区，草田轮作或粮草套种豆科绿肥牧草，是提高土壤肥力的重要措施之一。特别是盐渍土水利改良脱盐达到一定程度后，必须大量增加土壤有机质，促进土壤肥力的提高。

3.4.3　改善土壤物理性质

盐碱地突出的问题是土壤有机质含量低，土壤板结，耕性不良。种植绿肥后，由于土壤有机质明显增加和牧草根系的穿插作用，土壤孔隙度、土壤容重也发生良性变化。

3.4.4　提高农作物产量

由于绿肥有上述几方面的有益作用，向农田翻压绿肥或粮食作物与豆科作物或豆科牧草套种，增产效果明显。

我国西北地区耐盐的绿肥牧草较多，其中碱茅草、草木樨等均为盐碱地改良的先锋植物，它对氯化物、硫酸盐以及镁盐均有较强的抵抗力，在镁钙比值为3~10时，仍能生长。其根系可深入地下1 m以下，根群分布直径为30~50 cm，主要集中在0~30 cm深度内，根茬产量和鲜草产量均高。在它生长期间，枝叶茂密，覆盖地面，减少土壤蒸发，起到抑盐作用。同时，在轻度盐渍化地上种植一些耐盐经济作物，既可改良盐碱地，又可获得较高的经济效益。在柴达木盆地可以种植紫花苜蓿、箭舌豌豆、甜菜、枸杞等耐盐的经济作物。因此，柴达木盆地的轻度盐渍化土地的改良和采用工程措施改良后的盐碱地的培肥中均可采用生物改良措施。

3.5　农业改良措施

3.5.1　平地改土

平整土地可以提高灌水洗盐的效果，也是减少和防治土壤表层盐斑式积盐的有效方法。在平整轻度盐渍化土地时，要和打埂作畦结合起来；平整重盐渍化土地时，要同修条田相结合，平整后要结合灌水，让土体沉实，起碱压盐的作用。

3.5.2　适度深耕深翻

深耕深翻，除可熟化土壤、改善土壤理化性质外，还可以加速土壤脱盐，减少土壤返盐。据赛什克农场的试验，深翻 25 cm，含盐量由原来的 1.05%下降到 0.42%；而耕翻 10 cm 的盐碱地，脱盐深度仅有 4~5 cm，含盐量减少不明显。

3.5.3　增加土壤有机质

盐渍化土壤上生物量积累较少、土壤有机质含量低；在其冲洗改良过样中，不只是冲洗盐分，有机质和微量元素也被淋洗而损失。因此，盐渍化土壤一般是低温、土瘦、结构性能差的土壤，增加有机质对改良盐渍化土壤具有重要作用。当冲洗脱盐到一定程度后，增施有机肥，第一，可促使土壤进一步脱盐；第二，可改良土壤物理性质，如改良土壤结构、提高地温、改善土壤孔隙性；第三，可改善土壤的水分状况，如减少土壤蒸发量，保持较高的土壤含水量。此外，还可以改善农作物的营养状况，提高抗盐能力。

据青海省农业科学院在 20 世纪 70 年代的研究表明，3 年连续施用有机肥每公顷 6 万 kg，耕层土壤容重降低了 0.09 mg/m^3，总孔隙度增加了 6%，耕层土壤脱盐率为 38.2%~45.6%，每公顷小麦产量提高 1 800 kg。

增施有机肥可根据肥源的多少而定。当肥源充足时，可大量施用；当肥源不足时，可集中施用，而不能分散施用。河西走廊的施肥降盐试验表明，在秸秆中，豆类优于麦类；在粪肥中，羊粪强于猪粪。

3.5.4　实行草粮轮作

将小麦连作改为小麦—绿肥—小麦或绿肥—小麦—小麦的轮作方式，适当配施化学氮磷肥，可起到减轻盐分、提高土壤肥力的作用，是轻度盐化土壤改良的好方法。如赛什克农场用此方法在轮作周期后测定，耕层土壤脱盐率为 50.2%，土壤容重下降 5.8%，总孔隙度增加了 4.7%。

3.5.5　铺沙垫草和掺沙改良

这是我国西北地区传统的盐改农业技术。沙的粒径较大，沙粒之间有较大的空隙，水分在沙粒之间移动，向下容易，上行比较困难，因而地面铺沙和土内掺沙就成为一种防治盐碱的重要措施。盆地赛什克农场改良盐斑地时，深挖 40 cm，下铺一层麦草，灌水播种，隔断了毛细管的作用,无盐斑地出现。

3.5.6 秸秆覆盖和地膜覆盖

用覆盖的措施,可以减小土壤蒸发、保持土壤水分和提高地温。特别在苗期,植物抗盐能力差,地温较低,进行地膜覆盖的效果很明显。用地膜覆盖措施,可在盆地内种植玉米等作物。

3.6 农田盐渍化治理建议

3.6.1 全流域综合规划

按流域系统的自然特征及其经济条件进行治理规划,然后本着先易后难的原则,确定治理的时序。即对经济社会条件较好、治理效益较高的重点地区,如盆地东半部地区,应优先从区域角度进行治理;其次考虑治理盐渍化程度较轻的农田。做好顶层设计,才能使盐渍化治理工作"事半功倍"。

3.6.2 综合治理

在柴达木盆地极端干旱的气候条件下,过量引水灌溉,渗漏严重,加上有灌无排或灌排系统不配套,极易使地下水位上升;强烈的蒸发作用易使农田地表积盐。因此,只有在比较完备的水利工程基础上,进一步实施平整土地、建立林网、种植绿肥和培肥土壤等农业和生物措施,才能治理盐碱,建立良好的绿洲农田生态系统。水利工程措施、生物措施、农业措施和化学措施等,各有其优缺点,只有发挥各项措施的优点,贯彻综合治理的观点,才能协调"水、盐、肥、土"与作物之间的关系。

3.6.3 健全灌排系统

根据盐分的地段性分异特点,分段采取不同的改良措施。健全流域的排灌系统是灌区良性运行的关键所在。

3.6.4 完善耕作制度和灌溉制度

完善耕作制度,实际上是让植物本身适应和改造其生存环境。林、粮、草在空间上或时间上的合理布局,能有效调控地下水位、减少地表蒸发和提高土壤质量;详细的灌溉制度一是有利于实施"总量控制、定额灌溉",二是农业水资源得到高效利用,三是减少地表水的深层渗漏和肥料流失,造成的浅层地下水污染。

3.6.5 不断提高土壤质量

良好的土壤理化性状,对作物具有较好协调"水、肥、气、热"的功能。除采用降低地下水位、减少地面蒸发和排盐洗盐等方法改善土壤性状外,还应根据具体情况对土壤进行培肥改良土壤性状。

参考文献

[1] 郭全恩,王益权,郭天文,等. 半干旱盐渍化地区果园土壤盐分离子相关性研究[J]. 土壤,2009,41(4):664-669.

[2] 李世顺. 青海省土地资源及其合理开发利用探讨[M]. 西宁:气象出版社,1995.

[3] 马晨,马履一,刘太祥,等. 盐碱地改良利用技术研究进展[J]. 世界林业研究,2010,23(2):28-32.

[4] 迟春明,王志春. 客土改良对碱土饱和导水率与盐分淋洗的影响[J]. 农业系统科学与综合研究,2011,27(1):98-101.

[5] 曲璐,司振江,黄彦,等. 振动深松技术与生化制剂在苏打盐碱土改良中的应用[J]. 农业工程学报,2008,24(5):95-99.

[6] 王文杰,关宇,祖元刚,等. 施加改良剂对重度盐碱地土壤盐碱动态及草本植物生长的影响[J]. 生态学报,2009,29(6):2835-2844.

[7] BUSCH D E, Smith S D. Effects of fire on water and salinity relations of riparian woody taxa[J]. Oecologia, 1993, 94(2):186.

[8] 闫靖华,庞玮,张凤华. 不同恢复方式下盐渍化弃耕地土壤生物学活性的变化[J]. 中国生态农业学报,2013,21(9):1088-1094.

[9] RAI R. Strain-specific salt tolerance and chemotaxis of Azospirillum brasilense and their associative N-fixation with finger millet in saline calcareous soil[J]. Plant & Soil, 1991, 137(1):55-59.

[10] ALTMAN A. The Plant and Agricultural Biotechnology Revolution: Where Do We Go from Here? [J]. Current Plant Science & Biotechnology in Agriculture, 1999, 5(38):14-18.

[11] 赵兰坡, 尚庆昌, 李春林. 松辽平原苏打盐碱土改良利用研究现状及问题[J]. 吉林农业大学学报, 2000(S1):79-83.

[12] 王春娜,宫伟光. 盐碱地改良的研究进展[J]. 防护林科技,2004(5):38-41.

[13] 刘阳春,何文寿,何进智,等. 盐碱地改良利用研究进展[J]. 农业科学研究,2007(2):68-71.

[14] 刘建强,毕华军,郑强. 黄河三角洲盐碱地改良综合技术研究[J]. 山东水利,2014(2):4-7.

[15] 张建锋,宋玉民,邢尚军,等. 盐碱地改良利用与造林技术[J]. 东北林业大学学报,2002,30(6):124-129.

[16] 于淑会,刘金铜,刘慧涛,等. 暗管控制排水技术在近滨海盐碱地治理中的应用研究[J]. 灌溉排水学报,2014,33(3):42-46.

[17] 陈阳,张展羽,冯根祥,等. 滨海盐碱地暗管排水除盐效果试验研究[J]. 灌溉排水学报,2014,33(3):38-41.

[18] 蔡飞, 邵孝侯, 黄明勇,等. 天津滨海新区盐碱土绿化暗管排盐工艺技术效果探讨[C]// 中国土壤学会二次理事扩大会议暨学术会议. 2009.

[19] 孟凤轩, 迪力夏提, 罗新湖,等. 新垦盐渍化农田暗管排水技术研究[J]. 灌溉排水学报, 2011, 30(1):106-109.

[20] 石佳, 田军仓, 朱磊. 暗管排水对油葵地土壤脱盐及水分生产效率的影响[J]. 灌溉排水学报, 2017(11):46-50.

[21] 于淑会,刘金铜,李志祥,等. 暗管排水排盐改良盐碱地机理与农田生态系统响应研究进展[J]. 中国生态农业学报,2012,20(12):1664-1672.

[22] 王洪义,王智慧,杨凤军,等. 浅密式暗管排盐技术改良苏打盐碱地效应研究[J]. 水土保持研究,2013,20(3):269-272.

[23] 艾天成, 李方敏. 暗管排水对涝渍地耕层土壤理化性质的影响[J]. 长江大学学报 b(自然科学版),2007, 4(2):4-5.

[24] 周和平,张立新,禹锋,等. 我国盐碱地改良技术综述及展望[J]. 现代农业科技,2007(11):159-161, 164.

[25] 陈航,杨长岭. 毛细式透排水带在整地工程中的应用[J]. 给水排水,2008(10):108-109.

[26] 李伟, 杨丹, 李庆. 毛细透排水带在隧道衬砌外排水系统中的应用研究[C]// 海峡两岸隧道与地下工程学术与技术研讨会. 2013.

[27] 张月珍, 张展羽, 张宙云,等. 滨海盐碱地暗管工程设计参数研究[J]. 灌溉排水学报, 2011, 30(4):96-99.

[28] 林余生. 浅谈毛细式透排水带反滤排水技术和施工应用[J]. 中小企业科技,2007(6):113.

[29] 国家质量技术监督局,中华人民共和国建设部. 灌溉与排水工程设计规范:GB 50288—1999[S]. 北京:中国建筑工业出版社,1999.

[30] 李宝富,熊黑钢,张建兵,等. 干旱区农田灌溉前后土壤水盐时空变异性研究[J]. 中国生态农业学报,2011,19(3):491-499.

[31] 张得芳,樊光辉,马玉林. 柴达木盆地盐碱土壤类型及其盐离子相关性研究[J]. 青海农林科技,2016(3):1-6.

[32] 俞永科,王玫林. 浅议柴达木盆地盐碱土成因与暗排技术的应用[J]. 青海环境,1997(1):19-21.

[33] MMOLAWA K, Or D. Root zone solute dynamics under drip irrigation: A review[J]. Plant & Soil, 2000, 222(1-2):163-190.

[34] 王全九,王文焰,吕殿青,等. 膜下滴灌盐碱地水盐运移特征研究[J]. 农业工程学报,2000,16(4):54-57.

[35] 刘玉国,杨海昌,王开勇,等. 新疆浅层暗管排水降低土壤盐分提高棉花产量[J]. 农业工程学报,2014,30(16):84-90.

[36] 杨鹏年,董新光,刘磊,等. 干旱区大田膜下滴灌土壤盐分运移与调控[J]. 农业工程学报,2011,27(12):90-95.

[37] ROBERTS T L, WHITE S A, WARRICK A W, et al. Tape depth and germination method influence patterns of salt accumulation with subsurface drip irrigation[J]. Agricultural Water Management, 2008, 95(6):669-677.

[38] ROSS P J. Modeling Soil Water and Solute Transport—Fast, Simplified Numerical Solutions[J]. Agronomy Journal, 2003, 95(6):1352-1361.

第 4 章　盐碱地造林技术集成示范

柴达木盆地气候干旱,降水稀少,太阳辐射强,风蚀、沙化严重,土壤含盐量较高,自然生态系统十分脆弱。在以往的开发过程中,对生态环境的承载能力没有引起足够的重视,盲目开荒破坏了大面积的优良牧场和林地,造成大面积耕地次生盐渍化。土壤母质中盐分含量较高,灌溉水矿化度较大,加上灌溉区灌溉措施不配套,耕地大水漫灌,基本上是有灌无排,渠道渗漏严重,造成地下水位上升,盐分上返,次生盐渍化发展很快。柴达木盆地农田次生盐渍化最直接的危害就是导致农作物减产,甚至死亡。农田盐渍化是影响柴达木盆地农经作物高产稳产的主要障碍之一。另外,因农田次生盐渍化而弃耕的土地极易发生沙化,由于土地开垦破坏了原生植被,弃耕后,植被恢复困难,地表裸露,在干燥多风的条件下,土地易风蚀沙化。因此,土壤盐渍化问题也是造成柴达木盆地荒漠化的因素之一。

由于缺乏盐碱地低成本长效改良技术、林草优化配置与植被高效构建技术等,柴达木盆地盐渍化问题一直制约着盆地生态系统建设和农林牧业的可持续发展。柴达木盆地在现有的耕作活动和灌溉制度下近一半的农田会遭受次生盐渍化的风险,而且这种盐渍化高风险的农田占了现有耕地的 44.92%。因此,针对柴达木盆地盐渍化土地的特点,因地制宜,科学规划,以盐碱地造林关键技术攻关为突破口,有效开发利用当地植物资源,为柴达木盆地盐渍化土地的综合治理提供科学依据,具有重要意义。

为满足柴达木盆地盐碱地造林和植被恢复的迫切技术需求,通过多学科联合攻关,开展盐渍化土地和重要植物的耐盐性评价;开发和筛选盐碱地治理的新材料、新产品及其应用技术;研究柴达木盆地盐碱地造林方法和植被恢复技术,提出盐碱地造林技术规程。以此为盐碱地植被恢复与建设提供配套的实用技术及技术储备。

在分析柴达木盐碱地不同困难立地生境特征的基础上,根据其植被恢复的关键限制因素,对柴达木盆地盐碱地不同困难立地进行生境评价与分类,研究提出适宜不同生境类型的植被恢复与重建的群落结构类型及其途径,试验研究不同生境改良技术和种苗(种子、苗木)活力强化处理与定植技术,结合不同困难立地类型的新材料、新产品试制、筛选及其应用技术研究,解除或缓和限制因素对植被恢复的影响,研究提出稳定性较强的盐碱地植被恢复重建模式及配套技术措施。

4.1　柴达木盆地盐碱地造林历程

随着生态保护和重建工作力度的不断加大,近年来,柴达木盆地荒漠化治理取得显著成效,荒漠化土地面积较 2009 年减少 42.3 万亩。位于青藏高原腹地的柴达木盆地是我国三大内陆盆地之一,面积约 24 万 km^2,主要分布在青海省海西蒙古族藏族自治州。盆地内气候干旱、寒冷、多风,沙漠化土地总面积 1.42 亿亩,是我国沙化土地分布海拔最高的地区。除湖泊外,柴达木盆地更多的是风蚀丘陵和戈壁沙漠。也正因如此,这里是青海省沙化面积最多、治理难度最大、保护任务最艰巨的地区。盆地内气候干旱、寒冷、多风,沙漠化土地总面积 94 666.67 km^2,是我国沙化土地分布海拔最高的地区。

按土壤分布地区的自然环境和盐渍情况,可将我国的盐渍土初步分为四大区:滨海盐渍区、泛滥平原盐渍区、荒漠及荒漠草原盐渍区和草原盐渍区。根据熊毅先生的分类,盆地的盐渍土应属于残积型—荒漠与荒漠草原盐渍区。这类土地主要分布于柴达木盆地、茶卡盆地、青海湖盆地、共和盆地的湖滩和河滩地上,土质主要为湖积物和冲积物。湖泊周围多盐碱土滩地和盐土沼泽地。青海湖盆地和共和盆地湖滨多形成草甸湖滩地。平地除上述集中分布外,青海省东部的山间盆地,柴达木盆地西北部分布有大面积的风蚀雅丹平地,形成坚硬的盐磐,为盐漠平地。

在"三北"防护林工程建设初期,柴达木盆地中部划分为盐碱地造林区,主要以农田防护林、草原防护林和防沙固沙林为主。共和盆地将营造防风固沙林、水土保持林、农用防护林、薪炭林和水库边护岸林。不同的形成原因会造成盐碱土中盐分类型不同,而不同的土壤盐分类型对于盐碱地造林中树种的选择和造林措施有很大的影响。所以,盐碱土壤盐分类型的调查研究是盐碱地改良和利用研究的基础。为了研究柴达木盆地的土壤盐碱化程度,张得芳、樊光辉等,通过柴达木盆地盐碱土壤类型及其盐离子相关性研究,对柴达木地区不同的土壤类型进行采样,并测定样品中的全盐、HCO_3^-、Cl^-、SO_4^{2-}、Ca^{2+}、Mg^{2+}、K^+和 Na^+等的含量。结果发现,测定的 20 个样品中有 11 个样品的全盐含量高于耕地标准,其余 9 个低于耕地标准。该研究为柴达木地区的植被恢复和造林工作进行理论指导。

在柴达木盆地分布着大范围的次生盐碱地,调研发现这是由盆地各灌区灌排系统不健全,有灌无排,地下水抬升所导致,严重影响着农作物的正常生长。管吕军等通过开展新型暗管排水技术研究为有效降低地下水位,改良土壤为农作物的生长提供良好的土壤环境,提高土地利用率。通过采用新型暗管排水技术,在柴达木盆地的适应性研究,提出暗管间距、埋深及合理的冲洗定额。对试验中的混凝土集水管为增强其强度和耐腐性,给其加入一定量的纳米材料,研究其强度、密实度及耐腐性。试验结果显示,不同暗管埋深和间距下的暗管排水均能有效地降低土壤的含盐量。根据设定的灌溉制度,"灌—排"后的土壤含盐量均达到了 0.5%以下,符合枸杞的正常生长需要。而且,在砂浆中加入一定量的纳米材料后,能有效地增加其强度和密实度,从而减少输水过程中的水分下渗量,防止土壤次生盐碱化的发生。最后通过对不同的暗管埋深和间距布置的分析,并结合非稳定流计算公式以及排盐和经济效益指标,提出了该试验区暗管排水布置的二维非线性规划数学模型,利用梯度投影法结合软件进行模型求解计算,确定适合该试验区的最优暗管布局。

李海英、彭红春等采取生物措施对柴达木盆地弃耕盐碱地进行效应分析,利用生物技术改良柴达木盆地弃耕盐碱地,结果表明,全盐量随着苜蓿种植年限的增加而降低。0~30 cm 耕作层全盐量由试验前的 1.518%下降到 0.126%,脱盐率达 91.7%,盐分表聚现象已不明显。土壤盐分季节变化呈 U 形曲线,建植人工草地后,初级生产力明显提高。试验区植物群落的物种数、多样性指数、均匀度均高于对照区。彭红春、牛东玲等通过对柴达木盆地弃耕盐碱地紫花苜蓿生物量季节动态研究,观察柴达木盆地二龄、三龄混播与单播紫花苜蓿群落地上生物量、生长速率、株高、盖度的季节动态变化，结果表明，三龄紫花苜蓿生物量、生长速率均高于二龄，但株高间差异不显著($P>0.05$)。混播的盖度高于单播、三龄的盖度高于二龄。混播苜蓿的牧草保持稳定比例，单播则变化较大。彭红春、李海英等通过利用人工种草改良柴达木盆地弃耕盐碱地研究，在柴达木盆地因次生盐渍化而形成的弃耕地上建立稳产、高产的人工草地后，产草量、盖度和可食牧草比例有了明显的提高，降低了土壤含盐量，改善了人工草地样地的微气候，减少了地面的水分蒸发，抑制盐分上移。

王现洁、孔凡晶等发展柴达木盆地盐湖农业的资源基础，基于柴达木盆地的地理、气候、水资源和盐生植物等自然条件，综合分析了该地区发展盐湖农业的资源基础，重点讨论了土地利用现状的特点及存在的问题。结果表明，柴达木盆地以盐渍化土地为主，区域内积温较多、热量条件较好，咸水、微咸水资源及动植物资源丰富；农业用地仅占土地总面积的0.17%，有大量宜农土地未被开发，撂荒面积大；草地占土地总面积的46.64%，但海拔、气候、交通等条件限制其利用；林地占土地总面积的2.87%，破坏较严重；盐碱地占总土地总面积的11.68%，且资源丰富，几乎未被利用。柴达木盆地资源基础丰厚，开发潜力巨大，建议在该地区建立农业示范园区，发展盐湖农业，加强盐生植物研究，合理开发利用盐碱地资源。刘吉祥、吴学明等通过盐胁迫下芦苇叶肉细胞超微结构的研究，对青藏高原柴达木盆地柯柯盐湖边盐碱地上生长的芦苇叶肉细胞的超微结构进行了研究，并以西宁地区非盐碱地上生长的芦苇作对照，结果表明，西宁地区的芦苇叶肉细胞的叶绿体呈椭圆形，其膜系统完整，基粒片层和基质片层发育良好。在盐碱地上生长的芦苇叶肉细胞的叶绿体呈圆形，叶绿体内出现较大的淀粉粒，并发现有线粒体嵌入叶绿体的现象。叶绿体的类囊体膨大，线粒体的嵴也有膨大的现象。在盐湖水中生长的芦苇叶肉细胞，叶绿体的类囊体排列紊乱、扭曲、松散。类囊体膜局部被破坏，部分类囊体膜解体，空泡化，甚至消失，一些溶解了的类囊体流进细胞质中。综上所述，芦苇叶肉细胞超微结构的变化是该植物适应柯柯盐湖地区盐渍、低温、低气压、强辐射等环境因子的结果。

俞永科等提出柴达木盆地盐碱土主要分布在各河流中、下游地带和排水不畅的低洼地段，盐碱地面积占可垦面积的35.6%。通过盐碱土成因分析，综述了暗管排水技术改良盐碱土的优越性，为盆地盐碱地治理改造提出了一些新的见解。何孝德等提出白刺抗逆性强，生长适应幅度宽，能在极度干旱、贫瘠和盐碱地中生存，因此广布于戈壁滩、低温盐碱地和沙漠中，是柴达木盆地生态环境的一种不可多得的固沙植物。白刺不仅可以固沙，而且其果实、枝、叶均有极好的医疗保健作用，可入药，可制成品质上佳的饮料，还可饲养山羊。因此，提高对白刺生态作用的认识，对白刺进行良好的管护和合理的开发利用，形成一种保护和利用白刺的良好循环机制是十分必要的。郎百宁等在柴达木盆地“利用荒漠和盐碱地建立人工草地”进行了4年的研究。结果表明：①碱茅是利用盐碱地建立人工草地的首选牧草，可在中度和重度含盐量(0.5%~1.47%)的土壤上生长，种植第3年产青干草4 500 kg/hm^2。②在荒漠地区采用围栏封育2年后产草量比对照提高3.91倍，封育加灌溉提高4.29倍，灌溉+补播+封育提高1.42~6.2倍。

4.2　盐碱地造林地水盐运动规律及降解技术研究

盐渍土中的盐分是通过水分的运动且主要是由地下水运动带来的,因此在干旱地区,地下水位的深浅和地下水矿化度的大小,直接影响着土壤的盐渍化程度。地下水埋藏越浅,地下水越容易通过土壤毛管上升至地表,蒸发散失的水量越多,留给表土的盐分就越多,尤其是当地下水矿化度大时,土壤积盐更为严重。

4.2.1　试验材料及测试方法

4.2.1.1　试验材料

土壤水分特征曲线测定试样分别采自海西州诺木洪农场和尕海镇农场,土壤饱和导水率、非饱和导水率试样采自诺木洪农场。

土壤水盐运移规律土样采自诺木洪农场厂部栽培试验区。

4.2.1.2　试验方法

(1)土壤水分特征曲线:离心机法;试样测试前采取浸水脱盐处理;

(2)土壤饱和导水率:环刀原状土,马里奥特瓶定水头供水条件的渗透仪法,试样测试前,采取浸水脱盐处理。

(3)非饱和导水率:实地土壤水分再分布条件下的瞬时剖面法;无脱盐处理。

(4)土壤水盐运移规律:实验室土柱试验,采用经筛分、淋溶和浸水脱盐处理试样(淋溶脱盐为该土柱上端按试样最大饱和导水率速度马氏瓶定水头供水,初始 6.4 g/kg 全盐量土柱淋溶至平均剖面全盐量 1.766.4 g/kg,用水 300 cm 水深,后续试验采用浸水脱盐),为按实地土壤容重填装的扰动土壤土柱,每 20 cm 安装测试探头(土壤盐分、水分、温度三参数自记仪)。为模拟干旱蒸发条件,在土柱蒸发面(土柱上端)安装有热源和排气扇,测试期间每天白天运行 10 h,其热源和排气扇的控制条件为 10 h 水面蒸发 10 mm,接近当地干旱季节日最大水面蒸发量;马里奥特瓶定水头供水,供水中含有模拟浅层地下水矿化度设计浓度的 NaCl。土柱设计的初始含水量为最大田间持水量的 80%,其体积含水量为 28 cm^3/cm^3(质量含水量 20%,平均容重 1.40±0.04a)。土柱试验充分结合了待模拟盐碱地为内陆高寒区盐碱地干旱多风的实际情况,试验装置由“有机玻璃土柱、供水孔、连接水管、马氏瓶、蒸发强度控制箱、盐分传感器”组成,其中蒸发强度控制箱包含遮光部件、辐射强度可调的红外线灯、通风口、蒸发孔、风速可调的排风扇等。该室内模拟系统装置可模拟待模拟盐碱地的土壤蒸发条件、地下水矿化度,从而可模拟待模拟盐碱地的盐分运移状况。具体装置见图 4-1。

非饱和土壤导水率随土壤水分的趋势变化见图 4-2 和表 4-1。从试验地取样,容重为 1.45,由离心机法确定的土壤水分特征曲线(脱水曲线)(见图 4-3)为

$$\begin{cases} \psi = 17\,934.66 \times e^{-25.289\theta} & \theta \geqslant 0.14 \\ \psi = 15\,458.02 \times e^{-27.435\theta} & \theta < 0.14 \end{cases} \quad N = 542 \quad R = 0.87^{**}$$

式中:ψ 为土壤水势,cm 水头;θ 为土壤体积含水量,cm^3/cm^3。

由土壤水分特征关系和水平渗透仪法可直接计出非饱和土壤导水率,考虑到扰动土

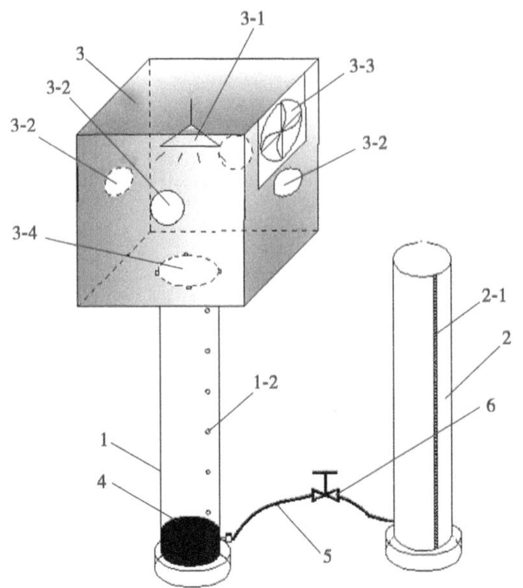

1—土柱;1-2—盐分传感器孔;2—马氏瓶;2-1—标尺刻度;3—控制箱;3-1—光源;3-2—通风口;3-3—排风扇;3-4—蒸发孔;4—反滤层;5—连接水管;6—阀门

图 4-1　水盐运移试验土柱构造示意图

壤与实地土壤有较大差异,参考由中子水分仪和水分张力计的实地瞬时剖面法土壤水分特征参数的观测数据后做了适当调整,为

$$\begin{cases} K(\theta) = 0.882\,5 \times 10^{-10} \times e^{63.228\theta} & \theta \geq 0.14 \\ K(\theta) = 0.358\,8 \times 10^{-10} \times e^{64.216\theta} & \theta < 0.14 \end{cases}$$

式中:$K(\theta)$为非饱和土壤导水率,cm/min;θ为土壤体积含水量,cm^3/cm^3。

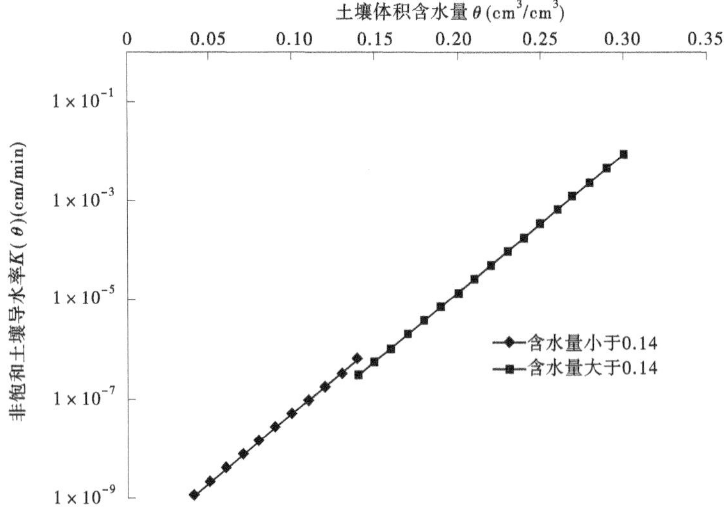

图 4-2　诺木洪试验区盐碱土壤的非饱和土壤导水率与土壤体积含水量关系曲线

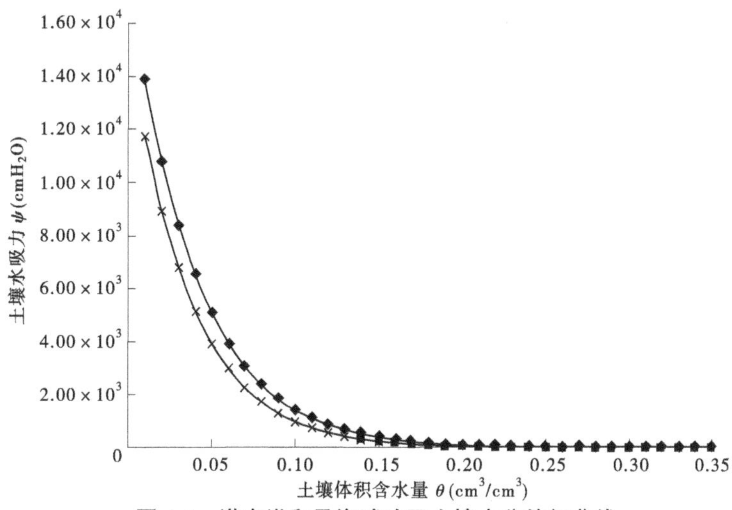

图 4-3　诺木洪和尕海试验区土壤水分特征曲线

表 4-1　诺木洪农场盐土的非饱和土壤导水率与土壤水分关系

土壤质量含水量(%)	5	10	15	20	25
土壤体积含水量(cm^3/cm^3)	0.07	0.14	0.21	0.28	0.35
土壤水势(cmH_2O)	2 265.23	520.37	88.62	15.09	2.57
非饱和土壤导水率	3.21×10^{-9}	6.17×10^{-7}	5.15×10^{-5}	4.31×10^{-3}	3.60×10^{-1}

4.2.2　盐碱地水盐运移规律

在干旱季节,不至于引起表层土壤积盐的最浅地下水埋藏深度,称为地下水临界深度。临界深度一般 3 m 左右,但并非一个常数,是因具体条件不同而异的,其影响因素主要有气候、土壤、地下水矿化度和人为措施,一般地,气候越干旱,蒸发量和降水量的比率越大,地下水矿化度越高,临界深度就越大。

青海海西州广泛分布的次生盐渍化土地,表现出土壤层异常致密,土壤容重高达 1.4~1.8 g/cm^3 的特点,分析其发生原因,主要是 Na^+ 对土壤团聚体的破坏作用,加之土壤有机质含量极低、高盐、低土壤有机质含量的环境不利于土壤微生物活动;因此造就了土壤发达的毛管空隙,这是土壤次生盐渍化发生的一个基本条件。此外,土壤结构状况也影响着水盐运行,土壤的团粒结构,特别是表层土壤具有良好的团粒结构时,能有效地阻碍水盐上升至地表,临界深度可以较小;反之,临界深度较深。青海海西次生盐渍化土地有机质含量小、土壤致密的特点决定了其具备临界深度较大的条件。

根据本研究前述盐碱地土壤水分物理性质研究,当地土壤的最大田间持水量为 25% 左右,若灌溉后土壤水分保持在最大田间持水量的 80%水平,也就是 20%,此时的非饱和土壤导水率(代表毛管上升水的运行速度)为 0.004 3 cm/min,24 h 可运移 6.19 cm;若假定毛管水分不中断并且土壤含水量持续维持在 20%的条件下,地下水埋藏深度为 3 m,持续 48 d 左右的暴晒即可将 3 m 以下的盐分运移至地表。所以说,在条件具备的情况下,地下水临界深度达 3 m 左右,是完全有可能的。

因此,土壤对临界深度的影响,主要取决于土壤的毛管性能、毛管水的上升高度及速度。凡毛管水上升高度大、上升速度快的土壤,一般都易于盐化。

地下水埋深与地表积盐关系密切。地下水埋深大于临界深度时,地下水位低,地下水沿毛管上升不到地表,不积盐,土壤无盐碱化。地下水位高,地下水沿毛管上升至表土层,表层开始积盐。地下水位很高(小于临界深度),地下水沿毛管大量上升至地表,表层强烈积盐。

尕海和诺木洪等试验区的春季浅层地下水位均低于 2 m,也是次生盐渍化发生的必然条件。

图 4-4 是室内对脱盐处理后土柱的 NaCl 运移的测试结果,其试验条件是,初始土壤含水量 20%,初始土壤含盐量 170~190 mg/kg,蒸发力 10 mm/10 h · d,马里奥特瓶供水水位-170 cm,供水 NaCl 浓度 2.5 g/L(42.7 mmol,模拟地下水矿化度>2 g/L)。

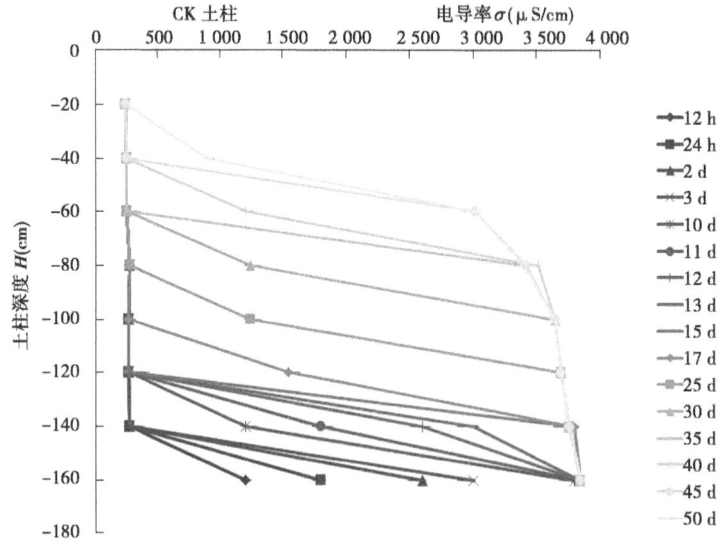

图 4-4 脱盐(淋溶)处理后土柱的 NaCl 运移测试结果

测试结果表明,随着土柱蒸发试验的进行,土柱上层土壤含水量逐渐下降,盐分上行速度呈倍率降低(0.5 g/L),盐分上行速度由 6.5 cm/d 下降到 4.0 cm/d;试验的第 25 天,表层 5 cm 土壤含水量下降到 7.2%,微弱盐分(含盐量 0.25 g/L)上行至-80 cm 处,盐分上行速度下降到 2.66 cm/d;试验的第 58 天,表层 5 cm 土壤含水量下降到 4.8%,虽然盐分上行速度下降到 1.81 cm/d,但微弱的盐分(含盐量 0.3 g/L)已上行至地表-20 cm 处。上述结果说明,除了毛管上升水挟盐上行,盐分在土壤毛管水中的扩散速率(溶质浓度扩散)远大于相应土壤含水量条件下的非饱和土壤导水率。

工程排盐后,若不采取相应的阻盐、隔盐措施,西北干旱少雨造就的强烈下垫面蒸发力(强日照、大风、干燥空气)创造了返盐发生的动力学条件;洗盐后土壤层上下毛管水畅通,加之合适的临界地下水深度和浅层地下水含盐浓度,创造了返盐发生的土壤物理学条件,即较高土壤水分条件下毛管水挟盐的快速上行和洗盐后产生的较大盐分梯度所形成的土壤水盐分扩散;随着地表土壤含水量的降低,这一返盐过程的速度逐渐减缓,直至表层土壤干层逐渐加厚,导致毛管水断裂后盐分结晶层下移。

“盐随水来,盐随水去;盐随水来,水散盐留”就是在长期实践过程中发现和总结出来的土壤盐分运行受水分运行支配的基本规律。

4.2.3　盐碱化土壤改良

盐碱化土壤改良,基于“盐随水来,盐随水去;盐随水来,水散盐留”这一基本规律。

国内盐碱地改良利用方法和技术归纳起来大致如下:

(1)物理改良:平整土地、深耕晒垡、及时松土、抬高地形、微区改土。

物理改良旨在打断土壤层毛管上升水,减缓土壤蒸发,在地广人稀的柴达木地区,平整土地、深耕晒垡、及时松土、抬高地形、微区改土等措施明显力不从心;从这个意义上,表土覆沙似乎是盐碱地造林物理改良的基本策略,浅土覆膜或液体地膜则是间接的物理改良,实践中还经常采用植树穴底填覆粗沙、炉渣、锯末等措施,同样是为了中断毛管上升水的运移。

(2)水利改良。灌排配套、蓄淡压盐、灌水洗盐、地下排盐。

水利改良,采用灌排配套、蓄淡压盐、灌水洗盐、地下排盐等措施,是各地实施盐碱地治理的基本措施;新型排水材料的出现,很好地解决了地下排盐的工程难题。

(3)化学改良。石膏、磷石膏、过磷酸钙、腐殖酸、泥炭、醋渣等。

化学改良,盐碱地施用石膏、磷石膏、过磷酸钙、腐殖酸、泥炭、醋渣等物质调节 pH、吸附或固结盐碱、提高土壤有机质促进土壤团聚地形成,但治理造价较高;盐碱地生态公益林建设中,也采用粉煤灰、煤矸石(可吸附盐碱离子)等工业废弃物治理盐碱地的成功经验,但因其富含重金属物质,不宜在经济林和饲料林造林中使用。

(4)生物改良。种植水稻、种植耐盐植物等,使用微生物菌肥等。

生物改良则通过种植耐盐植物,使用微生物菌肥等措施;林带可以有效降低地下水位,枯落物等有机质补充土壤养分循环,通过耐盐土壤微生物改良土壤,增加土壤团聚体形成。这一个需要多年持续的过程,短时间很难奏效。

4.2.4　盐碱地物理改良试验

4.2.4.1　阻盐、隔盐材料土柱蒸发试验

图 4-5 是室内对脱盐处理后土柱表层覆沙 3 cm 的 NaCl 运移的测试结果,其试验条件是:初始土壤含水量 20%,初始土壤含盐量 170~190 mg/kg,蒸发力 10 mm/10 h · d,马里奥特瓶供水水位-100 cm,供水 NaCl 浓度 2.5 g/L(42.7 mmol,模拟地下水矿化度大于 2 g/L)。测试结果表明,覆沙 3 cm 即可有效减缓表层毛细管上行,试验第 50 天只有微量盐分到达-40 cm 层土壤;盐分运移速率 1.2 cm/d,低于裸土试验第 58 天的 1.81 cm/d 的盐分上行速度;但覆沙 3 cm 仍然没有有效阻断毛管水上行。

图 4-6 是室内对脱盐处理后土柱表层覆沙 6 cm、浅层覆膜和浅层覆液体地膜(覆膜后再覆 1 cm 土压盖,避免化学材料降解)。3 种措施条件下的 NaCl 运移的测试结果,其试验条件是:初始土壤含水量 20%,初始土壤含盐量 170~190 mg/kg,蒸发力 10 mm/10 h · d,马里

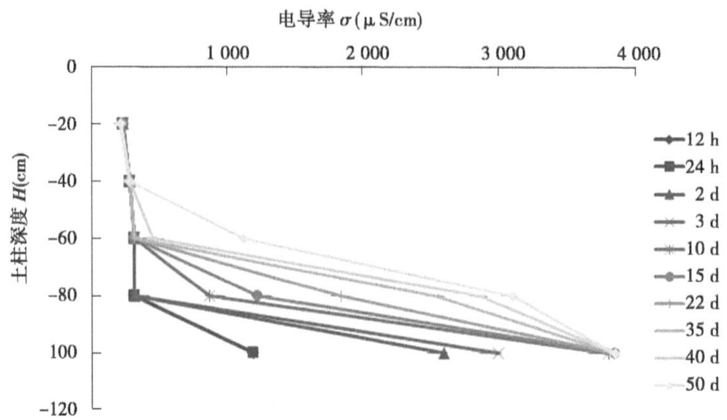

图 4-5 脱盐(淋溶)处理后表层覆沙 3 cm 土柱的 NaCl 运移测试结果

奥特瓶供水水位-100 cm,供水 NaCl 浓度 2.5 g/L(42.7 mmol,模拟地下水矿化度大于 2 g/L);农膜为当地市场采购的普通地膜,幅宽 100 cm;液体地膜为聚氨基甲酸酯 HYCE-LOH-1A 与水按照 5:95 重量比的混合液。

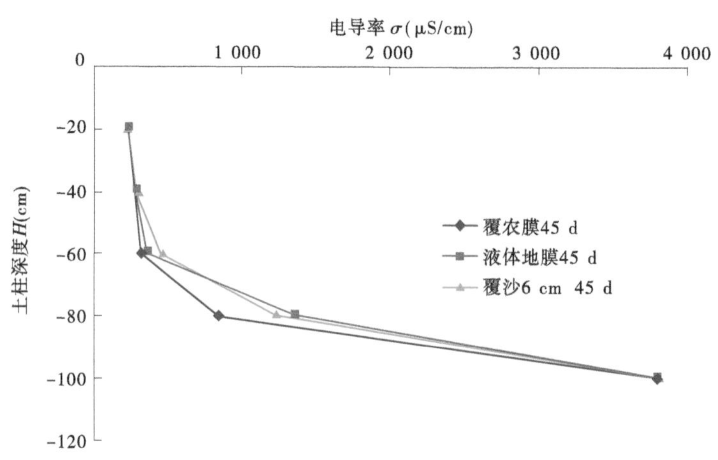

图 4-6 脱盐(淋溶)处理后表层 3 种覆盖措施土柱的 NaCl 运移测试结果

测试结果表明,3 种措施覆沙 3 cm 即可有效中断表层毛细管,试验第 45 天只有微量盐分(覆膜含盐 170 mg/L、液体地膜 245 mg/L、覆沙 6 cm 315 mg/L)到达-60 cm 层土壤;盐分运移基本是水分梯度和盐分梯度扩散的结果。隔盐阻盐效果显著。

4.2.4.2 阻盐、隔盐材料大田造林试验

1. 大田试验设计

大田试验地块 2016 年全年经 4 次工程排盐,土壤平均全盐量保持在 2 g/kg 以下。

筛选出的大田试验阻盐、隔盐材料为液体地膜和农膜。液体地膜由聚氨基甲酸酯(HYCELOH-1A)和水按照 5:95 的重量分配比混合后喷洒;农膜为普通农用地膜。造林树种选择了对盐分较为敏感的青杨(苗源由青海大通林业站提供)。

设置 7 个小区 P、P1、P2、P3、P4、P5、P6,每个小区长 30 m,种植穴 30 个。小区 P 不

设置阻盐、隔盐措施，该处理记为 CK。小区 P1～P3 应用的隔盐材料为液体地膜。其中，小区 P1 为下喷液体地膜(底部和侧壁)，该处理记为 T1。P2 上喷液体地膜，该处理记为 T2。P3 上下均喷液体地膜，该处理记为 T3。小区 P4～P6 应用的隔盐材料为农膜。其中，小区 P4 上铺农膜(底部和侧壁)，该处理记为 T4。P5 下铺农膜，该处理记为 T5。P6 上下均铺农膜，该处理记为 T6。试验设计见表 4-2 和图 4-7、图 4-8。

表 4-2　大田阻盐隔盐措施造林试验设计

小区	材料	布设位置	处理
P	无	无	CK
P1	液体地膜	下喷液体地膜	T1
P2		上喷液体地膜	T2
P3		上下均喷液体地膜	T3
P4	农膜	上铺农膜	T4
P5		下铺农膜	T5
P6		上下均喷铺农膜	T6

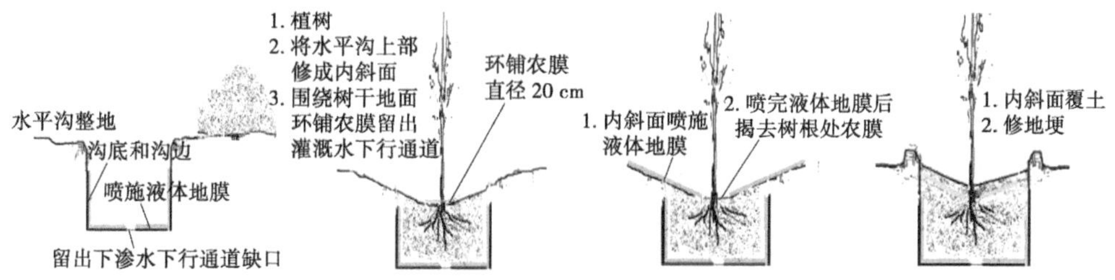

图 4-7　大田阻盐、隔盐措施造林试验实施步骤示意图

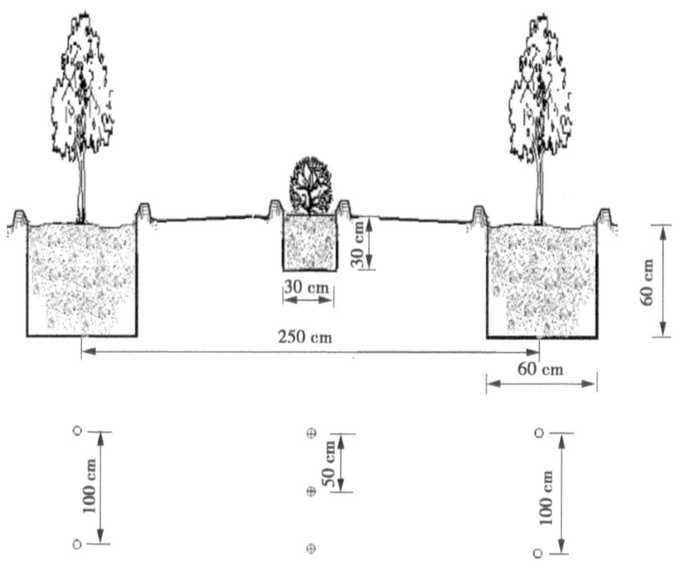

图 4-8　大田阻盐、隔盐措施造林试验-造林模式

此外，还在工程洗盐地块周边，选用胡杨、小×胡、柽柳和四翅滨藜，进行了重度盐碱地地表覆膜造林试验（灌溉后）和常规造林试验。

2. 大田阻盐、隔盐措施造林试验结果

1）液体地膜处理对土壤水盐状况的影响

不同处理液体地膜对各土层全盐量的影响见图 4-9。

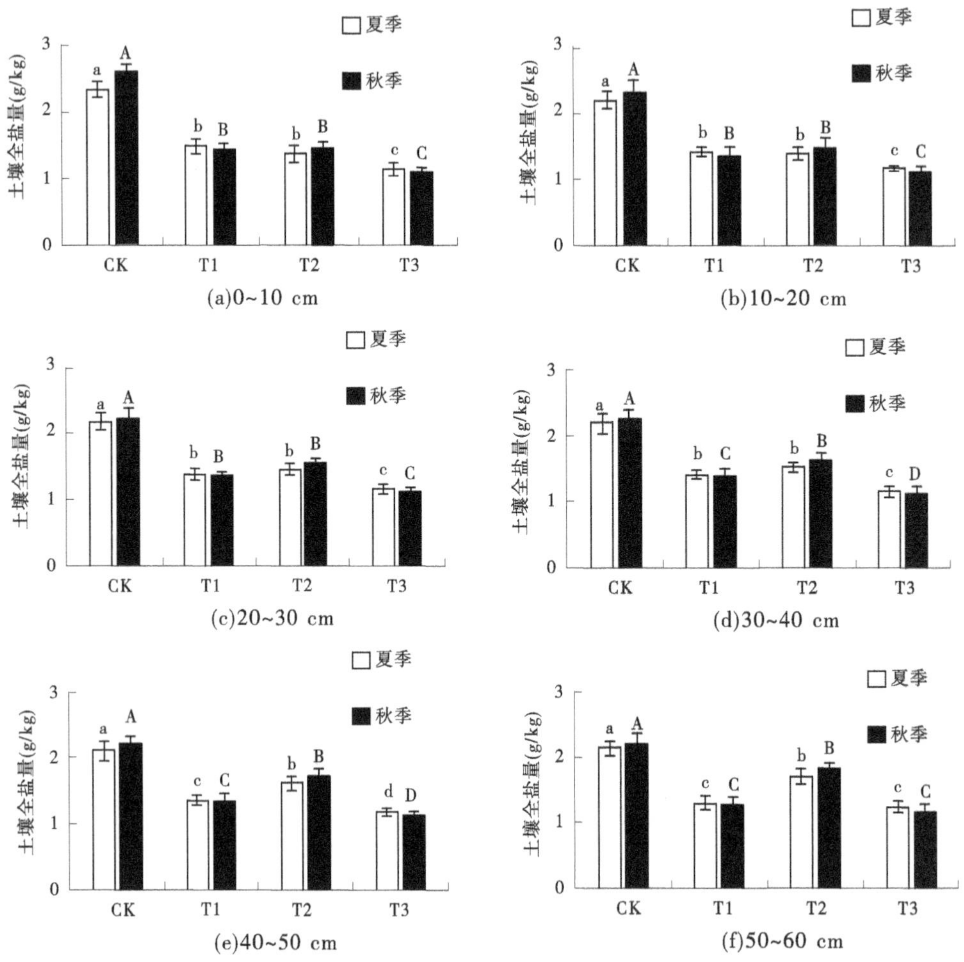

图 4-9　液体地膜大田阻盐、隔盐造林试验不同措施土壤含盐量

不同处理液体地膜对各土层水分的影响(见图 4-10)

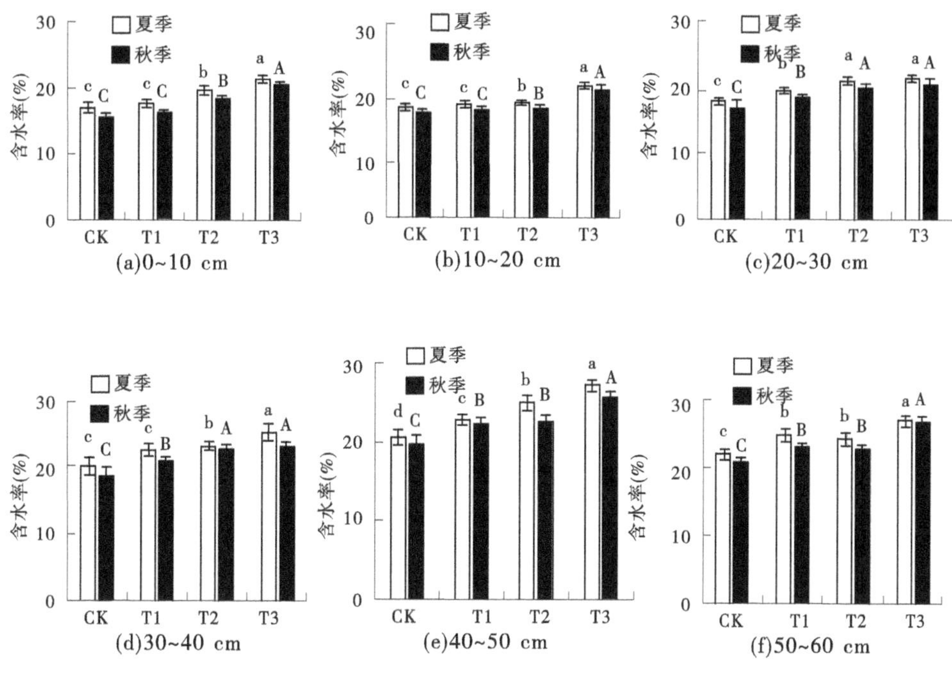

图 4-10　液体地膜大田阻盐、隔盐造林试验不同措施土壤含水量

2) 农膜处理对土壤水盐状况的影响

不同处理农膜对各土层全盐量的影响见图 4-11。

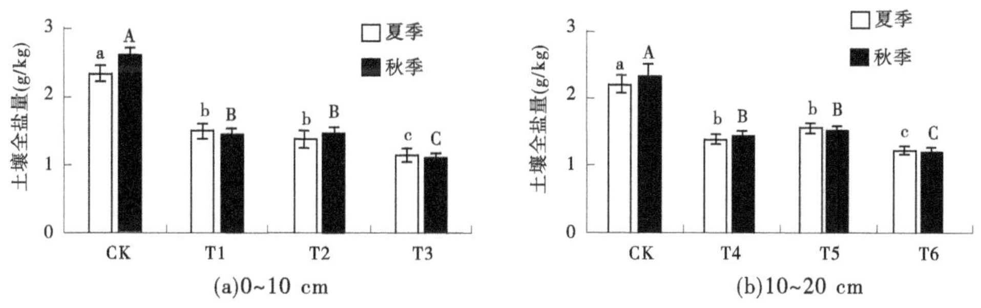

图 4-11　农膜大田阻盐隔盐、造林试验不同措施土壤含盐量

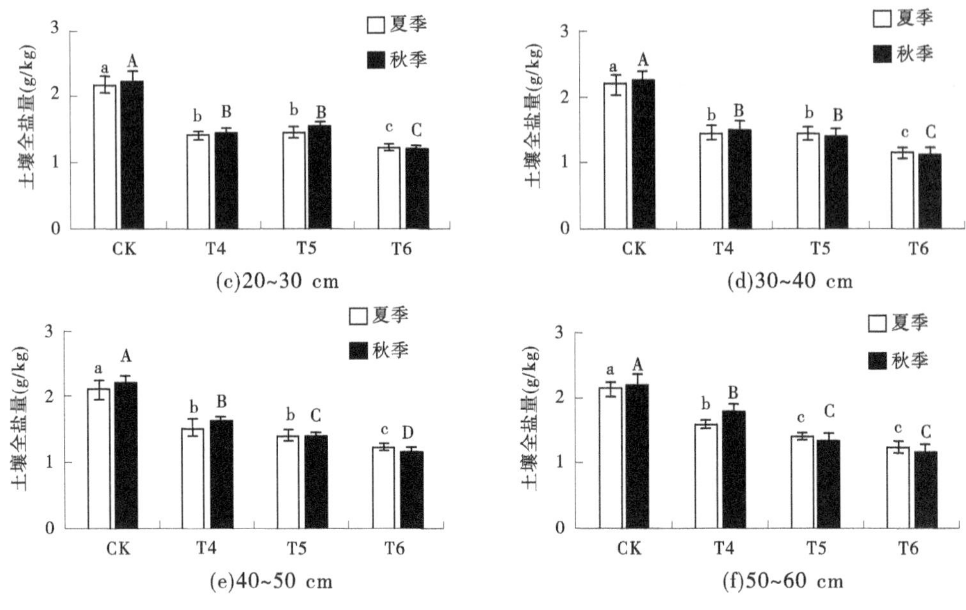

续图 4-11

不同处理农膜对各土层水分的影响见图 4-12。

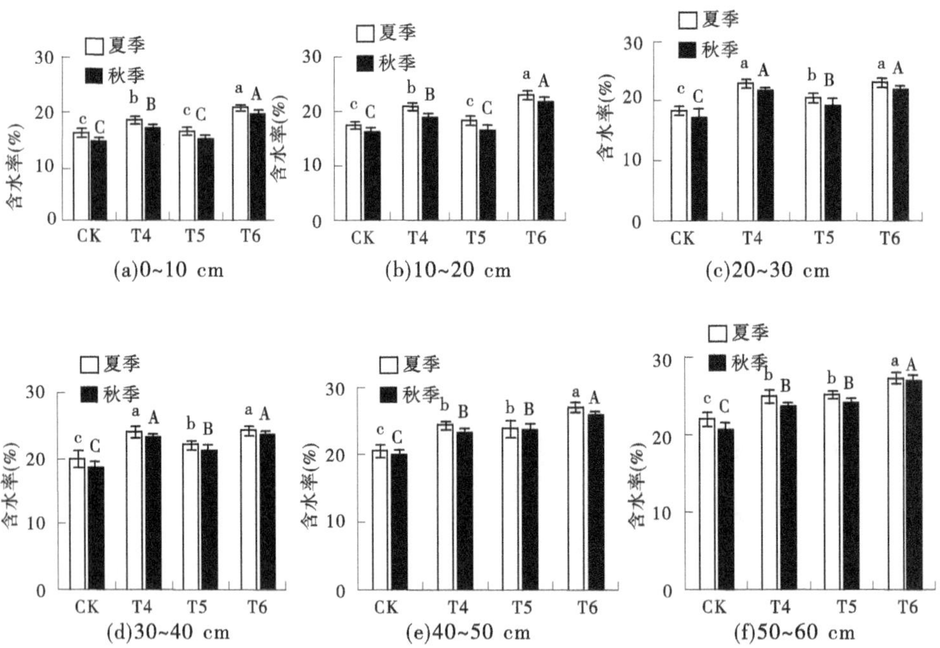

图 4-12　农膜大田阻盐、隔盐造林试验不同措施土壤含水量

3) 大田阻盐、隔盐措施造林对比试验——当年成活率

大田阻盐、隔盐措施造林对比试验当年成活率统计见表 4-3。

表 4-3　大田阻盐、隔盐措施造林对比试验当年成活率统计

试验地条件	阻盐隔盐措施		成活率(%)
尕海试区 2016 年 4 次洗盐 土壤全盐含量 低于 2 g/kg	喷施 液体地膜	青杨上层阻盐措施	55
		青杨上层阻盐下层隔盐措施	77
		青杨下层隔盐措施	70
	铺塑料薄膜	青杨上层阻盐措施	65
		青杨上层阻盐下层隔盐措施	70
		青杨下层隔盐措施	45
	无措施	青杨	20
		柽柳	58
尕海试区 2016 年 4 次洗盐区域 外沿(无洗盐) 盐渍化严重 土壤全盐含量 大于 5 g/kg	农膜(上)	青杨	20
	农膜(上)	小×胡杨	85
	无措施	胡杨	43
	无措施	胡杨	47
	无措施	柽柳	43
	无措施	柽柳	44
	无措施	柽柳	47
	无措施	四翅滨藜	52

4.2.5　小结

(1) 柴达木盆地次生盐渍化土地有机质含量小、土壤致密的特点，决定了其具备了地下水临界深度较大的条件；在条件容许的情况下，地下水临界深度可达 3 m 以下。

(2) 土柱试验结果表明，工程洗盐后，生长季 10 mm/d 的蒸发力，足以将 2 m 以下地下水中的盐分在不足 2 个月的时间内挟运至地表，即在 10 mm/d 的蒸发力条件下，2 m 地下水埋藏深度，一次工程洗盐后的土壤返盐历时为 50~60 d。

(3) 阻盐、隔盐材料土柱蒸发试验结果表明，覆沙 3 cm 以上便能有效抑制蒸发，起到良好阻盐、隔盐效果；工程洗盐后，在重度盐碱地，液体地膜和农膜均能起到良好的阻盐、隔盐效果；上下敷设效果最好，其次是下部敷设和上部敷设；液体地膜适用于规模化工程造林，施用间接快速。普通农膜适用于小规模造林，经济便利。

(4) 无工程洗盐条件地区，可采用耐盐树种常规造林，在充分灌溉的条件下植树穴表层覆膜，并覆土压盖，也可起到良好的减缓地表返盐效果。

4.3 柴达木盐碱地立地条件类型划分

4.3.1 立地类型划分和适地适树的目的、意义

立地类型划分是对柴达木盆地不同森林植物地带、不同地貌类型区、不同的立地条件和生产潜力分别进行科学的分类和设计,评价各类型的林业用地质量,选择适生的树种来达到理想的造林效果。为柴达木盆地盐碱地规划设计、造林、营林提供科学依据。这是集约造林的基础,要大幅度提高造林成活率、保存率,提高林木生长量及其稳定性,必须先划分立地类型,按类型选用适宜的树种。

柴达木盆地自然条件比较严酷,盐碱地经济林和生态公益林建设首先要考虑树种生长的稳定性好,其次是防护效益要高。生长稳定的树种,就是即使遇到环境条件极端变化时,如特大干旱,持续低温或霜冻等也能正常生长,或受到一定的影响后能较快恢复,在这个前提下进一步考虑速生性、丰产性。适地适树还要考虑不同林种对树种和立地质量的要求不同。如立地质量差的硫酸盐盐碱土地带,只要这一树种能正常稳定生长,即使生长量较低,但只要长势好,根系固土作用强,能有效减少水土流失,就可认为是达到了适地适树。质量好的立地类型,可用来培育经济林、速生丰产林。

4.3.2 柴达木盆地土壤立地类型划分

柴达木盆地位于青海省西北部,海拔 2 640~3 200 m,总面积为 30.3 万 hm^2,属干旱半干旱地区。柴达木盆地被昆仑山、阿尔金山、祁连山等山脉环抱,形成了高原断陷内陆封闭型盆地,由于四周冰山雪水对溶岩的长期侵蚀和溶解,大量的盐分随着雪水进入盆地中,形成湖泊。盆地内气候干旱,降雨稀少,蒸发量较大,使得盐分不断沉积,形成大面积的盐碱地。盐碱地土地类型严重影响着柴达木盆地植被分布特性和生态环境,同时也影响着土地利用状况,由此影响着整个柴达木地区的经济发展。

以海拔和植被分布特点为主导因子,选择具有典型代表性的香日德河流域,进行海拔和植被分布特性调查,根据调查结果划分柴达木盆地土壤立地类型。香日德河流域是柴达木盆地内陆水系的主要河流之一,流域植被突出表现为旱生和盐生两大特点。构成植被群落生态系的主要是荒漠生态系,因此植被种类比较贫乏,组成植物群落的种类也就稀少。许多群落仅由 1 个建群种构成,大部分由 2~3 个植物组成群落。

4.3.2.1 植被种类

通过野外调查,收集植物标本 200 余份,经初步鉴定和统计,该流域主要植物有 108 种,分属 29 科 74 属。其中,在高山植物群系中莎草科和禾本科占据主导地位,在荒漠植物群系中,大都属于藜科、蓼科、菊科、豆科、蒺藜科。藜科的最多,都是旱生、盐生或超旱生的种,如膜果麻黄、梭梭、猪毛菜、盐爪爪、骆驼刺、合头草、驼绒藜、白刺、柽柳、芦苇等。芦苇是世界广布种,主要分布在淡水湖(河)岸边及沼泽草甸的盐碱地上。属于泛北极区系成分的有刺蓬、宽叶独荇菜、披针叶黄花、冰草等植物。属于中亚区系成分的有西伯利亚滨藜、砂蓝刺头、红砂、柽柳,主要分布在荒漠砾石滩上。属于古地中海成分的有盐爪

爪、柽柳、膜果麻黄、驼绒藜、梭梭、白刺等植物，主要分布在荒漠砾石滩上，这些植物在荒漠植被中有非常重要的作用。白刺分布广，是荒漠植物建群种。锁阳寄生在白刺根部，是名贵的滋补药物。特有种仅有柴达木沙拐枣。植被调查见表 4-4。

表 4-4　植被调查一览

种名	拉丁名	科名	属名
祁连圆柏	*Sabina przewalskii Kom*	柏科	圆柏属
小叶杨	*Populus cathayana Rehd*	杨柳科	杨属
乌柳	*Alix cheiloPHila*	杨柳科	柳属
刺檗	*Berberis vulgaris*	小檗科	小檗属
高山蒿草	*Kbresia pygmaec*	莎草科	蒿草属
矮生蒿草	*Kbresia humilis*	莎草科	蒿草属
蒿草	*Kbresia bellardii*	莎草科	蒿草属
西藏蒿草	*Kbresia schoenoides*	莎草科	蒿草属
黑褐苔草	*Carex atrofusca*	莎草科	苔草属
小苔草	*Carex parva*	莎草科	苔草属
箭叶苔草	*Carea ensifolia*	莎草科	苔草属
青藏苔草	*Carex moorcroftii*	莎草科	苔草属
紫花针茅	*Stipa purpurea*	禾本科	针茅属
短花针茅	*Stipa breviflora*	禾本科	针茅属
沙生针茅	*Stipa glareosa*	禾本科	针茅属
中华羊茅	*Festuca sinensis*	禾本科	羊茅属
羊茅	*Festuca ovina*	禾本科	羊茅属
东亚羊茅	*Festuca litvinovii*	禾本科	羊茅属
柴达木臭草	*Melica kozlovii*	禾本科	臭草属
紫果披碱草	*Eiymus nutans*	禾本科	披碱草属
赖草	*Leymus secalinus*	禾本科	赖草属
柴达木赖草	*Leymus pseudoracemosus*	禾本科	赖草属
冰草	*Agropyron cristatum*	禾本科	冰草

续表 4-4

种名	拉丁名	科名	属名
发草	*Deschampsia caeapitosa*	禾本科	发草属
穗三毛草	*Trisetum spicatum*	禾本科	三毛草属
芦苇	*PHragmites australis*	禾本科	芦苇
芨芨草	*Achnatherum splendens*	禾本科	芨芨草
荨麻	*Urtica cannabina*	荨麻科	荨麻属
腺毛唐松草	*Thalictrum foetidum*	毛茛科	唐松草属
翠雀	*DelPHinium grandiflorum*	毛茛科	翠雀属
甘青铁线莲	*Clematis tangutica*	毛茛科	铁线莲
紫茎锥果葶苈	*Draba lanceolata*	十字花科	葶苈属
宽叶独荇菜	*Lepidium latifolium*	十字花科	独荇菜
小叶金露梅	*Potentilla parvifolia*	蔷薇科	委陵菜属
鹅绒委陵菜	*Potentilla anserina*	蔷薇科	委陵菜属
腺毛委陵菜	*Potentilla longifolia*	蔷薇科	委陵菜属
委陵菜	*Potentilla chinensis*	蔷薇科	委陵菜属
沼生柳叶菜	*Epilobium palustre*	柳叶菜科	柳叶菜属
线叶龙胆	*Gentiana lawrencei*	龙胆科	龙胆属
达乌里秦艽	*Gentiana dahurica*	龙胆科	龙胆属
莳萝蒿	*Artemisia anethoides*	菊科	蒿属
垫型蒿	*Artemisia minor*	菊科	蒿属
大花蒿	*Artemisia macrocePHala*	菊科	蒿属
臭蒿	*Artemisia hedinii*	菊科	蒿属
沙蒿	*Artemisia desertorum*	菊科	蒿属
猪毛蒿	*Artemisia scoparia*	菊科	蒿属
长叶火绒草	*Leontopodium longifolium*	菊科	火绒草属
钻叶风毛菊	*Saussurea subulata*	菊科	风毛菊属
矮风毛菊	*Saussurea eopygmaea*	菊科	风毛菊属
盐地风毛菊	*Saussurea salsa*	菊科	风毛菊属
砂蓝刺头	*Echinops gmelini*	菊科	蓝刺头
藏蓟	*Cirsum lanatum*	菊科	蓟属
刺儿菜	*Cirsium setosum*	菊科	蓟属
窄叶小苦荬	*Lxeridium gramineum*	菊科	小苦荬
蒲公英	*Taraxacum mongolicum*	菊科	蒲公英属
乳白香青	*AnaPHalis lacteal*	菊科	香青属
中亚紫菀木	*Asterothamnus centrall*	菊科	紫菀木属

续表 4-4

种名	拉丁名	科名	属名
星舌紫菀	*Aster asteroides*	菊科	紫菀属
阿尔泰狗娃花	*Heteropappus altaicus*	菊科	狗娃花属
马先蒿	*Pedicularis ingens*	玄参科	马先蒿属
甘青马先蒿	*Pedicularis kansuensis*	玄参科	马先蒿属
红花岩黄蓍	*Hedysarum muitijugum*	豆科	岩黄蓍属
苦马豆	*Swainsona salsuta*	豆科	苦马豆属
斜茎黄芪	*Astragalus adsurgens*	豆科	黄芪属
短毛黄芪	*Astragalus puberulus*	豆科	黄芪属
头序黄芪	*Astragalus handelii*	豆科	黄芪属
刺叶柄棘豆	*Oxytrop aciPHylla*	豆科	棘豆属
披针叶黄华	*Thermopsis lanceolata*	豆科	黄花属
梭梭	*Haloxylon ammodendron*	藜科	梭梭属
合头草	*Sympegma regelii*	藜科	合头草属
西伯利亚滨藜	*Atriplex sibirica*	藜科	滨藜属
雾冰藜	*Bassia dasyhylla*	藜科	雾冰藜属
钝叶猪毛菜	*Salsola heptapotamica*	藜科	猪毛菜属
沙蓬	*AgrioPHyllum squrrosum*	藜科	沙蓬属
帕米尔虫食	*Corispermum pamiricum*	藜科	虫食属
盐爪爪	*Kalidium foliatum*	藜科	盐爪爪属
里海盐爪爪	*Kalidium gracile*	藜科	盐爪爪属
驼绒藜	*Ceratoides lateens*	藜科	驼绒藜属
猪毛菜	*Salsola collina*	藜科	猪毛菜属
蒿叶猪毛菜	*Salsola abrotanoides*	藜科	猪毛菜属
刺沙蓬	*Salsola ruthenica*	藜科	猪毛菜属
灰绿藜	*Chenopodium gluncum*	藜科	藜属
藜	*Chenopodium album*	藜科	藜属
萹蓄	*Polygonum aviculare*	蓼科	蓼属
珠芽蓼	*Polygonum viviparum*	蓼科	蓼属
盐角草	*Salicornia europaea*	藜科	盐角草属
柴达木沙拐枣	*Calligonum zaidaminse*	蓼科	沙拐枣属
锐枝木蓼	*AtraPHaxis pungens*	蓼科	木蓼属
北方枸杞	*Lycium chinense*	茄科	枸杞属
中国沙棘	*HippoPHae rhamnoides*	胡颓子科	沙棘属
齿叶白刺	*Nitraria roborowskii*	蒺藜科	白刺属

续表 4-4

种名	拉丁名	科名	属名
唐古特白刺	*Nitraria tangutorum*	蒺藜科	白刺属
红砂	*Reaumuria soongarica*	柽柳科	红砂属
多花柽柳	*Tamarix hohenackeri*	柽柳科	柽柳属
三春水柏枝	*Myricaria paniculata*	柽柳科	水柏枝属
短穗柽柳	*Tamarix laxaWilld*	柽柳科	柽柳属
甘蒙柽柳	*Tamarix austromongolica*	柽柳科	柽柳属
黄花补血草	*Limonium aureum*	白花丹科	补血草属
膜果麻黄	*EPHedra przewalskii*	麻黄科	麻黄属
车前	*Plantago asiatica*	车前科	车前属
马蔺	*Iris lacteal*	鸢尾科	鸢尾属
锁阳	*Cynomorium songaricum*	锁阳科	锁阳属
细灯心草	*Juncos heptopotamicus*	灯心草科	灯心草属
海韭菜	*Tirglochin maritimum*	眼子菜科	水麦冬属
穿叶眼子菜	*Potamogeten perfliatus*	眼子菜科	眼子菜属
丝叶眼子菜	*Potamogeten filiformis*	眼子菜科	眼子菜属
骆驼刺	*Alhagi pseudalhagi*	蝶形花科	骆驼刺属
海乳草	*Glaux maritima*	报春花科	海乳草属

4.3.2.2　植被群落组成及分布特点

本次调查主要在香日德河流域进行，沿途共调查样方 69 个，样方面积为 10 m×10 m，采用直线法，调查统计平均覆盖度为 54.42%，最小为 2.95%，最大为 91.75%。该流域从南部至北部海拔由高到低，本次调查区域海拔为 2 740~4 114 m。植被更替顺序为高山植被—河谷植被—戈壁荒漠植被—荒漠灌木植被—荒漠草甸—荒漠沼泽植被。

由于荒漠生态系植物群落成分的简单，生态系内的层片结构自然没有其他地区植被那样复杂。在砾石戈壁、低山岩漠以及重盐碱的盐生草甸，植物非常稀疏，局部区域植物间间距达几十米，所以植被覆盖作用在生态系中很小，空间成层现象几乎看不到，有时在唐古特白刺下生长着少量芦苇和赖草，但它们很难形成不同的层片结构。

由于该流域地貌、盐分、地下水深浅、质地不同，盆地植被的特点是组成群落的植物种类稀少，而植被类型多样。具体可分为森林、荒漠、灌木荒漠、草原、草甸、水生植物、高山流石滩垫状稀疏植被、风沙、盐壳无植被地段。植被调查路径以及详细情况见表 4-5。

表 4-5　植被调查路径以及详细情况一览

样号	纬度	经度	海拔（m）	建群植物	伴生植物	盖度（%）	质量（kg）	地点	GPS 记录点
1	35°58′28.9″	98°06′11.7″	4 114	紫花针茅、小蒿草	有 21 种，详见调查表	90.00	46.00	香加乡敖包图沟	66 点
2	35°58′28.9″	98°06′11.7″	4 114	积石柳	小嵩草、赖草、珠芽蓼等	61.55			
3	35°58′26.0″	98°06′12.1″	4 071	马先蒿、乳白香青	蒲公英、小蒿草、紫花针茅等	90.00	60.80		68 点
4	35°58′26.1″	98°06′12.1″	4 078	马先蒿、乳白香青	蒲公英、垫状蒿、线叶龙胆等	87.65	67.00		
5	35°58′16.7″	98°06′08.0″	3 897	祁连园柏	马先蒿、珠芽蓼、小叶黄芪等	56.75			69 点
6	35°58′16.7″	98°06′09.5″	3 890	祁连园柏	垫状蒿、马先蒿、线叶龙胆等	64.32	85.6*		
7	35°58′11.6″	98°06′08.1″	3 800	祁连园柏	小叶金露梅等	16.74			
8	35°57′59.4″	98°05′58.1″	3 700	祁连园柏、小叶杨	小叶金露梅、小檗、秦艽等	90.00	88.8*		
9	35°57′40.4″	98°05′46.1″	3 620	芨芨草	阿尔泰狗娃花、独荇菜等	76.00			71 点
10	35°57′20.4″	98°05′38.8″	3 565	芨芨草	短花针茅、大花蒿、臭蒿等	76.77	87.60		72 点
11	35°57′09.8″	98°05′38.3″	3 530	芨芨草	大花蒿、臭蒿、萹蓄等	68.37	76.30		73 点
12	36°06′46.2″	97°32′09.9″	2 880	合头草、梭梭	雾滨藜、蒿叶猪毛菜等	49.10	91.80	巴隆滩	
13	36°06′49.0″	97°32′11.7″	2 879	齿叶白刺、合头草	沙蒿、猪毛蒿、猪毛菜等	70.40	131.10		
14	36°06′35.4″	97°33′29.3″	2 882	梭梭、齿叶白刺	合头草、刺蓬、猪毛菜等	34.90			
15	36°07′56.2″	97°31′20.6″	2 864	枸杞、齿叶白刺	柽柳、水柏枝、合头草等	43.00			75 点
16	36°08′08.1″	97°31′24.6″	2 868	唐古特白刺、枸杞	猪毛菜、赖草、宽叶独荇菜等	48.70			76 点
17	36°08′18.4″	97°31′30.0″	2 868	唐古特白刺		5.67			78 点
18	36°08′28.7″	97°31′30.4″	2 868	唐古特白刺、齿叶白刺	柽柳、合头草、猪毛菜	20.80			79 点
19	36°08′47.4″	97°31′07.7″	2 869	合头草、枸杞	水柏枝、柽柳、猪毛菜	12.50			80 点
20	36°09′12.0″	97°30′48.8″	2 855	唐古特白刺、枸杞	出现盐斑、无伴生植物	21.30			81 点
21	36°09′23.5″	97°30′38.2″	2 852	唐古特白刺、枸杞	芦苇、合头草、柽柳	53.12			83 点
22	36°09′29.8″	97°30′36.9″	2 853	枸杞、唐古特白刺	芦苇、盐地风毛菊、苦马豆等	62.50			84 点
23	36°09′48.0″	97°30′30.2″	2 853	芨芨草	苦马豆、盐地风毛菊、芦苇等	37.80			86 点
24	36°11′56.2″	97°29′25.3″	2 831	短花针茅	羊茅、苔草、马蔺、斜茎黄芪等	91.37	240.00		87 点

续表 4-5

样号	纬度	经度	海拔(m)	建群植物	伴生植物	盖度(%)	质量(kg)	地点	GPS记录点
25	36°06′57.4″	97°46′00.6″	2 941	赖草	人工种植柠条	17.75		小夏滩	91 点
26	36°07′00.7″	97°45′57.5″	2 941	骆驼刺	刺蓬、猪毛菜、披针叶黄华等	14.15	40.65		92 点
27	36°08′30.0″	97°41′29.0″	2 907	沙蒿、齿叶白刺		38.78	68.81		93 点
28	36°08′37.9″	97°41′10.0″	2 905	沙蒿、齿叶白刺	猪毛菜	12.25			95 点
29	36°08′59.2″	97°40′19.9″	2 898	齿叶白刺、沙蒿		22.75			96 点
30	36°09′42.4″	97°38′48.5″	2 880	齿叶白刺	柽柳、刺蓬、猪毛菜、灰绿藜	11.50			97 点
31	36°10′05.5″	97°37′54.5″	2 871	齿叶白刺	猪毛菜	18.60		香日德草场	98 点
32	36°10′25.6″	97°37′10.4″	2 866	枸杞、齿叶白刺	猪毛菜	34.75			99 点
33	36°10′41.4″	97°36′48.0″	2 864	唐古特白刺、枸杞	芦苇、芨芨草、赖草等	81.68			100 点
34	36°10′39.8″	97°36′46.6″	2 865	唐古特白刺、枸杞	芦苇	91.75			101 点
35	36°10′52.3″	97°36′30.5″	2 860	齿叶白刺	芦苇、赖草	41.50			102 点
36	36°11′02.4″	97°36′20.3″	2 858	鹅绒委陵菜、苔草	盐地风毛菊、棘豆、盐角草等	71.25		香日德河沿岸	104 点
37	36°11′24.8″	97°35′53.9″	2 854	唐古特白刺、芦苇	赖草、鹅绒委陵菜、盐角草等	65.00			105 点
38	36°11′23.1″	97°35′52.6″	2 854	鹅绒委陵菜、苔草	盐角草	71.75			106 点
39	36°12′11.7″	97°35′19.4″	2 855	芦苇	盐角草、柴达木黄芪、棘豆等	51.50			110 点
40	36°14′06.9″	97°34′23.6″	2 839	盐角草、苔草	赖草、芦苇、海韭菜、灯心草等	80.00			112 点
41	36°14′00.6″	97°34′22.9″	2 873	芨芨草、芦苇	盐地风毛菊、盐角草、盐爪爪等	48.00			118 点
42	36°13′59.4″	97°33′32.2″	2 835	芦苇、盐角草	盐爪爪、西伯利亚蓼、厥麻等	85.00			122 点
43	36°14′33.8″	97°33′28.4″	2 835	唐古特白刺、芨芨草	芦苇、盐地风毛菊、盐角草等	80.00			124 点
44	36°15′50.2″	97°32′53.7″	2 822	芦苇		69.50		宗加乡草场及巴音河沿岸	129 点
45	36°15′53.7″	97°33′06.8″	2 820	唐古特白刺	芦苇	41.90			135 点
46	36°15′56.8″	97°33′13.9″	2 823	唐古特白刺	芨芨草、芦苇、盐地风毛菊等	91.50			146 点
47	36°17′15.2″	97°31′49.7″	2 817	芦苇、盐角草	盐地风毛菊	61.50	15.2		150 点
48	36°17′44.3″	97°29′06.9″	2 805	芦苇	赖草、棘豆、柴达木黄芪等	90.00			151 点
49	36°18′05.0″	97°26′52.6″	2 805	芦苇		17.00			152 点

续表 4-5

样号	纬度	经度	海拔(m)	建群植物	伴生植物	盖度(%)	质量(kg)	地点	GPS记录点
50	36°19′07.6″	97°25′27.6″	2 792	赖草、小叶黄芪	苦马豆、盐爪爪、沙生针茅等	76.50	125.4	宗加乡草场及巴音河沿岸	153 点
51	36°19′00.2″	97°24′00.9″	2 792	芦苇、盐爪爪	盐地风毛菊、沙生针茅、赖草等	37.00	19.2		154 点
52	36°19′47.4″	97°21′36.4″	2 787	齿叶白刺	芦苇、盐角草、盐地风毛菊等	62.87			155 点
53	36°19′56.7″	97°20′27.6″	2 785	多花柽柳	芦苇	62.50			156 点
54	36°20′17.8″	97°18′29.6″	2 779	多花柽柳、芦苇	齿叶白刺、赖草	63.75			157 点
55	36°20′11.6″	97°17′30.7″	2 774	唐古特白刺	芦苇、盐地风毛菊、苦马豆等	50.15	10.09★		158 点
56	36°25′17.3″	97°10′28.1″	2 751	芦苇	苦马豆、赖草、沙地针茅等	80.35			162 点
57	36°25′49.0″	97°10′04.3″	2 750	芦苇	刺蓬、盐爪爪、盐地风毛菊等	66.70			164 点
58	36°26′14.4″	97°08′47.6″	2 740	芦苇		12.05			166 点
59	36°22′58.7″	97°09′53.1″	2 753	芦苇、赖草	盐地风毛菊、盐爪爪	60.00	11.5		170 点
60	36°22′24.6″	97°06′26.3″	2 747	芦苇	赖草、盐地风毛菊	25.50	36.2		171 点
61	36°21′59.3″	97°06′01.2″	2 748	沙生针茅	赖草、鹅绒委陵菜、盐角草等	82.70	31		172 点
62	36°20′53.3″	97°05′57.7″	2 748	芦苇	盐地风毛菊、盐爪爪、盐角草等	90.00			173 点
63	36°19′36.0″	97°05′54.9″	2 750	唐古特白刺	柽柳、芦苇、赖草	25.70			174 点
64	36°19′10.9″	97°06′02.1″	2 747	唐古特白刺	芦苇、赖草	55.77			175 点
65	36°19′00.2″	97°06′03.7″	2 753	马蔺	沙生针茅、赖草、盐地风毛菊等	90.00			176 点
66	36°17′13.7″	97°05′12.9″	2 754	沙生针茅	芦苇、赖草、柽柳等	90.00			177 点
67	36°15′58.5″	97°04′14.6″	2 780	芦苇		67.75			179 点
68	36°15′54.9″	97°01′44.9″	2 791	梭梭		2.95			180 点
69	36°15′59.2″	96°59′27.8″	2 789	齿叶白刺、合头草	梭梭、柽柳、芨芨草等	14.00			181 点

注:带★号的为伴生植物的重量。

4.3.2.3　植被分布类型划分

1. 高山流石滩垫状稀疏植被

垫状植被(*Form Cushioa cegetation*)主要分布在海拔 4 200 m 以上的高山,即雪线以上,常见的植物有唐古特雪莲、鼠雪兔子、点地梅等垫状植物。随着全球气温的上升,雪线上升,该区域生态恶化严重,植被稀疏矮小,裸露地面积逐年加大,风蚀现象严重。

2. 高山草甸植被

高山草甸植被,主要分布在海拔 3 900~4 200 m。空间结构单一,优势种为紫花针茅、短花针茅,伴生种有异叶香青、黄芪、甘肃马先蒿、马先蒿、白花蒲公英、香青、线叶龙胆等。

3. 高山针叶林

祁连园柏群系(*Form Sabina przewalskii*),主要生长在中山阳坡和半阴坡山地,局部呈带状分布,分布在海拔 3 500~3 900 m。空间结构一般为 3 层,第 1 层为单优势的纯乔木层;第 2 层是小叶金露梅,为优势的小灌木层片,在 100 m^2 内有 3~5 丛,高度 30~60 cm,生长较弱;第 3 层是高山草甸层。

4. 高山落叶阔叶林

河谷小叶杨群系(*Form Populus simonii*),主要生长在昆仑山北坡的河谷地带,局部和祁连园柏形成混交林,分布在海拔 2 950~3 600 m。空间结构为 3 层,第 1 层为纯乔木层,第 2 层有小檗、沼委陵菜等,第 3 层为草本。

5. 高山灌丛

积石柳群系(*Form Salix amnrnatchinesis*)主要分布在香日德河上游的高山阴坡,分布在海拔 3 750~4 400 m。在 100 m^2 内有 60~72 丛,生长良好,平均高度为 1.25 m,平均冠丛直径达 1.24 m。空间结构有 3 层,即灌木、草本、苔藓地衣。草本植物有 10 种以上,优势种为苔草、嵩草、珠芽蓼等。

6. 河谷乔灌

河谷小叶杨群系(*Form Populus simonii*)主要生长在昆仑山北坡的河谷地带。水柏枝群系(*Form Myricaria squamosa*)主要生长在香日德河中游河谷和滩地上,组成该群系的优势种为水柏枝,生长高度一般在 1 m 左右,最低也有 50 cm。

7. 荒漠小乔木

梭梭群系(*Form Haloxylon ammodendron*)主要分布在巴隆滩到香日德农场西,分布海拔为 2 750~2 950 m。生态幅度较广,从南部戈壁边缘的沙地到山麓淤积滩地的低洼地均有分布,最特别的是它能生长在青藏公路两旁的砾石戈壁滩上。梭梭群系的类型特征比较复杂,与不同植物结合。据巴隆滩调查在 100 m^2 的样方内有 3~8 丛,其高度为 113.47 cm,主茎杆基部粗 4.67 cm,冠幅为 122 cm×126 cm,分枝为 7 枝,标准木的地上部分鲜重 2.87 kg,地下部分鲜根重 2.25 kg,地下根深 70 cm,最长主根为 4.8 m,根粗为 2.4 cm,侧根长为 1.43 m,果实重为 0.025 kg,树龄为 13 年,总盖度为 30%。伴生的树种有沙蓬、雾冰藜、齿叶白刺、砂蓝刺头、冰草、密花柽柳、柴达木沙拐枣、合头草、膜果麻黄、中亚紫菀木、锐枝木蓼等。

8. 荒漠矮半灌木

蒿叶猪毛菜群系(*Form Salsola abrotanoides*)分布广,是主要的植被类型,生境为砾石戈壁或洪积扇阶地,有时也生长在低山岩漠的缓坡上,分布在海拔3 000~3 800 m。猪毛菜植株小,平均高达8.1 cm,平均冠幅为15 cm×18 cm,每平方米鲜重达149 kg,覆盖度在7%~10%。伴生树种有雾滨藜、合头草、沙蓬等。

驼绒藜群系(*Form Certoides latens*)主要分布在巴隆滩局部地带,分布在海拔2 900~3 000 m。

蒿类群系(*Form Artemisia sp.*)主要分布在巴隆滩和小夏滩的沙丘上,主要是沙蒿占优势种,其次是猪毛蒿。在小夏滩调查的100 m^2样方内,沙蒿株数达29株,平均高度68 cm,冠幅1.18 m^2,单株质量1.89 kg。该群系多为单优势种群落,在巴隆滩局部地区和齿叶白刺形成群落。

9. 荒漠灌木

膜果麻黄群系(*Form EPHedra prezwalskii*)主要分布在山麓地带干涸的河床及常年流水的河谷阶地,巴隆滩河沟两岸分布较多,100 m^2的样方内有7丛膜果麻黄,标准木的高度为43.4 cm,地径为1.4 cm,冠幅为101 cm×104 cm,树龄为6年,单株地上部分鲜重为1.6 kg,地上分枝为18枝,总盖度为60%,膜果麻黄更新能力强。膜果麻黄群系基本上是单种的纯植丛结构,几乎无伴生植物,在周围流动沙丘上有时有少量沙蒿和锐枝木蓼。

沙拐枣群系(*Form Calligonum mongolicum*)主要分布于盆地南部戈壁边缘与细沙壤漠之间的流动沙丘地带,巴隆滩有分布,100 m^2样方内有沙拐枣6株,标准木的高度为60 cm,地径为2.4 cm,冠幅为131 cm×127 cm,树龄为6年,地上部分鲜重为1.1 kg,沙拐枣更新能力一般。伴生树种有密花柽柳、合头草、中亚紫菀木、雾冰藜、锐枝木蓼等。

多花柽柳+长穗柽柳群系(*Form Tamarix hehenacker+T. elongata*)主要分布在冲积、洪积平原地带,其中长穗柽柳主要分布在巴隆滩和宗加荒漠地带,多花柽柳分布在草原地带。伴生植物有唐古特白刺、齿叶白刺、盐爪爪、芦苇等。在宗加草原100 m^2样方内有19丛,平均高度67 cm,冠幅1.08 m^2。

齿叶白刺+合头草群系(*Form Nitraria Roborowskii +Sympegma regelii*)主要分布在巴隆滩和小夏滩的荒漠细沙滩沙包上,据调查100 m^2的样方内,齿叶白刺以灌木状存在分蘖多,在样方内有118枝,标准丛未结果,其冠幅为410 cm×530 cm,最粗的枝的地径为1.0 cm,高度为50 cm,其地上部分鲜重为5.4 kg,其中叶重2.3 kg,枝条重3.1 kg。最粗的枝枝龄3年。齿叶白刺更新能力强。合头草平均高为31 cm,平均冠幅为93.8 cm×107 cm,每平方米的鲜重94 g,生长一般。

沙蒿+齿叶白刺群系(*Form Artemisia desertorum + Nitraria roborowskii*)主要分布在巴隆滩和小夏滩半固定的沙丘低地。沙蒿和齿叶白刺常常形成固定的小型沙丘,有时形成覆盖地面的沙层。在小夏滩100 m^2的样方内,沙蒿29丛,齿叶白刺2丛,沙蒿平均高68 cm,冠幅1.18 m^2,标准株质量1.89 kg;齿叶白刺高49 cm,冠幅2.28 m^2,30片新叶的质量为3 g。盖度达38.78%。

10. 盐沼草甸

唐古特白刺群系(*form nitraria tangutica*)主要分布在草原与盐沼草原之间,据调查,100 m^2 的样方内有 2 丛,高度为 2. 30 m,其最粗的枝条的地径为 3. 1 cm,冠幅为 25. 79 m^2,其地上部分质量为 13. 96 kg,其中 10 枝鲜枝重 1. 97 kg,树龄为 18 年,百果重 16. 9 g,平均果长 1. 77 cm,平均果径 0. 48 cm,果实颜色分为鲜红、紫红、黑紫色三种。伴生树种有枸杞、芨芨草、芦苇等。

唐古特白刺在巴隆滩和宗加草原分布广,大部分唐古特白刺已衰老,而且幼苗被牛羊啃食,表现为植株大部分枝条枯死,活的枝上的叶和果实少,枝条长势弱,远看成片的死亡。因此,必须采取措施进行管护。

芦苇群系(*Form PHragmites communis*)主要分布在巴隆和宗加草原地带,基本在每个角落都有生长,尤其是在盐碱地以单一植物建群,在唐古特白刺群系中,第 2 层植被只有芦苇的现象大面积出现,特别是在宗加草原。在巴音河南岸,有 20 多 km 的沙梁,沙梁上植被以芦苇为主,伴生植物有唐古特白刺,多花柽柳、赖草等。总之,芦苇在盐沼草甸中的生态幅度最广,整个盐沼草甸中,到处都有芦苇分布,只是生长状况随地质地貌而变化。该处以中度盐渍地带为例,在 100 m^2 的样方内,有 867 株芦苇,无伴生种。芦苇高度 48 cm,盖度 11. 20%,有大面积盐斑。

芨芨草+芦苇群系(*Form Achnatherum splendens+PHragmites communis*)主要分布在湖(河)边缘的盐碱滩上,土壤由细黏土组成,质地紧实坚硬,地表有一层灰白色盐结皮,属于盐化草甸土。它们的生态幅度较大,分布在海拔 2 900~3 100 m,在群落中常形成巨大的密丛;丛幅直径 40~65 cm,草丛高 70~100 cm,总覆盖度 40%以上。伴生种有盐地风毛菊、盐角草、盐爪爪、唐古特白刺等。

海乳草+芦苇群系(*Form Glaux mavitima+ PHragmites communis*)主要分布在盆地地下水溢出地带,在季节性积水地带和地下水溢出带和海韭菜形成群落,是盆地内产草量最高的。伴生种主要是海韭菜,局部地段海韭菜形成单一种建群。伴生种还有赖草、苔草、西伯利亚蓼等。群落结构一般为 2 层,第 1 层为芦苇和赖草,高 60~75 cm;第 2 层为海乳草、海韭菜以及其他多年生杂草。盖度基本在 90%以上,局部地段达到 100%。

4. 3. 2. 4　柴达木盆地土壤立地类型划分

根据海拔和植被分布特性,将柴达木盆地土壤立地类型划分如下:

不同类型的盐碱土形成原因不同,有的是地质原因,有的是气候原因,有的则是地下水原因,也有的则是多个原因的共同作用。不同的原因会造成盐碱土中盐分类型不同,而不同的土壤盐分类型对于盐碱地造林中树种的选择和造林措施有很大的影响。

柴达木盆地盐碱土形成的主要因子是地质原因和地下水原因,即和海拔和地下水位有着密切的联系。结合表 4-6 和柴达木盆地盐碱土壤的形成原因,柴达木盆地盐碱土主要集中在戈壁荒漠层、荒漠灌木林层、荒漠草甸层、荒漠沼泽盐土层、荒漠湖滨盐滩层。

表 4-6 柴达木盆地土壤立地类型划分表

立地类型	海拔	主要植被分布特点
高山砾石坡	4 200 m 以上	常年积雪,雪线以上,植被稀疏矮小,裸露地面积逐年加大,风蚀现象严重。主要有唐古特雪莲、鼠雪兔子、点地梅等垫状植物
高山草甸	3 900~4 200 m	分布在高山阳坡,主要有紫花针茅、短花针茅,伴生种有异叶香青、黄芪、甘肃马先蒿、马先蒿、白花蒲公英、香青、线叶龙胆等
高山灌丛	3 750~4 200 m	分布在高山阴坡,积石柳群系,在 100 m^2 内有 60~72 丛,生长良好,平均高度为 1. 25 m,平均冠丛直径达 1. 24 m。空间结构有 3 层,即灌木、草本、苔藓地衣。草本植物有 10 种以上,优势种为苔草、蒿草、珠芽蓼等
高山针叶林	3 500~3 900 m	分布在高山阳坡,主要生长在中山阳坡和半阴坡山地,局部呈带状分布。空间结构一般为 3 层,第 1 层为单优势的祁连圆柏纯乔木层;第 2 层是小叶金露梅为优势的小灌木层片,在 100 m^2 内,有 3~5 丛,高度 30~60 cm,生长较弱;第 3 层是高山草甸
河谷乔灌层	3 000~3 600 m	主要分布在香日德河中游河谷和滩地上,组成该群系的优势种为小叶杨和水柏枝
戈壁荒漠层	2 900~3 000 m	生态幅度较广,从南部戈壁边缘的沙地到山麓淤积滩地的低洼地均有分布。主要有梭梭群系、嵩叶猪毛菜群系、驼绒藜群系、蒿类群系。伴生植物有沙蓬、雾冰藜、齿叶白刺、砂蓝刺头、冰草、密花柽柳、柴达木沙拐枣、合头草、膜果麻黄、中亚紫菀木、锐枝木蓼等
荒漠灌木林层	2 780~2 900 m	膜果麻黄群系主要分布在山麓地带干涸的河床及常年流水的河谷阶地,在周围流动沙丘上有时有少量沙蒿和锐枝木蓼。沙拐枣群系主要分布于盆地南部戈壁边缘与细沙壤漠之间的流动沙丘地带,伴生植物有密花柽柳、合头草、中亚紫菀木、雾冰藜、锐枝木蓼等。多花柽柳+长穗柽柳群系主要分布在冲积、洪积平原地带,其中长穗柽柳主要分布在荒漠地带,多花柽柳分布在草原地带。伴生植物有唐古特白刺、齿叶白刺、盐爪爪、芦苇等。沙蒿+齿叶白刺+合头草群系,主要分布在荒漠细沙滩沙包上
荒漠草甸层	2 740~2 780 m	唐古特白刺群系主要分布在草原与盐沼草原之间,芦苇群系主要分布在草原地带,基本在每个角落都有生长,尤其是在盐碱地以单一植物建群,在唐古特白刺群系中,第 2 层植被只有芦苇的现象大面积出现。芨芨草+芦苇群系主要分布在湖(河)的边缘的盐碱滩上,土壤由细黏土组成,质地紧实坚硬,地表有一层灰白色盐结皮,属于盐化草甸土。海乳草+芦苇群系主要分布在盆地地下水溢出地带,在季节性积水地带和地下水溢出带和海韭菜形成群落,是盆地内产草量最高的。伴生种有盐地风毛菊、盐角草、盐爪爪、唐古特白刺等
荒漠沼泽盐土层	2 680~2 740 m	以芦苇为主要分布植被,伴生植物只有少量水柏枝和黑果枸杞
荒漠湖滨盐滩层	2 680 m 以下	没有任何植被

4.3.3　柴达木盆地盐碱地不同土地利用类型盐分调查

根据柴达木盆地土壤立地类型划分表,按海拔划分,盐碱地主要集中在戈壁荒漠层以下,即戈壁荒漠层、荒漠灌木林层、荒漠草甸层、荒漠沼泽盐土层和荒漠湖滨盐滩层。这些不同类型的盐碱土形成原因不同,有的是地质原因,有的是地下水原因,有的则是多个原因的共同作用。不同的形成原因会造成盐碱土中盐分类型不同,而不同的土壤盐分类型对于盐碱地造林中树种的选择和造林措施有很大的影响。所以,盐碱土壤盐分类型的调查研究是盐碱地其改良和利用研究的基础。

本研究中主要针对柴达木盆地宜林地不同的土地利用类型,进行土壤样品采集和盐分分析,从而对柴达木地区植被恢复和造林工作进行理论指导。

4.3.3.1　材料和方法

1. 样品的采集

对于不同的土地利用类型(戈壁地区、植被覆盖度较低的荒漠地区、植被覆盖度较高的荒漠地区、绿洲、农田),总共采集了 20 个点的土壤样品和 5 个点的水样进行盐分的测定,采样调查时间为 2015 年 6 月中旬,选取柴达木盆地的荒地、沼泽、牧场、耕地和无灌溉造林地 5 种典型土壤利用类型共 20 个样点。采集地表深度 30 cm 处土壤样品进行。土壤样品采集点信息见表 4-7。样品采集后送青海省农科院土肥所分析测试中心化验土壤全盐含量、pH 和不同类型的离子浓度。

2. 样品的测定

参照《土壤农化分析》中的测定方法,土壤全盐和 pH 的测定采用重量法和酸度计法,CO_3^{2-}(g/L)和 HCO_3^-(g/L)的测定采用双指示剂-中和滴定法,Cl^-的测定采用 $AgNO_3$ 滴定法,SO_4^{2-} 的测定采用 EDTA 间接络合滴定法,钠离子的测定采用火焰光度计法。土壤样品离子测定,基准采用耕地水平,故低于耕地水平的含盐量和离子浓度没有数据显示。

3. 数据处理和绘图

试验数据采用 Excel 2007 进行统计分析。盐碱地土壤样品离子类型分布图利用 Illustrator 软件绘制。

4.3.3.2　结果与分析

1. 土壤 pH 和全盐含量

土壤的 pH 不同,其供给植物的土壤养分的有效性就有差异,进而影响植物的生长发育状况。柴达木盆地由于特殊的自然地理条件,加上干旱气候的影响形成了大面积的盐碱地土壤。测定的 20 个样品中,pH 集中在 7.8~9.74,其中察尔汗盐湖样品 pH,最低为 7.8,而德令哈东发电厂的样品 pH 最高,为 9.74,详见图 4-13。

表 4-7　柴达木盐碱地调查

序号	地点	海拔(m)	经度	纬度	土壤类型	土地利用状况	植被状况
1	乌兰县城南	2 958	98°27′43.17″	36°54′53.82″	沙壤土	荒滩	白刺,苦苦菜,针茅
2	德令哈东发电厂	2 954	97°24′31.08″	37°20′12.08″	沙壤土	荒滩	无植被
3	德令哈西 4 km 莲湖	2 988	97°17′26.78″	37°21′17.89″	红沙壤,多砾石	荒滩	盐爪爪,红花盐黄芪,蒿
4	克鲁柯	2 828	96°54′00.17″	37°19′05.27″	沙壤(少砾石)	荒地,沼泽	白刺,黑果枸杞,芦苇
5	怀头他拉西滩	2 858	96°43′32.66″	37°18′33.75″	沙壤	风蚀严重	白刺
6	饮马峡	3 332	96°47′02.96″	37°30′54.75″	红沙壤(多砾石)	荒滩	梭梭
7	大才旦东	3 182	95°21′44.80″	37°50′17.11″	沙壤(少砾石)	牧场	白刺,冰草,沙蒿,黑果枸杞
8	察尔汗盐湖	2 676	95°18′56.77″	37°50′11.40″	盐渍土	荒滩	无植被
9	格尔木河西中村	2 815	94°48′09.06″	36°25′49.32″	沙壤	无灌溉造林地	柽柳,沙棘,青杨
10	格尔木河东园艺场	2 811	94°57′15.82″	36°23′55.34″	沙壤	荒地	冰草
11	大格勒菊花村	2 773	95°42′16.50″	36°26′37.13″	沙壤	荒地	柽柳,白刺
12	诺木洪五大队	2 780	96°15′26.24″	36°25′15.74″	耕作土	耕地	枸杞
13	诺木洪三大队	2 781	96°21′19.34″	36°26′25.63″	耕作土	耕地	枸杞
14	宗加	2 787	96°57′55.66″	36°16′26.39″	沙壤	荒滩	白刺,柽柳,梭梭,野生枸杞,冰草
15	巴隆北	2 867	97°31′21.55″	36°07′56.85″	沙壤	育苗地	枸杞,新疆杨
16	香日德幸福村	2 986	97°49′36.40″	36°03′46.89″	沙壤	荒滩	盐爪爪
17	香日德小夏滩	2 858	97°34′10.33″	36°11′08.06″	沙壤	荒滩	白刺,芦苇
18	都兰	3 167	98°04′22.80″	36°18′41.44″	沙壤(含砾石)	疏林地	青杨,沙棘
19	茶卡东	3 118	99°05′44.95″	36°47′16.24″	沙壤土	荒滩	盐爪爪,冰草
20	哇玉金泰南	3 129	99°18′27.54″	36°39′30.72″	沙壤	牧草地	冰草,赖草

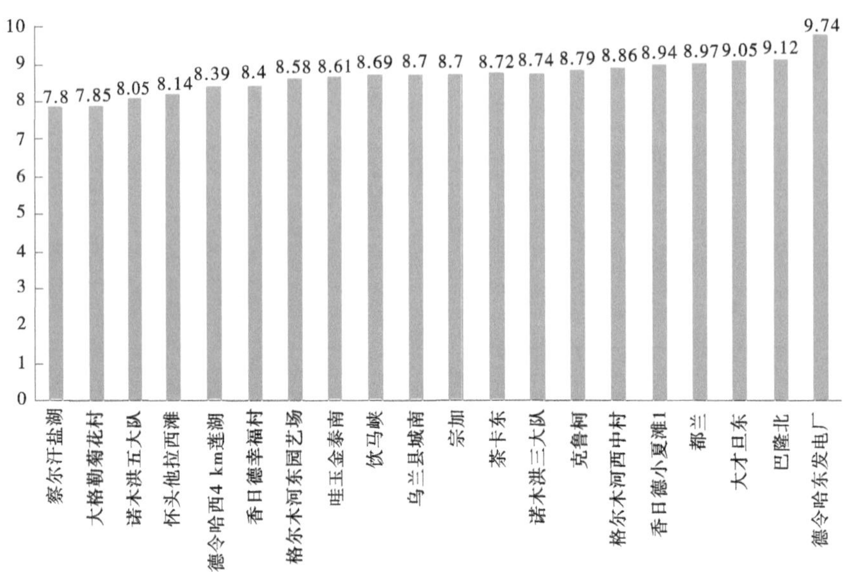

图 4-13　柴达木盆地 20 个样地的 pH 分布规律

按照我国盐碱地的划分方式，根据检测的土壤样品的 pH，将所有样点进行盐碱等级划分：

（1）中性（pH=6.5~7.5）：本次样品中没有检出土壤盐碱含量在该范围的样品。

（2）碱性（pH=7.5~8.5）：共 6 个样点，即察尔汗盐湖、大格勒菊花村、诺木洪五大队、怀头他拉西滩、德令哈西 4 km 莲湖、香日德幸福村。

（3）强碱性（pH>8.5）：剩余 14 个样均为强碱性地带。

按照土壤中盐碱含量（以 20 cm 土壤耕层来计算含盐量）值将所有样点进行盐碱等级划分，结果如下：

轻度盐化土（土壤含盐量低于 0.2%）：宗加、巴隆北、诺木洪三大队、怀头他拉西滩、哇玉金泰南、诺木洪五大队、都兰、德令哈东发电厂和茶卡东 9 个样点的土壤样品全盐含量低于 0.2%的标准，所以这几个点土地属于轻度盐化土，可以用作造林地。

中度盐化土（土壤含盐量 0.2%~0.4%）：只有格尔木河西中村 1 个样点。

重度盐化土（土壤含盐量 0.4%~0.6%）：只有饮马峡 1 个样点。

其余 9 个样点土壤含盐量都大于 0.6% 。

柴达木地区的盐碱土大多分布在冲洪积、湖积的交接带上，越靠近盐湖的地区，土壤的含盐量越大，所以察尔汗盐湖样点的土壤全盐含量在所有样品中最高。

2. 土壤样品中离子浓度和全盐含量相关性分析

土壤中离子含量在测定的 20 个样品中呈现出较大的变化。不同的样品中占优势的离子类型也不同，含量和浓度也显示出较大的差异。由图 4-14、表 4-8 可以看出，土壤全盐含量与 Cl^-、Ca^{2+}、K^+、Na^+呈极显著正相关，与 HCO_3^- 呈负相关，但是相关性未达到显著水平。阴阳离子与全盐含量相关性依次为 Cl^-、Na^+、K^+、Ca^{2+}、Mg^{2+} 以及 SO_4^{2-}，该结果与 Wang 等对柴达木盆地部分弃耕地土壤的研究结果基本一致。

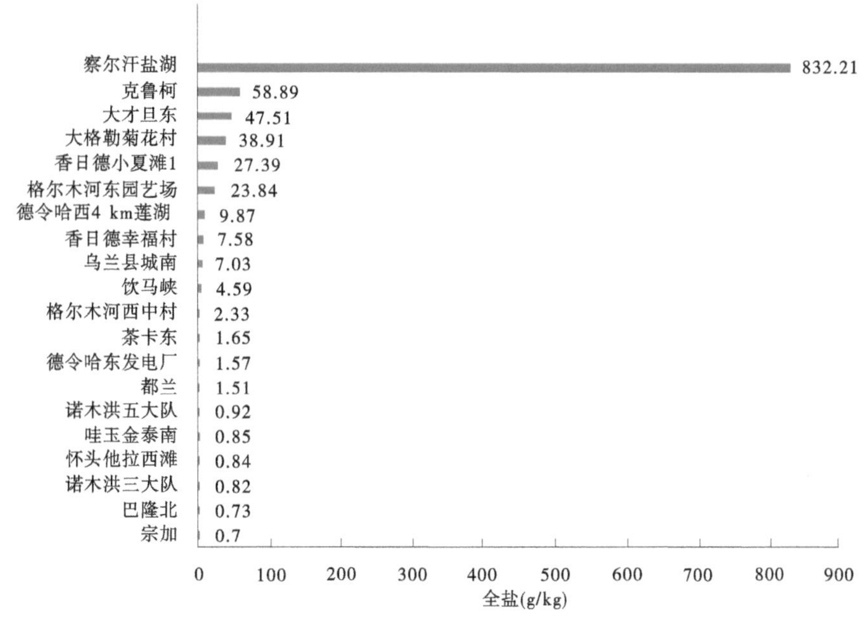

图 4-14　20 个样品中的全盐含量分布

表 4-8　土壤不同类型离子浓度及离子类型与全盐含量的相关性分析

地点	全盐 (g/kg)	HCO_3^- (g/L)	Cl^- (g/L)	SO_4^{2-} (g/L)	Ca^{2+} (g/L)	Mg^{2+} (g/L)	K^+ (g/L)	Na^+ (g/L)
格尔木河西中村	2.33	0.219	0.639	0.24	0.1	0.03	0.013	1.006
饮马峡	4.59	0.188	1.171	1.44	0.35	0.061	0.016	1.03
乌兰县城南	7.03	0.628	2.023	1.8	0.1	0.061	0.212	2.161
香日德幸福村	7.58	0.188	1.597	3.12	0.9	0.122	0.072	1.571
德令哈西 4 km 莲湖	9.87	0.188	3.354	2.28	0.7	0.213	0.053	0.333
格尔木河东园艺场	23.84	0.188	7.93	5.16	1.45	0.823	0.334	3.021
香日德小夏滩	27.39	0.219	5.325	8.16	2.15	0.671	0.342	3.759
大格勒菊花村	38.91	0.315	17.892	4.56	2.1	0.884	0.264	4.57
大才旦东	47.51	0.378	15.975	8.52	2.15	0.122	0.214	4.816
克鲁柯	58.89	0.315	20.82	9.24	2.8	2.318	0.225	4.816
察尔汗盐湖	832.21	0.125	460.612	7.8	7.85	2.806	10.817	48.164
相关性系数	1	-0.326 2	0.999 6**	0.378	0.933 4**	0.752 3 *	0.998 1**	0.998 5**

以往的研究显示，柴达木盆地盐碱土主要成分属于氯化物-硫酸型盐碱土。本研究结果显示，全盐含量超过耕地水平的样品中，和全盐含量相关性最高的离子是 Cl^-，而全盐含量与 SO_4^{2-} 的相关性却未达到显著水平。这可能是因为硫酸盐的溶解度比氯化物弱，

硫酸盐多集中在灌区的中段距地表 1.0～0.8 m 处,而本研究中采样时集中在地表以下 0.3 m 处,未达到 0.8 m 的深度,所以全盐含量与 SO_4^{2-} 的相关性未达到显著水平。

相关性分析(见表 4-9)表明,HCO_3^- 与其他各个离子之间呈负相关性,但是相关性未达到显著水平。Cl^- 与阴离子相关性未达到显著水平,而和所有阳离子都呈极显著的相关水平,其中相关性最高的是 K^+(相关系数为 0.998 9),其次是 Na^+(相关系数为 0.997 2)、Ca^{2+}(相关系数为 0.923 7)和 Mg^{2+}(相关系数为 0.739 8)。

表 4-9 盐分离子之间的相关性分析

离子类型	HCO_3^-	Cl^-	SO_4^{2-}	Ca^{2+}	Mg^{2+}	K^+	Na^+
HCO_3^-	1						
Cl^-	-0.328 9	1					
SO_4^{2-}	-0.059	0.350 9	1				
Ca^{2+}	-0.328 1	0.923 7**	0.663 9**	1			
Mg^{2+}	-0.258 8	0.739 8**	0.662 7**	0.870 7**	1		
K^+	-0.329	0.998 9**	0.337 5	0.915 3**	0.725 3**	1	
Na^+	-0.303	0.997 2**	0.407 7	0.943 7**	0.760 2**	0.995 7**	1

SO_4^{2-} 除与 HCO_3^- 呈非显著负相关外,与其他离子均呈正相关,其中和 Cl^-、K^+ 以及 Na^+ 的相关性未达到显著性水平,而与 Ca^{2+}(相关系数为 0.663 9)和 Mg^{2+}(相关系数为 0.662 7)的相关性均达到显著性水平。

Ca^{2+} 除与 HCO_3^- 呈非显著负相关外,与其余所有离子都呈显著的正相关,其中相关性最高的是 Na^+(相关系数为 0.943 7),其次是 Cl^-(相关系数为 0.923 7)、K^+(相关系数为 0.915 3),Mg^{2+}(相关系数为 0.870 7)和 SO_4^{2-}(相关系数为 0.663 9)。

Mg^{2+} 除与 HCO_3^- 呈非显著负相关外,与其余所有离子都呈显著的正相关,其中相关性最高的是 Ca^{2+}(相关系数为 0.870 7),其次为 Na^+(相关系数为 0.760 2),Cl^-(相关系数为 0.739 8),K^+(相关系数为 0.725 3)以及 SO_4^{2-}(相关系数为 0.662 7)。

K^+ 与 HCO_3^- 呈非显著负相关,与 SO_4^{2-} 呈非显著的正相关,与 Mg^{2+} 呈显著相关性(相关系数为 0.725 3),与其他离子呈极显著相关性,相关性依次为 Cl^-(相关系数为 0.998 9),Na^+(相关系数为 0.995 7)和 Ca^{2+}(相关系数为 0.915 3)。

Na^+ 与 HCO_3^- 呈非显著负相关,与 SO_4^{2-} 呈非显著的正相关,与 Mg^{2+} 呈显著相关性(相关系数为 0.760 2),与其他离子呈极显著相关性,相关性依次为 Cl^-(相关系数为 0.997 2),K^+(相关系数为 0.995 7)和 Ca^{2+}(相关系数为 0.943 7)。

3. 土壤样品占优势的离子类型分析和适耕性划分

根据试验测得的全盐含量和离子浓度,得出每个样品中阴离子和阳离子中占优势的离子类型,并绘制了适耕性和占优势的离子类型划分,如图 4-15 所示。

在全盐含量高于耕地标准值的 11 个土壤样品中占优势的离子类型有两种:第一种是阴离子和阳离子分别为 Cl^- 和 Na^+ 占优势的样品(1,3,4,7,8,9,10,11);第二种是阴离子

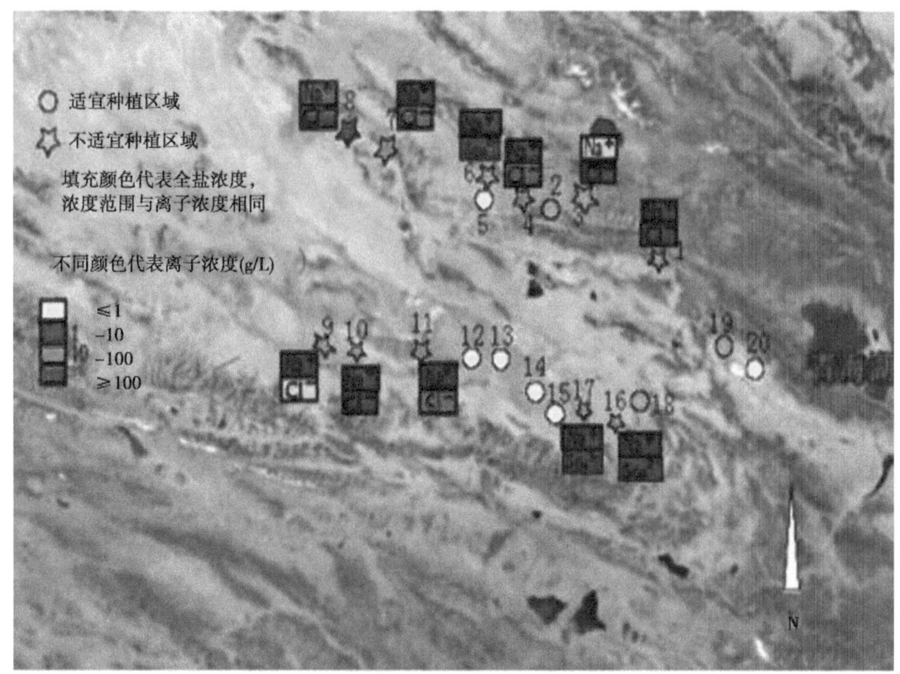

图 4-15　土壤样品适耕性和占优势的离子类型划分

和阳离子分别是 SO_4^{2-} 和 Na^+ 占优势的样品(6,16,17)。

20 个样品中宗加、巴隆北、诺木洪三大队、怀头他拉西滩、哇玉金泰南、诺木洪五大队、都兰、德令哈东发电厂以及茶卡东 9 个样点的土壤样品全盐含量低于耕地标准，所以这几个点土地可以用作耕地。可溶性盐中 Na_2SO_4 对于植物的危害要大于 NaCl 对于植物的危害，所以 1,3,4,7,8,9,10,11 这几个点土壤盐分对于植物的危害要小于 6,16,17 样点土壤的。基于该结果，建议在 6,16,17 这 3 个地区可以种植对硫酸盐不敏感的植物。而在 1,3,4,7,8,9,10,11 这 8 个点的地区可以适当地以已有的植被为基础种植高度耐盐碱的植物。

4.3.4　柴达木盆地各类盐碱地土壤盐分调查

2017 年，课题组组织考察队，对整个柴达木盆地的盐碱地进行了系统的考察，并采取土样，进行了盐分化验。本研究对柴达木盆地中共 10 个地点 34 个样品进行了盐碱地类型和盐碱程度分析。对每一个样点的土壤分别从 0~20 cm、20~40 cm 及 40~60 cm 3 个不同的深度进行样品采集和分析。采样点信息见表 4-10。

表 4-10　所有采样点分布及经纬度

采样编号	采样地点	东经	北纬
1	乌兰县茶卡盐湖东北角	99°13′00. 47″	36°42′00. 39″
2	乌兰县茶卡盐湖西北	99°02′58. 37″	36°47′25. 64″
3	乌兰县柯柯盐厂厂区	98°13′41. 15″	36°58′44. 98″

续表 4-10

采样编号	采样地点	东经	北纬
4	德令哈市尕海湖东北	97°36′14. 96″	37°06′57. 82″
5	德令哈市柯鲁克湖北岸	96°54′09. 28″	37°19′25. 27″
6	德令哈市柯鲁克湖西岸	96°51′34. 27″	37°17′37. 50″
7	德令哈市托素湖东北岸	96°59′40. 91″	37°10′24. 00″
8	大柴旦行委小柴旦湖东岸	95°33′00. 77″	37°27′55. 72″
9	大柴旦行委小柴旦湖西南岸	95°25′25. 51″	37°29′46. 37″
10	大柴旦行委依克柴达木湖(大柴旦湖)北岸	95°21′13. 71″	37°47′05. 79″
11	大柴旦行委依克柴达木湖(大柴旦湖)西北岸	95°12′14. 82″	37°54′17. 79″
12	大柴旦行委 315 国道 738 km 处路北	95°11′51. 35″	37°23′43. 16″
13	大柴旦行委 315 国道 783 km 处路北	94°39′55. 43″	37°21′21. 93″
14	格尔木市东台吉乃尔湖东偏北	94°05′46. 75″	37°26′31. 70″
15	大柴旦行委西台吉乃尔湖西北,315 国道 919 km+500 m 路北	93°22′01. 08″	37°48′18. 31″
16	茫崖行委西台吉乃尔湖正西,315 国道 978 km+900 m 路南	92°54′58. 32″	38°03′06. 09″
17	茫崖行委尕斯库勒湖西北	90°45′33. 95″	38°17′12. 48″
18	茫崖行委尕斯库勒湖雄鹰绿色草原北(修路恢复土样)	90°41′41. 22″	38°13′42. 67″
19	茫崖行委尕斯库勒湖西北雄鹰绿色草原	90°38′16. 09″	38°12′14. 69″
20	茫崖行委尕斯库勒湖东岸边(采油场堆积盐壳)	90°53′18. 08″	38°04′16. 83″
21	冷湖行委冷湖饮用水厂旁	93°22′16. 47″	38°52′45. 02″
22	茫崖行委老茫崖工区东南 8 km,S303 省道 350 km 路南	91°43′34. 34″	37°46′24. 70″
23	茫崖行委甘森加油站东 18 km,S303 省道 242 km+800 m 路南	92°37′09. 40″	37°10′13. 40″
24	格尔木市乌图美仁东 5 km,S303 省道 173 km+700 m 路南	93°14′04. 25″	36°54′48. 05″
25	格尔木市拖拉海, S303 省道 58 km+400 m 路南	94°19′55. 82″	36°30′01. 15″
26	格尔木市察尔汗涩北气田匝道口(盐矿)	95°22′20. 40″	36°57′10. 11″
27	格尔木市北出口,G215 线 620 km 路东	95°03′29. 71″	36°40′17. 29″
28	格尔木市鱼水河铁路东	94°56′59. 13″	36°29′32. 24″
29	格尔木市大格勒乡西部草原	95°40′27. 66″	36°26′52. 12″
30	都兰县宗家镇贝壳梁公路 13 km 路南	96°12′29. 77″	36°30′39. 11″
31	都兰县宗家镇贝壳梁公路 10 km+700 m 路南	96°13′48. 55″	36°29′59. 14″
32	都兰县宗家镇贝壳梁景区	96°16′31. 66″	36°26′08. 77″
33	都兰县香日德镇小峡滩西 15 km	97°34′15. 08″	36°11′10. 34″
34	乌兰县茶卡盐湖西,测速探头正东	98°53′03. 49″	36°43′31. 38″

样品的测定参照《土壤农化分析》中的测定方法，土壤全盐和 pH 的测定采用重量法和酸度计法，CO_3^{2-} 和 HCO_3^- 的测定采用双指示剂-中和滴定法，Cl^-的测定采用 $AgNO_3$ 滴定法，SO_4^{2-} 的测定采用 EDTA 间接络合滴定法，Na^+的测定采用火焰光度计法。

4.3.4.1　根据全盐含量和 pH 对各采样点进行盐碱类型划分

各个样品的测定结果见表 4-11。

表 4-11　各个样品的测定结果

编号	地点	深度（cm）	pH	pH 平均值	全盐含量（g/kg）	全盐含量平均值（g/kg）
1	乌兰县茶卡盐湖东北角	0~20	9.3	9.68	10.88	4.99
		20~40	9.8		2.98	
		40~60	9.95		1.12	
2	乌兰县茶卡盐湖西北	0~20	8.9	9.24	19.71	8.76
		20~40	9.57		3.88	
		40~60	9.24		2.69	
3	乌兰县柯柯盐厂厂区	0~20	8.73	9.01	32.74	26.45
		20~40	9.16		24.13	
		40~60	9.14		22.47	
4	德令哈市尕海湖东北	0~20	8.39	8.56	22.8	11.84
		20~40	8.58		8.43	
		40~60	8.7		4.29	
5	德令哈市柯鲁克湖北岸	0~20	8.47	8.44	53.05	46.69
		20~40	8.48		48.64	
		40~60	8.36		38.38	
6	德令哈市柯鲁克湖西岸	0~20	8.91	8.87	77.88	43.91
		20~40	8.72		37.27	
		40~60	8.98		16.57	
7	德令哈市托素湖东北岸	0~20	8.76	8.54	12.39	7.59
		20~40	8.35		5.01	
		40~60	8.51		5.37	
8	大柴旦行委小柴旦湖东岸	0~20	8.48	8.26	29.93	18.49
		20~40	8.23		14.13	
		40~60	8.06		11.41	

续表 4-11

编号	地点	深度（cm）	pH	pH 平均值	全盐含量（g/kg）	全盐含量平均值（g/kg）
9	大柴旦行委小柴旦湖西南岸	0~20	8.64	8.55	10.36	6.65
		20~40	8.27		8.46	
		40~60	8.73		1.12	
10	大柴旦行委依克柴达木湖（大柴旦湖）北岸	0~20	9	8.94	35.92	15.32
		20~40	8.91		6.09	
		40~60	8.91		3.96	
11	大柴旦行委依克柴达木湖（大柴旦湖）西北岸	0~20	8.98	8.56	18.76	21.06
		20~40	8.4		9.91	
		40~60	8.29		34.5	
12	大柴旦行委 315 国道 738 km 处路北	0~20	8.6	8.73	15.77	14.75
		20~40	8.77		16.46	
		40~60	8.83		12.01	
13	大柴旦行委 315 国道 783 km 处路北	0~20	7.93	8.08	249.35	115.38
		20~40	8.24		56.66	
		40~60	8.08		40.14	
14	格尔木市东台吉乃尔湖东偏北	0~20	6.97	7.07	382.61	345.72
		20~40	7.09		289.39	
		40~60	7.14		365.16	
15	大柴旦行委西台吉乃尔湖西北，315 国道 919 km+500 m 路北	0~20	7.54	7.62	572.4	471.38
		20~40	7.51		405.71	
		40~60	7.81		436.04	
16	茫崖行委西台吉乃尔湖正西，315 国道 978 km+900 m 路南	0~20	7.53	7.41	210.47	307.90
		20~40	7.5		210.87	
		40~60	7.21		502.35	
17	茫崖行委尕斯库勒湖西北	0~20	8.69	8.67	54.07	36.48
		20~40	8.72		23.4	
		40~60	8.61		31.96	

续表 4-11

编号	地点	深度（cm）	pH	pH 平均值	全盐含量（g/kg）	全盐含量平均值（g/kg）
18	茫崖行委尕斯库勒湖雄鹰绿色草原北（修路恢复土样）	0~20	8.83	8.79	23.47	21.69
		20~40	8.78		21.72	
		40~60	8.77		19.87	
19	茫崖行委尕斯库勒湖西北雄鹰绿色草原	0~20	8.14	8.56	718.2	267.87
		20~40	8.75		60.74	
		40~60	8.79		24.66	
20	茫崖行委尕斯库勒湖东岸边（采油场堆积盐壳）	0~20	8.17	8.34	892.34	869.17
		20~40	8.48		843.64	
		40~60	8.36		871.54	
21	冷湖行委冷湖饮用水厂旁	0~20	8.52	8.64	44.57	25.74
		20~40	8.79		15.71	
		40~60	8.62		16.95	
22	茫崖行委老茫崖工区东南 8 km，S303 省道 350 km 路南	0~20	7.63	8.37	54.8	27.62
		20~40	8.7		15.1	
		40~60	8.78		12.96	
23	茫崖行委甘森加油站东 18 km，S303 省道 242 km+800 m 路南	0~20	8.46	8.71	52.75	66.70
		20~40	8.63		119.21	
		40~60	9.04		28.13	
24	格尔木市乌图美仁柴开村东 5 km，S303 省道 173 km+700 m 路南	0~20	8.77	8.51	133.69	57.77
		20~40	8.5		21.91	
		40~60	8.26		17.71	
25	格尔木市拖拉海，S303 省道 58 km+400 m 路南	0~20	8.74	8.59	28.91	25.58
		20~40	8.46		24.64	
		40~60	8.58		23.2	
26	格尔木市察尔汗涩北气田匝道口（盐矿）	0~20	7.74	7.72	624.83	637.59
		20~40	7.71		651.86	
		40~60	7.71		636.08	

续表 4-11

编号	地点	深度（cm）	pH	pH 平均值	全盐含量（g/kg）	全盐含量平均值（g/kg）
27	格尔木市北出口，G215 线 620km 路东	0～20	8.6	8.75	436.8	168.36
		20～40	9.01		41.45	
		40～60	8.64		26.82	
28	格尔木市鱼水河铁路东	0～20	8.56	8.55	86.03	42.11
		20～40	8.67		32.9	
		40～60	8.42		7.39	
29	格尔木市大格勒乡西部草原	0～20	8.52	8.86	218.51	106.23
		20～40	9.01		51.14	
		40～60	9.06		49.03	
30	都兰县宗家镇贝壳梁公路 13 km 路南	0～20	8.1	8.39	166.68	89.59
		20～40	8.31		52.56	
		40～60	8.75		49.53	
31	都兰县宗家镇贝壳梁公路 10 km+700 m 路南	0～20	7.73	8.18	289.63	127.86
		20～40	8.13		60.25	
		40～60	8.67		33.7	
32	都兰县宗家镇贝壳梁景区	0～20	8.15	8.66	90.62	43.50
		20～40	8.75		32.5	
		40～60	9.08		7.37	
33	都兰县香日德镇小峡滩西 15 km	0～20	8.54	8.75	2.14	1.13
		20～40	9.03		0.6	
		40～60	8.69		0.64	
34	乌兰县茶卡盐湖西，测速探头正东	0～20	8.38	8.31	5.21	10.35
		20～40	8.3		10.3	
		40～60	8.24		15.54	

按照我国盐碱地的划分方式，根据检测的土壤样品的 pH，将所有样点进行盐碱等级划分：

（1）中性（pH=6.5～7.5）：共 2 个样点，分别是 14（格尔木市东台吉乃尔湖东偏北）和 16（茫崖行委西台吉乃尔湖正西，315 国道 978 km+900 m 路南）。

（2）碱性（pH=7.5～8.5）：共 10 个样点，15（大柴旦行委西台吉乃尔湖西北 315 国道

919 km+500 m 路北)、26[格尔木市察尔汗涩北气田匝道口(盐矿)]、13(大柴旦行委 315 国道 783 km 处路北),31(都兰县宗家镇贝壳梁公路 10 km+700 m 路南)、8(大柴旦行委小柴旦湖东岸)、34(乌兰县茶卡盐湖西,测速探头正东)、20[茫崖行委尕斯库勒湖东岸边(采油场堆积盐壳)]、22(茫崖行委老茫崖工区东南 8 km,S303 省道 350 km 路南)、30(都兰县宗家镇贝壳梁公路 13 km 路南)和 5(德令哈市柯鲁克湖北岸)。

(3)强碱性(pH>8.5):共 22 个样点分别是 24(格尔木市乌图美仁柴开村东 5 km,S303 省道 173 km+700 m 路南)、7(德令哈市托素湖东北岸)、9(大柴旦行委小柴旦湖西南岸)、28(格尔木市鱼水河铁路东)、4(德令哈市尕海湖东北)、11[大柴旦行委依克柴达木湖(大柴旦湖)西北岸]、19(茫崖行委尕斯库勒湖西北雄鹰绿色草原)、25[格尔木市拖拉海,S303 省道 58 km+400 m 路南]、21(冷湖行委冷湖饮用水厂旁)、32(都兰县宗家镇贝壳梁景区)、17(茫崖行委尕斯库勒湖西北)、23(茫崖行委甘森加油站东 18 km、S303 省道 242 km+800 m 路南)、12(大柴旦行委 315 国道 738 km 处路北)、27(格尔木市北出口,G215 线 620 km 路东)、33(都兰县香日德镇小峡滩西 15 km)、18[茫崖行委尕斯库勒湖雄鹰绿色草原北(修路恢复土样)]、29(格尔木市大格勒乡西部草原)、6(德令哈市柯鲁克湖西岸)、10[大柴旦行委依克柴达木湖(大柴旦湖)北岸]、3(乌兰县柯柯盐厂厂区)、2(乌兰县茶卡盐湖西北)和 1(乌兰县茶卡盐湖东北角)。

根据 pH 划分的盐碱程度结果,所采的样点中 64.71%的样点是强碱性土壤,29.41%的样点是碱性土壤,只有 5.88%的样点是中性土壤(见图 4-16)。

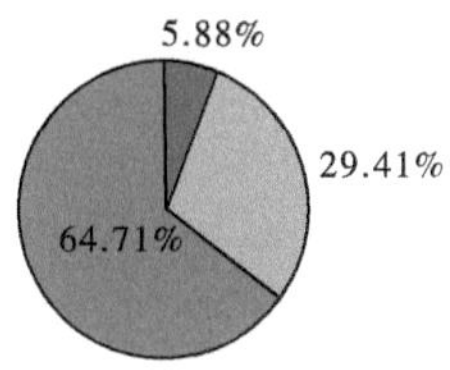

(a)不同盐碱程度土样比例(按pH计)

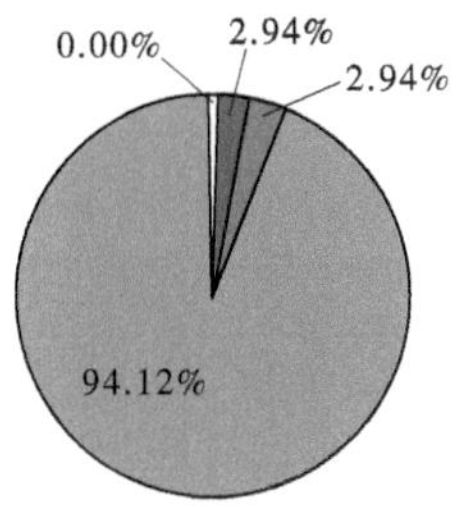

(b)不同盐碱程度土样比例(按土壤含盐量计)

图 4-16　按照 pH 和含盐量计算的土壤样品盐碱程度比例

按照土壤中盐碱含量(以 20 cm 土壤耕层来计算含盐量)值将所有样点进行盐碱等级划分,轻度盐化土(土壤含盐量 0.1%~0.2%),本次样品中没有检出土壤盐碱含量在该范围的样品;中度盐化土(土壤含盐量 0.2%~0.4%),只有 33(都兰县香日德镇小峡滩西 15 km)一个样点;重度盐化土(土壤含盐量 0.4%~0.6%),只有 34(乌兰县茶卡盐湖西,测速探头正东)1 个样点;其余 32 个样点土壤含盐量都大于 0.6% 。根据含盐量划分的盐碱程度结果,所采的样点中 94.12%的样点土壤超过了重度盐碱的范围,中度盐碱和重度盐碱分别占 2.94%。

4.3.4.2　盐分离子含量分析

通过对每一个样点的盐分离子分析发现,所有样点中占主导的阴离子均是 Cl^- 和 SO_4^{2-},占主导的阳离子大部分为 Na^+ 和 Ca^{2+},只有样点 2 和样点 6 中占主导的阳离子为 Na^+ 和 Mg^{2+}。具体每个盐分离子的含量见图 4-17。

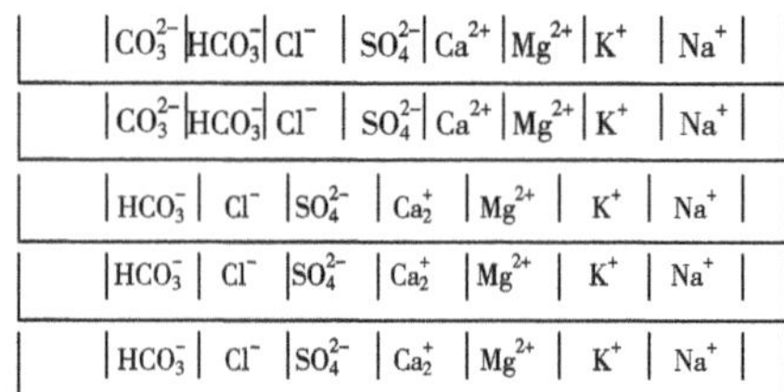

图 4-17　样点盐分离子分析

对 10 个样点的样品进行盐分离子含量测定和分析结果(见表 4-12)发现,CO_3^{2-} 在 10 号样点含量最高,在 06、13、16、17、21 号和 23 号样点没有检测到。HCO_3^- 在 06 号和 23 号样点最高(0.195 g/kg),其次是 16 号样点(0.170 g/kg),含量最低的 3 个点分别是 8 号样点(0.073 g/kg),2 号样点(0.097 g/kg)和 10 号样点(0.109 g/kg);Cl^- 含量最高的 3 个样点依次是 29(104.476 g/kg),16(92.974 g/kg)和 13(19.276 g/kg),最低的 3 个样点依次是 8(7.987 g/kg),2(8.413 g/kg)和 10(9.904 g/kg);SO_4^{2-} 含量最高的是 3 个样点依次是 16(18.480 g/kg)、29(17.760 g/kg)和 6(17.280 g/kg),最低的 3 个样点依次是 2(3.360 g/kg)、13(7.200 g/kg)和 21(10.080 g/kg);Ca^{2+} 含量最高的 3 个样点依次是 16(10.50 g/kg)、29(4.40 g/kg)和 23(4.00 g/kg),最低的 3 个样点依次是 2(0.30 g/kg),13(2.50 g/kg)和 10(2.70 g/kg);Mg^{2+} 含量最高的 3 个样点依次是 6(3.477 g/kg)、16(3.416 g/kg)和 21(1.281 g/kg),最低的 3 个样点依次是 17(0.183 g/kg)、29(0.488 g/kg)和 2(0.610 g/kg);K^+ 含量最高的 3 个样点依次是 29(0.481 g/kg)、16(0.420 g/kg)和 23(0.420 g/kg),最低的 3 个样点依次是 21(0.134 g/kg)、17(0.145 g/kg)和 10(0.170 g/kg);Na^+ 含量最高的 3 个样点依次是 29(11.006 g/kg)、16(9.657 g/kg)和 6(5.455 g/kg),最低的 3 个样点依次是 8(2.988 g/kg)、2(3.258 g/kg)和 21(3.990 g/kg)。

表 4-12 10 个样点的样品进行盐分离子含量测定和分析结果 (单位:g/kg)

样点	CO_3^{2-}	HCO_3^-	Cl^-	SO_4^{2-}	Ca^{2+}	Mg^{2+}	K^+	Na^+
02	0.06	0.097	8.413	3.360	0.30	0.610	0.315	3.258
06	—	0.195	16.241	17.280	2.80	3.477	0.170	5.455
08	0.036	0.073	7.987	10.800	3.70	0.854	0.214	2.988
10	0.12	0.109	9.904	12.480	2.70	0.915	0.170	4.106
13	—	0.158	19.276	7.200	2.50	0.976	0.192	4.453
16	—	0.170	92.974	18.480	10.50	3.416	0.420	9.657
17	—	0.122	17.466	15.120	3.80	0.183	0.145	5.417
21	—	0.134	13.951	10.080	3.40	1.281	0.134	3.990
23	—	0.195	18.424	13.440	4.00	0.793	0.420	4.800
29	0.036	0.122	104.476	17.760	4.40	0.488	0.481	11.006

4.3.4.3 各盐分离子的相关性分析

相关性分析结果(见表 4-13)表明,与 CO_3^{2-} 正相关性最大的阳离子是 Mg^{2+},负相关性最大的是 K^+;与 HCO_3^- 正相关性最大的是 Mg^{2+},其次是 SO_4^{2-};与 Cl^- 正相关性最大的是 Na^+,其次是 K^+、Ca^{2+} 和 SO_4^{2-};与 SO_4^{2-} 相关性最大的是 Na^+,其次是 Ca^{2+}、Cl^- 和 Mg^{2+}。与 Ca^{2+} 相关性最大的是 Cl^-、SO_4^{2-} 和 Na^+;与 Mg^{2+} 相关性最大的是 HCO_3^-,其次是 CO_3^{2-}、Ca^{2+} 和 SO_4^{2-};与 K^+ 相关性最大的是 Cl^- 和 Na^+,与 Na^+ 相关性最大的是 Cl^-,其次是 SO_4^{2-}、K^+ 和 Ca^{2+}。

表 4-13 盐分离子相关性分析结果

项目	CO_3^{2-}	HCO_3^-	Cl^-	SO_4^{2-}	Ca^{2+}	Mg^{2+}	K^+	Na^+
CO_3^{2-}	1	0.265 1	-0.438 7	-0.098 7	-0.308 3	0.587 8	-0.610 2	-0.339 1
HCO_3^-	0.265 1	1	0.174 9	0.433 0	0.327 4	0.591 5	0.204 9	0.286 9
Cl^-	-0.438 7	0.174 9	1	0.624 1	0.704 2	0.260 6	0.744 5	0.974 6
SO_4^{2-}	-0.098 7	0.433 0	0.624 1	1	0.684 6	0.471 6	0.308 2	0.736 1
Ca^{2+}	-0.308 3	0.327 4	0.704 2	0.684 6	1	0.534 7	0.445 6	0.675 4
Mg^{2+}	0.587 8	0.591 5	0.260 6	0.471 6	0.534 7	1	0.037 8	0.292 1
K^+	-0.610 2	0.204 9	0.744 5	0.308 2	0.445 6	0.037 8	1	0.683 0
Na^+	-0.339 1	0.286 9	0.974 6	0.736 1	0.675 4	0.292 1	0.683 0	1

4.3.5 柴达木盆地宜林地土壤盐化分级

柴达木盆地土地开发和利用的范围基本集中在戈壁荒漠层—荒漠灌木林层—荒漠草甸层。戈壁荒漠层土壤类型基本为沙砾石,属干旱缺水地带,只有地表径流的河谷地带和河床两岸一定范围内适合农林业生产。荒漠灌木林层过渡到荒漠草甸层，盐碱含量随海拔降低而增大，人工造林的难度也随之增大，越来越不具备造林条件。因此，在柴达木盆地盐碱地造林，主要集中在荒漠灌木林层。

根据全国第二次土壤普查时制定的"海西州农业土壤盐化程度分级标准"，依据主要组成盐类不同，将农业土壤盐化程度分为3级，轻盐化、中盐化和重盐化，见表4-14。

表4-14 海西州农业土壤盐化程度分级标准

盐化分级	含盐量(%)		农作物指标(以春小麦为例)
	SO_4^{2-}-Cl^-	Cl^--SO_4^{2-}	
重盐化	0.6~1.0	0.9~1.2	不易出苗，保苗困难，大片无苗不保产
中盐化	0.4~0.6	0.6~0.9	秃斑无苗，生长受抑制，管理好可保一定产量
轻盐化	0.2~0.4	0.3~0.6	基本上可保全苗，措施得当可稳产

根据柴达木盆地盐碱地植被调查和土壤盐分调查分析，柴达木盆地盐碱地宜林地相对于农业用地跨度要大，如柽柳、唐古特白刺等树种生长的土壤盐分中，Cl^-浓度可高达100 g/kg，SO_4^{2-}浓度可高达20 g/kg，黑果枸杞生长的土壤盐分中，局部区域甚至突破了Cl^-浓度大于100 g/kg，SO_4^{2-}浓度大于20 g/kg。

依据农业土壤盐化程度分级标准，结合柴达木盆地盐碱地植被和盐分调查结果，根据不同盐渍类型，针对主要组成盐类不同，将柴达木盆地宜林地土壤盐分程度分为5级，即非盐化、轻盐化、中盐化、重盐化、极重盐化。具体指标见表4-15。

表4-15 基于盐渍类型的柴达木盆地宜林地土壤盐化分级标准

盐化分级	含盐量(g/kg)			
	Cl^-	Cl^--SO_4^{2-}	SO_4^{2-}-Cl^-	SO_4^{2-}
非盐化	7	7	3	3
轻盐化	7~10	7~10	3~10	3~10
中盐化	10~50	10~70	10~15	10~15
重盐化	50~100	70~120	15~18	15~20
极重盐化	100	120	18	20

4.4 柴达木盐碱地重要植物的耐盐性评价

4.4.1 种子萌发对干旱胁迫与盐碱胁迫的响应

4.4.1.1 研究内容

(1)根据柴达木地区土壤盐离子含量及pH的实际情况，采用中性盐NaCl、Na_2SO_4，碱性盐$NaHCO_3$，按照不同质量比混合配置溶液，模拟盐碱胁迫条件，对不同程度盐碱胁迫条件下种子的萌发生态进行研究。

(2)采用 PEG-6000 溶液模拟干旱胁迫条件(聚乙二醇 PEG 具有很强的吸水性,在常温条件下可从空气中吸收水分,液体可与水任意比例混溶),根据上述盐碱胁迫试验以不同溶液浓度模拟等渗胁迫条件下,测定不同程度干旱胁迫下种子萌发参数变化。

(3)种子萌发参数对水势、盐分条件的回归模型拟合优度对比。

(4)确定种子萌发最适水势、盐分条件。

4.4.1.2　试验设计与方法

1. 试验设计

1)试验材料

测试材料种源地为青海省海西州柴达木盆地的梭梭(*Haloxylon ammodendron*)、齿叶白刺(*Nitraria roborowskii*)以及多花柽柳(*Tamarix hohenackeri* Bunge)。

2)种子萌发试验

采用四分法选取大小一致、颗粒饱满的种子 100 粒,先用 0.3%高锰酸钾溶液消毒 30 min,后经蒸馏水反复冲洗 4~5 遍,晾干后,用 75 ℃温水浸种 48 h。然后,将种子均匀地布置在敷设有滤纸或脱脂纱布的培养皿上,其滤纸或脱脂纱布事先经试验溶液处理,处理液按干旱胁迫和盐胁迫设计要求分别设计,后置于 25 ℃、75%湿度的恒温培养箱光照培养。

每种处理液设置 5 个重复,后期及时处理变质种子并进行消毒、换床。每天测量胚根长度并用相应的渗透溶液少量多次冲洗种子,保持培养皿内的处理液浓度不变。从种子置床之日起观察,以胚根长度等于种子长度作为萌发标准。将 5 个重复中最早有 1 粒种子发芽之日作为该处理发芽的开始期,以后每天定时记录萌发种子数并测量胚根长度,当连续 3 d 不再有新种子萌发时作为该处理萌发结束,种子长出子叶作为种子萌发期结束。

(1)干旱胁迫试验。

水分胁迫采用 PEG-6000 溶液模拟。根据 Burlyn 和 Kaufmann 有关 PEG-6000 溶液浓度与渗透势的关系式,计算并配制各混合盐溶液模拟盐分胁迫对应等渗 PEG-6000 溶液。计算式为

$$\Psi_s = -(1.18\times10^{-2})C-(1.18\times10^{-4})C^2+(2.67\times10^{-4})CT+(8.39\times10^{-7})C^2T$$

式中,C 为种子萌发试验 PEG-6000 g/kg H_2O 浓度,T 为温度常数,本试验控制为 25 ℃。

采用露点水势仪(WESCOR,Logan,UT,USA)对各处理下溶液水势值进行测定,并分别标记为 $A\psi_1$、$A\psi_2$、$A\psi_3$、$A\psi_4$、$A\psi_5$;$B\psi_1$、$B\psi_2$、$B\psi_3$、$B\psi_4$、$B\psi_5$,$C\psi_1$、$C\psi_2$、$C\psi_3$、$C\psi_4$、$C\psi_5$(MPa)。

(2)盐碱胁迫试验。

根据柴达木盆地土壤中盐离子含量及 pH 实际情况选择中性盐 NaCl(AR)、Na_2SO_4(AR)及碱性盐 $NaHCO_3$(AR),并将 NaCl、Na_2SO_4、$NaHCO_3$ 分别按照质量比 2:1:0、2:1:1、2:1:2配制 pH 分别为 7.06、8.78、9.04 的 A、B、C 3 个处理组。每个处理组盐浓度依次设置 100 mmol/L、200 mmol/L、300 mmol/L、400 mmol/L、500 mmol/L 5 个水平,共组成 15 个处理组合,以蒸馏水处理作为对照(0 mmol/L,CK)。在每一个处理组中,由于是缓冲体系,随着盐浓度的增加,pH 无明显变化。不同的盐度和碱度模拟出了与柴达木盆

地荒漠环境相似的 15 种盐碱条件。

3) 萌发指标

萌发率

$$GP(\%)=\frac{\text{萌发种子数}}{\text{试验种子数}}\times 100\%$$

萌发值

$$GR=\sum\frac{\text{每日萌发数百分比}}{\text{萌发天数}}$$

萌发指数

$$GI=\frac{(10\times n_1+9\times n_2+\cdots+1\times n_{10})}{\text{试验天数}\times\text{试验种子数}}$$

活力指数

$$VI=GI\times\text{第 10 日胚根长度}$$

平均萌发时间

$$MGT=\frac{\sum(D\times n)}{\sum n}$$

式中：$n_1,n_2,\cdots,n_{10}$ 为每日萌发数；D 为观测日序数；n 为观测日萌发种子数。

2. 数据处理与方法

对种子萌发率数据采取反正弦转换，所有数据进行单因素方差分析（One-way ANOVA），并采用 LSD 法和 Duncan 多重比较法来对各处理间在 $\alpha=0.05$ 水平上的差异性进行比较。数据间的相关性采用 Pearson 相关分析法进行双侧检验。采用回归分析法拟合不同模拟胁迫下种子萌发与幼苗生长与水势、盐分的相关模型。所有统计分析均在 SPSS20.0 软件中进行，用 Excel 2010 和 SigmaPlot12.5 制作图表，图表中数据以 MEAN±SD 来表示。采用 Deisign Expert 8.05 进行三维模型回归。

4.4.1.3 结果与分析

1. 等渗干旱胁迫模拟溶液水势测定

一般来说，盐胁迫对种子萌发的影响主要可归结为渗透效应和离子效应（Welbaum et al.，1990），而干旱胁迫则主要是在种子萌发中产生渗透作用，种子萌发对两种胁迫响应的差异就在于前者中的离子效应既可能对种子形成毒害，导致种子失活从而加剧对种子萌发的抑制；也可能有效地促进种子进行渗透调节从而提升种子吸胀作用促进种子萌发。设置等水势或者等渗条件的干旱胁迫与盐分胁迫能够帮助我们了解对应的离子效应对种子萌发的作用。

混合溶液不同浓度下溶液水势见表 4-16。同一 pH 混合盐碱溶液组中，各浓度间溶液水势组间差异显著（$P<0.05$），说明此时盐浓度对溶液渗透势产生了明显的影响，因而判断以此为根据设置等渗干旱胁迫具有分组意义。根据表 4-17，溶液 pH、浓度与溶液水势的相关性分析表明本试验设计下模拟盐碱胁迫溶液浓度与溶液水势相关性达到极显著水平，而对溶液 pH、溶液浓度以及二者交互作用对溶液水势的影响分析（见表 4-18）表

明，本试验设计中，溶液 pH 以及溶液浓度与 pH 交互作用对溶液水势的影响并不显著（P=0.381，F=0.997；P=0.635，F=0.765），因此试验中模拟干旱胁迫最终采用溶液水势分别为-0.4 MPa、-0.83 MPa、-1.3 MPa、-1.67 MPa 与-2.1 MPa，对应 PEG-6000 溶液浓度见表 4-19。

表 4-16　混合溶液不同浓度下溶液水势　（单位：MPa）

pH	溶液渗透势(MPa)				
	100 mmol/L	200 mmol/L	300 mmol/L	400 mmol/L	500 mmol/L
7.06	(-0.4±0.12)a	(-0.83±0.08)b	(-1.3±0.013)c	(-1.67±0.09)d	(-2.1±0.06)e
8.78	(-0.38±0.07)a	(-0.78±0.12)b	(-1.27±0.13)c	(-1.63±0.17)d	(-2.3±0.013)e
9.04	(-0.48±0.06)a	(-0.85±0.08)b	(-1.32±0.08)c	(-1.71±0.09)d	(-2.21±0.16)e

注：小写字母 a，b，c，d，e 分别表示相同 pH 混合盐碱溶液不同浓度间溶液水势在 0.05 水平上的差异性。

表 4-17　混合盐碱溶液 pH、溶液浓度与溶液水势相关性

项目	溶液浓度	溶液 pH	溶液水势
溶液浓度	1		
溶液 pH	0	1	
溶液水势	0.986**	0.028	1

注：** 表示在 0.01 水平上显著相关。

表 4-18　溶液浓度与 pH 对溶液水势的影响

影响因素	d_f	F	P
溶液浓度	4	363.738	0
pH	2	0.997	0.381
溶液浓度乘 pH	8	0.765	0.635

表 4-19　模拟干旱胁迫 PEG-6000 溶液浓度

溶液浓度(mmol/L)	水势 ψ_s(MPa)	PEG-6000(g/kgH_2O)
100	-0.4	178.593
200	-0.83	267.968
300	-1.3	341.093
400	-1.67	389.843
500	-2.1	440.625

2. 植物种子萌发对干旱胁迫的响应

1) 种子萌发在干旱胁迫下的变化

试验结果显示，梭梭种子在各水势处理下，均于培育 1 d 后开始萌发，干旱胁迫下梭梭种子的初始萌发时间与对照相比没有差异，对照组(CK)与-0.4 MPa 干旱胁迫组在培育第 4 天后不再有新种子萌发，-0.83 MPa 干旱胁迫下梭梭种子在第 5 天后积累萌发率不再变化，其余干旱胁迫下梭梭种子则在第 6 天后达到积累萌发率最终值（见图 4-18）。梭梭种子平均萌发时间随着水势的降低略有延长，各处理组间差异并不显著（P=0.157>0.05），基本为 6 d 左右（见图 4-18），但对照组中梭梭种子每日积累萌发率始终高于各干旱胁迫组，并且随着水势的降低而不断下降。经过 8 d 萌发培养后，梭梭种子最终萌发率依然以对照组最高，约为 90%，随着水势的降低，各组干旱胁迫下梭梭种子最终萌发率与对照组相比下降显著，降幅分别约为 40.97%、50.63%、59.03%、70.29%和 83.91%（见图 4-19）。

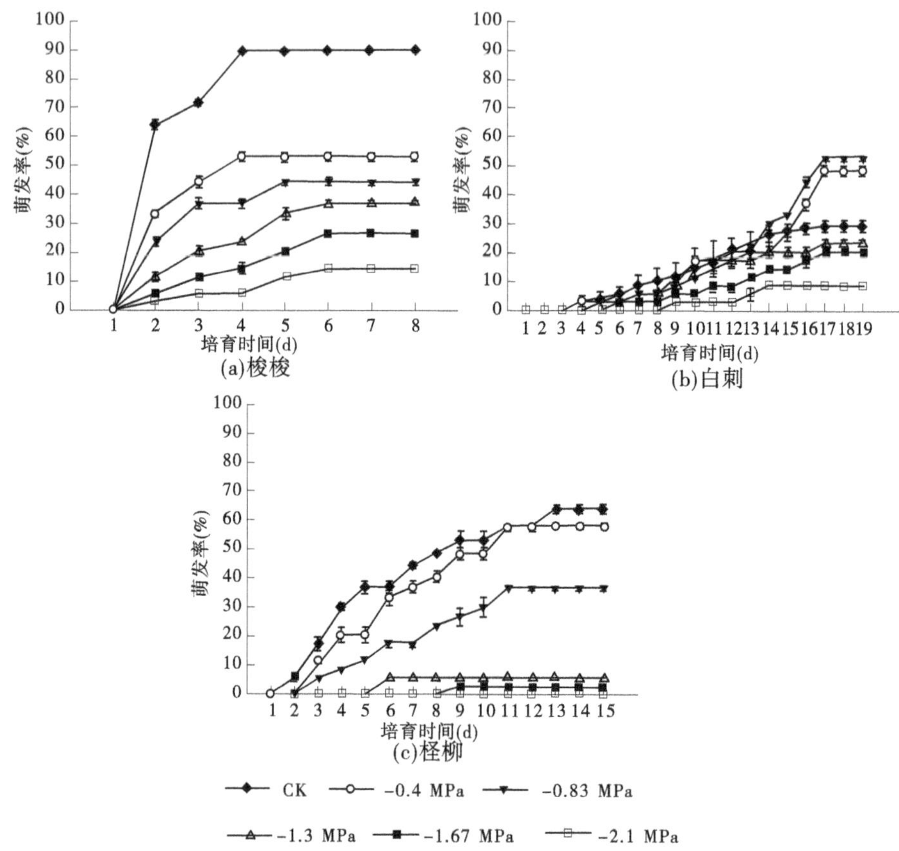

图 4-18　干旱胁迫下种子积累萌发率日变化

白刺种子的初始萌发时间随着水势的降低而有所延迟，对照组与-0.4 MPa 干旱胁迫下为 3 d，-0.83 MPa 与-1.3 MPa 干旱胁迫下为 4 d，-1.67 MPa 与-2.1 MPa 干旱胁迫下分别为 5 d 与 8 d（见图 4-20）。图 4-20 中显示，白刺种子平均萌发时间在不断降低的水势条件下呈现波动性变化，但各干旱胁迫组与对照之间差异并不显著（$P=0.155>0.05$），总体在 13~15 d 浮动。在培育时间的前半阶段（培育时间 9 d），对照组中白刺种子积累萌发率高于干旱胁迫组，随着培育时间延长至第 10 天和第 14 天，-0.4 MPa 与-0.83 MPa 干旱胁迫组白刺种子萌发率增长分别超过对照组，而-1.67 MPa 与-2.1 MPa 干旱胁迫中白刺种子积累萌发率则始终低于对照组（见图 4-19）。19 d 培育后，-0.4 MPa 与-0.83 MPa 干旱胁迫对白刺种子萌发率具有显著促进，与对照组（29.34±1.87%）相比增幅分别约为 65.61%和 81.08%，而-1.3 MPa、-1.67 MPa 和-2.1 MPa 干旱胁迫下白刺种子最终萌发率则与对照组相比显著降低，降幅分别约为 19.63%、30.16%和 70.59%（见图 4-19）。

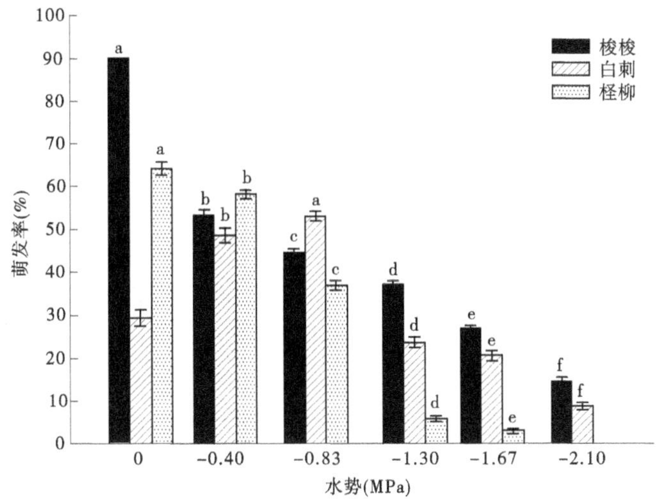

图 4-19 不同水势下种子最终萌发率

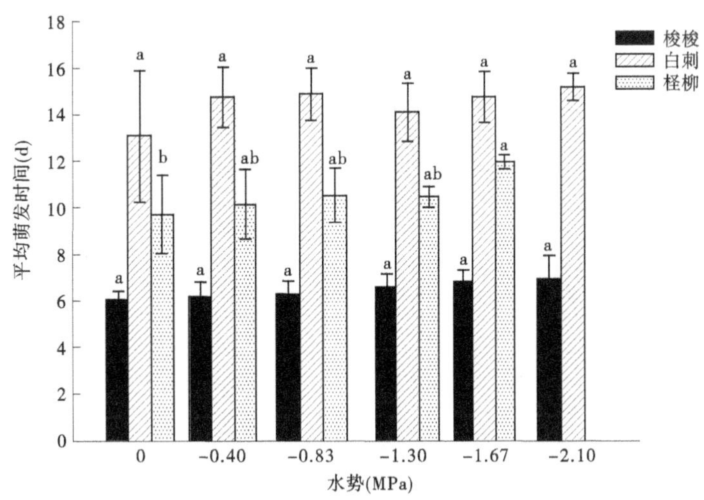

图 4-20 不同水势下种子平均萌发时间

对照组中柽柳种子在培育 1 d 后开始萌发,而-0.4 MPa 与-0.83 MPa 干旱胁迫下柽柳种子初始萌发时间为 3 d,-1.3 MPa 与-1.67 MPa 干旱胁迫下则分别延迟至 5 d 与 8 d,-2.1 MPa 水势下柽柳种子不能萌发(见图 4-19)。就平均萌发时间而言,除-1.67 MPa 干旱胁迫组(约为 12 d)与对照组(约为 9 d)差异显著,其余各干旱胁迫处理组与对照组相比差异均不显著(P=0.402>0.05),基本为 10 d。从整体培育时间来看,对照组中柽柳种子积累萌发率始终为最高,当培育至 11~12 d 时,-0.4 MPa 干旱胁迫下柽柳种子积累萌发率与对照组相同(约为 58%),但随后-0.4 MPa 干旱胁迫下基本不再有新的柽柳种子萌发,而对照组中萌发柽柳种子数继续增长,因此最终萌发率仍然以对照组为最高(64.16±1.64%),而-0.4~1.67 MPa 干旱胁迫下随着水势的降低各组处理下柽柳种子最终萌发率显著降低,降幅依次为 9.27%、42.53%、91.05%和 95.52%。

3 种种子萌发值与萌发指数在干旱胁迫下的变化情况分别如图 4-21 与图 4-22 所示。干旱胁迫下梭梭种子萌发值与对照组相比下降显著，并且随着水势的降低，降幅增加，-0.40～-2.10 MPa 干旱胁迫下对照组相比降幅依次达到 22.25%、37.94%、59.48%、75.18%和 88.29%。梭梭种子萌发指数受干旱胁迫影响变化规律与萌发值相似，水势降低对种子萌发指数产生显著抑制，-0.40～-2.10 MPa 水势处理下，梭梭种子萌发指数与对照组相比降幅分别为 29.25%、42.47%、59.98%、73.72%和 86.15%。轻度干旱胁迫下白刺种子的萌发值与萌发指数俱有所提高。-0.4 MPa 干旱胁迫下白刺种子萌发值与对照相比提高显著，增幅约为 22.5%，-0.83 MPa 干旱胁迫下白刺种子萌发值也较对照有所提高（增幅约为 5%），但差异不显著（P=0.215>0.05），当水势低于-1.30 MPa 后，白刺种子萌发值显著低于对照组，-1.30～-2.10 MPa 水势下降幅分别达到 27.5%、37.5%和 67.5%。干旱胁迫下，白刺种子萌发指数与对照组间差异显著，-0.4～-0.83 MPa 水势之间白刺种子萌发指数随水势的降低较对照反而增高了约 16.52%和 20.65%，而在-1.30～-2.10 MPa 水势处理下，迅速降低，降幅分别达到 27.44%、46.02%和 78.17%。图 4-21 表明，-0.4 MPa 干旱胁迫下柽柳种子萌发值与对照相比并无显著差异（P=0.711>0.05），-0.83～-1.67 MPa 干旱胁迫下随着水势的降低，柽柳种子萌发值与对照组相比显著下降，降幅分别为 42.06%、83.33%和 92.86%。干旱胁迫对柽柳种子萌发指数产生抑制作用，-0.4～-1.67 MPa 水势下柽柳种子萌发指数随水势下降而降低，与对照组相比差异显著，降幅依次为 22.5%、52.71%、92.53%和 97.48%。

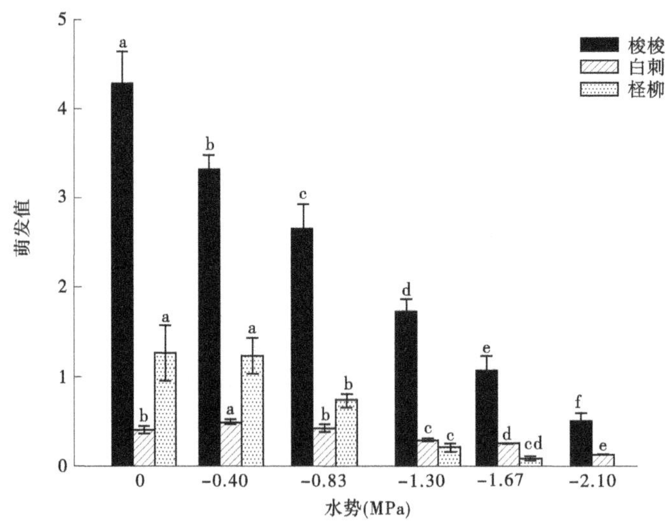

图 4-21　不同水势下种子萌发值

不同水势下 3 种种子萌发活力指数如图 4-23 所示。-0.40 MPa 水势时，较对照组相比梭梭种子萌发活力指数骤降，降幅约为 48.19%，-0.83～-2.10 MPa 干旱胁迫处理下随着水势的下降梭梭种子萌发活力指数较对照组相比同样显著降低，降幅依次约为 66.01%、80.15%、89.57%和 96.45%，但在-0.4～-2.10 MPa 水势间梭梭种子萌发活力指数下降幅度减缓。试验结果显示，白刺种子萌发活力指数在-0.40 MPa 水势下最高，约为

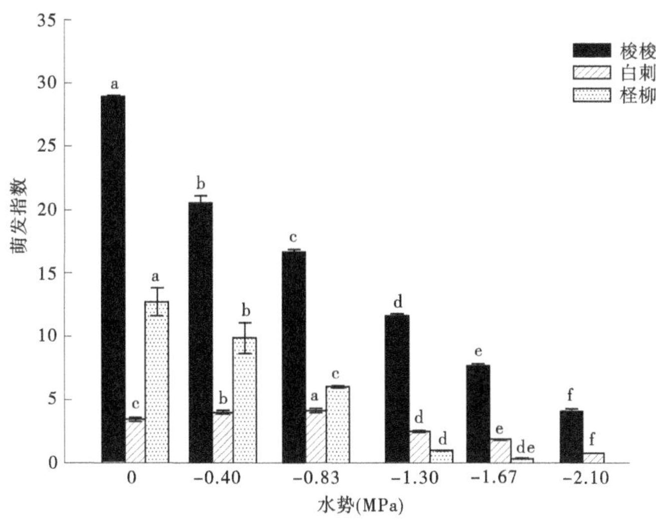

图4-22　不同水势下种子萌发指数

67.2,其次在-0.83 MPa水势下约为59.82,在这两组干旱胁迫下均显著高于对照组(41.10±2.11),而-1.30~-2.10 MPa水势处理下则随水势降低显著低于对照组,降幅依次约为49.58%、72.45%和93.91%。柽柳种子萌发活力指数在干旱胁迫下随水势降低变化规律则与萌发指数相似,随着水势的下降而显著降低,-0.40~-1.67 MPa水势下与对照组相比降幅依次达到23.39%、63%、96.38%和98.94%。

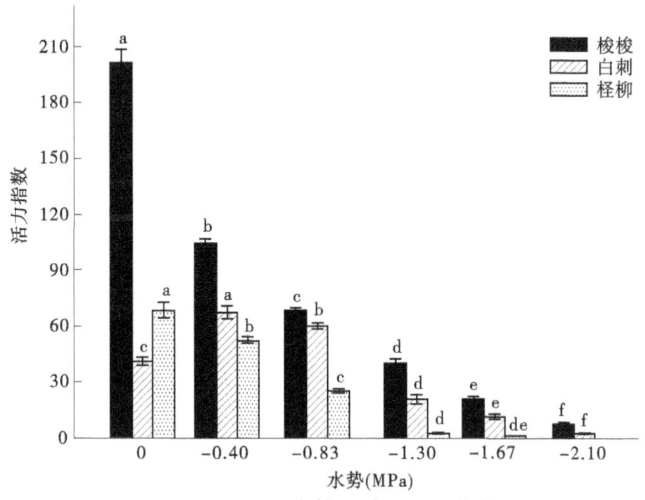

图4-23　不同水势下种子活力指数

2)干旱胁迫下3种植物种子萌发水势阈值分析

干旱胁迫对种子萌发的影响主要是通过水分渗透效应,即低水势条件下种子不能吸取足够种子萌发所需的水量从而降低或减缓种子萌发(曾彦军等,2002)。以往的许多研究证实,干旱胁迫条件下植物种子萌发能力各不相同,荒漠植物也不例外。例如,红砂

(*Reaumuria songarica*)种子萌发的最低渗透势阈值为-1.8 MPa,霸王(*ZygoPHyllum xanthoxylum*)为-1.2 MPa、白沙蒿(*Artemisia sPHaerocePHala krasch*)为-1.5 MPa、花棒(*Hedysarum scoparium*)为-2.1 MPa、柠条(*Caragana intermedia intermedia*)为-2.4 MPa、胡杨(*Populus euPHratica*)为-1.8 MPa、驼绒藜(*Ceratoideslatens revealet holmgren*)为-1.5 MPa,碱蓬(*Suaeda glauca*)为-1.2 MPa左右,无芒隐子草(*Cleistogenes songorica*)种子和条叶车前(*Plantago lessingii*)为-1.6 MPa。需要注意的是,其中一些超旱生和盐生植物,如红砂(*Reaumuria songarica*)种子和碱蓬(*Suaeda glauca*)种子萌发对干旱胁迫比较敏感,种子萌发要求较高的水势条件。又如沙漠先锋植物白沙蒿(*Artemisia sPHaerocePHala krasch*)和优势种植物霸王(*ZygoPHyllum xanthoxylum*)种子萌发对干旱环境不敏感,种子萌发需要更高的水势,但在自然条件下,这类植物种群的幼苗补充率或建植率反而更高。而那些种子萌发较为抗旱的植物,如柠条(*Caragana intermedia intermedia*)、花棒(*Hedysarum scoparium*)和梭梭(*Haloxylon ammodendron*)在干旱沙漠区建植率低,容易出现"闪苗"现象。因此,干旱胁迫条件下种子萌发率降低的特性被认为是干旱沙区植物幼苗存活的策略。本书结果表明,供试中植物种子,除白刺外,其他植物种子在水势降低至-0.4 MPa后萌发率立即显著降低。与对照相比,干旱胁迫条件下柽柳种子萌发较梭梭更为缓慢,但与以往研究结果中的霸王(*ZygoPHyllum xanthoxylum*)和白沙蒿(*Artemisia sPHaerocePHala krasch*)相比,这3种植物种子能够萌发的最低水势条件均与之相近或更高。这些结果表明,这3种植物种子萌发对干旱条件的响应特征均是有利于种子幼苗存活的特性。

白刺种子在-0.4 MPa水势条件下萌发速度并未减缓,甚至在培养10~11 d时显著快于对照,在-1.3 MPa水势条件下开始显著降低,当水势条件低于-2.1 MPa时白刺种子萌发率仅约10%。和其他相关研究报道比较,萌发率为92%的唐古特白刺种子在水势低于-0.8 MPa时种子萌发率显著降低(左凤月,2008)。以上结果表明一方面在适宜的水分条件下,白刺种子能够迅速萌发,快速生长建立群落;另一方面当水势降低环境不利时,白刺种子萌发能力也相应下降,及时进入种子库,避免因幼苗生长所需水分不足而死亡,具有适应干旱频发环境的特性。幼苗生长对干旱胁迫的响应特征对幼苗存活有重要意义。幼苗初生芽的缓慢生长有利于减少水分蒸发和储藏营养消耗,初生根的快速生长有利于幼苗获取深层土壤水分,均是有利于幼苗存活的特性。已知一些超旱生植物具有初生芽生长慢而初生根生长快的特点,如红砂(*Reaumuria songarica*)、霸王(*ZygoPHyllum xanthoxylum*)(曾彦军等,2006)。

萌发活力指数则是进一步对种子幼苗初生根生长的研究指标,在干旱胁迫对活力指数的影响方面,与对照相比,随着水势条件的进一步降低,梭梭与柽柳种子活力指数显著降低。供试种子初生根生长对干旱胁迫呈现负面响应,进一步说明了两种植物萌发后生长对水分环境更高的需求,而对比白刺种子在-0.4~-0.8 MPa水势(同样也是萌发率显著提高的水势条件)活力指数较对照的显著提高,进一步表明白刺在适宜水分环境下快速生长能力,这是有利于幼苗存活的适应特性。

通过对干旱胁迫下3种植物种子萌发对水势的分析,根据陈国雄等(1996)的理论,对梭梭、白刺、柽柳种子萌发的水势阈值计算见表4-20。

表4-20 干旱胁迫下种子萌发水势阈值 (单位:MPa)

植物	适宜值	临界值	极限值
梭梭	-0.32	-0.71	-1.91
白刺	-0.94	-1.57	-2.27
柽柳	-0.72	-0.97	-1.69

3. 植物种子萌发对盐碱胁迫的响应

以往研究结果显示,与甜土植物相比,盐土植物种子萌发对盐分胁迫具有更强的耐性。但有些盐土植物种子萌发耐盐性并不很强,如盐爪爪(*Kalidium foliatum*)种子和里海盐爪爪(*Kalidium caspicum*)种子仅能分别在高于-1.8 MPa 和-1.4 MPa 渗透势的溶液条件下萌发。此外,同种不同产地植物的植物种子其萌发耐盐性也有差异,如梭梭(*Haloxylon ammodendron*)(李亚等,2007)。目前,有关盐土植物种子萌发耐盐特性在适应盐渍化生境中的特殊机制还不是十分明晰。

梭梭(*Haloxylon ammodendron*)、齿叶白刺(*Nitraria roborowiskii* Kom.)和柽柳(*Tamarix chinensis*)均为耐盐碱植物(刘瑛心等,1998),然而,有关几种植物种子萌发对盐碱胁迫响应的研究很少,仅见对西伯利亚白刺(*Nitraria sibirica* Pall)、唐古特白刺(*Nitrariatangutorum*)的研究报道。与对照蒸馏水相比,西伯利亚白刺(*Nitraria sibirica* Pall)种子萌发率在-0.5~-0.8 MPa NaCl 溶液处理下无显著降低,在-1.0 MPa NaCl 溶液下有11%~12%的种子萌发,认为西伯利亚白刺(*Nitraria sibirica* Pall)种子萌发具有一定的耐盐性(张胜景等,2006)。

因此,本书拟以梭梭、齿叶白刺和多花柽柳3种耐盐植物种子为研究对象,设置系统的盐分胁迫处理,调查几种植物种子萌发对盐分胁迫的响应特征,旨在综合探讨几种植物适应干旱盐碱荒漠环境的机制。

1)种子萌发在盐碱胁迫下的变化

(1)梭梭种子在盐碱胁迫下萌发生态。

试验结果显示,梭梭种子在不同盐碱胁迫处理下,均于培育1 d后开始萌发,盐碱胁迫下梭梭种子的初始萌发时间与对照相比没有差异。对照组(CK)中,梭梭种子在培养第4天后达到最大积累萌发值。中性盐胁迫(pH=7.06下,当盐浓度为200 mmol/L时,培育第9 d后不再有新种子萌发,其余盐浓度组中梭梭种子均在第8天后达到积累萌发率最终值;当pH为8.78时,100 mmol/L盐浓度处理下梭梭种子在培育3 d后积累萌发率不再增加,除400 mmol/L浓度处理的梭梭种子积累萌发率到培育10 d后不再变化,其余盐浓度组中梭梭种子积累萌发率均在第8天后不再增加;当pH为9.04时,100 mmol/L盐浓度处理下梭梭种子在培育9 d后积累萌发率不再增加,而其余浓度处理下梭梭种子积累萌发率到培育第8天后不再增加(见图4-24)。

对照组中梭梭种子每日积累萌发率始终高于各盐碱胁迫组,并且总体随着pH与盐浓度升高而不断下降。图4-25显示,梭梭种子最终萌发率依然以对照组最高,约为90%,中性盐胁迫下,低于300 mmol/L浓度处理的梭梭种子最终萌发率与对照相比差异并不显

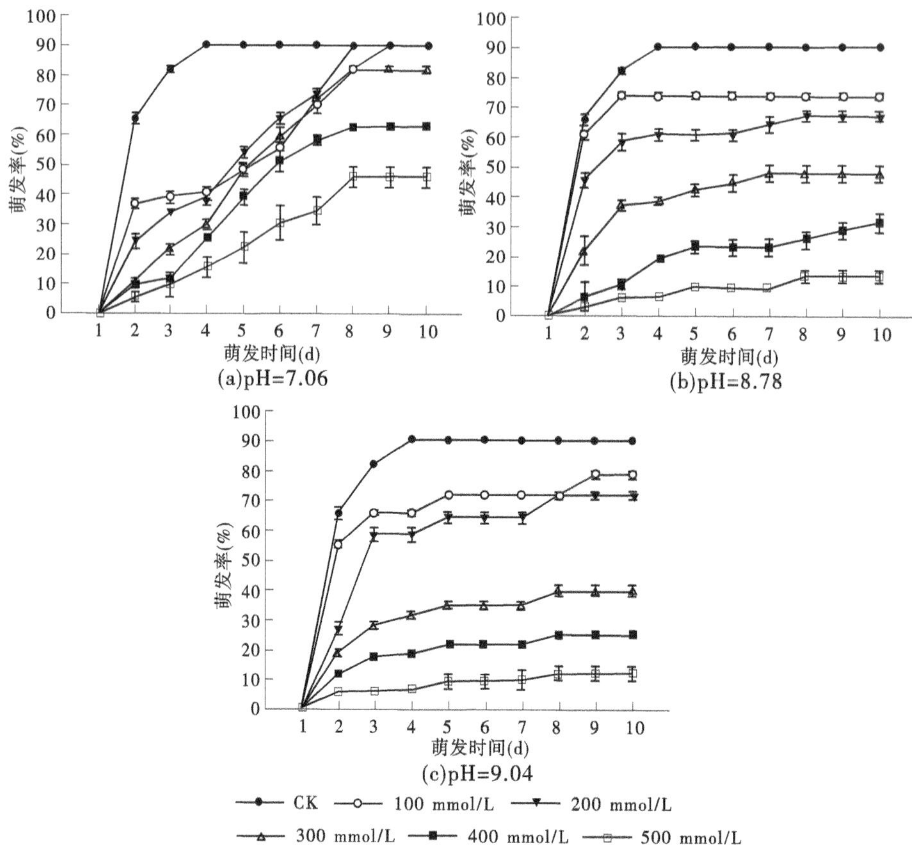

图 4-24　不同盐浓度下梭梭种子每日积累萌发率变化

著，而 400 mmol/L 与 500 mmol/L 浓度盐溶液处理下梭梭种子最终萌发率较对照显著降低；而碱性盐胁迫下，随着浓度增高，梭梭种子最终萌发率与对照组相比下降显著，并且同浓度下碱性盐胁迫梭梭种子最终萌发率较中性盐胁迫降幅增大，除 200~300 mmol/L 浓度间 pH 为 8.78 处理组种子最终萌发率略低于 pH 为 9.04 处理组，同浓度下碱性增强梭梭种子最终萌发率降幅也增强。

不同 pH 处理下，梭梭种子平均萌发时间随着盐浓度增高略有延长，当 pH 为 7.06 时，100 mmol/L 与 200 mmol/L 浓度处理下种子平均萌发时间差异不显著($P=0.082>0.05$)，而其余各处理组间差异显著($P<0.05$)，对照组(CK)为 6 d 左右，100 mmol/L、200 mmol/L、300 mmol/L、400 mmol/L、500 mmol/L 处理下种子平均萌发时间依次分别约为 6.49 d、6.63 d、6.95 d、7.06 d、7.28 d；当 pH 为 8.78 时，100 mmol/L 处理组与对照(CK)相比差异不显著($P=0.965>0.05$)，400 mmol/L 与 500 mmol/L 处理组间差异不显著($P=0.61>0.05$)，而其余各组间差异显著，100 mmol/L、200 mmol/L、300 mmol/L、400 mmol/L、500 mmol/L 处理下种子平均萌发时间依次分别约为 6.04 d、6.15 d、6.37 d、6.85 d、6.83 d。当 pH 为 9.04 时，100 mmol/L 处理组与对照(CK)相比同样差异不显著($P=0.93>0.05$)，300 mmol/L 与 400 mmol/L 处理组间差异不显著($P=0.318>0.05$)，而其余各组间

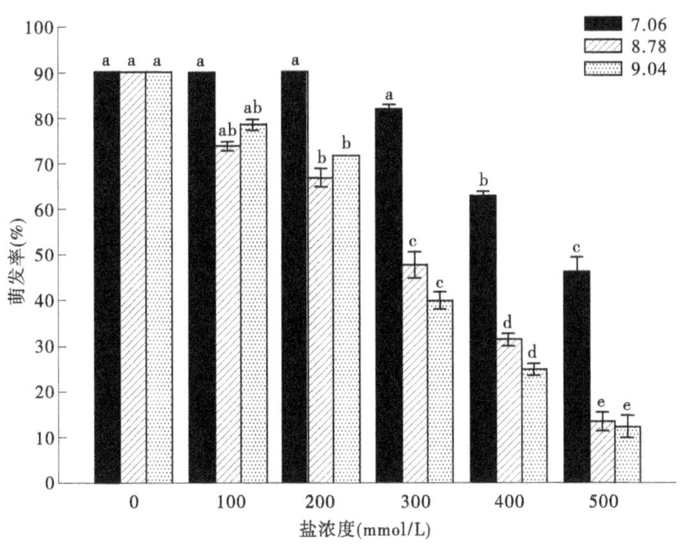

图 4-25　不同 pH 条件下梭梭种子萌发率随盐浓度变化

差异显著,100 mmol/L、200 mmol/L、300 mmol/L、400 mmol/L、500 mmol/L 处理下种子平均萌发时间依次分别约为 6.11 d、6.32 d、6.41 d、6.45 d、6.92 d。同一盐浓度下,碱性盐处理组种子平均萌发时间均略低于中性盐处理种子,400 mmol/L 浓度下 pH 为 9.04 处理组种子平均萌发时间略短于 pH 为 8.78 处理组,而其余浓度下 pH 为 8.78 处理组种子平均萌发时间均为同浓度最短(见图 4-26)。

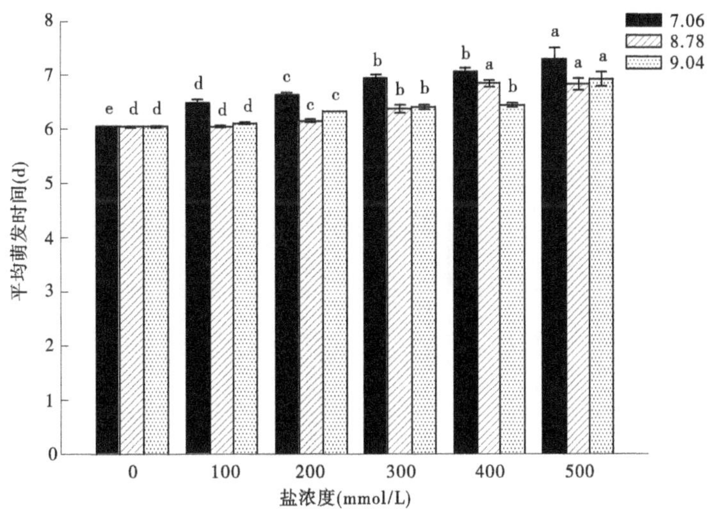

图 4-26　不同 pH 条件下梭梭种子平均萌发时间随盐浓度变化

不同 pH 处理梭梭种子萌发值与萌发指数随盐浓度的变化情况分别如图 4-27 与图 4-28 所示。总体而言,盐碱胁迫下梭梭种子萌发值与对照组相比下降显著,并且随着盐浓度的增高,降幅增加,中性盐胁迫下,400 mmol/L 浓度处理的梭梭种子萌发值较 300

mmol/L 浓度有所回升，但两组间差异并不显著；pH 为 8.78 与 pH 为 9.04 时，梭梭种子萌发值随盐浓度变化规律相似，并且各浓度组间差异表现显著。对比同一浓度不同 pH 处理组则发现，100～300 mmol/L 浓度间碱性盐处理组种子萌发值均高于中性盐处理组，此时 pH 为 8.78 处理下梭梭种子萌发值同浓度最高，当盐浓度高于 400 mmol/L 时碱性盐处理组种子萌发值低于中性盐处理组，而此时 pH 为 8.78 处理组种子萌发值略低于 pH 为 9.04 处理组（500 mmol/L 浓度时两组碱性盐胁迫处理的梭梭种子萌发值降至同一水平）。

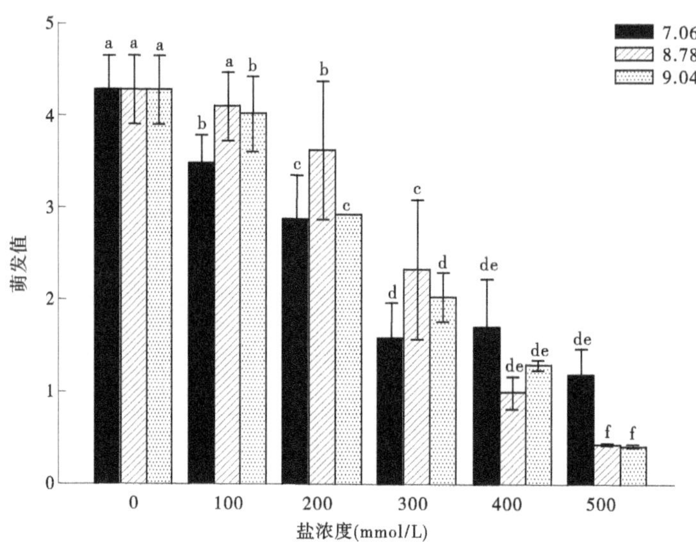

图 4-27　不同 pH 条件下梭梭种子萌发值随盐浓度变化

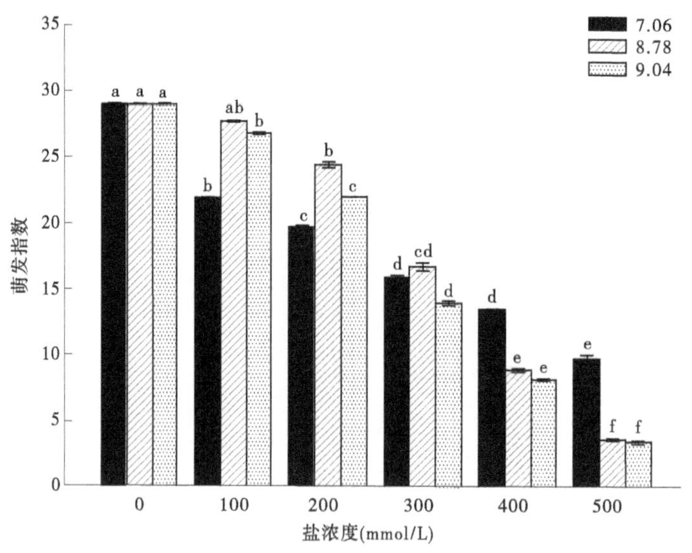

图 4-28　不同 pH 条件下梭梭种子萌发指数随盐浓度变化

梭梭种子萌发指数受盐碱胁迫影响变化规律与萌发值相似，盐浓度升高对种子萌发指数产生显著抑制，且同样在 100～300 mmol/L 浓度范围内碱性盐处理组种子萌发指数高于中性盐处理组，当盐浓度高于 400 mmol/L 时碱性盐处理组种子萌发值低于中性盐处理组，而 pH 为 9.04 处理下梭梭种子萌发值始终较同浓度 pH 为 8.78 处理组低。

梭梭种子萌发活力指数在盐碱胁迫下变化如图 4-29 所示。不同 pH 处理下梭梭种子萌发活力指数随盐浓度变化规律相似，均表现为随盐浓度的升高而降低，除中性盐浓度 200 mmol/L 与 300 mmol/L 处理组间差异不显著($P=0.081>0.05$)外，各盐浓度处理组间差异显著。而同一浓度下，梭梭种子萌发活力指数随 pH 的升高而降低，且降幅差异在 300～400 mmol/L 浓度范围间极为显著($P<0.01$)。

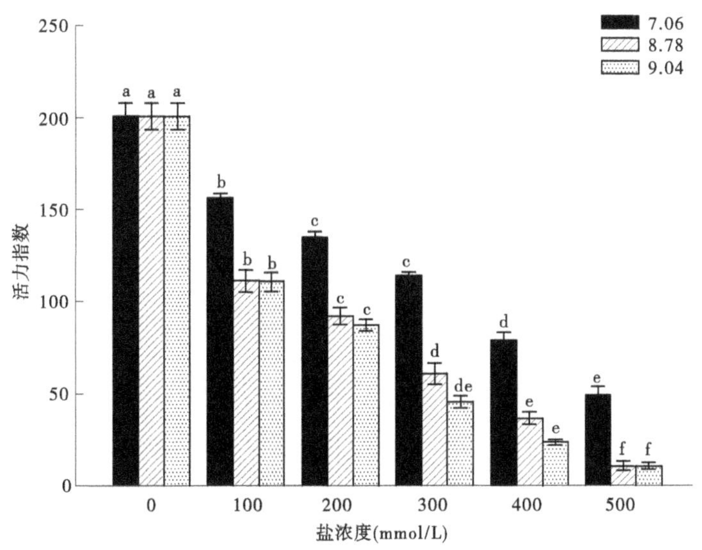

图 4-29　不同 pH 条件下梭梭种子萌发活力指数随盐浓度变化

(2)白刺种子在盐碱胁迫下的萌发生态。

试验结果显示，白刺种子初始萌发时间总体随着盐碱胁迫程度的加剧而延长。对照组(CK)中，白刺种子初始萌发时间为培育第 3 天左右，在培养第 17 天后达到最大积累萌发值。中性盐胁迫(pH=7.06)下，100 mmol/L 处理组种子初始萌发时间与对照相同，而 200～300 mmol/L 盐溶液处理组则在培养第 5 天时开始萌发，400 mmol/L 和 500 mmol/L 盐溶液处理下白刺种子初始萌发时间分别为第 7 天和第 8 天；当 pH 为 8.78 时，100 mmol/L 和 200 mmol/L 盐溶液处理下白刺种子在培育 5 d 后开始萌发，300 mmol/L 和 400 mmol/L 盐溶液处理下白刺种子则在培育至第 7 天时开始萌发，而 500 mmol/L 盐溶液处理下种子初始萌发时间为 11 d；当 pH 为 9.04 时，100 mmol/L 和 200 mmol/L 盐溶液处理下白刺种子同样在培育 5 d 后开始萌发，而 300 mmol/L、400 mmol/L 和 500 mmol/L 盐溶液处理下种子初始萌发时间则依次分别为 8 d、15 d 和 16 d(见图 4-31)。随着 pH 的升高，同一浓度下白刺种子萌发时间也有所延长。混合盐碱胁迫对白刺种子萌发率积累的影响随着 pH 值的改变产生显著差异。图 4-31 显示，中性盐胁迫处理下，白刺种子最终萌发率以 200 mmol/L 盐溶液处理组最高，约为 54.1%，不超过 300 mmol/L 盐溶液处理的白

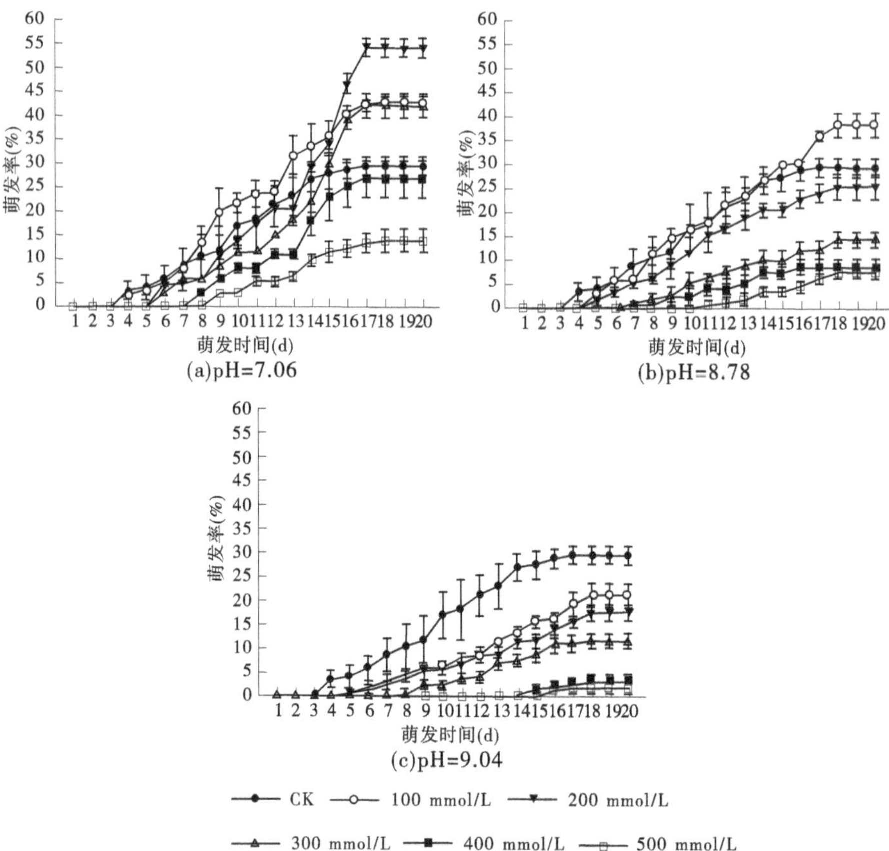

图 4-30　不同盐浓度下白刺种子每日积累萌发率变化

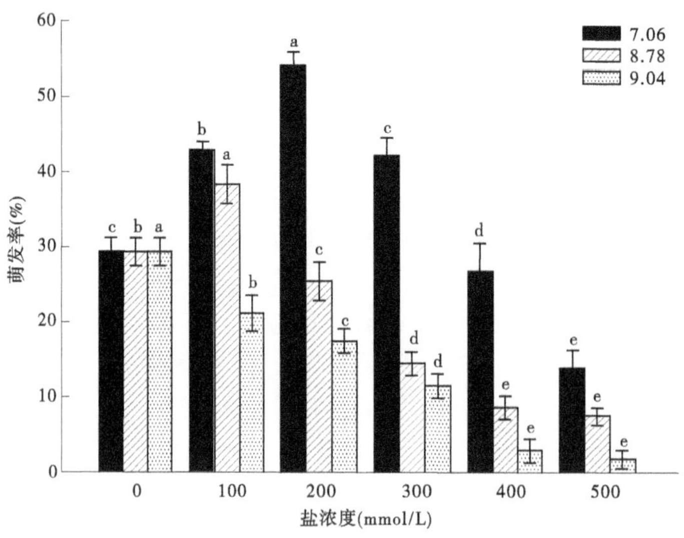

图 4-31　不同 pH 条件下白刺种子萌发率随盐浓度变化

刺种子最终萌发率均高于对照，且 400 mmol/L 盐溶液处理下白刺种子最终萌发率与对照相比差异不显著（$P=0.289$），500 mmol/L 盐溶液处理下白刺种子最终萌发率较对照显著降低；当 pH 为 8.78 时，100 mmol/L 盐溶液处理下种子最终萌发率依然显著高于对照组，而随着浓度增高到 200 mmol/L 后，白刺种子最终萌发率与对照组相比开始下降，且除 400 mmol/L 与 500 mmol/L 浓度外各组间降幅差异显著；当 pH 达到 9.04 时，各浓度盐溶液处理的白刺种子最终萌发率均显著低于对照组，500 mmol/L 盐溶液处理下白刺种子萌发率仅为 1.72%左右。同浓度下碱性盐胁迫对白刺种子萌发率显著，同浓度下碱性增强白刺种子最终萌发率降幅也增强。

不同 pH 处理下，白刺种子平均萌发时间随着盐浓度增高略有延长，当 pH 为 7.06 时，100 mmol/L 浓度处理组与对照（CK）相比种子平均萌发时间差异不显著（$P=0.153>0.05$），而其余各处理组与对照相比差异极显著（$P\leq0.01$），而 200～500 mmol/L 浓度处理组间差异并不显著（$P>0.05$），对照组（CK）为 13 d 左右，100 mmol/L、200 mmol/L、300 mmol/L、400 mmol/L、500 mmol/L 处理下种子平均萌发时间依次分别约为 13.89 d、15.04 d、15.04 d、15.32 d、15.59 d；当 pH 为 8.78 时，300～500 mmol/L 处理组与对照（CK）相比差异极显著（$P=0.002$），而其余各组间差异均不显著，100 mmol/L、200 mmol/L、300 mmol/L、400 mmol/L、500 mmol/L 处理下种子平均萌发时间依次分别约为 14.23 d、14.23 d、15.08 d、15.21 d、16.65 d；当 pH 为 9.04 时，400 mmol/L 与 500 mmol/L 处理组较对照（CK）相比差异显著，而 100～300 mmol/L 处理组与对照相比差异不显著（$P=0.199>0.05$），100 mmol/L、200 mmol/L、300 mmol/L、400 mmol/L、500 mmol/L 处理下种子平均萌发时间依次分别约为 14.83 d、14.77 d、15.48 d、17.48 d、17.67 d。同一盐浓度下，碱性盐处理组种子平均萌发时间均高于中性盐处理种子（见图 4-32）。

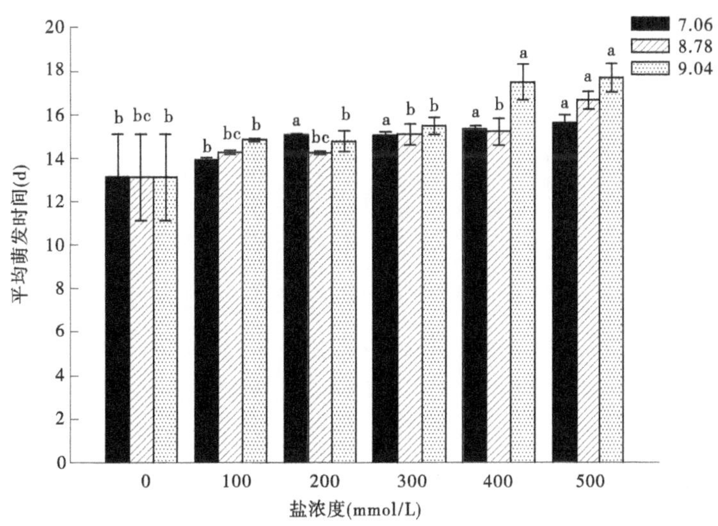

图 4-32　不同 pH 条件下白刺种子平均萌发时间随盐浓度变化

不同 pH 处理白刺种子萌发值与萌发指数随盐浓度的变化情况分别如图 4-33 与图 4-34 所示。盐碱胁迫下白刺种子萌发值随浓度变化规律与萌发率相似，低盐弱碱胁迫

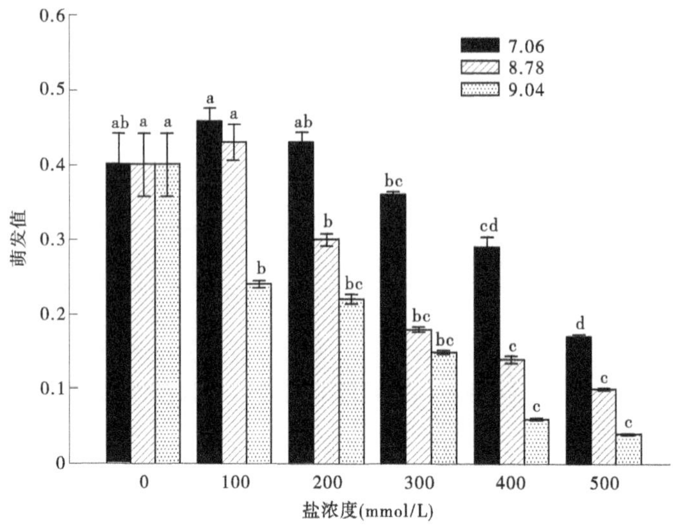

图 4-33　不同 pH 条件下白刺种子萌发值随盐浓度变化

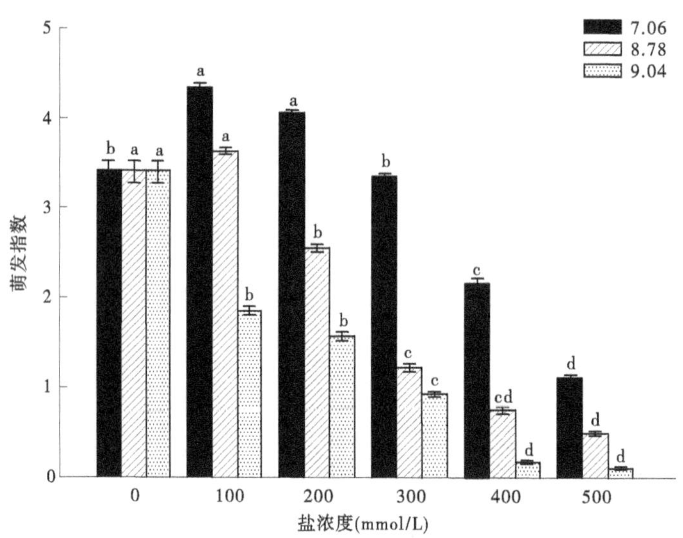

图 4-34　不同 pH 条件下白刺种子萌发指数随盐浓度变化

下均较对照略有上升而在高盐浓度胁迫下与对照相比显著降低。中性盐胁迫下，0～100 mmol/L 浓度范围内白刺萌发值随浓度升高表现出上升趋势，而在超过 100 mmol/L 浓度开始逐渐下降，但 200 mmol/L 盐溶液处理下（0. 43）仍高于对照（0. 4），但组间差异不显著，盐浓度超过 300 mmol/L 时种子萌发值降幅增大，且各组间与对照相比差异显著；pH 为 8. 78 时，白刺种子萌发值同样在 0～100 mmol/L 浓度范围内随盐浓度上升而增高，而在超过 100 mmol/L 浓度开始逐渐下降，同时 200 mmol/L 浓度处理下种子萌发值开始显著低于对照，并且除 400 mmol/L 与 500 mmol/L 两组间差异不显著（P=0. 061）外，其余各组间差异表现显著；而当 pH 为 9. 04 时，白刺种子萌发值则随盐浓度升高与对照相比显著降低。对比同一浓度不同 pH 处理组则发现,同一浓度水平下,中性盐处理组白刺种子萌发值始终较高,pH 升高则加强了对白刺种子萌发值的抑制,当 pH 超过 9.04 时,低盐浓度对白刺种子萌发值的促进作用消失。

白刺种子萌发指数受盐碱胁迫影响变化规律与萌发值相似,低盐弱碱胁迫同样对白刺种子萌发指数具有一定的促进作用,而碱性胁迫增强则同样导致白刺种子萌发指数下降。中性盐胁迫下,白刺种子在不高于 300 mmol/L 盐溶液处理下萌发指数均能保持高于对照,而当 pH 超过 8.78 时,超过 100 mmol/L 浓度后种子萌发指数显著降低。

白刺种子萌发活力指数在盐碱胁迫下变化如图 4-35 所示。中性盐胁迫下与碱性盐胁迫下白刺种子萌发活力指数随盐浓度变化规律不同,中性盐胁迫下浓度 100~200 mmol/L 处理组下白刺种子萌发活力指数较对照显著增高,超过 300 mmol/L 浓度盐溶液处理下种子萌发指数开始显著降低;而在碱性盐胁迫下,白刺种子萌发活力指数随着盐浓度上升而显著降低,各盐浓度处理组间差异显著,且同一浓度水平下,pH 越高白刺种子萌发活力指数越低。

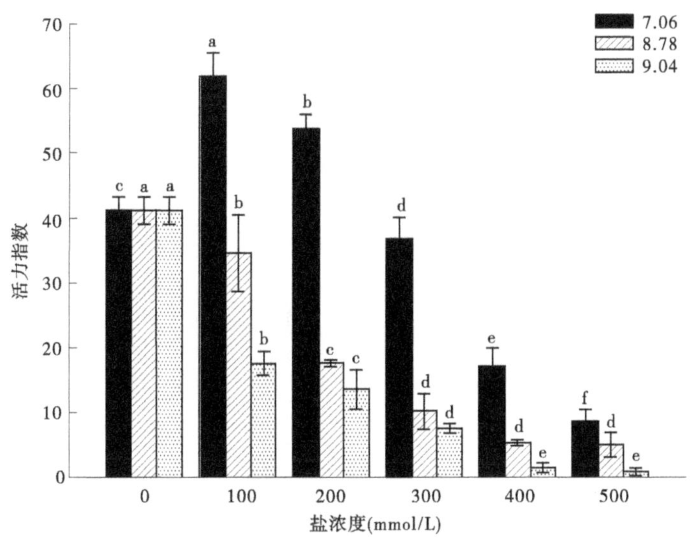

图 4-35　不同 pH 条件下白刺种子活力指数随盐浓度变化

(3)柽柳种子在盐碱胁迫下萌发生态。

试验结果(见图 4-36~图 4-38)显示,柽柳种子初始萌发时间总体随着盐碱胁迫程度加剧而延长。对照组(CK)中,柽柳种子在培育 2 d 后开始萌发,在培养第 13 天后达到最大积累萌发值,而盐碱胁迫下随着盐浓度的升高不断滞后。中性盐胁迫(pH=7.06)下,100 mmol/L、200 mmol/L、300 mmol/L、400 mmol/L 和 500 mmol/L 盐溶液处理下白刺种子初始萌发时间分别为培养第 3、4、5、8 天和 12 天;当 pH 为 8.78 时,100 mmol/L、200 mmol/L 和 300 mmol/L 浓度处理的柽柳种子则在培育至第 5、6、10 天时开始萌发,而 400~500 mmol/L 盐溶液处理下种子不再萌发;当 pH 为 9.04 时,100 mmol/L、200 mmol/L 和 300 mmol/L 盐溶液处理下种子初始萌发时间则依次分别为 7 d、9 d 和 12 d,400~500 mmol/L 盐溶液处理下柽柳种子不再萌发(见图 4-37)。

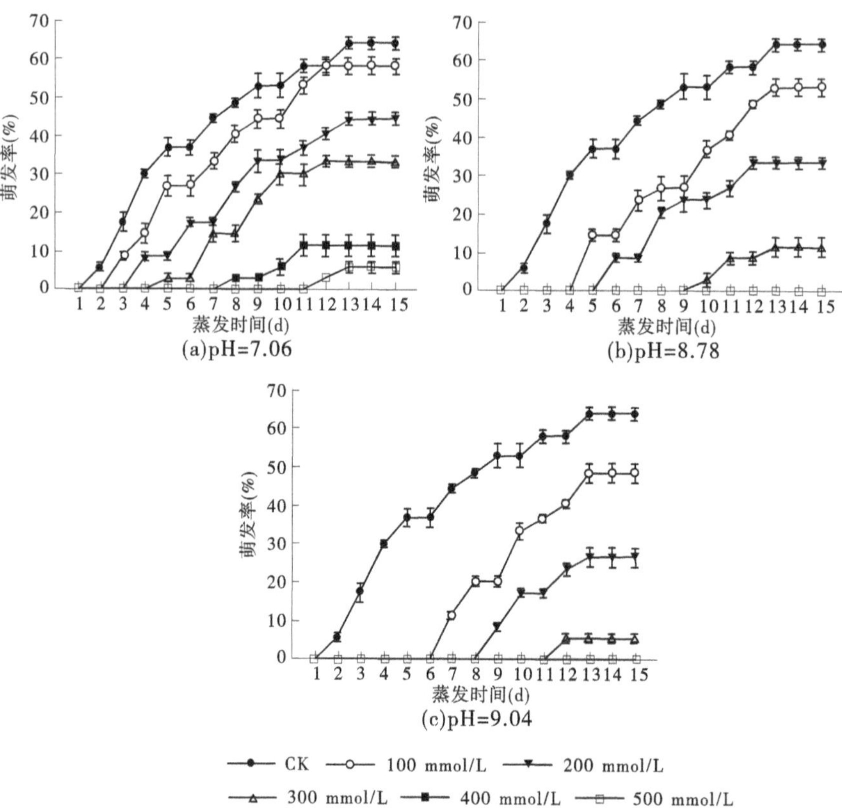

图 4-36 不同盐浓度下柽柳种子每日积累萌发率变化

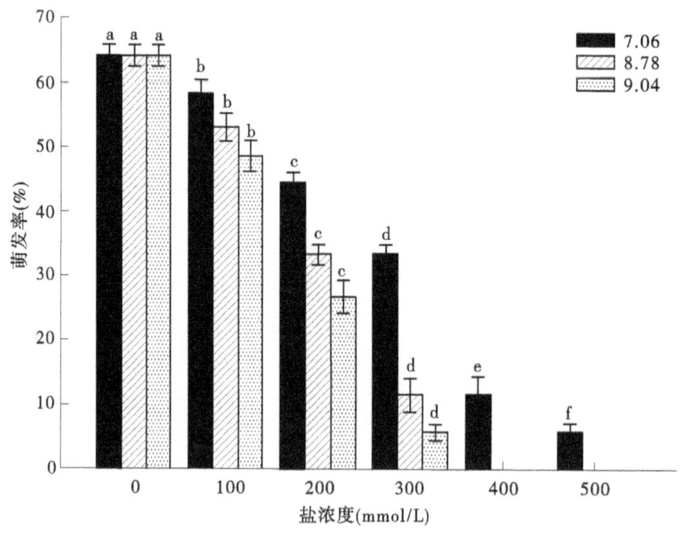

图 4-37 不同 pH 条件下柽柳种子萌发率随盐浓度变化

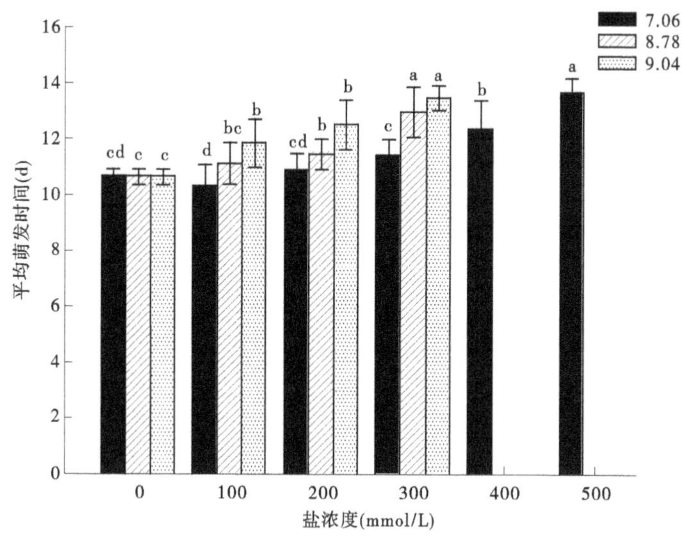

图 4-38　不同 pH 条件下柽柳种子平均萌发时间随盐浓度变化

对照组中柽柳种子每日积累萌发率始终高于各盐碱胁迫组，并且总体随着 pH 与盐浓度升高而不断下降。图 4-37 显示，柽柳种子最终萌发率依然以对照组最高，约为 64.16%，中性盐胁迫下，各浓度处理的柽柳种子最终萌发率较对照显著降低，且各组间差异显著；而碱性盐胁迫下，随着浓度增高，柽柳种子最终萌发率与对照组相比同样下降显著，并且同浓度下碱性盐胁迫柽柳种子最终萌发率较中性盐胁迫随 pH 升高降幅增大，同浓度下 pH 为 7.06 时柽柳种子最终萌发率始终最高，其次是 pH 为 8.78 时，pH 为 9.04 时种子最终萌发率始终最低。

不同 pH 处理下，柽柳种子平均萌发时间总体随着盐浓度增高略有延长，当 pH 为 7.06 时，100 mmol/L 浓度处理下种子平均萌发时间较对照略有降低，但差异不显著（$P=0.394>0.05$），而 200～300 mmol/L 盐溶液处理下柽柳种子平均萌发时间呈延长趋势，但与对照相比差异同样不显著（$P=0.205$），而 400～500 mmol/L 盐溶液处理下柽柳种子平均萌发时间较对照显著延长，对照组（CK）为 10.67 d 左右，100 mmol/L、200 mmol/L、300 mmol/L、400 mmol/L、500 mmol/L 处理下种子平均萌发时间依次分别约为 10.30 d、10.88 d、11.45 d、12.38 d、13.71 d；当 pH 为 8.78 时，柽柳种子平均萌发时间随盐浓度升高较对照显著延长，100 mmol/L、200 mmol/L、300 mmol/L 处理下种子平均萌发时间依次分别约为 11.12 d、11.46 d、13 d；当 pH 为 9.04 时，柽柳中平均萌发时间与 pH 为 8.78 时变化规律相似，同样随盐浓度的升高而显著延长，100 mmol/L、200 mmol/L、300 mmol/L 处理下种子平均萌发时间依次分别约为 11.87 d、12.54 d、13.5 d。同一盐浓度下，碱性盐处理组种子平均萌发时间均显著低于中性盐处理种子，pH 为 9.04 处理组种子平均萌发时间均为同浓度最长，其次是 pH 为 8.78，最短为中性盐胁迫（见图 4-39）。

不同 pH 处理柽柳种子萌发值与萌发指数随盐浓度的变化情况分别如图 4-39 与图 4-40 所示。盐碱胁迫下柽柳种子萌发值与对照组相比下降显著，并且随着盐浓度的增高，降幅增加，且各组间差异显著；pH 为 8.78 与 pH 为 9.04 时，超过 400 mmol/L 浓度盐

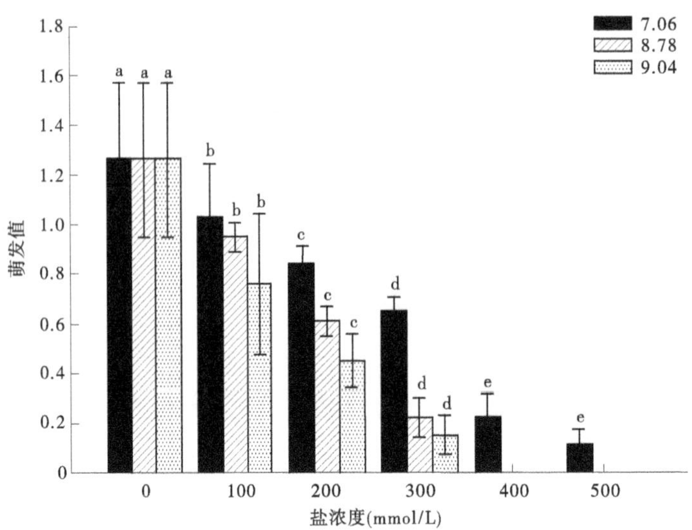

图 4-39　不同 pH 条件下柽柳种子萌发值随盐浓度变化

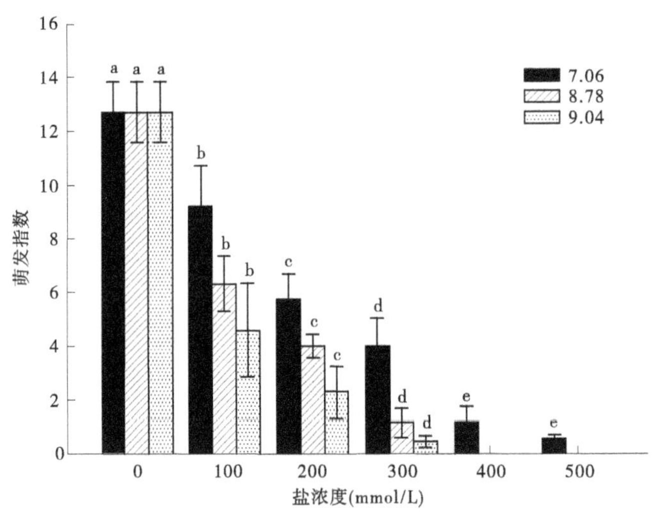

图 4-40　不同 pH 条件下柽柳种子萌发指数随盐浓度变化

溶液处理下柽柳种子盐碱不能萌发故而此时其萌发值不可计算。柽柳种子萌发指数受盐碱胁迫影响变化规律与萌发值相似,盐浓度升高对种子萌发指数产生显著抑制,且同样在碱性盐胁迫下受抑制程度显著高于中性盐胁迫处理。柽柳种子萌发活力指数在盐碱胁迫下变化如图 4-41 所示。不同 pH 处理下柽柳种子萌发活力指数随盐浓度变化规律相似,均表现为随盐浓度的升高而降低,并且各盐浓度处理组间差异显著。而同一浓度下,柽柳种子萌发活力指数随 pH 升高而降低,且降幅差异在 300~400 mmol/L 浓度范围间极为显著($P<0.01$)。

目前,普遍认为盐分胁迫对种子萌发的效应归结于渗透效应和离子效应两个方面。渗透效应是由于盐分降低土壤水分渗透势使种子遭受干旱胁迫,离子效应是由于种子和

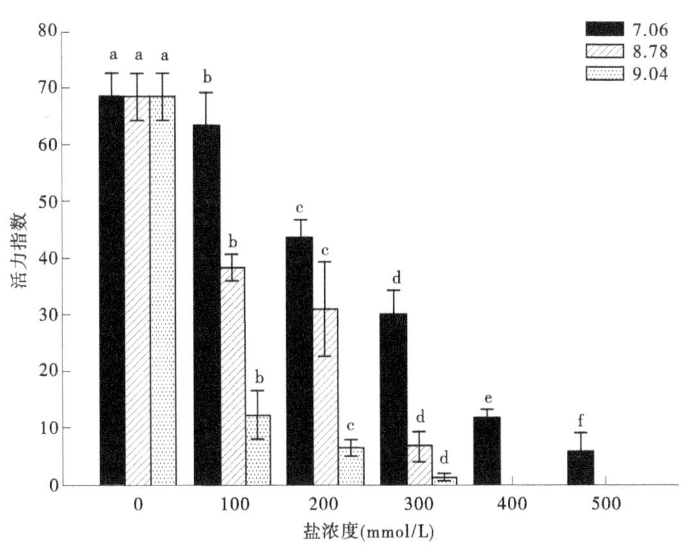

图 4-41　不同 pH 条件下柽柳种子活力指数随盐浓度变化

幼苗吸收或积累盐离子从而改变细胞内溶液渗透势或影响生理代谢。一般情况下，渗透效应呈现负面效应种子萌发率降低。在离子效应中，一方面，吸收的钠离子使种子或幼苗细胞内的水势降低，从而帮助植物克服外界低水势胁迫的影响，使种子萌发增加；另一方面，盐离子有可能对某些植物种子产生毒性作用而使其生活力丧失。因此，离子效应有正负效应之分。盐分胁迫对种子萌发的离子效应可以通过比较等渗盐分和水分胁迫的结果而区分开来，离子的毒性作用可以通过比较未受盐分胁迫和经受盐分胁迫种子的活力来断定。因为分子不能穿过细胞壁，其溶液对种子萌发的影响仅为渗透效应，等渗盐分胁迫下所产生的差异即为离子效应。以往研究结果显示，对于大多数盐土植物，由于经过盐分胁迫的种子在重新给予淡水条件后其萌发潜力几乎能够完全恢复，因此认为盐分胁迫对盐土植物种子没有毒性，种子萌发率降低仅为渗透效应。但对于甜土植物种子来说，除渗透效应以外，很可能会出现毒性作用。

本研究结果中，与对照相比柽柳种子在 400 mmol/L(－1.67 MPa)混合盐溶液胁迫下萌发率显著降低，在高于 400 mmol/L（水势低于－1.67 MPa)碱性溶液胁迫条件下种子不能萌发。中性盐胁迫下，白刺种子在 100～200 mmol/L(－0.4～－0.8 MPa)溶液条件下萌发率显著增加，在 400 mmol/L(－1.67 MPa)溶液条件下萌发率与对照无显著差异；而在碱性胁迫中(pH＝9.04)，高于浓度 500 mmol/L(水势低于－2.1 MPa)溶液胁迫条件下种子不能萌发。梭梭种子在 100～300 mmol/L(－0.4～－1.3 MPa)pH＝7.06 溶液条件下萌发率与对照无显著差异。总体上看，盐碱胁迫对白刺、柽柳和梭梭种子萌发有抑制作用，梭梭种子总体萌发率最高，柽柳种子在盐碱胁迫下萌发抑制最显著。

比较本研究中等渗 PEG 和混合盐碱溶液处理下的试验结果发现，盐分胁迫条件下 3 种植物种子萌发率均显著高于或极显著高于干旱胁迫。这一结果表明，对于 3 种植物，吸收适当的盐分能够提高植物种子的萌发抗旱能力。如果仅仅从种子能否萌发的角度考虑，可以认为盐碱胁迫条件下种子萌发快、萌发率高的植物适应盐碱环境的能力强，但是在干旱、多变的环境条件下萌发快、萌发率高并不一定是有利的特性。因为在干旱、多变的环境条件下，若种子萌发后不能保证充足水分条件供幼苗生长，那么这种特性极易增加"闪苗"的危险。因此，如果与土壤水分能否保证相联系，显然在水分条件良好、稳定的生境条件下种子萌发率高才是有利的特性。例如，盐生植物里海盐爪爪和盐爪爪种子分别仅能在高于-1.4 MPa 和-1.8 MPa 溶液条件下萌发，其种子萌发耐盐分胁迫能力远远低于很多盐生植物，但两种植物对盐渍化环境均有很好的适应性。因此，对于干旱荒漠植物来说，种子萌发对盐分胁迫良好的响应是重要的。但仅从这方面还不能解释这些植物种子萌发对盐渍化环境的适应机制，而要与环境背景相联系，从制约种子萌发的关键组合因素及其相互作用等方面加以综合考虑。

2）种子萌发对盐碱胁迫的响应模型

（1）盐碱胁迫下种子萌发参数与盐浓度的相关关系。

盐碱胁迫下种子萌发参数与盐浓度的相关关系见表 4-21～表 4-29。

表 4-21　pH=7.06 下梭梭种子萌发参数与盐浓度 Pearson 相关系数

项目	盐浓度	*GP*	*TMG*	*GV*	*GI*	*VI*
盐浓度	1					
GP	-0.849**	1				
TMG	0.961**	-0.781**	1			
GV	-0.950**	0.720**	-0.960**	1		
GI	-0.974**	0.804**	-0.992**	0.958**	1	
VI	-0.978**	0.870**	-0.955**	0.915**	0.974**	1

表 4-22　pH=8.78 下梭梭种子萌发参数与盐浓度 Pearson 相关系数

项目	盐浓度	*GP*	*TMG*	*GV*	*GI*	*VI*
盐浓度	1					
GP	-0.969**	1				
TMG	0.924**	-0.918**	1			
GV	-0.963**	0.973**	-0.971**	1		
GI	-0.969**	0.980**	-0.966**	0.997**	1	
VI	-0.918**	0.911**	-0.779**	0.845**	0.849**	1

表 4-23　pH=9.04 下梭梭种子萌发参数与盐浓度 Pearson 相关系数

项目	盐浓度	*GP*	*TMG*	*GV*	*GI*	*VI*
盐浓度	1					
GP	-0.973**	1				
TMG	0.924**	-0.879**	1			
GV	-0.930**	0.937**	-0.758**	1		
GI	-0.934**	0.950**	-0.761**	0.996**	1	
VI	-0.891**	0.829**	-0.760**	0.820**	0.818**	1

表 4-24　pH=7.06 下白刺种子萌发参数与盐浓度 Pearson 相关系数

项目	盐浓度	*GP*	*TMG*	*GV*	*GI*	*VI*
盐浓度	1					
GP	-0.496**	1				
TMG	0.707**	-0.130	1			
GV	-0.746**	0.811**	-0.421*	1		
GI	-0.778**	0.867**	-0.388*	0.956**	1	
VI	-0.799**	0.845**	-0.467**	0.866**	0.934**	1

表 4-25　pH=8.78 下白刺种子萌发参数与盐浓度 Pearson 相关系数

项目	盐浓度	*GP*	*TMG*	*GV*	*GI*	*VI*
盐浓度	1					
GP	-0.881**	1				
TMG	0.775**	-0.655**	1			
GV	-0.885**	0.926**	-0.680**	1		
GI	-0.923**	0.962**	-0.682**	0.966**	1	
VI	-0.922**	0.884**	-0.719**	0.870**	0.909**	1

表 4-26　pH=9.04 下白刺种子萌发参数与盐浓度 Pearson 相关系数

项目	盐浓度	*GP*	*TMG*	*GV*	*GI*	*VI*
盐浓度	1					
GP	-0.965**	1				
TMG	0.144	-0.180	1			
GV	-0.910**	0.949**	-0.194	1		
GI	-0.918**	0.960**	-0.109	0.975**	1	
VI	-0.903**	0.927**	-0.048	0.914**	0.948**	1

表 4-27　pH=7.06 下柽柳种子萌发参数与盐浓度 Pearson 相关系数

项目	盐浓度	*GP*	*TMG*	*GV*	*GI*	*VI*
盐浓度	1					
GP	-0.986**	1				
TMG	0.822**	-0.809**	1			
GV	-0.959**	0.975**	-0.719**	1		
GI	-0.971**	0.962**	-0.686**	0.964**	1	
VI	-0.984**	0.993**	-0.774**	0.975**	0.977**	1

表 4-28　pH=8.78 下柽柳种子萌发参数与盐浓度 Pearson 相关系数

项目	盐浓度	*GP*	*TMG*	*GV*	*GI*	*VI*
盐浓度	1					
GP	-0.972**	1				
TMG	0.753**	-0.672**	1			
GV	-0.959**	0.987**	-0.657**	1		
GI	-0.922**	0.947**	-0.544**	0.961**	1	
VI	-0.944**	0.969**	-0.595**	0.975**	0.988**	1

表 4-29　pH=9.04 下柽柳种子萌发参数与盐浓度 Pearson 相关系数

项目	盐浓度	*GP*	*TMG*	*GV*	*GI*	*VI*
盐浓度	1					
GP	-0.956**	1				
TMG	0.739**	-0.574**	1			
GV	-0.923**	0.959**	-0.561**	1		
GI	-0.852**	0.912**	-0.407*	0.958**	1	
VI	-0.766**	0.829**	-0.306	0.887**	0.980**	1

(2)梭梭种子萌发对盐碱胁迫的响应模型。

梭梭种子萌发对盐碱胁迫的响应模型见表 4-30。

表 4-30　不同 pH 条件下梭梭种子萌发参数与盐浓度回归模型

pH	参数	回归方程	*F*	R^2	*P*
7.06	萌发率	$y=-1.34\times10^{-7}x^3-0.00022x^2+0.05x+89.14$	107.433	0.925	0
	萌发值	$y=2.11\times10^{-8}x^3-8.17\times10^{-6}x^2-0.00732x+4.28$	124.950	0.935	0
	萌发指数	$y=-2.06\times10^{-7}x^3+0.00018x^2-0.08x+28.75$	318.375	0.973	0
	活力指数	$y=-1.45\times10^{-6}x^3+0.0011x^2-0.488x+199.58$	238.092	0.965	0
8.78	萌发率	$y=9.67\times10^{-8}x^3-0.00018x^2-0.09x+89.09$	159.000	0.948	0
	萌发值	$y=7.34\times10^{-8}x^3-6.42\times10^{-5}x^2+0.01x+4.21$	341.704	0.975	0
	萌发指数	$y=3.72\times10^{-7}x^3-0.00035x^2+0.03x+28.69$	594.552	0.986	0
	活力指数	$y=-3.05\times10^{-6}x^3-0.0029x^2-1.05x+197.26$	106.837	0.925	0
9.04	萌发率	$y=1.33\times10^{-6}x^3-0.0012x^2+0.05x+89.47$	310.971	0.973	0
	萌发值	$y=1.28\times10^{-7}x^3-8.99\times10^{-5}x^2+0.01x+4.21$	281.914	0.970	0
	萌发指数	$y=8.74\times10^{-7}x^3-0.00063x^2+0.056x+28.36$	301.933	0.972	0
	活力指数	$y=-3.62\times10^{-6}x^3+0.0035x^2-1.248x+196.08$	133.653	0.939	0

(3)白刺种子萌发对盐碱胁迫的响应模型。

白刺种子萌发对盐碱胁迫的响应模型见表 4-31。

表 4-31　不同 pH 条件下白刺种子萌发参数与盐浓度回归模型

pH	参数	回归方程	F	R^2	P
7. 06	萌发率	$y=28.18+0.28x-0.001x^2+7.69\times10^{-7}x^3$	78. 465	0. 901	0
	萌发值	$y=3.13\times10^{-9}x^3-4.32\times10^{-6}x^2+0.00094x+0.39$	28. 814	0. 769	0
	萌发指数	$y=3.41+0.02x-6.96\times10^{-5}x^2+6.07\times10^{-8}x^3$	76. 933	0. 899	0
	活力指数	$y=2.02\times10^{-6}x^3-0.0019x^2+0.36x+41.41$	205. 040	0. 959	0
8. 78	萌发率	$y=1.32\times10^{-6}x^3-0.001x^2+0.14x+30.30$	104. 989	0. 924	0
	萌发值	$y=9.50\times10^{-9}x^3-7.26\times10^{-6}x^2+0.00068x+0.39$	45. 360	0. 840	0
	萌发指数	$y=1.01\times10^{-7}x^3-7.58\times10^{-5}x^2+0.0069x+3.45$	97. 038	0. 918	0
	活力指数	$y=5.09\times10^{-7}x^3-0.00024x^2-0.08x+41.9$	103. 046	0. 922	0
9. 04	萌发率	$y=1.23\times10^{-7}x^3-6.49\times10^{-5}x^2-0.05x+28.78$	129. 152	0. 937	0
	萌发值	$y=-1.56\times10^{-9}x^3+1.82\times10^{-6}x^2-0.0012x+0.38$	47. 140	0. 845	0
	萌发指数	$y=-2.04\times10^{-8}x^3+2.51\times10^{-5}x^2-0.01x+3.30$	69. 403	0. 889	0
	活力指数	$y=-5.96\times10^{-7}x^3+0.00064x^2-0.25x+40.08$	171. 665	0. 952	0

(4)柽柳种子萌发对盐碱胁迫的响应模型。

柽柳种子萌发对盐碱胁迫的响应模型见表 4-32。

表 4-32　pH = 7. 06 下柽柳种子萌发参数与盐浓度回归模型

pH	参数	回归方程	F	R^2	P
7. 06	萌发率	$y=7.30\times10^{-7}x^3-0.0006x^2+0.0015x+63.83$	703. 952	0. 988	0
	萌发值	$y=6.29\times10^{-9}x^3-5.37\times10^{-6}x^2-0.0012x+1.24$	103. 701	0. 923	0
	萌发指数	$y=2.449\times10^{-8}x^3+1.21\times10^{-5}x^2-0.04x+12.69$	328. 088	0. 974	0
	活力指数	$y=9.24\times10^{-7}x^3-0.00069x^2-0.01x+68.83$	555. 670	0. 985	0
8. 78	萌发率	$y=1.28\times10^{-6}x^3-0.0008x^2-0.05x+64.29$	3 800. 322	0. 998	0
	萌发值	$y=1.77\times10^{-8}x^3-9.64\times10^{-6}x^2-0.002x+1.26$	265. 393	0. 968	0
	萌发指数	$y=-7.29\times10^{-8}x^3+0.00012x^2-0.07x+12.53$	498. 248	0. 983	0
	活力指数	$y=2.01x^3+0.0001x^2-0.25x+66.96$	246. 999	0. 966	0
9. 04	萌发率	$y=9.57\times10^{-7}x^3-0.0005x^2-0.14x+64.63$	1 559. 623	0. 994	0
	萌发值	$y=2.04\times10^{-9}x^3+4.08\times10^{-6}x^2-0.0051x+1.25$	136. 148	0. 940	0
	萌发指数	$y=-2.23\times10^{-7}x^3+0.00025x^2-0.10x+12.52$	338. 975	0. 975	0
	活力指数	$y=66.54-0.68x+0.0022x^2-2.18\times10^{-6}x^3$	278. 678	0. 970	0

本研究结果中,就供试植物种子萌发参数在盐碱胁迫下与盐浓度条件的关系而言,直线回归曲线能够大体上反映种子萌发率与盐碱胁迫条件的依存关系,但与多项式曲线模

型相比其拟合优度显然较差。尤其是不能反映出轻度盐碱条件对白刺种子萌发的促进情况。这一缺陷在三次方程曲线模型中得以解决。因此,可以认为三次方程曲线模型是拟合优度最好的理论模型。此外,水势相同时供试种植物在盐分条件下的种子萌发率均显著高于或极显著高于干旱胁迫。因此,有关种子萌发率与干旱、盐分条件的关系的理论模型一般不仅应符合三次方程曲线,而且还应有所不同。种子萌发与干旱条件的关系可描述为轻度干旱条件对种子萌发无显著影响,随着干旱胁迫的加剧,对种子萌发有抑制作用并逐渐增强,重度干旱对种子萌发影响较大直到不能萌发。种子萌发与盐分条件的关系之一模型可描述为,对于大多数植物,轻度盐分条件对种子萌发无显著影响,随着盐分胁迫的加剧对种子萌发有抑制作用并逐渐增强,重度盐分对种子萌发影响较大直到不能萌发,种子萌发与盐分条件的关系之二模型可描述为,对于少数植物,轻度盐分条件对种子萌发有促进作用,随着盐分胁迫的加剧转而抑制种子萌发,重度盐分影响较大直到种子不能萌发。总体上,等渗的前提下,盐分处理的种子萌发率要显著高于干旱处理。

值得注意的是,本研究所归纳出的萌发率与干旱、盐分条件关系的理论模型及解释,主要基于以往研究资料中所显示的种子萌发对干旱和盐分胁迫条件的响应特征、试验结果中三次方程曲线模型的一般发展趋势而推断的,是否具有普遍意义,还有待于更多的研究加以验证和补充。但是,三次方程曲线模型对种子萌发率与干旱或盐分条件依存关系的拟合优度是确切的。

3)基于响应面分析法盐碱胁迫对种子萌发的综合影响

根据单因素试验结果在软件 Design-Expert 8.06 中,进一步分析盐碱胁迫对种子萌发的综合影响。采用自定义响应面法建立响应曲面模型利用二元回归方法将试验中 pH、盐浓度与种子萌发指标的相互关系用多项式进行拟合,主要选取种子萌发率与萌发活力指数作为响应值,通过分析回归方程来确定种子萌发的适宜 pH 与盐浓度范围,见表 4-33。

表 4-33 响应面分析因素设计

<table>
<tr><td>因素</td><td colspan="6">水平</td></tr>
<tr><td>pH</td><td colspan="2">7.06</td><td colspan="2">8.78</td><td colspan="2">9.04</td></tr>
<tr><td>盐浓度(mmol/L)</td><td>0</td><td>100</td><td>200</td><td>300</td><td>400</td><td>500</td></tr>
</table>

(1)盐碱胁迫对梭梭种子萌发的综合影响。

盐碱胁迫对梭梭种子萌发的综合影响见表 4-34。

表 4-34 响应面分析方案及结果

序号	pH	盐浓度(mmol/L)	萌发率(%)	萌发指数
1	7.06	500	46.05	49.07
2	7.06	0	90.00	201.19
3	9.04	500	12.12	10.66
4	9.04	0	90.00	201.18
5	8.78	100	73.74	111.84

续表 4-34

序号	pH	盐浓度(mmol/L)	萌发率(%)	萌发指数
6	8.78	200	66.93	92.34
7	8.78	300	47.73	61.06
8	8.78	400	31.33	36.78
9	7.06	100	90.00	156.61
10	8.78	0	90.00	201.18
11	9.04	300	39.79	45.44
12	7.06	200	90.00	135.07
13	7.06	400	62.87	78.79
14	8.78	500	13.30	10.60
15	9.04	100	78.52	111.13
16	9.04	200	71.80	87.25
17	7.06	300	81.89	114.53
18	9.04	400	24.83	23.58

其中,试验为中心试验数据,其余试验组为析因试验数据组,18 个试验点分为析因点和零点,析因点是 pH、盐浓度与对应萌发指标所构成的三维空间的顶点,而零点为区域的中心点。pH 与盐浓度对梭梭种子萌发参数回归模型见表 4-35。

表 4-35　pH 与盐浓度对梭梭种子萌发参数回归模型

参数	模型方程	β_1	β_2	β_3	β_4	β_5	R^2
萌发率	$y=418.50-79.94A+0.26B-0.04AB+4.81A^2-1.47\times10^{-4}B^2$	-11.98	-31.51	-9.51	4.71	-9.17	0.976 9
萌发指数	$y=278.44-7.34A-0.26B-0.03AB-0.35A^2+4.21\times10^{-4}B^2$	-21.34	-80.81	-8.42	-0.35	26.34	0.966 4

注:β_1、β_2、β_3、β_4、β_5 分别为 A、B、AB、A^2、B^2 的相关系数。

从表 4-36 可以看出,对萌发率模型的 $P<0.0001$,说明方程拟合充分,回归方程高度显著。对回归方程进行检验,模型的校正决定系数,说明模型能解释约 92.2% 响应值的变化。决定系数 $R^2=0.9769$,表明该模型拟合程度较好。A 和 B 对萌发率有极显著影响,其中,pH 为负效应,盐浓度为正效应,盐浓度二次项对萌发率有极显著影响,且为负效应,其余变量的影响差异不显著($P>0.05$) 。因此,各项因素与种子萌发率之间的关系不是简单的线性关系,而是二次关系,各因素之间存在一定的交互作用(见图 4-42) 。盐胁迫条件下,萌发率表现出随 pH 的增大而降低; 而碱性胁迫条件下,低水平下萌发率随盐浓度增大而降低,而在中、高水平下,萌发率的变化不显著,说明 pH、盐分对萌发率有显著的影响作用,特别是盐分胁迫影响更显著。

表 4-36　对萌发率回归模型方程分析

方差来源	自由度	F 值	P 值	显著度
模型	5	101.463 8	< 0.000 1	**
A(pH)	1	68.959 4	< 0.000 1	**
B(盐浓度)	1	310.223 3	< 0.000 1	**
AB	1	23.959 94	0.000 4	**
A^2	1	0.627 45	0.443 7	
B^2	1	9.655 89	0.009 1	**
残差	12			
总和	17			

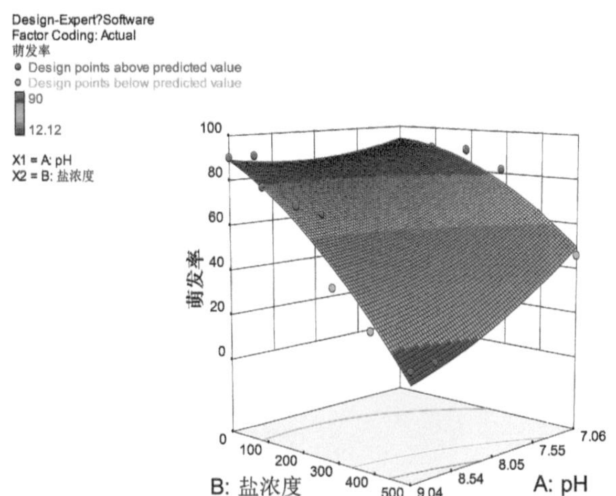

图 4-42　pH 与盐浓度对梭梭种子萌发率交互作用图

从表 4-37 可以看出,对活力指数率模型的 $P<0.0001$,说明方程拟合充分,回归方程高度显著。对回归方程进行检验,模型的校正决定系数,说明模型能解释约 92.2%响应值的变化。决定系数 $R^2=0.9769$,表明该模型拟合程度较好。A 和 B 对活力指数有极显著影响,其中,pH 为负效应,盐浓度为正效应,盐浓度二次项对萌发率有极显著影响,且为负效应,其余变量的影响差异不显著($P>0.05$)。因此,各项因素与种子活力指数之间的关系不是简单的线性关系,而是二次关系,各因素之间存在一定的交互作用(见图 4-43)。盐胁迫条件下,活力指数率表现出随 pH 的增大而降低;而碱性胁迫条件下,各水平下活力指数随盐浓度增大而降低,说明 pH、盐分对萌发率有显著的影响作用,特别是盐分胁迫影响更显著。

表 4-37　对活力指数回归模型方程分析

方差来源	自由度	F 值	P 值	显著度
模型	5	69.050 09	< 0.000 1	**
A(pH)	1	28.319 58	0.000 2	**
B(盐浓度)	1	264.133 3	< 0.000 1	**
AB	1	2.433 696	0.144 7	

续表 4-37

方差来源	自由度	F 值	P 值	显著度
A^2	1	0.000 441	0.983 6	
B^2	1	10.310 53	0.007 5	**
残差	12			
总和	17			

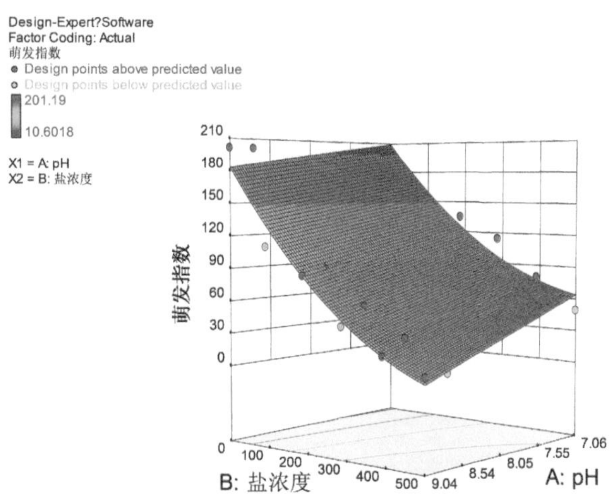

图 4-43　pH 与盐浓度对梭梭种子活力指数交互作用

两种胁迫共同作用下，极限耐受值范围 pH 为 7.55～8.38，盐浓度为 200～386.78 mmol/L。

（2）盐碱胁迫对白刺种子萌发的综合影响。

其中，试验为中心试验数据，其余试验组为析因试验数据组，18 个试验点分为析因点和零点，响应面分析方案及结果见表 4-38。

表 4-38　响应面分析方案及结果

序号	pH	盐浓度（mmol/L）	萌发率（%）	萌发指数
1	7.06	500	46.05	49.07
2	7.06	0	90	201.19
3	9.04	500	12.12	10.66
4	9.04	0	90	201.186
5	8.78	100	73.74	111.841
6	8.78	200	66.93	92.341 58
7	8.78	300	47.73	61.060 86
8	8.78	400	31.33	36.787 45
9	7.06	100	90	156.618
10	8.78	0	90	201.186

续表 4-38

序号	pH	盐浓度(mmol/L)	萌发率(%)	萌发指数
11	9.04	300	39.79	45.44
12	7.06	200	90	135.072
13	7.06	400	62.87	78.795 89
14	8.78	500	13.3	10.601 83
15	9.04	100	78.52	111.132 2
16	9.04	200	71.8	87.25
17	7.06	300	81.89	114.530 2
18	9.04	400	24.83	23.58

其中,试验为中心试验数据,其余试验组为析因试验数据组,18 个试验点分为析因点和零点。pH 与盐浓度对白刺种子萌发参数回归模型见表 4-39。

表 4-39　pH 与盐浓度对白刺种子萌发参数回归模型

参数	模型方程	β_1	β_2	R^2
萌发率	$y=116.609\ 54-9.702\ 44A-0.051\ 971B$	-9.61	-12.99	0.731 5
萌发指数	$y=134.709\ 34-11.040\ 37A-0.080\ 368B$	-10.93	-20.09	0.83

注:β_1、β_2 分别为 A、B 相关系数。

从表 4-40 可以看出,对萌发率模型的 $P<0.000\ 1$,说明方程拟合充分,回归方程高度显著。对回归方程进行检验,模型的校正决定系数,说明模型能解释约 92.2% 响应值的变化。决定系数 $R^2=0.976\ 9$,表明该模型拟合程度较好。A 和 B 对萌发率有极显著影响,其中,pH 为负效应,盐浓度为正效应,盐浓度二次项对萌发率有极显著影响,且为负效应,其余变量的影响差异不显著($P>0.05$)。因此,各项因素与种子萌发率之间的关系不是简单的线性关系,而是二次关系,各因素之间存在一定的交互作用(见图 4-44)。盐胁迫条件下,萌发率表现出随 pH 的增大而降低;而碱性胁迫条件下,低水平下萌发率随盐浓度增大而降低,而在中、高水平下,萌发率的变化不显著,说明 pH、盐分对萌发率有显著的影响作用,特别是盐分胁迫影响更显著。

表 4-40　对萌发率回归模型方程分析

方差来源	自由度	F 值	P 值	显著度
模型	2	20.43	< 0.000 1	**
A(pH)	1	19.61	0.000 5	**
B(盐浓度)	1	21.26	0.000 3	**
残差	15			
总和	17			

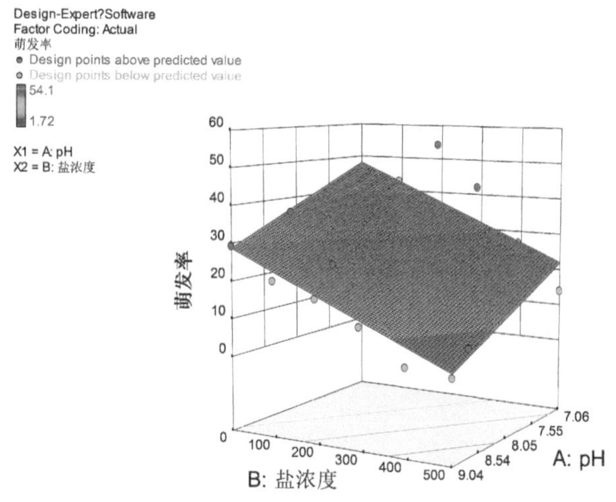

图 4-44　pH 与盐浓度对种子萌发率交互作用

从表 4-41 可以看出，对活力指数率模型的 $P<0.0001$，说明方程拟合充分，回归方程高度显著。对回归方程进行检验，模型的校正决定系数，说明模型能解释约 92.2%响应值的变化。决定系数 $R^2=0.9769$，表明该模型拟合程度较好。A 和 B 对活力指数有极显著影响，其中，pH 为负效应，盐浓度为正效应，盐浓度二次项对萌发率有极显著影响，且为负效应，其余变量的影响差异不显著($P>0.05$)。因此，各项因素与种子活力指数之间的关系不是简单的线性关系，而是二次关系，各因素之间存在一定的交互作用(见图 4-45)。盐分胁迫条件下，活力指数率表现出随 pH 的增大而降低；而碱性胁迫条件下，各水平下活力指数随盐浓度增大而降低，说明 pH、盐分对萌发率有显著的影响作用，特别是盐分胁迫影响更显著。

表 4-41　对活力指数回归模型方程分析

方差来源	自由度	F 值	P 值	显著度
模型	2	36.63	< 0.000 1	**
A(pH)	1	24.40	0.000 2	**
B(盐浓度)	1	48.85	<0.000 1	**
残差	15			
总和	17			

两种胁迫共同作用下，极限耐受值范围 pH 为 7.05~7.55，盐浓度为 100~321.54 mmol/L。

(3)盐碱胁迫对柽柳种子萌发的综合影响。

响应面分析方案及结果见表 4-42。

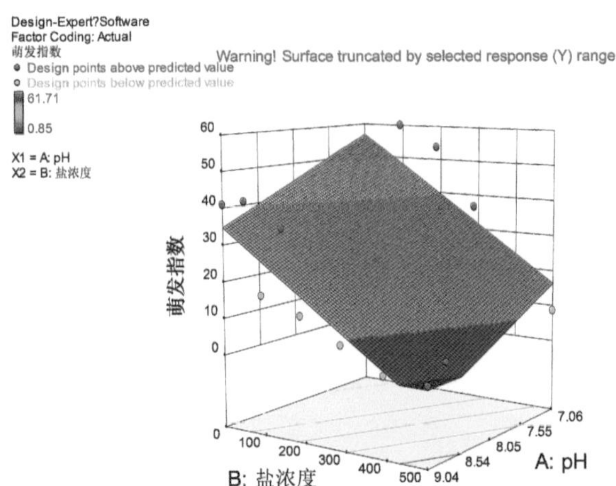

图 4-45　pH 与盐浓度对种子活力指数交互作用

表 4-42　响应面分析方案及结果

序号	pH	盐浓度(mmol/L)	萌发率(%)	萌发指数
1	7.06	500	46.05	49.07
2	7.06	0	90.00	201.19
3	9.04	500	12.12	10.66
4	9.04	0	90.00	201.186
5	8.78	100	73.74	111.841
6	8.78	200	66.93	92.341 58
7	8.78	300	47.73	61.060 86
8	8.78	400	31.33	36.787 45
9	7.06	100	90.00	156.618
10	8.78	0	90.00	201.186
11	9.04	300	39.79	45.44
12	7.06	200	90.00	135.072
13	7.06	400	62.87	78.795 89
14	8.78	500	13.30	10.601 83
15	9.04	100	78.52	111.132 2
16	9.04	200	71.80	87.25
17	7.06	300	81.89	114.530 2
18	9.04	400	24.83	23.58

其中,试验 1~27 为中心试验数据,其余试验组为析因试验数据组,18 个试验点分为析因点和零点,析因点是 pH、盐浓度与对应萌发指标所构成的三维空间的顶点,而零点为

区域的中心点。

pH 与盐浓度对柽柳种子萌发参数回归模型见表 4-43。

表 4-43　pH 与盐浓度对柽柳种子萌发参数回归模型

参数	模型方程	β_1	β_2	R^2
萌发率	$y=111.51457-5.81687A-0.13645B$	-5.76	-34.11	0.943
萌发指数	$y=139.91404-9.95484A-0.12822B$	-9.86	-32.06	0.824 1

注:β_1、β_2 分别为 A、B 相关系数。

从表 4-44 可以看出,对萌发率模型的 $P<0.0001$,说明方程拟合充分,回归方程高度显著。对回归方程进行检验,模型的校正决定系数,说明模型能解释约 92.2% 响应值的变化。决定系数 $R^2=0.9769$,表明该模型拟合程度较好。A 和 B 对萌发率有极显著影响,其中,pH 为负效应,盐浓度为正效应,盐浓度二次项对萌发率有极显著影响,且为负效应,其余变量的影响差异不显著($P>0.05$) 。因此,各项因素与种子萌发率之间的关系不是简单的线性关系,而是二次关系,各因素之间存在一定的交互作用(见图 4-46)。盐分胁迫条件下,萌发率表现出随 pH 的增大而降低;而碱性胁迫条件下,低水平下萌发率随盐分浓度增大而降低,而在中、高水平下,萌发率的变化不显著,说明 pH、盐分对萌发率有显著的影响作用,特别是盐分胁迫影响更显著。

表 4-44　对萌发率回归模型方程分析

方差来源	自由度	F 值	P 值	显著度
模型	2	124.08	< 0.000 1	**
A(pH)	1	11.39	0.004 2	**
B(盐浓度)	1	236.77	< 0.000 1	**
残差	15			
总和	17			

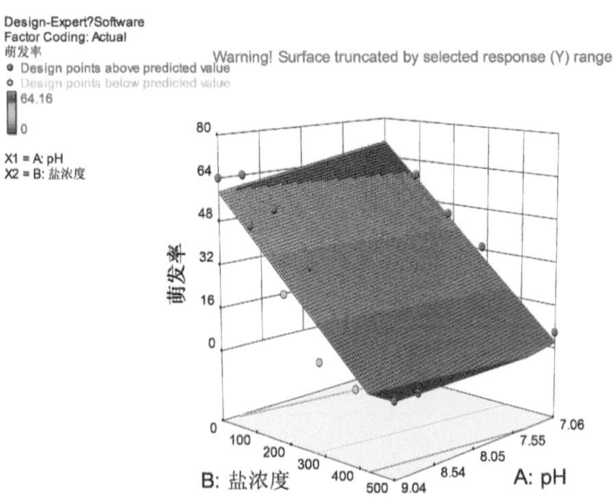

图 4-46　pH 与盐浓度对柽柳种子萌发率交互作用

从表 4-45 可以看出,对活力指数率模型的 $P<0.0001$,说明方程拟合充分,回归方程高度显著。对回归方程进行检验,模型的校正决定系数,说明模型能解释约 92.2%响应值的变化。决定系数 $R^2=0.9769$,表明该模型拟合程度较好。A 和 B 对活力指数有极显著影响,其中,pH 为负效应,盐浓度为正效应,盐浓度二次项对萌发率有极显著影响,且为负效应,其余变量的影响差异不显著($P>0.05$)。因此,各项因素与种子活力指数之间的关系不是简单的线性关系,而是二次关系,各因素之间存在一定的交互作用(见图 4-47)。盐分胁迫条件下,活力指数率表现出随 pH 的增大而降低;而碱性胁迫条件下,各水平下活力指数随盐浓度增大而降低,说明 pH、盐分对萌发率有显著的影响作用,特别是盐分胁迫影响更显著。

表 4-45　对活力指数回归模型方程分析

方差来源	自由度	F 值	P 值	显著度
模型	2	35.14	< 0.000 1	**
A(pH)	1	9.67	0.007 2	**
B(盐浓度)	1	60.62	< 0.000 1	**
残差	15			
总和	17			

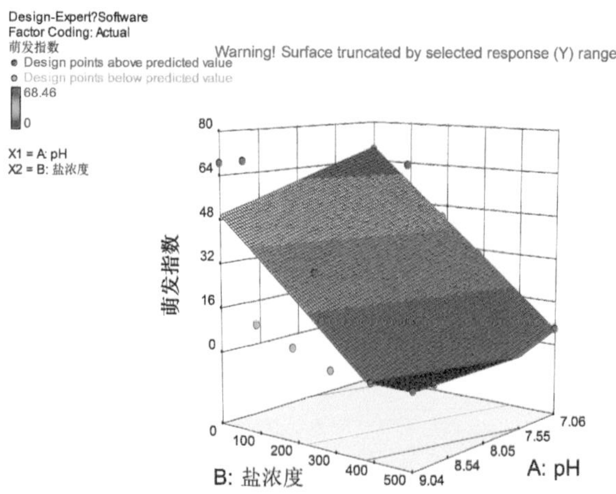

图 4-47　pH 与盐浓度对柽柳种子活力指数交互作用

两种胁迫共同作用下,极限耐受值范围 pH 为 7.05~7.38,盐浓度为 85.76~186.78 mmol/L。

4.4.1.4　小结

三种植物梭梭、白刺、柽柳种子萌发适宜的水势分别为-0.32 MPa、-0.94 MPa、-0.72 MPa,即当地土壤含水量分别为 11.11%、8.14%、8.88%;极限水势分别为-1.91 MPa、-2.27 MPa、-1.69 MPa,为土壤含水量 6.18%、5.71%和 6.52%。梭梭、白刺、柽柳三种植物种子萌发的极限耐受 pH 范围分别为 7.55~8.38、7.05~7.55、7.05~7.38;极限耐受盐浓度分别为 200~386.78 mmol/L、100~321.54 mmol/L、85.76~186.78 mmol/L。

综上可见,三种植物种子中,白刺最耐旱,其次为柽柳,梭梭种子萌发受水分影响最大,但梭梭种子耐受盐分的能力最强,其次为白刺,柽柳最小(见表 4-46)。

表 4-46　三种植物种子萌发耐受阈值范围

植物	适宜值水势(MPa)	适宜土壤含水量(%)	极限水势(MPa)	极限土壤含水量(%)	耐受 pH	耐受盐浓度(mmol/L)
梭梭	-0.32	11.11	-1.91	6.18	7.55~8.38	200~386.78
白刺	-0.94	8.14	-2.27	5.71	7.05~7.55	100~321.54
柽柳	-0.72	8.88	-1.69	6.52	7.05~7.38	85.76~186.78

4.4.2　干旱胁迫对植物的影响

4.4.2.1　研究内容

1. 水分胁迫对植物生长的影响

研究同一树种在不同水分下株高、比叶重等的变化以及不同树种在相同土壤水分下生长的变化。

2. 水分胁迫对植物叶片水分状况的影响

主要包括对叶片保水力、相对含水量、叶片水分饱和亏缺以及叶水势等的研究。

3. 水分胁迫对光合生理特征的影响

光合生理特征包括净光合速率、蒸腾速率、气孔导度、胞间 CO_2 浓度等的日变化、光响应等。

4. 植物的耐旱机制判别

苗木叶水势的测定、土壤水分及土壤水势数学模型的拟合、苗木萎蔫系数和耗水指数的测定以及耐旱机制的判别模型的拟合。

4.4.2.2　试验材料与方法

1. 试验材料与设计

试验材料选用梭梭、齿叶白刺以及多花柽柳和红枸杞(*Lycium barbarum*)、黑果枸杞(*Lycium ruthenicum Murr*)、四翅滨藜(*Atriplex canescens*)、沙枣(*Elaeagnus Angustifolia*)、胡杨(*Populus euPHratica*)、小×胡(*Populus simonii ×P. euPHratica*)、青杨(*Populus cathayana Rehd.*)的 10 种植物一年生实生苗。

植物抗旱性的研究主要通过盆栽苗木设置不同水分梯度,观测植物的各项生理指标。

2016 年 4 月至 2017 年 8 月进行试验。选择长势相对整齐一致的每种植物幼苗 50 株移栽到诺木洪农场温室大棚内。采用上口径为 32 cm、高为 30 cm 的塑料盆,在每个盆侧面的底部人工钻孔,并垫有纱网防止土壤外漏,每盆放入过 2 mm 筛、质量为 1.8±0.05 kg 的经过淋洗和风干的当地土壤。采用"三埋两踩一提苗"的方法每盆定植 3 株,以保证植物根系舒展正常生长。在培养期间定期浇灌 Hoagland 营养液,并进行正常的水分管理,保证植物的正常生长。在 2012 年 4 月选择生长状态相似的苗木,将苗木栽入花盆,经常浇水使之正常生长。在 2016 年 7 月 20 日开始试验,9 月 6 日试验结束。试验设置 4 个不同的水分供给:W1 处理为充分供水,使土壤水分达到田间持水量的 70%以上,即土壤体积含水量在 16.8%以上；W2 处理为轻度水分胁迫，使土壤水分达到田间持水量的 50%~55%，即土壤体积含水量在 12%~13.2%；W3 处理为中度水分胁迫，土壤水分达到田间持水量的 35%~40%，即土壤体积含水量在 8.4%~9.6%；W4 处理为重度水分胁迫，土壤水分在田间持水量的 20%~25%，即土壤体积含水量为 4.8%~6%。在每个土壤供水水平上布置 4 盆苗木。选择生长良好的植株同时进行萎蔫试验，充分浇水达到田间持水量后放置在自然环境中，之后不再浇水，直到苗木萎蔫，同时做好遮雨设施，防止降水进入。之后每隔几天对苗木叶水势、土水势、土壤水分等指标进行测定。

2. 测定指标及方法

1) 土壤各要素

土壤体积含水量 *SWC*(%, *V/V*) 利用 TDR(DELTA-T DEVICES Ltd., Cambridge, CB, UK) 测定。

(1) 土壤田间持水量。

取大环刀，在盖上垫一层滤纸，称其质量($M_{环}$)。用大环刀在试验地取土，盖上带有滤纸的有孔盖之后放入盆中，加水至盆中到环刀上沿，12 h 后迅速取出，仍将有滤纸一端朝下放在干砂上，24 h 后称重(M)。之后将装有土并带盖与滤纸的环刀放于烘箱中烘干 12 h(105 ℃)，称总干重($M_{干}$)。田间持水量为 θ_f(%, m/m)，则其计算公式为

$$\theta_f(\%) = 100 \times (M - M_{干})/(M_{干} - M_{环})$$

式中：M 为环刀加湿土在干砂上放 24 h 后的质量，g；$M_{干}$ 为烘干后干土与环刀重，g；$M_{环}$ 为环刀质量，g。

(2) 土壤容重。

土壤容重利用环刀法进行测定，其计算公式为

$$d_V = (M_{干} - M_{环})/V$$

式中：d_V 为土壤容重，g/cm^3；M 为干土与环刀重，g；$M_{环}$ 为环刀重，g；V 为环刀体积，cm^3。

(3) 土壤水势。

利用露点水势仪(WESCOR, Logan, UT, USA)来测定，在前一天将水势仪的土壤探头埋入(PST-55)要测定的土壤中，在测定时将仪器连接好，可自动测量土壤水势日变化。

2) 气象要素

在大田区有试验地气象站测量，本书试验地与大田相距较近，仅有一路相隔，采用试验站提供的气象数据。

3. 植物生理生态

在试验开始时测量每株苗木的株高，试验结束时再测量一次。

试验结束时，摘取每株苗木的叶片，取下后迅速称重，并用扫描仪扫描叶片，之后换算叶面积(*LA*)。将鲜叶放于 85 ℃烘箱中烘干 48 h，拿出后称重($M_{干}$)。比叶重为叶片干重与叶面积的比值(吕建林等，1998)：

$$LMA = M_{干}/LA$$

式中：*LMA* 为比叶质量，g/cm^2；$M_{干}$ 为叶片干重，g；*LA* 为叶面积，cm^2。

4. 叶片水分生理参数

1）叶水势的观测

采用露点水势仪法来测定苗木的叶片水势（Katerji et al.，1996）。在早上对不同胁迫下及萎蔫试验的苗木叶片水势进行观测，每隔几天观测一次。同时在试验期间选择典型天气测定叶水势的日变化（07:00~19:00），2 h 观测一次。

2）叶片保水力的观测

利用室内自然脱水法测量叶片保水力（付凤玲等，2003；张梅花等，2010）。试验最后一天，在清晨摘取每株苗木上、中、下部叶片各 2 片，迅速称取叶片质量（M_f），然后放于暗室内进行自然脱水，按时称取叶片质量（M_h），鲜重称取时间设置为 0 h，之后在 2 h、4 h、8 h、12 h、24 h、48 h、72 h、96 h、120 h……直至叶片达到恒重。

累计失水率（D）的计算公式为

$$D(\%) = 100 \times (M_f - M_h)/M_f$$

式中：D 为累计失水率（%）；M_f 为叶片自然鲜重，g；M_h 为每时刻叶片称重，g。

3）叶片相对含水量与水分饱和亏缺

试验最后，在清晨摘取每株苗木上、中、下部叶片各 2 片，迅速称取叶片质量（FM），然后放于暗室内浸泡于水中 24 h 后称其饱和质量（TM），再放置于 80 ℃烘箱中烘干 48 h，然后称叶片干重（DM）。叶片相对含水量（RWC）与叶片水分饱和亏缺（WSD）的计算公式（Zhang et al.，2004；Flexas et al.，2006）：

$$RWC(\%) = 100 \times (FM - DM)/(TM - DM)$$

$$WSD(\%) = 100 \times (TM - FM)/(TM - DM)$$

式中：RWC 为叶片相对含水量（%）；WSD 为叶片水分饱和亏缺（%）；FM 为叶片鲜重，g；DM 为叶片干重，g；TM 为叶片饱和重，g。

4）叶片光合观测

（1）植物叶片光合日变化的观测。

在干旱胁迫及盐胁迫试验进行过程中，选择典型晴天，利用 LI-COR 6400 便携式光合仪（LICOR，Lincoln，NE，USA）对植物叶片进行日过程的观测，观测时间为 07:00、09:00、11:00、13:00、15:00、17:00、19:00。主要测量植物的净光合速率、蒸腾速率、气孔导度、胞间 CO_2 浓度等。

（2）光响应的观测。

在干旱胁迫及盐胁迫试验进行过程中，选择典型晴天的上午 09:00~11:00 外界环境相对稳定的时间段，利用 LI-COR 6400 的红蓝光源模拟自然光强，光强由大到小为 2 500、2 200、2 000、1 800、1 600、1 400、1 200、1 000、800、600、400、200、150、100、50、0。通过模拟光强对植物的影响，观测植物的净光合速率、蒸腾速率、气孔导度、胞间 CO_2 浓度等的变化。

植物净光合速率-光响应模型的表达式如下：

①非直角双曲线模型。

其表达式为（Thornley，1976）：

$$P_n(I)=\frac{\alpha\times I+P_{nmax}-\sqrt{(\alpha\times I+P_{nmax})^2-4\times I\times\alpha\times k\times P_{nmax}}}{2k}-R_d$$

式中：P_n 为净光合速率，μmol/(m^2·s)；I 为光合有效辐射，μmol/(m^2·s)，本书用 PAR 表示；K 为曲角；α 为初始量子效率，mol/mol；R_d 为暗呼吸速率。

当模拟较好时，光补偿点 LCP 用下式计算：

$$LCP=\frac{P_d\times P_{nmax}-k\times R_d^2}{\alpha(P_{nmax}-R_d)}$$

而光饱和点 LSP 计算是将最大净光合速率代入在弱光下的线性方程，得出的值即为 LSP。

②直角双曲线模型。

其表达式为(Lewis et al.，1999)

$$P_n(I)=\frac{\alpha IP_{nmax}}{\alpha I+P_{nmax}}-R_d$$

当模拟值较好时，光补偿点 LCP 用下式计算：

$$LCP=\frac{R_d\times R_{nmax}}{\alpha(P_{nmax}-R_d)}$$

而光饱和点 LSP 计算是将最大净光合速率代入在弱光下的线性方程，得出的值即为 LSP。

直角双曲线修正模型其表达式为(叶子飘和于强，2007；叶子飘和于强，2008)

$$P_n(I)=\alpha\frac{1-\beta I}{1+\gamma I}(I-I_c)$$

式中：α 为初始量子效率，mol/mol；β 为修正系数；γ 为 α 与 P_{nmax} 的比值；I_c 为光补偿点，μmol/(m^2·s)，本书用 LCP 表示；其他参数意义同前。

(3)瞬时光合参数。

在干旱胁迫及盐胁迫试验进行过程中，在干旱胁迫及盐胁迫试验进行过程中，每 5 d 左右测定一次植物叶片的光合，测定时间在环境较稳定的 09:00~11:00。叶片瞬时水分利用效率(WUE)的计算：

$$WUE=P_n/T_r$$

式中：WUE 为瞬时水分利用效率，μmol/mmol；P_n 为净光合速率，μmol/(m^2·s)；T_r 为蒸腾速率，mmol/(m^2·s)。

4.4.2.3　数据处理方法

采用 Microsoft Excel 2010 软件进行数据统计和表格制作；Origin Pro 8.0 进行柱形图、折线图等的绘制，回归方程的建立；SPSS Statistics 19 进行描述性统计分析，单因素方差分析(ANOVA)，Pearson(双侧)显著相关性分析，Bonferroni(B)差异显著性检验。

4.4.2.4　试验结果与分析

1. 土壤水分胁迫对植物生长的影响

1)土壤水分胁迫对苗木株高增长量的影响

在水分胁迫下,植物的生长会受到影响,株高可以作为反映植物生长状况的一种指标。白刺、柽柳、梭梭的株高在试验前后增长量结果见图4-48。

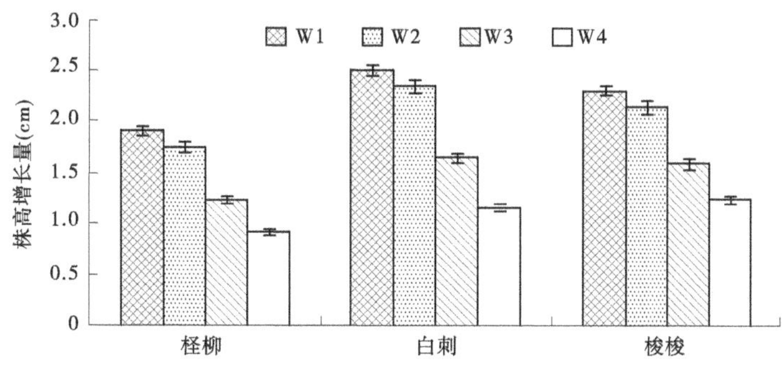

图4-48　不同水分胁迫条件下苗木株高增长量变化

由图4-48可见,水分胁迫对白刺、柽柳、梭梭3种植物苗木的株高有明显影响。随着水分胁迫的增强,3种植物的株高增长量明显降低。与W1处理相比,W2处理下3种植物株高增长量减少相对较小。其中,白刺、梭梭、柽柳在W2处理下苗木增长量比对照分别下降了6.40%、6.96%、8.42%。在W3、W4处理下,3种植物株高增长量与对照相比减少较多。在W4处理下,白刺、柽柳、梭梭3种植物较W1处理下苗木株高增长量分别下降了54%、52.11%、46.52%。试验结果表明,植物在水分胁迫环境下,随着水分的减少、胁迫的加强,植物受到的影响也就越明显,株高增长量也就越来越少。在各水分胁迫处理下,3种植物下降较少的为梭梭,然后为白刺,最后为柽柳,由此,3种植物中,受干旱影响相对较小的为梭梭,说明其耐旱性较强,其次为白刺,然后是柽柳。

2)水分胁迫对苗木比叶重的影响

比叶重是用叶片干重与叶片面积比值来表示的,是用来表示植物生长速率、叶片生长等的指标(Barathi et al.,2001;Lambers,Poorter,1992;刘广全等,2001)。有关研究表明,比叶重与植物的固氮有关,与植物光合也有重要关系,植物比叶重较低时,叶片水分含量较高(Wright et al.,2004;Takashima et al.,2004;Poorter,Evans,1998;Meziane,Shipley,2001)。比叶重较大也说明植物叶中叶肉细胞密度较大,叶片厚度较厚(秦景等,2009;李翠芳等,2012)。图4-49为白刺、柽柳、梭梭3种植物苗木比叶重变化图。

由图4-49可以看出,随着水分胁迫的加剧,三种植物比叶重也随着下降,但下降的幅度不同。与W1处理相比,梭梭在W2处理下比叶重下降较少,下降幅度为2.68%;W3、W4处理梭梭相对于W1下降较多,分别为13.27%、19.84%。与W1处理相比,白刺在W2、W3、W4处理下叶片比叶重下降的幅度分别为9.19%、14.98%、21.02%;柽柳下降了12.41%、17.23%、29.66%。在轻度水分胁迫下,梭梭比叶重变化较小,说明其在此水平上具有维持正常生理功能的能力,叶片生长受到抑制作用非常小;在中度及重度水分胁迫下,比叶重明显减小,但下降幅度比其他植物小,说明梭梭叶片在中度胁迫时叶片生长开

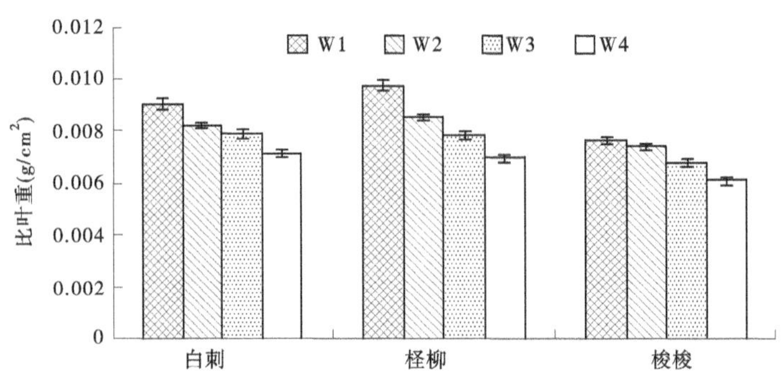

图 4-49　不同水分胁迫条件下不同树种苗木比叶重的变化

始受到抑制,但抑制作用比其他植物小。柽柳叶片比叶重在轻度水分胁迫下已下降较多,说明在此水平水分胁迫下叶片生长已开始受明显抑制。在四个处理水平上梭梭叶片比叶重值与其他树种相比最小。

2. 水分胁迫对叶片水分生理的影响

水是植物生长发育的必要条件,对植物生长的各个阶段都有重要作用。因此,水分状况是反映植物生活生长的重要生理指标(曾凡江等,2002b;李清河和江泽平,2011)。当植物处于干旱环境条件下,水分的不足会引起植物体内水分的变化,植物水势、相对含水量、水分饱和亏缺可用来作为植物抗旱的指标(王霞等,1999)。

1)水分胁迫对苗木叶片相对含水量的影响

植物叶片相对含水量和水分饱和亏缺反映植物内部在干旱情况下的水分状况,用来作为树种抗旱性的指标。在水分胁迫的环境下,树种的叶片相对含水量与植物抗旱性有关(祁云枝和杜勇军,1997;任安芝等,1999)。表 4-47 为 3 种植物叶片在不同水分胁迫下叶片相对含水量和水分饱和亏缺的变化。

表 4-47　水分胁迫下不同植物叶片相对含水量和水分饱和亏缺的变化

树种	相对含水量(RWC)(%)				水分饱和亏缺(WSD)(%)			
	W1	W2	W3	W4	W1	W2	W3	W4
白刺	75. 38	73. 53	70. 37	68. 02	24. 62	26. 47	29. 63	31. 98
柽柳	79. 61	63. 08	61. 54	46. 24	20. 39	36. 92	38. 46	53. 76
梭梭	82. 32	81. 13	78. 70	77. 78	17. 68	18. 87	21. 30	22. 22

随着土壤水分的下降,叶片含水量也相应下降,但因不同的树种其抗旱性等的不同,叶片相对含水量下降幅度不同。由表 4-47 可以看出,随着土壤水分的减少,3 种植物叶片的相对含水量均呈现减少的趋势,而且水分减少得越多叶片相对含水量降低的也越多。在充分供水即 W1 水分处理下,3 种植物中梭梭叶片含水量最高,柽柳其次,最后为白刺。随着胁迫的加剧,叶片含水量降低,柽柳下降幅度最多,白刺、梭梭下降幅度较少。在 W2、W3、W4 处理下较 W1 处理柽柳分别下降了 20. 76%、22. 7%、41. 92%,白刺分别下降了 2. 44%、6. 64%、9. 76%,梭梭下降幅度分别为 1. 44%、4. 39%、5. 52%。植物叶片水分饱

和亏缺随着土壤水分的降低,呈现与叶片相对含水量相反的趋势,逐渐增加。由表 4-47 可看出,3 种植物中,梭梭的水分饱和亏缺值在各处理下最小,在 W1 下为 17.68%,W4 下为 22.22%;柽柳水分饱和亏缺值在各处理下也较小。在植物处于干旱环境时,叶片水分饱和亏缺相对较小,则植物受干旱的影响相对较小,维持植物体内水分平衡的能力较强,相对能维持正常生长,叶片保水力也相对较大。水分胁迫后叶片含水量及叶片水分饱和亏缺的变化,得出梭梭、白刺耐旱性较强,柽柳相对弱一些。

2)水分胁迫对苗木叶片保水力的影响

植物叶片保水力是植物叶片在离体后的抗脱水能力,是离体叶片所能维持的原有水分的能力,反映了植物在干旱情况下对水分保持的能力,对植物的生理生活有重要作用,可依据其大小来判断的植物抗旱性(董学军等,1999;孙明亮和石诰来,1999;肖春旺等,2001;刘建锋等,2011)。但植物的抗旱性不能只从叶片保水力的大小来判断,抗旱性与植物的生长状况、生理生态等的综合状况来体现(李吉跃,1991;Larcher,1980),但是叶片保水力可以作为一种参考。

由图 4-50 可看出,3 种植物叶片失水率均随着土壤水分的降低而降低,说明 3 种植物均有一定的抗旱性,但各种植物叶片在各处理下失水率大小明显不同。植物在离体后失水,在外界环境都相同的状况下,植物叶片脱水越多,叶片保水力越小,抗旱性相对较差(Liu et al.,2007)。由图 4-50 还可看出,在不同土壤水分处理下,3 种植物的失水率可以分为两种,梭梭、白刺为一类,失水速率较低;柽柳归为一类,失水速率最快。柽柳叶片失水率明显高于其他几种植物,说明其叶片保水力较弱。3 种植物在不同的土壤水分处理下,叶片失水率是随着水分胁迫的加剧而降低的,为了减少水分损失,植物叶片保水力逐渐增强,这是植物对水分胁迫环境的一种适应能力。3 种植物叶片在离体重量达到基本恒定的时间不同,白刺在各处理下叶片失水到重量基本不变所需要的时间为 216 h,梭梭叶片达到基本恒定需要 144 h,柽柳所用时间最短在 36 h 时基本达到恒定。而植物叶片在离体后,失水越慢,重量下降越慢,叶片达到恒定重量时所需时间越长,则植物的抗脱水能力越强(张立斌,2005),因此,三种植物中,白刺叶片抗脱水、保水能力最强,柽柳最差。

3)水分胁迫对苗木叶水势的影响

苗木叶水势是反映植物体内水分状况的重要指标(党宏忠等,2005;Hsiao,1973;Boucher et al.,1995;Donovaná,1999)。

叶水势变化能反映植物体内水分状况,叶水势较低,说明植物吸水能力较强,而其抗旱性也就越强(Fu et al.,2005)。由图 4-51 可以看出,3 种植物中,梭梭叶水势最低,白刺其次,最后为柽柳,说明了梭梭具有较好的水分恢复能力。在不同水分条件下,植物叶水势随着土壤水分的减少而降低。在不同土壤水分条件下,3 种植物叶水势日变化在 W1、W2 处理下基本一致,先降低后升高,呈 V 字形变化,清晨叶水势较高,午间叶水势较低。从叶水势日变化过程来看,不同时间、不同处理植物叶水势数值不同,梭梭、白刺相对较小,柽柳相对较大。不同处理下梭梭水势日平均值为 3 种植物中最小的。一般研究认为,植物水势越低,植物越耐旱,则说明梭梭、白刺较耐旱,柽柳次之。在水分相对较少的处理(W3 与 W4)下,3 种植物叶水势变化基本变成了双谷曲线,而且水势变化不稳定。由于土壤含水量少,在太阳升起时,随着光照温度的上升,植物生理活动加强,消耗水分较多,

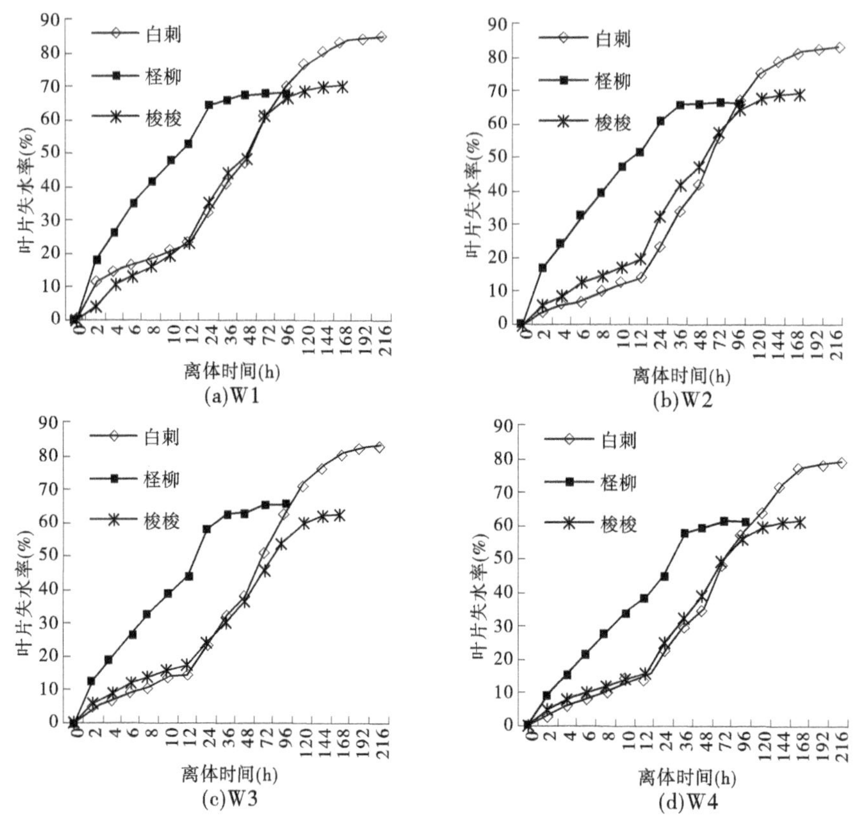

图 4-50　水分胁迫条件下不同植物叶片保水力比较

但土壤水分不足,无法完全供应植物的需水量,导致植物体内水分亏缺,影响植物叶水势的变化。而植物为了正常的生长与生活,做出相应的生理调节,气孔调节等,以减少水分的散失。

3. 水分胁迫对植物光合生理特征的影响

植物的光合作用是植物物质积累的基础,一切生物的物质源泉(Pastur et al. ,2007),植物叶片光合生理的变化是植物对环境变化最为敏感的特征之一(李清河和江泽平,2011),其变化与植物自身各种生理活动及环境都有关系(Villalobos,Pelaez,2001)。

1)水分胁迫下苗木光合生理日过程

植物的各种光合生理参数与外界环境的光合有效辐射、温度、湿度、水分、CO_2 浓度等因素的变化而发生规律性变化,同时受自身气孔运动的调节。因此,在干旱等胁迫环境下植物的光合生理日过程具有显著的特征。

(1)环境因素日变化。

植物的光合生理过程受环境的影响,其中光合有效辐射[PAR,μmol/(m^2 · s)]、水蒸气压差(VPD,kPa)、大气相对湿度(RH,%)、大气 CO_2 浓度(C_a,μmol/mol)、气温(T_a,℃)的日变化过程如图 4-52 所示。光合有效辐射的日变化引起大气温度、空气相对湿度、水蒸气压等环境因素发生变化。光照在一天中的变化是明显的单峰曲线,在中午 13:00 左

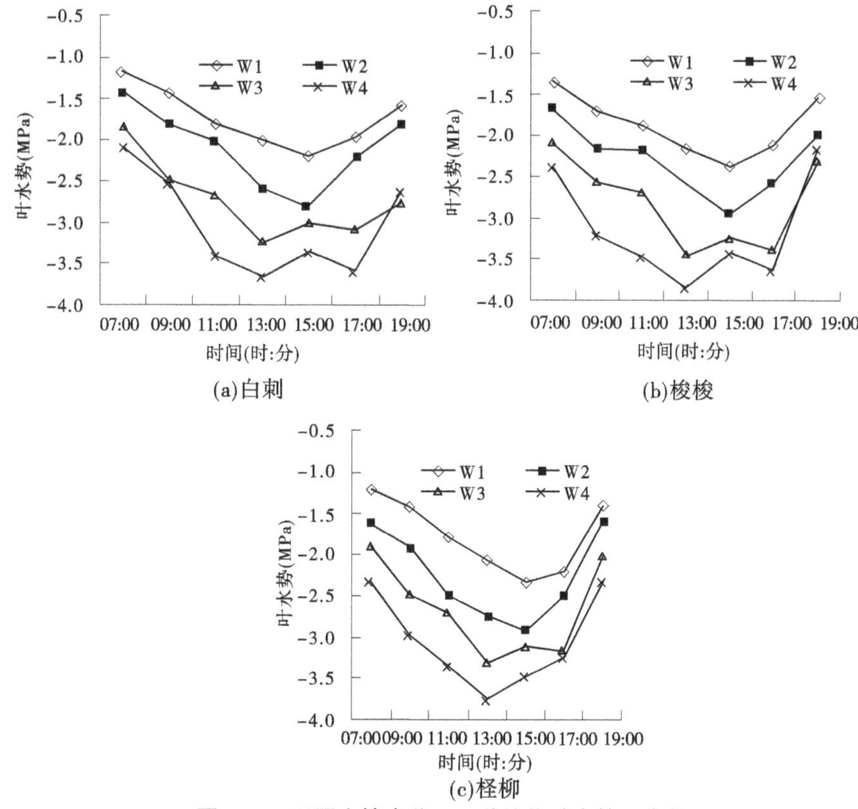

图 4-51　不同土壤水分下 3 种植物叶水势日变化

右出现最高值,但在上午 09:00 时太阳光照已达到较大值,13:00 之后光照逐渐降低;大气温度变化趋势与光照基本相同,大气相对湿度趋势与光照相反;随着光照的增强,温度升高,大气中水汽减少,相对湿度降低,水蒸气压差逐渐增大,在中午 13:00 左右均达到最极值,之后光照逐渐降低、温度降低,相对湿度升高,水蒸气压差逐渐降低;随着光照的增强,温度的升高,大气膨胀,植物开始进行光合作用,大气 CO_2 浓度开始升降低,达到极值后,由于植物光合降低、气温降低,大气 CO_2 浓度开始升高。

(2)净光合速率的日变化。

植物叶片净光合速率是植物光合作用的主要指标,常见日过程变化曲线呈单峰、双峰、平坦等形式(韩永伟等,2010)。图 4-53 为在不同水分胁迫下 3 种植物的净光合速率日变化图。可以看出,随着胁迫的加剧,3 种植物的叶片净光合速率逐渐降低。特别是在重度(W4)水分胁迫下时,植物叶片净光合速率已经降到较低值,受到水分胁迫的抑制作用最大。

由图 4-53 可以看出,白刺在充分供水(W1)及轻度水分胁迫(W2)下其净光合速率日过程形式为明显的单峰型,白刺峰值在 11:00 左右,为 33.48 μmol/(m^2 · s)。在中度(W3)及重度水分胁迫(W4)下,白刺净光合速率日过程形式转变为双峰型,植物受到水分胁迫的影响,净光合速率出现“午休”现象,白刺出现峰值时间分别为 11:00 及 17:00。梭梭、柽柳的净光合速率日变化在四种处理下呈现双峰曲线,变化趋势基本一致,午休最低值基本都出现在 13:00 左右。由于在清晨时,太阳刚升起,光照较弱,大气温度比较低,

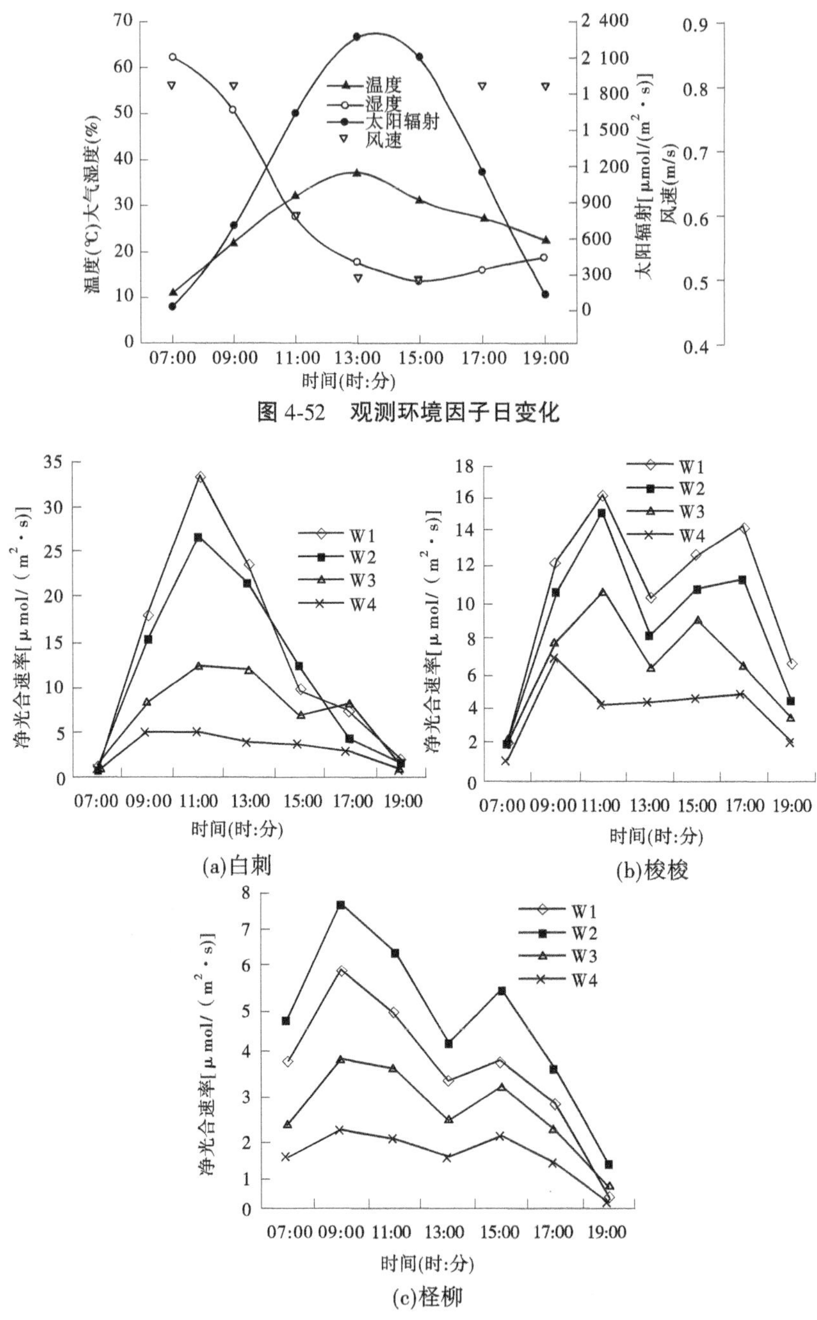

图 4-52　观测环境因子日变化

图 4-53　水分胁迫下三种植物净光合速率的日变化

气孔张开较小,光合速率较小;之后,太阳升起,光照加强,大气温度增高,气孔开放加大,光合作用也就加强,出现峰值;但在中午时,光照已经达到一天中最高,温度也升到较高,植物水分散失较多,造成水分亏缺,为减少水分散失,叶片气孔开度降低甚至关闭,植物进行光合作用所用到的 CO_2 量减少,光合作用受到影响,逐渐降低,出现光合“午休”;中午过后，太阳光照逐渐降低，气温也跟着回落，气孔再一次张开，胞间 CO_2 浓度升高，光合也随之升高，再一次出现高峰；傍晚时，太阳光降至较低，气温也较低，气孔开度降低，光合也降低。但有的植物由于抗旱性较强及水分供应充足，水分亏缺情况非常小，未出现“午休”现象，在上午光合速率达到高峰后，逐渐降低。植物在午间出现光合“午休”的原因是水分亏缺出现、气孔导度降低及光照过强导致抑制等造成的（潘瑞炽，2008），这种现象是植物经过长期自然生活形成的抵抗干旱的一种方式（鞠强等，2005）。

图 4-53 可以看出，3 个树种的净光合速率的最大值随着土壤水分的减少而出现降低的趋势。白刺净光合速率最大值为 3 种植物中最大，在 4 个水分处理下最大值依次为 33.48 μmol/(m^2·s)、26.74 μmol/(m^2·s)、12.46 μmol/(m^2·s)、5.15 μmol/(m^2·s)，在中度、轻度及重度水分胁迫下比充分供水分别下降了 20.15%、62.79%、84.63%。梭梭最大值（W1、W2、W3、W4）依次为 16.3 μmol/(m^2·s)、15.3 μmol/(m^2·s)、10.8 μmol/(m^2·s)、7.03 μmol/(m^2·s)，在中度、轻度及重度水分胁迫下比充分供水分别下降了 6.14%、33.74%、56.87%。柽柳在四个水分处理下最大值依次为 7.39 μmol/(m^2·s)、5.75 μmol/(m^2·s)、3.62 μmol/(m^2·s)、1.88 μmol/(m^2·s)，在中度、轻度及重度水分胁迫下比充分供水分别下降了 22.19%、51.01%、74.56%。对 3 种植物的峰值而言，白刺值最大，其次为梭梭，之后是柽柳。而 3 种植物中在不同处理下，峰值下降幅度最小的为梭梭，侧面反映了水分胁迫对梭梭影响相对小。随着 3 种植物土壤水分的减少，净光合速率日均值也随之降低。白刺在 W1、W2、W3 及 W4 处理下日均值分别为 13.62 μmol/(m^2·s)、11.77 μmol/(m^2·s)、7.27 μmol/(m^2·s)、3.15 μmol/(m^2·s)，W2、W3 及 W4 处理较 W1 降幅为 13.57%、46.59%、76.85%；梭梭依次为 10.75 μmol/(m^2·s)、9 μmol/(m^2·s)、6.71 μmol/(m^2·s)、4.16 μmol/(m^2·s)，降幅依次为 16.24%、37.56%、61.28%；柽柳依次为 4.55 μmol/(m^2·s)、3.34 μmol/(m^2·s)、2.35 μmol/(m^2·s)、1.28 μmol/(m^2·s)，降幅依次为 26.6%、48.3%、71.9%。在重度水分胁迫下，3 种植物净光合速率下降幅度均较大，白刺下降最多，梭梭最小。由此看出，水分胁迫对梭梭净光合速率的影响相对较小，对白刺影响最大。

（3）蒸腾速率的日变化。

蒸腾作用是植物散失水分、保持体内水分平衡的主要途径，反映了植物体内水分状况。植物通过蒸腾作用调节温度，减小体内水势与外界水势差值，维持植物体内水分平衡，减少干旱对植物的影响（韩永伟等，2002）。图 4-54 为 3 种植物在不同水分条件下蒸腾速率日变化图。

由图 4-54 可以看出，随着土壤水分的降低，植物蒸腾速率也随着降低。白刺蒸腾速率日变化在各处理下基本为单峰曲线变化，在重度（W4）水分胁迫下变化较小，单峰趋势不是很明显。从 W1 处理到 W4 处理，其峰值出现的时间分别为 11:00、11:00、11:00、09:00，明显在重度处理下出现峰值的时间提前。梭梭、柽柳基本在各处理下呈双峰曲线。植物蒸腾受外界环境的影响，太阳刚升起时，光照较小，气温较低，叶片气孔较小，蒸腾速率也较小；之后光照增强，气温升高，蒸腾拉力加大，蒸腾速率增强，出现峰值；之后在正午前后，光照较强，气温较大。不同植物气孔关闭的时间不同，有的就表现出午休现象并出现第二个峰值，有的植物在达到峰值后蒸腾速率逐渐降低。

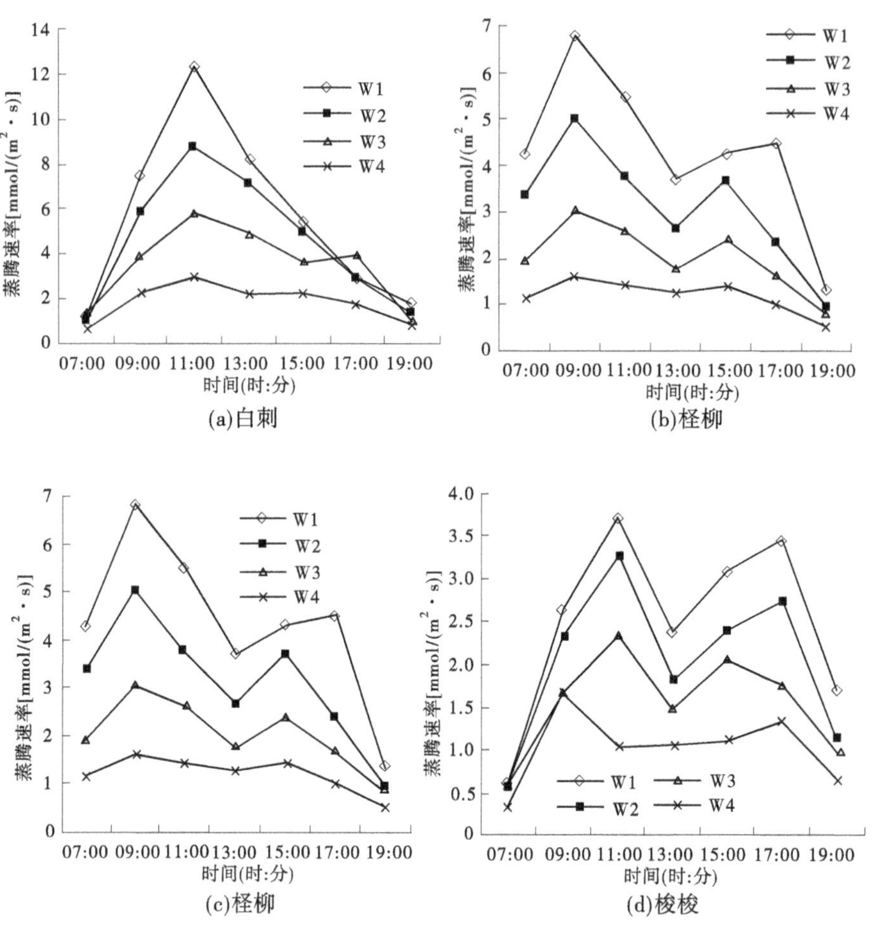

图 4-54　水分胁迫下 3 种植物蒸腾速率日变化

在各处理下,白刺蒸腾速率最大值分别为 12.41 mmol/(m^2·s)、8.81 mmol/(m^2·s)、3.89 mmol/(m^2·s)、2.23 mmol/(m^2·s),轻度(W2)、中度(W3)及重度(W4)水分胁迫下较充分供水条件下下降的幅度为 28.99%、68.63%、82.06%;梭梭最大值分别为 3.71 mmol/(m^2·s)、3.27 mmol/(m^2·s)、2.33 mmol/(m^2·s)、1.65 mmol/(m^2·s),较 W1 下降幅度为 11.86%、37.2%、55.53%;柽柳最大值分别为 6.82 mmol/(m^2·s)、5.06 mmol/(m^2·s)、3.05 mmol/(m^2·s)、1.6 mmol/(m^2·s),W2、W3、W4 处理比 W1 下降了 25.81%、55.28%、76.54%。从 W1 处理到 W4 处理,白刺蒸腾速率日均值为 5.63 mmol/(m^2·s)、4.57 mmol/(m^2·s)、3.51 mmol/(m^2·s)、1.84 mmol/(m^2·s),从 W2 处理到 W4 处理比 W1 处理分别减少了 18.85%、37.70%、67.40%;梭梭蒸腾速率日均值为 2.41 mmol/(m^2·s)、2.03 mmol/(m^2·s)、1.55 mmol/(m^2·s)、1.03 mmol/(m^2·s),从 W2 处理到 W4 处理比 W1 处理减少了 19.33%、38.28%、58.83%;柽柳蒸腾速率日均值为 4.34 mmol/(m^2·s)、3.12 mmol/(m^2·s)、2.04 mmol/(m^2·s)、1.21 mmol/(m^2·s),从 W2 处理到 W4 处理比 W1 处理减少了 28.0%、52.9%、72.2%。从 W2 处理到 W4 处理

下,下降幅度最多的为白刺,然后是柽柳,最小的为梭梭。从整体上看,梭梭受水分胁迫的影响最小。

(4)气孔导度的日变化。

气孔导度表现的是植物叶片气孔的开闭情况,是植物水分散失与吸收的主要场所,对植物光合、蒸腾作用有重要影响(许大全,1997;韩永伟等,2010)。

图 4-55 为 3 种植物气孔导度变化的日过程。由图 4-53~图 4-55 对比可以看出,3 种植物的净光合速率、蒸腾速率及气孔导度的日变化趋势基本一致,特别是在 W1、W2 及 W3 处理下,三者变化趋势非常一致,气孔导度出现峰值时,净光合速率与蒸腾速率也出现峰值;气孔导度出现"午休"现象,值出现低谷,净光合速率与蒸腾速率也出现"午休"现象,值也降到低谷,说明净光合速率、蒸腾速率与气孔导度密切相关,主要受气孔开度影响,是气孔限制的表现。在 W4 处理下,3 种植物的气孔导度变化趋势较小,有的基本呈一条直线。说明当水分胁迫较严重时,植物气孔开度受水分胁迫影响较大,值基本不变,此时净光合速率与蒸腾速率主要受非气孔限制的影响。但梭梭在 W4 处理下气孔导度降低的幅度也较大,出现峰值,可见水分胁迫对梭梭的影响要比其他植物相对要小。

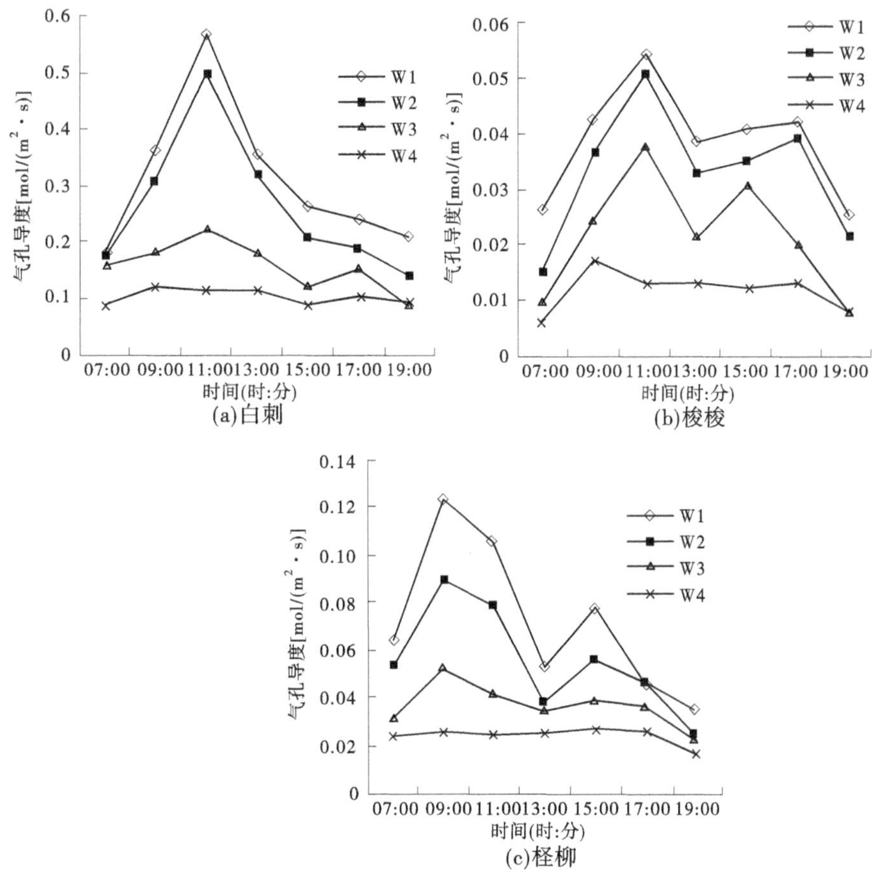

图 4-55　水分胁迫下不同植物的气孔导度变化的日过程

(5)胞间 CO_2 浓度的日变化。

由图 4-56 可以看出,3 种植物的胞间 CO_2 浓度大体趋势是先下降后上升。韩永伟等(2010)对阿拉善地区荒漠草原的梭梭及白刺的光合作用进行对比也得出了相同的研究结果。虽然大体趋势相似,但不同树种胞间 CO_2 浓度在不同处理下表现不同。白刺在 W3、W4 处理下的胞间 CO_2 浓度整体上比 W1、W2 处理下大,W2 处理下小于 W1 处理;梭梭在 4 个处理下基本上是随着土壤水分含量的减少,胞间 CO_2 浓度整体上也逐渐降低;柽柳在 W4 处理下的胞间 CO_2 浓度部分大于 W1 处理,W3、W2 处理下整体上小于 W1 处理。胞间 CO_2 浓度变化的不同与植物的光合作用下降是气孔因素还是非气孔因素有关。3 种植物叶片胞间 CO_2 浓度在不同处理下趋势是先下降后上升,与环境因素、植物本身有密切关系。早上太阳刚升起,气温低,光照较弱,植物光合作用刚刚开始,叶片胞间 CO_2 浓度较高;之后光照增强,气温升高,植物光合作用增强,吸收 CO_2 进行同化作用,胞间 CO_2 浓度降低;下午,光照降低,光合作用减弱,胞间 CO_2 浓度升高。

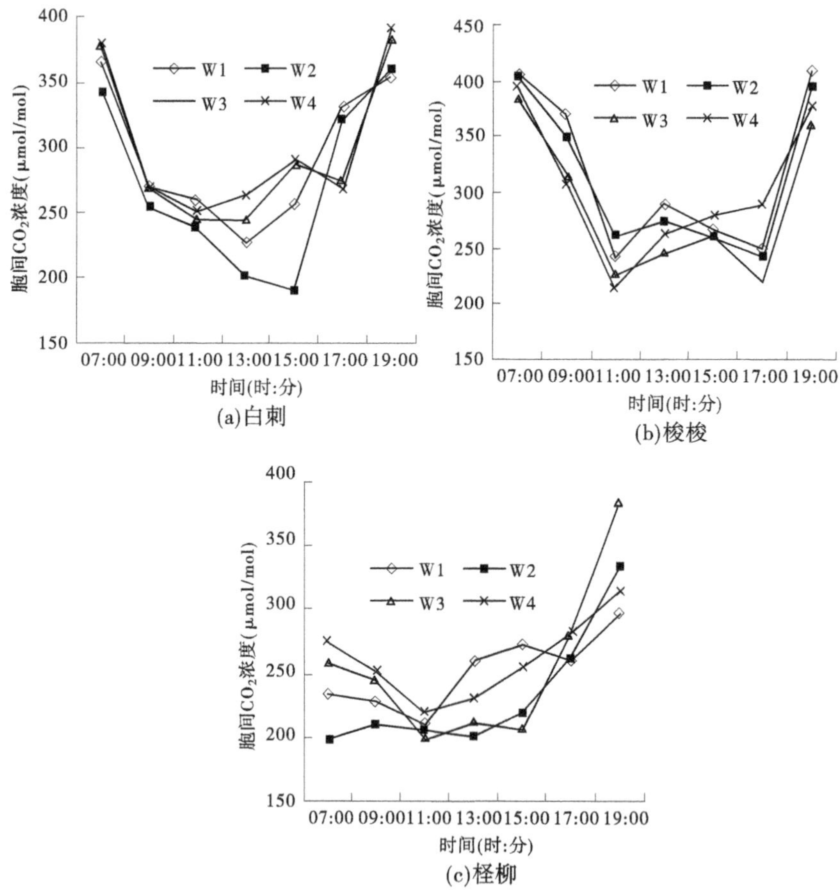

图 4-56　水分胁迫条件下 3 种植物苗木叶片胞间 CO_2 浓度的日过程

(6)水分利用效率的日变化。

本书采用瞬时水分利用效率,是植物叶片净光合速率与蒸腾速率相比得出的值,是衡量植物消耗水分所产生物质高低的指标,也是植物利用水分能力高低的指标。图4-57为3种植物在水分胁迫下水分利用效率的日变化图。由图4-57可以看出,3种植物水分利用效率的日变化整体上是先升高后降低,在太阳升起及降落时较低。在各个处理下3种植物水分利用效率日变化的波动较大,这既与环境因子有关,也与植物自身生理有关。白刺在W2处理下傍晚均高于W1处理,W3、W4处理要低于W1处理;梭梭在W2与W3处理下高于W1处理;柽柳在W2与W3处理下高于W1处理,W4处理比W1略小。从整体上来看,3种植物中在各处理水平上,以梭梭的水分利用效率最高,说明水分胁迫对梭梭的影响要小于其他植物。

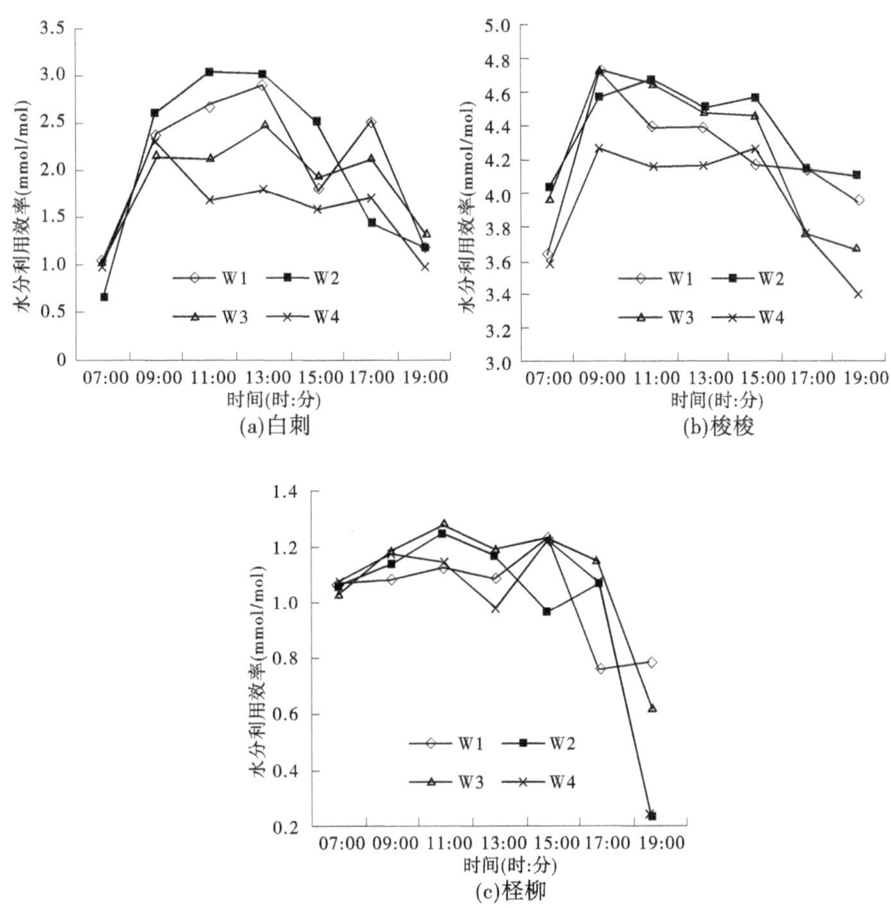

图4-57　水分胁迫下3种植物苗木水分利用效率日过程

(7)气孔与非气孔因素。

干旱胁迫时,一般植物的光合作用会下降,而下降的原因分为气孔因素与非气孔因素。水分胁迫下,气孔导度降低,抑制了外界进入细胞 CO_2 浓度,使得光合作用降低,这时气孔的开闭对植物光合作用起主要作用,为气孔限制因素;水分胁迫对植物体内的一些器官造成伤害,比如叶绿体等,这样使得植物光合作用速率降低时为非气孔限制因素(冀宪领等,2004;王英等,2004;杨凤云,2004;Farquhar, Sharkey, 1982; Barathi et al. ,2001)。

有研究表明,气孔因素导致光合作用下降时,胞间 CO_2 浓度减小,非气孔因素时正好相反,胞间 CO_2 浓度增加(Farquhar,Sharkey,1982)。而胞间 CO_2 浓度增加是非气孔因素限制光合作用的标志(上官周平和邵明安,1999)。

本试验以光合生理参数的日均值为指标来分析水分胁迫下植物苗木光合作用下降的因素是气孔限制还是非气孔限制。由表 4-48 ~ 表 4-50 可以看出,随着土壤水分的降低,植物叶片的净光合速率逐渐降低,气孔导度也逐渐降低,胞间 CO_2 浓度因植物耐旱性等的不同表现不同,而胞间 CO_2 浓度的变化就成为判断气孔因素与非气孔因素的关键。白刺胞间 CO_2 浓度在 W2 处理下减少,W3 及 W4 处理下升高且比 W1 处理值高。因此,白刺在 W1、W2 处理下光合作用降低的主要因素为气孔限制因素,W3 及 W4 处理下为非气孔限制因素;梭梭胞间 CO_2 浓度随着土壤水分的降低呈降低的趋势,说明在各处理下,梭梭光合速率的降低主要为气孔限制因素;柽柳胞间 CO_2 浓度的变化趋势与白刺相似,其在 W1、W2 处理下光合作用降低的主要因素为气孔限制因素,W3 及 W4 处理下为非气孔限制因素。

表 4-48　白刺叶片光合作用光响应实测值与模拟值

光响应模型	水分处理	P_{nmax} [μmol/(m² · s)]	AQY [μmol/(m² · s)]	LCP [μmol/(m² · s)]	LSP [μmol/(m² · s)]	R^2
实测值	W1	32.17	0.069 2	11.90	1 800.00	
	W2	26.80	0.043 4	17.13	1 800.00	
	W3	14.52	0.024 8	29.75	1 600.00	
	W4	5.52	0.018 5	46.90	1 600.00	
非直角双曲线模型	W1	33.82	0.066 8	12.97	516.20	0.99
	W2	27.25	0.040 1	12.22	690.40	0.98
	W3	17.84	0.024 9	31.43	749.04	0.95
	W4	6.70	0.019 8	32.24	380.88	0.82
直角双曲线模型	W1	38.00	0.073 4	18.11	532.46	0.99
	W2	32.66	0.050 9	26.81	668.69	0.98
	W3	17.84	0.024 9	31.43	749.04	0.95
	W4	6.70	0.019 8	32.23	380.90	0.82
直角双曲线修正模型	W1	30.38	0.066 1	12.36	1 793.26	0.99
	W2	24.99	0.038 3	18.03	1 719.17	0.99
	W3	13.91	0.023 6	28.17	1 727.22	0.90
	W4	5.52	0.017 0	39.42	1 022.25	0.98

注:P_{nmax} 为最大净光合速率;AQY 为表光量子效率;LCP 为光补偿点;LSP 为光饱和点;R^2 为决定系数。

表 4-49　柽柳叶片光合作用光响应实测值与模拟值

光响应模型	水分处理	P_{nmax} [μmol/(m²·s)]	AQY [μmol/(m²·s)]	LCP [μmol/(m²·s)]	LSP [μmol/(m²·s)]	R^2
实测值	W1	6.63	0.011 2	14.09	1 800	
	W2	5.91	0.012 4	27.24	1 800	
	W3	2.96	0.007 9	41.52	1 600	
	W4	1.39	0.006 1	74.43	1 400	
非直角双曲线模型	W1	7.65	0.011 1	24.20	713.22	0.986
	W2	6.09	0.005 3	27.68	1 119.56	0.984
	W3	3.31	0.0071	33.54	504.09	0.940
	W4	2.10	0.006 8	50.85	383.58	0.966
直角双曲线模型	W1	8.38	0.012 7	29.65	690.19	0.986
	W2	8.10	0.008 1	19.25	1 017.96	0.983
	W3	3.31	0.007 1	33.53	504.47	0.940
	W4	2.10	0.006 8	50.82	383.73	0.966
直角双曲线修正模型	W1	6.31	0.01	17.17	1 928.76	0.997
	W2	5.71	0.005 5	21.75	1 982.90	0.996
	W3	2.62	0.004 3	6.85	1 588.07	0.973
	W4	1.25	0.006 7	55.42	1 543.29	0.984

表 4-50　梭梭叶片光合作用光响应实测值与模拟值

光响应模型	水分处理	P_{nmax} [μmol/(m²·s)]	AQY [μmol/(m²·s)]	LCP [μmol/(m²·s)]	LSP [μmol/(m²·s)]	R^2
实测值	W1	15.74	0.023 9	21.99	2 000	
	W2	12.13	0.018 4	25.31	2 000	
	W3	6.59	0.015 6	36.82	1 800	
	W4	4.43	0.013 1	47.01	1 400	
非直角双曲线模型	W1	14.99	0.011 0	15.83	1 290.36	0.985 0
	W2	10.44	0.007 2	19.54	1 345.97	0.966 0
	W3	5.55	0.007 7	15.83	704.545	0.907 0
	W4	4.69	0.013 3	43.61	399.248	0.910 0
直角双曲线模型	W1	22.31	0.018 8	11.10	1 195.32	0.983 0
	W2	16.58	0.014 5	16.40	1 157.59	0.956 0
	W3	7.55	0.017 6	34.48	468.864	0.881 0
	W4	5.16	0.014 1	36.40	412.057	0.904 0
直角双曲线修正模型	W1	15.33	0.013 1	21.65	2 078.43	0.994 6
	W2	11.88	0.008 2	23.74	1 978.73	0.993 4
	W3	6.334	0.011 0	35.94	1 347.79	0.988 2
	W4	4.090	0.010 0	37.78	1 222.65	0.982 3

2）水分胁迫下苗木光响应研究

光照是植物光合作用的源泉，光照过低、过高对植物的光合作用产生影响，光照过低，植物吸收光强较少，光合作用较低；光强过高，超过植物光饱和点，光合作用也降低，进而影响植物的生长（韩永伟等，2010）。通过对不同水分条件下植物光合作用生理对光照的响应，确定适宜植物生长的光照强度范围。

植物光响应曲线是净光合作用速率对光辐射强度响应的曲线，是植物生理生态研究中的重要内容（张小全和徐德应，2000；叶子飘，2007；Jiang，He，1999）。通过对光响应曲线的模拟，可了解植物的光合生理特征，为植物在光照下光合能力的判别提供依据。

随着土壤水分的降低，各植物的净光合速率也随着降低。在充分供水及轻度水分胁迫下，光合有效辐射逐渐增强，净光合速率开始上升较快，之后速度变慢，当光合速率达到饱和点后，光强增强，净光合速率出现下降的趋势。在中度及重度水分胁迫下，光响应曲线变化幅度变小，特别是在重度水分胁迫下，光强达到400 μmol/（m^2·s）之后，光响应曲线基本呈一条直线。利用直角双曲线修正模型拟合的光响应曲线对各植物的光合参数进行比较。

P_{nmax} 可用来表示植物叶片的光合潜力，在较好环境条件下，能用来说明植物最大的光合能力（Tartachnyk，Blanke，2004）。白刺在4个水分梯度（由高到低）下，P_{nmax} 值依次为30.38 μmol/（m^2·s）、24.99 μmol/（m^2·s）、13.91 μmol/（m^2·s）、5.52 μmol/（m^2·s）；梭梭依次为15.33 μmol/（m^2·s）、11.88 μmol/（m^2·s）、6.334 μmol/（m^2·s）、4.09 μmol/（m^2·s）；柽柳依次为6.31 μmol/（m^2·s）、5.71 μmol/（m^2·s）、2.62 μmol/（m^2·s）、1.25 μmol/（m^2·s）。白刺的 P_{nmax} 值最大，说明其光合潜力较大；柽柳相对较小。当植物接收到的光强超过植物的光饱和点，光抑制就会出现，当外界环境因子对植物生长出现胁迫时，植物对光的敏感性会增强。光补偿点（*LCP*）、光饱和点（*LSP*）是植物光响应中反映植物对光能利用能力的重要指标（木合塔尔等，2009）。当土壤含水量降低时，*LCP*、*LSP* 的变化会改变植物对光照的利用能力。*LCP* 值越小，植物对弱光的利用能力也就越强（冯岑等，2009）。各植物的 *LCP* 随土壤水分的降低而增大，说明越干旱植物对弱光的利用能力也就越低。在充分供水时，白刺、梭梭在土壤水分降低时，*LCP* 值较其他植物低，说明白刺、梭梭在干旱环境下对弱光利用率较高。各植物的 *LSP* 随土壤水分的降低整体上呈降低的趋势，说明越干旱植物对强光的利用能力也就越低，生态幅变短。但柽柳在轻度水分胁迫下的 *LSP* 比充分供水值高，说明适度干旱对其适应强光的能力增强。

4. 植物水势变化

1）土壤水分与土壤水势的关系

试验采用当地沙质土，用植物清晨所测的3种植物萎蔫试验的土壤含水量与土壤水势的值来得出两者的关系，如图4-58所示，以梭梭、白刺为例，土壤水势与土壤含水量的关系密切，相关性较高。

土壤水势随着土壤含水量的降低而降低，两者呈较好的对数关系：

$$\psi_s = a\ln SWC - b$$

式中：ψ_s 为土壤水势，MPa；*SWC* 为质量含水量（%）；*a* 为系数；*b* 为常数。

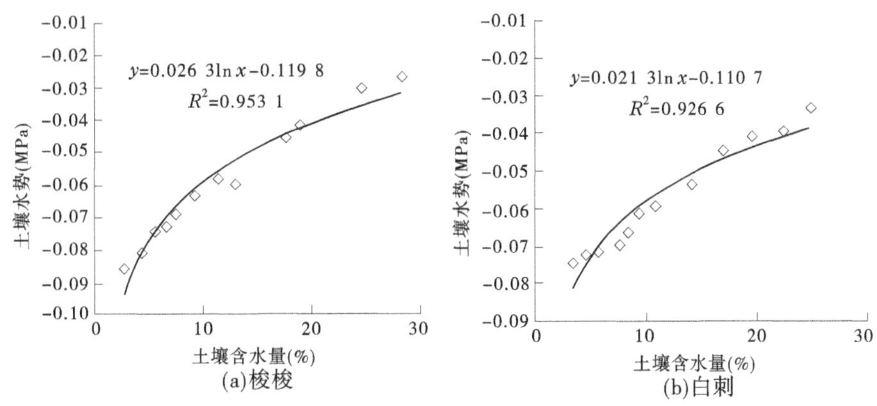

图 4-58　土壤水势与土壤含水量的关系

2)叶水势与土壤水势的关系

水势能反映植物体内的水分状况,水势的高低对植物从土壤中吸收水分及向大气中蒸腾水分具有重要意义。而清晨水势能反映植物在经过一天的环境胁迫后体内水分的状况,是反映植物抗性的一种指标。

本书在试验开始时就对部分盆栽苗木充分灌水,之后不再灌水,并防止降水进入盆内,进行萎蔫试验。在萎蔫试验进行时,每隔几天在清晨用仪器测定苗木的叶水势、土壤含水量以及土壤水势,记录其变化过程,直至试验结束。图 4-59 为梭梭、白刺、柽柳 3 种植物清晨叶水势与土壤含水量的相互关系。已有研究说明,有些植物在受到干旱胁迫之后,其清晨叶水势会随着含水量降低而下降(李吉跃,1991;韩德儒等,1996;胡月楠等,2007;蒋进,王永增,1992)。由图 4-58 可看出,随着土壤水分的降低,3 种植物清晨叶水势也随着降低,这与其他学者的研究结果一致。随着土壤含水量的降低,苗木从土壤中吸收的水分也逐渐减少,当植物吸收的水分供应不了植物蒸腾散失的水分时,叶水势会降低。而植物水势的降低会使植物从土壤中吸收水分的能力增大,低水势是耐旱植物对水分胁迫的一种适应。

应用曲线方程 $y=a+b/x$ 作为 3 种植物清晨叶水势与土壤含水量的关系模型。方程相对湿度稳数 a 能表现土壤水分变化引起的叶水势变化的幅度,参数 b 表现的是叶水势随土壤水分变化的剧烈程度。对 3 种植物双曲线模型中参数 b 的大小进行排序,白刺(5.163)>梭梭(3.891)>柽柳(2.131)。参数 b 值越小,反映水分亏缺环境让植物体内水分生理的变化就小。因此,水分亏缺环境下白刺体内水分生理的变化最大,最后是柽柳。

图 4-59 为萎蔫试验 3 种植物清晨叶水势与土壤水势的关系。当植物没有水分胁迫时,即水分充足时,植物叶水势值仅与环境有关;但当植物缺水时,叶水势与土壤水分、土壤水势也有关。由图 4-59 可以看出,植物叶水势随着土壤水势的变化而变化。在试验开始时,各种苗木土壤含水量较高,水分比较充足,此时土壤水势也较大,土壤中自由水含量高,植物从土壤中吸水较易,蒸腾消耗水分较多,土壤含水量下降较快,土壤水势下降也就较快;若土壤水分进一步降低,土壤水势也随之降低,土壤中自由水较少,植物以吸收束缚水为主,但束缚水有效性较低,而在水分胁迫下植物会出现叶片发黄、萎缩等情况,使得植物从土壤中吸水变难,植物蒸腾速率降低,不能满足植物耗水需求,叶水势降低,降低速率

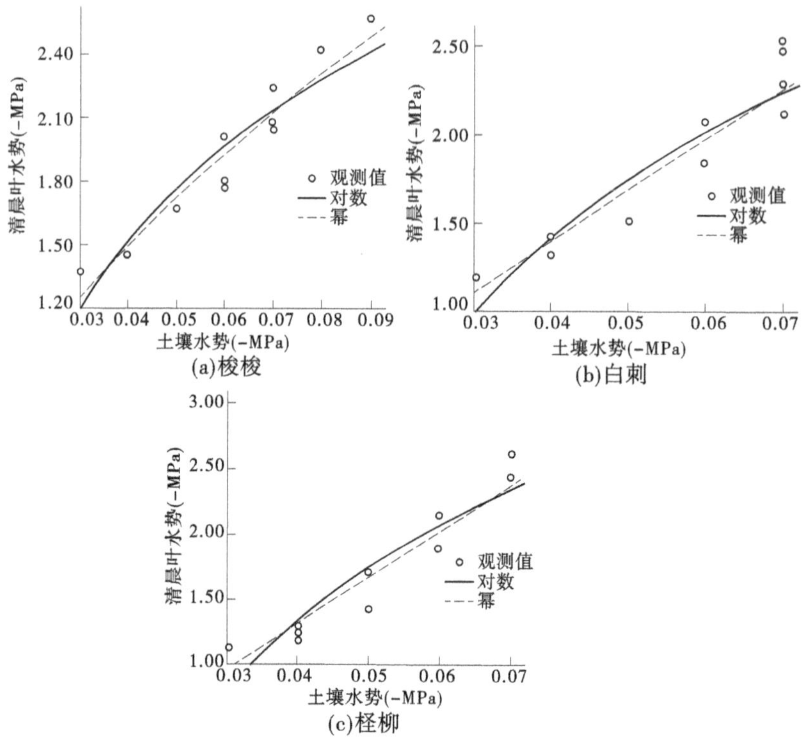

图 4-59　3 种植物叶水势与土壤水势的关系

比在土壤含水量高时要小。

如图 4-59 所示，采用对数方程和幂函数方程来拟合叶水势与土壤水势的关系，由表 4-51 可见两者关系极显著（在 0.01 水平下），两方程模拟效果都较好，但是从判定系数 R^2 值大小来看，还是幂函数方程 $y=ax^b$ 拟合得更好一些。参数 a、b 反映了叶水势随土壤水势变化的速率与幅度，两参数值越大，则叶水势变化的幅度就越大。由表 4-51 可看出，3 种植物幂函数模拟方程中参数值（a，b）由大到小依次为：柽柳（38.674，1.050），白刺（21.402，0.847），梭梭（11.204，0.627）。可见，柽柳叶水势受土壤水势影响最大，白刺次之，梭梭最小。

表 4-51　3 种植物叶片水势、土壤水势的拟合

树种	关系模型 ψ_L（叶水势，-MPa）； ψ_s（土壤水势，-MPa）	R^2	F 值	Sig.
梭梭	$\psi_L=11.204\psi_s^{0.627}$	0.944**	169.489	0
	$\psi_L=1.114\ln\psi_s+5.098$	0.901**	101.217	0
白刺	$\psi_L=21.402\psi_s^{0.847}$	0.916**	109.363	0
	$\psi_L=1.477\ln\psi_s+6.171$	0.867**	65.294	0
柽柳	$\psi_L=38.674\psi_s^{1.050}$	0.912**	82.657	0
	$\psi_L=1.802\ln\psi_s+7.135$	0.872**	54.258	0

注： ** 表示在 $\alpha=0.01$ 下极显著。

5. 柴达木地区主要树种耐旱机制判别

1) 植物的萎蔫系数与耗水指数

在干旱环境下，由于大气干旱、土壤水分较少、光照较强等，植物吸水减少或者蒸腾失水较多又或二者共同作用使得植物体内水分亏缺，引起植物叶片细胞膨压降低，造成萎蔫。根据水分亏缺的大小和时间的长短，萎蔫分为暂时萎蔫和永久萎蔫（杨素铀，1982）。暂时萎蔫是植物在重新供水后能恢复原来的细胞膨压；永久萎蔫的植物在充分供水及湿度较高大气下仍不能恢复膨压的状况，永久萎蔫发生时的土壤含水量被作为永久萎蔫系数。土壤水分利用效率计算式如下：

土壤水分利用率=（田间持水量-萎蔫系数）/田间持水量×100%

当植物处于相同土壤水分利用率梯度时，生存时间越久则植物越耐旱。

耗水指数 *SWDI* 能反映出植物在水分胁迫下单位时间内消耗了多少有效水分，其计算公式如下：

SWDI=土壤水分利用率/干旱胁迫下存活天数

试验在7月下旬开始对梭梭、白刺、柽柳3种盆栽植物进行萎蔫试验的研究，共进行了46 d的观测。在试验开始后，每隔几天对苗木的清晨叶水势、土壤含水量等进行观测。图4-60为3种植物在萎蔫试验下土壤含水量（体积含水量）的变化。由图4-60可看出，在没有自然降水和人工供水的情况下，3种植物由于蒸腾耗水以及土壤自然蒸发，盆栽苗木土壤含水量随着时间的进行不断降低。在最开始时土壤含水量较大，土壤水势高，植物从土壤中吸收水分能满足植物蒸腾耗水量，叶片蒸腾较大，同时土壤蒸发较大，盆栽苗木土壤失水速率较快。之后随着土壤含水量的降低，土壤水势降低，植物蒸腾与土壤蒸发降低，土壤失水速率降低。表4-52为3种植物在盆栽状态下的萎蔫系数和耗水指数的值。可以看出，3种植物萎蔫系数由大到小的排序为：柽柳>白刺>梭梭。萎蔫系数反映了植物能生存的最低水分，萎蔫系数越小，植物越能忍受低水分的干旱环境，说明梭梭、白刺较其他植物更能忍受在低水分下生存。3种植物的土壤水分利用率由大到小依次为梭梭、白刺、柽柳。土壤水分利用率越高说明植物对土壤水分的吸收利用越高效。梭梭、白刺在3种植物中萎蔫系数较小而土壤水分利用率较高，说明更能忍受更低水分的环境并且对土壤水分能高效利用。

表4-52　3种植物幼苗萎蔫系数与耗水指数

树种	胁迫天数(d)	萎蔫系数(%)	土壤水分利用率(%)	耗水指数
梭梭	46	4.7	80.42	1.75
白刺	45	4.8	80.00	1.78
柽柳	41	5.1	78.75	1.92

试验所用植物苗木是在盆栽状态下观测，盆栽苗木所处的土壤环境与大田及野外植物不同，试验所测萎蔫系数与田间苗木萎蔫系数有一定出入，有研究认为一般试验所测萎蔫系数比田间苗木萎蔫系数高些（巩玉霞，2007；石建宁等，2012）。植物萎蔫系数的不同是因为植物萎蔫与土壤水分、土壤体积、植物根系分布有关（刘贤德等，2004；石建宁等，

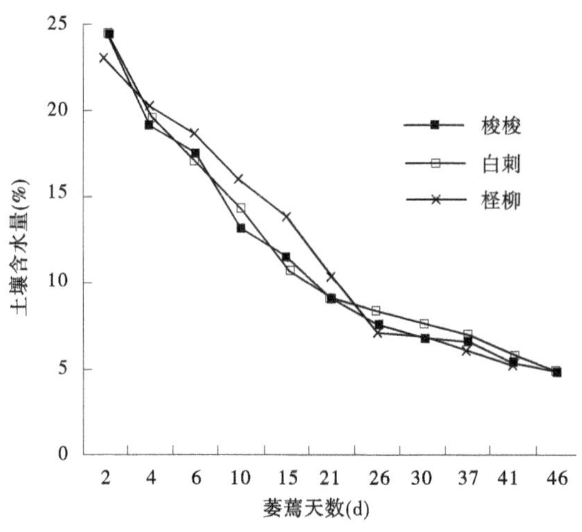

图 4-60　3 树种萎蔫试验下土壤含水量变化

2012)。当土壤水分相同时,由于盆栽苗木根系分布范围有限,而大田里的苗木根系分布面积要大,当根系分布面积大时抗性更强,大田苗木比试验苗木萎蔫系数可能更小一些,根据试验测定的苗木的萎蔫系数是植物对最低土壤水分的一种近似反映。

2)植物耐旱机制研究

(1)植物耐旱机制的判别模型。

不同植物之间叶水势随土壤水分、土壤水势的变化而变化,但变化的幅度、速率不同,表明在干旱环境下不同植物的耐旱机制是不同的。李吉跃在 1991 年与 1993 年发表了关于树木耐旱性及其机制的中心模型及判别模型(李吉跃,1991;李吉跃,张建国,1993),由于分类结果具有一定的代表性,本书采用李吉跃发表的植物耐旱性判别模型。

依据李吉跃发表的树木耐旱性及其机制的中心模型及判别模型可知,判断模型是通过植物叶水势与土壤水势之间的关系,依靠 Fuzzy 数学中的择近原则来判断植物属于哪种类型的耐旱植物。即设 A_i 为各类中心模型,B 为待判树种的关系方程,$A_i, B \in F(\mu)$,$(i=1,2,3,4)$,$N(\cdot,\cdot)$为 A_i 与 B 的贴近度,若存在 i_0,使得:

$$N(A_{i0},B)=\max\{N(A_1,B),N(A_2,B),N(A_3,B),N(A_4,B)\}$$

则判定 B 属于 A_{i0} 类。以下为李吉跃发表的判别模型:

高水势延迟脱水的耐旱植物判别模型:

$$N(A_1,B)=1-\frac{1}{7.7}\left[\sum_{\psi_s=0.1}^{5}(1.6616\psi_s^{0.2576}-a\psi_s^{b})^2\right]^{\frac{1}{2}}$$

亚高水势延迟脱水耐旱判别模型:

$$N(A_2,B)=1-\frac{1}{10.22}\left[\sum_{\psi_s=0.1}^{5}(1.9283\psi_s^{0.3822}-a\psi_s^{b})^2\right]^{\frac{1}{2}}$$

低水势忍耐脱水耐旱判别模型:

$$N(A_3,B)=1-\frac{1}{18.56}\left[\sum_{\psi_s=0.1}^{5}(3.3466\psi_s^{0.4282}-a\psi_s^{b})^2\right]^{\frac{1}{2}}$$

亚低水势忍耐脱水耐旱判别模型:

$$N(A_4,B)=1-\frac{1}{14.32}\left[\sum_{\psi_s=0.1}^{5}(2.6188\psi_s^{0.4151}-a\psi_s^{b})^2\right]^{\frac{1}{2}}$$

其中 $\psi_s \in \{0.1,0.3,0.5,1,1.5,2,2.4,3,3.5,4,4.5,5\}$。

(2)植物耐旱机制的判别分类。

根据植物耐旱判别模型确定柴达木地区 3 种植物的耐旱机制,见表 4-53。基于叶水势与土壤水势的判别模型得出的结论是梭梭、白刺、柽柳均为低水势下忍耐脱水的抗旱植物。说明 3 种植物在遭到水分胁迫时,能够在水势较低的情况下维持细胞膨压,维持植物的生理生活。但是通过判别模型得出的结果也只能说明该树种属于哪种类型的抗旱植物,不能表示植物的抗旱性状、能力等。

表 4-53　3 种植物耐旱机制的判别结果

树种	$N(A_1,B)$	$N(A_2,B)$	$N(A_3,B)$	$N(A_4,B)$	判别结果
梭梭	−7.045 3	−4.844 3	1.822 7	−2.917 4	低水势忍耐脱水的耐旱植物
白刺	−20.517 4	−14.993 5	7.416 2	−10.163 7	低水势忍耐脱水的耐旱植物
柽柳	−50.859 0	−37.854 2	20.009 7	−26.482 4	亚低水势忍耐脱水的耐旱植物

4.4.2.5　结论

干旱胁迫对 3 种植物幼苗株高的生长都产生了影响,且干旱胁迫程度越高,下降幅度越大。在各水分胁迫处理下,3 种植物下降较少的为梭梭,然后为白刺,最后是柽柳。由此,3 种植物中,受干旱影响相对较小的为梭梭,说明其耐旱性较强,其次为白刺,然后是柽柳。

随着土壤水分的下降,叶片含水量也相应下降,但因不同的树种其抗旱性等的不同,叶片相对含水量下降幅度不同。随着土壤水分的减少,3 种植物叶片的相对含水量均呈现减少的趋势,而且土壤水分减少得越多叶片相对含水量降低得也越多。在充分供水即 W1 处理下,3 种植物中梭梭叶片含水量最高、柽柳其次,最后为白刺。随着胁迫的加剧,叶片含水量降低,柽柳下降幅度最多,白刺、梭梭下降幅度较少。植物叶片水分饱和亏缺随着土壤水分的降低,呈现与叶片相对含水量相反的趋势,逐渐增加。3 种植物中,梭梭的水分饱和亏缺值在各处理下最小,柽柳水分饱和亏缺值在各处理下也较小。在植物处于干旱环境时,叶片水分饱和亏缺相对较小,则植物受干旱的影响相对较小,维持植物体内水分平衡的能力较强,相对能维持正常生长,叶片保水力也相对较大。水分胁迫后叶片含水量及叶片水分饱和亏缺的变化,得出梭梭、白刺耐旱性较强,柽柳相对弱一些。

植物叶片保水力是植物叶片在离体后的抗脱水能力,是离体叶片所能维持的原有水分的能力,反映了植物在干旱情况下对水分保持的能力,对植物的生理生活有重要作用。3 种植物叶片失水率均随着土壤水分的降低而降低,说明 3 种植物均有一定的抗旱性,但各种植物叶片在各处理下失水率大小明显不同。植物在离体后失水,在外界环境都相同的状况下,植物叶片脱水越多,叶片保水力越小。3 种植物中,在不同土壤水分处理下,梭梭失水速率最慢、白刺其次,柽柳失水速率最快。柽柳的叶片失水率明显高于其他几种植物,说明其叶片保水力较弱。而从叶片脱水时间来看,白刺所需时间最长,之后为梭梭、柽柳。但植物的抗旱性不能只从叶片保水力的大小来判断,抗旱性与植物的生长状况、生理生态等的综合状况来体现(李吉跃,1991;Larcher,1980),但是叶片保水力可以作为一种参考。

叶水势变化能反映植物体内水分状况,叶水势降低,说明植物吸水能力较强,而其抗旱性也就越强。3 种植物叶水势日变化呈现先降低后升高的趋势,叶水势最高值出现在早上,与环境因子密切相关。叶水势变化与相对湿度呈正相关关系,与温度呈负相关关系,叶水势降到最小的时间一般比温度升到最大值的时间早,也比大气相对湿度降到最低时的时间早,这与植物应对干旱环境的反应有关。3 种植物在相同水分条件下(充分供水),梭梭叶水势最低,白刺其次,最后为柽柳。说明梭梭最耐旱,白刺其次,柽柳相对较低。

清晨叶水势与土壤水势的关系,当植物没有水分胁迫时,即水分充足时,植物叶水势值仅与大气环境有关;但当植物缺水时,叶水势与土壤水分、土壤水势也有关。植物叶水势随着土壤水势的变化而变化。采用对数方程和幂函数方程来拟合叶水势与土壤水势的关系都较好,但是从判定系数 R^2 值大小来看,还是幂函数方程 $y=ax^b$ 拟合得更好一些。而 3 种植物叶水势中,柽柳叶水势受土壤水势影响最大,梭梭最小。说明梭梭抗旱能力最强,柽柳较弱。

净光合速率的大小与植物叶片光合能力的大小及物质同化量积累的快慢有关。对 3 种植物的峰值而言,白刺值最大,其次为梭梭、金露梅,之后是柽柳、合头草,而圆柏最小。3 种植物在不同处理下,净光合速率下降幅度最小的为梭梭,最大的为圆柏,侧面反映了水分胁迫对梭梭影响相对小。随着 3 种植物土壤水分的减少,净光合速率日均值也随之降低。在重度水分胁迫下,3 种植物净光合速率下降幅度均较大,金露梅下降最多,白刺次之,梭梭最小。由此看出,水分胁迫对梭梭净光合速率的影响相对较小,对金露梅影响最大。

白刺在 W1、W2 处理下,光合速率的降低主要是气孔限制因素,而 W3、W4 处理下为非气孔限制因素。梭梭在 4 个处理下光合速率的下降在充分供水、轻度及中度水分梯度时主要是气孔因素起作用,重度水分胁迫时有非气孔限制因素,但不完全是非气孔限制因素。柽柳在 W1、W2 处理下是气孔调节起主要作用,W3 处理非气孔限制因素起作用但不全是非气孔限制,W4 处理是非气孔限制因素起作用。合头草在 W1、W2、W3 处理下主要是气孔限制因素;W4 处理下胞间 CO_2 浓度比 W1 处理高,是非气孔限制因素起作用。金露梅在 W1、W2 处理下,光合作用的降低主要是气孔限制因素,而 W3、W4 处理下是非气孔限制因素。

随着土壤水分的降低,植物的净光合速率随着降低。在充分供水及轻度水分胁迫下,光合作用有效辐射逐渐增强,净光合速率开始上升较快,之后变慢,当光合作用达到饱和点后,光强增强,净光合速率出现下降的趋势。在中度及重度水分胁迫下,光响应曲线变化幅度变小,特别是在重度水分胁迫下,光强达到 400 μmol/(m^2 · s)之后,光响应曲线基本呈一条直线。说明各植物在受到严重水分胁迫时净光合速率受影响较大。P_{nmax} 可用来表示植物叶片的光合潜力。白刺的 P_{nmax} 值最大,说明其光合潜力较大;然后为梭梭,柽柳相对较小。*LCP*、*LSP* 是植物光响应中反映植物对光能利用能力的重要指标(木合塔尔等,2009)。当土壤含水量降低时,*LCP*、*LSP* 的变化会改变植物对光照的利用能力。当 *LCP* 值越小时,植物对弱光的利用能力也就越强(冯岑等,2009)。3 种植物的 *LCP* 随土壤水分的降低而增大,说明越干旱植物对弱光的利用能力也就越低。

在充分供水时,白刺、梭梭在土壤水分降低时,*LCP* 值较其他植物低,说明白刺、梭梭在干旱环境下对弱光利用率较高。各植物的 *LSP* 随土壤水分的降低整体上呈降低的趋势,说明越干旱植物对强光的利用能力也就越低,生态幅变短。但柽柳在轻度水分胁迫下的 *LSP* 比充分供水值高,说明适度干旱对这种植物适应强光的能力增强。

在萎蔫试验开始时,各种苗木土壤含水量较高,水分比较充足,此时土壤水势也较大,土壤中自由水含量高,植物从土壤中吸水较易,蒸腾消耗水分较多,土壤含水量下降速率较快,土壤水势下降也就较快;土壤水分进一步降低,土壤水势也随之降低,土壤中自由水较少,植物以吸收束缚水为主,但束缚水有效性较低,植物从土壤中吸水变难,而在水分胁迫下植物会出现叶片发黄、萎缩等各种情况,使得植物蒸腾降低,叶水势降低,土壤水分降低速率降低。3 种植物萎蔫系数由大到小的排序为:柽柳、白刺、梭梭,说明梭梭、白刺较其他植物更能忍受在低水分下生存。3 种植物的土壤水分利用率由大到小依次为梭梭、白刺、柽柳。土壤水分利用率越高,说明植物对土壤水分的吸收利用越高效。梭梭、白刺在 3 种植物中萎蔫系数较小而土壤水分利用率较高,说明更能忍受更低水分的环境并且对土壤水分能高效利用,耐旱性较强。3 种植物的耐旱性由大到小依次为梭梭、白刺、柽柳。利用叶片水势与土壤水势的判别模型判断得出,梭梭、白刺、柽柳均为低水势下忍耐脱水的抗旱植物。

采用同上的试验和分析方法,将 10 种树种进行干旱胁迫试验。最终得出 10 种植物的耐旱性的大小排序为:四翅滨藜>梭梭>沙枣>白刺>柽柳>黑果枸杞>胡杨>小×胡>枸杞>青杨。

4.4.3　盐胁迫对植物的影响

4.4.3.1　研究内容

(1)不同植物幼苗在盐胁迫下的生长表现差异。采用温室大棚和自然环境条件相结合的方法,利用盆栽、控水、控盐试验,观察记录植物幼苗在 2 种盐胁迫不同浓度胁迫下的生长形态的变化;测量在不同程度胁迫下的株高、地径生长,各组织生物量的积累及分配。

(2)不同植物幼苗在盐胁迫下的光合生理指标的差异变化。用 SPAD 测量仪测定沙枣叶片中的 SPAD 值,得到叶片内叶绿素相对含量的变化趋势;用 LI-6400 便携式光合速测仪测量沙枣幼苗在不同处理下的光合日过程,主要参数包括净光合速率(P_n)、蒸腾速率(T_r)、气孔导度(G_s)、水分利用效率(*WUE*)、胞间 CO_2 浓度(C_i)和气孔限制值(L_s)等。

(3)不同植物幼苗在盐胁迫下的生理生化指标的差异变化。测定植物叶片中有机渗透调剂物质的含量(丙二醛、脯氨酸、可溶性糖、可溶性蛋白)和超氧化物歧化酶的活性的变化规律。

(4)将测得的生长指标和生理生化指标进行综合相关性分析,然后将对盐分胁迫影响大的指标进行隶属函数分析,揭示不同植物对盐胁迫的适应机制并得到不同植物的耐盐阈值及其耐盐能力大小比较。

1. 试验材料与设计

试验设计：2016 年 4 月至 2017 年 8 月进行试验。选择长势相对整齐一致的每种植物幼苗 50 株移栽到诺木洪农场温室大棚内。采用上口径为 32 cm、高为 30 cm 的塑料盆，在每个盆侧面的底部人工钻孔，并垫有纱网防止土壤外漏，每盆放入过 2 mm 筛，质量为 1.8±0.05 kg 的经过淋洗和风干的当地土壤。采用"三埋两踩一提苗"的方法每盆定植 3 株，以保证植物根系舒展正常生长。在培养期间定期浇灌 Hoagland 营养液，并进行正常的水分管理，保证植物的正常生长。进行盐分胁迫前，根据对田间持水量的测定以及相关干旱胁迫试验的研究，为了去除土壤水分含量对沙枣的影响，将所有苗木盆栽的土壤含水量维持田间持水量的 75%左右，然后开始进行盐胁迫处理，每种植物分别设置 1 个对照组(CK)和 4 个盐胁迫处理组。根据对柴达木盆地盐碱地土壤盐分调查分析，盐胁迫处理溶液分别采用 NaCl 和 Na_2SO_4 两种单盐以及 NaCl：Na_2SO_4：$NaHCO_3$：Na_2CO_3 为 9：9：1：1 的比例配置的复合盐。每个处理 6 个重复。盐分浓度设置为 100 mmol/L 、200 mmol/L 、300 mmol/L 和 400 mmol/L 4 个梯度。盐处理溶液为相应质量的分析纯 NaCl、Na_2SO_4、$NaHCO_3$、Na_2CO_3 和 Hoagland 营养液(pH＝6)配制而成。为了防止植物产生盐激反应，对高盐浓度的处理采用每天增加 50 mmol/L 的方法加盐，直至达到各处理的预定浓度值，同时对照组也加入相同量的 Hoagland 营养液。为了获得植物在自然环境下对盐胁迫的响应，每天早上将盆栽移到室外空地上进行自然光照射，晚上将其移回温室内。每天傍晚采用称重法和 TDR 300 土壤水分速测仪相结合的方法，测定每盆的土壤水分含量，并对水分进行相应补充，保证每盆的土壤水分含量一致，防止由土壤含水量引起的植物生长的差异。

研究设置 3 种不同盐分，每种盐分 5 个盐分梯度模拟盐胁迫条件，分别为：

(1)对照(CK，只充分供水，不加复合盐)，X1 处理(50 mmol/L 复合盐溶液处理)、X2 处理(100 mmol/L 复合盐溶液处理)、X3 处理(200 mmol/L 复合盐溶液处理)、X4 处理(400 mmol/L 复合盐溶液处理)。

(2)对照(CK，只充分供水，不加 Na_2SO_4)，Y1 处理(50 mmol/L Na_2SO_4 溶液处理)、Y2 处理(100 mmol/L Na_2SO_4 溶液处理)、Y3 处理(200 mmol/L Na_2SO_4 溶液处理)、Y4 处理(400 mmol/L Na_2SO_4 溶液处理)。

(3)对照(CK，只充分供水，不加 NaCl)，Z1 处理(50 mmol/L NaCl 溶液处理)、Z2 处理(100 mmol/L NaCl 溶液处理)、Z3 处理(200 mmol/L NaCl 溶液处理)、Z4 处理(400 mmol/L NaCl 溶液处理)。

2. 测定指标及方法

1)生长指标

(1)苗木生长状况的调查。

每天对苗木的形态特征进行观察并记录，主要包括叶片形态发生变化(萎蔫、枯黄、脱落)的时间和程度，以及枝干的活力状态。

(2)苗木株高和地径生长量的测定。

在盐胁迫开始前对每株苗木的株高、地径进行测量，试验结束时进行再次测量，每株进行 3 次重复测量。株高利用卷尺(精度 0.01 cm)测量；地径采用游标卡尺(精度 0.01

mm)测量。

$$株高相对生长量(H)=胁迫后苗高(H_1)-胁迫前苗高(H_0)$$

$$地径相对生长量(D)=胁迫后地径(D_1)-胁迫前地径(D_0)$$

(3)苗木生物量的测定。

每个处理随机选择 3 株沙枣幼苗进行各生物量指标的测定。

生物量的测定采用破坏性收获的方法,将进行生长指标测定的每个处理的 3 个重复按单株分别收获根、茎、叶,用烘箱先调节至 105 ℃温度下烘烤 15 min,然后将温度降至 85 ℃进行烘干至恒重,自然冷却后,用天平(精度 0.001 g)分别测得每株苗木根、茎、叶的质量 W_r、W_s、W_l。并由此计算得到:

冠生物量

$$W_t = W_s + W_l$$

总生物量:

$$W_a = W_r + W_s + W_l$$

根冠比:

$$R/T = W_r/W_t$$

$$根(茎、叶)生物量百分比=W_r(W_s、W_l)/W_a \times 100\%$$

$$相对生物量=\frac{各处理总生物量}{对照组总生物量}\times 100\%$$

(4)耐盐阈值的确定。

本试验以不同处理下的相对生物量为指标进行分析,以盐分浓度为自变量,利用 Origin Pro 8.0 软件建立回归模型,将相对生物量比对照降低 50%时对应的盐分浓度作为植物生长的临界盐分浓度,从而确定不同植物在盐分浓度下的耐盐阈值。

2)光合指标

(1)叶片 SPAD 值的测定。

SPAD 值(绿色度)可以反映叶绿素相对含量。采用 SPAD-502 便携式叶绿素速测仪测量,其原理是利用透射法,发射红光(650 nm)和红外光(940 nm),利用光密度在两个波长下的差异得到叶绿素的相对含量(SPAD 值)(Manetas et al., 1998)。为了防止因植株叶片所处部位的不同而产生的差异,选取每个植株中部位置的 3 个叶片进行测量,每个叶片进行 3 次重复。

(2)叶片光合日过程的测定。

利用 LI-6400 便携式光合速测仪(LI-COR, Lincoln, NE, USA),选择晴朗无风的天气,将沙枣幼苗移至室外经过充分的光适应后,进行沙枣叶片的光合生理参数的测量。每株选择 3 片生长良好的,所处位置基本相同的功能叶进行测量,每个叶片记录 5 个数据。测量时间分别为 08:00、10:00、12:00、14:00、16:00、18:00。主要测量植物的净光合速率(P_n)、蒸腾速率(T_r)、气孔导度(G_s)、胞间 CO_2 浓度(C_i),同时仪器可以同步测量获得环境中的 CO_2 浓度(C_a)。并由此计算得到叶片的水分利用效率(WUE)和气孔限制值(L_s)。每次指标测定在数值稳定后连续记录 5 组数据。由于 LI-6400 便携式光合仪测定的光合生理指标时默认叶面积为 6 cm^2,为保证数据的可靠性和准确性,对观测结果进行重计算。试验结束后用扫描仪扫描各处理标记的叶片,通过像素比计算叶片叶面积,经过LI-6400 Sim5.3 软件重新计算各项光合生理指标数值,以此进行数据分析。

$$WUE = \frac{P_n}{T_r}$$

(3)光响应。

待各浓度胁迫处理完成后,在生长 10 d 后,用 Licor-6400 便携式光合仪配合红蓝光源夹取各处理同一叶位的叶片进行光响应的测定。观测前先将光合仪温度调至 25 ℃,CO_2 浓度调至 380 μmol/mol,调节光合有效辐射梯度依次为 2 500 μmol/(m^2·s)、2 000 μmol/(m^2·s)、1 800 μmol/(m^2·s)、1 600 μmol/(m^2·s)、1 400 μmol/(m^2·s)、1 200 μmol/(m^2·s)、1 000 μmol/(m^2·s)、800 μmol/(m^2·s)、600 μmol/(m^2·s)、400 μmol/(m^2·s)、200 μmol/(m^2·s)、150 μmol/(m^2·s)、100 μmol/(m^2·s)、50 μmol/(m^2·s)、0 μmol/(m^2·s),夹取待测叶片先在 1 500 μmol/(m^2·s)光强下进行 30 min 的光诱导,然后使用仪器的自动程序进行光响应曲线的测定。

植物光响应曲线的拟合主要有两种,非直角双曲线拟合和直角双曲线拟合。前人研究表明非直角双曲线拟合更具有生理意义(张弥等,2006),因此本研究通过非直角双曲线的方式拟合光响应曲线。

表达式为

$$P_n = \frac{AQY \times I \times P_{nmax} - \sqrt{(AQY \times I + P_{nmax})^2 - 4 \times I \times AQY \times K \times P_{nmax}}}{2K} - RD$$

式中:P_n 为净光合速率,μmol/(m^2·s);I 为光合有效辐射,μmol/(m^2·s);P_{nmax} 为最大净光合速率,μmol/(m^2·s);K 为曲角;AQY 为初始量子效率,mol/mol;RD 为暗呼吸速率。

回归曲线与 x 轴(I)相交时对应的光强为光补偿点(LCP),P_n 取最大值时对应的光强为光饱和点(LSP)

(4)叶绿素荧光参数。

叶绿素荧光参数的测定与气体交换参数日变化的测定同步。利用脉冲调制式荧光仪 FMS 2.02(Hansatech,UK)于 07:00~19:00 时测定。测定叶片的实际荧光产量(F),随后加一个强闪光[5 000 μmol/(m^2·s),脉冲时间 0.7 s],测定光下最大荧光(F'_m),同时将叶片遮光,关闭作用光 5 s 后暗适应 3 s,再打开远红光 5 s 后测定光下最小荧光(F'_o)。叶片暗适应 30 min 后测定初始荧光(F_o),随后加一个强闪光[5 000 μmol/(m^2·s),脉冲时间 0.7 s],测定最大荧光(F_m),当所测材料达到稳态后测稳态荧光(F_s)。按 Rohacek(Rohacek,2002)公式计算如下参数:

PSⅡ的最大量子产额

$$F_v/F_m = (F_m - F_o)/F_m$$

PSⅡ的实际光化学效率

$$\Phi_{PSII} = (F'_m - F)/F'_m$$

光化学猝灭系数

$$q_P = (F'_m - F_s)/(F'_m - F'_o)$$

非光化学猝灭系数

$$NPQ = (F_m - F'_m)/F'_m$$

3)生理生化指标

(1)丙二醛(MDA)含量。

硫代巴比妥酸法：分别取不同处理沙枣相同位置的叶片，蒸馏水洗净擦干，称取 1 g，剪碎，放到研钵中，再向研钵中倒入 2 mL 5%的三氯乙酸(TCA)溶液和少量石英砂，研磨成匀浆后，再加入 8 mL TCA 进行进一步研磨，然后将匀浆放到标记好的 10 mL 离心管中，在 4 000 r/min 的转速上离心 10 min，离心好后，取上清液 2 mL(以 2 mL 蒸馏水为对照)，加入 2 mL 0.6%的硫代巴比妥酸(TBA)溶液，摇匀，将试管放入沸水浴锅中，自试管内溶液出现小气泡开始计时煮沸 10 min，取出试管并进行快速冷却，然后在 3 000 r/min 转速上离心 15 min，最后取上清液测量体积。以 0.6%TBA 为空白对照，分别测定在波长为 532 nm、600 nm 和 450 nm 处的吸光度值。结果计算如下：

$$\text{MDA 含量(nmol/g)}FW = \frac{[6.45(A_{532} - A_{600}) - 0.56A_{450}]V}{W}$$

式中：A_{532}、A_{600}、A_{450} 分别为 532 nm、600 nm 和 450 nm 处的吸光度值；V 为上清液总体积；W 为植物叶片鲜重。

(2)脯氨酸(Pro)含量。

酸性茚三酮比色法：先用脯氨酸标准母液经处理绘制出脯氨酸浓度—吸光度的标准曲线。分别取不同处理沙枣相同位置的生长健壮的功能叶，用蒸馏水洗净擦干，称取 0.5 g，剪碎，放入标记好的试管中，向试管内加入 5 mL 3%磺基水杨酸溶液，放入沸水浴 10 min，沸水浴过程中要经常晃动试管，从而进行充分提取，取出并冷却至室温后过滤到新试管内，此时过滤出的溶液即为脯氨酸提取液。取 2 mL 提取液放入具塞试管中，再向试管内加入 2 mL 冰乙酸和 2 mL 2.5%的酸性茚三酮，沸水浴 30 min(溶液变红)。冷却后加入 4 mL 甲苯，摇晃 30 s 左右，静置，吸取上层清液于 10 mL 的离心管中，在 3 000 r/min 转速下离心 5 min，吸取清液测定其在波长为 520 nm 处的吸光值，以甲苯为空白对照。结果计算如下：

$$\text{脯氨酸含量(μg/g)}FW = \frac{CV_T}{WV_S}$$

式中：C 为标准曲线上查得的脯氨酸的质量，μg；V_T 为提取液总体积，mL；W 为样品质量，g；V_S 为测定时提取液体积，mL。

(3)可溶性糖(SS)含量。

蒽酮比色法：先绘制出可溶性糖的标准曲线，求出直线方程。取每个处理长势良好的功能叶，洗净擦干，称取 0.1 g，剪碎，放入试管，再向试管内加入 5 mL 蒸馏水，试管封口，沸水浴进行 30 min，冷却后，将提取液过滤并定容到 25 mL 的容量瓶内。吸取提取液 0.5 mL 于 20 mL 的试管内，依次加入 1.5 mL 蒸馏水、0.5 mL 蒽酮乙酸乙酯试液和 5 mL 浓硫酸，充分摇匀后放入沸水浴锅中保温 1 min，待冷却至室温，在波长 630 nm 处测定吸光度。结果计算如下：

$$可溶性糖含量(\mu g/g)FW = \frac{CV_T n}{WV_S \times 10^4}$$

式中:C 为标准曲线上查得的可溶性糖的质量,μg;V_T 为提取液总体积,mL;n 为稀释倍数;W 为样品质量,g;V_S 为测定时提取液体积,mL。

(4)可溶性蛋白(SP)含量。

考马斯亮蓝染色法:绘制横坐标为蛋白质含量,纵坐标为 595 nm 波长下的吸光度值,蛋白质含量—吸光度值标准曲线。摘取每个处理的待测叶片,立即到实验室开始测定,称取 0.1 g,剪碎,放于冷研钵中,再向研钵内加入 5 mL 预冷的 0.1 mol/L 磷酸缓冲液(pH=7,分 10 次加入)和少量石英砂,冰浴研磨至匀浆,倒入离心管中,在 4 000 r/min 转速下离心 10 min(温度维持在 2~4 ℃)。吸取 0.1 mL 蛋白质提取液,加入蒸馏水 0.9 mL 和考马斯亮蓝 5 mL,放置 2~3 min 后,马上在波长 595 nm 下比色,测得吸光度值。结果计算如下:

$$样品蛋白质含量(mg/g)FW = \frac{CV_T}{WV_S \times 1\ 000}$$

式中:C 为标准曲线上查得的蛋白质的质量,μg;V_T 为提取液总体积,mL;W 为样品质量,g;V_S 为测定时提取液体积,mL。

(5)超氧化物气化酶(SOD)活性。

摘取待测叶片,称取 0.5 g,剪碎,放到 4 ℃的预冷研钵中,然后向研钵中加入 1 mL 在 4 ℃下预冷的 50 mmol/L 磷酸缓冲液(pH=7.8),研磨至匀浆,转移到离心管中,加入 3 mL 磷酸缓冲液冲洗匀浆至离心管内,在 4 ℃条件下 1 000 r/min 离心 20 min。分别加入 1.5 mL 50 mmol/L 的磷酸缓冲液(pH=7.8)、0.3 mL 130 mmol/L 的甲硫氨酸(Met)溶液、0.3 mL 750 μmol/L 氮蓝四唑溶液、0.3 mL 100 μmol/L 乙二胺四乙酸二钠(EDTA-Na_2)溶液、20 μmol/L 核黄素、0.05 mL 酶液和 0.25 mL 蒸馏水于 20 mL 玻璃试管内混匀。将各溶液混匀后,用双层黑色硬纸套罩上 1 支对照管进行遮光处理,另 1 支对照管与其他各管同时放在 4 000 lx 的日光灯照射下反应 10 min。反应结束后,将试管用黑布罩上,使反应停止。以避光的对照管做空白参比,将各样品在 560 nm 波长下测吸光度值。结果计算如下:

$$SOD 总活性(mmol/g \cdot min) = \frac{(A_C - A_S)V_T}{0.5A_C WV_S}$$

式中:A_C 为照光对照管 OD 值;A_S 为样品管 OD 值;V_T 为提取液总体积;W 为样品质量;V_S 为测定时提取液体积。

4)耐盐性综合评价方法

利用皮尔森相关性分析和模糊数学中的隶属函数法对不同植物在盐分胁迫下的耐盐能力大小进行评价。分别选取生长指标株高生长量、地径生长量和各组织器官生物量、生理生化指标(SPAD 值、净光合速率、蒸腾速率、水分利用效率、胞间 CO_2 浓度、气孔导度、气孔限制值、叶绿素荧光参数丙二醛、可溶性糖、脯氨酸、可溶性蛋白和超氧化物歧化酶)作为评价指标。通过相关性分析,比较各指标对植物耐盐性的影响程度,然后选择对其耐盐性影响较大的指标进行盐分胁迫下植物的耐盐阈值。

首先,进行隶属函数值的计算:

如果某一个指标和植物的耐盐性呈正相关关系,则

$$\mu(X_{ij})=\frac{X_{ij}-X_{j\min}}{X_{j\max}-X_{j\min}}$$

如果某一指标和植物的耐盐性呈负相关关系,则

$$\mu(X_{ij})=1-\frac{X_{ij}-X_{j\min}}{X_{j\max}-X_{j\min}}$$

式中:$\mu(X_{ij})$ 为 i 盐 j 指标的隶属函数值;X_{ij} 为 i 盐 j 指标的值;$X_{j\min}$ 为所有 j 指标中的最小值;$X_{j\max}$ 为所有 j 指标中的最大值。

然后,求 2 种盐分在各浓度下的各个指标的隶属函数值,并求平均值,进行不同浓度下耐盐性的比较,再求综合平均值,比较不同植物在盐分胁迫下的综合耐盐性。

4.4.3.2　数据处理方法

采用 Microsoft Excel 2010 软件进行数据统计和表格制作;Origin Pro 8.0 进行柱形图、折线图等的绘制,回归方程的建立;SPSS Statistics 19 进行描述性统计分析,单因素方差分析(ANOVA),Pearson(双侧)显著相关性分析,Bonferroni(B)差异显著性检验。

4.4.3.3　结果与分析

本试验分别对乔木树种小×胡、胡杨、青杨,生态灌木树种沙枣、四翅滨藜、柽柳、白刺、梭梭,经济树种黑果枸杞和红果枸杞进行。由于试验数据较多,选用代表树种进行数据分析,其他树种采用同样的方法得出其耐盐阈值,并进行分析比较。其中,乔木树种以小×胡为例,生态灌木树种以沙枣为例,经济树种以黑果枸杞为例。

1. 小×胡对盐胁迫的响应

1)不同盐胁迫对小×胡生长特性的影响

(1)不同盐胁迫对小×胡株高的影响。

植物株高增长量是衡量植物受盐碱胁迫抑制程度的重要指标。由图 4-61 可知,不同种类的盐胁迫对小×胡的株高增长具有明显的影响。随着盐胁迫程度的增强,小×胡在不同种类不同浓度盐分处理下株高相对增长量均呈现先增大后减小的趋势,X1、Y1 和 Z1 处理下,小×胡的株高相对增长量较对照分别增加 23.31%、3.70% 和 11.62%;而当盐溶液浓度高于 50 mmol/L 后,株高相对增长量与对照相比呈现出下降趋势,X2、X3 和 X4 处理下小×胡的株高相对增长量均显著低于对照,分别较对照降低 12.27%、52.40% 和 72.52%,Y2、Y3 和 Y4 处理下小×胡的株高相对增长量低于对照 21.21%、51.71% 和 70.42%,Z2、Z3 和 Z4 处理下小×胡的株高相对增长量较对照降低 12.86%、55.19% 和 68.15%。分析表明,小×胡在不同盐胁迫下,随着盐浓度的增高,胁迫的加强,其株高受到的影响越明显,株高增长量越来越少。由以上分析可知,50 mmol/L 的盐溶液对小×胡幼苗株高的生长起到一定促进作用,但当盐溶液浓度高于 50 mmol/L,小×胡株高的生长受到明显的抑制作用,且随着盐浓度的不断升高,小×胡幼苗株高的相对生长量也越来越低。且经过比较可以发现,复合盐对小×胡的抑制作用强于 Na_2SO_4 和 NaCl。

(2)盐胁迫对小×胡地径的影响。

与株高的相对生长量变化趋势基本一致,小×胡地径的增长量也表现出随着胁迫程

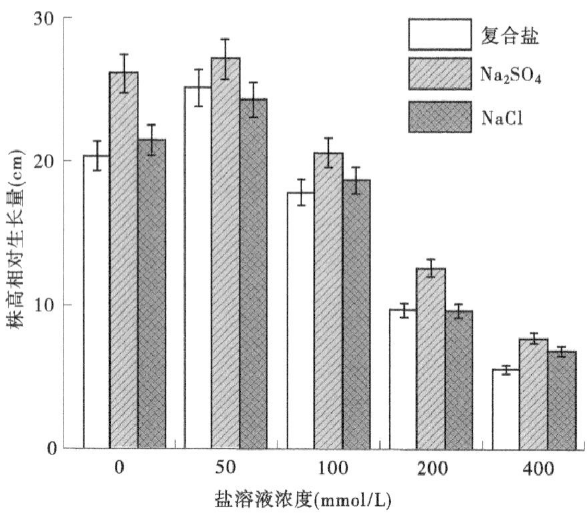

图 4-61　不同盐胁迫下小×胡幼苗株高的相对生长量

度的增加,先增大后减小的趋势(见图 4-62)。X1、Y1 和 Z1 处理下,小×胡地径的生长量与对照相比增加 16.39%、6.88%和 26.41%,而 X2、X3 和 X4 处理下,小×胡地径的生长量较对照降低 44.37%、38.79%和 49.82%,Y2、Y3 和 Y4 处理下,地径生长量降低了 6.88%、2.37%和 8.99%和,Z2、Z3 和 Z4 处理下,地径生长量降低了 32.34%、23.32%和 15.64%。可见,在低浓度盐溶液处理下,小×胡地径有所增长,但增长并不明显,而随着盐溶液浓度的不断升高,小×胡地径的相对生长量表现出明显下降,这说明高浓度的盐溶液对小×胡地径的生长具有明显的抑制作用。比较地径生长量的变化可以发现,复合盐对小×胡的影响最大,NaCl 次之,Na_2SO_4 最小。

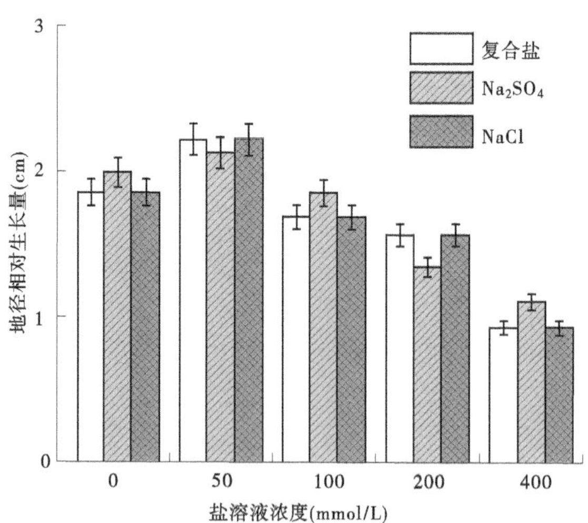

图 4-62　不同盐胁迫下小×胡幼苗地径的相对生长量

(3)NaCl 胁迫对小×胡生物量的影响。

植物生物量的变化情况也是反映植物生长的一个重要指标,由图 4-63 可以看出,小×胡幼苗生物量累积量与株高和地径的变化规律相一致,即 50 mmol/L 盐溶液浓度时植株生物量累积增加,然后随着盐浓度的增加而不断下降。X1、Y1 和 Z1 处理下,小×胡幼苗生物累积量较 CK 升高 12. 14%、11. 54%和 11. 52%;在 X2、X3 和 X4 处理下,小×胡幼苗生物累积量较 CK 降低 21. 27%、66. 73%和 83. 39%,Y2、Y3 和 Y4 处理下,幼苗生物量较对照降低 9. 14%、63. 85%和 85. 05%,Z2、Z3 和 Z4 处理下,幼苗生物量比对照减少 22. 34%、64. 99%和 81. 76%。上述结果说明,小×胡幼苗在盐胁迫环境下,其生物量的累积随着盐胁迫程度的增加,呈现出先升高后降低的趋势,低浓度的盐分对幼苗生物量的累积起到一定的促进作用,但随着盐浓度的升高,小×胡幼苗生物量的累积受到了明显的抑制作用。且复合盐对幼苗生物量累积的抑制作用强于 NaCl,而 NaCl 对幼苗生物量累积的抑制作用又强于 Na_2SO_4。

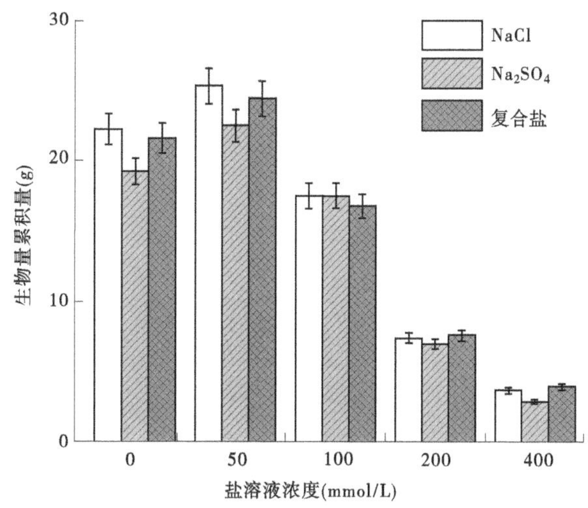

图 4-63　不同盐胁迫下小×胡幼苗生物量的积累

2)不同盐胁迫对小×胡光合作用的影响

(1)不同盐胁迫对小×胡叶片 SPAD 值的影响。

SPAD 值可以作为反映叶片单位面积上叶绿素含量差异的一个指标,可以反映叶绿素含量的相对高低。由图 4-64 可知,随着盐胁迫程度的不断增加,小×胡幼苗叶片 SPAD 值呈现出先增高后降低的趋势,在 50 mmol/L 时达到最大值,之后随着盐浓度的增大开始显著减小,说明盐胁迫会显著降低小×胡幼苗叶片中的叶绿素含量。在 X1、Y1 和 Z1 处理下,小×胡幼苗叶片 SPAD 值较 CK 显著升高 5. 84%、6. 46%和 3. 75%,说明低浓度的盐溶液对小×胡叶片中叶绿素含量的提高具有明显促进作用;而在 X2、X3 和 X4 处理下,小×胡幼苗叶片 SPAD 值较对照降低 3. 54%、8. 67%和 22. 48%,Y2、Y3 和 Y4 处理下,小×胡幼苗叶片 SPAD 值较对照降低 0. 71%、5. 84%和 13. 98%,Z2、Z3 和 Z4 处理下,小×胡幼苗叶片 SPAD 值比对照 7. 26%、12. 21%和 21. 06%。说明高浓度的盐溶液会显著降低叶片中的叶绿素含量,且随着胁迫程度的增加下降越明显;且复合盐和 NaCl 对小×胡幼苗叶片叶绿素含量的影响要强于 Na_2SO_4。

(2)不同盐胁迫对小×胡叶片光合参数日变化的影响。

①净光合速率(P_n)的日变化。

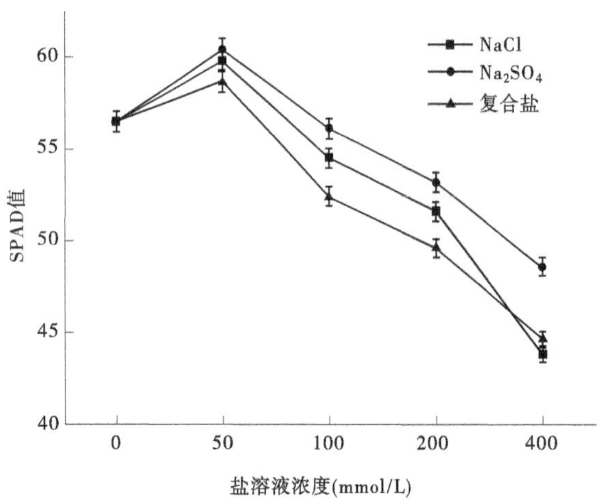

图 4-64　不同盐胁迫下小×胡幼苗叶片的 SPAD 值

图 4-65 为小×胡在不同盐分处理下净光合速率的日变化。可以看出,小×胡的净光合速率随着盐胁迫程度的加剧而呈现出先升高后降低的趋势,说明低浓度的盐胁迫对小×胡的净光合速率起到一定的促进作用,但随着胁迫程度加剧净光合速率下降也越多,说明高浓度的盐分胁迫对小×胡的净光合速率产生了抑制作用。3 种盐分胁迫下小×胡的净光合速率均表现为双峰型日变化曲线,且 3 种盐分处理下曲线十分相似,变化趋势基本一致,第 1 个峰值大于第 2 个峰值,光合"午休"现象基本都出现在中午 14:00 左右。从整体上看,复合盐处理下对小×胡净光合速率影响最大,NaCl 其次,而 Na_2SO_4 最小,说明复合盐胁迫对小×胡影响较大。净光合速率的最大值可以反映植物光合能力的大小。随着盐胁迫的加剧,小×胡的最大净光合速率呈现出先增大后减小的趋势,3 种盐分在 50 mmol/L 浓度时小×胡净光合速率的最大值分别较对照上升了 15.37%、8.35%和 3.19%;而 3 种盐分在 100 mmol/L、200 mmol/L、400 mmol/L 浓度时小×胡净光合速率的最大值分别为对照的 85.90%、66.70%、39.39%,98.96%、74.82%、47.45%和 92.92%、79.37%、39.82%。可以看出,复合盐处理下小×胡的最大净光合速率下降幅度最大,NaCl 次之,Na_2SO_4 最小。净光合速率的日均值也随着盐浓度的升高呈现出先增大后减小的趋势,净光合速率的日均值和日最大净光合速率的变化相类似,复合盐处理下小×胡净光合速率日均值下降幅度最大,NaCl 次之,Na_2SO_4 最小。因此,复合盐对小×胡光合作用的抑制程度要强于 NaCl 与 Na_2SO_4。

②蒸腾速率(T_r)的日变化。

植物的蒸腾是植物水分丧失的主要场所,蒸腾速率能反映植物蒸腾耗水的潜能及对外界环境的适应性能。图 4-66 是小×胡在 3 种盐分不同处理下的蒸腾速率日变化图。由图 4-66 可知,小×胡的蒸腾速率日变化过程与净光合速率的变化过程基本一致,均呈现出双峰曲线,且不同处理下的 2 个峰值出现时间接近,第 1 个出现在上午 10:00 左右,第 2 个出现在下午 16:00 左右,且第 2 个峰值小于第 1 个峰值。随着盐胁迫程度的加剧,小×胡蒸腾速率的峰值先升高后降低,在 100~400 mmol/L 3 种盐分下小×胡的最大蒸腾速率分别是对照的 81.82%、70.83%、53.41%,98.11%、80.68%、66.67%和 92.05%、76.52%、

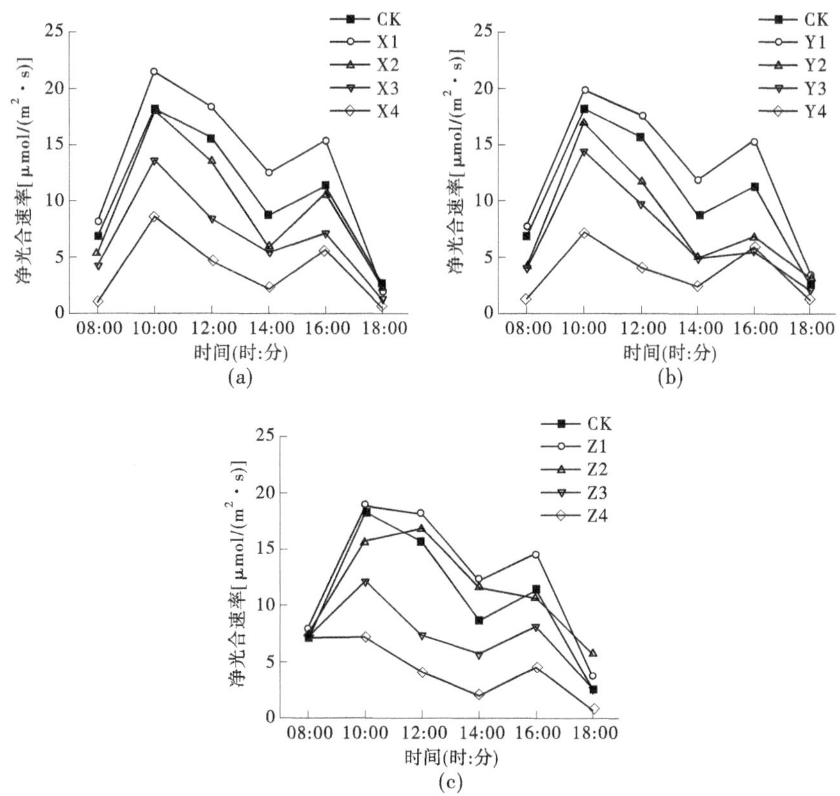

图 4-65　不同盐胁迫下小×胡的净光合速率日过程

57.95%,日均值分别是对照的 76.18%、58.75%、43.45%,99.05%、75.08%、46.85%和 89.83%、70.66%、53.94%。通过比较可以发现,复合盐对小×胡幼苗叶片蒸腾速率的影响最大,NaCl 次之,Na_2SO_4 最小。

③气孔导度(G_s)的日变化。

植物与周围环境主要通过气孔进行气体交换,它可以调控叶片吸收 CO_2 的量以及植物水分的散失。通过观察可以发现气孔导度、蒸腾速率和净光合速率的变化趋势相似,峰值出现时间以及光合午休时间基本一致(见图 4-67),由此可知,气孔导度对小×胡的蒸腾和呼吸作用有重要影响。随着盐分浓度的增加,小×胡叶片的气孔导度也呈现出先增大后降低的趋势,且胁迫程度越大,降低幅度越大。在 100~400 mmol/L 3 种盐分下小×胡的最大气孔导度分别是对照的 76.47%、62.25%、39.71%,97.55%、75.04%、56.86%和 89.71%、69.61%、45.59%,日均值分别是对照的 66.74%、42.41%、26.52%,85.79%、59.03%、35.68%和 98.68%、65.20%、28.72%。复合盐处理下小×胡的气孔导度下降程度大于 NaCl 和 Na_2SO_4,且随着浓度的增加差异增大,说明复合盐对小×胡叶片气孔的抑制作用最大。

④胞间 CO_2 浓度(C_i)的日变化。

从小×胡叶片的胞间 CO_2 浓度(C_i)在 3 种盐分不同浓度处理下的变化情况(见

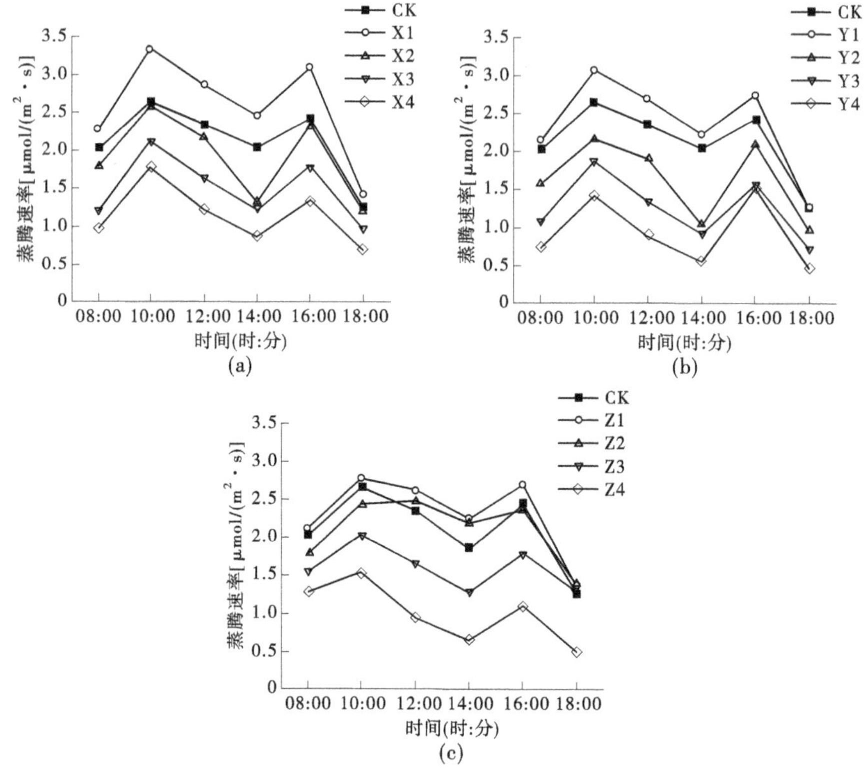

图 4-66　不同盐胁迫下小×胡的蒸腾速率日过程

图 4-68)可以看出,低浓度的盐分对叶片 C_i 有一定的促进作用,但随着盐浓度的增大,盐胁迫会显著降低叶片的 C_i 值。3 种盐分处理下,C_i 值均呈现出先升高后降低的趋势,并在 50 mmol/L 时达到最大值;100～400 mmol/L 处理下的 C_i 值分别是对照的 75.36%、64.09%、34.65%,87.72%、63.30%、35.81%和 94.97%、68.26%、40.22%。由此可见,复合盐胁迫下的 C_i 值降低幅度最大。

3)不同盐胁迫对小×胡叶片光响应的影响

(1)净光合速率对光辐射强度的响应。

利用直角双曲线模型对 3 种盐分胁迫下小×胡的光响应曲线进行拟合,从光响应曲线(见图 4-69)可以看出,3 种盐分处理下,小×胡净光合速率均随盐浓度的增大呈现出先增大后降低的趋势,50 mmol/L 的盐溶液对小×胡光合作用有一定的促进作用,盐溶液浓度大于 50 mmol/L 以后,随着胁迫程度的增大,净光合速率呈现出不同程度的降低,比较 3 种盐分相同浓度处理下的净光合速率变化情况,可以发现,复合盐对小×胡净光合速率影响最大,NaCl 次之,Na_2SO_4 最小。

(2)蒸腾速率对光辐射强度的响应。

蒸腾作用作为植物散失水分、保持体内水分平衡的主要途径,能充分反映植物体内水分状况。图 4-70 是 3 种盐分处理下小×胡幼苗蒸腾速率对光照强度的响应。与净光合速率变化相似,当土壤盐分不断增多时,3 种盐分处理下小×胡的蒸腾速率也表现出了先增大后减小的趋势,50 mmol/L 浓度下,小×胡幼苗的蒸腾速率受到一定的促进作用,但随着

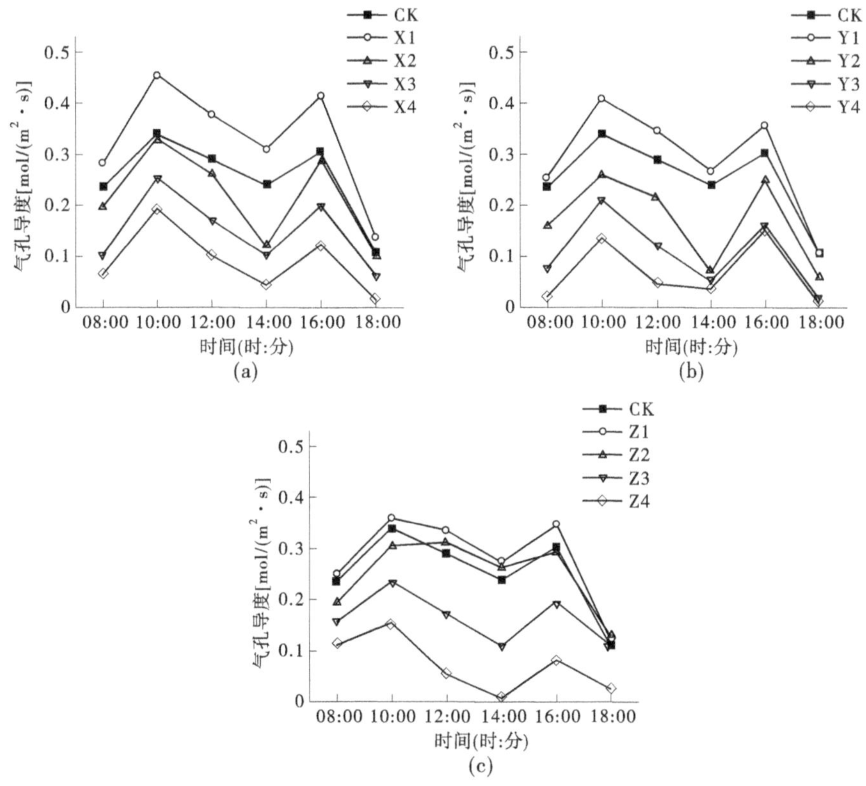

图 4-67　不同盐胁迫下小×胡气孔导度的日变化

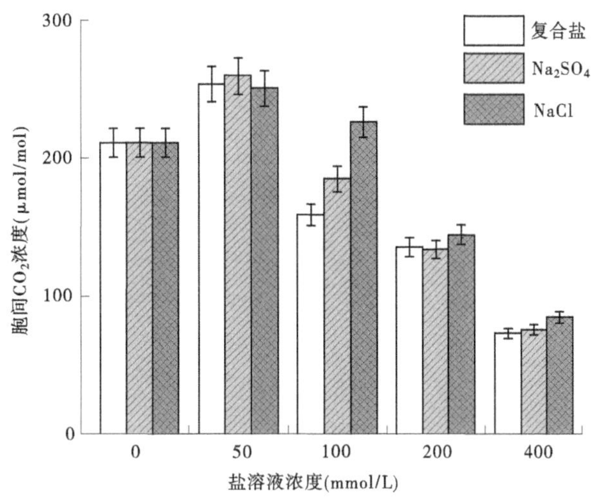

图 4-68　不同盐胁迫下小×胡叶片胞间 CO_2 浓度的日变化

盐溶液浓度的增大,蒸腾速率呈现出下降趋势;随着光强的不断增大,各个浓度下的蒸腾速率也随着增强,且增强速度较快;但当光强增大到一定程度[500 μmol/(m^2 · s)]时,蒸腾速率的上升速率逐渐减慢,说明强光对植物的蒸腾作用有一定的抑制作用。植物蒸腾

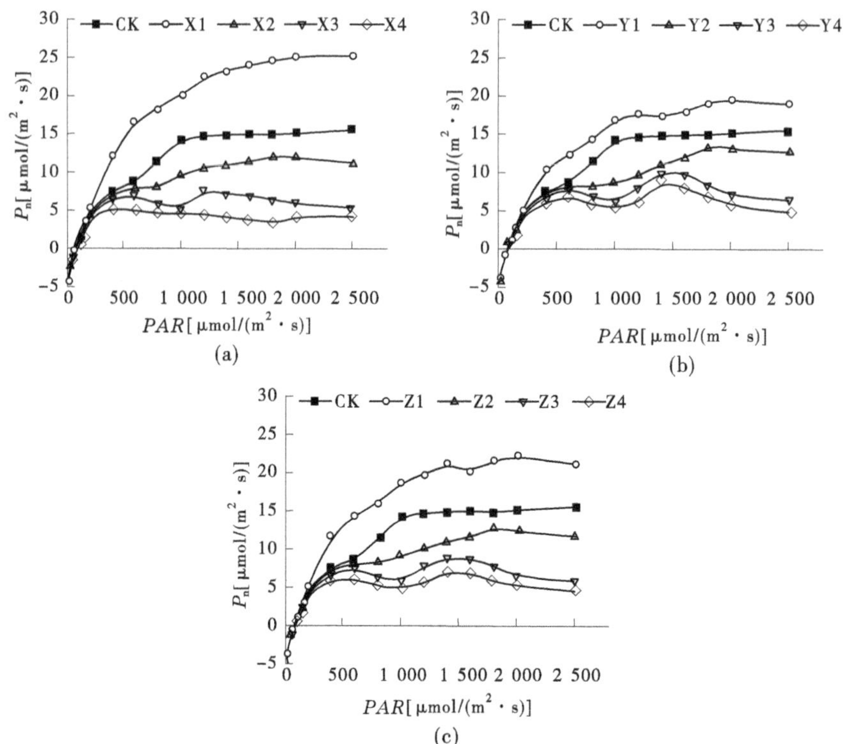

图 4-69　不同盐胁迫下小×胡幼苗净光合速率对光强的响应

较小是因为在盐胁迫下,植物为保持体内水分使气孔开度降低,当光强增大时气孔开度进一步降低甚至关闭,而气孔是植物蒸腾的场所,故蒸腾速率较低。比较 3 种盐分相同浓度处理下的净光合速率变化情况,可以发现,复合盐对小×胡蒸腾速率影响最大,NaCl 次之,Na_2SO_4 最小。

(3)气孔导度对光辐射强度的响应。

植物通过气孔与外界进行气体交换,也是水分散失的主要通道,叶片胞间 CO_2 也是通过气孔进行吸收,植物进行光响应后,光合作用吸收胞间 CO_2,使得胞间 CO_2 浓度减低,为了光合作用的正常进行,植物叶片的气孔导度升高,气孔增大开度以便于吸收 CO_2。而植物在盐胁迫下降低气孔导度也是一种非常普遍的反应,是其对环境胁迫的保护性反应。从图 4-71 可以看出,与净光合速率和蒸腾速率变化情况相似,随着土壤盐分的增加,植物气孔导度呈现出先升高后降低的趋势,说明土壤盐分对小×胡气孔导度产生了一定影响。随着光照强度不断增大,气孔导度也不断增大,但当光照强度达到 500 μmol/(m^2·s)时,气孔导度逐渐趋于平缓,上升速度缓慢。比较 3 种盐分相同浓度处理下的气孔导度变化情况,可以发现,复合盐对小×胡净光合速率影响最大,NaCl 次之,Na_2SO_4 最小。

(4)胞间 CO_2 浓度对光辐射强度的响应。

植物进行光合作用时需要吸收胞间 CO_2,因此胞间 CO_2 浓度对光合作用的影响非常明显。当盐胁迫发生时,植物叶片气孔导度随着盐分的增加而呈现出先增大后减小的趋势,气孔导度降低时外界进入叶片细胞的 CO_2 浓度减少,进而影响植物的光合作用。各个处理下

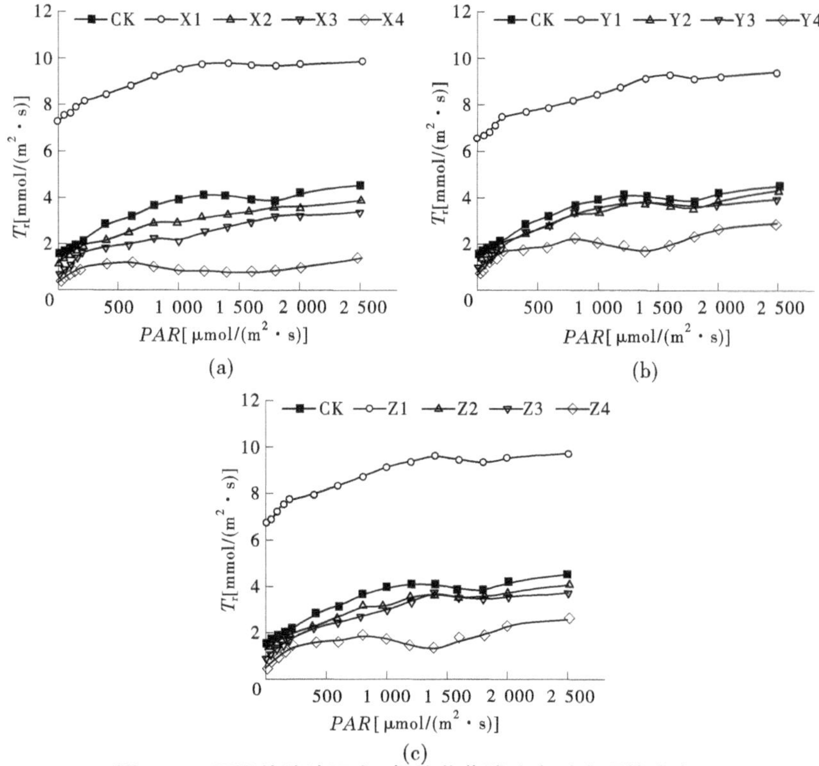

图 4-70　不同盐胁迫下小×胡幼苗蒸腾速率对光强的响应

小×胡幼苗的胞间 CO_2 浓度表现为低光强[<500 μmol/(m² · s)]随光照强度增大急剧减小；高光强[>500 μmol/(m² · s)]曲线较平缓，变化不显著。这可能由于前期净光合速率快速增加，而气孔导度增加幅度较小，导致胞间 CO_2 浓度急速降低；*PAR* 达到一定值时，光合作用消耗的 CO_2 量与外界扩散的达到动态平衡，胞间 CO_2 浓度趋于稳定。从图 4-72 中可以看出，100~400 mmol/L 下的胞间 CO_2 浓度随光照强度的增大始终低于 CK，说明高浓度的盐分对幼苗叶片胞间 CO_2 浓度有抑制作用。比较 3 种盐分相同浓度处理下的胞间 CO_2 浓度变化情况，可以发现，复合盐对小×胡净光合速率影响最大，NaCl 次之，Na_2SO_4 最小。

（5）不同盐胁迫对小×胡叶绿素荧光参数（F_o、F_m、F_v/F_m、F_v/F_o、*NPQ*）的影响。

叶绿素荧光是光合作用动态变化的理想探针，其荧光诱导动力学参数 F_v/F_m 代表 PSII 原初光能转换效率，是表明光化学反应状况的重要参数。非胁迫条件下 F_v/F_m 变化极小，而胁迫条件下该参数明显下降。初始荧光和最大荧光分别表示 PSII 反应中心处于完全开放和关闭时的荧光产量。

如图 4-73 所示，随着盐浓度的升高，3 种盐胁迫处理下小×胡叶片的叶绿素荧光参数 F_o、F_m、F_v/F_m 均呈下降趋势，表明盐胁迫对小×胡 PSII 产生伤害，从而使 PSII 的光化学活性及能量转化率下降，且随着盐胁迫浓度的升高这种伤害也更加严重。这可能是由于盐胁迫阻断 QA 到 QB 的电子传递，从而形成较多 QB 非还原性 PSII 反应中心，导致 PSII 反应中心放氧活性降低。*NPQ* 代表荧光的非光化学猝灭系数，反映 PSII 天线色素吸收的光能用于光合电子传递而以热的形式耗散的部分。随着盐浓度的升高，3 种盐分处理下

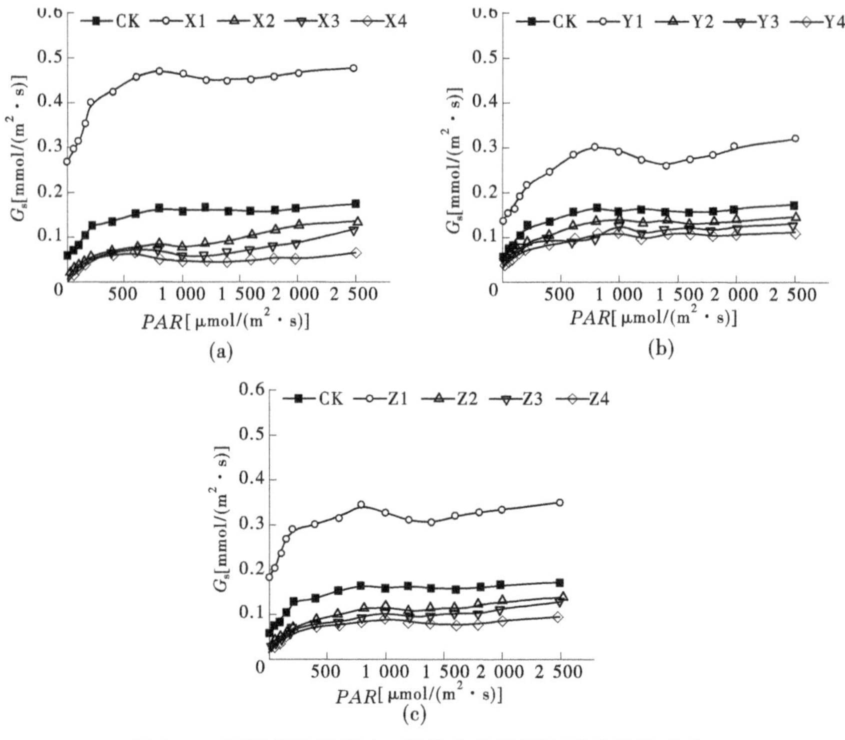

图 4-71　不同盐胁迫下小×胡幼苗气孔导度对光强的响应

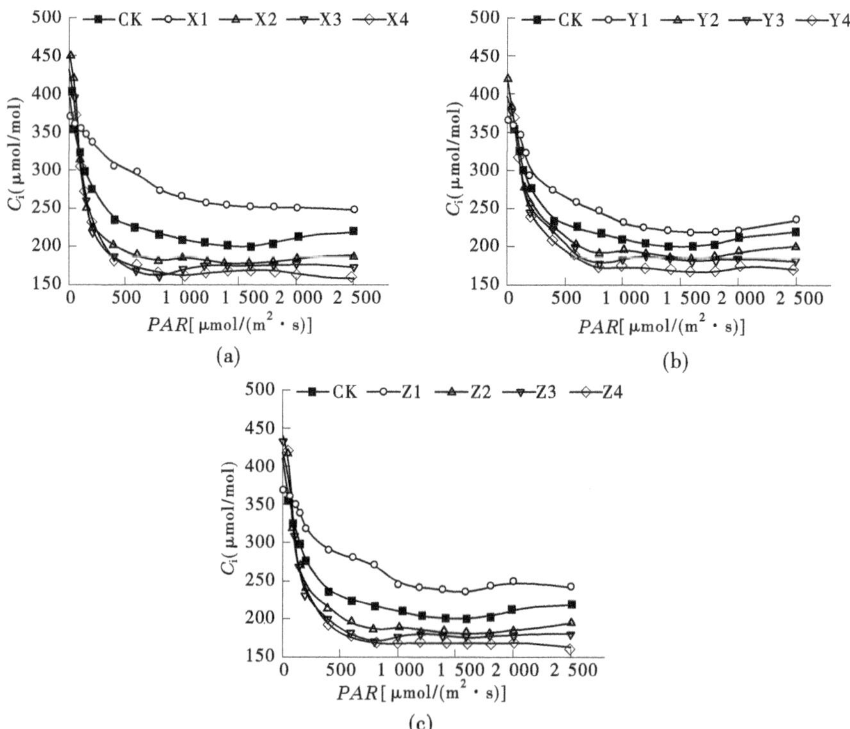

图 4-72　不同盐胁迫下小×胡幼苗胞间 CO_2 浓度对光强的响应

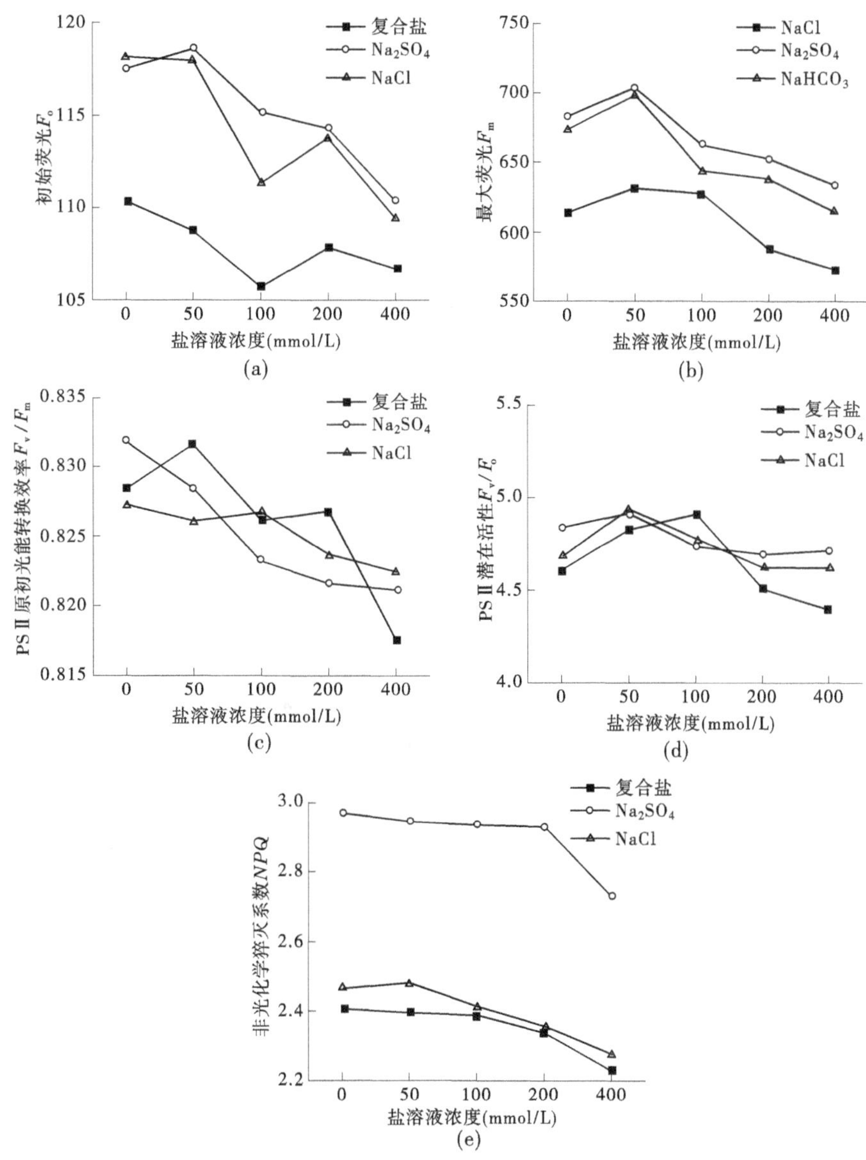

图 4-73　不同盐胁迫下对小×胡叶绿素荧光参数的影响

小×胡幼苗的 *NPQ* 均呈下降趋势，说明盐溶液处理使小×胡叶片的非辐射耗散能力减弱。比较 3 种盐分下的 F_o、F_m、*NPQ* 值基本呈现出复合盐<NaCl<Na_2SO_4，说明复合盐胁迫对小×胡叶片的光合作用抑制最强，NaCl 其次，Na_2SO_4 最小。

4) 不同盐胁迫对小×胡生化指标的影响

(1) 不同盐胁迫对小×胡叶片脯氨酸(Pro)含量的影响。

脯氨酸含量能够反映植物对逆境的反应能力。脯氨酸与水相结合的能力很强，通过其在植物体内较大的水溶性发挥着重要的渗透调节作用，进而在发生环境胁迫时起到保护植物的作用。

根据图 4-74，3 种盐分处理下，植物体内的脯氨酸含量呈现出先增大后减小的趋势，

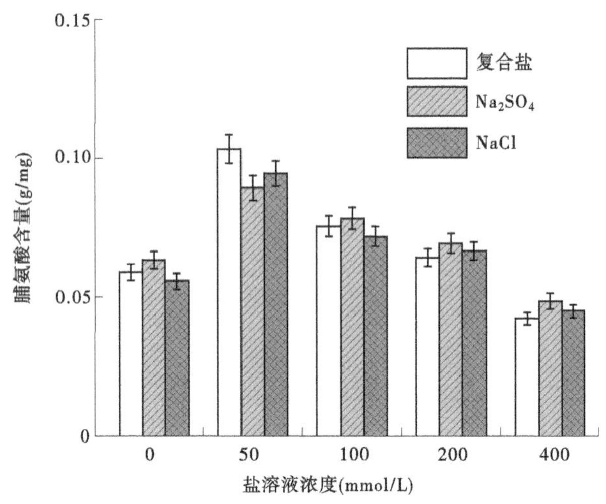

图 4-74　不同盐胁迫下对小×胡脯氨酸含量的影响

均与 CK 达到显著水平($P<0.05$)。3 种盐分 50 mmol/L 处理下,叶片脯氨酸含量较对照分别升高了 75.55%、40.85%和 69.30%,100 mmol/L 处理下,脯氨酸含量较对照升高了 28.35%、23.66%和 29.08%,200 mmol/L 处理下脯氨酸含量比对照升高了 9.17%、9.46%和 19.75%,而在 400 mmol/L 处理下,脯氨酸含量较对照有所下降,分别下降了 28.01%、23.19%和 19.03%。比较 3 种盐分相同浓度处理下小×胡叶片脯氨酸含量的变化情况,可以发现,复合盐对小×胡蒸腾速率影响最大,NaCl 次之,Na_2SO_4 最小。

(2)不同盐胁迫对小×胡叶片可溶性糖(SS)含量的影响。

可溶性糖作为植物体内重要的渗透调节物质之一,能够在植物处于胁迫环境时发挥重要的调节作用。由图 4-75 可知,在盐溶液浓度≤200 mmol/L 时,小×胡叶片可溶性糖含 量与对照水平一致;只有当盐溶液浓度增加到400mmol/L时,可溶性糖含量低于对照

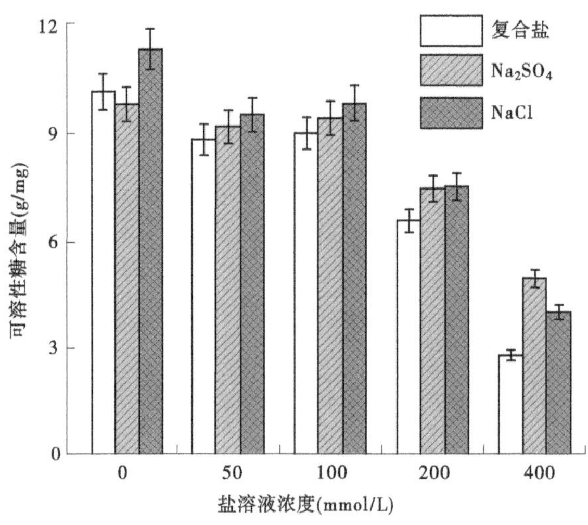

图 4-75　不同盐胁迫下对小×胡可溶性糖含量的影响

72.74%、49.90%和 64.97%。在盐溶液作用下,小×胡叶片可溶性糖含量随着盐溶液浓度的升高呈显著下降趋势。比较 3 种盐分相同浓度处理下小×胡可溶性糖含量的变化情况,可以发现,复合盐对小×胡蒸腾速率影响最大,NaCl 次之,Na_2SO_4 最小。

(3)不同盐胁迫对小×胡叶片丙二醛(MDA)含量的影响。

丙二醛作为重要的膜脂过氧化作用的产物和重要的渗透调节物质,在植物适应盐渍环境中发挥着重要作用。因此,可以认为此时 MDA 代表着植物细胞膜受损的程度,也就是植物细胞膜脂过氧化过程的产物来表示小×胡在 3 种盐环境下其细胞膜遭受伤害的程度。由图 4-76 可以发现,3 种盐分处理下,MDA 含量均随盐溶液浓度的增大呈上升趋势。比较 MDA 含量的变化,可以发现复合盐处理下的增大幅度最大,NaCl 次之,Na_2SO_4 最小,即认为复合盐对小×胡造成的伤害最大。

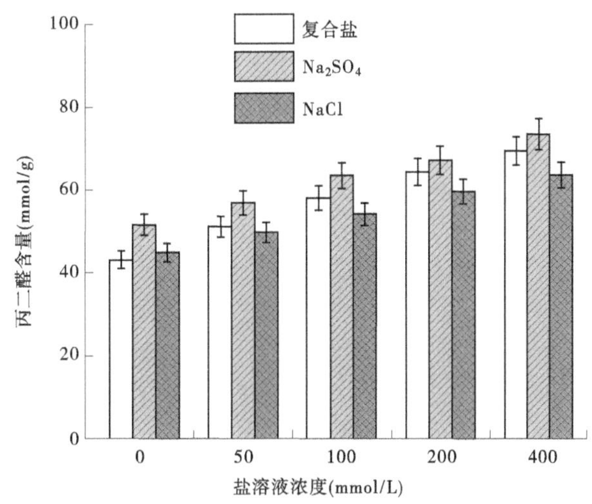

图 4-76　不同盐胁迫下对小×胡丙二醛含量的影响

(4)不同盐胁迫对小×胡叶片可溶性蛋白(SP)含量的影响。

可溶性蛋白也是衡量植物在盐胁迫环境下遭受危害程度高低的指标之一。从图 4-77 中可以看出,3 种盐分胁迫下,随着盐浓度的不断增加,叶片内可溶性蛋白的含量呈现出先减少后增加的趋势,高盐胁迫对可溶性蛋白的含量有明显的影响。说明可溶性蛋白作为渗透调节物质可以通过其自身含量的不断提高达到缓解外界环境对幼苗的伤害作用。比较 3 种盐分作用下可溶性蛋白的变化规律,可以发现复合盐处理下的增大幅度最大,NaCl 次之,Na_2SO_4 最小,即认为复合盐对小×胡造成的伤害最大。

(5)不同盐胁迫对小×胡叶片超氧化物歧化酶(SOD)活性的影响。

超氧化物歧化酶是植物清除多余活性氧的第一道防线,植物的抗盐性与超氧化物歧化酶活性密切相关。由图 4-78 可知,经过不同盐分处理后,小×胡叶片 SOD 活性在盐浓度为 50 mmol/L 处理下达到最大值,较对照显著增加了 20.71%、6.82%和 12.55%,随着盐溶液浓度升高,SOD 活性较对照降低,当盐溶液浓度达到 400 mmol/L 时,SOD 活性较对照降低 47.19%、28.14%和 37.64%。比较 3 种盐分下小×胡叶片 SOD 的变化情况,可

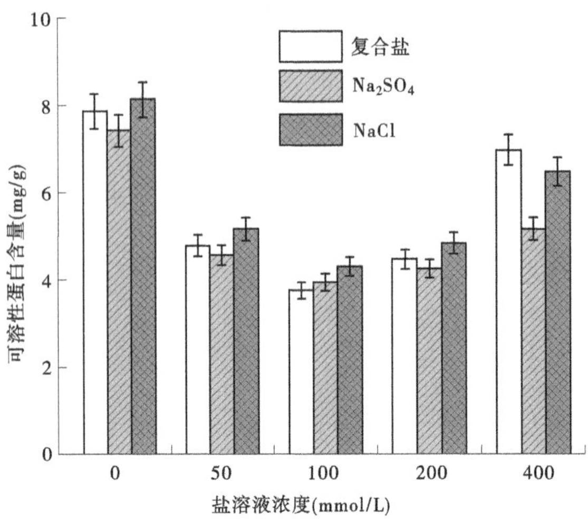

图 4-77　不同盐胁迫下对小×胡可溶性蛋白含量的影响

以发现复合盐处理下的增大幅度最大，NaCl 次之，Na_2SO_4 最小，即认为复合盐对小×胡造成的伤害最大。

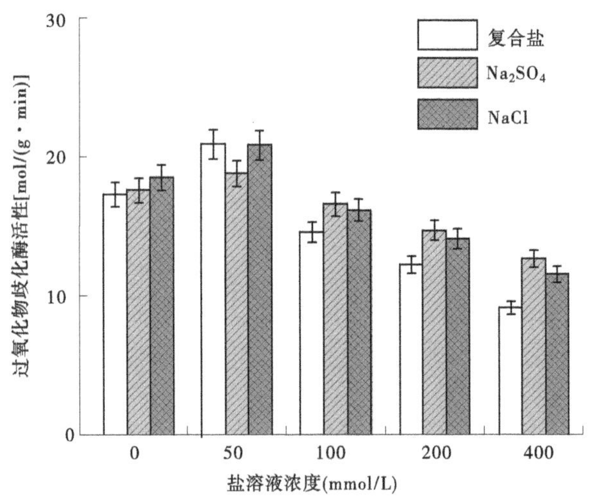

图 4-78　不同盐胁迫下对小×胡超氧化物歧化酶含量的影响

(6)不同盐胁迫对小×胡叶片过氧化物歧化酶(POD)活性的影响。

植物逆境下过多的活性氧被超氧化物歧化酶经歧化反应生产 H_2O_2 等过氧化物，这一环节就需要植物体内合成过氧化物酶(POD)，以清除体内过多的过氧化物。POD 在 3 种盐分胁迫下的变化规律与 SOD 的变化趋势相似。由图 4-79 可知，经过不同盐分处理后，小×胡叶片 POD 活性在盐浓度为 50 mmol/L 处理下达到最大值，较对照显著增加了 27. 20%、19. 58%和 23. 80%，随着盐溶液浓度的升高，POD 活性较对照降低，当盐溶液浓度达到 400 mmol/L 时，SOD 活性较对照分别降低 60. 30%、47. 30%和 56. 17%。比较 3 种盐分下小×胡叶片 POD 的变化情况,可以发现复合盐处理下的增大幅度最大,NaCl 次之,Na_2SO_4 最小,即认为复合盐对小×胡造成的伤害最大。

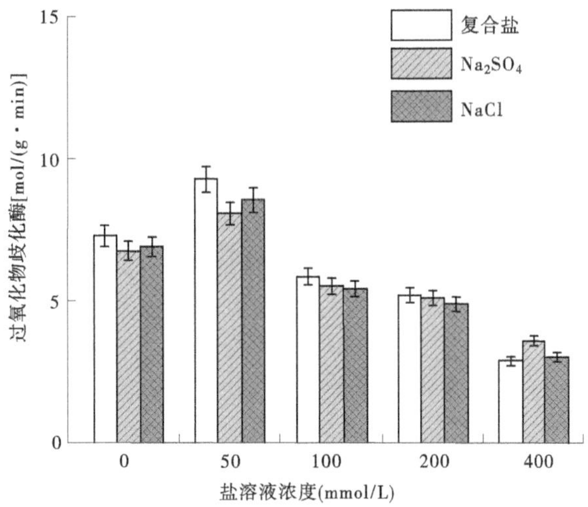

图 4-79　不同盐胁迫下对小×胡过氧化物歧化酶含量的影响

5)三种盐分胁迫下小×胡的耐盐阈值

以 0、50 mmol/L、100 mmol/L、200 mmol/L、400 mmol/L 浓度下复合盐、Na_2SO_4 和 NaCl 盐处理下的小×胡幼苗生物量为因变量 y,以盐分浓度为自变量 x,建立二次回归方程(见图4-80),将相对生物量为50%对应的盐分浓度作为小×胡生长的临界浓度。由回

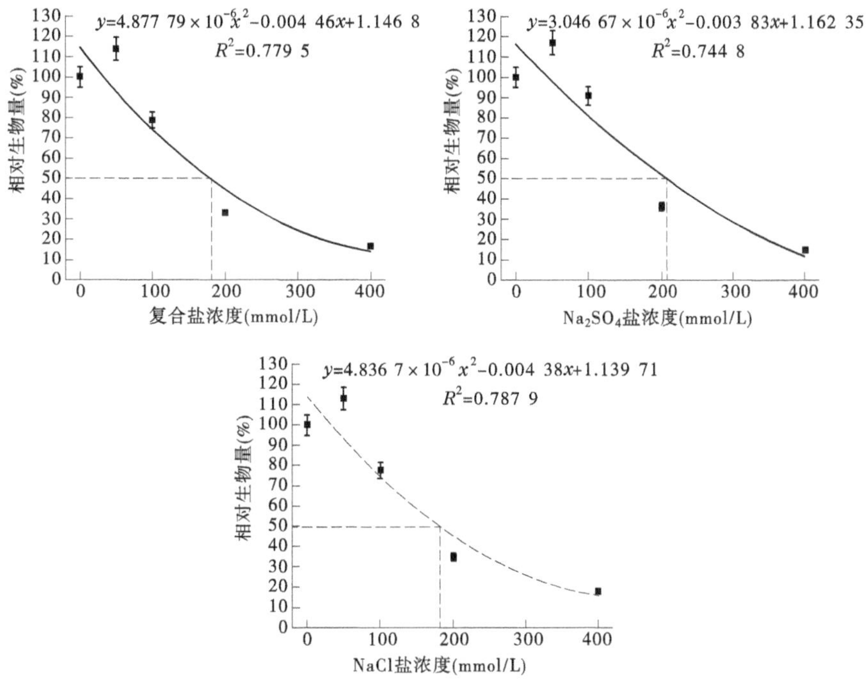

图 4-80　不同盐胁迫下小×胡幼苗生长的临界盐分浓度

归分析可知,复合盐、Na_2SO_4 和 NaCl 盐处理下小×胡生长的临界盐分浓度分别为 180. 58 mmol/L、207. 01 mmol/L 和 182. 58 mmol/L。由此可知,小×胡对于 Na_2SO_4 盐胁迫的耐盐性最强,NaCl 其次,复合盐最弱。

2. 黑枸杞对盐胁迫的响应

1) 不同盐胁迫对黑枸杞生长特性的影响

(1) 不同盐胁迫对黑枸杞株高的影响。

植物株高增长量是衡量植物受盐碱胁迫抑制程度的重要指标。由图 4-81 可知,不同种类的盐胁迫对黑枸杞的株高增长具有明显的影响。随着盐胁迫程度的增强,黑枸杞在不同种类不同浓度盐分处理下株高相对增长量均呈现逐渐减小的趋势,X1、X2、X3 和 X4 处理下黑枸杞的株高相对增长量较对照降低 14. 21%、16. 77%、45. 03%和 72. 88%,Y1、Y2、Y3 和 Y4 处理下黑枸杞的株高相对增长量分别低于对照 22. 89%、20. 91%、69. 38%和 52. 81%,Z1、Z2、Z3 和 Z4 处理下黑枸杞的株高相对增长量分别较对照降低 12. 12%、32. 56%、67. 28%和 55. 26%。分析表明,黑枸杞在不同盐胁迫下,随着盐浓度的增高,胁迫的加强,其株高受到的影响越明显,株高增长量越来越少。由以上分析可知,盐溶液浓度对黑枸杞株高的生长有明显的抑制作用,且随着盐浓度的不断升高,黑枸杞幼苗株高的相对生长量也越来越低。

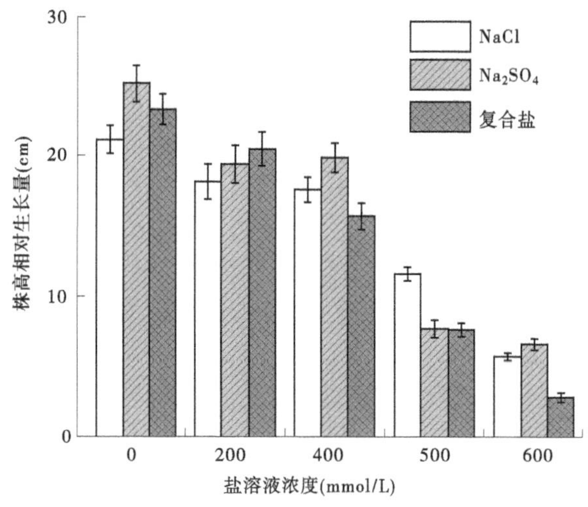

图 4-81　不同盐胁迫下黑枸杞幼苗株高的相对生长量

(2) 不同盐胁迫对黑枸杞地径的影响。

与株高的相对生长量变化趋势基本一致,黑枸杞地径的增长量,也表现出随着胁迫程度逐渐减小的趋势,见图 4-82。X1、X2、X3 和 X4 处理下,黑枸杞地径的生长量较对照降低 31. 08%、39. 00%、72. 97%和 82. 24%,Y1、Y2、Y3 和 Y4 处理下,地径生长量降低了 34. 61%、38. 09%、60. 17%和 67. 13%,Z1、Z2、Z3 和 Z4 处理下,地径生长量降低了 32. 86%、31. 07%、69. 82%和 87. 68%。可见,随着盐溶液浓度的不断升高,黑枸杞地径的相对生长量表现出明显的下降,这说明高浓度的盐溶液对黑枸杞地径的生长具有明显的抑制作用。比较地径生长量的变化可以发现,复合盐对黑枸杞的影响最大,NaCl 次之,

Na_2SO_4 最小。

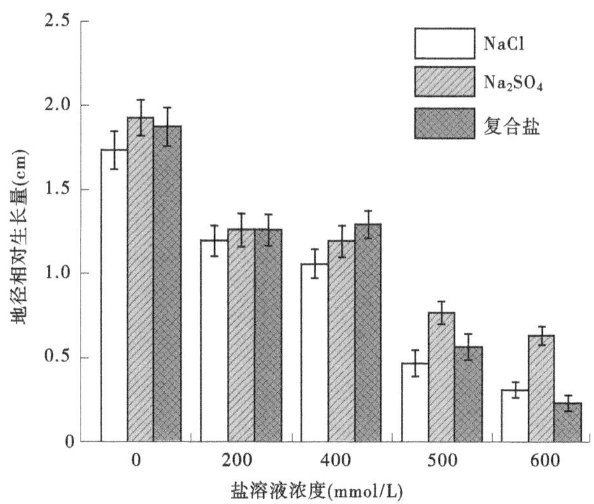

图 4-82　不同盐胁迫下黑枸杞幼苗地径的相对生长量

(3)不同盐胁迫对黑枸杞生物量的影响。

植物生物量的变化情况也是反映植物生长的一个重要指标,由图 4-83 可以看出,黑枸杞幼苗生物量累积量与株高和地径的变化规律相一致,即随着盐浓度的增加而不断减少。在 X1、X2、X3 和 X4 处理下,黑枸杞幼苗生物累积量较 CK 降低 41.28%、69.66%、71.99%和 72.30%,Y1、Y2、Y3 和 Y4 处理下,幼苗生物量较对照降低 40.34%、63.05%、66.89%和 69.84%,Z1、Z2、Z3 和 Z4 处理下,幼苗生物量比对照减少 54.97%、74.49%、75.50%和 78.80%。上述结果说明,黑枸杞幼苗在盐胁迫环境下,随着盐浓度的升高,黑枸杞幼苗生物量的累积受到了明显的抑制作用。且 NaCl 对幼苗生物量累积的抑制作用强于复合盐,而 Na_2SO_4 对幼苗生物量累积的抑制作用又强于复合盐。

2)不同盐胁迫对黑枸杞光合作用的影响

(1)不同盐胁迫对黑枸杞叶片 SPAD 值的影响。

SPAD 值可以作为反映叶片单位面积上叶绿素含量差异的一个指标,可以反映叶绿素含量的相对高低。由图 4-84 可知,随着盐胁迫程度的不断增加,黑枸杞幼苗叶片 SPAD 值呈现出先增高后降低的趋势,在 200 mmol/L 时达到最大值,之后随着盐浓度的增大开始显著减小,说明盐胁迫会显著降低黑枸杞幼苗叶片中的叶绿素含量。在 X1、Y1 和 Z1 处理下,黑枸杞幼苗叶片 SPAD 值较 CK 显著升高 33.28%、24.29%和 21.66%,说明低浓度的盐溶液对黑枸杞叶片中叶绿素含量的提高具有明显促进作用;而在 X2、X3 和 X4 处理下,黑枸杞幼苗叶片 SPAD 值较对照降低 15.57%、23.78%和 31.53%,Y2、Y3 和 Y4 处理下,黑枸杞幼苗叶片 SPAD 值较对照降低 12.73%、13.94%和 22.10%,Z2、Z3 和 Z4 处理下,黑枸杞幼苗叶片 SPAD 值较对照降低 0.29%、32.87%和 28.81%。说明高浓度的盐溶液会显著降低叶片中的叶绿素含量,且随着胁迫程度的增加下降明显;且 NaCl 和复合盐对黑枸杞幼苗叶片叶绿素含量的影响要强于 Na_2SO_4。

(2)不同盐胁迫对黑枸杞叶片光合参数日变化的影响。

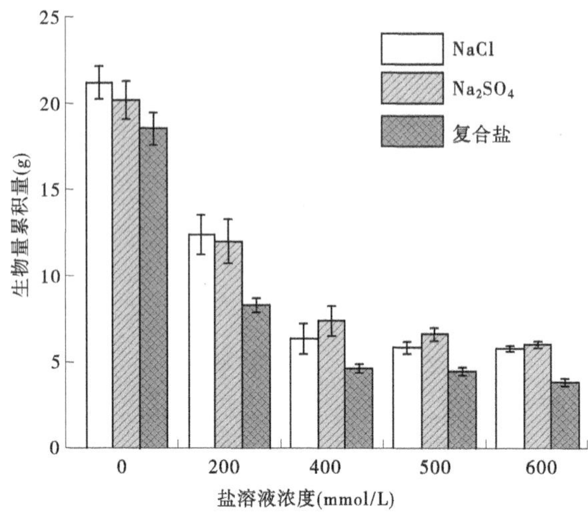

图 4-83　不同盐胁迫下黑枸杞幼苗生物量的积累

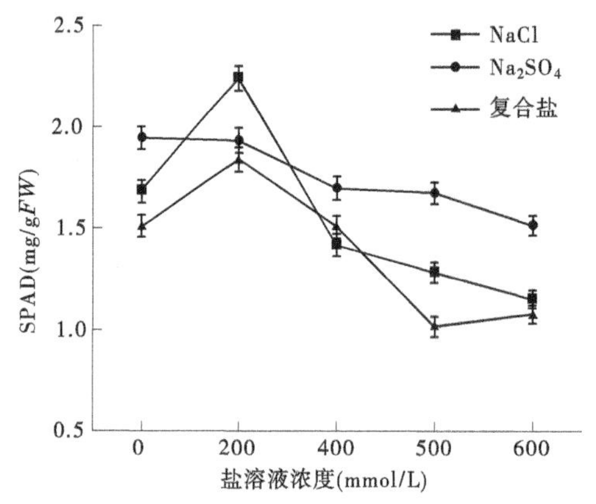

图 4-84　不同盐胁迫下黑枸杞幼苗叶片的 SPAD 值

①净光合速率(P_n)的日变化。

图 4-85 为黑枸杞在不同盐分处理下净光合速率的日变化。由图 4-85 可以看出,黑枸杞的净光合速率随着盐胁迫程度的加剧而呈现出先升高后降低的趋势,还可以看出,3 种盐分胁迫下黑枸杞的净光合速率均表现为单峰型日变化曲线,且 3 种盐分处理下曲线十分相似,变化趋势基本一致,12:00 到 14:00 达到最大峰值。从整体上看,复合盐处理下对黑枸杞净光合速率影响最大,NaCl 其次,而 Na_2SO_4 最小,说明复合盐胁迫对黑枸杞影响较大。净光合速率的最大值可以反映植物光合能力的大小。随着盐胁迫的加剧,黑枸杞的最大净光合速率呈现出先增大后减小的趋势,3 种盐分在 200 mmol/L 浓度时黑枸杞净光合速率的最大值分别较对照上升了 0. 44%、12. 56%和 45. 81%;而 3 种盐分在 400 mmol/L、500 mmol/L、600 mmol/L 浓度时黑枸杞净光合速率的最大值较对照分别降低了的 14. 11%、30. 72%、40. 46%,5. 00%、20. 71%、28. 11%和 4. 04%、12. 87%、5. 08%。可以看出,复合盐处理下黑枸杞的最大净光合速率下降幅度最大,NaCl 次之,Na_2SO_4 最小。净光合速率的日均值也随着

盐浓度的升高呈现出先增大后减小的趋势，净光合速率的日均值和日最大净光合速率的变化相类似，复合盐处理下黑枸杞净光合速率日均值下降幅度最大，NaCl 次之，Na_2SO_4 最小。因此，复合盐对黑枸杞光合作用的抑制程度要强于 NaCl 与 Na_2SO_4。

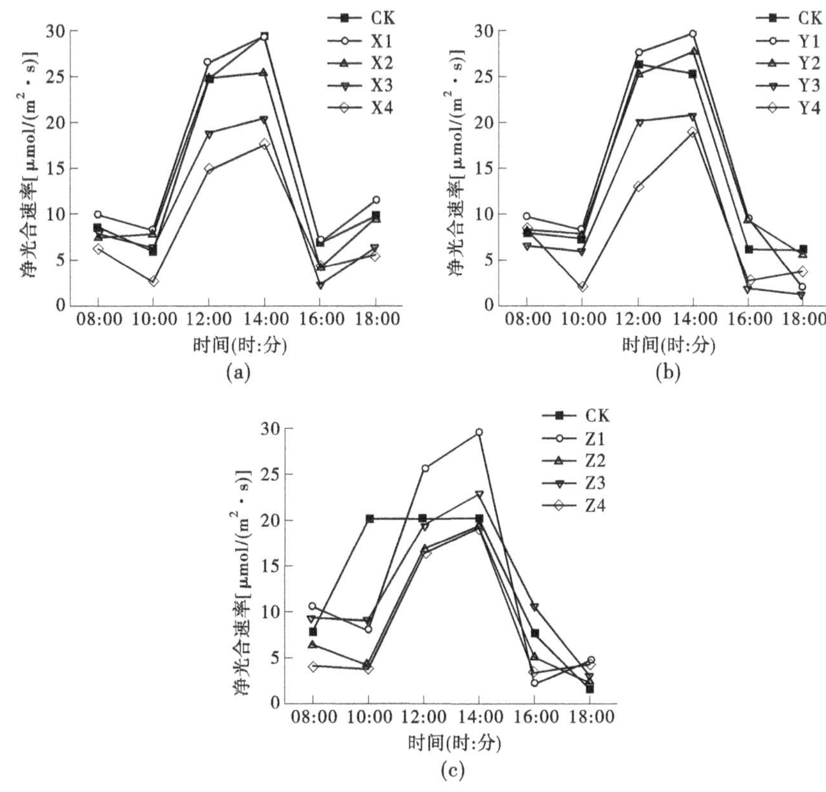

图 4-85 不同盐胁迫下黑枸杞的净光合速率日过程

②蒸腾速率(T_r)的日变化。

植物的蒸腾是植物水分丧失的主要场所，蒸腾速率能反映植物蒸腾耗水的潜能及对外界环境的适应性能。图 4-86 是黑枸杞在 3 种盐分不同处理下的蒸腾速率日变化图。由图 4-86 可知，黑枸杞的蒸腾速率日变化过程呈现出双峰曲线，第 1 个出现在 10:00 左右，第 2 个出现在 16:00 左右，且第 2 个峰值大于第 1 个峰值。随着盐胁迫程度的加剧，黑枸杞蒸腾速率的峰值先升高后降低，NaCl、Na_2SO_4、复合盐在 400~600 mmol/L 3 种盐分下黑枸杞的最大蒸腾速率较对照分别降低 5.66%、4.58%、25.49%，6.30%、12.86%、45.67%和 19.69%、38.08%、69.17%，日均值较对照分别降低 10.18%、19.06%、29.12%，14.01%、3.88%、8.21%和 23.88%、2.46%、20.92%。通过比较可以发现，复合盐对黑枸杞幼苗叶片蒸腾速率的影响最大，NaCl 次之，Na_2SO_4 最小。

③气孔导度(G_s)的日变化。

植物与周围环境主要通过气孔进行气体交换，它可以调控叶片吸收 CO_2 的量以及植物水分的散失。通过观察，可以发现气孔导度和蒸腾速率的变化趋势相似，峰值出现时间以及光合午休时间基本一致(见图 4-87)，由此可知，气孔导度对黑枸杞的蒸腾和呼吸作

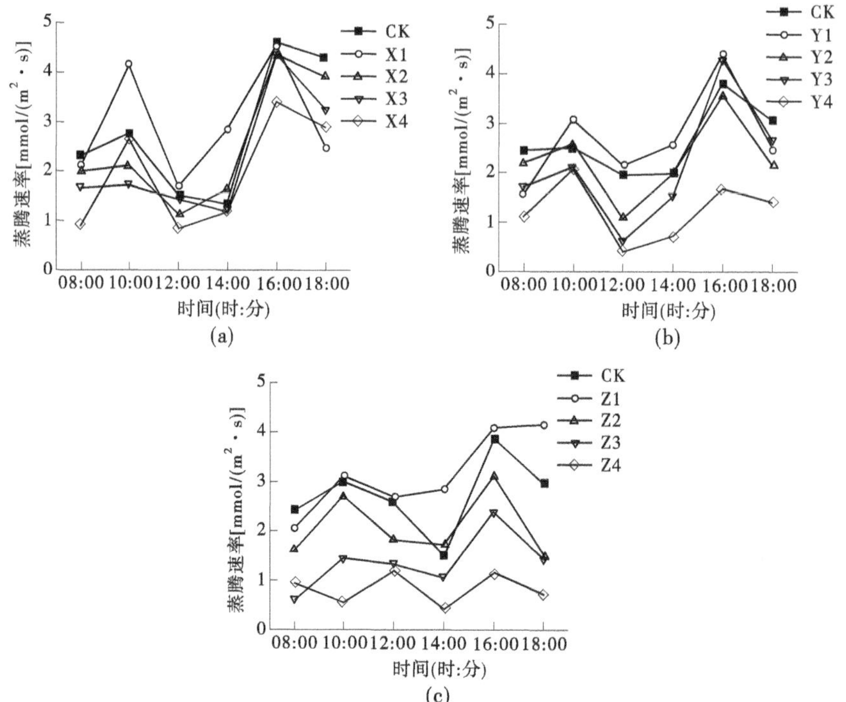

图 4-86 不同盐胁迫下黑枸杞的蒸腾速率日过程

用有重要影响。随着盐分浓度的增加,黑枸杞叶片的气孔导度也呈现出先增大后降低的趋势,且胁迫程度越大降低幅度越大。在 400~600 mmol/L 3 种盐分下黑枸杞的最大气孔导度 32.00%、38.67%、40.00%,5.35%、16.07%、14.29%和 2.99%、28.36%、58.21%,日均值较对照分别降低 36.80%、43.87%、39.87%,5.94%、22.37%、15.98%和 17.83%、29.57%、31.74%。复合盐处理下黑枸杞的气孔导度下降程度大于 NaCl 和 Na_2SO_4,且随着浓度的增加差异增大,说明复合盐对黑枸杞叶片气孔的抑制作用最大。

④胞间 CO_2 浓度(C_i)的日变化。

从黑枸杞叶片的胞间 CO_2 浓度(C_i)在 3 种盐分不同浓度处理下的变化情况(见图 4-88)可以看出,低浓度的盐分对叶片 C_i 有一定的促进作用,但随着盐浓度的增大,盐胁迫会显著降低叶片的 C_i 值。3 种盐分处理下,C_i 值均呈现出先升高后降低的趋势,并在 200 mmol/L 时达到最大值;400~600 mmol/L 处理下的 C_i 值较对照分别降低 33.23%、43.68%、59.84%,31.12%、19.83%、61.61%和 28.94%、30.58%、49.93%。

3)不同盐胁迫对黑枸杞叶片光响应的影响

(1)光合速率对光辐射强度的响应。

利用直角双曲线模型对 3 种盐分胁迫下黑枸杞的光响应曲线进行拟合,从光响应曲线(见图 4-89)可以看出,3 种盐分处理下,黑枸杞净光合速率均随盐浓度的增大呈现出先增大后降低的趋势,200 mmol/L 的盐溶液对黑枸杞光合作用有一定的促进作用,盐溶液浓度大于 200 mmol/L 以后,随着胁迫程度的增大,净光合速率呈现出不同程度的降低,比较 3 种盐分相同浓度处理下的净光合速率变化情况,可以发现,复合盐对黑枸杞净光合速率影响最大, NaCl 次之,Na_2SO_4 最小。

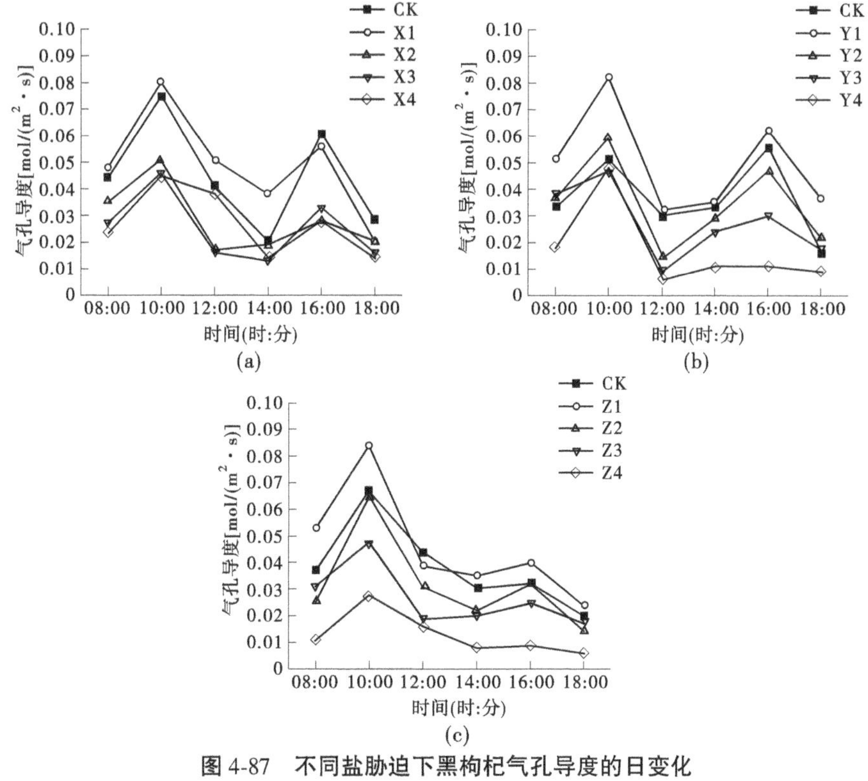

图 4-87　不同盐胁迫下黑枸杞气孔导度的日变化

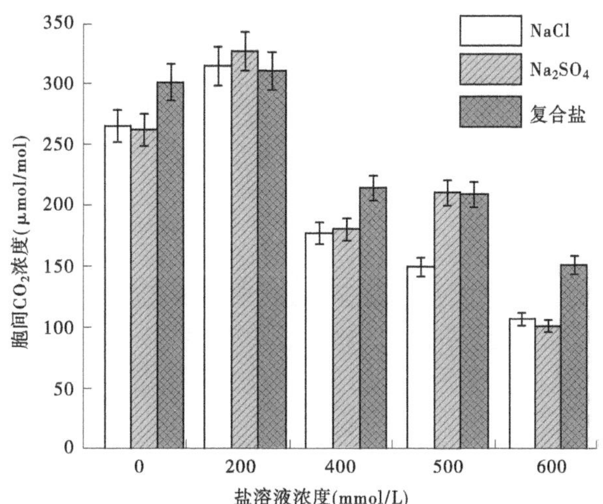

图 4-88　不同盐胁迫下黑枸杞叶片胞间 CO_2 浓度的日变化

(2)蒸腾速率(T_r)对光辐射强度的响应。

蒸腾作用作为植物散失水分、保持体内水分平衡的主要途径,能充分反映植物体内水分状况。图 4-90 是 3 种盐分处理下黑枸杞蒸腾速率对光照强度的响应。当土壤盐分不断增多时,3 种盐分处理下黑枸杞的蒸腾速率也表现出了逐渐减小的趋势,随着光强的的不断增大,各个浓度下的蒸腾速率先减少后增加,且增强速度较快;但当光强增大到一定程度[500 μmol/(m²·s)]时,蒸腾速率逐渐减慢,说明强光对植物的蒸腾作用有一定的

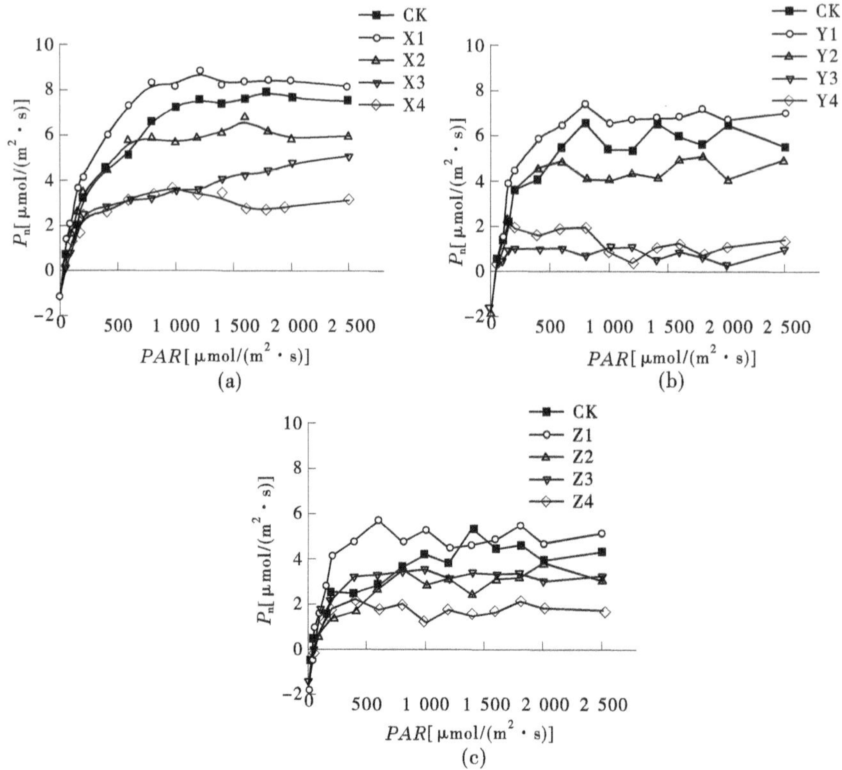

图 4-89　不同盐胁迫下黑枸杞幼苗净光合速率对光强的响应

抑制作用。植物蒸腾较小是因为在盐胁迫下,植物为保持体内水分使气孔开度降低,当光强增大时气孔开度进一步降低甚至关闭,而气孔是植物蒸腾的场所,故蒸腾速率较低。比较 3 种盐分相同浓度处理下的净光合速率变化情况,可以发现,复合盐对黑枸杞蒸腾速率影响最大,NaCl 次之,Na_2SO_4 最小。

(3)气孔导度对光辐射强度的响应。

植物通过气孔与外界进行气体交换,也是水分散失的主要通道,叶片胞间 CO_2 也是通过气孔进行吸收,植物进行光响应后,光合作用吸收胞间 CO_2,使得胞间 CO_2 浓度减低,为了光合作用的正常进行,植物叶片的气孔导度升高,气孔增大开度以便于吸收 CO_2。而植物在盐胁迫下降低气孔导度也是一种非常普遍的反应,是其对环境胁迫的保护性反应。从图 4-91 可以看出,与蒸腾速率变化情况相似,随着土壤盐分的增加,植物气孔导度呈现出逐渐降低的趋势,说明土壤盐分对黑枸杞气孔导度产生了一定影响。随着光照强度不断增大,气孔导度先减小后增大,但当光照强度达到 500 μmol/(m^2 · s)时,气孔导度逐渐趋于平缓,上升速度缓慢,且有波动。比较 3 种盐分相同浓度处理下的气孔导度变化情况,可以发现,复合盐对黑枸杞净光合速率影响最大,NaCl 次之,Na_2SO_4 最小。

(4)胞间 CO_2 浓度对光辐射强度的响应。

植物通过气孔与外界进行气体交换,也是水分散失的主要通道,叶片胞间 CO_2 也是通过气孔进行吸收,植物进行光响应后,光合作用吸收胞间 CO_2,使得胞间 CO_2 浓度减低,

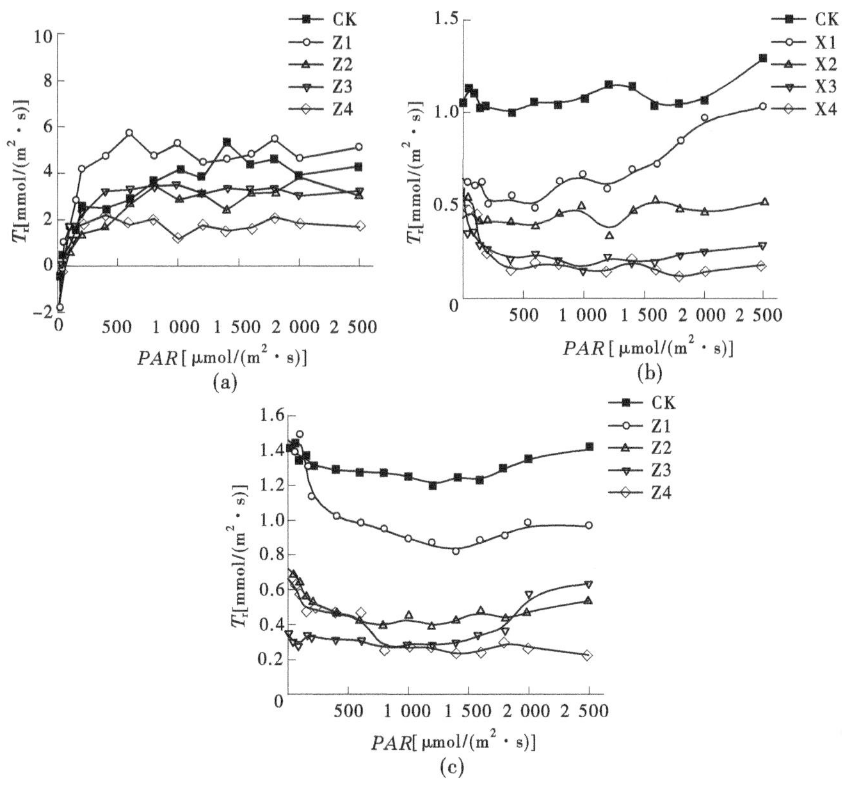

图 4-90　不同盐胁迫下黑枸杞幼苗蒸腾速率对光强的响应

为了光合作用的正常进行，植物叶片的气孔导度升高，气孔增大开度以便于吸收 CO_2。而植物在盐胁迫下降低气孔导度也是一种非常普遍的反应，是其对环境胁迫的保护性反应。从图 4-92 可以看出，与净蒸腾速率和气孔导度变化情况相似，随着土壤盐分的增加，植物气孔导度呈现出逐渐降低的趋势，说明土壤盐分对黑枸杞气孔导度产生了一定影响。随着光照强度的不断增大，气孔导度也不断增大，但当光照强度达到 500 μmol/(m^2·s)时，气孔导度变化相对较缓。比较 3 种盐分相同浓度处理下的气孔导度的变化情况，可以发现，复合盐对黑枸杞净光合速率影响最大，NaCl 次之，Na_2SO_4 最小。

4）不同盐胁迫对黑枸杞叶绿素荧光参数（F_o、F_m、F_v/F_m、F_v/F_o、NPQ）的影响

叶绿素荧光是光合作用动态变化的理想探针，其荧光诱导动力学参数 F_v/F_m 代表 PSII 原初光能转换效率，是表明光化学反应状况的重要参数。非胁迫条件下 F_v/F_m 变化极小，而胁迫条件下该参数明显下降。初始荧光和最大荧光分别表示 PSII 反应中心处于完全开放和关闭时的荧光产量。如图 4-93 所示，随着盐浓度的升高，3 种盐胁迫处理下黑枸杞叶片的叶绿素荧光参数 F_o、F_m、F_v/F_m 均呈下降趋势，表明盐胁迫对黑枸杞 PSII 产生伤害，从而使 PSII 的光化学活性及能量转化率下降，且随着盐胁迫浓度的升高这种伤害也更加严重。这可能是由于盐胁迫阻断 QA 到 QB 的电子传递，从而形成较多 QB 非还原性 PSII 反应中心，导致 PSII 反应中心放氧活性降低。NPQ 代表荧光的非光化学猝灭系数，反映 PSII 天线色素吸收的光能用于光合电子传递而以热的形式耗散的部分。随着盐

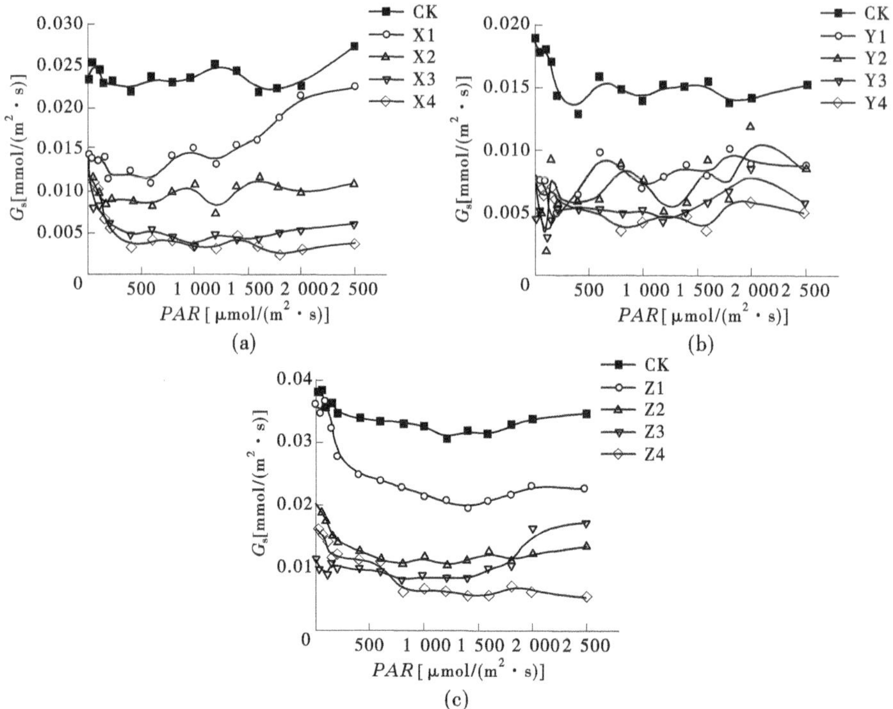

图 4-91　不同盐胁迫下黑枸杞幼苗气孔导度对光强的响应

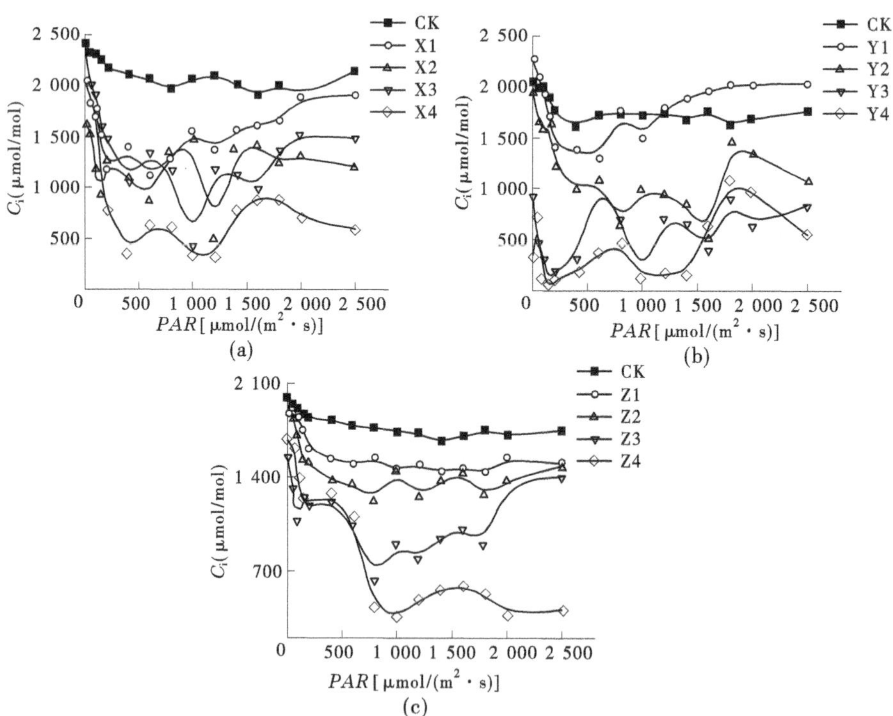

图 4-92　不同盐胁迫下黑枸杞幼苗胞间 CO_2 浓度对光强的响应

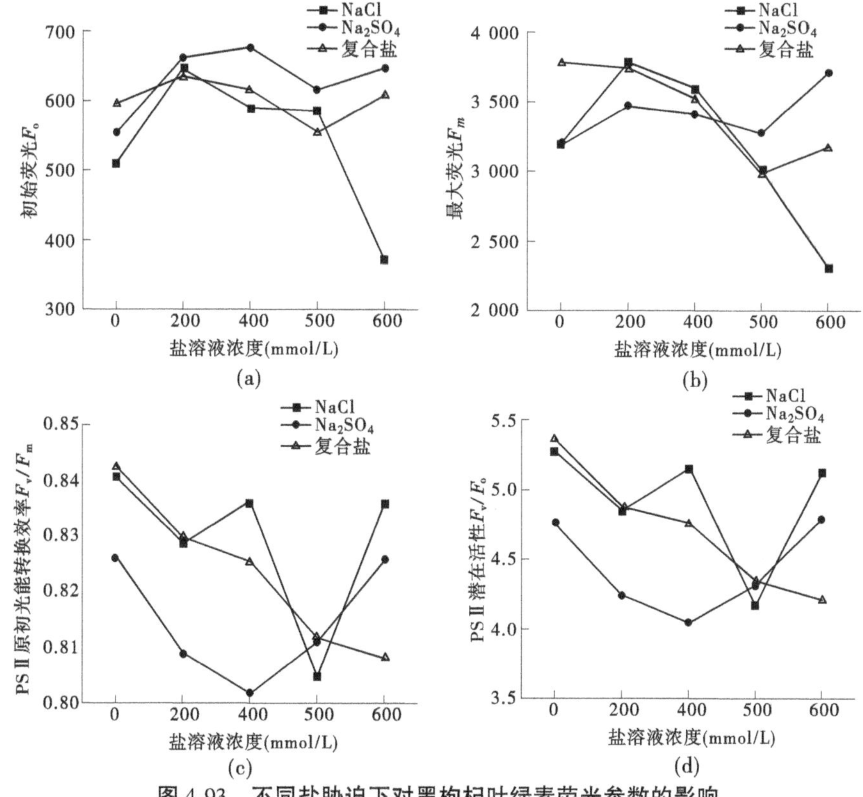

图4-93 不同盐胁迫下对黑枸杞叶绿素荧光参数的影响

浓度的升高,3种盐分处理下黑枸杞幼苗的*NPQ*均呈下降趋势,说明盐溶液处理使黑枸杞叶片的非辐射耗散能力减弱。比较3种盐分下的F_o、F_m、*NPQ*值基本呈现出NaCl<复合盐<Na_2SO_4,复合盐对黑枸杞叶片的光合作用抑制最强,NaCl其次,Na_2SO_4最小。

5)不同盐胁迫对黑枸杞生化指标的影响

(1)不同盐胁迫对黑枸杞叶片脯氨酸(Pro)含量的影响。

脯氨酸含量能够反映植物对逆境的反应能力。脯氨酸与水相结合的能力很强,通过其在植物体内较大的水溶性发挥着重要的渗透调节作用,进而在发生环境胁迫时起到保护植物的作用。根据图4-94,3种盐分处理下,植物体内的脯氨酸含量呈现出逐渐增加的趋势,均与CK达到显著水平($P<0.05$)。3种盐分200~600 mmol/L处理下,叶片脯氨酸含量较对照分别升高了29.06%、28.92%、15.02%, 85.47%、62.43%、55.56%, 91.13%、65.56%、72.22%和94.83%、66.14%、79.01%。比较3种盐分相同浓度处理下黑枸杞叶片脯氨酸含量的变化情况,可以发现,复合盐对黑枸杞蒸腾速率影响最大, NaCl次之,Na_2SO_4最小。

(2)不同盐胁迫对黑枸杞叶片可溶性糖(SS)含量的影响。

可溶性糖作为植物体内重要的渗透调节物质之一,能够在植物处于胁迫环境时发挥重要的调节作用。由图4-95可知,在盐溶液作用下,黑枸杞叶片可溶性糖含量随着盐溶液浓度的增加呈显著增加趋势。3种盐分200~600 mmol/L处理下,叶片可溶性糖含量较对照分别升高了4.44%、9.29%、4.27%, 23.69%、39.42%、50.75%, 54.64%、68.58%、

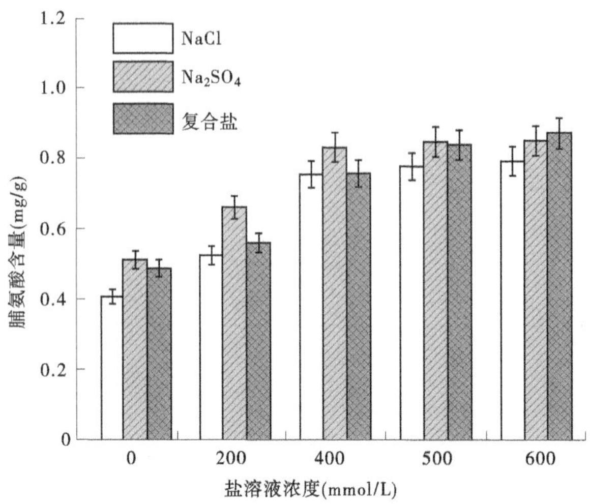

图 4-94　不同盐胁迫下对黑枸杞脯氨酸含量的影响

75.50%，75.77%、76.60%、88.44%。比较 3 种盐分相同浓度处理下黑枸杞可溶性糖含量的变化情况，可以发现，复合盐对黑枸杞蒸腾速率影响最大，NaCl 次之，Na_2SO_4 最小。

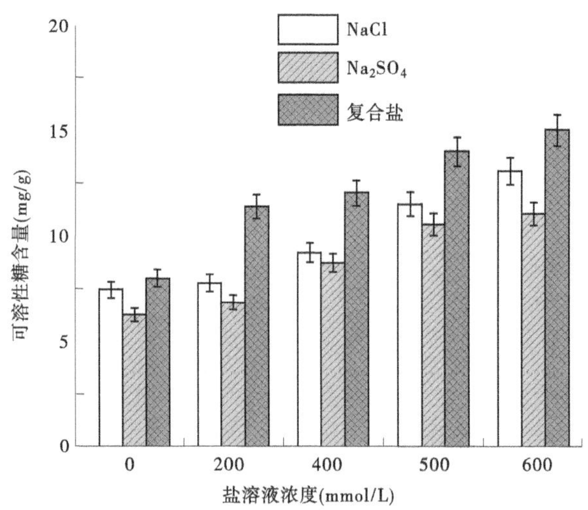

图 4-95　不同盐胁迫下对黑枸杞可溶性糖含量的影响

(3)不同盐胁迫对黑枸杞叶片丙二醛(MDA)含量的影响。

丙二醛作为重要的膜脂过氧化作用的产物和重要的渗透调节物质，在植物适应盐渍环境中发挥着重要作用。因此，可以认为此时 MDA 代表着植物细胞膜受损的程度，也就是植物细胞膜脂过氧化过程的产物来表示黑枸杞在 3 种盐环境下其细胞膜遭受伤害的程度。由图 4-96 可以发现，3 种盐分处理下，MDA 含量均随盐溶液浓度的增大呈上升趋势。盐分 600 mmol/L 处理下，叶片丙二醛含量分别为对照的 2.79 倍、2.76 倍、2.83 倍。比较 MDA 含量的变化，可以发现复合盐处理下的增大幅度最大，NaCl 次之，Na_2SO_4 最小，即认为复合盐对黑枸杞造成的伤害最大。

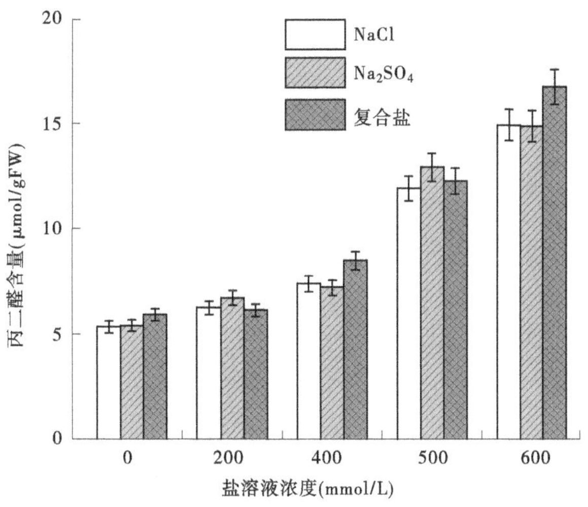

图4-96 不同盐胁迫下对黑枸杞叶片丙二醛含量的影响

(4)不同盐胁迫对黑枸杞叶片可溶性蛋白(SP)含量的影响。

可溶性蛋白也是衡量植物在盐胁迫环境下遭受危害程度高低的指标之一。从图4-97可以看出,3种盐分胁迫下,随着盐浓度的不断增加,叶片内可溶性蛋白的含量呈现出逐渐增加的趋势,高盐胁迫对可溶性蛋白的含量有明显的影响。说明可溶性蛋白作为渗透调节物质可以通过其自身含量的不断提高达到缓解外界环境对幼苗的伤害作用。盐分600 mmol/L处理下,叶片可溶性蛋白含量分别为对照的1.87倍、1.84倍、1.96倍。比较3种盐分作用下可溶性蛋白的变化规律,可以发现复合盐处理下的增大幅度最大,NaCl次之,Na_2SO_4最小,即认为复合盐对黑枸杞造成的伤害最大。

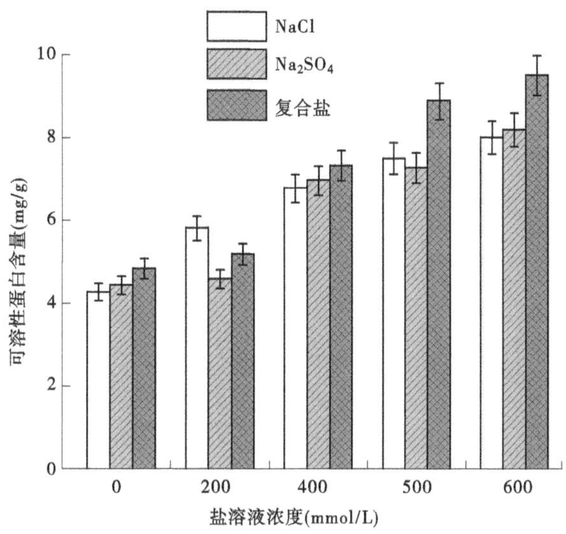

图4-97 不同盐胁迫下对黑枸杞可溶性蛋白含量的影响

(5)不同盐胁迫对黑枸杞叶片超氧化物歧化酶(SOD)活性的影响。

超氧化物歧化酶是植物清除多余活性氧的第一道防线，植物的抗盐性与超氧化物歧化酶活性密切相关。由图 4-98 可知，NaCl 处理下的黑枸杞叶片 SOD 随盐溶液浓度的增大而增大，盐分 600 mmol/L 处理下，叶片 SOD 含量为对照的 1.8 倍；Na_2SO_4、复合盐处理下的黑枸杞叶片 SOD 随盐溶液浓度的增大先增加后减少，在盐浓度为 200 mmol/L 处理下达到最大值，较对照显著分别增加了 87.18%和 90.83%，随着盐溶液浓度的升高，SOD 活性较对照降低，当盐溶液浓度达到 600 mmol/L 时，SOD 活性较 200 mmol/L 降低 29.68%和 34.06%。比较 3 种盐分下黑枸杞叶片 SOD 的变化情况，可以发现复合盐处理下的增大幅度最大，NaCl 次之，Na_2SO_4 最小，即认为复合盐对黑枸杞造成的伤害最大。

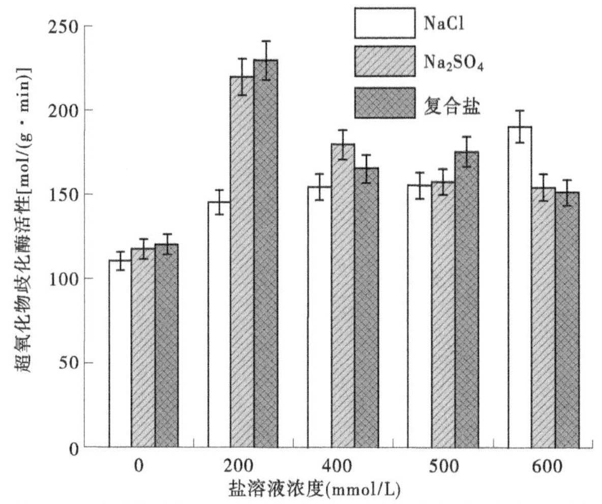

图 4-98　不同盐胁迫下对黑枸杞超氧化物歧化酶含量的影响

(6)不同盐胁迫对黑枸杞叶片过氧化物歧化酶(POD)活性的影响。

植物逆境下过多的活性氧被超氧化物歧化酶经歧化反应生成 H_2O_2 等过氧化物，这一环节就需要植物体内合成过氧化物酶(POD)，以清除体内过多的过氧化物。POD 在 3 种盐分胁迫下的变化规律与 POD 的变化趋势相似。由图 4-99 可知，NaCl 处理下的黑枸杞叶片 POD 随盐溶液浓度的增大而增大，盐分 600 mmol/L 处理下，叶片 POD 含量为对照的 1.57 倍；Na_2SO_4、复合盐处理下的黑枸杞叶片 POD 随盐溶液浓度的增大先增加后减少，在盐浓度为 200 mmol/L 处理下达到最大值，较对照显著分别增加了 72.08%和 85.77%，随着盐溶液浓度升高，POD 活性较对照降低，当盐溶液浓度达到 600 mmol/L 时，POD 活性较 200 mmol/L 分别降低 24.95%和 37.22%。比较 3 种盐分下黑枸杞叶片 POD 的变化情况，可以发现复合盐处理下的增大幅度最大，NaCl 次之，最小 Na_2SO_4，即认为复合盐对黑枸杞造成的伤害最大。

6)3 种盐分胁迫下黑枸杞的耐盐阈值

以 0、200 mmol/L、400 mmol/L、500 mmol/L、600 mmol/L 浓度下 NaCl、Na_2SO_4 和复合盐处理下的黑枸杞幼苗生物量为因变量 y，以盐分浓度为自变量 x，建立二次回归方程(见图 4-100)，将相对生物量为 50%时对应的盐分浓度作为黑枸杞生长的临界浓度。由回归分析可知，NaCl、Na_2SO_4 和复合盐处理下黑枸杞生长的临界盐分浓度分别为 242.64 mmol/L、271.47 mmol/L 和 193.39 mmol/L。由此可知，黑枸杞对于 Na_2SO_4 盐胁迫的耐盐性最强，NaCl 其次，复合盐最弱。

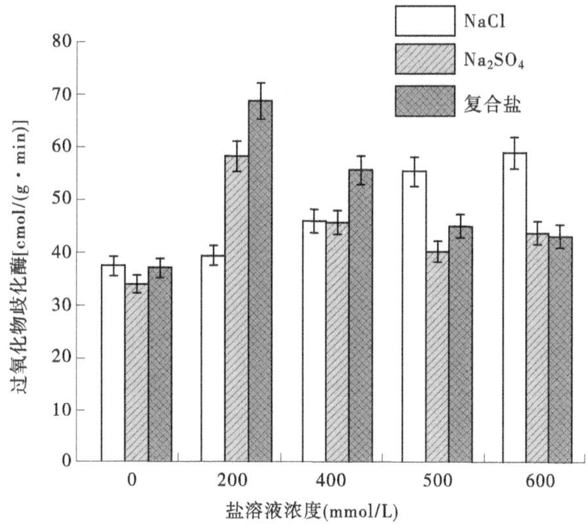

图 4-99　不同盐胁迫下对黑枸杞过氧化物歧化酶含量的影响

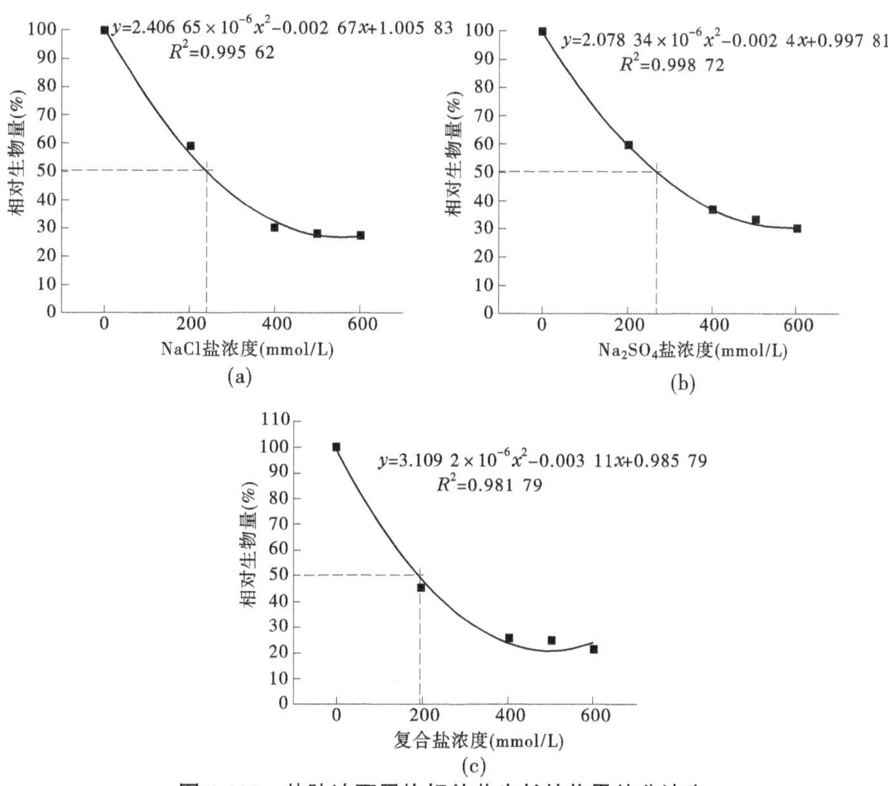

图 4-100　盐胁迫下黑枸杞幼苗生长的临界盐分浓度

3. 沙枣对不同盐胁迫的响应

1) 不同盐胁迫对沙枣生长特性的影响

(1) 不同盐胁迫对沙枣株高的影响。

沙枣幼苗在 NaCl、Na_2SO_4 和复合盐 3 种盐溶液的 5 个浓度梯度下，株高相对生长量见图 4-101。从图 4-101 中可以看出，沙枣幼苗在受到盐胁迫下的株高相对生长量显著低于对照（$P<0.05$），且随着胁迫程度的增加，株高相对生长量呈现出减少的趋势，说明盐胁迫对沙枣株高的生长有明显的抑制作用。3 种盐分在 100 mmol/L、200 mmol/L、300 mmol/L、400 mmol/L 处理下沙枣的株高相对增长量分别比对照降低了 15. 44%、28. 86%、51. 17%、70. 20%，12. 17%、24. 49%、42. 12%、56. 79% 和 20. 92%、33. 84%、57. 94%、73. 40%，可见，在相同浓度的盐胁迫下复合盐对植物的抑制程度均大于 NaCl、Na_2SO_4。

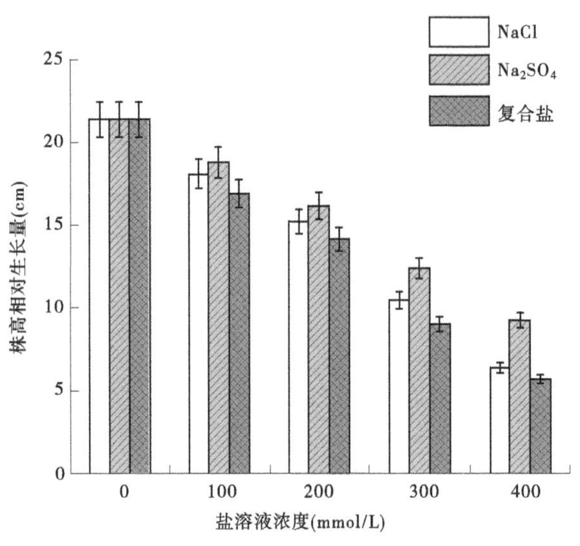

图 4-101　不同盐胁迫下沙枣幼苗的株高相对生长量

（2）不同盐胁迫对沙枣地径的影响。

从图 4-102 可以看出，与株高相对生长量的变化相一致，盐胁迫对沙枣幼苗的地径增长有明显影响。随着盐胁迫程度的加强，沙枣幼苗的地径增长明显降低，说明盐胁迫抑制了沙枣地径生长。且复合盐胁迫下，地径增长的降低程度明显低于 NaCl 和 Na_2SO_4。100~400 mmol/L 处理下地径的相对生长量分别为对照的 86. 21%、65. 81%、47. 35%、26. 58%，88. 54%、68. 39%、57. 84%、37. 92%和 84. 05%、63. 24%、43. 45%、22. 92%。当复合盐溶液浓度高于 200 mmol/L 时，复合盐对沙枣的抑制程度显著高于 NaCl 和 Na_2SO_4，因此可以认为复合盐对沙枣的抑制程度均大于 NaCl、Na_2SO_4。

（3）不同盐胁迫对沙枣生物量的影响。

沙枣在经过盐处理后总生物量显著低于对照（$P<0.05$），且随着盐分浓度的增加，生物量呈现出下降的趋势（见图 4-103）。复合盐与 NaCl 盐对总生物量的抑制效果从盐胁迫开始就显著高于 Na_2SO_4 盐。100~400 mmol/L 处理下沙枣幼苗的总生物量分别为对照的 80. 68%、58. 82%、46. 90%、34. 98%，84. 66%、66. 38%、51. 67%、39. 75% 和 72. 46%、50. 40%、40. 18%、30. 13%。分析认为，盐胁迫会改变沙枣生物量的分配格局，且复合盐对沙枣幼苗生物量分配格局的影响均大于 NaCl、Na_2SO_4。

2）不同盐胁迫对沙枣光合作用的影响

（1）不同盐胁迫对沙枣叶片 SPAD 值的影响。

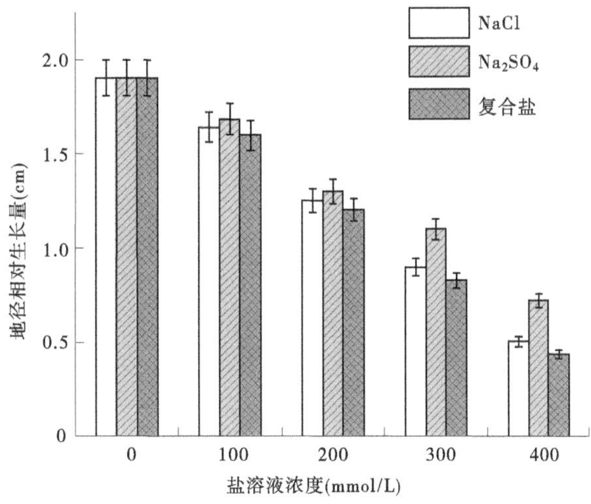

图4-102　不同盐胁迫下沙枣幼苗的地径相对生长量

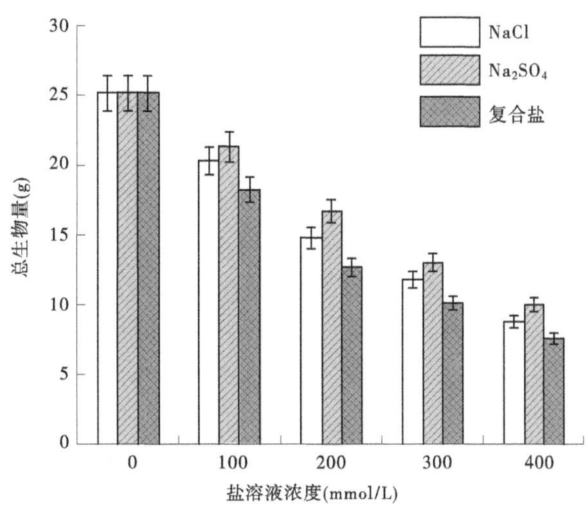

图4-103　不同盐胁迫下沙枣幼苗的总生物量

SPAD值可以作为反映叶片单位面积上叶绿素含量差异的一个指标，可以反映叶绿素含量的相对高低。随着盐胁迫程度的增加，沙枣叶片SPAD值呈现降低的趋势（见图4-104），在100 mmol/L浓度处理时，3种盐分处理的SPAD值均开始显著小于对照（$P<0.05$），说明盐胁迫会显著降低沙枣叶片中的叶绿素含量。随着盐分胁迫的加剧，复合盐胁迫下的SPAD值比NaCl和Na_2SO_4胁迫下的SPAD值下降都快。在400 mmol/L时，3种盐分胁迫下的SPAD值分别比对照降低了40.48%、23.84%和43.52%。因此，可以认为，复合盐对叶绿素含量的伤害程度最大，NaCl盐其次，Na_2SO_4盐最小。

（2）不同盐胁迫对沙枣叶片光合参数日变化的影响。

①净光合速率（P_n）的日变化。

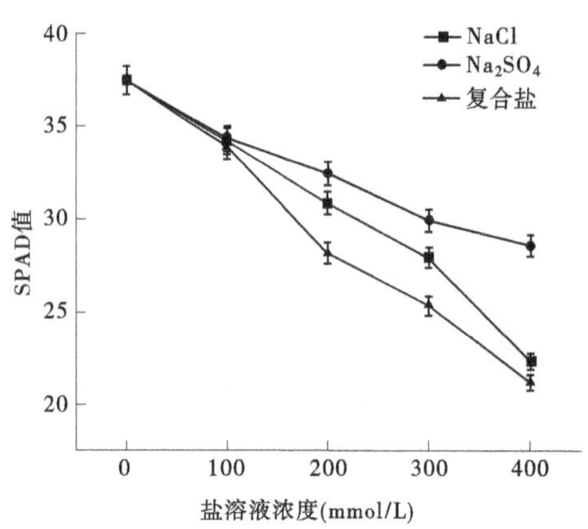

图 4-104　不同盐胁迫下沙枣幼苗的 SPAD 值

沙枣的净光合速率随着盐胁迫程度的增加而降低，且随着盐胁迫程度的增加净光合速率下降幅度越大(见图 4-105)，因此盐胁迫会抑制沙枣进行光合作用。由图 4-105 可知，沙枣的光合速率日变化为双峰曲线，对照的光合“午休”出现时间在 14:00 左右，盐分处理下的植株光合“午休”比对照时间稍早，在 12:00 左右出现，其他变化趋势基本一致，均在 10:00 左右出现第 1 个峰值，14:00 左右出现第 2 个峰值，且第 1 个峰值的光合速率明显大于第 2 个峰值。最大净光合速率可以反映植物光合能力的大小。随着盐胁迫程度的增加，沙枣的最大净光合速率逐渐降低，沙枣在 3 种盐分 100 mmol/L、200 mmol/L、300 mmol/L、400 mmol/L 浓度下净光合速率的最大值分别为对照的 87. 65%、84. 10%、57. 69%、27. 4%，91. 36%、84. 23%、64. 50%、43. 15%和 84. 35%、60. 17%、39. 54%、26. 87%，可以看出，复合盐胁迫下沙枣的最大净光合速率下降幅度均大于 NaCl，大于 Na_2SO_4。

净光合速率的日均值也随着盐胁迫程度的增加而降低，沙枣在 3 种盐分 100 mmol/L、200 mmol/L、300 mmol/L、400 mmol/L 浓度下净光合速率的日均值分别比对照降低 13. 83%、32. 24%、50. 64%、75. 26%，8. 14%、21. 43%、41. 88%、62. 33%和 29. 37%、52. 88%、65. 68%、78. 86%，净光合速率的日均值和日最大净光合速率的变化类似，复合盐胁迫下沙枣的净光合速率日均值下降幅度均大于 NaCl、Na_2SO_4。且随着胁迫程度的增加，差异逐渐增大。

②蒸腾速率(T_r)的日变化。

图 4-106 为沙枣在 3 种盐分不同浓度处理下的蒸腾速率日变化。由图 4-106 可知，沙枣的蒸腾速率的日变化过程与净光合速率的变化过程基本一致，均呈现双峰曲线，且不同处理下的两个峰值出现时间相近，第 1 个峰值在 10:00 左右，第 2 个峰值在 16:00 左右，且第 2 个峰值小于第 1 个峰值。植物蒸腾是植物水分散失的主要途径，可以反映植物耗水的潜力和对外部环境的适应能力。随着盐胁迫程度的增加，沙枣蒸腾速率的峰值逐渐降低。且分析可以得出，复合盐胁迫下沙枣的蒸腾速率日均值与最大值下降幅度均大于 NaCl、Na_2SO_4。且随着胁迫程度的增加，差异逐渐增大。这与净光合速率的日变化相类似。

③气孔导度(G_s)的日变化。

植物与周围环境主要通过气孔来进行气体交换，它可以调控叶片吸收 CO_2 的量以及植

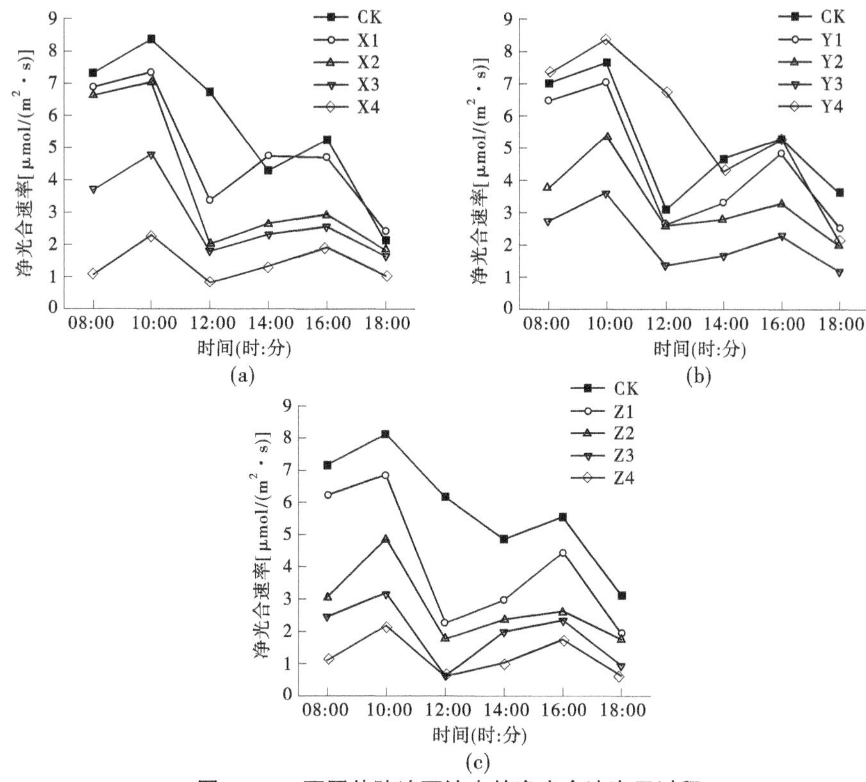

图 4-105　不同盐胁迫下沙枣的净光合速率日过程

物水分的散失。通过观察可以发现气孔导度、蒸腾速率和光合速率的变化趋势相似，峰值出现时间以及光合“午休”时间基本一致(见图 4-107)，气孔导度对沙枣的蒸腾和呼吸作用有重要影响。随着盐分浓度的增加，沙枣叶片的气孔导度呈现降低的趋势，且胁迫程度越大降低的幅度越大。X1～X4 处理下的气孔导度分别比对照降低了 13.06%、35.16%、60.68%、91.04%，Y1～Y4 处理的气孔导度分别比对照降低了 26.25%、31.11%、45.66%、68.18%，Z1～Z4 处理的气孔导度分别比对照降低了 39.18%、44.37%、55.28%、92.35%。复合盐胁迫下的气孔导度下降程度高于 NaCl 和 Na_2SO_4 盐，且随着浓度的增加差异增大，即复合盐对沙枣叶片气孔的抑制作用显著高于 NaCl 和 Na_2SO_4 盐。

④水分利用效率(WWE)的日变化。

沙枣在 3 种盐分胁迫下的水分利用效率均高于对照，且一直处于增加的趋势(见图 4-108)，因此盐分胁迫会提高植物的水分利用率。X1～X4、Y1～Y4 和 Z1～Z4 处理下的 WUE 日均值分别为对照的 106.81%、113.30%、126.14%、146.62%，109.41%、119.74%、135.28%、156.01%和 95.74%、106.17%、118.90%、127.08%。可见，Na_2SO_4 盐胁迫下的水分利用效率高于 NaCl 和复合盐，即在植物在受到胁迫时受到的失水伤害会低于 NaCl 盐和复合盐，且随着浓度的增加，两者之间的差异也逐渐增大。

⑤胞间 CO_2 浓度(C_i)的日变化。

从沙枣叶片的胞间 CO_2 浓度(C_i)在 3 种盐分不同浓度处理下的变化情况(见图 4-109)可以看出，盐胁迫处理会明显降低叶片的 C_i 值，但是变化趋势和幅度会有差异。

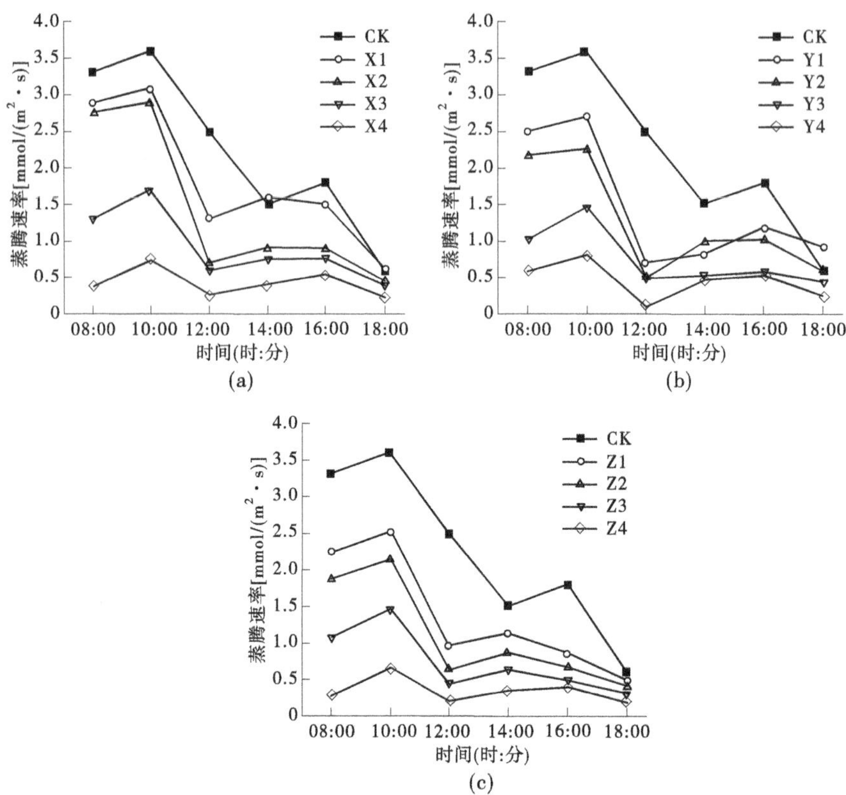

图 4-106　不同盐胁迫下沙枣的蒸腾速率日过程

NaCl 和复合盐处理下，C_i 随着盐分浓度的升高呈现先降低后升高的趋势，并在 100 mmol/L 浓度下达到最小值；Na_2SO_4 盐胁迫下，C_i 值也是随着胁迫程度的增加呈现先降低后升高的趋势，但是在 200 mmol/L 浓度下达到最小值。X1～X4 处理的 C_i 值分别是对照的 86.00%、89.40%、93.08%、94.59%，Y1～Y4 处理的 C_i 值分别是对照的 90.89%、90.00%、94.16%、95.28%，Z1～Z4 处理的 C_i 值分别是对照的 82.29%、86.13%、90.43%、93.11%。由此可见，Na_2SO_4 盐胁迫的 C_i 值降低程度小于同浓度下 NaCl 和复合盐处理。

3）不同盐胁迫对沙枣叶片光响应的影响

（1）净光合速率对光辐射强度的响应。

利用直角双曲线模型对 3 种盐分胁迫下沙枣的光响应曲线进行拟合，从光响应曲线（见图 4-110）可以看出，3 种盐分处理下，沙枣净光合速率均随盐浓度的增大而降低的趋势，随着胁迫程度的增大，净光合速率呈现出不同程度的降低，比较 3 种盐分相同浓度处理下的净光合速率变化情况，可以发现，复合盐对沙枣净光合速率影响最大，NaCl 次之，Na_2SO_4 最小。

（2）蒸腾速率对光辐射强度的响应。

蒸腾作用作为植物散失水分、保持体内水分平衡的主要途径，能充分反映植物体内的水分状况。图 4-111 为 3 种盐分胁迫下沙枣的蒸腾速率对光照强度的响应。当土壤盐分增多时，3 种盐分胁迫下沙枣的蒸腾速率均随着光强增大而降低，特别是在 400 mmol/L 盐溶液处理下蒸腾速率下降较多。在 0、100 mmol/L、200 mmol/L 浓度处理下，3 种盐分

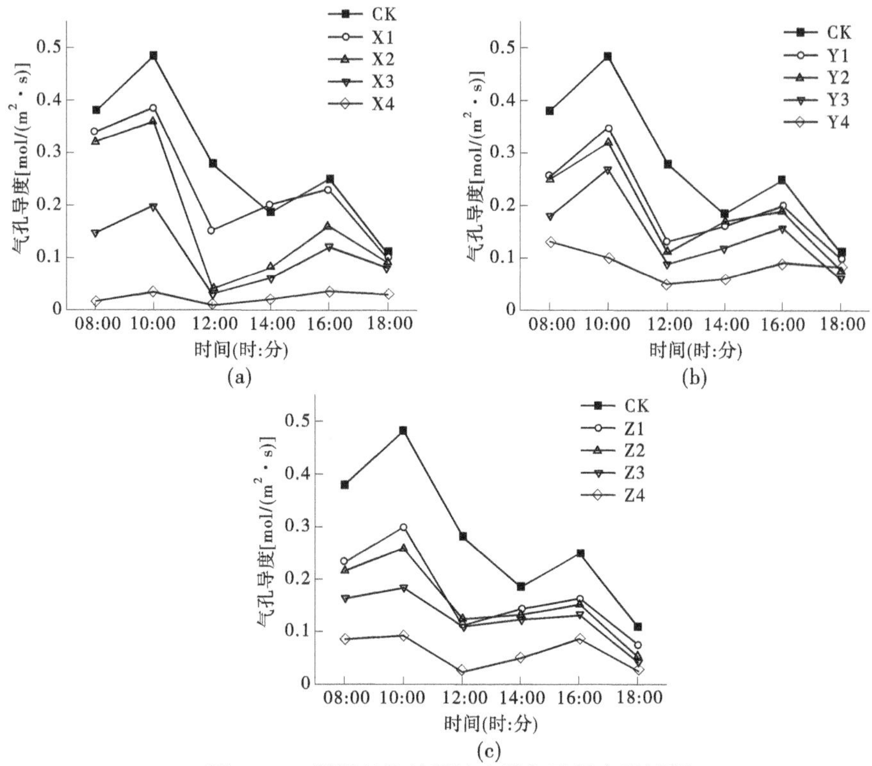

图 4-107　不同盐胁迫下沙枣的气孔导度日过程

下沙枣的蒸腾速率变化相似,光强由 0 μmol/(m² · s)逐渐增强,蒸腾速率也随着增强,增强速度较快;之后蒸腾速率仍然逐渐上升但上升速度降低;当光强达到较高[1 800 μmol/(m² · s)以上]时,蒸腾速率上升速度停止,有些下降,说明强光对植物蒸腾起到了抑制作用。在 300 mmol/L 及 400 mmol/L 处理下,沙枣的蒸腾随着光强的增加有上升的趋势,但增幅明显较小,特别是在 400 mmol/L 处理下,植物蒸腾变化较平缓,复合盐胁迫 400 mmol/L 处理下的蒸腾速率基本呈一条直线。植物蒸腾较小是因为在盐胁迫下,植物为保持体内水分使气孔开度降低,当光强增大时气孔开度进一步降低甚至关闭,而气孔是植物蒸腾的场所,故蒸腾速率较低。

(3)气孔导度对光辐射强度的响应。

物通过气孔与外界进行气体交换,也是水分散失的主要通道,叶片胞间 CO_2 也是通过气孔进行吸收,植物进行光响应后,光合作用吸收胞间 CO_2,使得胞间 CO_2 浓度减低,为了光合作用的正常进行,植物叶片的气孔导度升高,气孔增大开度以便于吸收 CO_2。而植物在盐胁迫下降低气孔导度也是一种非常普遍的反应,是其对环境胁迫的保护性反应。由图 4-112 可看出,随着盐胁迫的增加,植物气孔导度是降低的,说明盐分影响了植物的气孔导度。在 0、100 mmol/L 和 200 mmol/L 的盐胁迫下,光合有效辐射逐渐增强,气孔导度也逐渐增大,当光强达到较大值时,上升速度变慢,最后气孔导度有略下降的趋势。在 300 mmol/L 处理及 400 mmol/L 处理下,气孔导度值明显小于前 3 个处理,变化幅度明显变小,特别是在 400 mmol/L 处理下变化更不明显,有的基本是调直线,说明当土壤含盐量

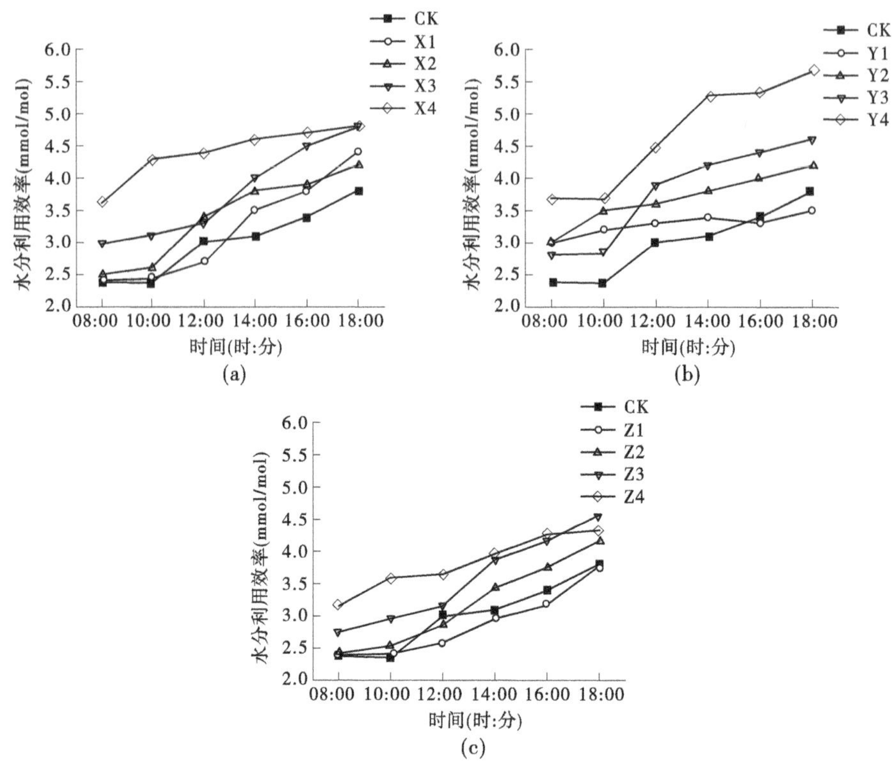

图 4-108　不同盐胁迫下沙枣水分利用效率的日变化

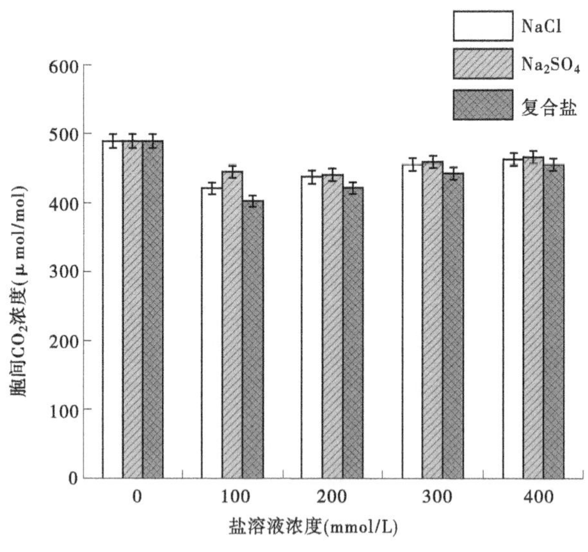

图 4-109　不同盐胁迫下沙枣叶片胞间 CO_2 浓度

较高时植物叶片气孔的调节作用已非常低。在各处理下，蒸腾速率的变化与气孔导度变一致，与光合速率也基本一致，说明气孔导度的变化明显影响了植物蒸腾与光合作用。

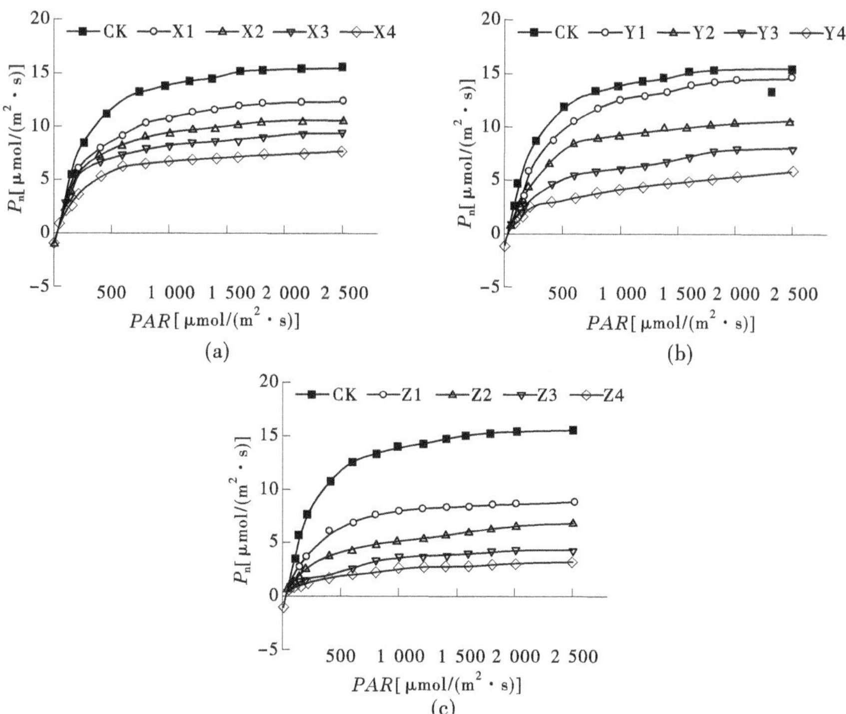

图 4-110　不同盐胁迫下沙枣幼苗净光合速率对光强的响应

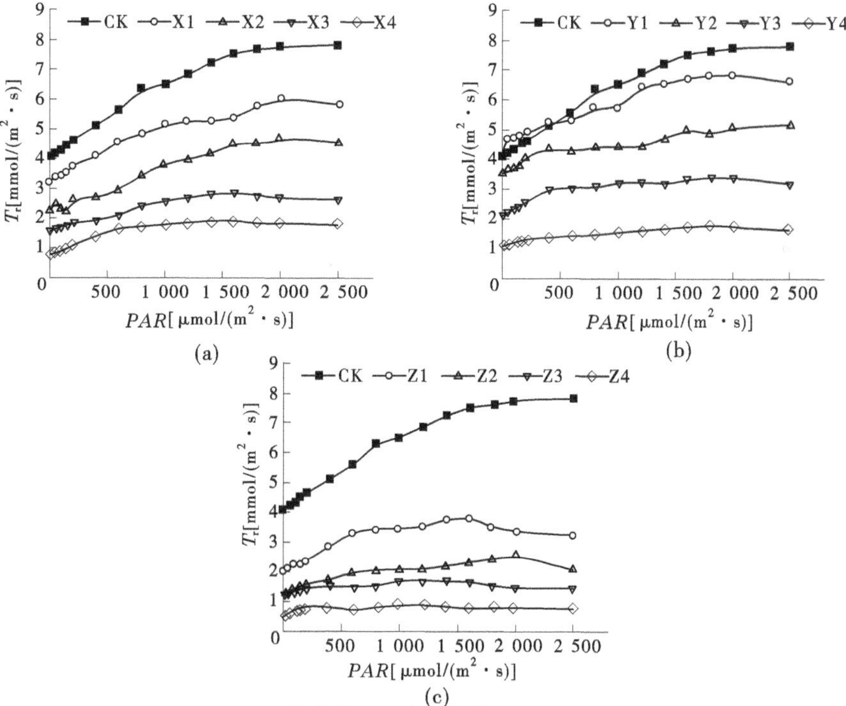

图 4-111　不同盐胁迫下沙枣幼苗蒸腾速率对光强的响应

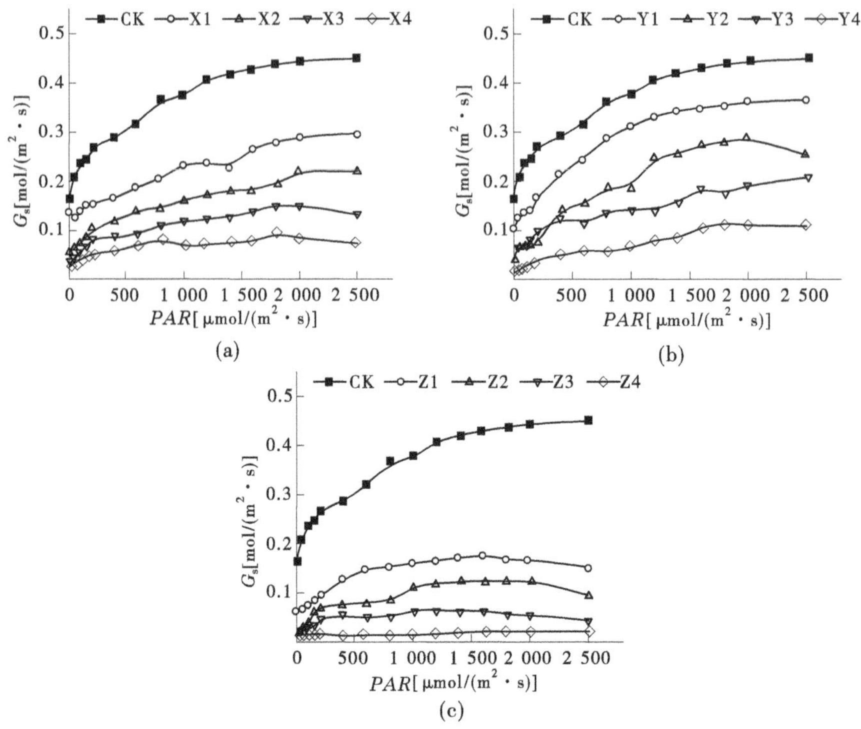

图 4-112 不同盐胁迫下沙枣幼苗气孔导度对光强的响应

(4)胞间 CO_2 浓度对光辐射强度的响应。

植物进行光合作用时需吸收胞间 CO_2,因此胞间 CO_2 浓度对光合的影响非常明显。当干旱胁迫发生时,植物叶片气孔导度随土壤水分的降低而降低(见图 4-113),气孔导度降低时外界进入叶片细胞的 CO_2 浓度减少,进而影响植物的光合作用。现在许多学者依据 Farquhar 和 Sharkey 的研究,认为光合作用降低但胞间 CO_2 浓度却升高,是非气孔限制。在各处理下,在 400 μmol/(m^2 · s)及以下光强下,植物光合作用增强较快,吸收的 CO_2 较多,植物叶片胞间 CO_2 浓度值迅速下降,之后随着光强增加,光合速率变慢,CO_2 浓度值下降速度变慢,之后变化幅度较小,波动不大(见图 4-113)。由图 4-113 可以看出,NaCl 处理下沙枣胞间 CO_2 浓度在 400 mmol/L 处理下引起光合降低的也为非气孔限制因素。Na_2SO_4、复合盐处理下沙枣胞间 CO_2 浓度的变化趋势也与 NaCl 处理下相似,400 mmol/L 处理在各处理下最大,说明 3 种盐分下沙枣在 400 mmol/L 处理下光合的降低均是由非气孔限制因素引起的。

(5)不同盐胁迫对沙枣叶绿素荧光参数(F_v/F_m、F_v/F_o、q_P、NPQ、ϕ_{PSII})的影响。

3 种盐分处理下沙枣幼苗叶绿素荧光参数的变化趋势如图 4-114 所示。随着盐浓度的增加,Na_2SO_4 处理下沙枣叶片 F_v/F_m、F_v/F_o、q_P、ϕ_{PSII} 均呈先升高后下降的趋势;在 100 mmol/L 时,F_v/F_m、F_v/F_o、ϕ_{PSII}、q_P 的值有一个小幅度的增加,达到最大值;在 200 mmol/L 时开始小幅度下降;而在 300 mmol/L,开始迅速下降,相对应的 NaCl 处理组各参数值均呈下降的趋势,而复合盐处理组除了 F_v/F_m、F_v/F_o 两项参数变化趋势与 Na_2SO_4 处理组相似,其他参数均呈下降趋势。与前面的参数不同,3 种处理下的沙枣叶片 NPQ 均呈先下降后升高的趋势。

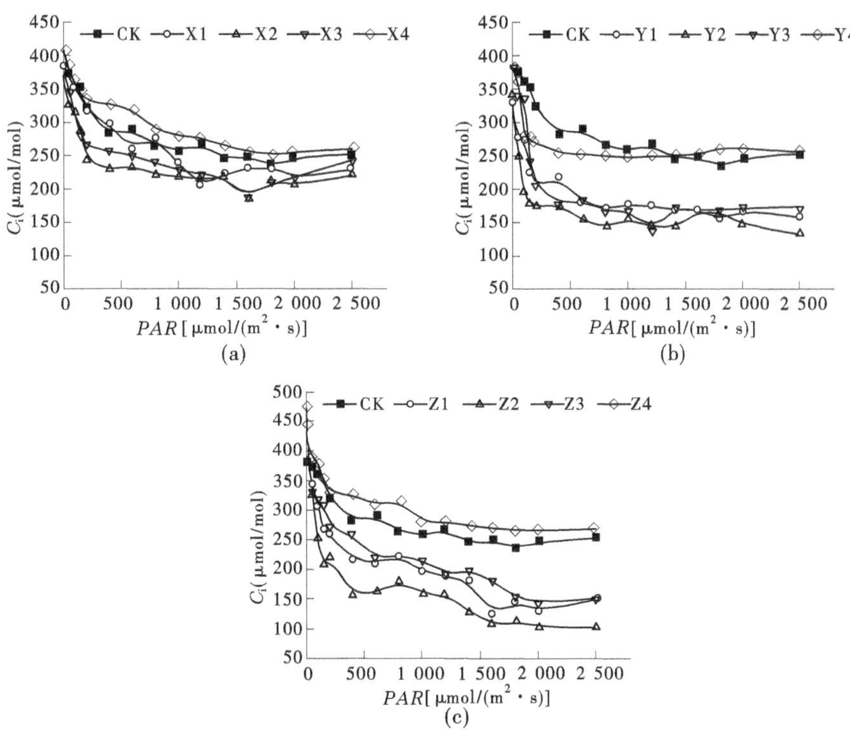

图4-113　不同盐胁迫下沙枣幼苗胞间 CO_2 浓度对光强的响应

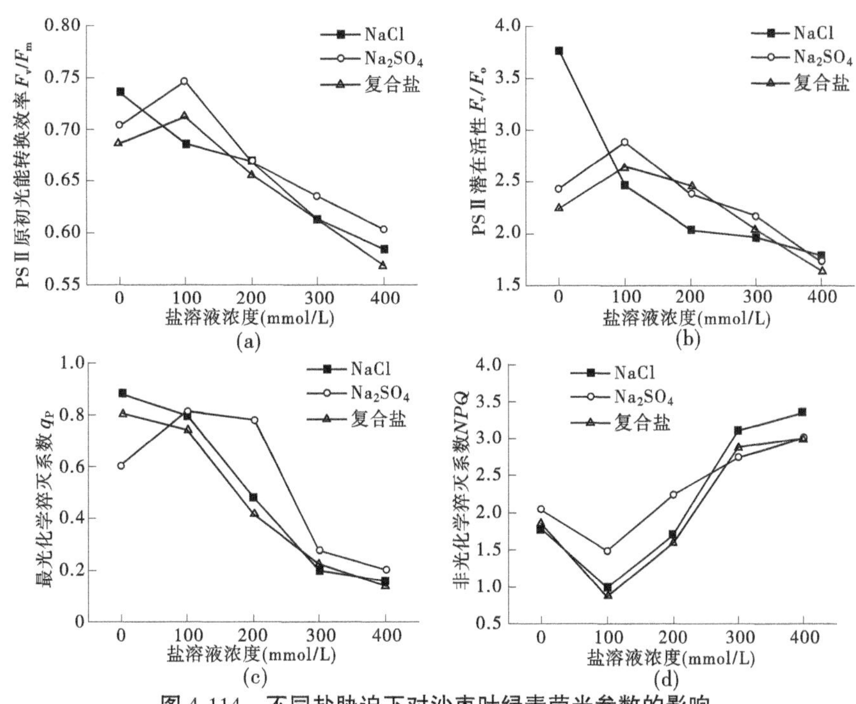

图4-114　不同盐胁迫下对沙枣叶绿素荧光参数的影响

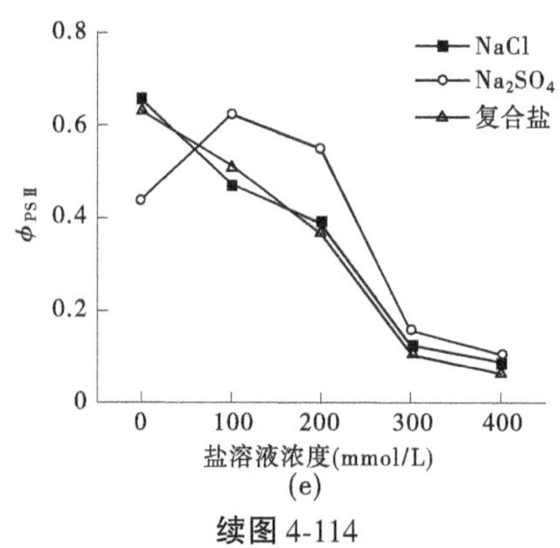

(e)

续图 4-114

4)不同盐胁迫对沙枣生化指标的影响

(1)不同盐胁迫对沙枣叶片脯氨酸(Pro)含量的影响。

盐胁迫后各不同处理下的叶片脯氨酸含量均较对照有不同程度的增加(见图 4-115)。X1～X4 处理下的脯氨酸含量分别比对照增加 169.08%、129.02%、70.90%、56.42%,Na_2SO_4 胁迫下的脯氨酸含量呈现先升高后降低的趋势,在 100 mmol/L 浓度下达到最大值,在高于 100 mmol/L 浓度时,Pro 含量开始降低。NaCl 和复合盐胁迫下脯氨酸含量一直为升高趋势。Y1～Y4 处理分别比对照增加了 103.19%、208.24%、340.76%、353.93%,均显著高于对照;Z1～Z4 处理下的脯氨酸含量分别比对照增加 129.48%、231.64%、356.98%、371.02%。在 100 mmol/L 浓度胁迫时,Na_2SO_4 胁迫下的叶片内脯氨酸的含量升高速度高于 NaCl 和复合盐;在盐浓度高于 100 mmol/L 时,脯氨酸在 NaCl 和复合盐胁迫下的含量和增加幅度都明显高于 Na_2SO_4 盐胁迫。可见,在低盐胁迫下时,脯氨酸是 Na_2SO_4 胁迫下沙枣的主要有机渗透调节物质,当盐胁迫程度增加时,脯氨酸不再作为主要的调节渗透势物质存在,而在 NaCl 和复合盐胁迫下时脯氨酸一直作为沙枣的主要有机渗透调节物质发挥作用。

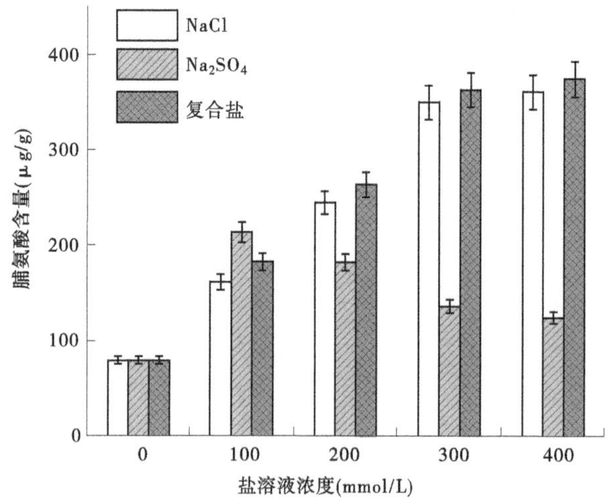

图 4-115　不同盐胁迫对沙枣脯氨酸含量的影响

(2)不同盐胁迫对沙枣叶片可溶性糖(SS)含量的影响。

受到盐胁迫的沙枣叶片内可溶性糖的含量均不同程度地高于对照(见图4-116),说明可溶性糖在作为一种有机渗透调节物质在发挥作用。3种盐胁迫下的叶片可溶性糖含量,均随着盐分浓度的增加而呈现先增加后降低的趋势,NaCl和复合盐胁迫在300 mmol/L时达到最大值,Na_2SO_4盐胁迫在100 mmol/L浓度时达到最大值,其最大值分别比对照增加291.29%、104.02%和269.79%。X1~X4、Y1~Y4和Z1~Z4处理下叶片的可溶性糖含量分别是对照的129.6%、266.03%、391.29%、239.12%,204.02%、185.41%、162.66%、148.15%和102.93%、210.52%、369.79%、192.57%。高于100 mmol/L浓度时,NaCl和复合盐胁迫下叶片内可溶性糖含量的增加量高于Na_2SO_4盐胁迫,可见沙枣叶片内可溶性糖在受到NaCl和复合盐胁迫时作为有机渗透调节物质发挥的作用较大。Na_2SO_4盐胁迫下的可溶性糖含量在低盐浓度下的增加量高于在高盐浓度下的增加量,可见其主要在受到Na_2SO_4低盐胁迫时发挥作用。

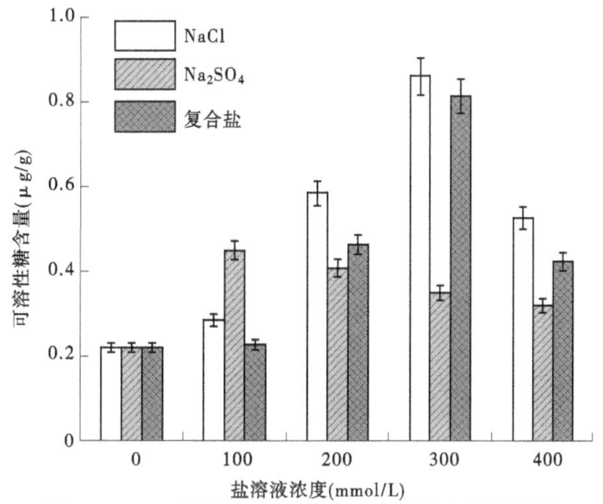

图4-116　不同盐胁迫对沙枣可溶性糖含量的影响

(3)不同盐胁迫对沙枣叶片丙二醛(MDA)含量的影响。

受到盐胁迫的沙枣叶片内的丙二醛含量均不同程度地高于对照的含量,且随着胁迫程度的增加,3种盐的丙二醛含量均呈现逐渐增加的趋势,并且在400 mmol/L浓度下达到最大值(见图4-117)。X1~X4、Y1~Y4和Z1~Z4处理下叶片的丙二醛含量分别比对照增加17.30%、45.57%、77.25%、87.04%,12.42%、33.05%、46.07%、66.55%和27.60%、54.31%、80.94%、95.02%。随着盐分浓度的增加,3种盐处理的丙二醛的增加幅度均逐渐增大,可见随着胁迫程度的增加,细胞膜脂过氧化程度加重,受到的伤害增加。随着盐分浓度的增加,两种盐分之间丙二醛量的差异逐渐增大,并在300 mmol/L浓度时达到最大值,浓度继续升高其差异开始逐渐减小。总体上来看,NaCl和复合盐胁迫下叶片内的丙二醛的增加量和幅度均高于Na_2SO_4盐胁迫的处理,因此丙二醛在Na_2SO_4盐胁迫下的适应能力大于NaCl盐胁迫,大于复合盐胁迫。

(4)不同盐胁迫对沙枣叶片可溶性蛋白(SP)含量的影响。

除400 mmol/L浓度NaCl和复合盐处理时叶片内的可溶性蛋白含量低于对照外,其

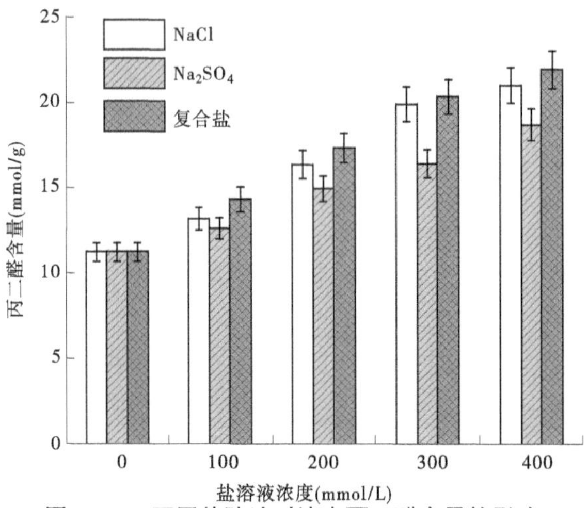

图 4-117　不同盐胁迫对沙枣丙二醛含量的影响

他盐分处理下的可溶性蛋白含量相较对照均有不同程度的增加(见图 4-118)。NaCl 与复合盐胁迫下,随着盐浓度的增加,叶片内可溶性蛋白的含量呈先增加后降低的趋势,并在 100 mmol/L 时达到最大值,分别是对照的 1.59 倍和 1.85 倍。Na_2SO_4 盐胁迫下,叶片内可溶性蛋白含量随着盐胁迫程度的增加逐渐增加,高盐胁迫下对其可溶性蛋白含量有较明显的影响。X1～X4、Y1～Y4 和 Z1～Z4 胁迫下叶片内可溶性蛋白含量较对照分别增加了 59.25%、22.40%、10.92%、-21.12%,5.31%、17.33%、50.17%、100%和 85.36%、39.99%、20.21%、-15.23%。可见,NaCl 和复合盐胁迫下可溶性蛋白含量增幅较小,不是其进行渗透调节的主要物质,Na_2SO_4 盐胁迫下在低盐胁迫下增幅较小,在高盐胁迫下增幅较大,可溶性蛋白主要在 Na_2SO_4 高盐胁迫时作为渗透调节物质发挥作用,在低盐胁迫时发挥作用较小。

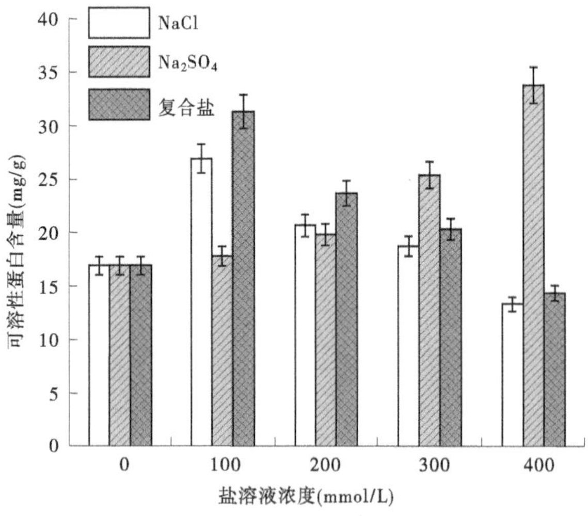

图 4-118　不同盐胁迫对沙枣可溶性蛋白含量的影响

(5)不同盐胁迫对沙枣叶片超氧化物歧化酶(SOD)活性的影响。

受到盐分胁迫的沙枣叶片内的SOD活性均不同程度地高于对照(见图4-119),但是随着盐分浓度的增加基本呈现先增加后降低的变化趋势,NaCl、Na_2SO_4 和复合盐分别在200 mmol/L、300 mmol/L浓度下达到最大值。在X1~X4、Y1~Y4和Z1~Z4处理下的SOD活性分别比对照高14.42%、17.61%、11.02%、2.86%,11.02%、18.91%、19.23%、3.68%和18.89%、16.18%、7.24%、-1.48%。在100 mmol/L浓度时,复合盐胁迫下叶片内SOD活性高于NaCl和 Na_2SO_4 盐胁迫;高于100 mmol/L浓度时, Na_2SO_4 盐分胁迫下的叶片内SOD活性高于NaCl盐胁迫和复合盐。浓度为300 mmol/L时,3种盐分胁迫下的SOD活性差距最大;浓度为400 mmol/L时,差距最小。

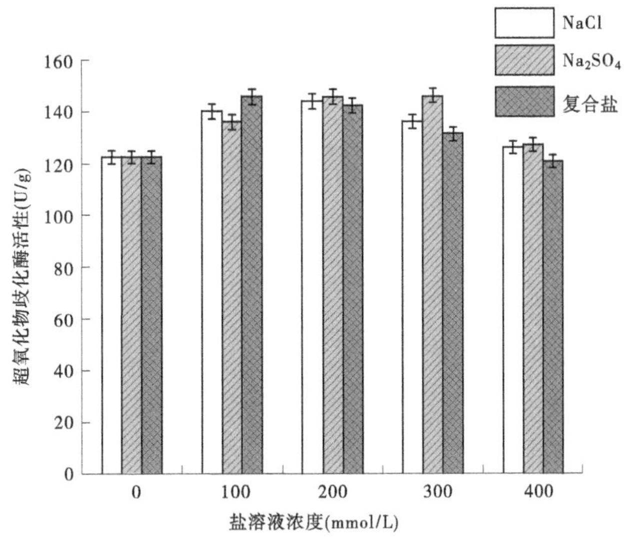

图4-119　不同盐胁迫对沙枣超氧化物歧化酶活性的影响

(6)不同盐胁迫对沙枣叶片过氧化物歧化酶(POD)活性的影响。

植物逆境下过多的活性氧被超氧化物歧化酶经歧化反应生成 H_2O_2 等过氧化物,这一环节就需要植物体内合成过氧化物酶(POD),以清除体内过多的过氧化物。POD在3种盐分胁迫下的变化规律与SOD的变化趋势相似。由图4-120可知,经过不同盐分处理后,沙枣叶片POD活性在盐浓度为300 mmol/L处理下达到最大值,较对照显著增加了63.39%、52.79%和67.97%。

5)3种盐分胁迫下沙枣的耐盐阈值

以0、50 mmol/L、100 mmol/L、200 mmol/L、400 mmol/L浓度下NaCl、Na_2SO_4 和复合盐处理下的沙枣幼苗生物量为因变量 y,以盐分浓度为自变量 x,建立二次回归方程(见图4-121),将相对生物量为50%时对应的盐分浓度作为沙枣生长的临界浓度。由回归分析可知,NaCl、Na_2SO_4 和复合盐处理下沙枣生长的临界盐分浓度分别为:270.67 mmol/L、317.11 mmol/L和245.45 mmol/L。由此可知,沙枣对于 Na_2SO_4 盐胁迫的耐盐性最强,NaCl其次,复合盐最弱。

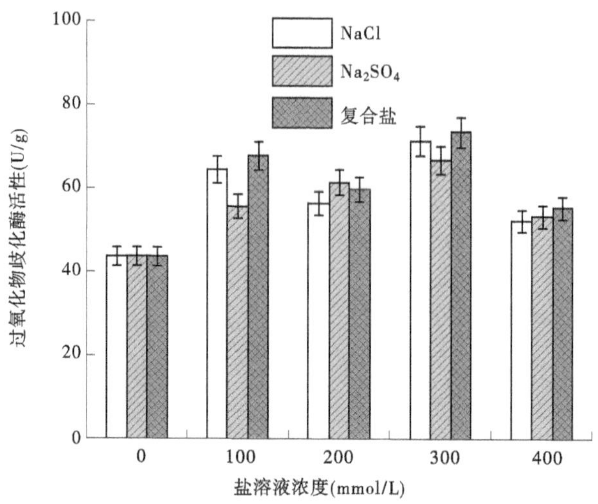

图 4-120　不同盐胁迫对沙枣过氧化物歧化酶活性的影响

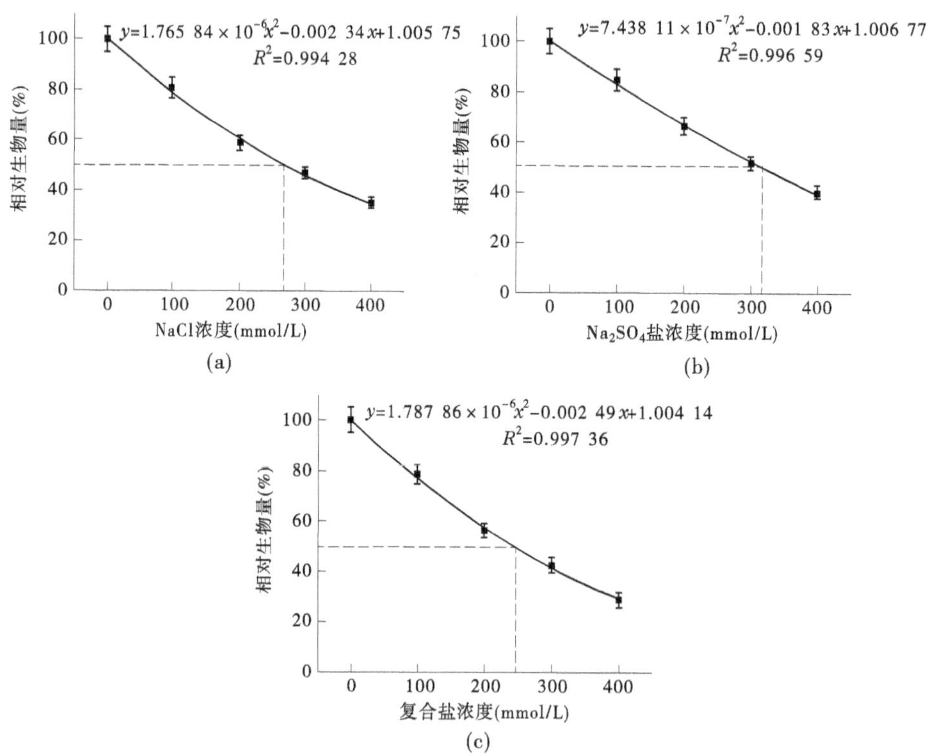

图 4-121　不同盐胁迫下沙枣幼苗生长的临界浓度

4.4.3.4 结论

盐胁迫下 10 种的耐盐阈值及其比较见表 4-54。

表 4-54　不同植物幼苗生长盐浓度阈值

树种	耐 NaCl 阈值 (mmol/L)	土壤含水量 5%~8%的土壤全盐含量(‰)	耐 Na_2SO_4 阈值 (mmol/L)	土壤含水量 5%~8% 土壤全盐含量 (‰)	耐复合盐阈值 (mmol/L)	土壤含水量 5%~8% 土壤全盐含量(‰)
青杨	159.36	0.47~0.75	170.57	1.21~1.94	148.55	0.74~1.18
小×胡	182.58	0.53~0.85	207.01	1.47~2.35	180.58	0.90~1.43
胡杨	250.25	0.73~1.17	263.46	1.87~2.99	229.42	1.14~1.82
红果枸杞	241.5	0.71~1.14	254.3	1.81~2.89	158.4	0.78~1.26
黑果枸杞	242.64	0.71~1.14	271.47	1.93~3.08	193.39	0.96~1.53
柽柳	257.1	0.75~1.20	287.7	2.04~3.27	211.5	1.05~1.68
沙枣	272.4	0.79~1.27	318.3	2.26~3.62	254.1	1.26~2.02
四翅滨藜	311.6	0.91~1.46	323.2	2.29~3.67	294.6	1.46~2.33
梭梭	354.9	1.04~1.66	387.5	2.75~4.40	314.1	1.55~2.49
白刺	409.5	1.20~1.91	421.3	2.99~4.78	371.6	1.84~2.94

我国西北地区盐碱地造林绿化的各个树种,已经发挥出很重要的生态效益、经济效益和社会效益。本研究从不同植物在不同盐渍环境下的生长以及了解其不同的耐盐机制的角度出发,系统研究和分析比较在不同盐分(NaCl、Na_2SO_4 及复合盐)胁迫下的盐害症状和生长表现;光合作用及其气体交换参数;渗透调节物质和保护酶活性;不同盐分不同的响应机制及耐盐性。

通过相同的试验和数据分析方法,分别得到 10 种植物在 3 种盐胁迫下的耐盐阈值。并根据对柴达木盆地土壤实际含水量调查,计算在土壤含水量为 5%~8%时,在不同盐胁迫条件下,植物耐全盐含量阈值,如表 4-54 所示。结果表明,在柴达木盆地盐碱地进行植树造林,其中乔木优选树种为胡杨,其次为小×胡;生态灌木优选乡土树种白刺、梭梭,其次为外来引进树种四翅滨藜;经济树种以黑果枸杞和红果枸杞为栽植树种。

第 5 章　盐碱地整治新材料、新产品研究

5.1　研究背景

我国西北内陆盐碱地分布广泛，理化性质差，根治盐碱化而摆脱土壤盐碱化对农林业生产和农林业生态带来的危害，并非易事。近十几年来，随着盐碱地改良利用技术研究应用的不断发展，单一或复合的盐碱地改良技术不断出现。这些改良技术和方法，既有古老的技术，如平整土地、深耕晒垡、及时松土、抬高地形、微区改土、灌水洗盐、种植水稻、种植耐盐植物田菁等；也有近代传统改良方法，如灌排配套、蓄淡压盐、灌水洗盐、地下排盐以及化学改良技术等；还有利用生物化学新技术所研制的新型土壤改良剂（如 NPK 增效剂），以及采用新型材料和先进施工技术所实施的地下暗管排盐工程等。但对于地广人稀、处于经济起步初期的柴达木盆地盐碱地地区，盐碱土理化性质恶劣，存在结构性差、温度低、瘠薄等问题，并且由于土壤中存在妨碍植物根系生长的不良土层，盐碱化土壤很难利用。虽近些年来利用土壤调理剂等化学方法进行改良呈现较好的效果，但其成本高，大面积的使用造成较大的经济压力。另外，直接在土壤中使用煤矸石、粉煤灰等经济廉价材料，会对土壤造成再次污染等问题也较为显著，甚至会增加土壤中盐离子的浓度，进一步加剧了盐离子对苗期根系的胁迫，十分不利于该地区农牧业的发展。基盘造林技术成为该地区盐碱地改良技术领域研究应用的新方向。育苗基盘不仅能为植物提供营养物质，同时保证根部透气性，有效阻盐隔盐，改善植物的生长环境，促进植株正常生长。从经济、环保角度出发，本研究将成本较低的粉煤灰和煤矸石等材料为基盘配方研究对象，旨在选择具有成本低廉、施工方便、环境负荷小等特点的基盘最优配方。同时将微区改土技术与设置阻盐隔盐技术相结合，选用液体 W-OH 水溶液为新型阻盐隔盐材料进行研究，为该地区盐碱地的开发利用提供可选择的新材料和新产品。

5.2　研究内容

（1）以煤矸石为主要研究对象，选择出既能阻止积盐对植物生长的盐害，又能让根系穿过基盘向下自由生长且经济有效的最优基盘材料配比。

（2）以粉煤灰为主要研究对象，选择出既能阻止积盐对植物生长的盐害，又能让根系穿过基盘向下自由生长且经济有效的最优基盘材料配比。

（3）以 W-OH 水溶液为主要研究对象，采用育苗基盘与 W-OH 液体地膜结合技术，得到 W-OH 与水混合溶液最优配比。

（4）使用 W-OH 水溶液作为造林地新型阻盐隔盐材料，得到造林地 W-OH 水溶液位阻盐隔盐材料的最优配比。

5.3　试验设计与方法

5.3.1　试验材料

5.3.1.1　基盘制作模具及试验示意图

基盘制作模具及试验示意图如图 5-1 所示。

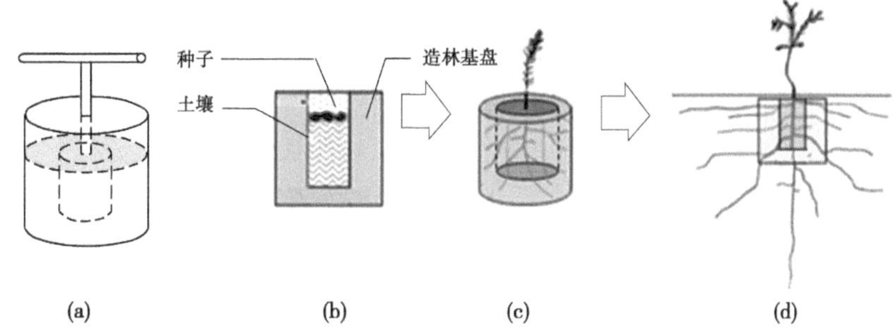

图 5-1　基盘制作模具及试验示意图

5.3.1.2　基盘配方

1. 以粉煤灰为研究对象的基盘配方

粉煤灰基盘配方见表 5-1。

表 5-1　粉煤灰基盘配方

基盘配方						
组号	粉煤灰比例(%)	土(g)	水泥(g)	保水剂(g)	木纤维(g)	粉煤灰(g)
1	0	100	2	0.2	0.9	0
2	10					11.5
3	20					25.8
4	30					44.2
5	40					68.7
6	50					103.1

2. 以煤矸石为研究对象的基盘配方

煤矸石基盘配方见表 5-2。

表 5-2　煤矸石基盘配方

基盘配方						
组号	煤矸石比例(%)	土(g)	水泥(g)	保水剂(g)	木纤维(g)	煤矸石(g)
1	0	100	2	0.2	0.9	0
3	20					25.8
4	30					44.2

3. 以 W-OH 水溶液喷施在基盘外部为研究对象的水溶液配方

基盘基质配方选用:土:基质:水泥:保水剂:纤维=1 000:100:20:2:9,在基盘外部喷施 W-OH 与水混合溶液的配比如表 5-3 所示。

表 5-3　基盘外表面喷施 W-OH 与水混合溶液配比

组号	水	W-OH
1	1	0
2	1	30
3	1	35
4	1	40
5	1	45
6	1	50

5.3.1.3　试验方法

选用大小合适的塑料桶,用电钻在每个塑料桶底打 5 个透气孔($\phi=1$ cm)。在桶内填土至 2/3 容积处,并称重。根据所称的土重分别在每组 $a \sim i$ 中加入 NaCl 及水,配制成质量比为 0 g/kg、1 g/kg、2 g/kg、3 g/kg、3.5 g/kg、4 g/kg、4.5 g/kg、5 g/kg、6 g/kg,土壤含水量为 18%的 NaCl 水溶液;将不同处理的基盘置于塑料桶中。在每次记录数据前进行称重,保证土壤含水量和盐分含量不变,随后在不同处理的基盘内播种甜高粱种子。基盘用特制的磨具压制成形,在宽敞的平地放置,晾干后方可作业。基盘中放入一定量的客土,客土厚度应距基盘口 2~3 cm,根据种子发芽率放入 3 粒种子,然后覆土将种子埋上,将其置于温室内。定期测定和观察甜高粱生长状况,选择出既能阻止积盐对植物生长的盐害,又能让根系穿过基盘向下自由生长且经济有效的最优基盘材料配比。

5.3.2　测定指标

5.3.2.1　生长指标

1. 甜高粱生长状况的调查

每天对苗木的形态特征进行观察并记录。

2. 苗木株高和地径生长量的测定

定期对每株苗木的株高进行测量,试验结束时进行再次测量,每株进行 3 次重复测量。株高利用卷尺(精度 0.01 cm)测量,地径采用游标卡尺(精度 0.01 mm)测量。

5.3.2.2　叶绿素荧光参数

用便携式叶绿素荧光仪测定甜高粱的初始荧光(F_o)、最大荧光(F_m)、可变荧光(F_v)、光系统Ⅱ(简称 PSⅡ)潜在活性(F_v/F_o)和 PSⅡ最大光能转化率(F_v/F_m)5 个叶绿素荧光参数。其中:初始荧光 F_o 和光合作用光系统的状态转化有关;F_m 反映的是通过 PSⅡ的电子传递情况;F_v 可作为 PSⅡ反应中心活性大小的相对指标;F_v/F_m 反映 PSⅡ原初光能转化效率,是PSⅡ光化学效率的一种度量,它的提高有助于叶绿体把捕获的光能以更高的速度和效率转化为光化学能,为光合碳同化提供更充足的能量;F_v/F_o 反映 PSⅡ潜在活性。

5.3.3　数据处理

采用 Microsoft Excel 2010 软件进行数据统计和图表制作;SPSS Statistics 19 进行描述性统计分析。

5.4　结果与分析

5.4.1　粉煤灰基盘

5.4.1.1　不同粉煤灰基盘对甜高粱生长率的影响

由图 5-2 可知,不同含盐量土壤中的甜高粱生长速率不同,含盐量较高时,生长速率相对较慢,在试验后期其生长速率几乎为零,即停止生长甚至枯叶。在试验初期,甜高粱生长速率较快,试验后期生长速率均显著降低。试验结果表明,基盘内粉煤灰掺入量越高,土壤含盐量对甜高粱生长的抑制作用越小。粉煤灰掺入量为 10%时基盘内甜高粱生长率显著高于对照。因此,在轻中度盐碱地上,基盘粉煤灰掺入量为 10%时,可显著抑制土壤盐分对甜高粱生长的胁迫,在中重度盐碱化土壤,可采用粉煤灰掺入量为 30%的基盘。

5.4.1.2　不同粉煤灰基盘对甜高粱光合参数的影响

在不同土壤含盐量的环境中,分别测定甜高粱叶片 PSⅡ活性(F_v/F_o)和 PSⅡ最大光能转化率(F_v/F_m),如图 5-3 和图 5-4 所示。不同粉煤灰含量基盘处理在不同土壤含盐量条件下,对甜高粱 PSⅡ活性和 PSⅡ最大光能转化率的影响各不相同。试验不同时期,粉煤灰含量对甜高粱光合利用效率影响不同。试验前期,粉煤灰含量适当的基盘(粉 30%)有利于光能的转化。试验后期不含粉煤灰以及高含量(40%、50%)粉煤灰的基盘对甜高粱的 PSⅡ活性限制较大,抑制了光能转化效率。试验结果表明,造林基盘 10%粉煤灰掺入量,可抑制土壤盐分对甜高粱生长抑制作用。

试验初期,随土壤盐浓度的升高,植株的高度受到盐浓度的影响,株高呈降低趋势,试验后期整体的增长趋势越来越弱。不同煤矸石掺入基盘对甜高粱植株幼苗影响随盐浓度升高呈现一致趋势。随盐浓度的变化而导致的一种株高随盐浓度呈现出的负相关趋势,而其中在盐浓度为 3 g/kg 时两组图像均表现出了植株生长高下降的趋势。掺入煤矸石基盘甜高粱株高随盐浓度变化见图 5-5。

5.4.1.3　不同煤矸石基盘对甜高粱光合参数的影响

最大光化学效率(F_v/F_m)反映 PSⅡ反应中心光能的转化效率和植物的潜在最大光合能力,是判断植物对逆境的适应性和抗逆性的有效手段,F_v/F_m 值越小光抑制程度越强。盐胁迫过程中各盐浓度下 3 种不同类型的基盘的最大光化学效率参数变化趋势如图 5-6 所示。

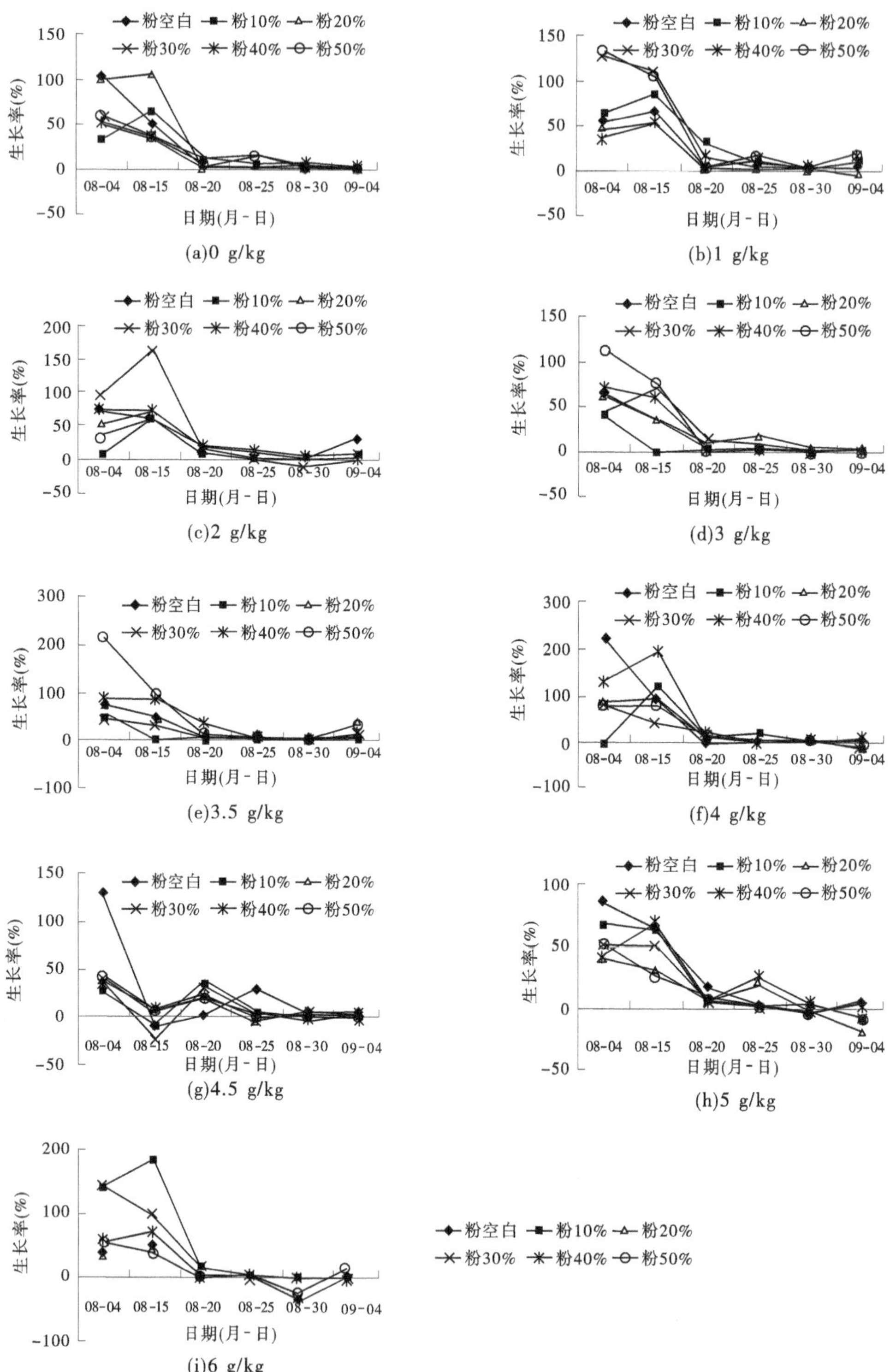

图 5-2　掺粉煤灰基盘甜高粱生长速率在不同盐浓度下变化

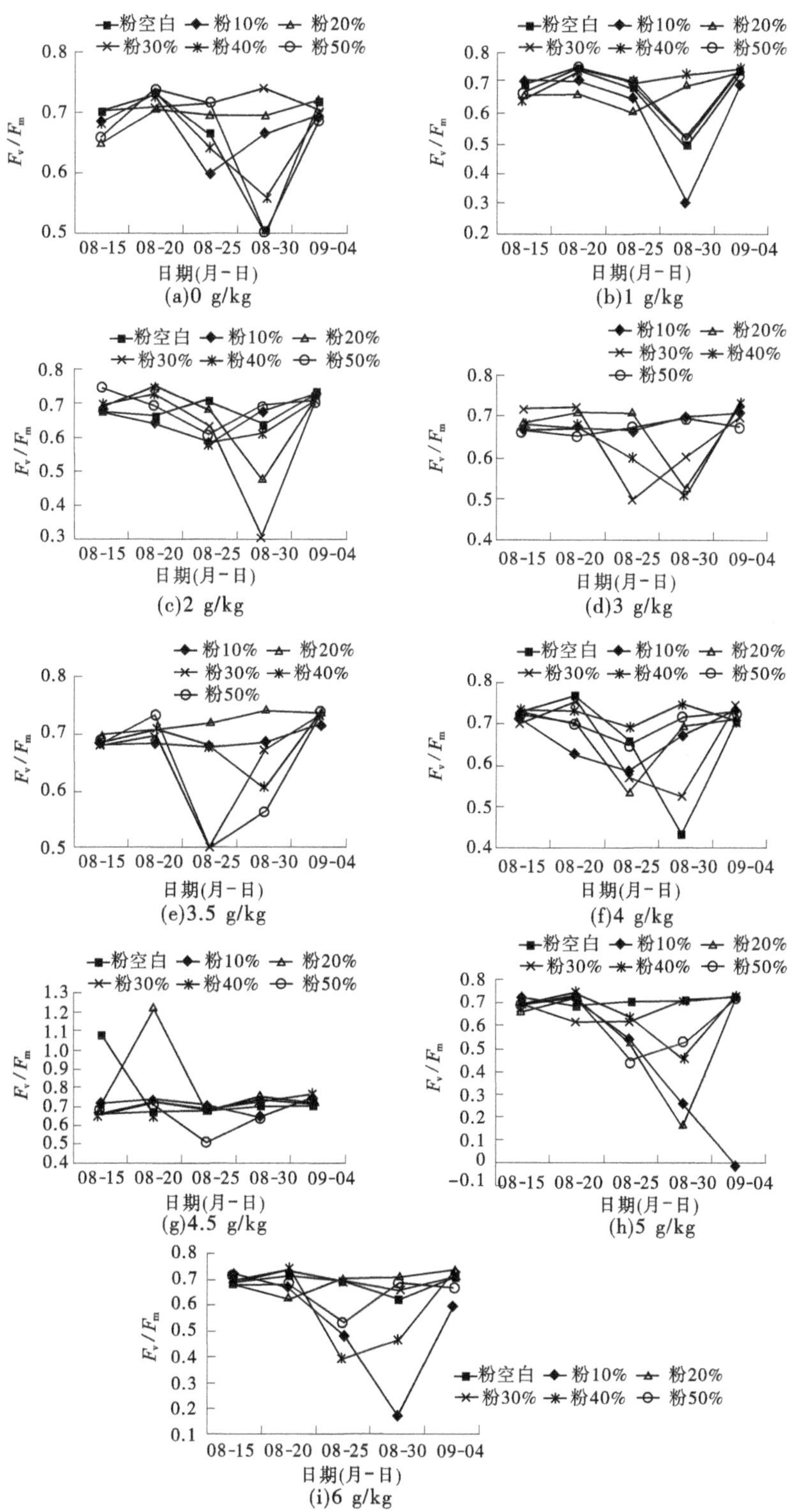

图 5-3　不同土壤含盐量条件下粉煤灰含量基盘对甜高粱 F_v/F_m 的影响

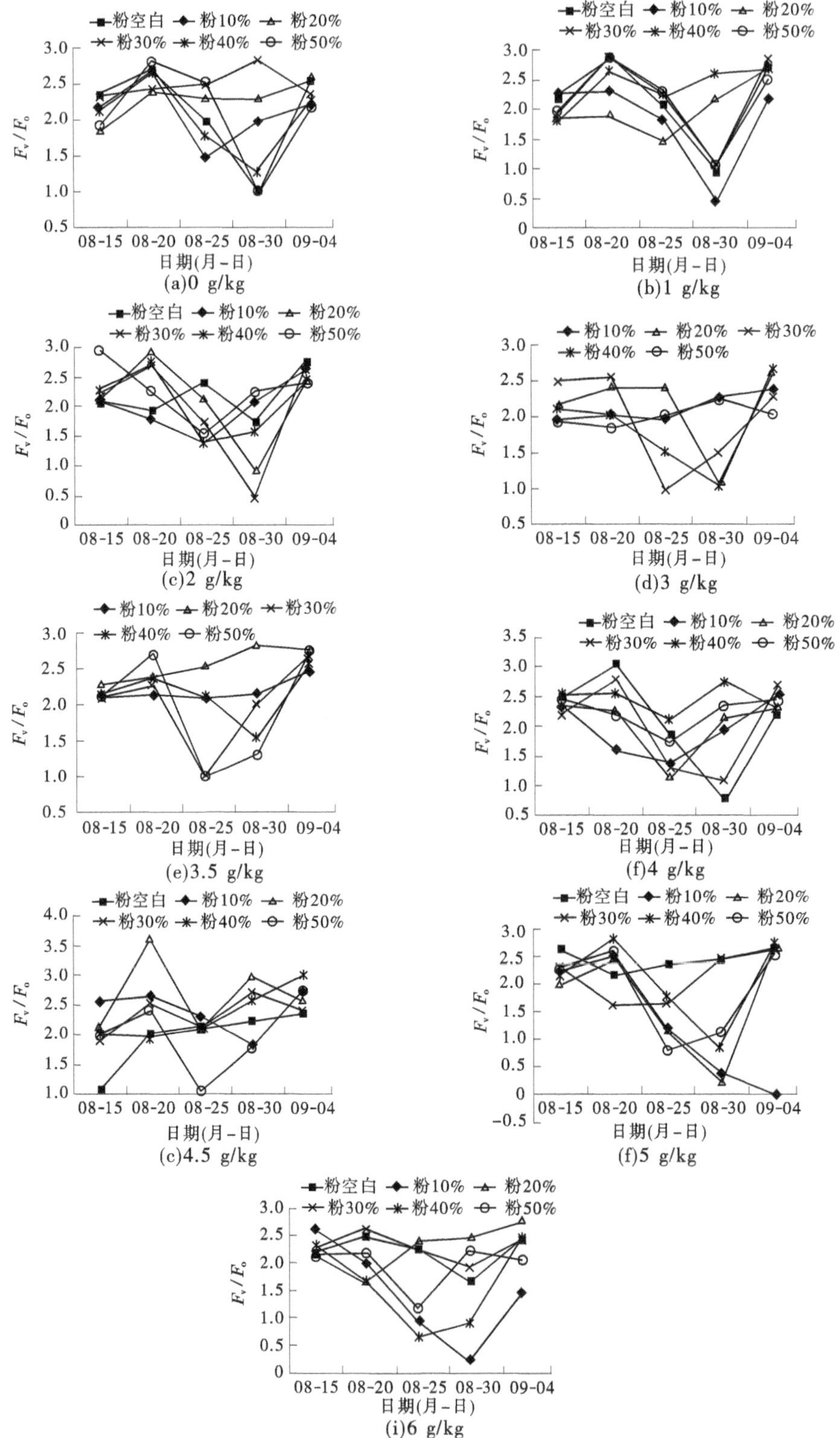

图 5-4 不同土壤含盐量条件下粉煤灰含量基盘对甜高粱 F_v/F_o 的影响

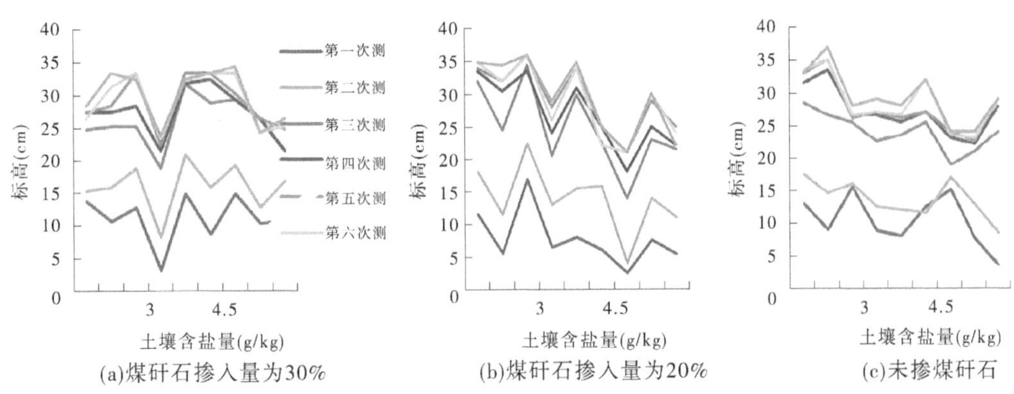

(a)煤矸石掺入量为30%　(b)煤矸石掺入量为20%　(c)未掺煤矸石

图 5-5　掺入煤矸石基盘甜高粱株高随盐浓度变化

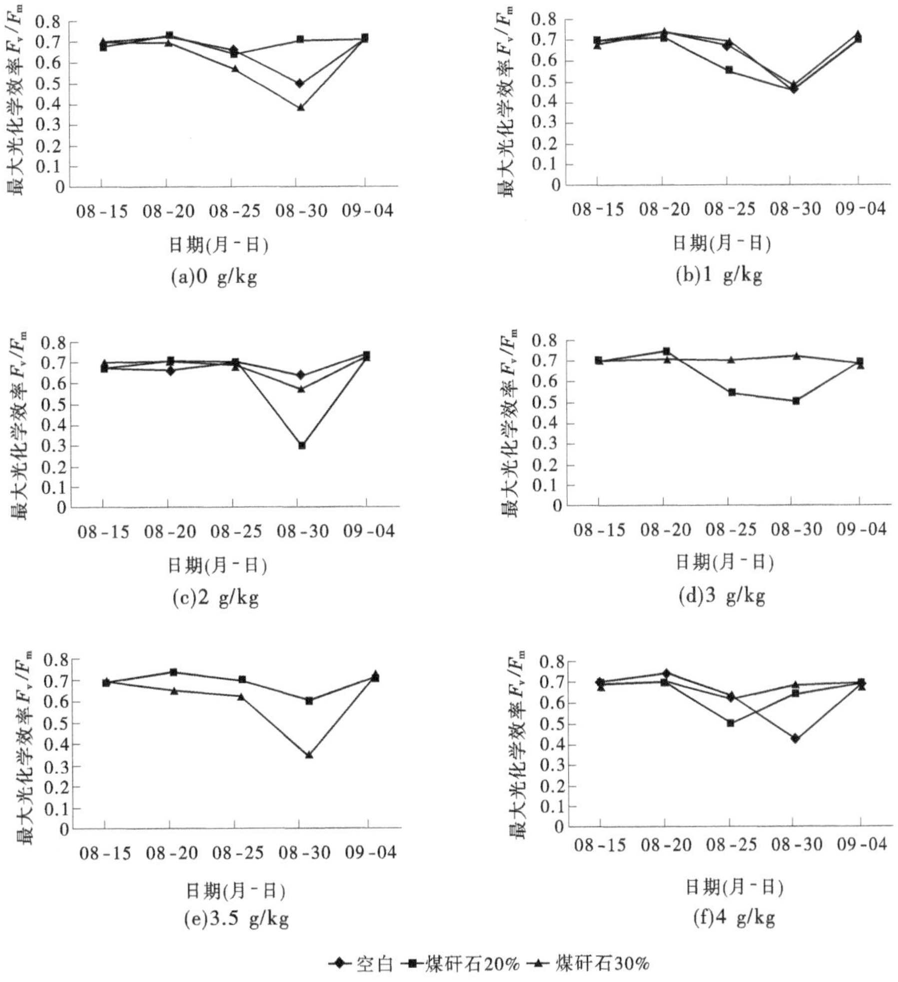

最大光化学效率 F_v/F_m

日期(月-日)

(a)0 g/kg　(b)1 g/kg

(c)2 g/kg　(d)3 g/kg

(e)3.5 g/kg　(f)4 g/kg

◆ 空白　■ 煤矸石20%　▲ 煤矸石30%

图 5-6　不同土壤含盐量条件下煤矸石含量基盘对甜高粱 F_v/F_m 的影响

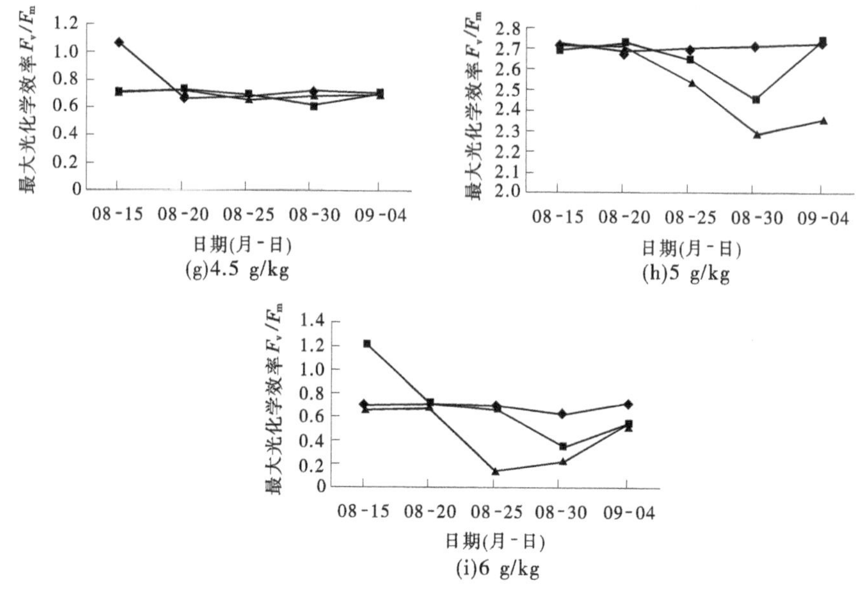

(g)4.5 g/kg

(h)5 g/kg

(i)6 g/kg

续图 5-6

基盘内的植物最大光化学效率随试验时间呈现逐渐减小的趋势,其中在土壤盐浓度大于 4. 5 g/kg 时更为显著。这与甜高粱对低、中浓度的盐土有较强的耐受表现相似。其中,在 0~2 g/kg 的浓度下,3 种配方的植物最大光化学效率差距变化并不显著。在高浓度梯度内,最大光化学效率(F_v/F_m)随时间的推移表现出明显的波动,随着土壤含盐量的增加波动的幅度越来越大。且煤矸石掺入量在 20%的基盘最大光化学效率大于煤矸石掺入量在 30%的基盘最大光化学效率。同时,随着时间的推移,煤矸石掺入量在 30%的基盘内甜高粱植株的光化学效率比煤矸石掺入量在 20%更加稳定。

5. 4. 2　表面喷洒 W-OH 水溶液基盘

5. 4. 2. 1　表面喷洒不同配比的 W-OH 水溶液对甜高粱株高的影响

如图 5-7 所示,表面未喷洒 W-OH 水溶液的基盘内,甜高粱植株幼苗的株高显著低于其他处理组,且随土壤盐浓度的增加,抑制作用逐渐加强。在 W-OH 水溶液为 1∶50、1∶45、1∶40、1∶35,土壤含盐量小于 3. 5 g/kg 处理下,基盘内甜高粱幼苗株高显著高于土壤含盐量大于 3. 5 g/kg 处理下基盘内甜高粱幼苗株高。当 W-OH 水溶液大于 1∶30 时,土壤盐浓度为 3. 0 g/kg 即出现此现象。基盘表面喷洒过高浓度的 W-OH 水溶液使育苗基盘外表面质地过硬,影响甜高粱幼苗根系的扎出,从而使植物长势较差。因此,在基盘表面喷洒 1∶50 的 W-OH 水溶液,可使土壤盐分对甜高粱植物生长抑制作用最小,且最为经济适用。

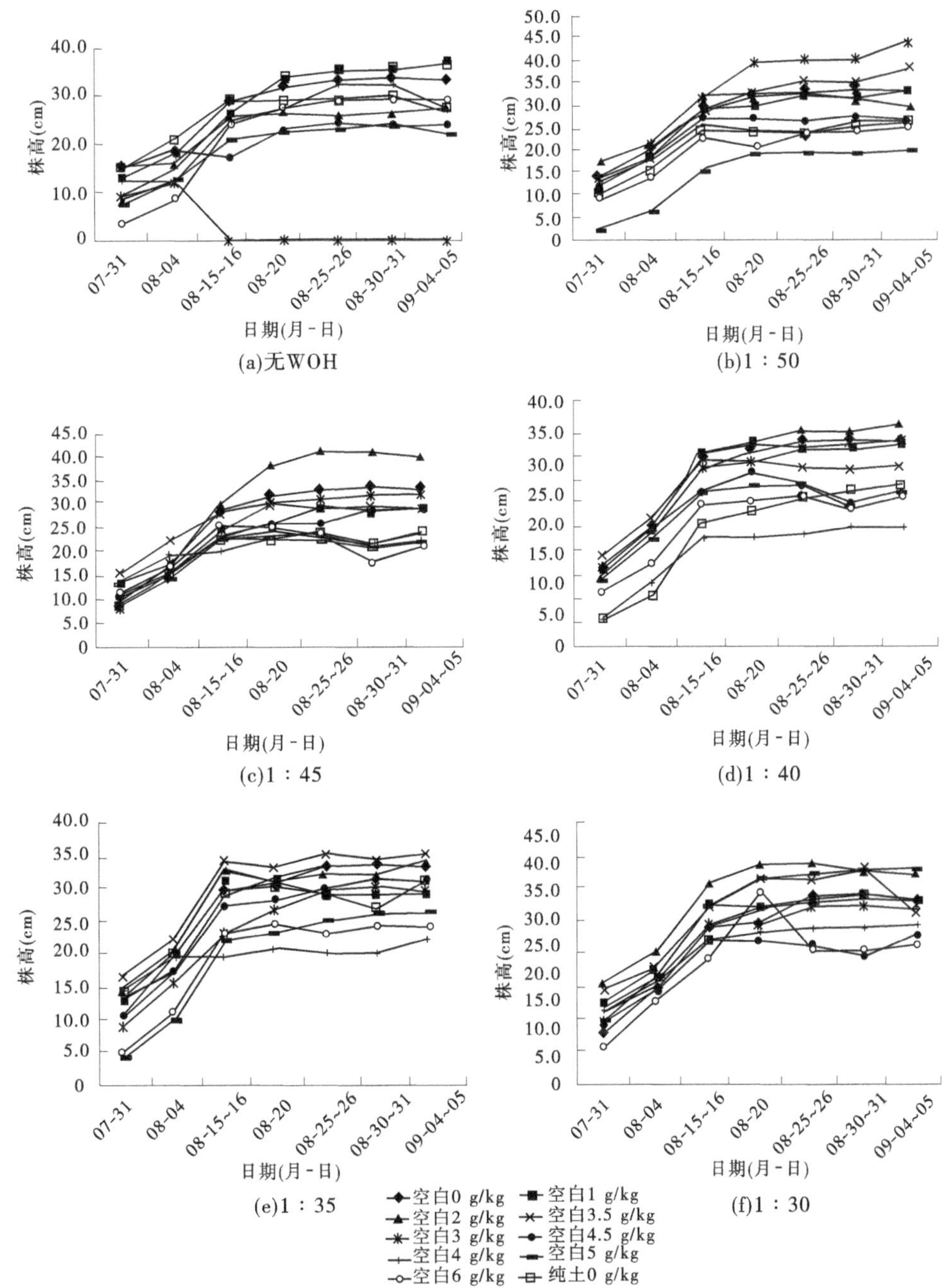

图5-7 不同配比的W-OH水溶液对甜高粱株高的影响

5.4.2.2 表面喷洒不同配比的W-OH水溶液对甜高粱光合参数的影响

由图5-8可见,在不同土壤盐浓度下喷施不同配比W-OH水溶液,其幼苗光合参数不同。其中。表面喷施配比为1:30的W-OH水溶液的基盘内甜高粱的最大光化学效率较1:50配比而言,显著减小。

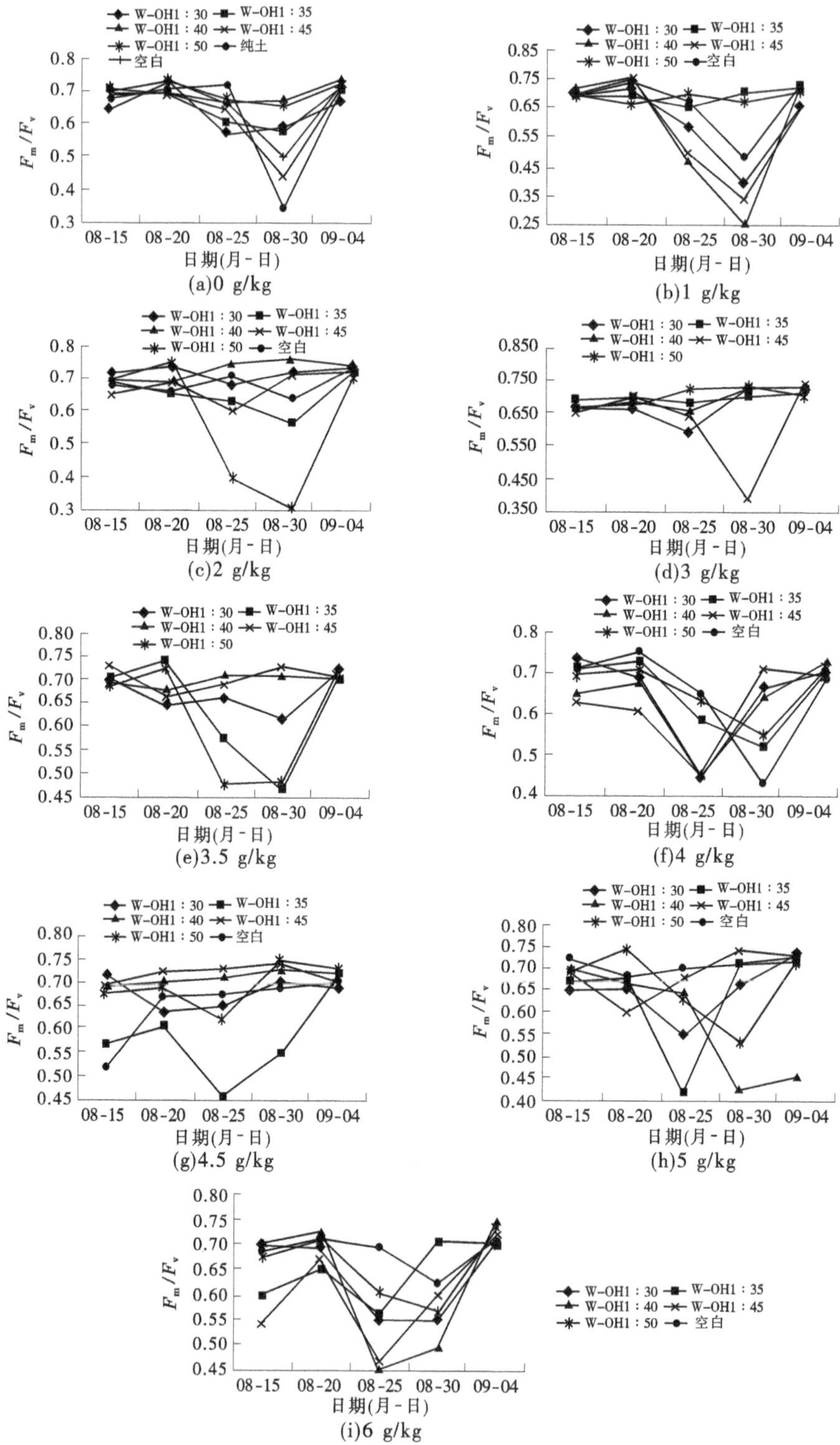

图 5-8　不同配比的 W-OH 水溶液对甜高粱 F_m/F_v 的影响

5.5 结　论

5.5.1　粉煤灰基盘最优配比

盐碱化重的土壤可使用粉 50%的基盘,盐碱化中度的土壤可使用粉 30%的基盘,盐碱化轻的土壤可使用粉 10%的基盘。综合考虑甜高粱的 PSⅡ活性、PSⅡ最大光能转化率、成活率以及生长速率,在大部分盐碱地使用粉煤灰掺入量为 10%的基盘即可满足大部分植物生长条件。本试验研究结果表明,选用粉煤灰基盘配方为 11.5 g 粉煤灰、100 g 土、2 g 水泥、0.2 g 保水剂、0.9 g 木纤维,为粉煤灰基盘最优配比。

5.5.2　煤矸石基盘最优配比

通过对 3 组不同配方基盘下甜高粱植物苗的生长高和最大光化学效率进行比较,掺入煤矸石的甜高粱基盘苗较未掺入煤矸石基盘苗的平均生长高要好。掺入煤矸石粉末对基盘抗盐土的稳定性和能力均有一定的提升,煤矸石掺入量为 20%时幼苗在短时内获得较好的环境,有利于幼苗生长;煤矸石掺入量为 30%时幼苗可以获得更加稳定的环境,即基盘最优配方为 44.2 g 煤矸石、100 g 土、2 g 水泥、0.2 g 保水剂、0.9 g 木纤维,更具长久意义。

5.5.3　基盘表面喷施 W-OH 水溶液最优配比

通过研究不同 W-OH 配比水溶液喷施于育苗基盘表面,对甜高粱幼苗株高及光合参数的影响,当在基盘表面喷施 W-OH 水溶液配比为 1∶30 时,液体薄膜对植物根系的生长产生抑制作用,使根系难以穿透,进而抑制甜高粱的生长;当在基盘表面喷施 W-OH 水溶液配比为 1∶50 时,液体薄膜能够显著抑制土壤盐分对植物生长胁迫的同时,甜高粱根系能够穿透液体薄膜;但当 W-OH 水溶液配比大于 1∶50 时,盐分可返渗进入盘使植物显著受土壤盐分胁迫作用。因此,综合经济成本和阻盐隔盐效果,本研究选择喷施 W-OH 水溶液配比为 1∶50 为最优配比。

第 6 章　盐碱地主要造林树种试验研究

对于柴达木这一内陆封闭盆地，由于具有土壤本底含盐分较高，加之强烈的蒸发，且大风天气多，造林难度大这一特点，项目组根据盆地盐碱特性、盐分轻重等引进了青杨、新疆杨、河北杨、胡杨等 6 种乔木品种和梭梭、白刺、甘蒙柽柳、白柠条等 9 种灌木品种，开展了盐碱地造林试验研究。

6.1　盐碱地各树种栽植适应性试验研究

6.1.1　树种选择

在柴达木盆地植被类型调查的基础上，结合近几年防护林营建相关技术研究结果，试验树种以乡土树种为主，适当引进抗旱抗盐碱的新树种，进行盐碱地适应性栽植试验。

乔木树种：青杨、新疆杨、河北杨、胡杨（引进）、小×胡（引进）、大果沙枣（引进）。

灌木树种：梭梭、齿叶白刺、唐古特白刺、甘蒙柽柳、枸杞、黑果枸杞、白柠条（引进）、蒙古扁桃（引进）、四翅滨藜（引进）。

6.1.2　试验设计

盐碱地造林试验点选择乌兰县哇玉农场（茶卡盐湖周边），德令哈尕海镇（尕海湖周边）、青海诺木洪农场南沙滩（荒漠灌丛）、青海诺木洪农场五大队（荒漠灌丛与荒漠草甸过渡带）、都兰县诺木洪枸杞产业科技园区（戈壁荒漠与荒漠灌丛过渡带）。

6.1.3　试验基点

试验基点土壤盐分调查见表 6-1。

表 6-1　试验基点土壤盐分调查　　（单位：g/kg）

地点	全盐	Cl^-	SO_4^{2-}
乌兰县哇玉农场	46.91	27.89	4.56
德令哈尕海镇	33.84	12.93	5.16
青海诺木洪农场南沙滩	17.83	5.04	1.08
青海诺木洪农场五大队	68.89	20.82	19.24
都兰县诺木洪枸杞产业科技园区	57.51	25.98	8.52

乌兰县哇玉农场（茶卡盐湖周边）造林试验点为青海金泰商贸有限公司经营的牧场，主要种植各类牧草。以青杨和新疆杨为乔木树种，栽植防护林；以齿叶白刺、甘蒙柽柳、白

柠条(引进)为灌木树种,栽植在地埂上。

德令哈尕海镇(尕海湖周边)造林试验点为当地牧民的草场,试验结合专项第 5 课题"盐碱地牧草种植技术集成示范",在牧草种植技术示范区周边,以青杨和新疆杨为乔木树种,栽植防护林;以齿叶白刺、唐古特白刺、甘蒙柽柳、白柠条、四翅滨藜为灌木树种,栽植在地埂上。

青海诺木洪农场造林试验点为 3 处,分别是南沙滩造林试验点、农场五大队造林试验点、都兰县诺木洪枸杞产业科技园区造林试验点。

南沙滩造林试验点处于荒漠灌丛带,为青海诺木洪农场经营的枸杞经济林产业园。该试验基点主要以枸杞经济林和黑果枸杞经济林为主,以新疆杨为主配置防护林带。本次试验要以河北杨、胡杨、小×胡和梭梭为盐碱地造林试验树种进行了相关试验。

青海诺木洪农场五大队处于荒漠灌丛与荒漠草甸过渡带,为青海诺木洪农场重度盐碱地枸杞经济林试验点,同时也是专项第 3 课题"柴达木灌区次生盐渍地综合治理技术集成示范研究"项目洗盐工程技术集成示范点,结合洗盐工程,以河北杨和胡杨为乔木树种,在试验地外围栽植防护林带;以枸杞和黑果枸杞为经济林树种,栽植于示范地,以唐古特白刺、甘蒙柽柳为灌木树种,栽植在地埂上。

都兰县诺木洪枸杞产业科技园区处于戈壁荒漠与荒漠灌丛过渡带,为青海昆仑河枸杞有限公司经营的有机枸杞种植基地。该试验基点主要以枸杞经济林和黑果枸杞经济林有机生产为主,以新疆杨、旱柳为主配置防护林带。本次试验要以河北杨、胡杨、大果沙枣、甘蒙柽柳、白柠条为盐碱地造林试验树种进行了相关试验。

6.1.4　试验结果与分析

6.1.4.1　乌兰县哇玉农场造林试验

乌兰县哇玉农场造林试验点各树种生长状况见表 6-2。

表 6-2　乌兰县哇玉农场造林试验点各树种生长状况

树种	高生长量(cm)	地径生长量(mm)	东西冠幅(cm)	南北冠幅(cm)	分枝数(个)	成活率(%)
青杨	75.68	10.02	78.06	80.02	5.5	71.25
新疆杨	68.45	8.25	36.78	34.26	6.7	62.67
齿叶白刺	21.47	2.20	10.66	13.54		86.67
甘蒙柽柳	36.55	3.26	21.25	18.86		84.25
白柠条	26.67	5.35	10.25	12.22		60.45

青杨和新疆杨经过 3 年的试验数据,即期间有 2 次补植补栽,栽植后水分管理到位,林带配置在农田渠系旁边,因此水分条件完全能够满足青杨和新疆杨的正常生长。

根据试验结果,青杨和新疆杨的成活率较低,远远达不到青海省造林标准,尤其是成活率,青杨只有 71.25%、新疆杨 62.67%,观其生长量指标,数据显示也比较弱。3 种灌木树种生长量也比较弱,齿叶白刺和甘蒙柽柳的成活率都达到了 80%以上,反映出该 2 种树种在该区域适应性较好,在周边自然植被中,也有天然分布的小果白刺和甘蒙柽柳。引进树种白柠条的表现相对较差。

乌兰县哇玉农场在茶卡盐湖东北,海拔 3 200 m,常年积温较低,造成各树种成活率低,生长量相对较低的主要因素是海拔和温度。

6.1.4.2 德令哈尕海镇造林试验

德令哈尕海镇造林试验点各树种生长状况见表 6-3。

表 6-3 德令哈尕海镇造林试验点各树种生长状况

树种	高生长量(cm)	地径生长量(mm)	东西冠幅(cm)	南北冠幅(cm)	分枝数(个)	成活率(%)
青杨	60.58	8.16	52.20	49.88	6.8	60.50
新疆杨	45.26	7.69	28.68	31.45	5.8	56.45
齿叶白刺	10.88	1.24	8.97	10.25		65.25
唐古特白刺	15.64	2.55	9.54	8.96		61.33
甘蒙柽柳	16.50	2.58	17.62	15.56		56.75
白柠条	24.88	3.25	8.67	9.24		52.33
四翅滨藜	28.76	5.67	25.34	20.66		46.75

德令哈尕海镇地处尕海湖东,海拔 2 900 m。前人栽植的人工林树种种类主要有青杨、新疆杨、白刺、柽柳、拧条、四翅滨藜等。农田防护林体系比较健全,各树种生长较健壮。各树种为当年春季栽植,秋季调查。

根据表 6-3 数据分析,各树种的生长量均显示较好,但是成活率整个较低。该造林地块是结合专项第 3 课题"柴达木灌区次生盐渍地综合治理技术集成示范研究"项目洗盐工程技术集成示范和专项第 5 课题"盐碱地牧草种植技术集成示范"牧草种植技术示范,通过洗盐工程,种植牧草,在周边种植各树种。栽植各树种的地形大部分较高,严重影响了灌溉作业,因此影响到了各树种的正常生长。

6.1.4.3 青海诺木洪农场南沙滩造林试验

1. 胡杨造林试验

2016 年,从新疆库尔勒引进 2 年生胡杨种苗,以枸杞经济林防护林营建方式,分别栽植于农场南沙滩、农场五大队和枸杞产业科技园区(青海昆仑河枸杞有限公司)枸杞地边。2017 年,对胡杨生长状况进行统计分析,测定结果见表 6-4、图 6-1。

栽植于南沙滩的胡杨成活率为 93.33%。树高最小为 160 cm,最大为 385 cm,平均为 255.15 cm。最小地径为 13.05 mm,最大地径为 58.31 mm,平均地径为 27.952 mm。东西冠幅最小为 100 cm,最大为 280 cm,平均为 161.35 cm。南北冠幅最小为 110 cm,最大为 300 cm,平均为 178 cm。分枝数最小为 14 个,最大为 41 个,平均为 28.21 个。

栽植于科技园的胡杨成活率为 84.90%。树高最小为 107 cm,最大为 273 cm,平均为 214.55 cm。最小地径为 8.56 mm,最大地径为 63.21 mm,平均地径为 33.119 mm。东西冠幅最小为 41 cm,最大为 232 cm,平均为 153.95 cm。南北冠幅最小为 40 cm,最大为

230 cm,平均为 152. 2 cm。分枝数最小为 11 个,最大为 40 个,平均为 27. 25 个。

表 6-4　盐碱地胡杨生长状况统计

地块	项目	树高(cm)	地径(mm)	东西冠幅(cm)	南北冠幅(cm)	分枝数(个)	成活率(%)
南沙滩	平均值	255. 15	27. 952	161. 35	178	28. 21	93. 33
	最大值	385	58. 31	280	300	41	
	最小值	160	13. 05	100	110	14	
科技园	平均值	214. 55	33. 119	153. 95	152. 20	27. 25	84. 90
	最大值	273	63. 21	232	230	40	
	最小值	107	8. 56	41	40	11	
五大队	平均值	—	—	—	—	—	10. 67
	最大值	—	—	—	—	—	
	最小值	—	—	—	—	—	

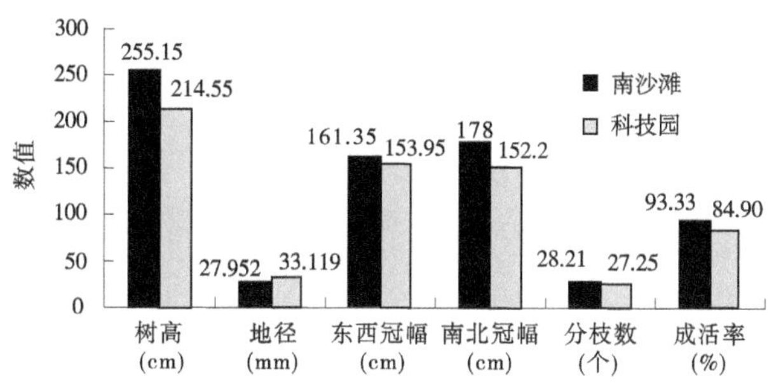

图 6-1　胡杨生长状况对比

栽植于五大队的胡杨成活率仅为 10. 67%,即使成活植株,生长量为无效生长量。主要原因是该地块盐碱度太重。

对南沙滩和科技园种植的胡杨生长状况进行对比发现,南沙滩的胡杨平均树高和平均冠幅明显地高于科技园地中的胡杨,而平均地径则是科技园的高于南沙滩。南沙滩和科技园胡杨生长状况存在差异的原因是灌溉不同所致,南沙滩灌溉方式为大水漫灌,科技园灌溉为漫灌结合滴灌,南沙滩胡杨生长过程中水分的吸收和利用较充足,生长较旺盛。

从相关性分析结果(见表 6-5)可以看出,各个生长因子之间均存在着正相关性。其中东西冠幅和南北冠幅之间的相关性最大,其次是地径和东西冠幅。树高和地径、东西冠幅、南北冠幅及分枝数之间都存在较高的相关性,分枝数和东西冠幅及南北冠幅之间的相关性较小。

表 6-5　胡杨各个生长因子的相关性分析

项目	树高(cm)	地径(mm)	东西冠幅(cm)	南北冠幅(cm)	分枝数(个)
树高(cm)	1	0.678 5	0.659	0.664 7	0.631
地径(mm)	0.678 5	1	0.728 5	0.564 6	0.49
东西冠幅(cm)	0.659	0.728 5	1	0.766 6	0.327 3
南北冠幅(cm)	0.664 7	0.564 6	0.766 6	1	0.365 6
分枝数(个)	0.631	0.49	0.327 3	0.365 6	1

2. 河北杨造林试验

2015 年,从西宁市购进胸径 3 cm 以上、截杆 2. 50 m 的河北杨种苗,以枸杞经济林防护林营建方式,分别栽植于农场南沙滩和枸杞产业科技园区(青海昆仑河枸杞有限公司)枸杞地边。2017 年,对河北杨生长状况进行统计分析,测定结果见表 6-6。

表 6-6　河北杨生长状况调查结果

地块	项目	新梢高(cm)	分枝数(个)	分枝干径(mm)	成活率(%)
南沙滩	平均值	169. 19	3. 37	15. 36	97. 85
	最大值	225	7	31. 12	
	最小值	116	1	5. 08	
科技园	平均值	73. 22	11. 09	28. 07	87. 67
	最大值	99	31	39. 90	
	最小值	45	3	7. 61	

栽植于南沙滩的河北杨成活率为 97. 85%,平均新梢高为 169. 19 cm,最大为 225 cm,最小为 116 cm。分枝数平均为 3. 37 个,最多为 7 个,最小为 1 个。分枝干径平均为 15. 36 mm,最大为 31. 12 mm,最小为 5. 08 mm。

栽植于科技园的河北杨成活率为 87. 67%,平均新梢高为 73. 22 cm,最大为 99 cm,最小为 45 cm。分枝数平均为 11. 09 个,最多为 31 个,最小为 3 个。分枝干径平均为 28. 07 mm,最大为 39. 90 mm,最小为 7. 61 mm。

相关性分析结果(见表 6-7)发现,新梢高和分枝数之间存在负相关性,但是没有达到显著相关水平。分枝干径和分枝数之间存在正相关性,并且相关性达到显著水平。新梢高和分枝干径之间也存在着负相关性,但是相关性没有达到显著水平。

3. 梭梭造林试验

2015 年,从甘肃省民勤县购进 1 年生梭梭种苗,以枸杞经济林防护林营建方式,分别栽植于农场南沙滩枸杞地边。2017 年,对梭梭生长状况进行统计分析,测定结果见表 6-8。

表 6-7　河北杨生长因子相关性分析结果

项目	新梢高(cm)	分枝数(个)	分枝干径(mm)
新梢高(cm)	1	-0.599 4	-0.461 1
分枝数(个)	-0.599 4	1	0.604 1
分枝干径(mm)	-0.461 1	0.604 1	1

表 6-8　梭梭生长状况调查结果

地块	项目	树高(cm)	地径(mm)	东西冠幅(cm)	南北冠幅(cm)	分枝数(个)	成活率(%)
南沙滩	平均值	148.9	23.46	98.95	83.65	2.8	98.5
	最大值	193	43.5	160	136	6	
	最小值	95	12.18	50	43	1	

梭梭生长状况调查结果显示,成活率达到 98.5%,平均树高达到 148.9 cm,地径达到 23.46 mm,东西冠幅平均数为 98.95 cm,南北冠幅平均数为 83.65 cm,分枝数平均为 2.8 个。地径最高为 43.5 mm,最小为 12.18 mm;树高最高为 193 cm,最小为 95 cm;东西冠幅最高为 160 cm,最小为 50 cm;南北冠幅最大为 136 cm,最小为 43 cm;分枝数最多的是 6 个,最小的是 1 个。

4. 柽柳造林试验

2015 年,从甘肃省民勤县购进柽柳 1 年生扦插苗,以枸杞经济林防护林营建方式,分别栽植于农场南沙滩、五大队和枸杞产业科技园区(青海昆仑河枸杞有限公司)枸杞地边。2017 年,对柽柳生长状况进行统计分析,测定结果见表 6-9。

表 6-9　柽柳生长状况调查结果

地块	项目	树高(cm)	东西冠幅(cm)	南北冠幅(cm)	成活率(%)
南沙滩	平均值	82.73	55.13	50.80	88.67
	最大值	140	81	113	
	最小值	30	17	17	
科技园	平均值	76.53	56.60	50.20	86.67
	最大值	102	94	86	
	最小值	53	32	26	
五大队	平均值	56.67	28.13	28.33	65.33
	最大值	75	40	38	
	最小值	40	20	21	

南沙滩柽柳的成活率为 88.67%,平均树高达到 82.73 cm,东西平均冠幅达到 55.13 cm,南北平均冠幅达到 50.80 cm。科技园柽柳的成活率为 86.67%,平均树高达到 76.53 cm,东

西平均冠幅达到 56. 60 cm,南北平均冠幅达到 50. 20 cm。五大队柽柳的成活率为 65. 33%,平均树高达到 56. 67 cm,东西平均冠幅达到 28. 13 cm,南北平均冠幅达到 28. 33 cm。

综合评价,南沙滩的成活率和生长势最好,科技园略低于南沙滩,主要原因是与水分有关;五大队较差,主要原因是土壤盐分含量较大。

5. 沙枣造林试验

2015 年,从甘肃省民勤县引进大国沙枣,以枸杞经济林防护林营建方式,分别栽植于农场南沙滩、五大队和枸杞产业科技园区(青海昆仑河枸杞有限公司)枸杞地边。2017 年,对柽柳生长状况进行统计分析,五大队全部死亡,测定结果见表 6-10。

表 6-10 沙枣生长状况调查结果

地块	项目	树高(cm)	地径(mm)	东西冠幅(cm)	南北冠幅(cm)	分枝数(个)	成活率(%)
南沙滩	平均值	76. 73	11. 29	59. 0	54. 8	10. 47	75. 67
	最大值	138	19. 37	132	127	24	
	最小值	15	2. 2	11	17	2	
科技园	平均值	93. 67	12. 66	65. 80	67. 13	10. 87	73. 33
	最大值	143	22. 41	118	105	23	
	最小值	35	6. 06	26	33	3	

南沙滩沙枣成活率为 75. 67%,平均地径达到 11. 29 mm,平均树高达到 76. 73 cm,东西平均冠幅达到 59. 00 cm,南北平均冠幅达到 54. 80 cm,平均分枝数为 10. 47 个。科技园沙枣成活率为 73. 33%,平均地径达到 12. 66 mm,平均树高达到 93. 67 cm,东西平均冠幅达到 65. 80 cm,南北平均冠幅达到 67. 13 cm,平均分枝数为 10. 87 个。

6. 枸杞经济林造林试验

2016 年,以枸杞经济林栽植方式,分别在农场南沙滩、农场五大队和枸杞产业科技园区(青海昆仑河枸杞有限公司)栽植枸杞经济林。2017 年,对生长状况进行统计分析,测定结果见表 6-11。

南沙滩枸杞成活率为 95. 50%,平均地径达到 25. 53 mm,平均树高达到 127. 57 cm,东西平均冠幅达到 128. 90 cm,南北平均冠幅达到 131. 33 cm。科技园枸杞成活率为 87. 77%,平均地径达到 9. 62 mm,平均树高达到 58. 97 cm,东西平均冠幅达到 52. 60 cm,南北平均冠幅达到 55. 07 cm。五大队枸杞成活率为 87. 78%,平均地径达到 8. 37 mm,平均树高达到 70. 03 cm,东西平均冠幅达到 77. 57 cm,南北平均冠幅达到 80. 00 cm。

枸杞栽植后,以经济林管理方式经营,每年要进行整形修剪,因此在上述调查因子中,树高和冠幅在整形修剪过程中有所变化,不能充分说明地块之间盐分含量而造成的差异。成活率与地径生长量之间的差异能够反映出地块之间的差异。

7. 黑果枸杞经济林造林试验

2016 年,以黑果枸杞经济林栽植方式,分别在农场南沙滩、农场五大队和枸杞产业科技园区(青海昆仑河枸杞有限公司)栽植枸杞经济林。2017 年,对生长状况进行统计分析,测定结果见表 6-12。

表 6-11　枸杞经济林生长调查结果

地块	项目	树高(cm)	地径(mm)	东西冠幅(cm)	南北冠幅(cm)	成活率(%)
南沙滩	平均值	127.57	25.53	128.90	131.33	95.50
	最大值	158	31.12	158	173	
	最小值	97	17.24	88	12	
科技园	平均值	58.97	9.62	52.60	55.07	87.77
	最大值	100	15.10	97	110	
	最小值	27	4.71	16	20	
五大队	平均值	70.03	8.37	77.57	80.00	87.78
	最大值	107	12.90	127	140	
	最小值	19	4.83	9	14	

表 6-12　黑果枸杞经济林生长状况调查

地块	项目	树高(cm)	地径(mm)	东西冠幅(cm)	南北冠幅(cm)	成活率(%)
南沙滩	平均值	59.12	9.28	69.15	74.38	100
	最大值	85.00	15.51	114.67	110.33	
	最小值	26.33	4.81	31.00	32.00	
科技园	平均值	40.83	7.98	52.93	57.58	79.02
	最大值	63.33	14.24	80.33	98.33	
	最小值	20.00	3.36	17.00	16.67	
五大队	平均值	34.25	5.52	22.22	24.26	76.15
	最大值	49.33	9.58	54.00	43.33	
	最小值	22.67	3.29	9.00	21.00	

栽植于南沙滩的黑枸杞成活率为 100%；树高最小为 26.33 cm，最大为 85.00 cm，平均为 59.12 cm；最小地径为 4.81 mm，最大地径为 15.51 mm，平均地径为 9.28 mm；东西冠幅最小为 31.00 cm，最大 114.67 cm，平均为 69.15 cm；南北冠幅最小为 32.00 cm，最大为 110.33 cm，平均为 74.38 cm。

栽植于科技园的黑枸杞成活率为 79.02%；树高最小为 20.00 cm，最大为 63.33 cm，平均为 40.83 cm；最小地径为 3.36 mm，最大地径为 14.24 mm，平均地径为 7.98 mm；东西冠幅最小为 17.00，最大为 80.33 cm，平均为 52.93 cm；南北冠幅最小为 16.67 cm，最大为 98.33 cm，平均为 57.58 cm。

栽植于五大队的黑枸杞成活率为 76.15%；树高最小为 22.67 cm，最大为 49.33 cm，平均为 34.25 cm；最小地径为 3.29 mm，最大地径为 9.58 mm，平均地径为 5.52 mm；东西冠幅最小为 9.00，最大为 54.00 cm，平均为 22.22 cm；南北冠幅最小为 21.00 cm，最大为 43.33 cm，平均为 24.26 cm。

对南沙滩栽植的黑果枸杞 4 个生长因子进行分析发现，地径、树高、东西冠幅和南北冠幅都呈正态分布，其结果见图 6-2 所示。

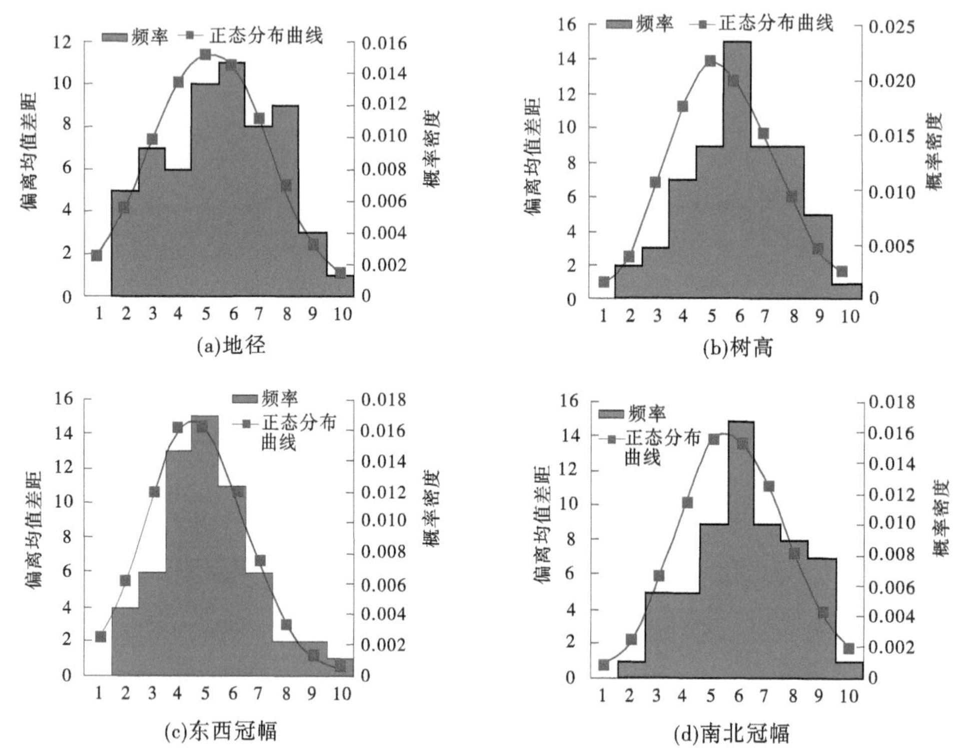

图 6-2　南沙滩的 4 个生长因子的正态分布分析

对科技园栽植的黑果枸杞 4 个生长因子进行分析发现，地径、树高和南北冠幅 3 个生长因子基本服从正态分布，而东西冠幅不服从正态分布，其结果见图 6-3。

对五大队栽植的黑果枸杞 4 个生长因子进行分析发现，地径、树高、南北冠幅和东西冠幅 4 个生长因子都基本服从正态分布，其结果见图 6-4。

8. 黑果枸杞抗盐耐盐栽培试验

诺蓝杞黑果枸杞种植基地在大格勒地区，通过栽植地盐分调查，通过重量法和酸度计法对土壤中 pH 和全盐含量进行测定，发现诺蓝杞地块土壤 pH 为 7.47，呈中性，但是其全盐含量较高达到 188.64 g/kg。通过双指示剂-中和滴定法、硝酸银滴定法、EDTA 络合滴定法和火焰光度计法对土壤中的盐分离子进行分析发现，诺蓝杞地块中浓度最高阴离子的是 Cl^-，其浓度达到 93.72 g/L；其次是 SO_4^{2-}，其浓度达到 7.44 g/L；阳离子中 Na^+ 和 Ca^{2+} 的浓度都较高，分别是 10.235 g/L 和 6.60 g/L。所有离子的浓度测定结果见表 6-13。

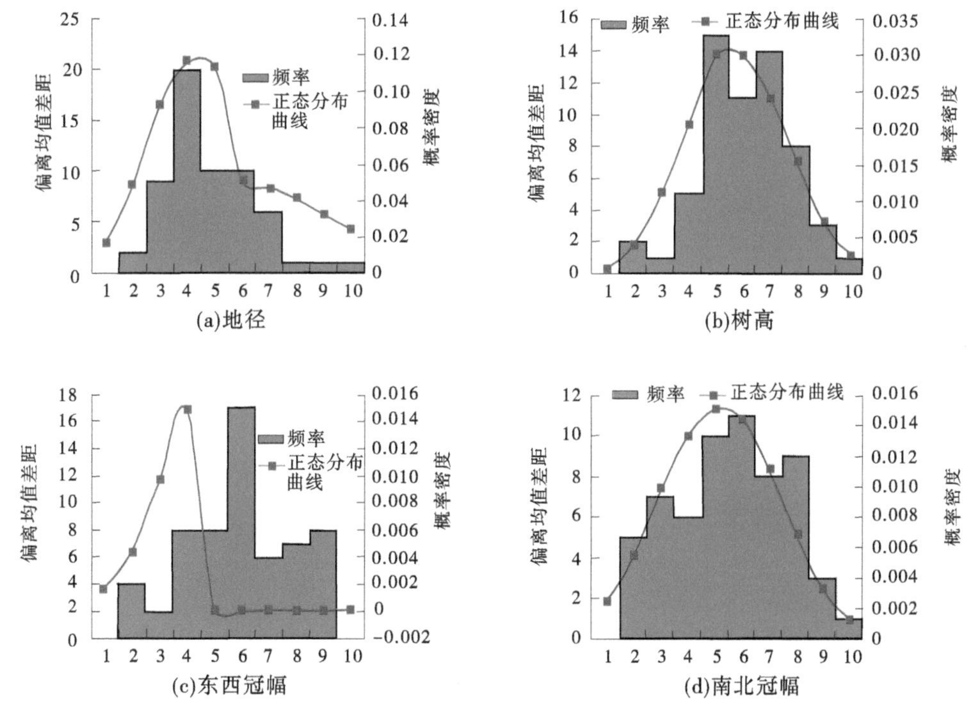

图 6-3　科技园的 4 个生长因子的正态分布分析

表 6-13　诺蓝杞黑果枸杞地块土壤各离子浓度分布

全盐(g/kg)	CO_3^{2-}(g/L)	HCO_3^-(g/L)	Cl^-(g/L)	SO_4^{2-}(g/L)	Ca^{2+}(g/L)	Mg^{2+}(g/L)	K^+(g/L)	Na^+(g/L)
188.64	—	0.158	93.72	7.44	6.60	2.623	0.217	10.235

土壤中的盐分浓度和不同盐分离子的浓度会对植物的生长发育产生一定的影响。在盐分浓度较低的情况下，植物体内水势降低离子失衡或受到干扰，产生离子毒性。在这种胁迫条件下叶片光合速率、胞间 CO_2 浓度、气孔导度和蒸腾速率显著下降，植物株高和生长量下降、根冠比值增大，植物生产力水平降低，导致生物量和干物质累积减少。自然环境中，盐碱土壤的盐离子主要有 Na^+、Ca^{2+}、Mg^{2+} 3 种阳离子和 CO_3^{2-}、HCO_3^-、SO_4^{2-} 和 Cl^- 4 种阴离子，不同的盐分浓度和不同的盐离子浓度对植物的生长产生不同的影响。结合黑果枸杞生长因子和成活率的调查结果可以发现，黑果枸杞对于 Cl^-、SO_4^{2-} 和 Na^+的耐受上限较高。

将其他含盐量较小的五大队地块中种植的，同样为两年生的黑果枸杞和盐分含量较高的诺蓝杞两年生的黑果枸杞生长状况进行对比后发现，5 大队土壤低盐浓度下的黑枸杞树高和地径明显高于高盐浓度土壤的诺蓝杞的黑枸杞的树高和地径；而南北冠幅和东西冠幅则是高盐浓度下土壤中种植的黑果枸杞略大于低盐浓度土壤中种植的植株，如图 6-5 所示。

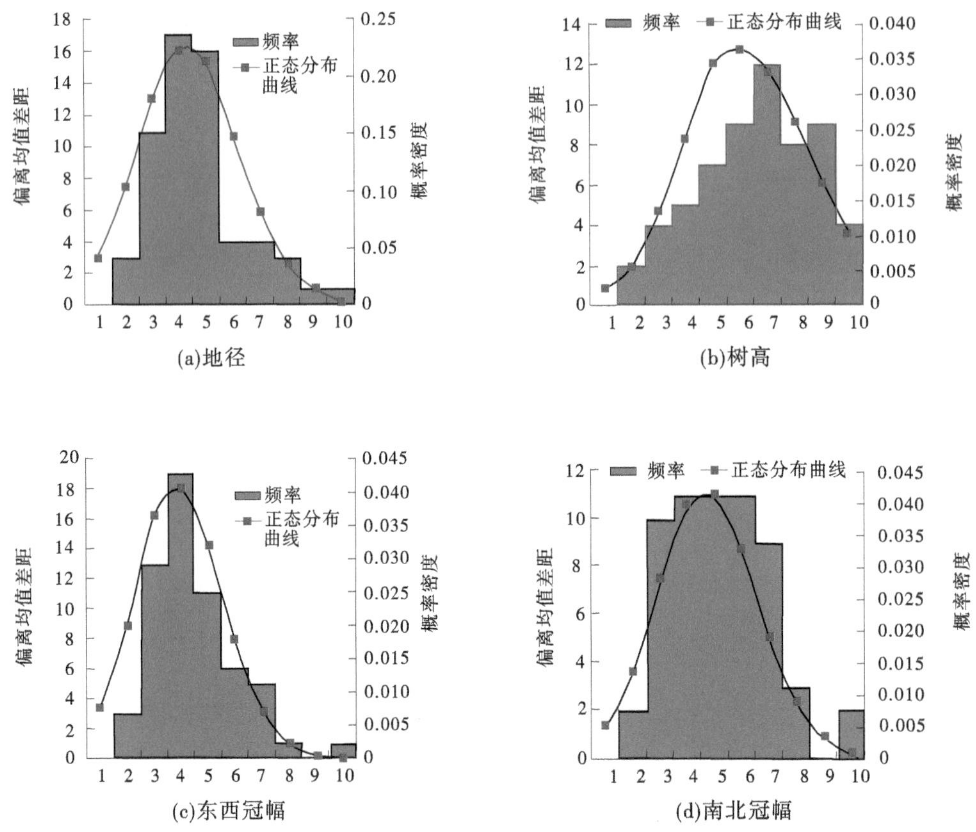

图 6-4　栽植 1 年的 4 个生长因子的正态分布分析

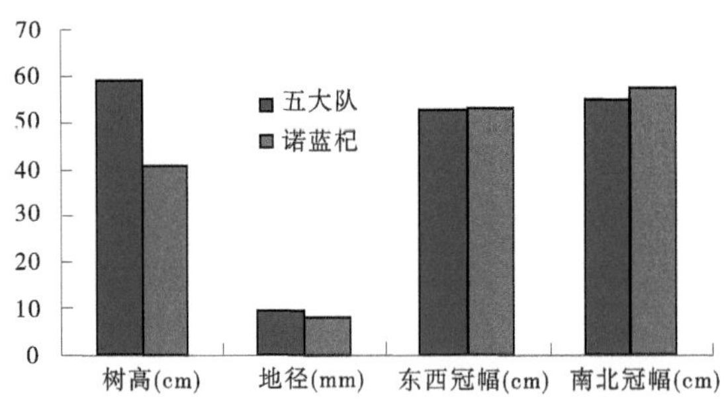

图 6-5　五大队和诺蓝杞两年生黑枸杞生长状况对比

进一步将两个不同盐浓度地块的土壤进行测定,结果为:5 大队土壤中 SO_4^{2-} 的含量高于诺蓝杞土壤中 SO_4^{2-} 的含量;诺蓝杞土壤中全盐 Cl^-、Ca^{2+}及 Na^+含量高于 5 大队土壤中全盐、Cl^-、Ca^{2+}及 Na^+含量。这就表明,土壤中 SO_4^{2-} 的含量对黑枸杞的树高和地径有一定的影响;而全盐、Cl^-、Ca^{2+}及 Na^+含量对黑枸杞的东西冠幅和南北冠幅有一定的影响。

6.2　柴达木盆地宜林盐碱地适栽树种

结合柴达木盆地宜林地土壤盐化分级标准,对不同盐分区域配置适栽的树种,详见表 6-14。

表 6-14　柴达木盆地宜林地土壤盐化分级及适栽树种配置标准

盐化分级	含盐量(g/kg)				适宜栽植的树种
	Cl^-	$Cl^- -SO_4^{2-}$	$SO_4^{2-}-Cl^-$	SO_4^{2-}	
非盐化	7	7	3	3	经济林树种:枸杞、黑果枸杞; 适栽乔木树种:小叶杨、河北杨、新疆杨、青杨、旱柳; 适栽灌木树种:枸杞、黑果枸杞、梭梭、柽柳、齿叶白刺、沙拐枣、膜果麻黄、白柠条
轻盐化	7~10	7~10	3~10	3~10	经济林树种:枸杞、黑果枸杞; 适栽乔木树种:小叶杨、河北杨、新疆杨、胡杨; 适栽灌木树种:枸杞、黑果枸杞、柽柳、齿叶白刺、沙拐枣、膜果麻黄
中盐化	10~50	10~70	10~15	10~15	经济林树种:枸杞、黑果枸杞; 适栽乔木树种:小叶杨、河北杨、胡杨; 适栽灌木树种:枸杞、黑果枸杞、柽柳、唐古特白刺
重盐化	50~100	70~120	15~18	15~20	经济林树种:枸杞、黑果枸杞; 适栽乔木树种:没有可选择的树种; 适栽灌木树种:黑果枸杞、柽柳、唐古特白刺
极重盐化	100	120	18	20	经济林树种:没有可选择的树种; 适栽乔木树种:没有可选择的树种; 适栽灌木树种:黑果枸杞

参考文献

[1] 熊毅. 中国盐渍土分区[J]. 土壤学报,1957,5(1):50-60.

[2] 许重九. 柴达木盆地盐土植物探讨(下)[J]. 青海农林科技,1987(1):16-18.

[3] 陈丽枫. 青海省土地资源利用特点及其存在问题分析[J]. 学理论, 2012(17):71-72.

[4] 侯俊卿,哈连来. 试论柴达木盆地"三北"防护林体系建设[J]. 青海农林科技, 1981(3):42-47.

[5] 张得芳,樊光辉,马玉林. 柴达木盆地盐碱土壤类型及其盐离子相关性研究[J]. 青海农林科技, 2016(3):1-6.

[6] 管吕军. 柴达木盆地次生盐碱地工程治理技术研究[D]. 西宁:青海大学,2016.

[7] 李海英,彭红春,牛东玲,等.生物措施对柴达木盆地弃耕盐碱地效应分析[J].草地学报,2002(1):63-68.
[8] 彭宏春,牛东玲,李晓明,等.柴达木盆地弃耕盐碱地紫花苜蓿生物量季节动态[J].草地学报,2001(3):218-222.
[9] 牛东玲,彭宏春,王启基,等.柴达木盆地弃耕地盐渍状况的主分量分析[J].草业学报,2001(2):39-46.
[10] 王现洁,孔凡晶,孔维刚,等.发展柴达木盆地盐湖农业的资源基础[J].科技导报,2017,35(10):93-98.
[11] 刘吉祥,吴学明,何涛,等.盐胁迫下芦苇叶肉细胞超微结构的研究[J].西北植物学报,2004(6):1035-1040.
[12] 俞永科,王玫林.浅议柴达木盆地盐碱土成因与暗排技术的应用[J].青海环境,1997(1):19-21.
[13] 何孝德,王薇娟,马文华,等.柴达木盆地固沙植物白刺的开发利用与管护[J].青海草业,2003(3):19-21.
[14] 毕晶.苏打盐碱土异位生物改良技术研究[D].长春:吉林农业大学,2011.
[15] 陈恩凤,王汝镛,王春裕.有机质改良盐碱土的作用[J].土壤通报,1984(5):193-196.
[16] 陈丽湘,刘伟.土壤次生盐渍化之水盐运动规律研究[J].工程热物理学报,2006,27(3):466-468.
[17] 陈小军,郭宗华.高海拔盐渍地客土造林技术[J].防护林科技,2011(1):116.
[18] 陈阳,张展羽,冯根祥,等.滨海盐碱地暗管排水除盐效果试验研究[J].灌溉排水学报,2014,33(3):38-41.
[19] 褚琳琳,康跃虎,陈秀龙,等.喷灌强度对滨海盐碱地土壤水盐运移特征的影响[J].农业工程学报,2013,29(7):76-82.
[20] 高广磊,丁国栋,韦利伟,等.滨海盐碱地改土造林技术研究[J].安徽农业科学,2010,38(7):3662-3665.
[21] 高英旭,赵直,李程,等.辽河三角洲盐碱地覆膜措施对土壤物理性质的影响[J].防护林科技,2017(5):13-14.
[22] 黄领梅,沈冰.水盐运动研究述评[J].水资源与水工程学报,2000,11(1):7-13.
[23] 蒋德明,寇振武,曹成有,等.科尔沁沙地盐碱土造林对土壤改良作用的研究[J].内蒙古林学院学报,1997(4):1-4.
[24] 景峰,朱金兆,张学培,等.滨海泥质盐碱地衬膜造林技术[J].生态学报,2012,32(1):326-332.
[25] 李保国,李韵珠,石元春.水盐运动研究30年(1973—2003)[J].中国农业大学学报,2003(S1):5-19.
[26] 李秀芬,朱金兆,刘德玺,等.土壤盐渍化程度对造林的影响[J].中国农学通报,2012,28(1):56-59.
[27] 凌朝文,刘兆华.盐碱地造林[M].天津:天津科学技术出版社,1982.
[28] 刘福汉,王遵亲.潜水蒸发条件下不同质地剖面的土壤水盐运动[J].土壤学报,1993(2):173-181.
[29] 刘艳,姚延梼.耐盐碱树种柽柳对应县重盐碱地的改良效果[J].山西农业科学,2015,43(8):981-985.
[30] 吕彪,秦嘉海.河西走廊内陆盐渍土治理复合生物系统研究[J].干旱区研究,2003,20(1):72-75.
[31] 买买堤·阿扎提,艾力克木·卡德尔,吐尔逊·哈斯木.土壤盐渍化及其治理措施研究综述[J].

环境科学与管理, 2008, 33(5):29-33.

[32] 毛前, 司吉花, 高云,等. 柴达木盆地本地资源盐生植物的应用及引种外源盐生植物的评估[J]. 青海师范大学学报(自然科学版), 2015(2):39-47.

[33] 毛学森. 硬覆盖对盐渍土水盐运动及作物生长发育影响的研究[J]. 土壤通报, 1998, 29(6): 264-266.

[34] 彭红春, 李海英, 沈振西,等. 利用人工种草改良柴达木盆地弃耕盐碱地[J]. 草业学报, 2003, 12(5):26-30.

[35] 青海农业资源区划办公室. 青海土壤[M]. 北京:中国农业出版社,1997.

[36] 任加国, 许模. 土壤盐渍化与竖井排灌关系研究[J]. 中国地质灾害与防治学报, 2003, 14(3): 55-57.

[37] 任崴, 罗廷彬, 王宝军,等. 新疆生物改良盐碱地效益研究[J]. 干旱地区农业研究, 2004, 22(4):211-214.

[38] 石元春, 辛德惠. 黄淮海平原的水盐运动和旱涝盐碱的综合治理[M]. 石家庄:河北人民出版社, 1983.

[39] 宋雪. 黄河三角洲盐碱地混交林对土壤的改良[D]. 泰安:山东农业大学, 2012.

[40] 孙博, 解建仓, 汪妮,等. 不同秸秆覆盖量对盐渍土蒸发、水盐变化的影响[J]. 水土保持学报, 2012, 26(1):246-250.

[41] 孙向阳. 土壤学[M]. 北京:中国林业出版社,2005.

[42] 孙兆军. 中国北方典型盐碱地生态修复[M]. 北京:科学出版社,2017.

[43] 孙振元. 盐碱土绿化技术[M]. 北京:中国林业出版社, 2004.

[44] 谭丹, 谭芳. 明沟排水条件下盐碱地改良优化配水模式[J]. 灌溉排水学报, 2009, 28(1): 97-100.

[45] 陶宇, 杨佳, 杜长禹,等. 盐碱地化学改良技术研究[J]. 磷肥与复肥, 2016(8):50-52.

[46] 王春裕. 论盐渍土之种稻生态改良[J]. 土壤通报, 2002, 33(2):94-95.

[47] 王得水, 杜冰卉, 黄鹂. 新型排水材料治理盐碱地[J]. 中国花卉园艺, 2012(16):40-41.

[48] 王婧, 逄焕成, 任天志,等. 地膜覆盖与秸秆深埋对河套灌区盐渍土水盐运动的影响[J]. 农业工程学报, 2012, 28(15):52-59.

[49] 王久志, 巫东堂. 沥青乳剂改良碱盐地的效果[J]. 山西农业科学, 1986(5).

[50] 王启基, 王文颖, 王发刚,等. 柴达木盆地弃耕地成因及其土壤盐渍地球化学特征[J]. 土壤学报, 2004, 41(1):44-49.

[51] 王升, 王全九, 周蓓蓓,等. 膜下滴灌棉田间作盐生植物改良盐碱地效果[J]. 草业学报, 2014, 23(3):362-367.

[52] 王艳, 廉晓娟, 张余良,等. 天津滨海盐渍土水盐运动规律研究[J]. 天津农业科学, 2012, 18(2):95-97.

[53] 王卓然. 黄河三角洲典型地区土壤水盐动态规律、影响因素与预测模型[D]. 泰安:山东农业大学, 2017.

[54] 王遵亲. 中国盐渍土[M]. 北京:科学出版社,1993.

[55] 魏由庆. 从黄淮海平原水盐均衡谈土壤盐渍化的现状和将来[J]. 土壤学进展, 1995(2):18-25.

[56] 吴世良. 德令哈盐碱地绿化工程技术措施[J]. 中国园艺文摘, 2011, 27(1):79-80.

[57] 夏江宝, 许景伟, 李传荣,等. 黄河三角洲盐碱地道路防护林对土壤的改良效应[J]. 水土保持学报, 2011, 25(6):72-91.

[58] 熊毅. 灌区土壤盐碱化的原因和防治[J]. 科学通报, 1960, 5(3):85-87.

[59] 许慰睽，陆炳章. 应用免耕覆盖法改良新垦盐荒地的效果[J]. 土壤，1990(1):17-19.

[60] 闫少锋，吴玉柏，俞双恩，等. 江苏沿海地区竖井排盐试验研究[J]. 节水灌溉，2014(8):42-44.

[61] 杨全刚. 改良剂组合对盐碱土改良机理及对植物耐盐性影响的研究[D]. 泰安:山东农业大学，2004.

[62] 殷小琳，王冬梅，丁国栋，等. 菌根对植物抗盐碱性的影响机理研究[J]. 北方园艺，2010(5):229-233.

[63] 殷小琳，丁国栋，张维城. 降雨及隔盐层对滨海盐碱地水盐运动的影响[J]. 中国水土保持科学，2011,9(3):40-44.

[64] 尤文瑞. 盐渍土水盐动态的研究[J]. 土壤学进展，1984(3):1-14.

[65] 翟鹏辉. 天津滨海土壤盐渍化特征与隔盐层处理技术的脱盐效应研究[D]. 北京:北京林业大学，2013.

[66] 张殿发，郑琦宏. 冻融条件下土壤中水盐运移规律模拟研究[J]. 地理科学进展，2005，24(4):46-55.

[67] 张福良，李青基，李积文，等. 柴达木盆地水土流失现状及防治对策[J]. 中国水利，2012(18):43-44.

[68] 张唤，黄立华，李洋洋，等. 东北苏打盐碱地种稻研究与实践[J]. 土壤与作物，2016，5(3):191-197.

[69] 张蕾娜，冯永军，张红，等. 滨海盐渍土水盐运动规律模拟研究[J]. 山东农业大学学报(自然科学版)，2000，31(4):381-384.

[70] 张莉，丁国栋，王翔宇，等. 夹砂层土壤入渗过程水盐运动规律室内模拟试验研究[J]. 安徽农业科学，2010，38(7):3605-3606.

[71] 张莉，丁国栋，王翔宇，等. 隔沙层对盐碱地土壤水盐运动的影响[J]. 干旱地区农业研究，2010，28(2):197-200.

[72] 张凌云. 土壤盐碱改良剂对滨海盐渍土的治理效果及配套技术研究[D]. 泰安:山东农业大学，2004.

[73] 张妙仙. 土壤水盐动态预测及调控[M]. 北京:科学出版社，2012.

[74] 张维成. 滨海盐碱地造林模式及土壤水盐运动规律研究——以河北沧州临港经济技术开发区为例[D]. 北京:北京林业大学，2008.

[75] 张雪，贺康宁，史常青，等. 盐胁迫对柽柳和白刺幼苗生长与生理特性的影响[J]. 西北农林科技大学学报(自然科学版)，2017，45(1):105-111.

[76] 赵耕毛，刘兆普，陈铭达，等. 不同降雨强度下滨海盐渍土水盐运动规律模拟试验研究[J]. 南京农业大学学报，2003，26(2):51-54.

[77] 赵文举，马宏，豆品鑫，等. 不同覆盖模式下土壤返盐及水盐运移规律[J]. 干旱地区农业研究，2016，34(5):210-214.

[78] 赵永敢，逄焕成，李玉义，等. 秸秆隔层对盐碱土水盐运移及食葵光合特性的影响[J]. 生态学报，2013，33(17):5153-5161.

[79] 赵振，陈惠娟，冯林传. 青海德令哈主要环境地质问题及其防治对策[J]. 中国地质灾害与防治学报，2014，25(2):83-89.

[80] 周长进，董锁成. 柴达木盆地主要河流的水质研究及水环境保护[J]. 资源科学，2002，24(2):37-41.

[81] Boyko H. Salinity and Aridity[J]. MonograPHiae Biologicae，1966.

[82] Franco D，Franco D，Mannino I，et al. The impact of agroforestry networks on scenic beauty estimation:

The role of a landscape ecological network on a socio-cultural process[J]. Landscape & Urban Planning, 2003, 62(3):119-138.

[83] Hornsby A G. Prediction modeling for salinity control in irrigation return flows[J]. Washing D. C EPA, 1973,73-168.

[84] Peck A J. Development and reclamation of secondary salinity[M]. University of Queensland Press, 1975,301-307.

[85] 安玉艳,梁宗锁,韩蕊莲. 黄土高原 3 种乡土灌木的水分利用与抗旱适应性[J]. 林业科学,2011,47(10): 8-15.

[86] 白瑞琴,孙丽华,吕占江,等. 不同砧木苹果树水势日变化的研究[J]. 内蒙古农业大学学报, 2000, 21 (1): 63-68.

[87] 曹雪丹,李文华,鲁周民,等. 北缘地区枇杷春季光合特性研究[J]. 西北林学院学报,2008, 23(6): 33-37.

[88] 陈洁,林栖凤. 植物耐盐生理及耐盐机理研究进展[J]. 海南大学学报, 2003, 21(2): 177-182.

[89] 程维新,胡朝炳,张兴权. 农田蒸发与作物耗水量研究[M]. 北京:气象出版杜,1994.

[90] 陈少瑜,郎南军,李吉跃,等. 干旱胁迫下 3 树种苗木叶片相对含水量、质膜相对透性和脯氨酸含量的变化[J]. 西部林业科技, 2004, 33(3): 30-33.

[91] 陈静,秦景,贺康宁,等. 水分胁迫对银水牛果生长及光合气体交换参数的影响[J]. 西北植物学报, 2009,29(8):1649-1655.

[92] 程林梅,李占林,高洪文. 水分胁迫对白羊草光合生理特性的影响[J]. 中国农学通报, 2004, 20(6): 231-233.

[93] 程林梅,张原根,阎继耀,等. 干旱和复水对棉花叶片几种生理指标的影响[J]. 华北农学报,1995, 10(4): 82-85.

[94] 党宏忠,周泽福,赵雨森. 祁连山水源区主要树种耐旱性研究[J]. 应用生态学报, 2005, 16 (12): 2241-2247.

[95] 董梅,秦景,贺康宁,等. 银水牛果和沙棘幼苗在不同土壤水分条件下的光响应研究[J]. 水土保持通报, 2011, 31(1): 81-86.

[96] 董学军,陈仲新,陈锦正. 毛乌素沙地油松的水分关系参数随不同土壤基质的变化[J]. 植物生态学报, 1999,23(5): 385-392.

[97] 段爱国,张建国. 光合作用光响应曲线模型选择及低光强属性界定[J]. 林业科学研究, 2009, 22(6): 765-771.

[98] 段爱国,张建国,何彩云,等. 干旱胁迫下金沙江干热河谷主要造林树种盆植苗的蒸腾耗水特性[J]. 林业科学研究, 2008, 21(4): 436-445.

[99] 段爱旺,肖俊夫,张寄阳,等. 控制交替沟灌中灌水控制下限对玉米叶片水分利用效率的影响[J]. 作物学报, 1999, 25(6): 766-771.

[100] 方连玉,刘桂丰,王军,等. 盐胁迫对盐松两种源光合日变化的影响[A]. 2010 First International Conference on Cellular, Molecular Biology, BioPHysics and Bioengineering[C]. 2010:129-133.

[101] 方良俊. 海蓬子种子的发芽特性与贮存方法研究[J]. 种子, 2005, 24(5): 33-35.

[102] 房玉林,惠竹梅,高邦牢,等. 盐胁迫下葡萄光合特性的研究[J]. 土壤通报, 2006, 37(5): 881-884.

[103] 冯岑,陈建华,吴际友,等.4 个台湾桤木无性系光合特性研究[J]. 中国农学通报, 2009, 25(12): 75-78.

[104] 付凤玲,李晚枕,潘光堂. 模糊隶属法对玉米苗期耐旱性的拟合分析[J]. 干旱地区农业研究,

2003(1)：83-85.
[105] 高海峰. 柽柳属植物水分状况的研究[J]. 植物生理学通讯，1988(2)：20-24.
[106] 高涵，吴伟，刘秀萍，等. 水分胁迫下几种冷季型草坪草抗旱机理研究[J]. 水土保持研究，2006，13(3)：126-128.
[107] 高松，苏培玺，严巧娣. 荒漠植物梭梭群体和叶片水平气体交换对不同土壤水分的响应[J]. 中国科学：生命科学，2011，41(3)：226-237.
[108] 高照全，冯社章，王小伟. 不同土壤类型下桃树水分运转动态的数学模拟[J]. 天津农业科学，2010，16(4)：1-4.
[109] 葛体达，吕银燕，周广胜. 玉米根、叶质膜透性和叶片水分对土壤干旱胁迫的反应[J]. 西北植物学报，2005，25(3)：507-512.
[110] 龚元石，陆锦文，Huwe B. 华北平原主要农作物灌溉需水量的估算[J]. 北京农业大学学报，1993，19：82-91.
[111] 巩玉霞，贺康宁，朱艳艳，等. 黄土半干旱区元宝枫叶片气体交换参数对土壤水分的响应[J]. 水土保持研究，2007，14(1)：242-245.
[112] 郭慧，吕长平，郑智，等. 园林植物抗旱性研究进展[J]. 安徽农学通报，2009，15(7)：53-55.
[113] 郭连生，田有亮. 运用PV技术对华北常见造林树种耐旱性评价的研究[J]. 内蒙古林学院学报，1998，20(3)：1-8.
[114] 郭孟霞，毕华兴，刘鑫，等. 树木蒸腾耗水研究进展[J]. 中国水土保持科学，2006，4(4)：114-120.
[115] 郭书奎，赵可夫. NaCl胁迫抑制幼苗光合作用的可能机理[J]. 植物学通报，2001，27(6)：461-466.
[116] 郭志华，张宏达，李志安，等. 鹅掌楸苗期光合特性的研究[J]. 生态学报，1999，19(2)：164-169.
[117] 顾慰连，戴俊英，沈秀瑛，等. 玉米不同生育时期的抗旱性[J]. 植物生理学通讯，1989(3)：18-21.
[118] 顾振瑜，胡景江，文建雷，等. 元宝枫对干旱适应性的研究[J]. 西北林学院学报，1999，14（2）：1-6.
[119] 韩德儒，杨文斌，杨茂仁. 干旱半干旱区沙地灌(乔)木种水分动态关系及其应用[M]. 北京：中国科学技术出报社，1996.
[120] 韩建秋，王秀峰，张志国. 表土干旱对白三叶根系分布和根活力的影响[J]. 中国农学通报，2007，23(3)：458-461.
[121] 韩蕊莲，梁宗锁，邹厚远. 在土壤不同干旱条件下沙棘耗水特性的初步研究[J]. 沙棘，1991(4)：33-38.
[122] 韩亚琦，唐宇丹，张少英，等. 盐胁迫抑制槲栎2变种光合作用的机理研究[J]. 西北植物学报，2007，27(3)：583-587.
[123] 韩永伟，拓学森，高馨婷，等. 阿拉善荒漠草原梭梭与白刺光合特征比较研究[J]. 草地学报，2010，18(3)：314-319.
[124] 韩永伟，王堃，张汝民，等. 吉兰泰地区退化梭梭蒸腾生态生理学特性[J]. 草地学报，2002，10(1)：40-44.
[125] 贺庆棠，刘祚昌. 森林的热量平衡[J]. 林业科学，1980，6(1)：24-33.
[126] 何炎红，田有亮，叶冬梅，等. 白刺地上生物量关系模型及其与叶面积关系的研究[J]. 中国沙漠，2005，25(4)：541-546.
[127] 户桂敏，王文天，彭少麟. 不同氮磷比下入侵种五爪金龙和本地种鸭脚木的竞争表现[J]. 生态环

境学报, 2009, 18(4): 1449-1454.

[128] 胡月楠,贺康宁,巩玉霞,等. 内蒙古库布齐沙地白刺水势研究[J]. 水土保持研究,2007,14(4): 100-104.

[129] 华春,周泉澄,王小平,等. 外源 GA3 对盐胁迫下北美海蓬子种子萌发及幼苗生长的影响[J]. 南京师范大学学报, 2007, 30 (1): 82-87.

[130] 黄广远. 盐胁迫对臭椿生长和生理的影响[D]. 南京:南京林业大学, 2012.

[131] 黄华,梁宗锁,韩蕊莲,等. 干旱胁迫条件下油松幼苗生长及抗旱性的研究[J]. 西北林学院学报, 2004,19(2):1- 4.

[132] 黄丽华,陈训,崔炳芝. 黄褐毛忍冬光合特征和水分利用效率日变化研究[J]. 贵州科学, 2007, 25(1): 54-58.

[133] 惠红霞,许兴,李守明. 盐胁迫抑制枸杞光合作用的可能机理[J]. 生态学杂志, 2004(1): 5-9.

[134] 惠红霞,许兴,李守明. 宁夏干旱地区盐胁迫下枸杞光合生理特性及耐盐性研究[J]. 中国农学通报, 2002, 5(18): 29-34.

[135] 冀宪领,盖英萍,牟志美,等. 干旱胁迫对桑树生理生化特性的影响[J]. 蚕业科学, 2004, 30 (2): 117-122.

[136] 贾彩凤,李艾莲. 药用植物金荞麦的光合特性研究[J]. 中国中药杂志, 2008, 33(2): 129 -132.

[137] 贾桂梅. NaCl 胁迫下杨树 3 个无性系幼苗的生理生态特性研究[D]. 哈尔滨:东北林业大学, 2011.

[138] 蒋海月. 八种灌木耐盐性研究和盐胁迫对三裂叶漆(Rhus trilobata)群体遗传结构的影响[D]. 河北: 河北农业大学, 2010.

[139] 蒋进,王永增. 几种旱生植物盆栽苗木的水分关系和抗旱性排序[J]. 干旱区造林与水分平衡的关系》课题论文选,1992,9(4): 31-38.

[140] 姜晓丹,郭军战. 不同果桑品种在干旱胁迫下的光合生理变化[J]. 蚕业科学, 2012, 38(1): 18-24.

[141] 金红喜. 西北干旱沙区四种主要造林灌木的蒸腾耗水研究[D]. 兰州:西北师范大学, 2005.

[142] 巨关升,刘奉觉,郑世锴,等. 稳态气孔计与其他 3 种方法蒸腾测值的比较研究[J]. 林业科学研究, 2000, 13(4): 360-365.

[143] 巨关升,刘奉觉,郑世锴. 选择树木蒸腾耗水测定方法的研究[J]. 林业科技通讯, 1998(10): 12-14.

[144] 鞠强,贡路,杨金龙,等. 梭梭光合生理生态过程与干旱环境的相互关系[J]. 干旱区资源与环境, 2005, 19(4): 201-204.

[145] Kramer P J. 树木生理专题讲演集[M]. 汪振儒等译. 北京:中国林业出版社,1982.

[146] 雷志栋,杨诗秀,谢森传. 土壤水动力学[M]. 北京: 清华大学出版社, 1988.

[147] 冷平生,杨晓红,胡悦,等. 5 种园林树木的光合和蒸腾特性的研究[J]. 北京农学院学报, 2000, 15(4): 13-18.

[148] 李翠芳,刘连涛,孙红春,等. 外源 NO 对 NaCl 胁迫下棉苗主要形态和相关生理性状的影响[J]. 中国农业科学, 2012, 45(9): 1864-1872.

[149] 李国泰. 种园林树种光合作用特征与水分利用效率比较[J]. 林业科学研究, 2002, 15(3) :291-296.

[150] 李海涛,陈灵芝. 用于测定树干木质部蒸腾液流的热脉冲技术研究概况[J]. 植物学通报,1997, 14(4):24-29.

[151] 李丽霞,梁宗锁,韩蕊莲. 土壤干旱对沙棘苗木生长及水分利用的影响[J]. 西北植物学报,

2002,22(2):296-302.

[152] 李吉跃. 植物耐旱性及其机理[J]. 北京林业大学学报,1991,13(3):92-100.

[153] 李吉跃,张建国. 北方主要造林树种耐旱机理及其分类模型的研究(Ⅰ):苗木叶水势与土壤含水量的关系及分类[J]. 北京林业大学学报, 1993, 15(3):1-11.

[154] 李吉跃,周平,招礼军. 干旱胁迫对苗木蒸腾耗水的影响[J]. 生态学报, 2002, 22(9):1380-1386.

[155] 李良厚,李吉跃,付祥建,等. 黑樱桃与山樱桃幼苗光合作用的比较研究[J]. 林业科学研究, 2007,20(1):130 -134.

[156] 李清河,江泽平. 白刺研究[M]. 北京:中国林业出版社, 2011.

[157] 李书义. 浅析水分代谢对树木生长和生理代谢的影响[J]. 内蒙古农业科技,2009(6):74-75.

[158] 李伟成,王树东,钟哲科,等. 几种经验模型在丛生竹光响应曲线拟合中的应用[J]. 竹子研究汇刊, 2009, 28(3):20-24.

[159] 李卫国,杨吉华,冀宪领,等. 不同桑树品种水分生理特性的研究[J]. 蚕业科学, 2003,29(1):24-27.

[160] 李文华,刘广权,马松涛,等. 干旱胁迫对苗木蒸腾耗水和生长的影响[J]. 西北农林科技大学学报(自然科学版), 2004, 32(1):61-65.

[161] 李熙萌,卢之遥,马帅,等. 沙生植物差巴嘎蒿光合特性及其模拟研究[J]. 草叶学报, 2011, 20(6):293-298.

[162] 李小磊,张光灿,周泽福,等. 黄土丘陵区不同土壤水分下核桃叶片水分利用效率的光响应[J]. 中国水土保持科学, 2005, 3(1):43-47.

[163] 李晓燕,宋占午,董志贤. 植物的盐胁迫生理[J]. 西北师范大学学报(自然科学版),2004, 40(3):106 -111.

[164] 李玉花,任坚毅,刘晓,等. 独叶草的光合生理生态特性[J]. 生态学杂志, 2007, 26(7):1038-1042.

[165] 梁超,王超,杨秀风,等. ‘德抗961’小麦耐盐生理特性研究[J]. 西北植物学报, 2006, 26(10):2075-2082.

[166] 廖建雄,史红文,鲍大川,等. 武汉市51种园林植物的气体交换特性[J]. 植物生态学报, 2010, 34 (9):1058-1065.

[167] 林栖风. 耐盐植物研究[M]. 北京:北京科学出版社, 2004.

[168] 刘春华,张文淑. 六十九个苜蓿品种耐盐性及其两个耐盐生理指标的研究[J]. 草业科学, 1993, 10 (6):16-22.

[169] 刘奉觉, Edwards WRN. 杨树树干液流时空动态研究[J]. 林业科学研究, 1993, 6(4):368-372.

[170] 刘奉觉,郑世锴,巨关升. 树木蒸腾耗水测算技术的比较研究[J]. 林业科学, 1997, 33(2):117-126.

[171] 刘奉觉,郑世锴,臧道群. 杨树人工幼林的蒸腾变异与蒸腾耗水量估算方法的研究[J]. 林业科学, 1987,23 (营林专辑):35-44.

[172] 刘广全,赵士洞,王浩,等. 锐齿栎林个体光合器官生长与营养季节动态[J]. 生态学报, 2001, 21(6):883-889.

[173] 刘家栋,翟兴礼,王东平. 植物抗盐机理的研究[J]. 农业与技术, 2001, 21(1):26-29.

[174] 刘金祥,王铭铭. 淹水胁迫对香根草生长及光合生理的影响[J]. 草业科学, 2005, 22(7):71-73.

[175] 刘静. 黄土高寒区三种灌木树种基于SPAC系统的耐旱性研究[D]. 北京:北京林业大学, 2010.

[176] 刘建锋,史胜青,江泽平. 几种引进柏树的抗旱性评价[J]. 西北林学院学报,2011, 26(1): 13-17.

[177] 刘建立,程丽莉,余新晓. 乔木蒸腾耗水的影响因素及研究进展[J]. 世界林业研究, 2009, 22(4): 34-40.

[178] 刘贤德,李晓辉,李文华,等. 玉米自交系苗期耐旱性差异分析[J]. 玉米科学, 2004,12(3): 63-65.

[179] 刘兴亮. 盐碱胁迫对白刺生理生化特性研究[D]. 哈尔滨: 东北农业大学, 2010.

[180] 刘寅,贾黎明,张博,等. 滨海盐碱地绿化植物筛选及耐盐性评价研究进展[J]. 西南林业大学学报, 2011, 31(3): 80-85.

[181] 刘玉燕,王艳荣,杨迎春. 半干旱地区草坪草和主要杂草水势日变化特征分析[J]. 内蒙古大学学报(自然科学版), 2003, 34(3): 308-311.

[182] 陆佩玲,于强,罗毅,等. 冬小麦光合作用的光响应曲线的拟合[J]. 中国农业气象, 2011,22(2): 12-14.

[183] 罗青红,李志军. 树木水分生理生态特性及抗旱性研究进展[J]. 塔里木大学学报, 2005,17(2): 29-33.

[184] 罗树伟,郭春会,张国庆,等. 沙地植物长柄扁桃光合特性研究[J]. 西北农林科技大学学报(自然科学版),2010, 55(1): 125-132.

[185] 罗树伟,郭春会,张国庆. 神木与杨凌地区长柄扁桃光合与生物学特性比较[J]. 干旱地区农业研究, 2009,28(5):196-202.

[186] 吕建林,陈如凯,张木清,等. 甘蔗净光合速率、叶绿素和比叶重的季节变化[J]. 福建农业大学学报,1998, 27(3):285-290.

[187] 马履一,王华田. 油松边材液流时空变化及其影响因子的研究[J]. 北京林业大学学报, 2002,23(4):23-37.

[188] 马履一,王华田,林平. 北京地区几个树种耗水性比较的研究[J]. 北京林业大学学报, 2003,25(2):1-7.

[189] 马琳. NaCl 胁迫对牧草种子萌发与幼苗生理生化的影响及耐盐性评价[D]. 泰安:山东农业大学,2010.

[190] 马玲,赵平,饶兴权,等. 乔木蒸腾作用的主要测定方法[J]. 生态学杂志, 2005,24(1):88-96.

[191] 马健,王凯,刘庆华. NaCl 胁迫对葛藤生长和生理指标的影响[J]. 江苏农业科学, 2009(2):167-169.

[192] 马文月. 植物抗盐性研究进展[J]. 农业与技术, 2004,24(4):95-99.

[193] 马小英,焦根林. 2 种木莲光合生理特性研究及光响应校正模型的应用[J]. 安徽农业科学, 2009,50(29):14488-14491.

[194] 满荣洲,董世仁,郭景唐. 华北油松人工林蒸腾的研究[J]. 北京林业大学学报, 1986,8(2):1-7.

[195] 莫兴国,刘苏峡,于沪宁,等. 冬小麦能量平衡及蒸散分配的季节变化分析[J]. 地理学报, 1997,52(6):536-542.

[196] 木合塔尔 · 扎热,齐曼 · 尤努斯,如鲜 · 木沙. 水分胁迫对尖果沙枣幼苗生物量及某些生理特性的影响[J]. 新疆农业大学学报,2009,32(2): 14-18.

[197] 宁虎森,吉小敏,高明月,等. 梭梭和多花柽柳幼苗光合特性对不同水分梯度的响应[J]. 安徽农业科学, 2011, 39(13): 7744-7747.

[198] 潘洪杰,王晓燕,许革华,等. 水分胁迫对树木生长和生理代谢的影响[J]. 内蒙古农业科技, 2008,(4): 66-67.

[199] 潘瑞炽. 植物生理学[M]. 6 版. 北京: 高等教育出版社, 2008.
[200] 潘瑞炽,董愚得. 植物生理学[M]. 北京: 高等教育出版社, 1997.
[201] 裴英杰,郑家玲,庾红,等. 用于玉米品种抗旱性鉴定的生理生化指标[J]. 华北农学报,1992,7(1): 31- 35.
[202] 祁云枝,杜勇军. 干旱胁迫下黄瓜及蚕豆叶片膜透性改变及其机理的初步研究[J]. 陕西农业科学,1997 (4): 6-7.
[203] 秦景. 西部黄土高寒区主要造林树种抗旱耐盐生理及耗水特性研究[D]. 北京: 北京林业大学, 2011.
[204] 秦景,贺康宁,朱艳艳. 库布齐沙漠几种常见灌木光合生理特征与土壤含水量的关系[J]. 北京林业大学学报,2009, 31(1): 37-43.
[205] 秦景,董雯怡,贺康宁,等. 盐胁迫对沙棘幼苗生长与光合生理特征的影响[J]. 生态环境学报, 2009,18(3): 1031-1036.
[206] 秦景,贺康宁,谭国栋,等. NaCl 胁迫对沙棘和银水牛果幼苗生长及光合特性的影响[J]. 应用生态学报,2009, 20(4): 791-797.
[207] 任安芝,高玉葆,梁宇,等. 白草和赖草无性系生长对干旱胁迫的反应[J]. 中国沙漠, 1999(19): 31-34.
[208] 任丽花,王义祥,翁伯琦,等. 土壤水分胁迫对圆叶决明叶片含水量和光合特性的影响[J]. 厦门大学学报(自然科学版), 2005, 44(S): 29-31.
[209] 山仑,邹绮,王学臣. 作物高产高效生理学研究进展[M]. 北京:科学出版社,1996.
[210] 时丽冉,赵炳春,白丽荣. 地被菊抗盐性研究[J]. 中国农学通报,2010,26(12):139-142.
[211] 石建宁,郭玉琴,邵锋,等. 4 种旱生植物幼苗萎蔫系数的研究[J]. 宁夏农林科技,2012,53(7): 13-14.
[212] 孙方行,孙明高. 盐胁迫对臭椿的生长与光合的影响[J]. 内蒙古农业科技, 2009(5):35-36.
[213] 苏俊,姚延梼. 干旱胁迫对毛白杨幼苗的生理影响[J]. 天津农业科学,2011,17(3):18-20.
[214] 孙建,饶月亮,乐美旺,等. 干旱胁迫对芝麻生长与产量性状的影响及其抗旱性综合评价[J]. 中国油料作物学报, 2010,32(4):525-533.
[215] 苏建平,康博文. 我国树木蒸腾耗水研究进展[J]. 水土保持研究, 2004,11(2):177-186.
[216] 孙景波,孙广玉,刘晓东. 盐胁迫对桑树幼苗生长、叶片水分状况和离子分布的影响[J]. 应用生态学报, 2009,720(3):543-548.
[217] 孙龙,王传宽,杨国亭,等. 应用热扩散技术对红松人工林树干液流通量的研究[J]. 林业科学, 2007,43(11):8-14.
[218] 孙鹏森,马履一. 水源保护树种耗水特性研究与应用[M]. 北京: 中国环境科学出版社, 2002.
[219] 孙鹏森,马李一,马履一. 油松、刺槐林潜在耗水量的预测及其与造林密度的关系[J]. 北京林业大学学报, 2001,23(2):1-6.
[220] 孙鹏森,马履一,王小平,等. 油松树干液流的时空变异性研究[J]. 北京林业大学学报, 2000,22(5):1-6.
[221] 孙明亮,石诰来. 山东青石山区主要经济树种的抗旱性[J]. 山东农业大学学报, 1999,30(4): 336- 344.
[222] 田晶会. 黄土半干旱区水土保持林主要树种耗水特性研究[D]. 北京: 北京林业大学, 2005.
[223] 田晶会,贺康宁,王百田,等. 黄土半干旱区侧柏气体交换和水分利用效率日变化研究[J]. 北京林业大学学报, 2005, 27(1):42-46.
[224] 王宝山,赵可夫,邹琦. 作物耐盐机理研究进展及提高作物抗盐性的对策[J]. 植物学报,1997,14

(S): 25-30.
[225] 王翠,王传宽,孙慧珍. 移栽自不同纬度的兴安落叶松的树干液流特征[J]. 生态学报, 2008,28(1):136-144.
[226] 王俊杰,云锦凤,吕世杰. 黄花苜蓿耐盐生理特性的初步研究[J]. 干旱区资源与环境, 2008,22(12):158-163.
[227] 王克勤,王斌瑞. 土壤水分对金矮生苹果光合速率的影响[J]. 生态学报,2002,22(2):206-214.
[228] 王海珍,梁宗锁,韩蕊莲,等. 土壤干旱对黄土高原乡土树种水分代谢与渗透调节物质的影响[J]. 西北植物学报,2004,24(10):1822-1827.
[229] 王华田. 北京市水源保护林区主要树种耗水性的研究[D]. 北京:北京林业大学,2002.
[230] 王华田. 林木耗水性研究综述[J]. 世界林业研究,2003,16(2):23-27.
[231] 王进鑫,黄宝龙,王明春,等. 不同供水条件下侧柏和刺槐幼树的蒸腾耗水与土壤水分应力订正[J]. 应用生态学报, 2005,16(3):419-425.
[232] 王荣荣,夏江宝,杨吉华,等. 贝壳砂生境干旱胁迫下杠柳叶片光合光响应模型比较[J]. 植物生态学报, 2013,37(2):111-121.
[233] 王瑞辉,马履一. 北京 15 种园林树木耗水性的比较研究[J]. 中南林业科技大学学报,2009,29(4):16-20.
[234] 王素平,郭世荣,李璟,等. 盐胁迫对不同基因型黄瓜幼苗生长的影响[J]. 江苏农业科学,2006(2):76-79.
[235] 王万里. 植物对水分胁迫的生理响应[J]. 植物生理学通讯, 1981(5):31-40.
[236] 王霞,侯平,尹林克,等. 水分胁迫对柽柳组织含水量和膜透性的影响[J]. 干旱区研究, 1999,16(2):12-15.
[237] 王玉涛,李吉跃,张雪海,等. 干旱胁迫对不同种源沙柳苗木水势和水分利用效率的影响[J]. 广东林业科技,2008,24(1):26-32.
[238] 王翼龙,张硕新,雷瑞德,等. 秦岭火地塘林区锐齿栎光合、蒸腾特性[J]. 西北林学院学报, 2003,18(4):9-12.
[239] 王颖. 林木蒸腾耗水研究综述[J]. 河北林果研究, 2007,22(1):39-43.
[240] 王英,金秀兰. 水分胁迫与果树的生理生化变化[J]. 黄冈职业技术学院学报, 2004,6(1):67- 70.
[241] 王英姿,洪伟,吴承祯,等. 灵石山米槠林优势种群不同叶龄叶属性的研究[J]. 福建林学院学报, 2009,29(3):203-209.
[242] 王安志,裴铁璠. 森林蒸散测算方法研究进展与展望[J]. 应用生态学报, 2001,12(6):933-937.
[243] 魏天兴,朱金兆,张学培. 林分蒸散耗水量测定方法述评[J]. 北京林业大学学报,1999(3):85-91.
[244] 韦小丽. 喀斯特地区 3 个榆科树种整体抗旱性研究[D]. 南京:南京林业大学,2008.
[245] 肖春旺,董鸣,周广胜,等. 鄂尔多斯高原沙柳幼苗对模拟降水量变化的响应[J]. 生态学报, 2001,21(1):171-176.
[246] 肖春旺,周广胜,赵景柱. 不同水分条件对毛乌素沙地油蒿幼苗生长和形态的影响[J]. 生态学报,2001, 21(12): 2136-2140.
[247] 肖文发,徐德应,刘世荣,等. 杉木人工林针叶光合与蒸腾作用的时空特征[J]. 林业科学, 2002, 38(5):38-46.
[248] 谢贤群,吴凯. 麦田蒸腾需水量的计算模式[J]. 地理学报, 1997, 52(6): 528-535.
[249] 熊伟,王彦辉,徐德应. 宁南山区华北落叶松人工林蒸腾耗水规律及其对环境因子的响应[J]. 林

业科学, 2003, 39(2): 1-7.

[250] 许大全. 光合作用气孔限制分析中的一些问题[J]. 植物生理学通讯, 1997, 33(4): 241-244.

[251] 许大全. 光合作用效率[M]. 上海: 上海科学技术出版社, 2002.

[252] 徐德应. 森林的蒸散: 方法与实践[A]//中国林学会主编森林水文学术讨论会文集. 北京: 测绘出版社, 1989: 177-182.

[253] 许皓,李彦. 3种荒漠灌木的用水策略及相关的叶片生理表现[J]. 西北植物学报, 2005, 25(7):1309-1316.

[254] 许祥明,叶和春,李国凤. 植物抗盐机理的研究进展[J]. 应用与环境生物学报, 2000, 6(4): 379-387.

[255] 严昌荣, Dow ney A,韩兴国,等. 北京山区落叶阔叶林中核桃楸在生长中期的树干液流研究[J]. 生态学报, 1999, 19(6): 793-797.

[256] 杨凤云. 土壤水分胁迫对梨树生理特性的影响[J]. 安徽农业, 2004(6): 11-12.

[257] 杨建伟,韩蕊莲,魏宇昆,等. 不同土壤水分状况对杨树、沙棘水分关系及生长的影响[J]. 西北植物学报, 2002, 22(3): 579-586.

[258] 杨建伟,梁宗锁,韩蕊莲,等. 不同土壤水分下刺槐和油松的生理特征[J]. 植物资源与环境学报, 2004, 13(3): 12-17.

[259] 杨劲松. 中国盐渍土研究的发展历程与展望[J]. 土壤学报, 2008, 45(5): 837- 845.

[260] 杨丽涛,陈超军,李杨璐,等. 甘蔗叶片气体交换及对光的响应和水势的日变化[J]. 甘蔗, 2002, 9(2): 1-9.

[261] 杨敏生,裴保华,张树常. 树木抗旱性研究进展[J]. 河北林果研究, 1997, 12(2): 87- 93.

[262] 杨素铀. 干旱的生理影响[J]. 甘肃农业科技,1982(7): 11-13.

[263] 杨鑫光,傅华,张洪荣,等. 水分胁迫对霸王苗期叶水势和生物量的影响[J]. 草叶学报, 2006, 15(2): 37- 41.

[264] 杨燕,刘庆,林波,等. 不同施水量对云杉幼苗生长和生理生态特征的影响[J]. 生态学报,2005, 25(9): 2152-2158.

[265] 杨永清,张学江. 不同生态型喜旱莲子草对干旱的生理生态反应[J]. 湖北农业科学, 2010, 49(8): 1890-1893.

[266] 杨振兴,周怀平,关春林,等. 作物对水分胁迫的生理响应研究进展[J]. 山西农业科学,2011, 39(11): 1220-1222.

[267] 叶子飘. 光响应模型在超级杂交稻组合-Ⅱ优86中的应用[J]. 生态学杂志, 2007, 26(8): 1323-1326.

[268] 叶子飘,高峻. 丹参羧化效率在其 CO_2 补偿点附近的变化[J]. 西北农林科技大学学报(自然科学版), 2008, 36(5): 160-164.

[269] 叶子飘,高峻. 光响应和 CO_2 响应新模型在丹参中的应用[J]. 西北农林科技大学学报(自然科学版), 2009, 37(1): 129-134.

[270] 叶子飘,李进省. 光合作用对光响应的直角双曲线修正模型和非直角双曲线模型的对比研究[J]. 井冈山大学学报(自然科学版),2010, 31(3): 38-44.

[271] 叶子飘,王健林. 植物光合-光响应模型的比较分析[J]. 井冈山学院学报(自然科学版),2009, 30(4): 9-13.

[272] 叶子飘,于强. 光合作用光响应模型的比较[J]. 植物生态学报, 2008, 32(6): 1356-1361.

[273] 叶子飘,于强. 一个光合作用光响应新模型与传统模型的比较[J]. 沈阳农业大学学报, 2007, 38(6): 771-775.

[274] 余玲,王彦荣,Garnett Trevor,等. 紫花苜蓿不同品种对干旱胁迫的生理响应[J]. 草业学报,2006,15(3): 75-85.
[275] 余书文,汤章城. 植物生理与分子生物学[M]. 北京: 科学出版社, 1998.
[276] 于艳梅,徐俊增,彭世彰,等. 不同水分条件下水稻光合作用的光响应模型的比较[J]. 节水灌溉,2012(10): 30-33.
[277] 于占辉,陈云明,杜盛. 乔木蒸腾耗水量研究方法评述与展望[J]. 水土保持研究, 2009, 16(3): 281- 285.
[278] 曾小美,袁琳,沈允钢. 拟南芥连体和离体叶片光合作用的光响应[J]. 植物生理学通讯, 2002, 38(1): 25-26.
[279] 占东霞,庄丽,王仲科,等. 准噶尔盆地南缘干旱条件下胡杨、梭梭和柽柳水势对比研究[J]. 新疆农业科学, 2011, 48(3):544-550.
[280] 张川红,尹伟伦,沈漫. 盐胁迫对国槐和中林 46 杨幼苗膜类脂的影响[J]. 北京林业大学学报, 2002, 24(5/6): 89-95.
[281] 张国军. 盐胁迫对 4 种景天幼苗水势、荧光效率、丙二醛的影响[J]. 农业科技与装备, 2012(7): 3-6.
[282] 张建国,李吉跃,沈国舫. 树木耐旱特性及其机理研究[M]. 北京: 中国林业出版社, 2000.
[283] 张剑锋,张旭东. 盐分胁迫对杨树苗期生长和土壤酶活性的影响[J]. 应用生态学报, 2005, 16(3): 426-430.
[284] 张立斌. 盐生植物的耐盐能力及其对滨海盐渍土的改良效果研究[D]. 泰安:山东农业大学, 2005.
[285] 张力功,刘国栋,刘更另. 植物营养与作物抗旱性[J]. 植物学通报,2001,18(1) : 64-69.
[286] 张林,罗天祥. 植物叶寿命及其相关叶性状的生态学研究进展[J]. 植物生态学,2004,28(6): 844-852.
[287] 张梅花,张建生,李云霞. 干旱胁迫下 5 种园林地被植物叶片保水力、质膜相对透性和脯氨酸含量的变化[J]. 甘肃科技, 2010,26(10):145-148.
[288] 张弥,吴家兵,关德新,等. 长白山阔叶红松林主要树种光合作用的光响应曲线[J]. 应用生态学报, 2006,17(9):1575-1578.
[289] 张淑勇,周泽福,夏江宝,等. 不同土壤水分条件下小叶扶芳藤叶片光合作用对光的响应[J]. 西北植物学报, 2007,27(12):2514-2521.
[290] 张维强,沈秀瑛. 水分胁迫和复水对玉米光合速率的影响[J]. 华北农学报, 1994,9(3):44-47.
[291] 张卫强,贺康宁,邓军涛,等. 稳态气孔计法和整株称重法测定蒸腾速率的比较研究[J]. 水土保持研究, 2007, 14(6): 192-194.
[292] 张卫强,贺康宁,田晶会,等. 不同土壤水分下侧柏苗木光合特性和水分利用效率的研究[J]. 水土保持研究, 2006,13(6):44-47.
[293] 张小全,徐德应. 杉木中龄林不同部位和叶龄针叶光合特性的日变化和季节变化[J]. 林业科学, 2000,36(3): 19-26.
[294] 张笑颜,朱立新,贾克功. 5 种核果类果树的耐盐性与抗盐性分析[J]. 北京农学院学报, 2008, 23(2):19-23.
[295] 张益源,贺康宁,董梅,等. 水分胁迫对银水牛果和沙棘叶水势日过程及水分利用效率的影响[J]. 中国水土保持,2011(6): 22-25.
[296] 张云吉,隆惠敏,谢恒星. 应用热平衡技术测量龙爪槐液流的试验研究[J]. 安徽农业科学, 2006,34(17): 4229-4232.

[297] 张志山,张小由,谭会娟,等. 热平衡技术与气孔计法测定沙生植物蒸腾[J]. 北京林业大学学报, 2007,29(1): 61- 66.

[298] 张中峰,黄玉清,莫凌,等. 岩溶区4种石山植物光合作用的光响应[J]. 西北农学院学报, 2009, 24(1):44-48.

[299] 曾凡江,李向义,张希明,等. 策勒绿洲多枝柽柳灌溉前后水分生理指标变化的初步研究[J]. 应用生态学报,2002,13(7): 849-853.

[300] 曾凡江,张希明,李小明. 柽柳的水分生理特性研究进展[J]. 应用生态学报,2002,13(5):611-614.

[301] 赵丹华. 盐胁迫下盐芥和拟南芥生理响应的研究[D]. 北京:中央民族大学, 2008.

[302] 招礼军,李吉跃,于界芬,等. 干旱胁迫对苗木蒸腾耗水日变化的影响[J]. 北京林业大学学报, 2003,25(3): 42-47.

[303] 赵可夫,卢元芳,张宝泽,等. Ca对小麦幼苗降低盐害效应的研究[J]. 植物学报, 1993,35(1): 51-56.

[304] 赵可夫,李军. 盐浓度对3种单子叶盐生植物渗透调节以及在渗透调节中的影响[J]. 植物学报, 1999, 41(12):1287-1291.

[305] 赵萍. 宁夏毛乌素沙地SPAC系统水分运移特征的研究[D]. 北京:北京林业大学,2004.

[306] 赵雅静,翁伯琦,王义祥,等. 植物对干旱胁迫的生理生态响应及其研究进展[J]. 福建稻麦科技, 2009,27(2): 45-50.

[307] 郑怀舟,朱锦懋,魏霞,等. 5种热动力学方法在树干液流研究中的应用评述[J]. 福建师范大学学报(自然科学版), 2007,23(4):119-123.

[308] 郑青松,刘兆普,刘友良,等. 盐和水分胁迫对海蓬子、芦荟、向日葵幼苗生长及其离子吸收分配的效应[J]. 南京农业大学学报,2004,27(2):16-20.

[309] 郑婷婷,李生宇,靳正忠,等. 4种固沙植物在塔克拉玛干沙漠腹地的水势特征[J]. 西北林学院学报,2011,26(3):21-25.

[310] 周平,李吉跃,招礼军. 北方主要造林树种苗木蒸腾耗水特性研究[J]. 北京林业大学学报, 2002,24(5):50-55.

[311] 周晓新,张建军,李轶涛. 黄土高原主要水土保持树种的蒸腾特性[J]. 中国水土保持科学,2009, 7(4):44-48.

[312] 朱俊凤. 西部大开发生态环境建设的重大举措——谈退耕还林(草)和以粮换林换草[C]// 中国生态经济学会第五届会员代表大会暨全国生态建设研讨会论文集, 2000.

[313] 朱新广,张其德. NaCl对光合作用影响的研究进展[J]. 植物学通报, 1999,16(4):332-338.

[314] 朱艳艳,贺康宁,唐道锋,等. 不同土壤水分条件下白榆的光响应研究[J]. 水土保持研究, 2007, 14(2):92-94.

[315] 朱永宁,张玉书,纪瑞鹏,等. 干旱胁迫下3种玉米光响应曲线模型的比较[J]. 沈阳农业大学学报, 2012,43(1):3-7.

[316] 朱振贤. 几种主要造林树种盐胁迫响应及耐盐机理研究[D]. 南京: 南京林业大学, 2007.

[317] 翟学昌,彭丽. 植物水分胁迫研究进展[J]. 科技信息, 2008(36):351-352.

[318] Alshammary S F, Qian Y L, Wallner S J. Growth response of four turfgrass species to salinity[J]. Agric. Water Manage, 2004, 66: 97-111.

[319] Anfdillo. Applications of a thermal imaging technique in the study of the ascent of sap in woody species [J]. Plant Cell and Environment,1993,16:997-1001.

[320] Baker J M, Vanbavel C H M. Measurement of mass flow of water in the stems of herbaceous plants [J]. Plant Cell and Environment,1987,10(9):777-782.

[321] Barathi P, Sundar D, Ramachandra Reddy A. Changes in mulberry leaf metabolism in response to water stress [J]. Biologia Plantarum, 2001,44(1):83-87.

[322] Bastías E I, Gonzúlez-Moro M B, Gonzúlez-Murua,et al. amylacea from the Lluta Valley (Arica-Chile) tolerates salinity stress when high levels of boron are available [J]. Plant Soil. ,2004 267:73-84.

[323] Bernstein N,Silk W K, Lauchli A. Growth and development of sorghum leaves under conditions of NaCl stress [J]. Planta,1993,191:433-439.

[324] Bergmann I, Geiss-Brunschweiger U, Hagemann M,et al. Salinity tolerance of the chloroPHyll b-synthesizing cyanobacterium Prochlorothrix hollandica strain SAG 10. 89[J]. Microb. Ecol,2008,55:685-696.

[325] Blackburn W H, Knight R W, Schuster J L. Saltcedar influence on sedimentation in the Brazos River [J]. J Soil Water Conserv,1982,37:298-301.

[326] Busch D. E. ,Smith S D. Effects of fire on water and salinity relations of riparian woody taxa [J]. Oecologia,1993,94:186-194.

[327] Boast C W, Robertson T M. A "micro- lysimeter" method for determining evaporation from bare soil: description and laboratory evaluation [J]. Soil Science of American Journal,1982,46:689-696.

[328] Boast C. W. Evaporation from bare soil measured with high spatial resolution [J]. Agronomy,1986,9(1):899-900.

[329] Boucher J F, Munson A D, Bernier P Y. Foliar absorption of dew influences shoot water potential and root growth in Pinusst robus seedlings[J]. Tree PHysiol,1995,15:819-823.

[330] Boyer J S. Plant productivity and environment [J]. Science, 1982,218:443-448.

[331] Breda N, Huc R, Granier A,et al. Temperate forest trees and stands under severe drought: a review of ecoPHysiological responses, adaptation processes and long-term consequences [J]. Ann For Sci. , 2006,63:625-644.

[332] Brugnoli E, Bjorkman O. Growth of cotton under continuous salinity stress: influence on allocation patem, stomatal and non-stomatal components of PHotosynthesis and dissipation of excess light energy [J]. Planta,1992,187:335-345.

[333] Cermak J, Kucera J, Nadezhdina N. Sap flow measurements with some thermodynamic methods, flow integration within trees and scaling up from sample trees to entire forest stands [J]. Trees-structure and function,2004,18(5):529-546.

[334] Chaves M M, Pereira J S, Maroco J,et al. How plants cope with water stress in the field [J]. PHotosynthesis and growth. Ann Bot. ,2002,89:907-916.

[335] Chen Z Y, Peng Z S, Yang J,et al. A mathematical model for describing light-response curves in *Nicotiana tabacum* L. [J]. PHotosynthetica, 2011,49:467-471.

[336] Denmead O T, Dunin F X, Wong S C,et al. Measuring water use efficiency of eucalypt trees with chambers and micrometeorological techniques [J]. Journal Hydrology,1993,150:649-664.

[337] Diawara A, Loustau D, Berbigier P. Comparison of two methds for estimating the evaporation of a Pinus pi naster (Ait) stand: Sap flow and energy balance with sensible heat flux measurements by an eddy covariance method[J]. A gric For Meteorol,1991,54:49-66.

[338] Dionisio-Sese M L, Tobita S. Effects of salinity on sodium content and PHotosynthetic responses of rice seedlings differing in salt tolerance [J]. Journal of Plant PHysiology,2000,157:54-58.

[339] Dorothea B. Drought and salt tolerance in plants [J]. Critical Reviews in Plant Sciences,2005,24:23-58.

[340] Donovanά L A. Predawn disequilibrium between plant and soil water potentials in two cold2desert shrubs [J]. Oecologia,1999,120:209-217.

[341] Donovan L A, Grise D J, West J B,et al. Predawn disequilibrium between plant and soil water potentials in two cold desert Shrubs [J]. Oecologia,1999,120:209-217.

[342] Edwards W R N, Becker P, e ermak J. A unified nomenclature for sap flow measurements[J]. Tree PHysiology,1996,17(1):65-67.

[343] Farquhar G D, Sharkey T D. Stomatal conductance and PHotosynthesis [J]. Ann. Rev. PHysiol,1982, 33:317-345.

[344] Farquhar G D, Caemmerer S, Berry J A. A biochemical model of PHotosynthetic CO_2 assimilation in leaves of C3 species [J]. Planta,1980,149(1):78-90.

[345] Flexas J, Medrano H. Drought-inhibition of PHotosynthesis in C3 plants: stomatal and non-stomatal limitations revisited [J]. Ann Bot. ,2002,89:183-189.

[346] Flexas J, Ribas-Carbó M, Bota J,et al. Decreased Rubisco activity during water stress is not induced by decreased relative water content but related to conditions of low stomatal conductance and chloroplast CO_2 concentration [J]. New PHytol,2006,172:73-82.

[347] Flowers T J, Yeo A R. Variability in the resistance of sodium chloride salinity within rice (Oryza sativa L.) varieties [J]. New PHytologist,1981,88:363-373.

[348] Fritschen L J, Cox L, Kinerson R. A 28-meter Douglas-fir in a weighing lysimeter [J]. For. Sci , 1973,19:256-261.

[349] Fu A H, Chen Y N, Li W H, et al. Research advances on plant water potential under drought and salt stress [J]. Journal of Desert Research, 2005,25(5):744-749.

[350] Granier A. Evaluation of transpiration in a Douglas-fir stand by means of sap flow measurement [J]. Tree PHysiology, 1987, 3: 309-319.

[351] Granier A, Anfodillo T, Sabat ti M,et al. Axial and radial water flow in the trunks of oak trees: a quantitative and qualitative analysis [J]. Tree PHysiology, 1994, 14(12): 1383-1396.

[352] Granier A. A new method of sap flow measurement in tree stems [J]. Annales des Sciences Forestieres, 1985, 42(2): 193-200.

[353] Garnier E. Growth analysis of cogeneric annual and perennial grass species [J]. Journal of Ecology, 1992, 80: 665-675.

[354] Grassi G, Magnani F. Stomatal,mesoPHyll conductance and biochemical limitations to PHotosynthesis as affected by drought and leaf ontogeny in ash and oak trees[J]. Plant Cell Environ. , 2005, 28: 834-849.

[355] Gratani L, Crescente M F, Fabrini G,et al. Growth pattern of Bidens cernua L. :relationships between relative growth rate and its PHysiological and morPHological components [J]. PHotosynthetica, 2008, 46: 179-184.

[356] Grebet P, Cuenca R H. History of lysimeter design and effects of environmental disturbances[C]// Allen R G, Howell T A, Pruitt W O,et al. Proceeding of the International Symposium on Lysimetry, July 23-25, Honolulu, Hawaiian Island, USA: New York, 1991: 10-18.

[357] Greenwood E A N, Beresford J D. Evaporation from vegetation in landscapes developing secondary salinity using the ventilated-chamber technique: I. Comparative transpiration from juvenile Eucalyptus above saline groundwater seeps [J]. Journal of Hydrology, 1979, 42(3-4): 369-382.

[358] Gummuluru S, Hobbs S L A, Jana S. PHysiological responses of drought tolerant and drought suscepti-

ble durum wheat genotypes [J]. PHotosynthetica,1998,23: 479-485.

[359] Guo W H, Li B, Huang Y M,et al. Effeets of different water stress on ecological characteristics of HippoPHae rhamnoides seedlings [J]. Acta Bot Sin, 2003, 45(10): 1238-1244.

[360] Hardikar S A, Pandey A N. Growth,water status, and nutrient accumulation of seedlings of *Tamarindus indica* Linn. in response to soil salinity [J]. Communications in Soil Science and Plant Analysis, 2011, 42: 1675-1691.

[361] Heidari-Sharifabada H, Mirzaie-Nodoushan, H. : Salinity-induced growth and some metabolic changes in three Salsola species[J]. Arid Environ, 2006, 67: 715-720.

[362] Hsiao T C. Plant responses to water stress[J]. A nn Rev Plant PHysiol, 1973, 24: 519-570.

[363] Huber B. Observation and measurements of sap flow in plant [J]. Berichte der Deutscher Gesellschaft, 1932, 50: 89 -109.

[364] Huber B, Schmidt E. A compensation method for thermoelectric measurement of slow sap flow [J]. Berichte der Deutschen Gesellschaft, 1937, 55: 514-529.

[365] Ibarra C J, Villaneueva V C, Molino G J,et al. Proline accumulation as a symptom of drought stress in maize: A tissue differentiation requirement [J]. Exp Bot. , 1988, 39: 889-897.

[366] Janacek J. Stomatal limitation of Photos yn th es is as affected by water stress and CO_2 concent ration [J] . Photosynthetica, 1997, 34(3): 473-476.

[367] Jiang G M, He W M. A quick new method for determining light response curves of Photosynthesis under field light conditions [J]. Chinese Bulletin of Botany, 1999, 16(6): 712-718.

[368] Jones M M, N G Turner&C B Osmond. The PHysiology and biochenistry of drought resistance in plants (Paleg, L G & D. Aspinall eds.)[M]. Sydney: Academic Press, 1981, 15-37.

[369] Jordan C F, Kline J R. Transpiration of trees in a tropical rainforest[J]. Appl. Ecol. , 1977, 14: 853-860.

[370] Katerji N, van Hoorn J W, Hamdy A,et al. Effect of salinity on water stress, growth, and yield of maize and sunflower [J]. Agricultural Water Management, 1996, 30(3): 237-249.

[371] Khan M A, Ungar I A, Showalter A M. The effect of salinity on the growth, water status, and ion content of a leaf succulent perennial haloPHyte, Suaeda fruticosa (L.) Forssk [J]. Arid Environ, 2000, 1: 73-84.

[372] Khasa P D, Hambling B, Kernaghan G,et al. Genetic variability in salt tolerance of selected boreal woody seedlings [J]. Forest Ecology and Management, 2002, 165: 257-269.

[373] Kline J R, Mantin J R, Jordan C F,et al. Measurement of transpiration in tropical trees using tritiated water[J]. Ecology, 1970, 51: 1039-1073.

[374] Kline J R, Reed K L, Waring R H,et al. Field measurement of transpiration in Douglas-fir[J]. Journal of Applied Ecology, 1976, 13(1): 273-283.

[375] Knight D H, Fahey T J, Running S W,et al. Transpiration from 100-year-old lodgepole pine forests estimated with whole-tree potometers [J]. Ecology, 1981, 62(3): 717-726.

[376] Kozlowski T T, Pallardy S G. PHysiology of woody plants [M]. New York:Academic Press. 1997.

[377] Kramer P J. Water relations among plant [M]. New York:Academic Press,1982:6-9.

[378] Ladefoged K. A method for measuring the water consumption of larger intact trees [J]. PHysiologia Plantarum, 1960, 13(4): 648-658.

[379] Lambers H, Poorter H. Inherent variation in growth rate between higher plants: a search for PHysiological causes and ecological consequences [J]. A dvances in Ecological Research,1992,23: 187-261.

[380] Larcher W. PHysiological plant ecology 2nded [J]. New York: Spinger-verlag, 1980: 303-304.

[381] Laroher W. PHysiological plant ecology [M]. Springer-Verlag, Berlin and New York, 1980, 330.

[382] Lawlor D W. Limitation to PHotosynthesis in water stress leaves stomatavs metaboblism and the role of ATP [J]. A I IBa, 2002, 89: 1-15.

[383] Lee G, Carrow R N, Dunca R R. PHotosynthetic responses to salinity stress of haloPHytic seashore paspalum ecotypes [J]. Plant Sci, 2004, 166: 1417-1425.

[384] Leverenz J W, Jarvis P G. PHotosynthesis in Sitka spruceⅧ. The effects of light flux density and direction on the rate of net PHotosynthesis and the stomata conductance of needles [J]. Journal of Applied Ecology, 1979, 16: 919-932.

[385] Lewis J D, Olszyk D, Tingey D T. Seasonal patterns of PHotosynthetic light response in Douglas-fir seedlings subjected to elevated atmosPHeric CO_2 and temperature [J]. Tree PHysiology, 1996, 19: 243-252.

[386] Leyton L. Continuous recording of sap flow rates in tree stems[R]. Iufro Meetings, 1967, 240-249.

[387] Liu J G, He Y Q, Chen C Q, et al. Comparisons of water potential among four kind crops of spring and summer in the uplandred soil [J]. Chinese Journal of Soil Science, 2007, 38(5): 863-866.

[388] Li C, Berninger F, Koskela J, et al. Drought responses of Eucalyptus microtheca provenances depend on seasonality of rainfall in their place of origin [J]. Aust Plant PHysiol, 2000, 27: 231-238.

[389] Longstreth D J, Nobel P S. Salinity effects on leaf anatomy [J]. Plant PHysiology, 1979, 63: 700-703.

[390] Loustau D, Granier A. Environmental control of water flux through Marritime pine(Pinus pinaster). In water transport in plants under climate stress. Eds. M. Borghetti, J. Grace and A Ras chi [M]. Cambrige: CambrigeUniversity Press, 1993: 205-218.

[391] Lu K X, Cao B H, Feng X P, et al. PHotosynthetic response of salt-tolerant and sensitive soybean varieties[J]. PHotosynthetica, 2009, 47: 381-387.

[392] Lu K X, Yang Y, He Y, et al. Induction of cyclic electron flow around PHotosystem 1 and state transition are correlated with salt tolerance in soybean [J]. PHotosynthetica, 2008, 46: 10-16.

[393] Lu P, Urban L, Zhao P. Granier's thermal dissipation Probe (TDP) method for measuring sap flow in trees: Theor y and Pr act ice[J] . Acta Botnica Sinica, 2004, 46(6): 631-646.

[394] Marshall B, Biscoe P V. A model for C3 leaves describing the dependence of net PHotosynthesis on irradiance [J]. Journal of Experimental Botany, 1980, 31(1): 29-39.

[395] Marshall D C. Measurement of sap flow in conifers by heat transport [J]. Plant PHysiology, 1958, 33 (6): 385-396.

[396] Marshall J, Rutledge R, Blumwald E, et al. Reduction in turgid water volumein jack pine, white spruce and black spruce in response to drought and paclobutrazol [J]. Tree PHysiol. 2000, (20): 701-707.

[397] Martin J R, Jordan C F, Koranda S S, et al. Radio ecological studies of tritium movement in a tropical rain forest. Bio. Med. Div. Lawrence Radiat Lab, Univ. Calif. , Livermore, 1970, UCRL-7225B, 20p.

[398] Meziane D, Shipley B. Direct and indirect relationships between specific leaf area, leaf nitrogen and leaf gas exchange-effects of irradiance and nutrient supply[J]. Annuals of Botany, 2001, 88: 915-927.

[399] Miller B J, Clinton P W. Trans pirationrates and canopy conductance of Pinus radiata growing with different pasture under stories in agro-forestry systerms [J] . Tree PHysiology. 1998, (18): 575- 582.

[400] Mikou F K, Graham D F. Investigation of the CO_2 dependence of quantum yield and respiration in eucalyptus pauciflora [J]. Plant PHysiology, 1987, 83(4): 1032-1036.

[401] Morgan J A, Lecain D R. Leaf gas exchange and related leaf traits among 15 winter wheat genotypes[J]. Crop Science, 1991, 31: 443-448.

[402] Mrema A M, Granhall U. SennerbyForest plant growth, leaf water potential, nitrogenase activity and nodule anatomy in Leucaena leucocePHala as affected by water stress and nitrogen availability [J]. Trees Structure and Function, 1997, 12 (1): 42-48.

[403] Mudalige R G, Longstreth D J. Effects of salinity on PHotosynthetic characteristics in PHotomixotro-PHic cellsuspension cultures from Alternanthera PHiloxeroides [J]. Plant Cell Tissue Organ Cult, 2006, 84: 301-308.

[404] Munns R, Tester M. Mechanisms of salinity tolerance[J]. Annu. Rev. Plant Biol. 2008, 59: 651-681.

[405] Munns R. PHysiological processes limiting plant growth in saline soils: some dogmas and hypotheses [J]. Plant Cell Environ, 1993, 16: 15-24.

[406] Navarro J M, Garrido C, Martínez V, et al. Water relations and xylem transport of nutrients in pepper plants grown under two different salts stress regimes[J]. Plant Growth Regul, 2003, 3: 237-245.

[407] Neto A D A, Prisco J T, Enéas-Filho J, et al. Effects of salt stress on plant growth, stomatal response and solute accumulation of different maize genotypes [J]. Brazilian Journal of Plant PHy, 2004, 1: 31-38.

[408] Nuccio M L, Rhodes D, McNeil S D, et al. Metabolic engineering of plants for osmotic stress resistance. Curr [J]. Opin. Plant Biol., 1999, 2: 128-134.

[409] Parker J. The cut-leaf method and estimat ions of diurnal trends in transpiration from different height s and sides of an oak and a pine [J]. Bot Gaz, 1957, 119(2): 93-101.

[410] Parto R, Timothy F. The ionic effects of NaCl on PHysiology and gene expression in rice gentypes differing in salt tolerance [J]. Plant Soil, 2009, 315: 135-147.

[411] Pastur G M, Lencinas M V, Peri P L, et al. PHotosynthetic plasticity of Nothofagus pumilio seedlings to light intensity and soil moisture [J]. Forest Ecology and Management, 2007, 243(2-3): 274-282.

[412] Patel A D , Pandey A N. Effect of soil salinity on growth, water status and nutrient accumulation in seedlings of Cassia montana (Fabaceae) [J]. Journal of Arid Environments, 2007, 70: 174-182.

[413] Prioul J L, Chartier P. Partitioning of transfer and carboxylation components of intracellular resistance to PHotosynthetic CO_2 fixation: A critical analysis of the methods used[J]. Annals of Botany, 1977, 41 (4): 789-800.

[414] Poorter H, Evans J R. PHotosynthetic nitrogen use efficiency of species that differ inherently in specific area [J]. Oecologia, 1998, 116: 26-37.

[415] Qin J, Dong W Y, He K N, et al. NaCl salinity-induced changes in water status, ion contents and PHotosynthetic properties of *ShePHerdia argentea* (Pursh) Nutt. Seedlings [J]. Plant Soil Environ. 2010, 56(7): 1-8.

[416] Rumbaugh M D. Germination inhibition of alfalfa by two component saltmixture [J]. Crop Sci. 1993, (33): 1046-1050.

[417] Rutter A J. Studies in the water relations of Pinus sylvestris in plantat ion condit ions. 4. Direct observations on the rat es of transpiration, evaporation of intercept ed water, and evaporation from the soil surface [J]. J Ecol, 1966, (3): 393-405.

[418] Salehi R. Micro-lysimeter and thermometric measurements of soil evaporation near a point source emitter [D]. Dept. of Soils, Water and Engineering, University of Arizona, Tucson, 1984.

[419] Saliendra N Z, Sperry J S, et al. Influence of leaf water status on stom at al responsesto humidity, hy-

draulic conductance and soil drought in Batula occidentalis [J]. Plant, 1995, (196): 357-366.

[420] Saugier B, Granier A, Pontailler J Y, et al. Transpirat ion of a boreal pine forest measured by branch bag, sap f low and micrometeorological methods[J] . Tree PHysiology, 1997, 17(4): 511-519.

[421] Splittlehouse D L, Black T A. Evalution of the Bowen ration energy balance method for determing forest evapotranspiration[J]. AtmosPHere-ocean, 1980, 18: 98-116.

[422] Smith D M, Allen S J. Measurement of sap flow in plant stems [J]. Journal of Experimental Botany, 1996, 47(305): 1833 -1844.

[423] Steinberg S L, van Bavel C H M, McFarland M J. A gauge to measure mass-flow rate of sap in stems and trunks of woody-plants [J]. Journal of the American Society for Horticultural Science, 1989, 114 (3): 466-472.

[424] Stępień P, Kłbus G. Water relations and PHotosynthesis in Cucumis sativus L. leaves under salt stress [J]. Biol. Plantarum, 2006, 4: 610-616.

[425] Sun C X, Cao H X, Shao H B, et al. Growth and PHysiological responses to water and nutrient stress in oil palm [J]. African Journal of Biotechnology, 2011, 10(51): 10465-10471.

[426] Swanson R H, Whitfield D W A. A num erical and experimental analys is of implanted-probe heat pulse theory[J]. J Exp Bot, 1981, 32: 221-239.

[427] SZE H. H^+ translocating ATPases: advances usingmembrane vesicles [J]. Annual Review of Plant PHysiology, 1985, 36: 175-208.

[428] Takashima T, Hikosake K, Hirose T. PHotosynthesis or persistence: nitrogen allocation in leaves of evergreen and deciduous Quercus species [J]. Plant Cell and Environment, 2004, 27: 1047-1054.

[429] Takemura T, Hanagata N, Sugihara K, et al. PHysiological and biochemical responses to salt stress in the mangrove, Bruguiera gymnorrhiza[J]. Aquat. Bot., 2000, 68: 15-28.

[430] Tartachnyk I I, Blanke M M. Effect of delayed fruit harvest on PHotosynthesis, transpiration and nutrient remobilization of apple leaves[J]. New PHytologist, 2004, 164: 441-450.

[431] Thomas J H, Stepen J M, Peter H R. Estimating stand transpiration in a Eucalyptus populnea woodland with the heat pulse method: measurement errors and sampling strategies [J]. Tree PHysiology, 1995, 15(2): 219-227.

[432] Thornley J H M. Mathematical Models in Plant PHysiology[M]. Academic Press, London, 1976, 86-110.

[433] Thornley J H M. Dynamic model of leaf PHotosynthesis with acclimation to light and nitrogen [J]. Annals of Botany, 1998, 81: 430-431.

[434] Villalobos A E, Pelaez D V. Influence of temperature and water stress on germination and estabilishment of prosopis caldenia burk [J]. Journal of Arid Environment, 2001, 49: 321-328.

[435] Walker G. K. Measurement of evaporation from soil beneath crop canopies [J]. Can. J. Soil Sci. 1983, 63: 137-141.

[436] Wang Z, Zhang G, Wang X M, et al. Growth, ion content and PHotosynthetic responses of two Elytrigia Desv. species seedlings to salinity stress [J]. Afr. J. Biotechnol, 2011, 38: 7390-7396.

[437] Wright I J, Reich P B, Westoby M, et al. The worldwide leaf economicss pectrum [J]. Nature, 2004, 428: 821-827.

[438] Wilson P, Thompson K, Hodgson J. Specific leaf area and leaf dry matter content as alternative predictors of plant strategies [J]. New PHytologist, 1999, 143: 155-162.

[439] Wullschleger S, Meinzer F C, Vertessy R A. A review of whole-plant water use studies in trees [J].

Tree PHysiol. , 1998, 18: 499-512.
[440] Yamaguchi T, Blumwald E. Developing salt-tolerant crop plants: challenges and opportunities [J]. Trends Plant Sci, 2005, 12: 615-620.
[441] Ye Z P, Zhao Z H. A modified rectangular hyperbola to describe the light-response curve of PHotosynthesis of *Bidens pilosa* L. grown under low and high light conditions [J]. Frontiers of Agriculture in China, 2010, 4(1): 50-55.
[442] Yeo A R, Capron S J M, Flowers T J. The effect of salinity upon PHotosynthesis in rice (Oryza sativa L.). Gas exchange by individual leaves relation to their salt content [J]. Exp. Bot. , 1985, 36: 1240-1248.
[443] Zhang Z J, Shi L, Zhang J Z, et al. PHotosynthesis and growth responses of *Parthenocissus quinquefolia* (L.) planch to soil water availability [J]. PHotosynthetica, 2004, 42(1): 87-92.
[444] Zidan L, Azaizeh H, Neumman P M. Does salinity reduce growth in maize root epidermal cells by inhibit in the incapacity for cellwall acidification [J]. Plant PHy Soil, 1990, 93: 7-10.
[445] Ziska J H, Seemann J, DeJong T M. Salinity induced limitations on PHotosynthesis in Primus salicina, adeciduous tree species [J]. Plant PHysiology, 1990, 93: 864-870.
[446] Zheng L, Shannon M C, Lesch S M. Timing of salinity stress affecting rice growth and yield components [J]. Agriculture and Water Management, 2001, 48: 191-206.
[447] Zhu J K. Plant salt tolerance [J]. Trends in Plant Science, 2001, 6(2): 66-71.
[448] 董果,戴劢,赵勇,等.侧柏叶温及叶绿素荧光特性对土壤水分胁迫的响应[J].中国水土保持科学,2014,12(1):68-74.
[449] 海菁,王树凤,陈益泰.盐胁迫对6个树种的生长及生理指标的影响[J].林业科学,2009,22(3):315-324.
[450] 彭方仁,朱振贤,谭鹏鹏,等.NaCl胁迫对5个树种幼苗叶片叶绿荧光参数的影响[J].植物资源与环境学报,2010, 19(3):42-47.
[451] 凌朝文,徐显盈.紫穗槐改良盐碱地的研究[J].林业实用科技,1980(11):17-21.
[452] 奥小平,富裕华.容器育苗基肥配方技术的研究[J].山西林业科技,1996(2):4-7.
[453] 管吕军.柴达木盆地次生盐碱地工程治理技术研究[D].青海:青海大学, 2016.
[454] 何磊.盐碱胁迫对甜高粱种子萌发及幼苗生长的影响[J].东北林业大学学报, 2010, 40(3): 67-70.
[455] 赵旭,彭培好,李景吉.盐碱地土壤改良试验研究——以粉煤灰和煤矸石改良盐碱土为例[J].河南师范大学学报(自然科学版), 2011, 39(4): 69-74.
[456] 温国胜,田海涛,张明如,等.叶绿素荧光分析技术在林木培育中的应用[J].应用生态学报, 2006, 17(10): 1973-1978.
[457] 徐焕文,刘宇,姜静,等.盐胁迫对白桦光合特性及叶绿素荧光参数的影响[J].西南林业大学学报, 2015, 35(4): 21-27.
[458] 吴昊,高永,杜美娥,等.盐胁迫对连翘叶绿素荧光参数的影响[J].北方园艺, 2016, (7): 55-60.
[459] 解建强,魏天兴,朱金兆.北京土石山区保育基盘法植苗造林技术[J].山西农业科学, 2011, 39(8):834-837.
[460] 李国华.河北滨海盐碱地和北京土石山区基盘法造林技术研究[D].北京:北京林业大学, 2009.
[461] 高卫民,吴智仁,吴智深,等.荒漠化防治新材料W-OH的力学性能研究[J].水土保持学报, 2010,24(5):1-5.

[462] 吴智仁,杨才千,吴智深,等. 基于 W-OH 有机复合固化材料的新型荒漠化防治及生态修复技术[C]// 全国水土保持与荒漠化防治及生态修复交流研讨会论文集,2009.

[463] 王现洁,孔凡晶,孔维刚,等. 发展柴达木盆地盐湖农业的资源基础[J]. 科技导报, 2017,35(10):93-98.

[464] 彭敏. 粉煤灰的形貌、组成分析及其应用[D]. 湘潭:湘潭大学, 2004.

[465] 景峰,朱金兆,张学培,等. 滨海泥质盐碱地基盘造林法研究[J]. 西北林学院学报, 2010,25(2):87-92.

[466] 景峰,朱金兆,郑柏青,等. 穴状衬膜基盘造林模式应用效果研究[J]. 应用基础与工程科学学报, 2011,19(3):398-407.

[467] 王秀玲,程序,李桂英. 甜高粱耐盐材料的筛选及芽苗期耐盐性相关分析[J]. 中国生态农业林报, 2010(6):1239-1244.

[468] 王世伟,潘存德,张大海,等. 新疆 11 个杏品种叶绿素荧光特征比较[J]. 新疆农业科学, 2010(4):637-443.

[469] 尤扬,袁志亮,张晓云,等. 植物激素对黄姜叶片 F_v/F_o 和 F_v/F_m 的影响[J]. 河南科学, 2007,25(6):922-924.

[470] Gao W, Wu Z, Wu Z. Study of mechanism of the W-OH sand fixation [J]. Journal of Environmental Protection, 2012,3(9).

[471] Wu Z, Iwashita K, Wu Z, et al. Experimental study on evaluation and control of ultraviolet resistance of sand stabilized with organic slurry containing hydroPHilic polyurethane[J]. Journal of the Society of Materials Science Japan, 2008, 57(11):1167-1172.

第 7 章　盐碱地牧草种植技术集成示范

土地盐渍化是内陆干旱和半干旱地区土壤退化的全球性环境问题,盐渍化后形成的盐碱地植被恢复与土壤改良也是世界性的技术难题。我国自 20 世纪中期就开展了盐碱地的治理工作,盐碱地的治理方法较多,有生物治理、物理治理和化学改良等一系列较为成熟的综合措施,物理方法虽然在短时期内能大幅度降低土壤含盐量,但改良后的土壤的持续利用还需要通过恢复和重建盐碱地地上植被来解决。近几十年的盐碱地改良研究结果表明,种植耐盐牧草已成为改良盐碱地的重要手段和途径,种植耐盐牧草能够有效地降低土壤表层的含盐量,增加土壤有机质含量,提高土壤中氮、磷、钾的含量,是生态、生产双赢的有效治理模式之一。本研究主要以盐碱地牧草物种类群配置技术、盐碱地草地种植与管护技术及盐碱地牧草种植技术体系研究示范为主要研究内容,将物理改良技术和生物改良技术、单项技术有机结合,形成盐碱地牧草种植技术规范,最终以草地畜牧业产业为出口,以保证盐碱地治理的可持续性。

本研究采用科学的分析方法,对柴达木盆地盐碱地盐碱离子、养分的分布情况及运动特征,干旱和盐碱胁迫对牧草种子萌发和幼苗生长的影响,耐盐碱植物生物学特性和栽培管理措施,以及种植优良牧草对盐碱地土壤的影响等进行了研究,旨在为柴达木盆地盐碱地改良和重建,以及大面积优良牧草的种植提供一定的科学依据。

研究结果显示,通过一定的栽培管理措施,青海地区种植较为广泛、适应性强的 10 个燕麦品种,在该地区中、轻度盐碱地上长势良好,重度盐碱地上虽然生长受到了明显的抑制,但生产性能总体相对较好,表现出了较强的耐盐碱性,因此可作为柴达木盆地重度盐碱地改良与重建的优良草种和“先锋草种”;多年生优良牧草同德小花碱茅表现出了较强的耐旱、耐寒、耐盐碱性和返青早的特点,该地区同德小花碱茅人工草地种植的最佳农艺措施是:翻耕—冬灌—条播(播种机)—耙耱—镇压—冬灌;覆膜种植豆科牧草,可极大地提高其出苗率、越冬率和植物量,显著降低 0~30 cm 耕层土壤全盐含量和 pH($P<0.05$),土壤全盐含量比对照降低了 37.33%, pH 比对照降低了 5.26%。重度盐碱地结合暗管改良技术和明渠排盐技术等工程措施及覆膜播种技术,柴达木盆地重度盐碱地改良与重建均表现出了非常显著的效果,为该地区生态文明建设发挥了积极的作用。

盐碱地牧草种植技术集成示范主要从试验示范地概况、盐碱地土壤离子及养分特征、盐碱和干旱胁迫对牧草种子萌发和幼苗生长的影响、耐盐碱植物引种适应性评价及栽培管理技术,以及人工草地对盐碱地土壤的改良效果等几个方面进行阐述。

7.1　试验示范地概况

7.1.1　乌兰县茶卡镇哇玉农场

青海省柴达木盆地乌兰县茶卡镇哇玉农场，地理位置为北纬 36°39′，东经 99°18′，海拔 3 135 m。属干旱大陆性气候，冷季长，暖季短，年均气温 4 ℃，1 月平均气温-12. 2 ℃，7 月平均气温为 19. 6 ℃，4～10 月气候干燥，紫外线强。气温日差较大，年均降水量为 210. 4 mm，年均蒸发量为 2 000 mm，年均相对湿度为 45%～50%。土壤为盐化耕灌棕钙土类型，0～10 cm 表层土壤有机质含量为 7. 5 g/kg，全盐含量在 5. 0～10. 0 g/kg，局部地区含盐量高达 32. 0 g/kg，盐分组成以氯化物为主，pH 为 9. 2。弃耕地以芦苇（*Phragmites australis*）、阔叶独荇菜（*Lepidium latifolium*）和刺儿菜（*Cirsium setosum*）等植物为主，生物量极低。周围主要有盐爪爪（*Kalidium foliatum*）、白刺（*Nitrari sibirica*）、骆驼刺（*Alhagi-camelorum*）等。该地区 2015 年月均气温与月降水量见图 7-1 和图 7-2。

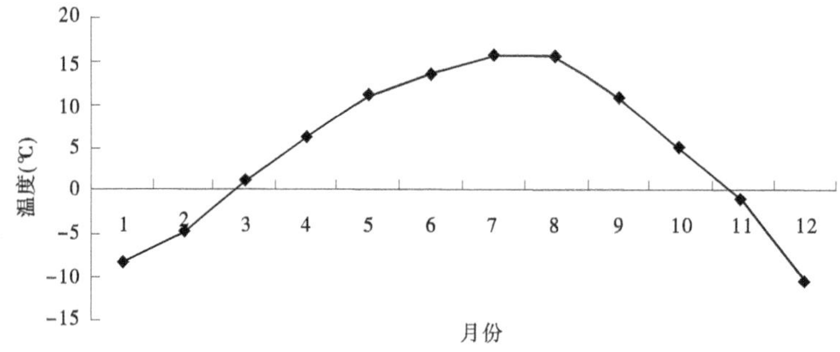

图 7-1　2015 年乌兰县月均气温

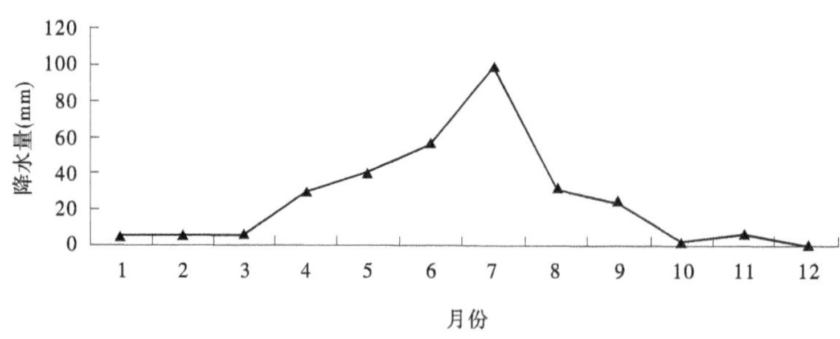

图 7-2　2015 年乌兰县月降水量

7.1.2　德令哈市尕海镇努尔村二社

青海省海西州德令哈市尕海镇努尔村二社次生盐泽化弃耕地，地理位置为北纬 37°12′21″，东经 97°27′52″，海拔 2 853 m，年均气温 2. 8～3. 7 ℃，年均降水量为 181. 8 mm，年均蒸发量为 2 370. 0 mm，年辐射量 693. 3 kJ/cm^2，日照时数 3 169. 6 h，≥10 ℃积温为

1 660. 0 ℃,持续 113 d,是典型的没有灌溉就没有农业的干旱地区,降水集中于 6~8 月,地下水埋深 1~2 m。试验地原为农场农田,20 世纪 70 年代初期,竖井排灌工程有效地解决了土壤盐渍化问题,冲洗后的土壤含盐量在 0. 1%~0. 45%,春小麦每公顷产量 3 000 kg 左右,后农场变迁,农田成为牧民放牧草地,基本无灌溉。土壤为盐化耕灌棕钙土类型,多数土壤耕层含盐量大于 10. 0 g/kg,局部地区含盐量高达 52. 7 g/kg,有 2 cm 左右的盐壳,盐分组成为氯化物-硫酸盐,pH 为 8. 6~8. 9。弃耕地以芦苇(*Phragmites australis*)、阔叶独荇菜(*Lepidium latifolium*)和刺儿菜(*Cirsium setosum*)等植物为主,生物量极低,地上植物量干重 600 kg/hm^2,可食牧草占 30%,植被总盖度 20%。该地区 2015 年月均气温与月降水量见图 7-3 和图 7-4。

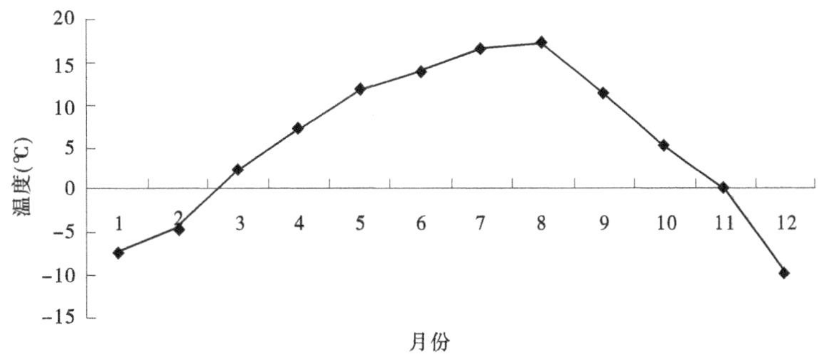

图 7-3　2015 年德令哈市月均温

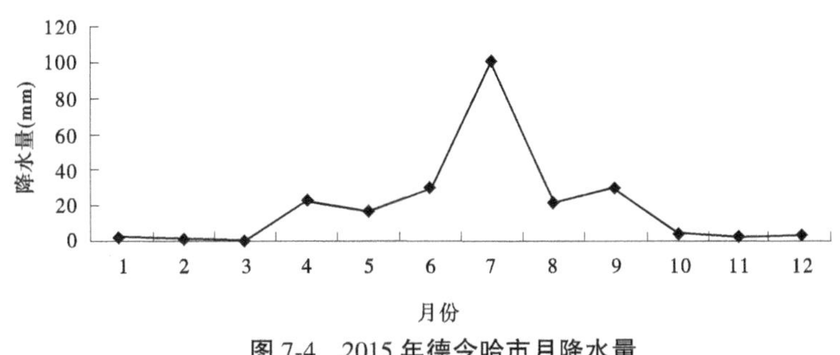

图 7-4　2015 年德令哈市月降水量

7. 2　柴达木盆地盐碱地土壤离子特征及养分分析

7. 2. 1　材料与方法

试验地位于青海省海西州乌兰县茶卡镇哇玉农场。2015 年 6 月上旬,在试验地利用土钻采用五点取样法采集盐碱土土壤。分别采取 0~10 cm、10~20 cm、20~30 cm、30~40 cm、40~50 cm、50~60 cm 6 个土层的土壤,每个点 4 次重复,采集完立刻带回实验室自然阴干,将各点样品混合均匀后,过筛进行盐分和养分分析。0~10 cm、10~20 cm、20~30 cm、30~40 cm、40~50 cm、50~60 cm 土样进行全盐测定,同时测定 0~10 cm 土样各分盐离子含量，0~20 cm 土样进行常规养分测定。养分的测定方法：有机质采用重铬酸钾容量法进行测定；全氮用凯氏定氮法测定；全磷用硫酸—高氯酸消煮法测定；全钾用 NaOH 熔融—火焰光度计法测定；碱解氮采用碱解氮扩散法测定；速效磷用碳酸氢钠—钼锑抗比色法测定；速效钾用醋酸铵—火焰光度计法测得。全盐含量采用重量法测定，HCO_3^-、CO_3^{2-} 采用双指示剂中和法；Cl^- 采用硝酸银滴定法；SO_4^{2-}、Ca^{2+}、Mg^{2+} 采用 EDTA 络合滴定法；K^+、Na^+ 用火焰光度计法测定。利用 Excel 2007 完成对数据进行整理，用 SPSS18.0 软件进行统计分析。

7.2.2　结果与分析

7.2.2.1　不同土层土壤全盐含量变化

由图 7-5 可知，土壤的全盐含量随着土壤深度的增加而逐渐减少。0~10 cm 土层的全盐量为 32.20 g/kg，10~20 cm 的土层全盐量为 17.26 g/kg，20~30 cm 土层全盐量为 11.47 g/kg，由表层土壤到 30 cm 土层，全盐含量急剧下降，下降率为 64.38%。30~40 cm、40~50 cm、50~60 cm 土层全盐量分别为 3.94 g/kg、3.88 g/kg、3.18 g/kg，从 30 cm 到 60 cm 土层，全盐含量下降缓慢，曲线平缓。结果表明，柴达木盆地盐碱地土壤盐分特征为表层土层离子具有明显的表聚现象，30 cm 以下的土层离子变化不明显。

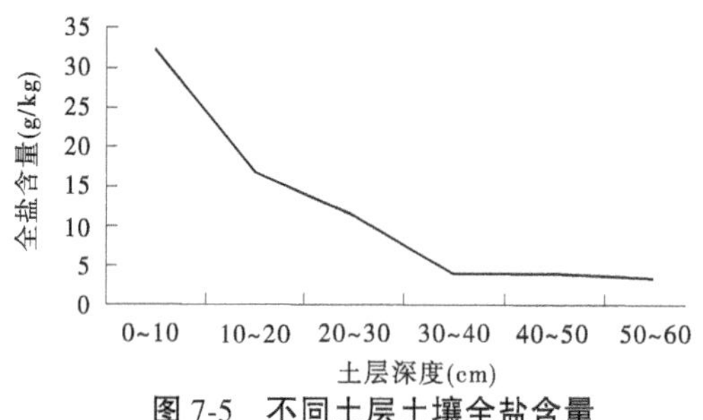

图 7-5　不同土层土壤全盐含量

7.2.2.2　表层土壤盐分组成与类型

由图 7-6 可以看出，在 0~10 cm 表层土层中，各离子含量差异较大。其中，阴离子中 Cl^- 含量较高，为 13.68 g/kg，占总离子含量的 42.48%，占阴离子总量的 78.26%，为主要离子。其次是 SO_4^{2-}，为 3.54 g/kg，占总离子含量的 11.00%。阳离子中以 Na^+ 和 Mg^{2+} 含量较高，分别为 3.61 g/kg 和 1.33 g/kg，分别占总离子含量的 11.21% 和 4.13%，占阳离子含量的 58.06% 和 21.59%；钾离子含量最少，只占了总离子含量的 0.31%。因此可知，Na^+、Cl^-、SO_4^{2-}、Mg^{2+} 是该地区主要盐分离子。根据中国土壤学会盐渍土专业委员会对土属划分的标准，$Cl^-/SO_4^{2-}>2$ 为氯化物类型；$1\leq Cl^-/SO_4^{2-}\leq 2$ 为硫酸盐-氯化物类型；$0.2\leq Cl^-/SO_4^{2-}<1$ 为氯化物-硫酸盐类型；$Cl^-/SO_4^{2-}<0.2$ 为硫酸

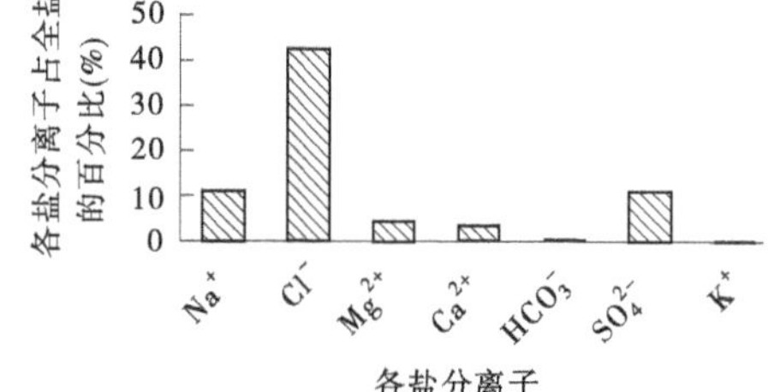

图 7-6　不同盐离子占全盐含量百分比

盐类型。由于该地区 Cl^-/SO_4^{2-} 为 3.86(>2),因此可判定该研究区土壤类型为氯化物型盐渍化土壤。

7.2.2.3 表层土壤盐分及养分统计分析

由表 7-1 可以看出,在 0~10 cm 土层中含量最高的离子为 Cl^-,其次是 Na^+ 及 SO_4^{2-}。在标准差中分析结果:变幅最大的是 Cl^-,标准差为 8.10,远大于其他离子;K^+ 的标准差最小,为 0.05。在变异系数中分析结果:除 SO_4^{2-} 外,所有离子的变异系数值均在 10%~100%,属中等变异特征。其中 SO_4^{2-} 的变异系数只有 8%。

表 7-1　表层土壤盐分及养分统计分析　(单位:g/kg)

指标	平均值±标准差	变异系数(%)
Na^+	3.61±0.93	26
Cl^-	13.68±8.10	59
Mg^{2+}	1.33±0.86	65
Ca^{2+}	1.12±0.16	14
HCO_3^-	0.26±0.03	12
SO_4^{2-}	3.54±0.27	8
K^+	0.10±0.05	51
全氮(g/kg)	0.79±0.30	38
全磷(g/kg)	1.52±0.10	6
全钾(g/kg)	26.92±2.66	10
碱解氮(mg/kg)	64.50±33.09	51
速效钾(mg/kg)	191.25±96.59	51
速效磷(mg/kg)	6.90±1.54	22
有机质(g/kg)	10.77±5.78	54

在平均值中分析结果:在 0~20 cm 土层中养分含量最高的为碱解氮,其次是全钾及有机质。在标准差中分析结果:变幅较大的是碱解氮及有机质,标准差分别为 33.09 和 5.78。在变异系数中分析结果:除全磷外所有养分的变异系数值均在 10%~100%,属中等空间变异特征。其中全磷的变异系数为 6%,小于 10%,表现出较弱的空间变异。

7.2.2.4 表层土壤各盐分离子之间相关性分析

表 7-2 相关性分析结果表明,Cl^- 和 Na^+ 相关性较高,为 0.995,同时 Cl^- 和 Mg^{2+} 的相关性也较高,达 0.958,说明 NaCl 和 $MgCl_2$ 为该研究区氯化物主要组成部分。SO_4^{2-} 与 K^+ 的相关性较好,为 0.953,由此可见该研究区的主要硫酸盐类组成为 K_2SO_4。而 HCO_3^- 与其他离子的相关性都比较差。

表 7-2　0~10 cm 土层离子相关性分析

特征值	Na^+	Cl^-	Mg^{2+}	Ca^{2+}	HCO_3^-	SO_4^{2-}	K^+
Na^+	1.000						
Cl^-	0.995	1.000					
Mg^{2+}	0.924	0.958	1.000				
Ca^{2+}	-0.999	-0.990	-0.908	1.000			
HCO_3^-	-0.177	-0.076	0.212	0.217	1.000		
SO_4^{2-}	-0.333	-0.235	0.052	0.371	0.987	1.000	
K^+	-0.602	-0.518	-0.252	0.634	0.893	0.953	1.000

7.2.2.5　表层土壤养分的相关性分析及主成分分析

在对土壤养分进行主成分分析前，检验土壤各养分之间的相关性是非常必要的。对土壤的养分指标进行相关性检验，由土壤养分相关矩阵可以看出，碱解氮和有机质之间相关性高，为 0.979。全氮和碱解氮、速效钾及有机质之间都存在显著的相关性，分别为 0.981、0.977、0.975。全磷和有机质、碱解氮和速效钾之间相关性都在 0.9 以上，相关性较好，因此符合主成分分析的前提(见表 7-3)。

表 7-3　土壤养分相关矩阵

指标	相关性	全氮	全磷	全钾	碱解氮	速效磷	速效钾	有机质
全氮	Pearson	1.000						
全磷	Pearson	0.877	1.000					
全钾	Pearson	0.853	0.497	1.000				
碱解氮	Pearson	0.981	0.858	0.833	1.000			
速效磷	Pearson	0.041	-0.300	0.378	0.183	1.000		
速效钾	Pearson	0.977	0.831	0.867	0.918	-0.071	1.000	
有机质	Pearson	0.975	0.944	0.732	0.979	-0.003	0.918	1.000

为了了解土壤中各养分的相对重要性，对表层土层养分进行主成分分析。经主成分分析得到各主成分的方差贡献率及累积贡献值，主成分 1 具有较大的方差贡献率，达到了 76.701%，主成分 2 是仅次于主成分 1 的反映土壤信息的重要因子，它的方差贡献率为 18.795%，以后的各成分贡献率都依次递减。由于主成分 1 和主成分 2 的累积贡献率为 95.19%，信息损失量只有 4.81%，因此它们可以代表原始变量因子的主要信息，同时也包含了土壤养分的大部分信息(见表 7-4)。

表 7-4　主成分的因子方差矩阵

成分	初始特征值			提取平方和载入		
	合计	方差贡献率(%)	累积贡献率(%)	合计	方差贡献率(%)	累积贡献率(%)
1	5.369	76.701	76.701	5.369	76.701	76.701
2	1.316	18.795	95.496	1.316	18.795	95.496

在主成分 1 中,碱解氮、有机质、速效钾的主成分载荷较高,主成分载荷分别为 0.985、0.980 和 0.971;其次是全磷、全钾,贡献系数为 0.884 和 0.844。在主成分 2 中,速效磷的主成分载荷较高,达到 0.973,说明了主成分 2 反映了速效磷对研究区土壤的养分供给情况。所以,可以认为碱解氮、有机质、速效钾、速效磷是土壤的特征元素(见表 7-5)。

表 7-5　主成分因子的载荷矩阵

指标	主成分 1	主成分 2
全氮	0.684	0
全磷	0.884	-0.405
全钾	0.844	0.424
碱解氮	0.985	0.109
速效磷	0.046	0.973
速效钾	0.971	-0.066
有机质	0.980	-0.091

7.2.3　讨论与结论

柴达木盆地是一个较为封闭的系统,再加上该地区气候干旱缺水,溶于水的盐分离子在水分蒸发时,多聚在土壤表层,导致该地区表层土壤盐分较高。本研究表明,该研究地区的盐分表现为强烈的表聚现象,因此研究 0~10 cm 表层土层的盐分离子的相关性具有重要的意义。土壤中各离子之间存在着各种不同的化学关系,它们之间或相互排斥或相互吸引,研究不同离子之间的相关性,对于进一步深入了解土壤的主要化学物质构成也具有重要的意义。对土壤盐离子进行相关分析,可在一定程度上反映出盐分的运移趋势,亦可反映离子间的相互关系,可以为盐渍化土壤的预防和改良提供科学依据。

本书通过对柴达木盆地地区青海省海西州茶卡镇哇玉农场的盐碱地按照 0~10 cm、10~20 cm、20~30 cm、40~50 cm 和 50~60 cm 分层对土壤进行采集和分析,得出该研究区的土壤碱解氮、有机质、速效钾、速效磷可以作为土壤的特征元素。表层土层含盐量较高,土壤盐分呈现强烈的表聚现象,随着土层深度的增加,全盐含量有所减小。另外,柴达木盆地地区土壤盐分离子和养分基本上都呈现出中等变异,说明该地区出现大面积的土壤荒漠化、成为弃耕的土地、人为的干扰因素减少是造成这一现象的原因。

研究区 Cl^-/SO_4^{2-} 为 3.86,为氯化物型盐渍化土壤,NaCl 和 $MgCl_2$ 为该研究区氯化物的主要组成部分。这可能是由于柴达木盆地是一个较为封闭的系统,再加上该地区气候干旱缺水,溶于水的盐分离子在水分蒸发时,累积在地表,导致该地区盐分呈现表聚现象。

7.3 不同盐浓度下牧草苗期生长状况的研究

7.3.1 材料与方法

本研究采集柴达木盆地德令哈尕海地区重度盐碱地 0~10 cm 的表层土,过 2 mm 土筛混合均匀,去除石块等杂物。称取 1.2 kg 土壤 30 份,分别放置到 30 个直径为 18 cm、高度为 20 cm 的花盆里面,其中 15 盆种植同德小花碱茅、15 盆种植中苜 1 号紫花苜蓿。每个牧草品种设置 5 个浓度处理,每个处理 3 次重复,每个花盆种植 30 粒种子。不同盐浓度的处理如下:随机选择 3 个花盆作为对照 CK,不做淋洗处理;处理Ⅰ、Ⅱ、Ⅲ、Ⅳ分别选择 3 个花盆用土水比为 1∶1、1∶2、1∶5、1∶10 淋洗,即用不同比例的去离子水采用模拟滴灌的方式淋洗。种植后,每次浇水时渗到托盘的水分需要回收返回土壤中,以防盐离子和土壤养分不断流失。为了避免试验中淋洗对土壤养分的流失,在淋洗后均分别测每个处理的养分,主要测量 N、P 含量,最后在不同处理中补施磷酸二铵,调节每个处理的土壤养分达到一致状态。所有花盆均在人工气候箱中进行培养,白天温度为 25 ℃,夜间为 15 ℃,湿度为 40%,于种植后 45 d 对两种牧草的生长特性进行测定。

于淋洗后试验开始时和试验结束后分别在每个花盆中取 50 g 土烘干,测土壤的 pH 和全盐量。

全盐量的测定:用台秤准确称取通过 2 mm 筛孔的风干土样 50 g,放入 500 mL 烧杯中,用量筒加入用无 CO_2 的纯水配置的 0.02 mol/L 的 KCl 溶液 250 mL,搅拌,静置后,用土壤三参仪在上清液中测量电导率。

电导率计算公式为

$$L=Cf_tK$$

式中:C 为测得电导值;f_t 为温度校正系数,$f_t=l/[(1+0.02(t-25)]$;K 为电极常数,$K=L/C$,其中 L 为不同温度下 KCl 标准溶液的电导率。

全盐量

$$Y=1.3888L-0.02478\times25L-6171.9$$

式中:L 为电导率。

pH 的测定:用 pH 计测量。

牧草生长指标测定:用电子游标卡尺、直尺、分析天平、剪刀对生长 45 d 的两种牧草分别做测量,测量指标具体包括株高、根长、根粗、茎粗、叶片数、地上植物量(烘干重)。

采用 Excel 2003 对试验数据进行基本计算、SPSS 软件进行统计分析。采用单因素方差分析(One-way ANOVA)对不同处理间各指标进行分析,其中多重比较假定方差齐性采用最小显著差异法 LSD,未假定方差齐性采用 Tamhane′s T2。

7.3.2　结果与分析

7.3.2.1　栽培前后不同处理全盐量与 pH 的变化

由表 7-6 可知，在栽培前，经过不同比例淋洗后的盐碱土壤随着淋洗比例的增加全盐量逐渐降低，其中处理Ⅰ、Ⅱ、Ⅲ、Ⅳ的全盐量分别为 24.00‰、9.60‰、4.80‰、3.30‰。通过栽培中苜 1 号紫花苜蓿和同德小花碱茅后各处理的全盐含量均有降低，其中处理Ⅱ、Ⅲ、Ⅳ栽培中苜 1 号紫花苜蓿的全盐量分别降低了 1.00%、6.25%、18.18%，同德小花碱茅的降低了 1.15%、3.13%、10.00%。处理Ⅲ和Ⅳ中栽培中苜 1 号紫花苜蓿全盐量较低，同德小花碱茅较高。结果表明，中苜 1 号紫花苜蓿和同德小花碱茅在苗期对盐碱土改良作用较小，且两者无显著差异（$P>0.05$）。

表 7-6　栽培前后不同处理土壤全盐量变化　（‰）

处理	淋洗后土壤全盐量	栽培同德小花碱茅后全盐量	栽培中苜 1 号紫花苜蓿后全盐量
Ⅰ	(24.00±1.45)a	(23.00±1.59)a	(23.50±1.67)a
Ⅱ	(9.60±0.65)a	(9.49±0.61)a	(9.50±0.67)a
Ⅲ	(4.80±0.33)a	(4.65±0.31)a	(4.50±0.28)a
Ⅳ	(3.30±0.22)a	(3.00±0.08)a	(2.70±0.17)a

注：每一行之间不同字母代表差异显著（$P<0.05$），下同。

由表 7-7 可知，在栽培前，经过不同比例淋洗后的盐碱土壤随着淋洗比例的增加 pH 逐渐降低，其中处理Ⅰ、Ⅱ、Ⅲ、Ⅳ的 pH 分别为 9.94、9.65、9.14、8.95。通过栽培中苜 1 号紫花苜蓿和同德小花碱茅后各处理的 pH 均有降低，处理Ⅳ中栽培同德小花碱茅 pH 最低，中苜 1 号紫花苜蓿较高，其中处理Ⅱ、Ⅲ、Ⅳ栽培中苜 1 号紫花苜蓿的 pH 分别降低了 0.54%、3.03%、3.91%，同德小花碱茅的降低了 0.74%、2.59%、4.25%。处理Ⅲ、Ⅳ中，栽培同德小花碱茅和栽培中苜 1 号紫花苜蓿均对土壤 pH 有显著降低作用（$P<0.05$）。结果表明，种植牧草后土壤 pH 都有所下降。

表 7-7　栽培前后不同处理土壤 pH 变化

处理	淋洗后土壤 pH	栽培同德小花碱茅后 pH	栽培中苜 1 号紫花苜蓿后 pH
Ⅰ	(9.94±0.10)a	(9.82±0.08)a	(9.82±0.13)a
Ⅱ	(9.65±0.06)a	(9.58±0.04)a	(9.60±0.04)a
Ⅲ	(9.14±0.03)a	(8.90±0.06)b	(8.86±0.05)b
Ⅳ	(8.95±0.04)a	(8.57±0.06)b	(8.60±0.06)b

7.3.2.2　不同淋洗比处理对两种牧草出苗的影响

通过对不同盐浓度土壤栽培中苜 1 号紫花苜蓿和同德小花碱茅的出苗情况进行监测，结果表明，CK、处理Ⅰ中两种牧草均无法出苗。在处理Ⅱ、Ⅲ、Ⅳ盐浓度下中苜 1 号紫花苜蓿在栽培后 3~5 d 内均逐渐出苗，同德小花碱茅在栽培后 10~13 d 内均有出苗。处理Ⅱ、Ⅲ、Ⅳ的中苜 1 号紫花苜蓿出苗数分别是 4、16、21，同德小花碱茅的出苗数分别是 3、16、20。两种牧草处理Ⅱ的出苗率分别为 14.44%和 10.00%，处理Ⅲ的出苗率分别为 52.22%和 54.44%，处理Ⅳ的出苗率分别是 68.89%和 66.67%（见表 7-8）。

表 7-8　不同盐浓度对两种牧草出苗的影响

牧草品种	处理	出苗期(d)	出苗数(株)	出苗率(%)
中苜 1 号紫花苜蓿	CK	N/A	0	0
	Ⅰ	N/A	0	0
	Ⅱ	5	(4±0.88)c	(14.44±0.03)c
	Ⅲ	3~4	(16±0.88)b	(52.22±0.03)b
	Ⅳ	3	(21±1.20)a	(68.89±0.04)a
同德小花碱茅	CK	N/A	0	0
	Ⅰ	N/A	0	0
	Ⅱ	12~13	(3±0.58)c	(10.00±0.02)c
	Ⅲ	10~11	(16±1.86)b	(54.44±0.06)b
	Ⅳ	12~13	(20±1.15)a	(66.67±0.04)a

7.3.2.3　不同处理对两种牧草生长的影响

中苜 1 号紫花苜蓿苗长和根长在处理Ⅱ、Ⅲ中均显著低于处理Ⅳ（$P<0.05$），处理Ⅱ和处理Ⅲ差异不显著（$P>0.05$），其中处理Ⅳ苗长和根长均最长，分别为 14.00 cm 和 1.86 cm；根粗处理Ⅳ显著高于处理Ⅱ（$P<0.05$），处理Ⅱ与处理Ⅲ之间差异不显著（$P>0.05$）；茎粗处理Ⅱ最低，显著低于处理Ⅳ（$P<0.05$），与处理Ⅲ差异不显著（$P>0.05$）；处理Ⅱ的叶片数只有 2~5 片，处理Ⅲ每株叶片数达到 5 片，而处理Ⅳ的每株叶片数达到 10~15 片，且植株都有 3 个分枝（见表 7-9）。

同德小花碱茅的苗长在处理Ⅱ、Ⅲ、Ⅳ之间均有显著差异（$P<0.05$），其中处理Ⅳ苗长最长，为 12.67 cm；根长差异不显著（$P>0.05$）；处理Ⅱ的根粗显著低于Ⅲ、Ⅳ（$P<0.05$），处理Ⅲ、Ⅳ之间根粗差异不显著（$P>0.05$）；处理Ⅳ的茎粗显著高于处理Ⅱ、Ⅲ（$P<0.05$），处理Ⅱ和Ⅲ之间差异不显著（$P>0.05$）；3 个处理的同德小花碱茅总体长势较为纤弱，且均只处于 2 叶期（见表 7-9）。

7.3.2.4　不同处理对两种牧草地上植物量的影响

由图 7-7 可知，处理Ⅱ、Ⅲ、Ⅳ的中苜 1 号紫花苜蓿地上植物量逐渐呈增加趋势，且各处理间差异均显著（$P<0.05$），其中处理Ⅳ的地上植物量最高，为 0.27 g。同德小花碱茅处理Ⅱ的地上植物量显著低于处理Ⅳ的地上植物量（$P<0.05$），而它们均与处理Ⅲ之间差异不显著（$P>0.05$），其中处理Ⅳ的地上植物量为 0.02 g。

表 7-9 不同处理对两种牧草生长的影响

牧草品种	处理	苗长(cm)	根长(cm)	根粗(mm)	茎粗(mm)	叶片数(片)
中苜 1 号紫花苜蓿	CK	0	0	0	0	0
	Ⅰ	0	0	0	0	0
	Ⅱ	(7.23±0.27)b	(1.47±0.08)b	(0.22±0.020)b	(0.41±0.04)b	2~5
	Ⅲ	(9.43±0.35)b	(1.57±0.05)b	(0.25±0.010)ab	(0.53±0.05)ab	5
	Ⅳ	(14.00±1.15)a	(1.86±0.07)a	(0.27±0.010)a	(0.60±0.02)a	10~15
同德小花碱茅	CK	0	0	0	0	0
	Ⅰ	0	0	0	0	0
	Ⅱ	(4.70±0.38)c	(0.68±0.02)a	(0.11±0.002)b	(0.12±0.00)b	2
	Ⅲ	(7.07±0.58)b	(0.77±0.05)a	(0.12±0.005)a	(0.12±0.00)b	2
	Ⅳ	(12.67±0.88)a	(0.76±0.12)a	(0.12±0.003)a	(0.15±0.00)a	2

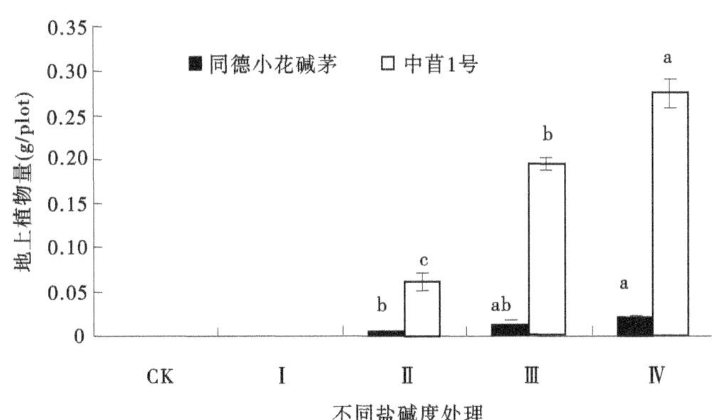

图 7-7 不同处理对两种牧草地上植物量的影响

7.3.3 讨论与结论

在处理Ⅱ、Ⅲ、Ⅳ中即试验后比试验前全盐量和 pH 有所降低，这可能均与试验过程盐分损失和栽培牧草对盐分与 pH 有所改善均有影响。研究结果显示，两种牧草幼苗对土壤盐度有改善作用，但均较小，这可能由于幼苗期牧草较弱，主要集中于自身的生长与适应，而对周围盐碱的改善较小。

相关学者也对亮苜 2 号紫花苜蓿做了不同盐浓度下出苗等研究，发现其出苗率也较低。试验选取的土壤是表层重度盐碱土，CK 含盐量接近 50.0‰，pH 也较高，在 10 以上；处理Ⅰ的全盐量为 24‰，pH 为 9.94，这种高盐碱环境下处理 CK 和处理Ⅰ所栽培牧草不能出苗。在含盐量为 9.6‰、4.8‰(土水比为 1∶2、1∶5)时，土壤也在重度盐碱土的范围内，两种牧草出苗率较低；全盐量为 3.3‰(土水比在 1∶10)时理论上为中、轻度盐碱地，但出苗率却不高，均未达到 70%，这可能与试验经过淋洗后盐碱量略高于轻度盐碱度有关，从而对出苗率有所影响，此外，出苗率的高低也与不同草种的抗耐盐碱性强弱有关。

同德小花碱茅为禾本科牧草,中苜 1 号紫花苜蓿为豆科牧草,两种牧草的形态结构差异较大,对其地上植物量造成很大不同,通过它们的生长特征无法对两种牧草的耐盐强弱做出明确的比较。通过栽培后对全盐量的改善比率显示中苜 1 号紫花苜蓿对盐碱土的改良作用较强于同德小花碱茅。此外,该研究虽在模拟人工气候箱中进行,但与实际栽培相比会有一定的差异。

栽培中苜 1 号紫花苜蓿和同德小花碱茅幼苗对盐碱土壤的全盐量和 pH 的改善作用均较小;在盐浓度为 50‰和 24‰时栽培的中苜 1 号紫花苜蓿和同德小花碱茅均无法出苗;盐浓度为 9.6‰、4.8‰(土水比为 1:2和 1:5)时出苗率均较低,不适宜栽培。两种牧草的苗期生长特征及地上植物量在盐浓度为 3.3‰(土水比为 1:10)时表现较好。

7.4 干旱胁迫对牧草种子萌发和幼苗生长的影响

7.4.1 材料与方法

供试土壤:为青海高海拔地区高寒草甸土壤,较为肥沃,pH 为 7.86,去除杂物,风干,过 2 mm 筛备用。

供试牧草:中苜 1 号紫花苜蓿、同德小花碱茅,由青海省畜牧兽医科学院提供。试验于 2017 年 8 月 22 号在试验室及人工气候箱进行,白天温度为 25 ℃,夜间为 15 ℃,湿度为 40%。取花盆(直径 18 cm、高 20 cm)分别装土 1.2 kg,施用基肥磷酸二铵 0.3 g,每盆种植 30 粒种子,每天喷洒去离子水,并记录加水量。

本研究设置正常供水(对照,CK)、轻度干旱(LD)、中度干旱(MD)和重度干旱(SD)4 种水分处理,用称重法保持每种水分处理的土壤含水量分别为最大田间持水量的 70%~75%(CK)、60%~70%(LD)、50%~60%(MD)和 45%~50%(SD)。当土壤含水量降至设定下限时,补充水分至设定上限,且记录加水量。为了防止养分淋失造成差异,每个花盆下垫塑料托盘接收下渗溶液,实时反灌,试验设置 3 次重复。在试验处理 45 d 后测定有关项目。

用电子游标卡尺、直尺、分析天平、剪刀对生长 45 d 的两种牧草分别做测量,测量指标具体包括株高、根长、根粗、茎粗、叶片数、地上植物量。

计算水分利用效率(*WUE*):

$$WUE1 = \text{地上植物量}/\text{耗水量}$$

$$WUE2 = \text{总生物量}/\text{耗水量}$$

用 Excel 2003 对试验数据进行基本计算、SPSS 软件进行统计分析、单因素方差分析(One-way ANOVA)对不同处理间各指标进行分析,其中多重比较假定方差齐性采用最小显著差异法 LSD 检验。

7.4.2 结果与分析

7.4.2.1 不同干旱处理对牧草出苗的影响

由表 7-10 可知,中苜 1 号紫花苜蓿在种植后 2~3 d 内就会出苗,其中出苗数、出苗率最多的是 SD 处理,分别是 19 株、70.13%,并且均显著高于其他处理($P<0.05$),此外 CK、LD、MD 处理之间出苗数和出苗率均差异不显著($P>0.05$)。同德小花碱茅在种植后 7~12 d 内会出苗,其中 CK 处理出苗相对较晚,SD 处理的出苗数和出苗率最高,分别是 15 株、51%,LD 处理出苗数和出苗率均显著低于 SD 处理,而 CK、MD 与 SD 处理之间差异不显著($P>0.05$)。

表 7-10　不同干旱处理对牧草出苗的影响

代号		出苗期(d)	出苗数(株)	出苗率(%)
中苜 1 号紫花苜蓿	CK	2	(9±0.67)b	(31.10±2.20)b
	LD	3	(13±1.76)b	(42.20±5.88)b
	MD	3	(13±1.76)b	(42.10±5.95)b
	SD	3	(19±0.67)ab	(70.13±3.43)a
同德小花碱茅	CK	11~12	(9±0.67)a	(30.90±2.10)ab
	LD	9~11	(8±0)b	(26.70±0.00)b
	MD	9~10	(13±2.91)a	(44.47±9.68)ab
	SD	7~9	(15±2.91)a	(51.00±9.80)a

7.4.2.2　不同干旱处理对牧草幼苗生长的影响

由表 7-11 可知,随着干旱程度的增加中苜 1 号紫花苜蓿的苗高呈增加趋势,其中 CK 处理苗高显著低于 MD 处理($P<0.05$),MD 处理的苗高最高,为 10.67 cm;CK、LD、SD 处理间差异不显著($P>0.05$),MD 与 LD、SD 处理间差异也不显著($P>0.05$);在 SD 处理中苗高有所降低。随着干旱程度的增加,中苜 1 号紫花苜蓿根长呈增加趋势,其中 SD 处理根长最长,显著高于其他处理($P<0.05$),其中 CK 与 LD 之间根长差异不显著($P>0.05$),但它们均显著低于 MD、SD 处理($P<0.05$)。CK 与 LD 处理的根粗差异不显著($P>0.05$),但均显著低于 SD 处理($P<0.05$),MD 处理的根粗与其他处理的差异均不显著($P>0.05$)。各处理间茎粗差异不显著($P>0.05$);随着干旱程度的增加中苜 1 号紫花苜蓿单株叶片数呈增加趋势。在 SD 处理下中苜 1 号紫花苜蓿生长总体相对较好,可见它的抗旱性能较好。

随着干旱程度的增加同德小花碱茅的苗长呈增加趋势,其中 MD 处理的苗长最长,为 14.33,且显著高于其他处理($P<0.05$);CK 与 LD 处理间差异不显著($P>0.05$);在 SD 处理中高度有所降低,这可能由于干旱程度的加重,对同德小花碱茅生长造成一定影响。随着干旱程度的增加,同德小花碱茅根长呈增加趋势,其中 SD 处理根长最长,显著高于其他处理($P<0.05$),MD 处理次之,CK 与 LD 处理间差异不显著($P>0.05$)。CK 与 LD、MD 处理的根粗差异不显著($P>0.05$),但显著低于 SD 处理($P<0.05$),LD、MD、SD 处理间差异均不显著($P>0.05$)。SD 处理的茎粗显著高于 CK 和 LD 处理($P>0.05$),但与 MD 处理之间差异不显著($P>0.05$);同德小花碱茅基本均处于 2 叶期。在 MD 处理下同德小花碱茅的生长总体相对较好,可见它的抗旱性能较好,但相对中苜 1 号紫花苜蓿较差(见表 7-11)。

表 7-11　不同干旱处理对牧草生长特征的影响

代号		株高(cm)	根长(cm)	根粗(mm)	茎粗(mm)	叶片数(个)
中苜 1 号紫花苜蓿	CK	(5.60±0.26)b	(1.07±0.15)c	(0.25±0.011)b	(0.67±0.12)a	2~6
	LD	(7.87±0.81)ab	(1.57±0.30)c	(0.25±0.02)b	(0.78±0.08)a	2~9
	MD	(10.67±2.33)a	(2.93±0.12)b	(0.28±0.01)ab	(0.67±0.07)a	7~10
	SD	(9.87±0.70)ab	(4.77±0.22)a	(0.31±0.01)a	(0.66±0.04)a	10~15
同德小花碱茅	CK	(4.80±0.53)c	(0.47±0.07)c	(0.10±0.01)b	(0.14±0.01)b	2
	LD	(5.97±0.12)c	(0.64±0.03)c	(0.12±0.01)ab	(0.16±0.00)b	多数为 2 片
	MD	(14.33±0.88)a	(0.87±0.07)b	(0.14±0.01)ab	(0.18±0.01)ab	2~3
	SD	(8.23±0.67)b	(1.13±0.09)a	(0.15±0.01)a	(0.21±0.02)a	2~3

7.4.2.3　不同干旱条件下牧草的生产性能

由表 7-12 可知，中苜 1 号紫花苜蓿地上植物量随着干旱程度的增加而呈增加趋势，其中 SD 处理的地上植物量、根冠比、*WUE*1、*WUE*2 均最高，分别为 0.583、0.153、0.900、1.030。根冠比除 SD 处理与 MD 之间差异不显著外，其余指标的 SD 处理均显著高于其他处理($P<0.05$)。

表 7-12　不同干旱处理对牧草地上植物量和水分利用率的影响

代号		地上植物量	根冠比	*WUE*1	*WUE*2
中苜 1 号紫花苜蓿	CK	(0.200±0.015)b	(0.126±0.010)c	(0.330±0.027)b	(0.370±0.030)b
	LD	(0.280±0.055)b	(0.135±0.000)bc	(0.440±0.120)b	(0.500±0.130)b
	MD	(0.310±0.053)b	(0.142±0.006)ab	(0.470±0.100)b	(0.540±0.120)b
	SD	(0.583±0.092)a	(0.153±0.007)a	(0.900±0.160)a	(1.030±0.190)a
同德小花碱茅	CK	(0.009±0.000)b	(0.140±0.030)b	(0.013±0.001)b	(0.015±0.000)b
	LD	(0.018±0.001)b	(0.201±0.010)ab	(0.022±0.000)b	(0.026±0.000)b
	MD	(0.029±0.006)a	(0.250±0.020)a	(0.047±0.010)a	(0.059±0.013)a
	SD	(0.017±0.001)b	(0.203±0.010)ab	(0.029±0.003)b	(0.035±0.004)b

同德小花碱茅地上植物量随着干旱程度的增加而呈增加趋势，其中 SD 处理的地上植物量有所降低，MD 处理的地上植物量、根冠比、*WUE*1、*WUE*2 均最高，分别为 0.029、0.250、0.047、0.059。根冠比除 SD 处理与 LD 之间差异不显著外，其余指标的 MD 处理均显著高于其他处理($P<0.05$)。

由此可见，两种牧草均在较为干旱条件下对水分的利用率较高。

7.4.3　讨论与结论

本研究在模拟人工气候箱进行，但实际中气候复杂多变，两者栽培结果会有一定的差异。CK 处理水分含量较高，而长势相对较差。这说明两种牧草均适合在水分较为缺乏的干旱地区生长，两种牧草均具有较强的抗旱性。

两种牧草的苗高在重度干旱时均有所降低，这可能是由水分的减少而抑制其生长所造成的。植物在生长过程中，地上部分与地下部分的生长是密切相关的，地上部分生长所需的水分和营养物质几乎全部由地下部分供给，而根系所需的养分也需由地上部分同化作用合成来提供。随着干旱程度的增加，中苜 1 号紫花苜蓿的根冠比在增加，根系长度也随着水分的减少而增加，这是由于水分越缺乏，牧草为了维持植株生存而生长迅速，进而向更深的土层扎根以便吸收较充分的水分，从而使根冠比增大。在重度干旱时中苜 1 号紫花苜蓿生长相对较好，在中度干旱时同德小花碱茅生长最好，两者相比中苜 1 号紫花苜蓿较同德小花碱茅抗旱性较强。

在重度干旱处理下，两种牧草的出苗率均较高，中苜 1 号紫花苜蓿的生长状况最好，水分利用率较高；在中度干旱条件下同德小花碱茅的生长状况较好，水分利用率较高。中苜 1 号紫花苜蓿较同德小花碱茅抗旱性强。

7.5　紫花苜蓿种子萌发期耐盐性研究

7.5.1　材料与方法

本研究材料为 4 个紫花苜蓿品种：中苜 1 号（*Medicago sativa* L. cv. ‘Zhongmu No. 1’）、中苜 3 号（*Medicago sativa* L. cv. ‘Zhongmu No. 3’）、中草 3 号（*Medicago sativa* L. cv. ‘Zhongcao No. 3’）、陇东苜蓿（*Medicago sativa* L. cv. ‘Longdong’），中苜 1 号和中苜 3 号种子来源于中国农业科学院北京畜牧兽医研究所，中草 3 号种子来源于中国农业科学院草原研究所，陇东苜蓿种子来源于甘肃农业大学。

由于大部分盐碱地都是氯化物型盐碱地，单盐毒害作用更大，因此选用 NaCl 作为培养种子发芽的溶液更具有代表性。用蒸馏水配置 NaCl 质量分数分别为 0、0.2%、0.4%、0.6%、0.8%和 1.0%共 6 个水平。在规格 100 mm 的培养皿中放入 90 mm 的双层滤纸，加入不同质量分数的 NaCl 溶液到滤纸完全湿润，每处理 3 次重复，每重复 100 粒种子。将培养皿放入恒温恒湿的培养箱中，设置温度 25 ℃，每天用称重法补充蒸发掉的水分。

种子发芽率（%）测定：培养 7 d 后，统计正常发芽的种子占总共种子的百分比。

平均苗高和根长的测定：培养 7 d 后测定，每一个重复取 10 株，用直尺准确测量，求取平均值。

耐盐极限浓度（%）测定：发芽率达 10%时对应的盐浓度。

耐盐半致死浓度（%）测定：发芽率达 50%时对应的盐浓度。

利用 Excel 完成作图，同一盐浓度不同苜蓿的发芽指标用单因素方差分析（One-way ANOVA），数据分析用 SPSS18.0 软件进行。

7.5.2　结果与分析

7.5.2.1　不同浓度盐溶液对种子发芽率的影响

由表 7-13 可以看出，随着盐浓度的升高，所有苜蓿品种的发芽率均表现出降低趋势。在 0、0.2%和 0.4%浓度下，各苜蓿品种差异不显著($P>0.05$)。在 0.6%浓度下，中苜 1 号发芽率为 73.33%，显著高于其他 3 个品种（$P<0.05$）。在 0.8%浓度下，中苜 1 号和中草 3 号的发芽率分别为 50.67%和 47.67%，显著高于中苜 3 号(42.00%)和陇东苜蓿(37.67%)（$P<0.05$）。在 1.0%浓度下，中苜 1 号发芽率为 34.33%，显著高于陇东苜蓿和中苜 3 号($P<0.05$)，但与中草 3 号差异不显著($P>0.05$)。在 0、0.2%、0.4%、0.6%、0.8% 和 1.0% 盐浓度各处理下，苜蓿平均发芽率分别为 95.75%、93.67%、82.24%、65.75%、44.50%和 27.59%。

表 7-13　不同浓度盐溶液对发芽率的影响　　(%)

品种	NaCl 浓度梯度					
	0	0.2%	0.4%	0.6%	0.8%	1.0%
中苜 1 号	97.00a	93.67a	87.67a	73.33a	50.67a	34.33a
中苜 3 号	96.00a	92.33a	83.33a	64.66b	42.00bc	25.67b
中草 3 号	95.00a	91.00a	78.67a	61.67b	47.67ab	30.67ab
陇东苜蓿	95.00a	92.33a	81.67a	63.33b	37.67c	19.67c
平均数	95.75	93.67	82.84	65.75	44.50	27.59
变异系数	0.010	0.012	0.045	0.079	0.130	0.230

由图 7-8 可知，在盐浓度 0.2%和 0.4%处理下苜蓿种子发芽率曲线下降平缓，说明低浓度的盐溶液处理对各苜蓿品种的发芽率抑制作用小。当盐溶液浓度增加到 0.6%、0.8%和 1.0%时，各苜蓿品种的发芽率下降百分比分别为 20.05%、35.36%和 38.00%，说明随着盐浓度的增加发芽率受到明显的抑制。在盐浓度处理为 0.2%、0.4%、0.6%、0.8%和 1.0%时，4 个紫花苜蓿品种发芽率的变异系数分别为 0.012、0.045、0.079、0.130 和 0.230，说明低浓度的盐溶液处理下，各苜蓿品种的耐盐性差异小，高浓度的盐溶液处理下，苜蓿的耐盐性差异大。在 0.8%和 1.0%的盐浓度处理下，各苜蓿品种耐盐差异性最大。因此，0.8%和 1.0%的盐浓度处理下发芽率可以作为苜蓿种子萌发期耐盐性鉴定指标之一。在高盐浓度下，中苜 1 号的发芽率高于其他苜蓿品种，说明该苜蓿品种耐盐性更强。

7.5.2.2　不同浓度盐溶液对种子幼苗苗高的影响

由表 7-14 可以看出，随着盐浓度的升高，各苜蓿品种的幼苗苗高均呈下降趋势。对不同 NaCl 浓度胁迫下不同苜蓿品种苗高数据进行显著性检验，结果表明，在 0 浓度下，4 个苜蓿品种的幼苗高度差异显著($P<0.05$)，呈现中苜 1 号>陇东苜蓿>中苜 3 号>中草 3 号；在 0.2%浓度下，中苜 1 号与中草 3 号和陇东苜蓿的苗高差异显著（$P<0.05$），中苜 1 号和中苜 3 号差异不显著（$P>0.05$）；在 0.4%浓度下，中苜 1 号与其他品种之间差异显

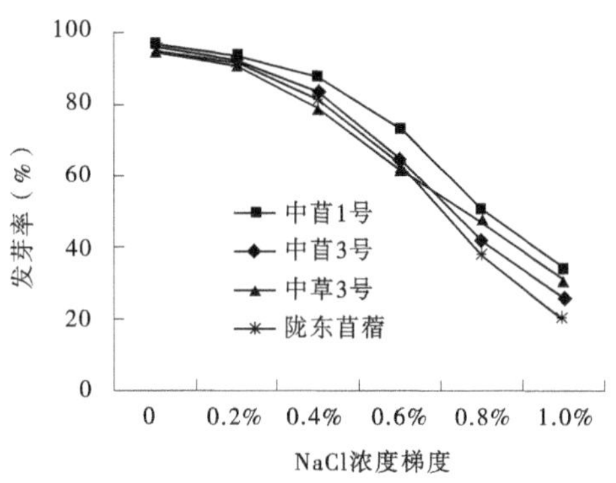

图 7-8　盐胁迫下苜蓿种子发芽率变化曲线

著（$P<0.05$），中苜 3 号和陇东苜蓿差异显著($P<0.05$)；在 0.6%浓度下，中苜 1 号与其他品种之间差异显著（$P<0.05$），中苜 3 号和中草 3 号差异显著($P<0.05$)；在 0.8%浓度下，中苜 1 号与其他 3 个品种之间差异显著（$P<0.05$），中苜 3 号和陇东苜蓿差异显著（$P<0.05$)；在 1.0%浓度下，中苜 1 号与中草 3 号和陇东苜蓿之间差异显著（$P<0.05$）。在 0、0.2%、0.4%、0.6%、0.8%和 1.0%各盐浓度处理下，幼苗平均高度为 3.95 cm、3.59 cm、2.88 cm、2.49 cm、2.04 cm 和 1.79 cm。对 4 个苜蓿品种的苗高在不同浓度的盐溶液处理下的变异系数进行分析，0.6%的盐浓度处理下，变异系数达到最大，说明此浓度下苗高的耐盐差异最大，苗高生长高的耐盐能力更强。

表 7-14　不同浓度盐溶液对苗高的影响　（单位：cm）

品种	NaCl 浓度					
	0	0.2%	0.4%	0.6%	0.8%	1.0%
中苜 1 号	4.24a	3.87a	3.30a	3.01a	2.35a	2.04a
中苜 3 号	3.84c	3.69ab	2.78b	2.55b	2.08b	1.86ab
中草 3 号	3.66d	3.35b	2.56bc	2.23c	1.97bc	1.69b
陇东苜蓿	4.04b	3.46b	2.47c	2.18c	1.77c	1.56b
平均数	3.95	3.59	2.88	2.49	2.04	1.79
变异系数	0.063	0.065	0.129	0.153	0.119	0.116

从图 7-9 可以看出，中苜 1 号的苗高在 0.2%浓度开始就显著高于另外 3 个品种，在 4 个品种中是生长最高的品种，其次是中苜 3 号苜蓿。在盐浓度 0.8%和 1.0%时，4 个苜蓿的苗高均受到严重的抑制。在 4 个品种中，陇东苜蓿的苗高仍然是表现最差的。

7.5.2.3　不同浓度盐溶液对种子幼根生长量的影响

研究胁迫环境对种子萌发的影响时，多以根的生长量作为指标之一。由表 7-15 可以看出，各苜蓿品种的幼根生长量并不是随着盐浓度的增加而全部降低。在 0、0.2%、0.4%、0.6%、0.8%和 1.0%各盐浓度处理下，幼根平均生长量为 2.70 cm、2.91 cm、2.25

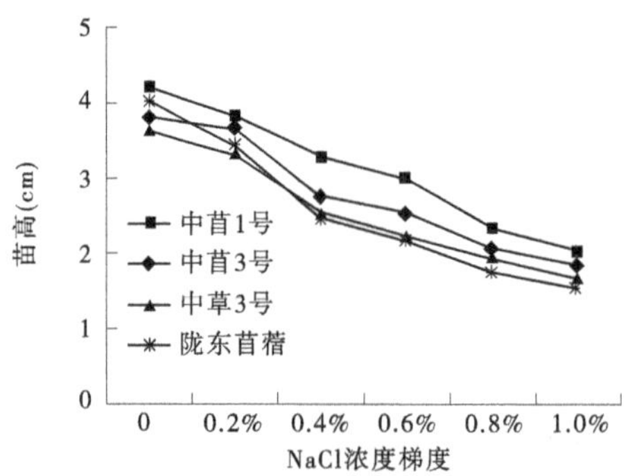

图 7-9　盐胁迫下苜蓿种子苗高的变化曲线

cm、1.96 cm、1.39 cm 和 0.94 cm，说明苜蓿本身具有一定的喜盐性，在低浓度的盐溶液处理下，对苜蓿的幼根生长具有一定的促进作用。对 4 个苜蓿品种的幼根生长量在不同浓度的盐溶液处理下的变异系数进行分析，0.6%的盐浓度处理下，变异系数达到最大，说明此浓度下幼根生长量的耐盐差异最大，幼根生长量高的耐盐能力更强。

表 7-15　不同浓度盐溶液对幼根生长量的影响　　（单位：cm）

品种	NaCl 浓度					
	0	0.2%	0.4%	0.6%	0.8%	1.0%
中苜 1 号	3.07a	3.44a	2.85a	2.59a	1.69a	1.20a
中苜 3 号	2.57b	2.71b	2.14b	1.95b	1.53ab	0.98b
中草 3 号	2.64b	2.73b	2.09b	1.87b	1.28bc	0.82b
陇东苜蓿	2.53b	2.76b	1.92b	1.44b	1.04c	0.76b
平均值	2.70	2.91	2.25	1.96	1.39	0.94
变异系数	0.092	0.122	0.183	0.242	0.206	0.209

由图 7-10 可知，中苜 1 号的根长在任何盐浓度下均高于其他三个品种，尤其在低浓度 0、0.2%、0.4%和 0.6%时；在 0.8%和 1.0%浓度时，与其他品种差异不大。中苜 3 号、中草 3 号和陇东苜蓿在 0 和 0.2%没差异，在 0.4%浓度开始才逐渐表现出一定的差异，其中陇东苜蓿的幼根生长状况最差。

7.5.2.4　各苜蓿品种的半致死浓度和极限浓度

在不同的盐溶液下，不同的苜蓿品种对应不同的发芽率，对其进行回归分析，得到回归方程，利用 R^2 判定曲线拟合程度，然后求出发芽率分别为 50%、10%时相对应的盐溶液浓度即为半致死浓度和极限浓度。结果如表 7-16 所示，4 个苜蓿品种的 R^2 都在 0.9 以上，说明 4 个苜蓿品种的回归方程拟合度较好。中苜 1 号种苗的半致死浓度和极限浓度最高，分别为 0.849 和 1.460，陇东苜蓿种苗的半致死浓度和极限浓度最低，分别为 0.687 和 1.188。这说明在同浓度的盐溶液处理下，中苜 1 号耐盐性能更好。

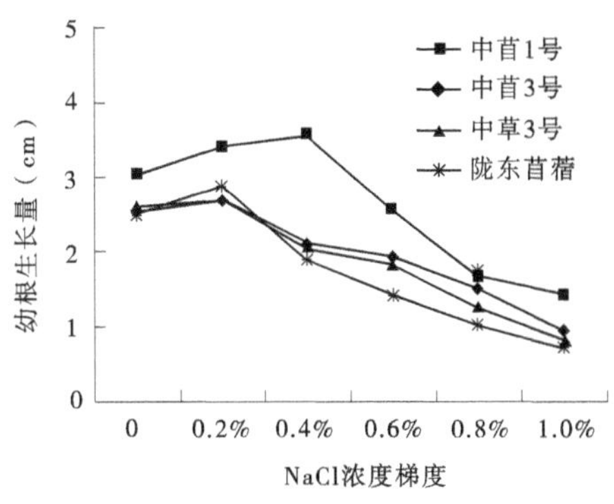

图 7-10　盐胁迫下苜蓿幼根生长量变化曲线

表 7-16　耐盐半致死浓度和耐盐极限浓度

品种	回归方程	R^2	半致死浓度	极限浓度
中苜 1 号	$y = -65.241x + 105.399$	0.928	0.849	1.460
中苜 3 号	$y = -66.949x + 100.921$	0.975	0.761	1.358
中草 3 号	$y = -74.473x + 104.568$	0.950	0.733	1.270
陇东苜蓿	$y = -79.853x + 104.871$	0.944	0.687	1.188

7.5.2.5　不同苜蓿品种耐盐性综合评价

在植物受到耐盐胁迫中，植物的各个性状都参与耐盐过程，因此对植物的多个性状指标进行综合评价更能反映植物耐盐能力的真实性。将加权平均排序法改进后对 4 个紫花苜蓿品种耐盐性进行综合排序，将各苜蓿品种在变异系数最大时对应的测定值作为鉴定耐盐能力指标（见表 7-17）。

表 7-17　各指标耐盐的测定值

品种	发芽率（%）	幼根高度（cm）	幼根生长量（cm）	半致死浓度
中苜 1 号	34.33	3.01	2.85	0.849
中苜 3 号	30.67	2.23	2.09	0.761
中草 3 号	25.67	2.55	2.14	0.733
陇东苜蓿	19.67	2.18	1.92	0.687
变异系数	0.230	0.153	0.242	0.090

对各指标的测定值进行评分划分，得出相应的评分矩阵 A。根据各指标的变异系数得出权重系数，其中某一指标权重系数 = 某一指标变异系数/各指标变异系数之和，得出各指标权重系数矩阵 B。然后进行复合运算，计算各苜蓿品种的综合得分。

$$A=(0.3217,0.3385,0.2140,0.1259)$$

$$B=\begin{vmatrix} 5.0000 & 4.0060 & 2.6483 & 1.0000 \\ 5.0000 & 1.2410 & 2.7831 & 1.0000 \\ 5.0000 & 1.7312 & 1.9462 & 1.0000 \\ 5.0000 & 2.8272 & 2.1358 & 1.0000 \end{vmatrix}$$

$$C=AB=(5.000,2.4963,2.3752,1.000)$$

矩阵 C 的各元素就是4个紫花苜蓿品种的综合得分。根据综合得分对4个紫花苜蓿品种进行耐盐能力排序：中苜1号>中苜3号>中草3号>陇东苜蓿（见表7-18）。

表 7-18　不同苜蓿品种综合得分及排序

品种	综合得分	耐盐性排序
中苜 1 号	5.000 0	1
中苜 3 号	2.496 3	2
中草 3 号	2.375 2	3
陇东苜蓿	1.000 0	4

7.5.3　讨论与结论

植物种子在不同的盐浓度下，生长都会受到不同程度的影响。各苜蓿品种的发芽率、幼苗苗高在低浓度的盐溶液胁迫下受到的抑制作用不显著，低浓度的盐溶液处理对幼根的生长具有一定的促进作用。

对各苜蓿品种的发芽率在不同 NaCl 溶液处理下进行分析，结果表明，在0.8%和1.0%的 NaCl 溶液处理下，各苜蓿品种耐盐差异性最大。因此，0.8%和1.0%的 NaCl 溶液处理下发芽率可以作为苜蓿种子萌发期耐盐性鉴定指标。在高盐浓度下，中苜1号发芽率高于其他苜蓿品种。

对各苜蓿品种的幼苗苗高、幼根生长量在不同 NaCl 溶液处理下进行分析，结果表明，在0.2%的 NaCl 溶液处理下，苜蓿的幼根生长量受到促进作用。0.6%的 NaCl 溶液处理下，各苜蓿品种的幼苗苗高和幼根生长量变异系数最大，耐盐差异性最大。因此，0.6%的 NaCl 溶液处理下的幼苗苗高和幼根生长量可以作为苜蓿种子萌发期耐盐性鉴定指标。中苜1号的幼苗苗高和幼根生长量显著高于其他品种。

通过对发芽率、幼苗苗高、幼根生长量、耐盐半致死浓度4个指标进行耐盐性综合分析评价，4个紫花苜蓿品种进行耐盐能力排序：中苜1号>中苜3号>中草3号>陇东苜蓿。因此，耐盐性最好的品种是中苜1号。

7.6　柴达木盆地盐碱地豆科牧草栽培技术研究

7.6.1　材料与方法

在青海省牧草播种区划中，柴达木盆地是豆科牧草的适宜栽培区，但由于盆地极度干旱和土壤盐渍化环境的影响,豆科牧草出苗难、越冬率低一直是该地区栽培和大面积种植的技术瓶颈。本研究以耐盐品种中苜 1 号紫花苜蓿为研究对象(来源于中国农业科学院北京畜牧研究所),在青海省柴达木盆地乌兰县茶卡镇哇玉农场进行栽培技术研究试验,种子发芽率为 97%,纯净度为 95%,千粒重为 2. 351 g。

试验采用 3 种播种方法,覆膜播种、沟播和条播。播种行距均为 30 cm,小区面积 3 m×5 m,区组间距 1 m,田间设计采用随机区组试验,3 次重复。试验区四周用铁丝网围栏保护。

播种时间为 2015 年 6 月 9 日,播种量均为 15 kg/hm^2,同时施用磷酸二铵 300 kg/hm^2 作为底肥。播种后及时灌溉,在 7 月中旬和 8 月中旬各灌溉 1 次,11 月中旬冬灌后沟播处理耙平覆土。翌年 3 月底返青前灌溉 1 次,以后每月中旬各灌溉 1 次。

依照韩清芳的研究方法,对物候期、株高、盖度、越冬率、产量、土壤等指标进行观察。

7.6.2　结果与分析

7.6.2.1　不同播种方法对生育期的影响

2015 年 6 月 9 日播种后及时进行了灌溉,各处理均在 10 d 后出苗,覆膜播种比条播提前 3 d 出苗。25 d 后进入分枝期,覆膜播种仍然提前 3 d 进入分枝期。覆膜播种出苗 50 d 后部分植株进入现蕾期,8 月下旬开花,而沟播和条播处理植株基本上处于分枝期,播种当年只有个别植株进入开花期。到第 2 年 4 月下旬各处理开始返青,覆膜播种返青期仍然有所提前,7 月中旬进入开花期,9 月下旬部分种子开始成熟,从表 7-19 可以看出,覆膜播种处理的生育期明显提前。

表 7-19　不同播种方法对生育期的影响

处理	2015 年				2016 年	
	出苗期	分枝期	现蕾期	开花期	返青期	开花期
覆膜	6 月 19 日	7 月 13 日	8 月 7 日	8 月 26 日	4 月 25 日	7 月 13 日
沟播	6 月 21 日	7 月 14 日			4 月 30 日	7 月 14 日
条播	6 月 22 日	7 月 16 日			4 月 30 日	7 月 16 日

7.6.2.2　不同播种方法对出苗率、越冬率及盖度的影响

从表 7-20 可以看出,覆膜播种处理的苜蓿出苗率最高,为 82. 0%,极显著高于条播播种处理(63. 0%)和沟播播种处理(71. 0%)($P<0.01$),而沟播播种的苜蓿出苗率显著高于条播($P<0.05$)。覆膜播种的苜蓿出苗率分别比沟播播种和条播播种处理提高了 15. 49% 和 30. 16%。

覆膜播种处理苜蓿越冬率和盖度分别为 71. 0% 和 66. 0%,极显著高于条播播种处理和沟播播种处理($P<0.01$),但沟播播种和条播播种处理下苜蓿越冬率和盖度差异不显著($P>0.05$)。可见,覆膜播种显著提高了苜蓿的出苗率、越冬率及盖度。

表 7-20 不同播种方法对出苗率、越冬率及盖度的影响 (%)

处理	出苗率	越冬率	盖度
覆膜	(82.0±3.6)aA	(71.0±2.0)aA	(66.0±3.6)aA
沟播	(71.0±1.0)bB	(60.0±3.6)bB	(48.0±4.6)bB
条播	(63.0±3.6)cB	(55.0±2.0)bB	(41.0±4.0)bB

注:同一列中不同小写字母和大写字母分别表示差异达到 0.05 和 0.01 显著水平,下同。

7.6.2.3 不同播种方法对地上生长特征的影响

从表 7-21 可以看出,到第 2 年 8 月中旬测产时,覆膜播种的苜蓿株高达到 64.99 cm,极显著高于条播播种($P<0.01$),显著高于沟播播种($P<0.05$)。而沟播播种和条播播种的苜蓿株高差异不显著($P>0.05$)。覆膜播种处理苜蓿株高分别比沟播播种和条播播种提高了 27%和 37%。

表 7-21 不同播种方法对地上生长特征的影响

处理	株高(cm)	单株分枝(个)	直立性
覆膜	(64.99±3.02)aA	(7.4±0.4)aA	(0.88±0.01)aA
沟播	(51.31±2.31)bAB	(5.2±0.4)bB	(0.83±0.03)bAB
条播	(47.32±7.45)bB	(5.0±0.2)bB	(0.77±0.030)cB

覆膜播种处理苜蓿单株分枝为 7.4 个,极显著高于普通沟播播种处理(5.2 个)和条播播种处理(5.0 个)($P<0.01$),而沟播播种和条播播种的苜蓿越冬率差异不显著($P>0.05$)。与沟播播种和条播播种处理相比,覆膜播种处理的苜蓿单株分枝数分别提高了 42%和 44%。

在覆膜播种处理下的苜蓿直立性最好,极显著高于条播播种处理(0.77)($P<0.01$),显著高于沟播播种处理(0.83)($P<0.05$);而沟播播种显著高于条播播种的苜蓿直立性($P<0.05$)。覆膜播种显著提高了苜蓿的株高、单株分枝及直立性指标。

7.6.2.4 不同播种方法对地下生长特征的影响

覆膜播种和沟播播种的苜蓿主根长分别为 62.21 cm 和 60.32 cm,两者差异不显著($P>0.05$),但都极显著高于条播播种(39.80 cm)($P<0.01$)。覆膜播种和沟播播种苜蓿的主根长比条播播种分别提高了 56%和 52%。

覆膜播种处理的苜蓿主根最粗,为 1.31 cm,极显著高于条播播种处理(0.86 cm)($P<0.01$),显著高于沟播播种(1.13 cm)($P<0.05$)。而沟播播种的苜蓿主根粗极显著高于条播播种处理(0.86 cm)($P<0.01$)。覆膜播种的苜蓿主根粗分别比沟播播种和条播播种提高了 16%和 52%。

覆膜播种的苜蓿侧根数最多,为 6.33 个,显著高于沟播播种(5.46 个)和条播播种(5.22 个)($P<0.05$),而沟播播种和条播播种的苜蓿的侧根数差异不显著($P>0.05$)。覆膜播种显著提高了苜蓿的主根粗、侧根数(见表 7-22)。

表 7-22　不同播种方法对地下生长特征的影响

处理	主根长(cm)	主根粗(cm)	侧根数(个)
覆膜	(62.21±2.25)aA	(1.31±0.62)aA	(6.33±0.45)aA
沟播	(60.32±0.34)aA	(1.13±0.36)bA	(5.46±0.40)bA
条播	(39.80±8.270bB	(0.86±0.11)cB	(5.22±0.33)bA

7.6.2.5　不同播种方法对地上生物量的影响

覆膜播种处理苜蓿鲜草重和干草重最高，分别为 2 500.00 g/m^2 和 524.09 g/m^2，极显著高于条播播种处理(1 080.0 g/m^2 和 247.42 g/m^2)($P<0.01$)，条播播种的苜蓿鲜草重和干草重极显著低于沟播播种处理(1 493.33 g/m^2 和 315.62 g/m^2)($P<0.01$)。覆膜播种苜蓿每平方米干草重分别比沟播播种和条播播种处理提高了 66% 和 112%(见表 7-23)。

表 7-23　不同播种方法对地上生物量的影响

处理	鲜重(g/m^2)	干重(g/m^2)	鲜干比	茎叶比
覆膜	(2 500.00±91.7)aA	(524.09±17.7)aA	(4.77±0.04)aA	(1.11±0.10)aA
沟播	(1 493.33±80.8)bB	(315.62±14.0)bB	(4.73±0.05)aA	(1.23±0.04)aA
条播	(1 080.00±91.7)cC	(247.42±18.5)cC	(4.36±0.08)bB	(1.38±0.04)bB

鲜干比和茎叶比是制定晒制干草或青贮饲草等供应量的理论依据之一，鲜干比越高、茎叶比越低，其蛋白质含量越高，适口性越好。覆膜播种处理和沟播播种的苜蓿鲜干比分别为 4.77 和 4.73，两者差异不显著($P>0.05$)，但都极显著高于条播播种处理(4.36)($P<0.01$)。覆膜播种处理和沟播播种的苜蓿茎叶比分别为 1.11 和 1.23，两者差异不显著($P>0.05$)，但都极显著低于条播播种(1.38)($P<0.01$)。覆膜播种显著提高了苜蓿鲜草重和干草重。

7.6.2.6　不同栽培方法对 0~20 cm 土层的影响

覆膜播种第 2 年表层土壤含水量最高，为 13.97%，显著高于沟播播种(12.88%)和条播播种(13.43%)($P<0.05$)。覆膜播种第 2 年容重、pH、有机质及全盐与沟播播种和条播播种差异不显著($P>0.05$)。覆膜播种显著提高了表层土壤的含水率(见表 7-24)。

表 7-24　不同栽培方法对 0~20 cm 土层的影响

处理	含水率(%)	容重(g/cm^3)	pH	有机质(g/kg)	全盐(g/kg)
覆膜	(13.97±0.06)a	(1.32±0.05)a	(9.01±0.05)a	(7.38±0.16)a	(3.08±0.12)a
沟播	(12.88±0.06)b	(1.38±0.09)a	(9.03±0.04)a	(7.28±0.54)a	(3.06±0.10)a
条播	(13.43±0.32)c	(1.35±0.02)a	(9.02±0.04)a	(7.24±1.16)a	(3.15±0.18)a

7.6.3　讨论与结论

干旱是柴达木盆地影响紫花苜蓿大面积栽培的主要限制因子，由于干旱紫花苜蓿播种后不能正常出苗，或是在来年春天由于干旱和冻融作用，影响其正常越冬萌发，常常出现大面积缺苗现象。地膜覆盖能阻止水分蒸发，增强深层土壤水分上升和利用，有利于旱地作物吸水，改善作物的生长发育状况，加快水分在土壤、植物与大气间的运转，使作物显著增产，水分利用效率显著提高，因此可大幅度提高苜蓿的出苗率和越冬率。

由于柴达木盆地干旱和盐碱地的影响，直接栽培的豆科植物无论是地上部分的生长还是地下部分的生长，都受到了严重的影响。采用覆膜播种方法，提高了当地土壤的墒情，增加了土壤的含水量，抑制了土壤的盐碱化，从而大大提高了豆科牧草地上部分和地下部分的整体生长状况，促进了株高、单株分枝数和根茎发育。

在覆膜种植的情况下，无论是土壤的含水量，还是土壤的墒情，都得到了显著的提高。覆膜种植有效延长作物的生殖生长或灌浆时间，提高光合速率和促进干物质累积与转运，所以，中苜 1 号紫花苜蓿采用覆膜种植的方式，增强了叶的光合作用，增加了体内有机质的含量，从而增加了地上生物量的积累和转化。

对覆膜播种方式进行经济效益分析，在覆膜播种下，平均每亩干草产量为 349.57 kg，无地膜覆盖下沟播播种和条播播种平均每亩干草产量分别为 210.52 kg 和 165.03 kg，分别比沟播播种和条播播种高出 139.05 kg 和 184.54 kg，如果按照 1.6 元/kg 的价格计算，除去每亩的地膜费用 70 元、人工费用 90 元，则覆膜播种比沟播和条播增加的经济效益分别为 48.57 元、116.81 元。

本研究结果显示，覆膜播种显著提高了苜蓿的越冬率、出苗率、盖度、产量、单株分枝、株高及直立性一系列地上性状（$P<0.05$）；覆膜播种显著提高了苜蓿的主根粗、侧根数地下根系特征（$P<0.05$）；覆膜播种显著提高了土壤表层的保水率，降低了土壤的容重、全盐量及 pH；覆膜播种的苜蓿鲜干比较高、茎叶比较小；覆膜播种大幅度提高了紫花苜蓿的生产性能。在沙打旺和草木樨的栽培模式研究中也取得了类似的结果，因此覆膜播种是柴达木盆地盐碱地豆科牧草种植的理想栽培方法，是达到生态、生产双赢的有效途径之一。

7.7　柴达木盆地盐碱地苜蓿引种适应性评价

7.7.1　柴达木盆地中、轻盐碱地苜蓿适应性评价

7.7.1.1　材料与方法

本研究试验地位于青海省柴达木盆地乌兰县茶卡镇哇玉农场。参试品种为三得利（*Medicago sativa* L. cv. ‘Sanditi’）、中苜 1 号（*Medicago sativa* L. cv. ‘Zhongmu No. 1’）、中苜 3 号（*Medicago sativa* L. cv. ‘Zhongmu No. 3’）、中草 3 号（*Medicago sativa* L. cv. ‘Zhongcao No. 3’）、中草 6 号（*Medicago sativa* L. cv. ‘Zhongcao No. 6’）、陇东苜蓿（*Medicago sativa* L. cv. ‘Longdong’）。三得利种子来源于酒泉市未来草业有限责任公司，中苜 1 号和中苜 3 号种子来源于中国农业科学院北京畜牧兽医研究所，中草 3 号和中草 6 号

种子来源于中国农业科学院草原研究所,陇东苜蓿种子来源于甘肃农业大学。播种前在实验室内对各苜蓿品种的千粒重和发芽率进行测定。发芽率测定方法:在 25 ℃的恒温培养箱中,用双层滤纸作为发芽床,光照 12 h,黑暗 12 h,培养到第 7 天统计发芽率,每个品种重复 3 次。

播种时间为 2015 年 6 月 9 日,试验采取覆膜播种方法,播种行距均为 30 cm,株距为 10 cm,播种深度 0.5 cm,小区面积 3 m×5 m,区组间距 1 m,田间设计采用随机区组试验,3 次重复。试验区四周用铁丝网围栏保护。理论播种量均为 15 kg/hm^2,实际播种量见表 7-25。同时施用磷酸二铵 300 kg/hm^2 作为底肥。

表 7-25　参试苜蓿品种的种子质量

苜蓿品种	千粒重(g)	发芽率(%)	纯净度(%)	理论播种量(kg/hm^2)	实际播种量(kg/hm^2)
三得利	2.109	93	97	15	16.63
中苜 1 号	2.351	97	95	15	16.28
中苜 3 号	2.384	95	97	15	16.28
中草 3 号	2.410	95	96	15	16.45
中草 6 号	2.444	94	95	15	16.80
陇东苜蓿	2.007	85	93	15	18.98

依照韩清芳的研究方法,对物候期、株高、盖度、越冬率、产量、土壤等指标进行观察。

利用 Excel 完成作图,不同苜蓿的发芽指标用单因素方差分析(One-way ANOVA),数据分析在 SPSS18.0 软件中进行。

7.7.1.2　结果与分析

1. 种子质量

6 个苜蓿品种的千粒重都大于 2 g,其中中草 6 号和中草 3 号的种子千粒重较高,分别为 2.444 g 和 2.410 g;千粒重最小的是陇东苜蓿,只有 2.007 g。除陇东苜蓿外,其他苜蓿品种的发芽率均在 90%以上,符合国家二级标准;发芽率最高的为中苜 1 号,达 97%。除陇东苜蓿外,所有苜蓿品种的种子纯净度都在 95%以上,符合国家一级标准。

2. 出苗率及生育期

由表 7-26 可以看出,除陇东苜蓿外,所有苜蓿品种的出苗率均在 80%以上,其中中草 3 号、中草 6 号的出苗率达 90%以上。当年各苜蓿品种出苗日期差异不明显,说明各苜蓿品种都能按时出苗,出苗比较整齐。最早出苗的是三得利,最晚出苗的是中草 3 号和中草 6 号,相差 4 d。当年 7 月中旬各苜蓿品种达到了分枝期,其中,三得利进入分枝期最早,比陇东苜蓿早进入分枝期 5 d。经历了 40 d 左右,各苜蓿品种相继进入现蕾期,经历 10 d 左右,进入开花期。各苜蓿品种在第 2 年 4 月下旬均进入返青期。最早进入返青期的是三得利,比中草 6 号早了 5 d。

3. 株高、越冬率和单株分枝

苜蓿的产草量与单株分枝数和株高呈正相关关系,因此通过了解苜蓿的株高和单株分枝数情况,就可以预测苜蓿的草产量。从表 7-27 可以看出,覆膜栽培的各苜蓿品种株高性状较好，都在 50 cm 以上。其中，中草 6 号的株高最高，为 67.53 cm；其次是中苜 1 号，为 64.99 cm；两者都显著高于其他苜蓿品种（$P<0.05$），而两者之间差异不显著（$P>0.05$）。株高最低的陇东苜蓿，只有 51.20 cm，显著低于除中苜 3 号（54.47 cm）外的其他苜蓿品种（$P<0.05$）。

表 7-26　不同苜蓿品种的出苗率及生育期

苜蓿品种	出苗率（%）	出苗期（年-月-日）	分枝期（年-月-日）	现蕾期（年-月-日）	开花期（年-月-日）	返青期（年-月-日）
三得利	80	2015-06-19	2015-07-12	2015-08-06	2015-08-14	2016-04-24
中苜 1 号	82	2015-06-21	2015-07-14	2015-08-07	2015-08-16	2016-04-25
中苜 3 号	84	2015-06-21	2015-07-14	2015-08-09	2015-08-18	2016-04-26
中草 3 号	90	2015-06-23	2015-07-16	2015-08-10	2015-08-18	2016-04-28
中草 6 号	92	2015-06-23	2015-07-17	2015-08-08	2015-08-17	2016-04-29
陇东苜蓿	75	2015-06-22	2015-07-17	2015-08-12	2015-08-21	2016-04-28

表 7-27　不同苜蓿品种的地上性状指标及越冬率

苜蓿品种	株高（cm）	越冬率（%）	单株分枝（个/株）
三得利	(59.27±3.36)bc	(57.67±2.52)c	(4.83±0.76)d
中苜 1 号	(64.99±3.02)ab	(71.00±2.00)b	(7.40±0.40)ab
中苜 3 号	(54.47±2.24)cd	(60.00±5.29)c	(5.57±0.74)cd
中草 3 号	(59.33±4.32)b	(47.33±3.06)d	(6.47±0.35)bc
中草 6 号	(67.53±3.05)a	(79.00±2.65)a	(7.77±0.25)a
陇东苜蓿	(51.20±2.93)d	(43.67±4.51)d	(5.17±0.76)d

各苜蓿品种的单株分枝数差异较大，但都在 4 个以上，而只有中苜 1 号和中草 6 号的单株分枝达到 7 个以上。中苜 1 号和中草 6 号的单株分枝较高，分别为 7.40 个和 7.77 个，显著高于其他 4 个苜蓿品种。三得利和陇东苜蓿的单株分枝最低分别为 4.83 个和 5.17 个，显著低于其他苜蓿品种（$P<0.05$），而它们之间差异不显著（$P>0.05$）。

越冬率调查表明，各苜蓿品种的越冬率都比较低，并没有达到优良水平。其中，陇东苜蓿的越冬率最低，只有 43.67%，显著低于除中草 3 号（47.33%）外的其他苜蓿品种（$P<0.05$）；越冬率水平最高的是中草 6 号，为 79.00%，显著高于其他苜蓿品种的越冬率（$P<0.05$）；其次是中苜 1 号，为 71.00%，两者都显著高于其他苜蓿品种的越冬率（$P<0.05$）。

4. 根系性状

苜蓿根系主根越深，侧根数越多，苜蓿抗旱性越强；根和根颈越粗，根蘖型越强，苜蓿的耐寒性就越强。6 个苜蓿品种的主根长都在 50 cm 以上，说明各苜蓿品种的根系比较发达。中草 6 号的主根长 66.83 cm；其次是中苜 1 号，为 62.21 cm，两者都显著高于其他 4

个苜蓿品种的主根长($P<0.05$),而两者之间差异不显著($P>0.05$)。陇东苜蓿的主根长最低,为 50. 56 cm,显著低于除三得利(52. 40 cm)外的其他苜蓿品种($P<0.05$),见图 7-11(a)。

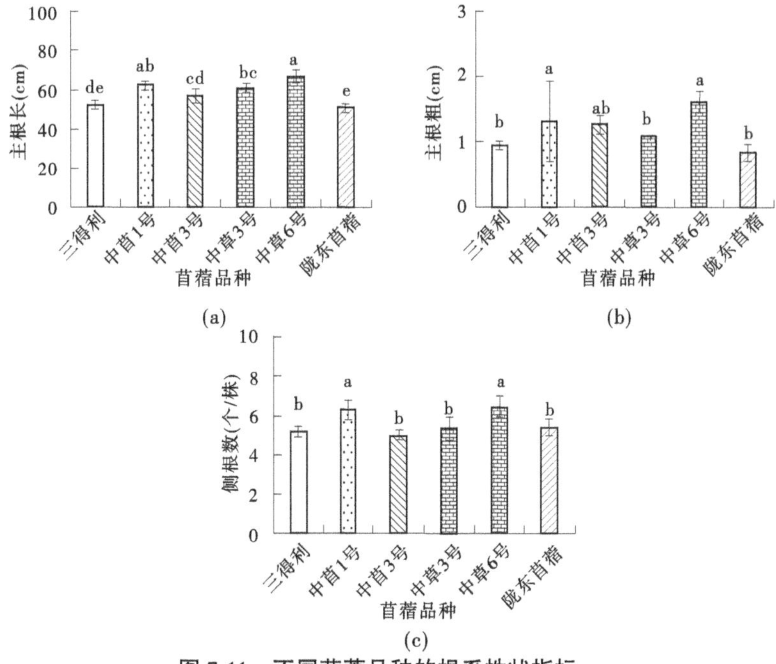

图 7-11　不同苜蓿品种的根系性状指标

各苜蓿品种的主根粗差异较大。三得利、陇东苜蓿、中草 3 号和中苜 3 号的主根粗分别为 0. 94 cm、0. 83 cm、1. 08 cm 和 1. 27 cm,它们之间差异不显著($P>0.05$)。中苜 1 号、中苜 3 号、中草 6 号的主根粗分别为 1. 31 cm、1. 27 cm、1. 61 cm,它们三者之间差异不显著($P>0.05$),显著高于其他苜蓿品种的主根粗($P<0.05$),见图 7-11(b)。

侧根数可以反映苜蓿的侧根发达程度。侧根数调查表明,所有苜蓿品种的侧根数都在 5 个以上。中草 6 号的侧根数最高,为 6. 50 个;其次是中苜 1 号,为 6. 33 个,显著高于其他苜蓿品种的侧根数($P<0.05$),而它们两者之间差异不显著($P>0.05$)。三得利、中苜 3 号、中草 3 号、陇东苜蓿的侧根数分别为 5. 22 个、5. 05 个、5. 37 个和 5. 43 个,四者之间差异不显著($P<0.05$),见图 7-11(c)。

5. 地上植物量

由表 7-28 可知,地上鲜植物量最高的为中草 6 号,为 2 543. 78 g/m^2,显著高于除中苜 1 号外的其他苜蓿品种鲜植物量($P<0.05$);三得利和陇东苜蓿的地上鲜植物量分别为 1 910. 07 g/m^2 和 1 774. 21 g/m^2,显著低于其他苜蓿品种的鲜植物量($P<0.05$);而它们之间差异不显著($P>0.05$),所有苜蓿品种的鲜植物量均在 1 500 g/m^2 以上。

中苜 1 号、中草 6 号、中苜 3 号的地上干植物量分别为 524. 09 g/m^2、504. 02 g/m^2、497. 25 g/m^2,三者之间差异不显著($P>0.05$),但都显著高于其他苜蓿品种的地上干植物量($P<0.05$)。陇东苜蓿的地上干植物量最低,为 416. 87g/m^2,显著低于其他苜蓿品种($P<0.05$)。

表 7-28　不同苜蓿品种的地上植物量　　（单位：g/m²）

苜蓿品种	植物量（鲜重）（g/m²）	植物量（干重）（g/m²）	鲜干比	茎叶比
三得利	（1 910.07±27.79）c	（457.62±15.42）b	（4.18±0.13）c	（1.60±0.10）a
中苜 1 号	（2 500.00±63.47）a	（524.09±17.70）a	（4.77±0.04）ab	（1.10±0.10）bc
中苜 3 号	（2 293.23±53.68）b	（497.25±15.51）a	（4.62±0.24）b	（1.43±0.25）a
中草 3 号	（2 209.59±146.75）b	（493.79±15.10）ab	（4.47±0.22）bc	（1.60±0.20）a
中草 6 号	（2 543.78±119.19）a	（504.02±30.39）a	（5.05±0.09）a	（1.03±0.25）c
陇东苜蓿	（1 774.21±100.89）c	（416.87±25.71）c	（4.26±0.20）c	（1.40±0.20）ab

所有的苜蓿品种鲜干比均在 4 以上，中草 6 号具有最大的鲜干比，达 5.05，显著高于除中苜 1 号（4.77）外的其他苜蓿品种（$P<0.05$）；三得利、陇东苜蓿和中草 3 号的鲜干比较低，分别为 4.18、4.26 和 4.47，三者之间差异不显著（$P>0.05$），但都显著低于其他苜蓿品种的鲜干比（$P<0.05$）。

所有苜蓿品种的茎叶比均在 1 以上。其中，中苜 1 号和中草 6 号的茎叶比较低，分别为 1.10 和 1.03，两者之间差异不显著（$P>0.05$）。三得利、中草 3 号和中苜 3 号的茎叶比分别为 1.60、1.60 和 1.43，具有较高的茎叶比，显著高于其他苜蓿品种的茎叶比（$P<0.05$）。

6. 综合评价

苜蓿的生产性状与各个指标紧密相关，单一的性状指标并不能客观地反映苜蓿的生产性能。因此，采用层次分析法对各个指标进行权重分配，综合加权得分后，对各个苜蓿品种进行排序。首先采用 5 级评分法对各性状指标进行定量表示，得出各性状的评分标准（见表 7-29）；然后得出不同的苜蓿品种各指标的得分，利用 AHP 模型构建判断矩阵得出各指标因素的权重系数（见表 7-30）；最后得出 6 个苜蓿品种的综合得分，按照综合得分进行排序（见表 7-31）。

表 7-29　各性状指标评分标准

评分	株高（cm）	越冬率（%）	单株分枝（个/株）	主根长（cm）	主根粗（cm）	侧根数（个/株）	干植物量（g/m²）	鲜干比	茎叶比
1	51.20～54.46	43.67～50.74	4.83～5.42	50.56～53.81	0.83～0.98	5.05～5.34	416.87～438.31	4.18～4.35	1.60～1.49
2	54.47～57.73	50.75～57.82	5.43～6.02	53.82～57.07	0.99～1.14	5.35～5.64	438.32～459.76	4.36～4.53	1.48～1.37
3	57.74～61.00	57.83～64.90	6.03～6.62	57.08～60.33	1.15～1.30	5.65～5.94	459.77～481.21	4.54～4.71	1.36～1.25
4	61.01～64.27	64.91～71.98	6.63～7.22	60.34～63.59	1.31～1.46	5.95～6.24	481.22～502.66	4.72～4.89	1.24～1.13
5	64.28～67.54	71.99～79.06	7.23～7.82	63.60～66.85	1.47～1.62	6.25～6.54	502.67～524.11	4.90～5.07	1.12～1.01

表 7-30　不同苜蓿品种的各指标得分及权重

苜蓿品种	株高 (cm)	越冬率 (%)	单株分枝 (个/株)	主根长 (cm)	主根粗 (cm)	侧根数 (个/株)	干植物量 (g/m^2)	鲜干比	茎叶比
三得利	3	2	1	1	1	1	2	1	1
中苜 1 号	5	4	5	4	4	5	5	4	5
中苜 3 号	2	3	2	2	3	1	4	3	2
中草 3 号	3	1	3	4	2	2	4	2	5
中草 6 号	5	5	5	5	5	5	5	5	5
陇东苜蓿	1	1	1	1	1	2	1	1	2
权重系数	0.095	0.115	0.122	0.114	0.115	0.131	0.088	0.115	0.105

表 7-31　不同苜蓿品种综合得分及排序

苜蓿品种	综合得分	排序
三得利	1.393	5
中苜 1 号	4.541	2
中苜 3 号	2.390	4
中草 3 号	2.821	3
中草 6 号	5.000	1
陇东苜蓿	1.236	6

6 个苜蓿品种中，中草 6 号和中苜 1 号综合得分较高，分别为 5.000 和 4.541，说明这两个品种在该地区综合生产性状优良，建议作为该地区大面积推广种植的优先品种。

7.7.1.3　讨论与结论

覆膜种植的 6 个苜蓿品种在该地区种植当年出苗率都比较好，成活率高，均能正常生长，都能达到开花期，但第 2 年越冬率都比较低，这是因为虽然采用了先进的覆膜技术，起到一定的保温、保墒的作用，由于该地区干旱少雨，再加上灌溉条件困难，可溶性盐分随地下水蒸发而滞留在地表，常年累积导致表层土壤氯化物盐类过载，造成苜蓿根部盐分中毒，严重时根部发生腐烂坏死，营养物质无法运输到达茎部和叶部，最终整个苜蓿植株死亡。另外，可能是建植当年冬水浇得不好，第 2 年春季降水较少，春旱是不是导致苜蓿返青差的重要原因，还有待于进一步研究。

苜蓿的株高与地下根部存在一定的线性关系。根部是吸收及运输养分的主要器官，一般根部越发达，通过根吸收的营养物质就越丰富，能为整个植株提供生长发育所需要的各种大量元素，加快了植株的株高发育。中草 6 号和中苜 1 号的地上性状、地下性状及干草产量都优于其他苜蓿品种，说明多个性状指标共同作用决定了苜蓿的生产性能。中草 6 号和中苜 1 号在该地区种植表现出了较好的生产性能，可以优先作为大面积种植推广品种。

7.7.2　柴达木盆地重度盐碱地苜蓿引种适应性评价

7.7.2.1　材料与方法

本研究试验地位于青海省海西州德令哈市尕海镇努尔村二社次生盐泽化弃耕地上。

供试的10个苜蓿品种(系)均由甘肃农业大学提供。2016年5月16日翻耕耙地、平整土地后划定试验小区,采用随机区组设计,5月17日播种。小区面积为15 m^2(3 m×5 m),4次重复。人工沟播播种,行距30 cm,区组间距1 m,播深0.5 cm,理论播种量和实际播量见表7-32。种肥磷酸二铵施用量为300 kg/hm^2。试验区四周设围栏保护,日常做好除杂、浇水等田间管理工作。种植当年11月初覆土、浇冬水,翌年返青前灌溉2次。

表7-32　参试苜蓿品种(系)播种量

品种名称	千粒重(g)	发芽率(%)	净度(%)	理论播种量(kg/hm^2)	实际播种量(kg/hm^2)
阿尔岗金 *Medicago sativa* L. cv. 'Algonguin'	2.001	42.0	95.5	15.0	37.4
新牧2号 *Medicago sativa* L. cv. 'Xinmu No. 2'	2.209	32.6	97.6	15.0	47.1
清水苜蓿 *Medicago sativa* L. cv. 'Qingshui'	2.114	39.3	98.5	15.0	38.7
皇冠紫花 *Medicago sativa* L. cv. 'Phabulous'	2.320	39.7	97.5	15.0	38.8
甘农3号 *Medicago sativa* L. cv. 'Gannong No. 3'	2.138	36.7	98.5	15.0	41.5
耐盐苜蓿 *Medicago sativa*	2.120	35.3	97.0	15.0	43.8
苏联 *Medicago sativa*	2.008	40.3	96.5	15.0	38.6
新牧1号 *Medicago sativa* L. *cv.* 'Xinmu No. 1'	2.107	36.3	96.5	15.0	42.8
金皇后 *Medicago sativa* L. cv. 'Goldenmpress'	1.965	45.7	98.4	15.0	33.4
猎人河 *Medicago sativa* L. cv. 'Hunter'	2.220	41.7	97.3	15.0	37.0

依照韩清芳的研究方法,对出苗率、物候期、株高、盖度、越冬率、地上植物量(文中地上植物量均以烘干重计)进行观测。

用Excel 2003处理数据、用SPSS18.0软件做统计分析,采用最小显著差数法(LSD检验法)检验各处理间均值的差异显著性。

7.7.2.2　结果与分析

1. 出苗率及生育期

由表7-33可以看出,10个苜蓿品种(系)建植当年5月底陆续出苗,7月上旬进入分枝期,7月底进入现蕾期,8月中旬进入初花期,8月下旬进入盛花期,9月中旬进入结荚期,当年各苜蓿品种(系)均不能成熟;第2年4月下旬进入返青期,5月中旬进入分枝期,6月下旬进入现蕾期,7月中旬进入初花期,7月下旬进入盛花期,8月底进入结荚期,9月下旬至10月初种子成熟,10月下旬进入枯黄期。

表7-33　不同苜蓿品种(系)生育期

品种名称	年份	出苗期/返青期	分枝期	现蕾期	初花期	盛花期	结荚期	成熟期
阿尔岗金	2016	5月29日	7月6日	7月31日	8月10日	8月22日	9月13日	
	2017	4月26日	5月17日	6月30日	7月11日	7月25日	8月28日	10月2日
新牧2号	2016	5月30日	7月8日	8月1日	8月12日	8月23日	9月11日	9月28日
	2017	4月24日	5月20日	6月30日	7月10日	7月26日	8月26日	
清水苜蓿	2016	5月30日	7月9日	8月2日	8月11日	8月22日	9月12日	10月4日
	2017	4月30日	5月15日	6月24日	7月12日	7月26日	8月30日	
皇冠紫花	2016	6月1日	7月11日	8月2日	8月13日	8月24日	9月13日	9月28日
	2017	4月28日	5月17日	6月28日	7月12日	7月28日	8月28日	
甘农3号	2016	6月2日	7月10日	8月3日	8月13日	8月25日	9月12日	10月4日
	2017	4月28日	5月20日	6月26日	7月12日	7月28日	8月30日	
耐盐苜蓿	2016	5月30日	7月5日	7月28日	8月10日	8月20日	9月8日	9月26日
	2017	4月26日	5月18日	6月22日	7月10日	7月24日	8月25日	
苏联	2016	5月29日	7月6日	7月28日	8月10日	8月21日	9月10日	9月28日
	2017	4月28日	5月16日	6月26日	7月12日	7月26日	8月26日	
新牧1号	2016	6月1日	7月7日	7月28日	8月13日	8月23日	9月13日	10月3日
	2017	4月25日	5月22日	7月2日	7月11日	7月29日	8月28日	
金皇后	2016	5月31日	7月11日	7月31日	8月11日	8月22日	9月10日	9月30日
	2017	4月26日	5月14日	6月28日	7月9日	7月23日	8月24日	
猎人河	2016	5月30日	7月12日	7月29日	8月13日	8月26日	9月13日	10月5日
	2017	4月29日	5月18日	7月1日	7月14日	7月31日	9月2日	

2. 出苗率和越冬率

由表7-34可知,10个苜蓿品种(系)5月17日播种,经过12 d左右陆续出苗,出苗率均不高,都在60%以下,其中只有耐盐苜蓿、甘农3号、苏联和金皇后的出苗率超过50%,最低的猎人河只有38%。越冬率相对较高,均在70%以上,甘农3号、金皇后、耐盐苜蓿和苏联的越冬率较高,分别达到了95%、94%、93%和90%;猎人河越冬率最低,只有72%。

表 7-34　不同苜蓿品种(系)出苗率和越冬率　　(%)

品种名称	出苗率	越冬率
阿尔岗金	45	84
新牧 2 号	41	83
清水苜蓿	44	86
皇冠紫花	46	84
甘农 3 号	57	95
耐盐苜蓿	58	93
苏联	53	90
新牧 1 号	40	86
金皇后	52	94
猎人河	38	72

3. 株高及盖度

2016 年和 2017 年 9 月下旬分别对 10 个苜蓿品种(系)的株高及盖度进行了观测,由表 7-35 可知,在种植当年,各苜蓿品种(系)株高均在 60 cm 以下。其中,金皇后株高最高(51.4 cm),其次是甘农 3 号(49.8 cm)、苏联(46.0 cm)、耐盐苜蓿(44.0 cm),且它们之间差异不显著($P>0.05$),但都显著高于其他苜蓿品种($P<0.05$)。株高最低的是猎人河,只有 18.8 cm;种植第 2 年,各苜蓿品种的长势都较好,均达到 80 cm 以上,甘农 3 号的株高最高(131.5 cm),其次是金皇后(125.0 cm)和耐盐苜蓿(123.5 cm),且三者之间差异不显著($P>0.05$),但显著高于其他苜蓿品种。株高最低的是猎人河(89.8 cm),显著低于其他苜蓿品种(系)($P<0.05$)。

各苜蓿品种种植当年的盖度都未达到 70%,其中,甘农 3 号的盖度最高(68.0%),猎人河的盖度最低(28.0%)。种植第 2 年,各苜蓿品种(系)长势相对较好,盖度均达到 70.0%以上,其中甘农 3 号、金皇后、耐盐苜蓿、清水苜蓿及苏联的盖度较高,分别为 94.0%、92.0%、91.0%、90.0%、90.0%;皇冠紫花和猎人河的盖度较小,分别为 80.0%、72.0%。

4. 地上植物量

由表 7-36 可知,种植当年甘农 3 号、金皇后和耐盐苜蓿地上植物量较高,分别为 2 632.9 kg/ hm^2、2 388.6 kg/ hm^2 和 2 348.0 kg/ hm^2,且它们之间差异不显著($P>0.05$),但都显著高于其他苜蓿品种($P<0.05$)。猎人河地上植物量最低,为 980.0 kg/ hm^2,显著低于其他苜蓿品种($P<0.05$)。

表 7-35　不同苜蓿品种(系)的株高及盖度

品种名称	株高(cm)		盖度(%)	
	第 1 年	第 2 年	第 1 年	第 2 年
阿尔岗金	(24.6±7.4)e	(105.8±6.4)e	40.0	83.0
新牧 2 号	(31.0±5.6)de	(108.3±3.4)de	32.0	81.0
清水苜蓿	(39.6±5.0)bc	(118.3±6.2)c	55.0	90.0
皇冠紫花	(23.0±6.0)f	(106.8±5.6)de	30.0	80.0
甘农 3 号	(49.8±3.4)ab	(131.5±6.9)a	68.0	94.0
耐盐苜蓿	(44.0±5.1)ab	(123.5±2.9)ab	60.0	91.0
苏联	(46.0±11.2)ab	(103.8±3.5)e	58.0	90.0
新牧 1 号	(33.0±4.3)cd	(113.5±1.9)cd	35.0	87.0
金皇后	(51.4±3.4)a	(125.0±4.1)ab	63.0	92.0
猎人河	(18.8±3.0)f	(89.8±4.7)f	28.0	72.0

注:同一列中不同小写字母表示差异显著(P<0.05),下同。

表 7-36　不同苜蓿品种(系)的地上植物量　(单位:kg/hm^2)

品种名称	地上植物量	
	第 1 年	第 2 年
阿尔岗金	(1 868.4±175.5)bc	(6 871.1±704.4)bc
新牧 2 号	(1 340.0±207.2)d	(6 293.4±406.8)cd
清水苜蓿	(1 852.3±92.7)bc	(7 082.3±424.6)b
皇冠紫花	(1 476.4±93.6)d	(6 202.5±385.4)de
甘农 3 号	(2 632.9±104.8)a	(7 960.0±640.1)a
耐盐苜蓿	(2 348.0±172.5)ab	(7 662.3±560.7)ab
苏联	(1 980.6±165.1)b	(7 406.7±630.4)ab
新牧 1 号	(1 776.8±160.3)c	(6 560.0±566.9)bc
金皇后	(2 388.6±138.1)ab	(7 773.4±514.4)ab
猎人河	(980.0±189.6)e	(5 862.3±749.2)f

种植第 2 年,各苜蓿品种的地上植物量在 5 000~8 000 kg/hm^2。其中,甘农 3 号、金皇后、耐盐苜蓿和苏联地上植物量较高,分别为 7 960.0 kg/hm^2、7 773.4 kg/hm^2、7 662.3 kg/hm^2 和 7 406.7 kg/hm^2,且它们之间差异不显著(P>0.05),但都显著高于其他苜蓿品种(P<0.05)。清水苜蓿、阿尔岗金和新牧 1 号地上植物量之间差异不显著(P>0.05)。猎人河地上植物量最低,为 5 862.3 kg/hm^2,显著低于其他苜蓿品种(P<0.05)。

7.7.2.3　讨论与结论

沟播播种的10个苜蓿品种(系)的出苗率均较低,都在60%以下,而李松阳等在柴达木盆地乌兰县盐碱地上覆膜播种的紫花苜蓿,出苗率相对较高,均在75%以上,可见苜蓿出苗率不仅与品种特性和土壤盐碱度有直接关系,而且与栽培方法密切相关。覆膜播种可控制地表无效蒸发,尤其是出苗阶段,减少盐分向地表输送,从而有效起到减少和抑制土壤的返盐作用,这对提高苜蓿出苗率和促进幼苗生长都有积极作用。另外,人工沟播播种时播种深度和土壤水分不易控制,而盐碱地灌水时土壤板结又特别严重,这也是在盐碱地上沟播播种出苗率低的另一因素。一方面通过一定的栽培管理措施(尤其是播前冬灌,既可压盐,又可防止播种后浇水导致土壤板结而影响出苗);另一方面通过覆膜播种(出苗均匀整齐,且出苗期不用浇水),可有效地缓解和克服这一问题,大大提高盐碱地苜蓿的出苗率。

越冬率高低是柴达木盆地盐碱地苜蓿能否种植成功的重要指标。李松阳等在柴达木盆地乌兰县盐碱地上研究结果认为,覆膜播种紫花苜蓿可大幅度提高越冬率,可以减少生长期的灌水次数和入冬前的覆土工序,而且当年长势旺盛。本试验中沟播播种的10个苜蓿品种(系)的出苗率虽然较低,但是通过生长期的精心管护和入冬前的覆土、冬灌基本可以解决越冬问题,越冬率可达70%~95%。但是,从节约水资源、降低成本和种植效果等各方面综合考虑,柴达木盆地盐碱地大面积种植苜蓿采用覆膜播种效果较好。

苜蓿的产草量与单株分枝数和株高呈正相关关系,因此通过了解苜蓿的株高情况,就可以预测苜蓿的草产量。在种植当年,金皇后和甘农3号株高较高,但都在60 cm以下,每月灌溉一次,10个苜蓿品种并没有受到干旱的胁迫,说明主要受到盐分胁迫。种植第2年,各苜蓿品种的长势都相对较好,均达到80 cm以上,甘农3号的株高最高(131.5 cm),说明盐分对于植株的毒害主要体现在幼苗生长初期,随着苜蓿生长年限的增加,耐盐耐旱品种对盐分胁迫的抗性增强。

种植当年及第2年,10个苜蓿品种(系)总体长势良好,种植第2年均能完成生育期,可在开花期7月中旬刈割利用一茬,再生草可留到冷季放牧利用。其中,甘农3号、金皇后、耐盐苜蓿和苏联高度、盖度及地上植物量均相对较高,表现出了较好的生产性能,可以优先作为柴达木盆地重度盐碱地大面积种植推广品种。从节约水资源、降低成本和种植效果等各方面综合考虑,该地区种植苜蓿采用覆膜播种效果较好。

7.8　多年生禾本科牧草盐碱地适应性评价及栽培技术研究

7.8.1　材料与方法

本研究试验地位于青海省海西州德令哈市尕海镇努尔村二社。供试材料同德小花碱茅(*Puccinellia tenuiflora*(Griseb.)Scribn. et Merr. cv. Tongde)种子由青海省畜牧兽医科学院草原研究所提供。千粒重0.21 g,纯净度96.5%,20 ℃发芽率88.0%,理论播量22.5 kg/hm^2,实际播量26.5 kg/hm^2。

2015年5月9日翻耕耙地、平整土地后划定试验小区,采用随机区组设计,5月10日播种。小区面积为 15 m^2(3 m×5 m),4 次重复。人工开沟条播,行距 20 cm,播深 0.5~1.0 cm,种肥磷酸二铵施用量为 300 kg/hm^2。试验区四周设围栏保护,日常做好除杂、浇水等田间管理工作。种植第 2 年起每年 6 月上旬追肥尿素 150 kg/hm^2。播种上年及播后每年进行冬灌。

生育期观测,第 1 年从播种出苗开始,生长第 2、3 年从返青开始,每 5 d 观测 1 次;2016 年、2017 年分别在开花期测定株高,每小区随机测量 10 株自然高度,取平均值。小区盖度在开花期用目测法测定。牧草返青时,测定越冬率;地上植物量在牧草开花期测定,每个小区内随机选取 1 m^2 的样方,齐地面刈割,剔除杂草,测定鲜草产量,放入 65 ℃烘箱中烘 24 h 至恒重,折算单位面积干草产量,文中地上植物量均以烘干重计;地下植物量测定是在每个测定过地上植物量的样方内随机挖取面积为 25 cm×25 cm,深 30 cm 的土柱,用纱布包好,根系在水中清洗干净,称取烘干重,书中地下植物量均以烘干重计;种子产量在蜡熟期每个小区内随机选取 1 m^2 的样方测定。

7.8.2　结果与分析

7.8.2.1　生育期

通过连续 3 年的观测(见表 7-37),同德小花碱茅完全适应当地的气候条件,而且长势良好。在播种当年生长缓慢,不能完成整个生育期,只能到分蘖期,5 月上旬播种,30 d 后出苗,7 月中旬进入分蘖期,一直到生长停止;第 2 年开始能完成整个生育期,4 月上旬返青,5 月上旬进入分蘖期,6 月初进入拔节期,6 月中旬进入孕穗期,7 月上旬进入抽穗期,7 月下中旬开花,8 月中旬进入完熟期。从返青到抽穗约经历 90 d,从抽穗到种子完熟约经历 35 d,同德小花碱茅全生育期 125 d;第 3 年整个生育期基本与第 2 年一致;在同德小花碱茅整个生育期中,表现出了较强的耐旱、耐寒、耐盐碱性和返青早的特点,返青比苜蓿等豆科牧草早 20 d 左右,比芦苇早 30 d 左右。

表 7-37　同德小花碱茅生育期

牧草名称	年份	出苗/返青期	分蘖期	拔节期	孕穗期	抽穗期	开花期	完熟期
同德小花碱茅	2015	6 月 12 日	7 月 18 日					
	2016	4 月 12 日	5 月 10 日	6 月 01 日	6 月 18 日	7 月 11 日	7 月 22 日	8 月 15 日
	2017	4 月 11 日	5 月 11 日	5 月 31 日	6 月 16 日	7 月 10 日	7 月 21 日	8 月 14 日

7.8.2.2　越冬率、高度、盖度

由表 7-38 可知,同德小花碱茅越冬情况良好,且越冬率逐年增高,种植第 2 年可达 94%,第 3 年达到 95%以上,主要是由于随着生长年限的增长,牧草的根系越来越发达,适应能力增强,在盐碱地生长发育良好所致;种植当年同德小花碱茅生长缓慢,生长停止时,平均株高只有 13.6 cm。第 2 年开始,同德小花碱茅生长迅速,开花期平均株高可达 61.4 cm,第 3 年开花期平均株高可达 74.5 cm;随着生长年限的增长,牧草盖度也在逐年增高。种植当年长势稀疏,盖度只有 45.0%;第 2 年起生长旺盛,盖度可达 80%以上;第 3 年趋于稳定,盖度可达 95%以上。

表 7-38　同德小花碱茅越冬率、高度、盖度

牧草名称	年份	越冬率(%)	高度(cm)	盖度(%)
同德小花碱茅	2015		13.6	45.0
	2016	94.0	61.4	85.0
	2017	96.0	74.5	96.0

7.8.2.3　地上、地下植物量和种子产量

由表 7-39 可知,同德小花碱茅随着生长年限的增长,地上植物量逐年上升。种植当年地上植物量较低,为 20.3 g/m^2,第 2 年可达 97.8 g/m^2,第 3 年达到 317.4 g/m^2,第 3 年产量是种植当年产量的 15.6 倍。同德小花碱茅从第 2 年开始地上植物量显著高于盐碱地产量(60.0 g/m^2)($P<0.05$),3 年的平均地上植物量为 145.2 g/m^2,是盐碱地产量的 2.4 倍,可为家畜提供大量的优良牧草;随着生长年限的增长,地下植物量也有所增加。种植第 3 年的地下植物量是第 2 年的 2.8 倍;种子产量的变化趋势同地上、地下植物量的年度变化趋势,也是随着生长年限的增长有所增加。第 3 年的种子产量是第 2 年的 1.3 倍,两年平均种子产量是 302.85 g/m^2。

表 7-39　同德小花碱茅地上、地下植物量和种子产量　　(单位:g/m^2)

品种名称	年份	地上植物量	地下植物量	种子产量
同德小花碱茅	2015	20.3±4.7		
	2016	97.8±10.9	64.5±14.5	265.1±22.8
	2017	317.4±20.8	178.7±16.8	340.6±27.5

7.8.3　讨论与结论

在柴达木盆地重度盐碱地上,土壤含盐量相对较高,其他农作物和牧草基本不能生长,该研究结果表明通过一定的栽培管理措施,同德小花碱茅可正常生长。通过小区试验和大田种植情况相结合,认为:首先,种植同德小花碱茅人工草地的盐碱地上年必须进行冬灌(冬灌既可压盐,又可防止播种后浇水导致土壤板结而影响出苗),第 2 年土壤解冻后立即播种,这时土壤墒情好,大部分种子可以出苗。其次,掌握正确的播种方法也是非常重要的。采用播种机条播,播后耙耱、镇压可以保证较高的出苗率,也是获得优质高产牧草的关键措施。因此,大面积种植同德小花碱茅人工草地的最佳农艺措施是:翻耕—冬灌—条播(播种机)—耙耱—镇压—冬灌。

同德小花碱茅在德令哈市尕海镇盐碱地上第 2 年起能完成整个生育期,生育天数 125 d;随着生长年限的增长,牧草的越冬率、高度、盖度也在逐年增加,种植第 3 年越冬率、高度、盖度分别可达 96.0%、74.5 cm 和 96.0%。

同德小花碱茅生产性能良好,地上植物量、地下植物量和种子产量均随着生长年限的增长而逐年上升。种植第 2 年和第 3 年的地上植物量分别为 97.8 g/m^2、317.4 g/m^2,地

下植物量分别为 64.5 g/m²、178.7 g/m²，种子产量分别为 265.1 g/m²、340.6 g/m²。

几年的研究结果表明，同德小花碱茅表现出了较强的耐旱、耐寒、耐盐碱性和返青早的特点，是适合柴达木盆地盐碱地改良与重建的禾本科多年生优良草种和首选草种。该地区种植禾本科多年生人工草地的最佳农艺措施是：翻耕—冬灌—条播（播种机）—耙耱—镇压—冬灌。

7.9　一年生禾本科牧草盐碱地适应性评价及栽培技术研究

7.9.1　中、轻度盐碱地燕麦适应性评价及栽培技术研究

7.9.1.1　材料与方法

本研究收集了在青海地区种植较为广泛、适应性强的 10 个燕麦品种，进行了盐碱适应性评价及栽培技术研究，旨在为柴达木盆地中、轻度盐碱地改良和大面积推广种植燕麦提供一定的科学依据。试验地位于青海省柴达木盆地乌兰县茶卡镇哇玉农场。

供试验的 10 个燕麦品种均由青海省畜牧兽医科学院草原研究所提供（见表 7-40）。2015 年 5 月 20 日翻耕耙地、平整土地后划定试验小区，采用随机区组设计，5 月 22 日播种。小区面积为 15 m²（3 m×5 m），4 次重复。人工开沟条播，行距 20 cm，播深 2~4 cm，理论播量和实际播量见表 7-40。基肥磷酸二铵施用量为 300 kg/hm²。试验小区四周设围栏保护，日常做好除杂、浇水等田间管理工作。

表 7-40　供试验的燕麦品种播种量

品种名称	千粒重（g）	发芽率（%）	净度（%）	理论播量（kg/hm²）	实际播量（kg/hm²）
青引 1 号 *Avena sativa* L. cv. Qingyin No. 1	40.9	95.0	99.0	225.0	239.2
青引 2 号 *Avena sativa* L. cv. Qingyin No. 2	36.9	95.5	99.0	225.0	238.0
青海 444 *Avena sativa* L. cv. Qinghai No. 444	36.5	98.0	99.0	225.0	231.9
青海甜燕麦 *Avena sativa* L. cv. Qinghai	45.1	90.0	99.5	225.0	251.3
林纳 *Avena sativa* L. cv. Lena	34.6	94.0	99.0	225.0	241.8
青燕 1 号 *Avena sativa* L. cv. Qingyan No. 1	34.5	96.0	99.5	225.0	235.6
加燕 2 号 *Avena sativa* L. cv. Jiayan No. 2	40.1	94.0	99.0	225.0	241.8
白燕 7 号 *Avena sativa* L. cv. Baiyan No. 7	39.1	90.0	99.0	225.0	252.5
青引 3 号莜麦 *Avena nuda* L. cv. Qingyin No. 3	24.5	97.0	99.5	225.0	233.1
青莜 3 号 *Avena nuda* L. cv. Qingyou No. 3	22.5	95.0	99.0	225.0	239.2

生育期：采用目测法。小区内 50%植株达到某一生育期时记载该牧草生育期，分为出苗期、分蘖期、拔节期、孕穗期、抽穗期、开花期、乳熟期、蜡熟期和完熟期，最后统计出苗—完熟的生育期天数。

盖度：在乳熟期采用目测法测定。

生长高度：在乳熟期每个小区随机选取 10 株植株测量自然状态下从地面量至花序顶

部的高度，取平均值。

地上植物量：在牧草产量高峰期即乳熟期测定地上植物量，每个小区内随机选取 1 m^2 的样方，齐地面刈割，剔除杂草，测定鲜草产量，取 500 g 放入 65 ℃烘箱中烘 24 h 至恒重，折算单位面积干草产量，本书中地上植物量均以烘干重计。

种子产量：在完熟期每个小区内随机选取 1 m^2 的样方测种子产量。

用 Excel 2003 处理数据、用 SPSS18.0 软件做统计分析，采用最小显著差数法（LSD 检验法）检验各处理间均值的差异显著性。

7.9.1.2　结果与分析

1. 生育期

由表 7-41 可知，10 个燕麦品种在该地区均能完成生育期。所有燕麦出苗期均在 6 月中上旬；分蘖期主要集中在 6 月底和 7 月初，其中林纳、青海甜燕麦、白燕 7 号、加燕 2 号、青莜 3 号在 7 月上旬分蘖；拔节期主要集中在 7 月中下旬；所有燕麦品种的孕穗期较为集中，主要在 7 月中下旬和 8 月初之间；青海 444 和青引 2 号在 7 月底进入抽穗期，而其他品种抽穗期相对较晚，在 8 月上中旬逐渐进入抽穗期；10 个燕麦品种均在 8 月进入开花期；均于 9 月中上旬进入乳熟期；大部分燕麦于 9 月中下旬进入蜡熟期；于 9 月底进入完熟期。不同燕麦品种生育天数都在 100 d 以上，其中青引 2 号和青海 444 相对早熟，生育天数分别为 100 d 和 103 d，青海甜燕麦和青莜 3 号相对晚熟，生育天数分别为 118 d 和 114 d。

表 7-41　不同燕麦品种生育期

品种名称	出苗期	分蘖期	拔节期	孕穗期	抽穗期	开花期	乳熟期	蜡熟期	完熟期	生育天数(d)
青引 1 号	6 月 8 日	6 月 26 日	7 月 12 日	7 月 20 日	8 月 1 日	8 月 12 日	9 月 7 日	9 月 16 日	9 月 24 日	106
青燕 1 号	6 月 7 日	6 月 25 日	7 月 11 日	7 月 21 日	8 月 2 日	8 月 11 日	9 月 7 日	9 月 15 日	9 月 23 日	106
青海 444	6 月 7 日	6 月 22 日	7 月 8 日	7 月 18 日	7 月 28 日	8 月 9 日	9 月 3 日	9 月 13 日	9 月 22 日	103
青引 2 号	6 月 7 日	6 月 19 日	7 月 5 日	7 月 15 日	7 月 22 日	8 月 5 日	9 月 1 日	9 月 9 日	9 月 17 日	100
林纳	6 月 8 日	7 月 7 日	7 月 20 日	7 月 28 日	8 月 7 日	8 月 17 日	9 月 12 日	9 月 21 日	9 月 28 日	110
青海甜燕麦	6 月 11 日	7 月 4 日	7 月 23 日	8 月 1 日	8 月 13 日	8 月 23 日	9 月 18 日	9 月 26 日	10 月 9 日	118
白燕 7 号	6 月 11 日	7 月 10 日	7 月 22 日	7 月 30 日	8 月 10 日	8 月 17 日	9 月 16 日	9 月 22 日	10 月 3 日	112
加燕 2 号	6 月 9 日	7 月 9 日	7 月 21 日	7 月 30 日	8 月 9 日	8 月 18 日	9 月 14 日	9 月 20 日	9 月 30 日	111
青引 3 号莜麦	6 月 8 日	6 月 28 日	7 月 14 日	7 月 23 日	8 月 3 日	8 月 14 日	9 月 9 日	9 月 18 日	9 月 26 日	108
青莜 3 号	6 月 10 日	7 月 11 日	7 月 24 日	8 月 2 日	8 月 11 日	8 月 20 日	9 月 18 日	9 月 24 日	10 月 4 日	114

2. 盖度

由图 7-12 可知，青海甜燕麦的盖度显著高于青海 444（$P<0.05$），两者与其他燕麦品种盖度间差异均不显著（$P>0.05$），其他 8 个品种间盖度差异也不显著（$P>0.05$）。引入的 10 种燕麦在该地区中、轻度盐碱地上长势良好，乳熟期盖度均能达到 90%以上，其中青海甜燕麦盖度最大，基本达到 100%；青海 444 盖度最小，但盖度也达到 92%以上。

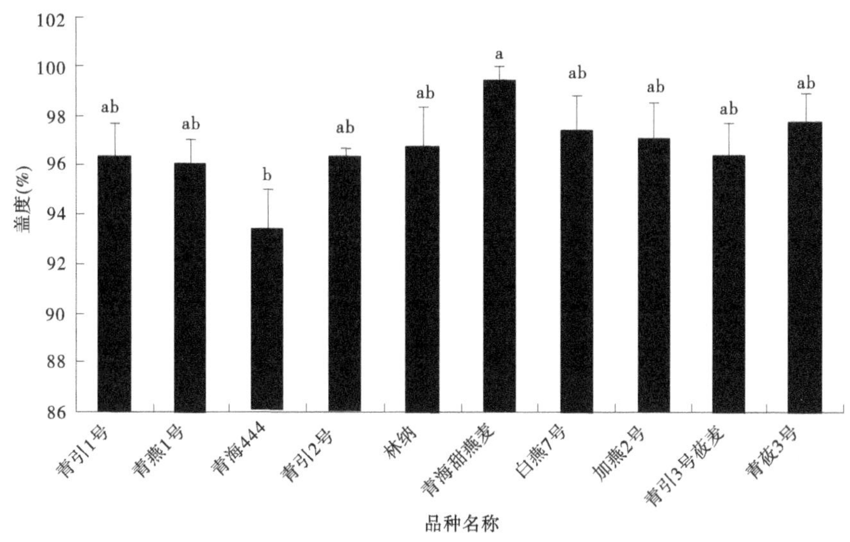

图 7-12　不同燕麦品种盖度

3. 高度

由图 7-13 可知，10 个燕麦品种在乌兰地区植株均较高，植株高度均达到 120 cm 以上。其中，株高最高的燕麦是林纳，为 157.0 cm，并且显著高于其他燕麦品种的株高（$P<0.05$）。高度最低的燕麦为白燕 7 号，为 121.6 cm，与青引 1 号、青燕 1 号、青海 444、青引 2 号之间差异不显著（$P>0.05$）。所有品种燕麦株高的高低排序为：林纳>加燕 2 号>青海甜燕麦>青引 3 号莜麦>青莜 3 号>青引 1 号>青海 444>青燕 1 号>青引 2 号>白燕 7 号。

4. 地上植物量

由表 7-42 可知，10 个燕麦品种的地上植物量均较高，都在 1 000 g/m² 左右，其中加燕 2 号地上植物量最高，为 1 148.3 g/m²；最低的是青莜 3 号，为 955.3 g/m²。加燕 2 号与青海甜燕麦、青海 444、青引 2 号、林纳、白燕 7 号之间地上植物量差异不显著（$P>0.05$），但显著高于青引 1 号、青燕 1 号、青引 3 号莜麦、青莜 3 号（$P<0.05$）；此外青引 1 号、青燕 1 号、青引 3 号莜麦、青莜 3 号地上植物量均较低，均在 1 000 g/m² 以下。所有燕麦品种产量高低排序为：加燕 2 号>青海甜燕麦>林纳>白燕 7 号>青引 2 号>青海 444>青引 3 号莜麦>青燕 1 号>青引 1 号>青莜 3 号。

5. 种子产量

由表 7-42 可知，10 个燕麦品种的种子产量主要集中在 300 g/m² 左右，差异总体较小。其中林纳种子产量最高，为 334.4 g/m²，显著高于青引 3 号莜麦和青莜 3 号（$P<0.05$），

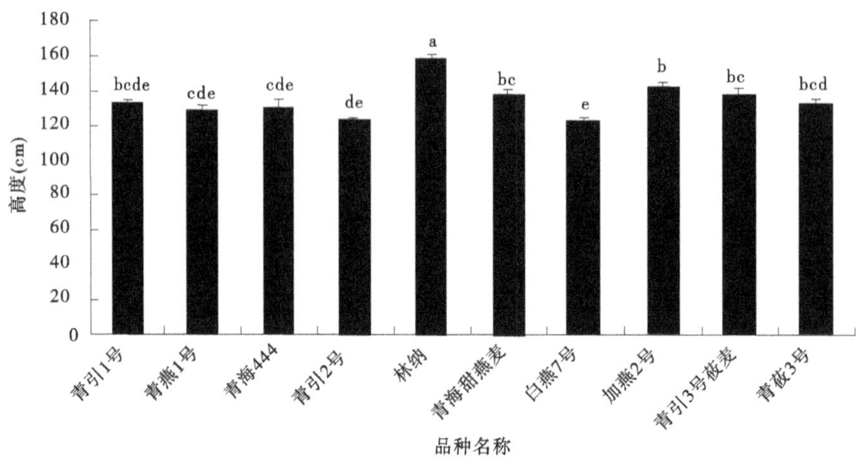

图 7-13　不同燕麦品种高度

与其他品种之间差异不显著(P>0.05)。青引 3 号莜麦和青莜 3 号种子产量较低,且两者之间差异不显著(P>0.05),其他品种之间种子产量差异也不显著(P>0.05)。所有燕麦种子产量高低排序为:林纳>白燕 7 号>青引 1 号>加燕 2 号>青引 2 号>青海甜燕麦>青海 444>青燕 1 号>青引 3 号莜麦>青莜 3 号。

表 7-42　不同燕麦品种地上植物量和种子产量　(单位:g/m²)

品种名称	地上植物量	种子产量
青引 1 号	(956.9±22.74)c	(314.0±25.42)ab
青燕 1 号	(963.3±25.10)c	(271.2±21.71)ab
青海 444	(1 016.7±63.40)abc	(294.8±18.61)ab
青引 2 号	(1 068.4±47.68)abc	(303.2±20.69)ab
林纳	(1 122.8±81.90)ab	(334.4±18.62)a
青海甜燕麦	(1 136.4±59.11)a	(296.0±24.65)ab
白燕 7 号	(1 080.5±34.70)abc	(318.8±13.03)ab
加燕 2 号	(1 148.3±48.09)a	(308.7±20.51)ab
青引 3 号莜麦	(972.9±48.09)bc	(254.5±29.51)b
青莜 3 号	(955.3±5.91)c	(246.4±18.63)b

7.9.1.3　讨论与结论

气候是影响植物适应性的主要因素,而温度与降水量又是决定任一区域气候的两个主要因素。青海海西州乌兰县属于干旱性大陆气候。气象资料显示,该地区温度较低,在 2015 年最高温度未超过 15 ℃,而且该地区月降水量均较低,大部分月均降水量在 20 mm 以下,只有 7 月相对较高,降水量也只接近 100 mm。干旱的气候、较低的气温对燕麦的生长具有一定的影响。低温减缓燕麦细胞组织的生长发育,干旱胁迫影响植物本身的生长。

有研究者对类似的燕麦品种在青海省祁连县做引种栽培试验,得出所有燕麦品种均未完成生育期,而该试验研究中发现 10 个燕麦品种均能完成生活史,分析可能是两地的气候、海拔、降水以及土壤等条件的不同而造成的。赵德在青海共和县对青燕 1 号、加燕 2 号、白燕 7 号、青引 1 号、青引 2 号、青海甜燕麦做了品种比较栽培试验,得出青引 2 号、青引 1 号和青海甜燕麦生产性能表现较好,与该研究成果具有一定的出入,说明不同的引种地区对燕麦的生产性能具有一定的影响。而以上两位研究者在有关青海甜燕麦的研究与本研究结果较为一致,青海甜燕麦在青海不同的地区表现均较好,说明该品种具有较强的适应性和较高的生产性能。

燕麦茎秆粗壮,叶量丰富,在合适的水肥以及气候条件下表现较为突出。有研究表明,燕麦在遭受盐碱危害时其生长发育会受到抑制而减产,在柴达木盆地中、轻度盐碱地上,土壤含盐量相对较高,与非盐碱地栽培燕麦相比对其生长有一定的限制作用,但该研究显示通过一定的栽培管理措施,尤其是播前冬灌(既可压盐 ,又可防止播种后浇水导致土壤板结),10 个燕麦品种可正常生长,生产性能相对均较好,可作为柴达木盆地中、轻度盐碱地恢复与重建的优良草种和“先锋草种”。

本研究所引进的 10 个燕麦品种在海西州乌兰地区中、轻度盐碱地上均能完成生育期;青引 2 号和青海 444 相对早熟,生育天数分别为 100 d 和 103 d;青海甜燕麦和青莜 3 号相对晚熟,生育天数分别为 118 d 和 114 d;盖度均能达到 90%以上;植株高度均达到 120 cm 以上;地上植物量最高的是加燕 2 号,为 1 148. 3 g/m^2;最低的是青莜 3 号,为 955. 3 g/m^2;10 个燕麦品种的种子产量主要集中在 300 g/m^2 左右,林纳种子产量最高,为 334. 4 g/m^2,种子产量最低的是青莜 3 号,为 246. 4 g/m^2;总体来看,青海省常用的 10 个燕麦品种在柴达木盆地中、轻度盐碱地上可以正常生长,表现出了较强的耐盐碱性,是适合柴达木盆地中、轻度盐碱地改良与重建的禾本科一年生优良草种和“先锋草种”。该地区种植禾本科一年生人工草地的最佳农艺措施是:冬灌—翻耕—条播(播种机)—耙耱—镇压。

7. 9. 2　重度盐碱地燕麦适应性评价及栽培技术研究

7. 9. 2. 1　**材料与方法**

本研究收集在青海地区种植较为广泛、适应性强的 10 个燕麦品种,进行重度盐碱地适应性评价及栽培技术研究,旨在为柴达木盆地重度盐碱地改良和重建提供一定的科学依据。试验地位于青海省海西州德令哈市尕海镇努尔村二社。

供试验的 10 个燕麦品种均由青海省畜牧兽医科学院草原研究所提供,见表 7-40。2015 年 5 月 9 日翻耕耙地、平整土地后划定试验小区,采用随机区组设计,5 月 10 日播种。小区面积为 15 m^2(3 m×5 m),4 次重复。人工开沟条播,行距 20 cm,播深 2~4 cm,理论播量和实际播量见表 7-40。种肥磷酸二铵施用量为 300 kg/hm^2。试验小区四周设围栏保护,日常做好除杂、浇水等田间管理工作。进行了生育期、盖度、高度、地上植物量、种子产量的观测。

7.9.2.2　结果与分析

1. 生育期

由表 7-43 可知,10 个燕麦品种在德令哈地区均能完成生育期。燕麦出苗期均在 5 月下旬;分蘖期集中在 6 月中旬;拔节期主要集中在 6 月下旬;7 月初进入孕穗期;抽穗期主要集中在 7 月中旬;大部分燕麦于 7 月下旬进入开花期;8 月中下旬进入乳熟期;大部分燕麦在 9 月初进入蜡熟期;所有燕麦在 9 月中上旬进入完熟期;不同燕麦品种生育天数大都在 100 d 左右,其中青引 2 号和青海 444 相对早熟,生育天数分别为 94 d 和 97 d,青海甜燕麦和青莜 3 号相对晚熟,生育天数分别为 115 d 和 109 d。

表 7-43　不同燕麦品种生育期

品种名称	出苗期	分蘖期	拔节期	孕穗期	抽穗期	开花期	乳熟期	蜡熟期	完熟期	生育天数(d)
青引 1 号	5 月 28 日	6 月 13 日	6 月 24 日	7 月 1 日	7 月 13 日	7 月 23 日	8 月 21 日	9 月 1 日	9 月 9 日	101
青燕 1 号	5 月 27 日	6 月 12 日	6 月 22 日	7 月 2 日	7 月 14 日	7 月 24 日	8 月 22 日	8 月 30 日	9 月 8 日	110
青海 444	5 月 26 日	6 月 10 日	6 月 18 日	7 月 1 日	7 月 11 日	7 月 20 日	8 月 19 日	8 月 26 日	9 月 3 日	97
青引 2 号	5 月 28 日	6 月 11 日	6 月 19 日	6 月 29 日	7 月 10 日	7 月 18 日	8 月 15 日	8 月 25 日	9 月 2 日	94
林纳	5 月 27 日	6 月 13 日	6 月 20 日	7 月 2 日	7 月 13 日	7 月 25 日	8 月 23 日	9 月 5 日	9 月 14 日	107
青海甜燕麦	5 月 26 日	6 月 12 日	6 月 23 日	7 月 5 日	7 月 15 日	7 月 27 日	8 月 26 日	9 月 9 日	9 月 21 日	115
白燕 7 号	5 月 29 日	6 月 12 日	6 月 25 日	7 月 3 日	7 月 14 日	7 月 25 日	8 月 26 日	9 月 6 日	9 月 15 日	106
加燕 2 号	5 月 28 日	6 月 10 日	6 月 24 日	7 月 2 日	7 月 13 日	7 月 24 日	8 月 25 日	9 月 4 日	9 月 13 日	105
青引 3 号莜麦	5 月 29 日	6 月 11 日	6 月 21 日	7 月 2 日	7 月 14 日	7 月 26 日	8 月 23 日	9 月 2 日	9 月 12 日	103
青莜 3 号	5 月 27 日	6 月 14 日	6 月 24 日	7 月 4 日	7 月 16 日	7 月 25 日	8 月 25 日	9 月 7 日	9 月 16 日	109

2. 盖度

由图 7-14 可知,10 个燕麦品种的盖度在德令哈地区重度盐碱地上有一定差异。其中,盖度最高的是白燕 7 号,为 91.7%,它与林纳和青海甜燕麦之间差异不显著($P>0.05$),但显著高于其他燕麦品种($P<0.05$)。青引 1 号、青海 444、加燕 2 号、青引 3 号莜麦之间差异均不显著($P>0.05$),但均显著高于青燕 1 号、青引 2 号和青莜 3 号($P<0.05$)。青燕 1 号、青引 2 号和青莜 3 号之间差异均不显著($P>0.05$)。所有燕麦的盖度大小排序为:白燕 7 号>林纳>青海甜燕麦>加燕 2 号>青海 444>青引 3 号莜麦>青引 1 号>青燕 1 号>青引 2 号>青莜 3 号。

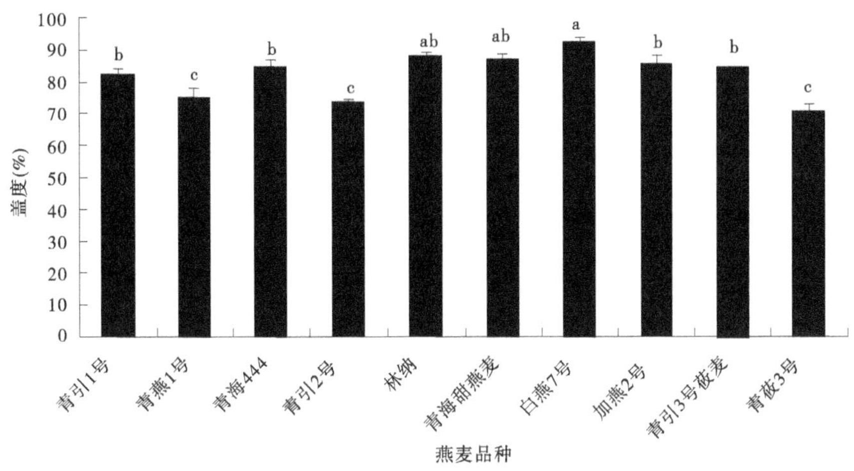

图 7-14　不同燕麦品种盖度

3. 高度

由图 7-15 可知,10 个燕麦品种在德令哈地区植株高度主要分布在 79~90 cm。加燕 2 号最高,为 88. 8 cm;青莜 3 号最低,为 79. 8 cm。不同燕麦品种间株高有一定的差异,加燕 2 号和青引 1 号、林纳、白燕 7 号差异不显著(P>0. 05),但显著高于其他品种(P<0. 05);青引 1 号、林纳和白燕 7 号之间差异不显著(P>0. 05),但它们显著高于青燕 1 号和青莜 3 号(P<0. 05)。不同燕麦品种株高的高低排序为:加燕 2 号>林纳>青引 1 号>白燕 7 号>青海 444>青引 3 号莜麦>青海甜燕麦>青引 2 号>青燕 1 号>青莜 3 号。

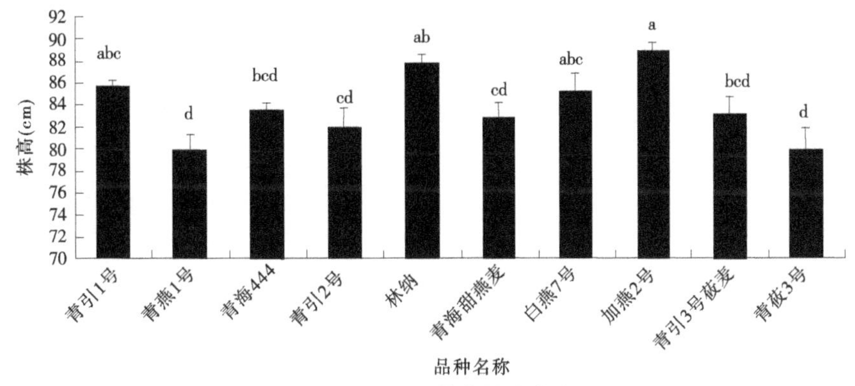

图 7-15　不同燕麦品种高度

4. 地上植物量

由表 7-44 可知,白燕 7 号地上植物量最高,为 870. 8 g/m²,和林纳、青海甜燕麦、加燕 2 号差异不显著(P>0. 05),但显著高于其他品种(P<0. 05);青引 1 号、青燕 1 号、青引 2 号、青莜 3 号地上植物量相对较低,之间差异不显著(P>0. 05)。10 个燕麦品种的地上植物量大小排序为:白燕 7 号>林纳>青海甜燕麦>加燕 2 号>青海 444>青引 3 号莜麦>青引 1 号>青燕 1 号>青引 2 号>青莜 3 号。

表 7-44　不同燕麦品种地上植物量和种子产量　(单位:g/m²)

品种名称	地上植物量	种子产量
青引 1 号	(600.3±39.6)c	(248.8±15.0)abc
青燕 1 号	(590.9±44.9)c	(204.5±17.9)c
青海 444	(670.5±21.4)bc	(228.1±16.7)bc
青引 2 号	(568.4±55.1)c	(239.2±17.2)abc
林纳	(773.2±36.6)ab	(268.9±18.2)ab
青海甜燕麦	(718.0±60.6)abc	(251.1±19.9)abc
白燕 7 号	(870.8±88.9)a	(281.6±13.9)a
加燕 2 号	(711.6±78.2)abc	(254.5±11.4)abc
青引 3 号莜麦	(661.2±23.2)bc	(214.7±0.5)c
青莜 3 号	(547.5±19.5)c	(209.2±16.8)c

5. 种子产量

由表 7-44 可知,白燕 7 号种子产量最高,为 281.6 g/m²,显著高于青燕 1 号、青海 444、青引 3 号莜麦、青莜 3 号($P<0.05$),与其他品种之间差异不显著($P>0.05$);青引 1 号、青燕 1 号,青海 444、青引 2 号、青海甜燕麦、加燕 2 号、青引 3 号莜麦、青莜 3 号之间差异不显著($P>0.05$)。10 个燕麦品种种子产量高低排序为:白燕 7 号>林纳>加燕 2 号>青海甜燕麦>青引 1 号>青引 2 号>青海 444>青引 3 号莜麦>青莜 3 号>青燕 1 号。

7.9.2.3　讨论与结论

燕麦产量受气候、土壤、品种、生产和栽培管理等影响,变幅较大。德令哈市位于柴达木盆地东北边缘,该地区十分干旱少雨。依据 2015 年降水资料,全年只有 7 月的降水量接近 100 mm,而其他月份降水量均较低,从而给燕麦的生长带来了一定的限制作用。部分学者分别在青海不同高海拔地区对燕麦的生产适应性做了评价,结果显示,青海甜燕麦在所引种地区的生产性能表现较好,白燕 7 号在 10 个燕麦品种中生产性能表现最好,这可能与白燕 7 号具有较强的适应性和抗逆性,更耐盐碱有关。

有研究表明,燕麦在遭受盐碱危害时其生长发育会受到抑制而减产,在柴达木盆地重度盐碱地上,土壤含盐量相对较高,其他牧草基本不能生长。但该研究结果显示通过一定的栽培管理措施(尤其是播前冬灌,既可压盐,又可防止播种后浇水导致土壤板结影响出苗),10 个燕麦品种虽然生长受到了明显抑制,但生产性能总体相对较好,而且都完成了生育期,表现出了较强的耐盐碱性。因此,燕麦可作为柴达木盆地重度盐碱地改良与重建的"先锋草种"。

本研究 10 个燕麦品种在德令哈市尕海镇重度盐碱地上均能完成生育期;青引 2 号和

青海 444 相对早熟,生育天数分别为 94 d 和 97 d;青海甜燕麦和青莜 3 号相对晚熟,生育天数分别为 115 d 和 109 d;盖度白燕 7 号最高,为 91.7%,青莜 3 号最低,为 70%;植株高度最高是加燕 2 号,为 88.8 cm,最低的是青莜 3 号,为 79.8 cm;地上植物量最高的是白燕 7 号,为 870.8 g/m^2,最低的是青莜 3 号,为 547.5 g/m^2;种子产量白燕 7 号最高,为 281.6 g/m^2,青燕 1 号最低,为 204.5 g/m^2。总体来看,青海省常用的 10 个燕麦品种在柴达木盆地重度盐碱地上虽然生长受到了明显的抑制,但生产性能总体相对较好,表现出了较强的耐盐碱性,因此可作为柴达木盆地重度盐碱地改良与重建的"先锋草种"。该地区种植禾本科一年生人工草地的最佳农艺措施为冬灌—翻耕—条播(播种机)—耙耱—镇压。

7.10　人工草地对盐碱地土壤的影响

7.10.1　材料与方法

本研究以覆膜种植 2 年的紫花苜蓿人工草地为研究对象,旨在探索人工草地的种植对盐碱地土壤的影响,为柴达木盆地盐碱地改良提供一定的科学依据。试验地位于青海省柴达木盆地乌兰县茶卡镇哇玉农场,试验样地为 2016 年 6 月上旬覆膜种植中苜 1 号紫花苜蓿(*Medicago sativa* L. cv. 'Zhongmu No. 1')人工草地(简称苜蓿人工草地)1 000 亩,2017 年 9 月下旬高度可达 120 cm,盖度在 95%以上,地上植物量干重可达 420 kg/亩。2017 年 9 月下旬采用随机取样法,用土钻分层取样。随机选取 5 个样点,每个样点 10 钻,分 0~10 cm、10~20 cm、20~30 cm 分层取样,同时测 0~10 cm 表层土壤温度和湿度,并将每个样点各层土样混合均匀,带回试验室,在阴凉处自然风干,测定全盐含量、pH 和土壤养分。对照为同块地内没有种植苜蓿的盐碱地。

土壤温度和湿度用三参仪测定,土壤全盐含量采用重量法测定,pH 用酸度计法测定,土壤养分采用常规法分析。

用 Excel 2003 处理数据、用 SPSS18.0 软件做统计分析,采用独立样本 T 检验法,检验各处理间均值的差异显著性。

7.10.2　结果与分析

7.10.2.1　**土壤全盐含量变化**

由图 7-16 可知,苜蓿人工草地和对照的全盐含量均随土壤深度的增加而降低。0~10 cm 土层中,苜蓿人工草地土壤全盐含量显著低于对照($P<0.05$),比对照降低了 50.39%;10~20 cm 土层中土壤全盐含量也显著低于对照($P<0.05$),比对照降低了 33.73%;20~30 cm 土层中土壤全盐含量比对照降低了 27.89%,但差异不显著($P>0.05$);0~30 cm 耕层土壤全盐含量显著低于对照($P<0.05$),比对照降低了 37.33%。

7.10.2.2　**土壤 pH 变化**

由图 7-17 可知,苜蓿人工草地各层土壤 pH 均低于对照,且差异显著($P<0.05$)。在 0~10 cm 土层中,苜蓿人工草地土壤 pH 比对照降低了 5.41%;10~20 cm 土层中,苜蓿人

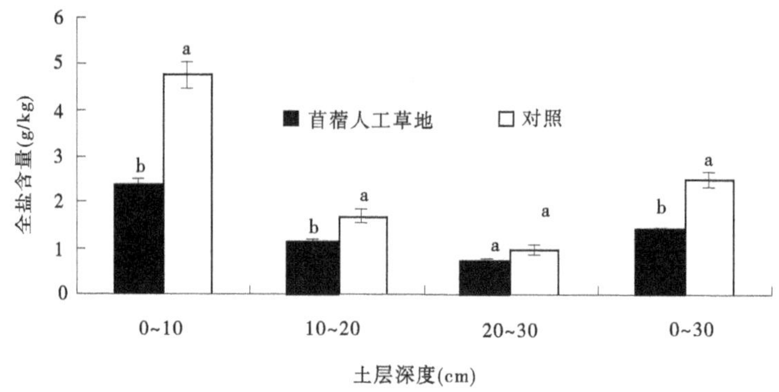

图 7-16　人工草地对土壤全盐含量的影响

工草地土壤 pH 比对照降低了 4.27% ；20～30 cm 土层中，苜蓿人工草地土壤 pH 比对照降低了 6.09% ；0～30 cm 耕层土壤 pH 显著低于对照（$P<0.05$），比对照降低了 5.26%。

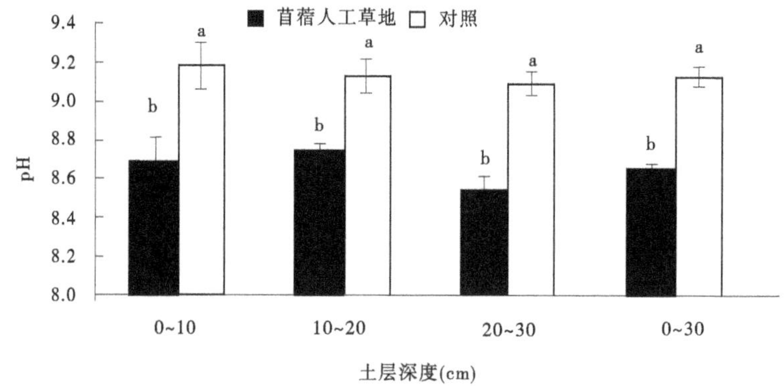

图 7-17　人工草地对土壤 pH 的影响

7.10.2.3　土壤养分变化

总体看来，苜蓿人工草地 0～10 cm、10～20 cm 和 20～30 cm 各土层的土壤养分和对照相比有增加趋势，但差异均不显著（$P>0.05$）（见表 7-45）；0～30 cm 耕层土壤养分数据显示，苜蓿人工草地的土壤有机质含量显著高于对照（$P<0.05$），比对照增加了 14.21%，其他养分均有所增加，但差异均不显著（$P>0.05$），全氮增加了 3.61%，全磷增加了 4.29%，全钾增加了 3.36%，碱解氮增加了 9.21%，速效磷增加了 32.96%，速效钾增加了 6.29%。

7.10.2.4　土壤温度变化

由图 7-18 可知，苜蓿人工草地土壤表层温度比对照有所提高，但差异不显著（$P>0.05$）。苜蓿人工草地表层平均温度为 24.33 ℃，对照温度为 22.00 ℃，比对照增加了 2.33 ℃，提高了 10.61%。

表 7-45　人工草地对土壤养分的影响

土层深度(cm)	样地	全氮(g/kg)	全磷(g/kg)	全钾(g/kg)	碱解氮(mg/kg)	速效磷(mg/kg)	速效钾(mg/kg)	有机质(g/kg)
0~10	苜蓿人工草地	(0.91±0.02)a	(1.53±0.09)a	(23.51±0.80)a	(43.33±4.26)a	(4.80±1.96)a	(196.33±6.01)a	(8.40±0.32)a
	对照	(0.83±0.04)a	(1.55±0.31)a	(22.96±0.33)a	(38.67±2.03)a	(2.57±0.24)a	(163.33±15.45)a	(7.47±0.38)a
10~20	苜蓿人工草地	(0.88±0.03)a	(1.46±0.05)a	(24.06±0.53)a	(46.67±2.33)a	(2.83±0.26)a	(149.33±6.01)a	(8.94±0.32)a
	对照	(0.83±0.05)a	(1.35±0.07)a	(23.21±0.54)a	(42.00±7.37)a	(2.93±0.43)a	(151.33±19.81)a	(8.21±0.68)a
20~30	苜蓿人工草地	(0.80±0.03)a	(1.41±0.02)a	(23.53±0.60)a	(36.33±1.33)a	(3.13±0.68)a	(144.00±9.07)a	(8.22±0.35)a
	对照	(0.82±0.03)a	(1.31±0.06)a	(22.63±0.60)a	(35.00±2.31)a	(2.60±0.21)a	(146.00±10.97)a	(6.71±0.55)a
0~30	苜蓿人工草地	(0.86±0.01)a	(1.46±0.04)a	(23.70±0.57)a	(42.11±1.82)a	(3.59±0.96)a	(163.22±4.51)a	(8.52±0.12)a
	对照	(0.83±0.04)a	(1.40±0.10)a	(22.93±0.19)a	(38.56±2.39)a	(2.70±0.12)a	(153.56±15.39)a	(7.46±0.22)b

7.10.2.5　土壤湿度变化

由图 7-19 可知，苜蓿人工草地土壤表层湿度显著高于对照($P<0.05$)。苜蓿人工草地土壤表层湿度为 12.53%，对照表层湿度为 5.67%，比对照土壤表层湿度增加了 121.18%。

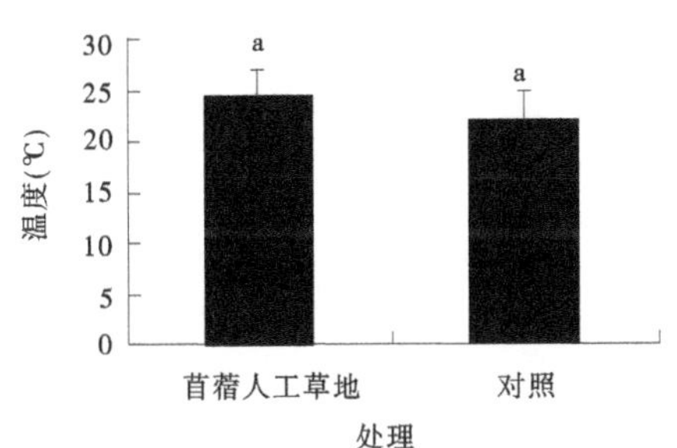

图 7-18　人工草地对土壤温度的影响

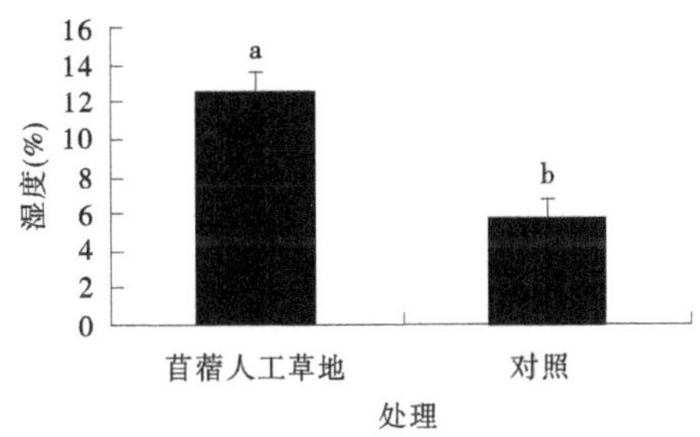

图 7-19　人工草地对土壤湿度的影响

7.10.3　讨论与结论

有研究报道，在种植 5 年的苜蓿盐碱地上，0~40 cm 土层的脱盐率为 42.4%，并且底层的变化较为微弱，与本研究结果种植第 2 年的苜蓿人工草地 0~30 cm 土层土壤盐分降低了 33.73%，并且随着土层的加深盐分变化较小较为一致，说明盐碱地土壤盐分主要处于表聚型状态，而且在表层较为活跃。本研究覆膜播种可控制地表无效蒸发，减少盐分向地表输送，从而起到减少和抑制土壤的返盐作用，这对促进苜蓿生长和盐碱地脱盐都有积极作用。另外,苜蓿的生长也增加了地表的植被覆盖度,从而减少地表水分蒸发,部分盐分可能被苜蓿吸收带出土壤,从而使土壤耕作层含盐量降低。研究表明,种植苜蓿初期对土壤脱盐效果较好,能达到72.24%,随着年限的增加,脱盐率会降低,而该研究只分析了青海乌兰地区种植2年的苜蓿草地土壤变化情况,对于长期种植苜蓿对土壤盐分结构的影响还需要进一步做多年的观测。

土壤pH是土壤的重要基本性质,影响土壤养分的有效性、存在形态、土壤矿物质的转化及微生物的活动,从而影响植物的生长,是土壤肥力的评价因素之一。本研究结果表明,覆膜种植苜蓿对盐碱土壤的pH有明显的降低作用($P<0.05$),这与余仕琼等的研究结论较为一致。张瑛等研究认为,在0~60 cm土壤中,种植苜蓿对pH影响较大,与本研究结果苜蓿人工草地各层土壤pH均低于对照,且差异显著($P<0.05$)也较为一致。

本研究结果显示,苜蓿人工草地土壤养分与对照相比没有显著差异,但大部分指标有增加趋势。分析可能是由于本研究样地建植年限较短,对土壤养分影响较小,但土壤养分还是表现出了增加的趋势,这也说明种植苜蓿对盐碱土壤养分有改善的作用,可增加土壤肥力。刘云等的研究结果表明,种植苜蓿对不同土层土壤有机质含量有明显的提高作用,与本研究结果0~30 cm耕层土壤有机质含量显著高于对照($P<0.05$)基本一致。李广艳等的研究表明,通过连作种植苜蓿可显著增加土壤含氮量,耕层土壤含氮量有增加趋势,但差异不显著($P>0.05$),分析可能与种植年限较短,又在高寒地区,苜蓿根系生长缓慢,固氮作用较弱有关。

土壤温度的研究结果表明,覆膜种植苜蓿能增加土壤温度,虽然不显著($P>0.05$),但在高原地区对苜蓿的出苗、生长和越冬等都有积极的作用。本研究表明覆膜种植苜蓿土壤湿度有显著增加趋势,可能与植被覆盖度增大,地表水分蒸发减少,以及苜蓿根系的保水功能有重要关系。

本研究在柴达木盆地盐碱地上对覆膜种植2年的紫花苜蓿人工草地土壤进行了研究,结果表明,人工草地建植2年后,可显著降低0~30 cm耕层土壤全盐含量($P<0.05$),比对照降低了37.33%,脱盐效果明显;各层土壤pH均显著低于对照($P<0.05$),0~30 cm耕层土壤pH比对照降低了5.26%;0~30 cm耕层土壤养分有增加趋势,但差异不显著($P>0.05$),但土壤有机质含量显著高于对照($P<0.05$),且比对照增加了14.21%;人工草地土壤表层温度比对照有所提高,但差异不显著($P>0.05$),比对照提高了10.61%;土壤表层湿度显著高于对照($P<0.05$),比对照增加了121.18%。

7.11 结 论

7.11.1 盐碱地等级划分

根据室内试验、小区试验及大田示范推广研究等牧草出苗、长势情况,结合《全国盐碱地资源及其开发利用情况调查表》中土壤表土全盐含量盐化等级划分标准,对柴达木盆地盐碱地进行分类,可将土地划分为非盐碱地、轻度、中度、重度四种盐渍化类型(见表7-46)。

表 7-46　盐碱地等级划分

土壤类型	全盐含量(g/kg)
非盐碱地	<1
轻度盐碱地	1~3
中度盐碱地	3~6
重度盐碱地	≥6

注:各参数数值范围中左边数值包含在本范围中,右边数值包含在下一范围中。

7.11.2　盐碱地适宜草种适应性评价

野外引种栽培试验和大田推广种植相结合可以得出:豆科牧草中紫花苜蓿、沙打旺、草木樨等均适宜在柴达木盆地盐碱地上生长,尤其是中草 6 号、中苜 1 号、甘农 3 号、金皇后、中苜 3 号、中草 3 号、陇东苜蓿等表现出了较好的生产性能。禾本科多年生牧草同德小花碱茅表现出了较强的耐旱、耐寒、耐盐碱性和返青早的特点,是适合柴达木盆地盐碱地改良与重建的优良草种。禾本科一年生牧草燕麦在该地区中、轻度盐碱地总体长势较好,可作为柴达木盆地中、轻度盐碱地恢复与重建的优良草种;在重度盐碱地上虽然生长受到了明显的抑制,但生产性能总体相对较好,尤其是白燕 7 号表现出了较强的耐盐碱性。因此,青海省常用的 10 个燕麦品种可作为柴达木盆地重度盐碱地改良与恢复的“先锋草种”。另外,藜麦也表现出了良好的生产性能,可作为粮饲作物种植。

7.11.3　盐碱地牧草种植模式

豆科牧草在中、轻度盐碱地直接采用覆膜种植效果较好,在重度盐碱地先结合暗管改良技术和明渠排盐技术等工程措施,再进行覆膜播种。最佳农艺措施是:翻耕—冬灌→翻耕→耙磨→施肥→播种(覆膜播种机一次性完成覆膜、播种和覆土)→冬灌。

禾本科牧草在中、轻度盐碱地可直接种植,在重度盐碱地也要结合暗管改良技术和明渠排盐技术等工程措施,再进行播种。最佳农艺措施是:翻耕→冬灌→翻耕→耙磨→施肥→条播(播种机)→覆土→镇压→冬灌。

藜麦的种植模式在中、轻度盐碱地上和禾本科牧草一样,在重度盐碱地上和豆科牧草一样,采用覆膜种植效果较好。

在有灌溉条件的中、轻度盐碱地可以采用半人工草地补播模式,通过免耕补播技术,使用免耕补播机,在不破坏或尽量少破坏原生植被的前提下,进行半人工草地的建植。最佳农艺措施是:冬灌→灌溉→播种(免耕补播机一次性完成开沟、施肥、播种、覆土和镇压)→冬灌。

7.11.4　盐碱地人工草地利用及管护技术

苜蓿、沙打旺、草木樨和同德小花碱茅可在开花期 7 月中、下旬刈割一茬,调制成青干草,用于冬春补饲,再生草可留到生长季结束后直接放牧利用。盐碱地人工草地建植当年应防止家畜践踏,最好应及时采用围栏管护。多年生人工草地建植第 1 年的生长季和每年刈割利用前禁牧,一年生人工草地刈割利用前禁牧。

参考文献

[1] 邹润玲,肖海苏.福建省节水耐盐碱园林植物的筛选研究[J].工程技术(文摘版),2017(1):165-166.

[2] 陈剑.盐胁迫对水稻恢复系发芽与苗期生长生理的影响[D].杭州:浙江大学,2016.

[3] 中国土壤学会盐渍土专业委员会.中国盐渍土[C]//分类分级文集.南京:江苏科学技术出版社,1989:3-35.

[4] 庞夙,李廷轩,王永东,等.土壤速效氮、磷、钾含量空间变异特征及其影响因子[J].植物营养与肥料学报,2009(1):114-120.

[5] 丁晓妹.甘肃省秦王川灌区土壤盐分特征变化分析[D].兰州:兰州大学,2011.

[6] 程凌云,蒋振海.柴达木盆地机械化旱作节水农业技术调研[J].农业机械,2010(S3):38-40.

[7] 张得芳,樊光辉,马玉林.柴达木盆地盐碱土壤类型及其盐离子相关性研究[J].青海农林科技,2016(3):1-6.

[8] 王磊.高寒干旱区水肥一体化技术研究[D].西宁:青海大学,2016.

[9] 乔建明,王洪军,李举文,等.土壤盐碱地现状、改良利用及盐碱治理在新疆农业发展中的意义[J].新疆农垦科技,2015,38(10):54-56.

[10] 中国林业科学研究院林业研究所.森林土壤水溶性盐分分析:LY/T1251—1999[S].北京:中国林业科学研究院林业研究所,1999.

[11] 王倩,舒朝成,张静,等.盐浓度和播种深度对亮苜二号紫花苜蓿植物学特征和生产性能的影响[J].中国草地学报,2017,39(1):19-26.

[12] 舒朝成,刘彤,王倩,等.不同盐浓度下播种量对紫花苜蓿植物学特性的影响[J].草业科学,2017,34(9):1889-1897.

[13] 靳军英,张卫华,袁玲.三种牧草对干旱胁迫的生理响应及抗旱性评价[J].草业学报,2015,24(10):157-165.

[14] 周雪英,邓西平.旱后复水对不同倍性小麦光合及抗氧化特性的影响[J].西北植物学报,2007,27(2):278-285.

[15] 沈振荣,杨万仁,徐秀梅.适应宁夏生长的紫花苜蓿耐盐品种筛选[J].宁夏农林科技,2006(2):15-16.

[16] 刘建平,李志军,何良荣,等.胡杨、灰叶胡杨种子萌发期抗盐性的研究[J].林业科学,2004,40(2):166-169.

[17] Gauch H G . Multivariate analysis in community ecology [M]. London: Cambrige University Press, 1982.

[18] 贾文庆,刘会超,何莉.盐分胁迫下白三叶种子的发芽特性研究[J].草业科学,2007,24(4):55-57.

[19] 曹致中,贾笃敬,汪玺,等.甘农一号杂花苜蓿品种选育报告[J].草业科学,1991,8(6):38-39.

[20] 韩清芳,贾志宽.紫花苜蓿种质资源评价与筛选[M].杨凌:西北农林科技大学出版社,2004.

[21] 杨红善,常根柱,周学辉,等.美国引进苜蓿品种半湿润区栽培试验[J].草业学报,2010,19(1):121-129.

[22] 徐玉鹏,赵忠祥,王秀领,等.紫花苜蓿品质性状和农艺性状的相关性研究[J].草业科学,2008,25(70):46-49.

[23] 赵海祯,梁哲军,齐宏立,等.旱地小麦覆盖栽培高产机理研究[J].干旱地区农业研究,2002,20(2):1-4.

[24] 王喜庆,李生秀,高亚军. 地膜覆盖对旱地春玉米生理生态和产量的影响[J]. 作物学报,1998,24(3):348-353.

[25] 姜净卫,董宝娣,司福艳,等. 地膜覆盖对杂交谷子光合特性、产量及水分利用效率的影响[J]. 干旱地区农业研究,2014,32(6):154-159.

[26] Li F M,Guo A H,Wei H. Effects of clear plastic film mulch on yield of spring wheat[J]. Field Crops Res,1999,63:79-86.

[27] Niu J Y,Gan Y T,Zhang J W,et al. Postanthesis dry matter accumulation and redistribution in spring wheat mulched with plastic film[J]. Crop Sci, 1998,38:1562-1568.

[28] Qin S H,Zhang J L, Dai H L,et al. Effect of ridge-furrow and plastic-mulching planting patterns on yield formation and water movement of potato in a semi-arid area[J]. Agric Water Manage,2014,131:87-94.

[29] 吕林有,何跃,赵立仁. 不同苜蓿品种生产性能研究[J]. 草地学报, 2010,18(3):365-371.

[30] 曹致中. 优质苜蓿栽培与利用[M]. 北京:中国农业出版社,2002.

[31] 李松阳,王晓丽,马玉寿,等. 6 个紫花苜蓿品种在柴达木盆地盐碱地适应性研究[J]. 青海畜牧兽医杂志,2017,47(6):21-26.

[32] 李松阳,马玉寿, 李世雄,等. 不同播种方法对中苜 1 号紫花苜蓿生产性能的影响 [J]. 青海大学学报,2017,35(3):9-13.

[33] M. E. 希斯,R. F. 巴恩斯,D. S. 梅特卡夫. 牧草—草地农业科学[M]. 黄文慧,苏加楷,张玉发,等译. 北京:农业出版社出版,1992.

[34] 景美玲,马玉寿,李世雄,等. 8 种燕麦在祁连山区的引种试验[J]. 青海畜牧兽医杂志,2015,45(5):13-14.

[35] 赵德. 青海省共和县 6 个燕麦品种引种比较试验[J]. 畜牧与饲料科学,2017,38(5):36-37.

[36] 付立东,王宇,李旭,等. 滨海盐碱地区燕麦栽培技术研究[J]. 干旱地区农业研究,2011,29(6):63-73.

[37] 郑普山,郝保平,冯悦晨,等. 紫花苜蓿对盐碱地的改良效果[J]. 山西农业科学,2012,40(11):1204-1206.

[38] 毛勇. 种植苜蓿对盐碱地改良效果的影响[J]. 宁夏农林科技,2016,57(9):46-47.

[39] 余仕琼. 不同种植模式对新疆农十师盐碱地改良效果[J]. 节水灌溉,2013(7):24-25.

[40] 张瑛,罗世武,王秉龙. 紫花苜蓿改良盐碱地效果研究[J]. 现代农业科技,2009(20):121.

[41] 刘云,孙书洪. 不同改良方法对滨海盐碱地修复效果的影响[J]. 灌溉排水学报,2014,33(S1):248-250.

[42] 李广艳. 黄河滩盐碱地苜蓿栽培区土壤特性及牧草品质变化研究[D]. 杨凌:西北农林科技大学,2016.

第 8 章　柴达木盆地盐碱地水土资源配置

水土资源配置要从柴达木的发展定位来入手。柴达木盆地是国家西部大开发特色优势产业基地，是国家粮食安全的战略物质的保障基地。同时，柴达木盆地也是青海省经济社会发展最具活力的区域之一，GDP 占全省的 1/4，人均 GDP 是全省平均值的 2 倍。柴达木盆地也是维护青藏高原生态屏障的重要组成部分，在开发建设的同时，必须高标准严格保护好生态环境。在极度干旱的柴达木盆地，水是土地开发的重要限制因素，严禁过度开发水资源造成生态环境破坏。因此，对于柴达木水资源调度，应该是先满足生态用水和生活用水，然后是工业用水和现有农业用水，最后剩余水量可用于盐碱地开发。柴达木盆地可开发盐碱地广阔，水是限制因素，以水定地是配置的首要原则。

8.1　柴达木盆地水资源配置

8.1.1　模型构建目的和思路

水资源系统配置的目的是更好地实现针对水资源问题的综合决策。水资源决策中最重要的一项任务就是提出水资源的合理配置方案。科学合理的配置决策应该以满足流域水量平衡和水质控制目标的供需分析为基础，在采取各种合理一致需求、有效增加供给和积极保护生态环境措施的基础上进行多方案的供需分析和比较，通过经济、技术和生态环境分析论证与比选，取得最佳的水资源合理配置格局。在配置决策中需要考虑流域水循环和水资源利用的供、用、耗、排水过程相结合的物理过程。

根据水文径流联系，确定各单元的计算顺序，遵照自上而下、先支流后干流的原则，逐个单元进行供需分析计算。先根据时段初蓄水、本时段来水、工程本身的能力计算每个单元的工程可供水量；再根据工程可供水量、需水情况和调度原则计算每类工程的供水量。供水能力主要是受来水、工程能力和需水水平影响，参数主要是水利工程参数和需水参数。需水不仅要考虑不同行业需水，而且需明确必须用地下水供给的需水和可能由本计算单元之外的工程（大中型工程、调水工程）满足的需水。

各单元区灌溉、工业和生活用水都有一定的回归水量，回归水量加入本区的水平衡分析。出境水作为下游单元区的入境水参与其供需分析。

对于大中型工程和调水工程，需要具体察看大中型工程的供水范围，识别每个单元的“水源”，并明确单元外工程的供水约束（工程对此单元的供水能力是多少？此单元需要该工程供水的最大需水有多少？）

8.1.1.1　水资源调度规则

1. 供水调度规则

首先，判断是否有需水只能由地下水供水。如果是，先用地下水满足该部分需水，然后按照各单元的供水优先顺序计算各类工程供水量，要根据各单元的情况分类属于哪种优先顺序：

第一类：不存在计算单元外（单元外大中型工程、调水工程）供水，各类工程优先供水的顺序是：必须供的地下水、当地引水工程、当地提水工程、当地蓄水工程、非必须供的地下水；

第二类：除了本单元供水，还有外单元大中型工程包括调水工程供水，优先顺序是：当地供水工程优先供水、单元外工程供水；

第三类：除了本单元供水，还有外单元大中型工程包括调水工程供水，外单元供水相对优先安排，本地供水工程作为补充。

2. 缺水调度规则

当供水工程的可供水量用完，还有缺水时，按各单元的不同用水优先顺序配置水资源：

第一类：先满足生活用水，然后是工业用水，最后是农业用水。

第二类：先满足生活用水，然后是农业用水，最后是工业用水。

8.1.1.2　水资源配置网络概化图

实际存在的水资源系统是极为复杂的，要想让模型正确地识别系统，就需要对实际的水资源系统进行概化。概化是概念化的简称，是指识别系统内某类元素（对象）的共性，作为基本元素进行规范化描述。对一个真实系统就所研究的问题进行抽象概化，实质上是要深刻地分析影响该问题的各个主要因素，揭示它们的内在联系，从而使该问题的圆满解决成为可能。系统概化就是通过对水资源系统中主要过程和影响因素进行识别，抽取其中主要和关键环节并忽略次要信息，建立从系统实际状况到数学表达的映射关系，进而实现系统模拟。

系统网络图是系统概化的最终直观表现形式，分析系统概化元素的基本关系，可以得到系统节点图，可以反映对不同区域水资源系统的概化分析结果。系统网络图中不同元素以有向弧线连接，表示水量在各基本元素间的传输与转化。通过水资源系统网络图可以明确各水源、用水户、水利工程之间的相互关系，建立系统供用耗排等各种水量传输转化关系，指导水资源配置模型编制。系统网络图应便于使用者的查看和识别，并根据实际情况和决策需求作调整修改。系统网络图的绘制应遵循以下原则：

按照水资源系统模拟计算的要求，标明系统概化的基本元素及其关系。

不同元素应以不同类型符号表示，如以不同形状符号区别蓄水工程和引水工程；以不同颜色或线型区别供水、退水、调水关系。

对于各个对象，虽然不符合作为系统概化元素的要求，但由于它们在实际水资源配置中的重要性，需要具体考虑，，明确标出。

对于不需要单独考虑的对象，可以不在网络图中标出，只在模型计算中考虑。

各项元素应简洁明了，计算单元和地表工程等节点的位置应能基本反映其水流关系。

本项目根据柴达木盆地的实际，以水资源三级区套县为基础，共划分出 40 个计算单元。按照青海省水中长期规划，预计到 2020 年柴达木盆地规划新建那棱格勒河水库等 8 个大中型水库，使盆地大中型水库数达到 11 个。对于划分的大中型水库单元，水库本身列为单独的计算单元，同时利用地形数据剖分，将水库上、下游各作为一个计算单元。每个单元进行唯一性编码，根据径流关系，建立水资源系统概化网络（见图 8-1）。

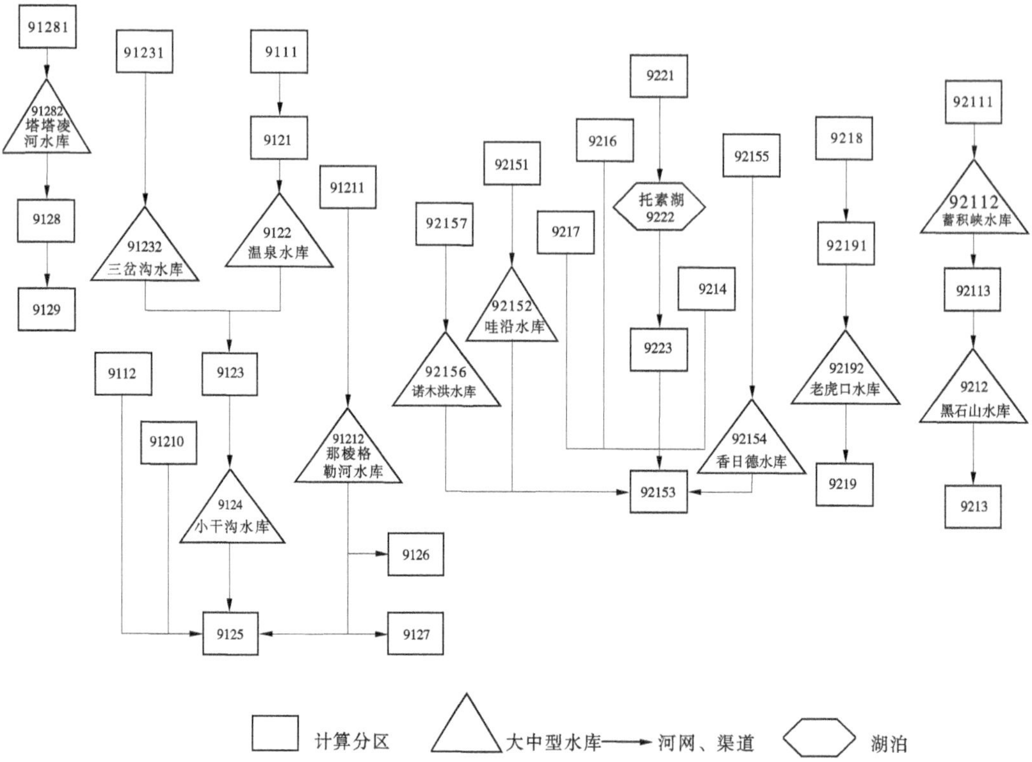

图 8-1　柴达盆地水资源系统概化图

根据径流联系确定各单元计算顺序，遵照自上而下、先支流后干流的原则，逐个单元进行供需分析计算。计算过程以长时间序列（1956~2000 年）的水资源径流资料，以不同规划水平年（2010 年现状水平年、2020 年、2030 年规划水平年）的供水工程设计能力和需水水平为输入数据，根据计算单元的水资源调度规则，模拟长时间序列每个计算单元的供水量、用水量及缺水量等。

在以上计算单元的划分中，考虑了未来规划水平年中规划建设的大中型工程，未考虑规划的小型供水工程。为此，在配置模型中采用二次平衡的规划方法，即先按不考虑小型工程的状况进行水资源配置，然后根据保证率的要求和缺水情况规划新的节水工程或小型供水工程来调整需求或者供给，首先挖掘进一步节水的潜力，如果供需还有缺口，进一步规划新增的小型工程供水能力，使各类需水的保证率得到满足。其中，工业和生活需水在 95%保证率下、农业需水在 75%保证率下，均应得到全部满足。

8.1.1.3　水资源配置主要计算方程

1. 下泄水量

当水库蓄水量没有超出正常库容或者汛限库容时（汛期用汛限库容；非汛期用正常库容）：

下泄水量=河道生态需水

当水库蓄水量超出正常库容或汛限库容时：

下泄水量=max(计算蓄水量超出正常库容或汛限库容的部分,河道生态需水)

2. 可供水量计算

引水可供水量 =min(引水工程能力,可引水资源量)

可引水资源量 = 地表水资源量 - 河道内生态需水

提水可供水量 =min(提水工程能力,可提水资源量)

可提水资源量 = 地表水资源量 - 河道内生态需水 - 引水可供水量

蓄水可供水量=蓄水量+上游来水+当地产流-死库容-河道生态需水-引水可供水量-提水可供水量

地表水可供量=引水可供水量 +提水可供水量 + 蓄水可供水量 + 调水可供水量

调水可供水量 =min(调水工程能力,可调水资源量)

可调水资源量=水源地蓄水量+该时段来水量-水源地河道内生态需水-水源地当地需水-死库容

地下水可供水量 =min(地下水工程能力,地下水资源量)

几类供水工程之间有相互作用,计算过程和调度过程结合在一起,对不同的优先顺序,依次计算不同工程的可供水量。

水资源供需平衡调控流程见图8-2。

3. 回归水计算

农业用水回归水=农业用水量(实际农业供水量)×回归系数

工业用水回归水=工业用水量(实际工业供水量)×回归系数

生活用水回归水=生活用水量(实际生活供水量)×回归系数

总回归水=农业用水回归水 +工业用水回归水 +生活用水回归水

4. 单元计算过程

计算过程基本思路如下：

(1)计算地表可供水量(分供水类型)、地下可供水量,判断有需水是否必须用地下水,如果是,则：

必须供的地下水量=必须由地下水供的需水量

剩余需水量$_1$=总需水量-必须供的地下水量

反之,则：

剩余需水量$_1$=总需水量

(2)计算引水供水量,如果引水可供水量小于剩余需水量$_1$,则：

引水供水量=引水可供量

剩余需水量$_2$=剩余需水量$_1$-引水供水量

反之,则：

引水供水量$_2$=剩余需水$_1$

提水供水量=0,蓄水供水量=0,调水供水量=0,非必须供的地下水工程供水量=0

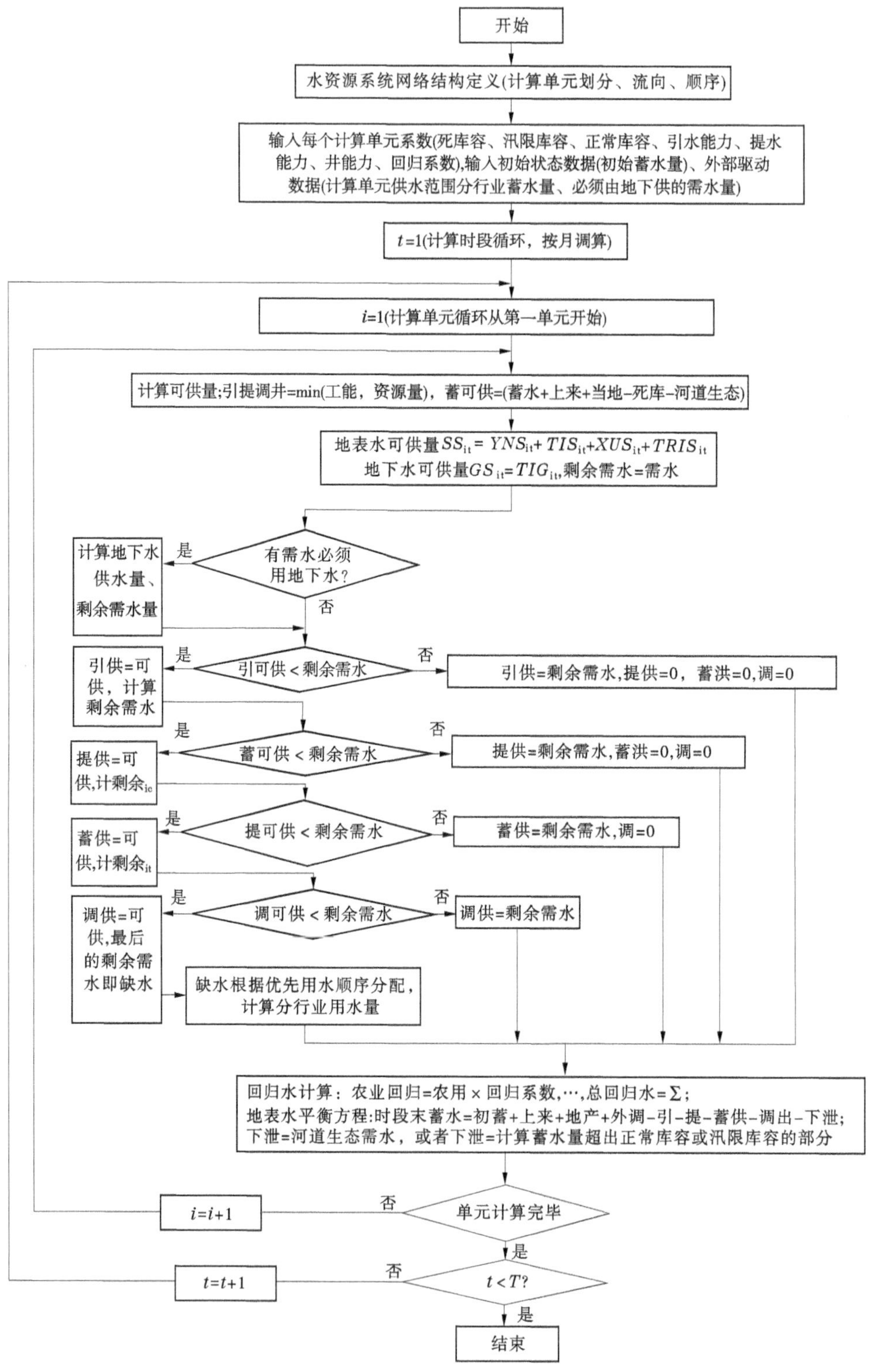

图 8-2　水资源供需平衡调控流程

(3)计算提水供水量,如果提水可供水量小于剩余需水量$_2$,则:

提水供水量=提水可供量

剩余需水量$_3$=剩余需水量$_2$-提水供水量

反之,则:

提水供水量=剩余需水量$_2$

蓄水供水量=0,调水供水量=0,非必须供的地下水工程供水量=0

(4)计算蓄水供水量,如果蓄水可供水量小于剩余需水量$_3$,则:

蓄水供水量=蓄水可供量

剩余需水量$_4$=剩余需水量$_3$-蓄水供水量

反之,则:

蓄水供水量=剩余需水量$_3$

调水供水量=0,非必须供的地下水工程供水量=0

(5)计算非必须供的地下水工程供水量,如果非必须供的地下水工程供水量小于剩余需水量$_4$,则:

剩余需水量$_5$=剩余需水量$_4$-地下水工程供水量

反之,则:

地下水工程供水量 =剩余需水量$_4$,调水供水量=0

(6)计算调水供水量,如果调水可供水量大于剩余需水量$_5$,则:

调水供水量=剩余需水量$_5$,缺水量=0

如果调水可供水量小于剩余需水量$_5$,则:

调水供水量=调水可供水量

缺水量=剩余需水量$_5$-调水供水量

把缺水量按照供水优先顺序分配到各个行业(生活→工业→农业),即缺水量先分到农业,再分到工业,最后是生活。

地下水供水量包括两部分:必须由地下水供的需水量(水源唯一)和非必须供的(调度的结果)

最后单元的供水量 =地下水供水量 +提水供水量 +蓄水供水量 +调水供水量

每个大中型工程(调水工程)供水量=对各个计算单元的供水量之和

单元水量平衡:

时段末蓄水量=初蓄量+上游来水量(上游来水量是上游单元下泄水量)+单元水资源量(当地产流量)+外单元调入水量-引水供水量-提水供水量-蓄水供水量-向外单元调出水量(所有受水区从该区调入水量的总和)-下泄水量+回归水量

8.1.1.4　模型的输入输出

1. 模型输入数据

水资源系统信息:包括单元之间网络关系、调受水单元空间关系、单元是否是出口或源头信息等。

初始条件数据:蓄水工程初始蓄水量。

外部驱动变量：各个单元长系列逐月地表水水资源量、各普通计算单元分行业需水量（包括河道内生态需水量）、必须由地下供的需水量、每个普通单元由单元外工程供给的需水量上限。

2. 模型主要参数数据

一般计算单元集总参数：包括死库容、汛限库容、正常库容、引水能力、提水能力、井能力、分行业用水回归系数、单元外供水工程给本单元供水的能力上限。

大中型单个工程参数：包括死库容、汛限库容、正常库容、供水范围等。

调度规则参数：缺水调度分为两类。

3. 模型主要输出数据

模型的输出从空间上分为几个层次，包括计算单元、三级区、三级区套地、二级区、二级区套地、一级区、地级市、重点流域等。

具体输出要素值：包括总供水量、地下水供水量、引水工程供水量、提水工程供水量、蓄水工程供水量、调水工程供水量、缺水量、分行业缺水量、行业供（用）水量、分行业耗水量、下泄水量、供用水结构等。

8.1.2　柴达木盆地水资源配置示范

8.1.2.1　水资源开发利用现状

经过60多年的建设，柴达木盆地水利工程得到了很大的发展，形成了以调蓄水库为龙头、渠系配套为框架的农灌供水系统，机井和输水管道、蓄水池相结合的农牧区人畜饮水供水系统，以地下水为主的城镇自来水及工矿企业供水系统等多元供水模式。根据水利普查统计，截至2011年，柴达木盆地共建水库22座，总库容3.76亿 m^3，兴利库容2.22亿 m^3，其中大中型水库有3座，即温泉水库、小干沟水库和黑石山水库。规模以上引水工程86处，提水工程26处，地下水水源地18处，规模以上机电井558眼，水电站20座，水闸57座，泵站4处。

2011年水利工程实际供水量9.11亿 m^3（不含卤水使用量5.05亿 m^3），占盆地多年平均水资源总量的16.6%，可见水资源利用总量并不大，大部分地区仍有潜力可挖。

8.1.2.2　规划水平年需水量预测

1. 预测方法

1）生活需水量预测

生活需水量预测涉及多方面的因素，如人口增长、生活水平、人均经济收入、公共建设和城市发展规律等，可采用趋势与定额法预测：

$$W_{生} = P_0(1+\varepsilon)^n K$$

式中：$W_{生}$ 为某一水平年生活需水总量；P_0 为现状人口数；ε 为城镇人口年增长率；K 为某一水平年拟定的城镇生活需水量综合定额；n 为预测年数。

2）工业需水量预测

工业需水量取决于工业规模、结构、技术水平、节水技术与措施等。其中，工业万元产值用水量是衡量工业节水水平的一个重要技术指标。预测不同年份需水量公式为

$$W_{工} = S_0(1+\delta)^n d$$

式中：$W_{工}$ 为某一水平年工业需水总量；S_0 为现状年工业增加值；δ 为工业增长率；d 为某一水平年拟定的工业万元产值用水量；n 为预测年数。

3）农业灌溉需水量预测

农业灌溉需水量预测一般都采用灌溉面积乘灌溉定额的方法预测，公式为

$$W_{灌溉} = \sum_{i=1}^{t}\sum_{j=1}^{k}\omega_{ij}m_{ij}/\eta_{ij}$$

式中：$W_{灌溉}$为总灌溉需水量；ω_{ij} 为某一分区某种作物的灌溉面积；m_{ij} 为某一分区某种作物的净灌溉定额；η_{ij} 为分区灌溉水利用系数。

4）生态环境需水量

生态环境需水量分为城市绿化需水量和河湖生态环境需水量，其中河湖生态环境需水量主要以河湖补水量为主，计算公式为

$$W_{河湖} = A_{河湖}E$$

式中：$W_{河湖}$为河湖补水量；$A_{河湖}$为河湖面积；E 为单位面积河湖补水量。

城市绿化需水量一般指公园、街道、工厂企业、机关单位绿化需水量，可采用每平方米绿地灌溉定额乘以绿地面积表示。

2. 需水量预测结果

根据柴达木盆地经济社会发展速度，采用定额法预测生活、农业、工业、城镇生态环境的需水量（见表 8-1），结果显示：

表 8-1　规划水平年柴达木盆地需水量预测　（单位：万 m³）

水平年	生活		农业需水量		工业需水量	城镇生态环境需水量	合计
	生活需水量	其中城镇	总计	其中农田灌溉			
2010	0.208 4	0.102 3	8.377 6	5.658 9	0.719 8	0.249 3	9.555 1
2020	0.315 3	0.178 4	11.474 6	4.847 7	3.220 0	0.451 5	15.461 4
2030	0.499 9	0.332 9	10.106 8	4.362 9	8.818 4	0.653 7	20.078 8

居民生活需水量呈上升趋势。2010 年居民生活需水量为 0.208 4 亿 m^3，2030 年增长到 0.499 9 亿 m^3，20 年间生活需水量增加了 0.291 5 亿 m^3，其中 2010～2020 年间增加了 0.106 9 亿 m^3，2020～2030 年间增加了 0.184 6 亿 m^3。

随着农业节水力度的增大，农业灌溉需水定额将逐步减少，但同时灌溉面积，尤其是林果地灌溉面积将逐步增加，农业用水量将呈现出先增加后减小的趋势。2010 年农业需水量为 8.377 6 亿 m^3，其中农田灌溉需水量为 5.658 9 亿 m^3，2020 年增长到 11.474 6 亿 m^3，增长了 3.109 70 亿 m^3，但农田灌溉需水量减少了 0.811 2 亿 m^3，到 2030 年农业需水量为 10.106 8 亿 m^3，较 2020 年减少了 1.367 8 亿 m^3，其中农田灌溉需水量减少了 0.484 8 亿 m^3。

随着全省节水型社会的建设，工业万元增加值用水量将逐步减少，但由于规划年柴达木盆地工业的快速发展，工业需水总量将有较大幅度增长。2010 年工业需水量为

0.719 8 亿 m^3,2030 年增长到 8.818 4 亿 m^3,20 年间工业需水量增加了 8.098 6 亿 m^3,其中 2010~2020 年间增加了 2.500 2 亿 m^3,2020~2030 年间增加了 5.598 4 亿 m^3。

生态环境用水主要是保障盆地经济社会可持续发展要求,其中自然生态环境需水由天然降雨来补给。据预测,天然植被生态环境需水量为 26.59 亿 m^3。本研究只对城市生态环境需水部分进行预测。

综上所述,20 年间柴达木盆地需水总量增加了 10.523 7 亿 m^3。农业需水量尤其是农田灌溉需水量占总需水量的比例虽然逐渐降低,但仍将是主要的用水类型;2010 年农业需水量占总需水量的 88%,2020 年略微降低,为 74%,2030 年进一步降低到 50%;工业需水量增加的最多,需水量比例由 2010 年的 8%,增加到 2020 年的 21%,2030 年达到 44%;生活需水量在总的需水量中所占比例变化不大,基本都在 2%左右的水平。

8.1.2.3 水资源配置结果

1.规划水平年配置结果

按照供水调度原则,在生态环境需水得到满足的前提下,优先供给生活用水,然后是工业用水,最后是农业用水。在规划水平年的供水工程规划及供水量预测的基础上,按照供需平衡进行水资源配置模拟,对未来规划水平年柴达木盆地水资源进行合理配置,结果如表 8-2 所示。

表 8-2 未来规划水平年柴达木盆地水资源合理配置结果 (单位:万 m^3)

频率	2020 年					2030 年				
	生活	工业	农业	城镇生态环境	合计	生活	工业	农业	城镇生态环境	合计
多年平均	0.315 1	3.094 5	11.030 7	0.451 5	14.891 8	0.499 9	7.896 6	9.058 6	0.653 7	18.108 9
50%	0.315 1	3.094 5	11.032 3	0.451 5	14.893 4	0.499 9	7.896 6	9.062 5	0.653 7	18.112 8
75%	0.315 1	3.094 5	11.439 5	0.451 5	15.300 7	0.499 9	7.896 6	9.394 3	0.653 7	18.444 6
90%	0.315 1	3.094 5	10.353 7	0.451 5	14.214 9	0.499 9	7.896 6	8.440 2	0.653 7	17.490 4
95%	0.315 1	3.094 5	9.758 6	0.451 5	13.619 8	0.499 9	7.896 6	7.871 6	0.653 7	16.921 8

2020 年柴达木盆地多年平均总配置水量较基准年增加了 5.34 亿 m^3,约为 14.89 亿 m^3,其中生活用水量增加了 0.11 亿 m^3,约为 0.32 亿 m^3,占总水量的 2%;工业用水量增加了 2.37 亿 m^3,约为 3.09 亿 m^3,占总水量的 21%;农业用水量增加了 2.65 亿 m^3,约为 11.03 亿 m^3,占总水量的 74%;城镇生态环境用水量增加了 0.20 亿 m^3,约为 0.45 亿 m^3,占总水量的 3%。2030 年柴达木盆地多年平均总配置水量为 18.11 亿 m^3,其中生活用水量增加了 0.18 亿 m^3,约为 0.50 亿 m^3,占总水量的 3%;工业用水量增加了 4.80 亿 m^3,为 7.90 亿 m^3,占总水量的 44%;农业用水量减少了 1.97 亿 m^3,为 9.06 亿 m^3,占总水量的 50%,生态环境用水量增加了 0.20 亿 m^3,为 0.65 亿 m^3,占总水量的 4%。

当径流量大于枯水年径流量时,不存在缺水,各行业用水基本都得到了满足。随着保证率的增大,盆地降水量、径流量减少,经济社会发展对水资源的需求量逐步增加,用水量也逐步增大,在枯水年用水量达到了最大值,尤其是农业用水量,2020 年、2030 年盆地农业用水量分别为 11.44 亿 m^3 和 9.39 亿 m^3，总用水量为 15.30 亿 m^3 和 18.44 亿 m^3。随着保证率的进一步增加，盆地内可供水量逐渐减小，在保证率为 90%条件下，2020 年、2030 年盆地总用水量分别为 14.21 亿 m^3 和 17.49 亿 m^3；保证率为 95%条件下，总用水量分别减少为 13.62 亿 m^3 和 16.92 亿 m^3。

2. 用水结构变化

通过供需平衡配置，不同规划水平年用水结构如图 8-3 所示。

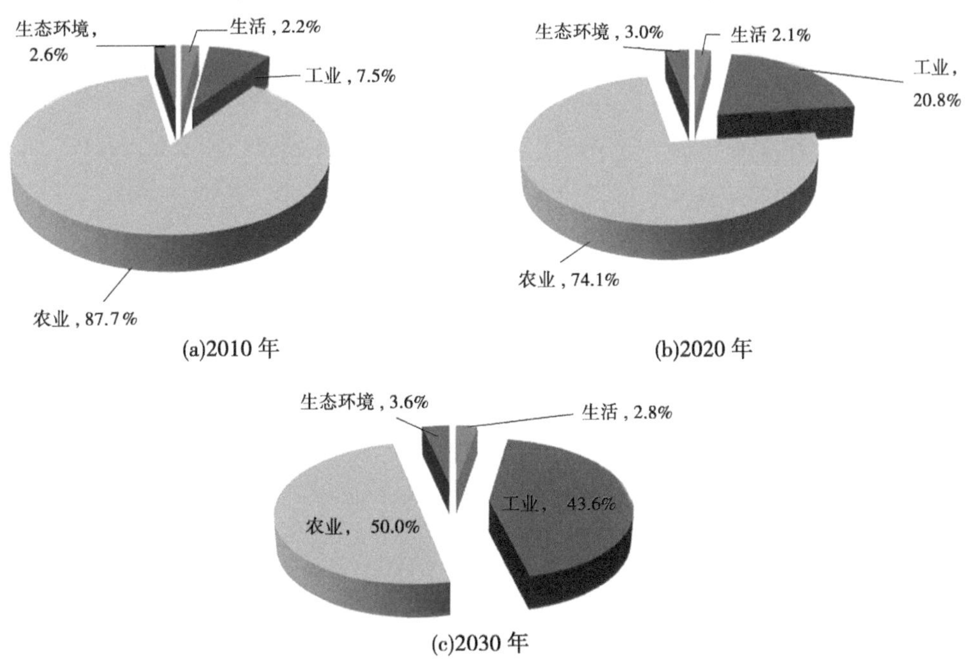

图 8-3　不同水平年柴达木盆地用水结构

随着社会经济的发展，不同水平年柴达木盆地用水结构变化较大，但仍然是以农业用水为主。农业用水量占总用水量的比例有所降低，由 2010 年的 87.7%降低到 2020 年的 74.1%，2030 年为 50.0%；工业用水量所占比例逐渐增加，由 2010 年的 7.5%，增加到 2020 年的 20.8%，2030 年为 43.6%；生活和生态环境用水量所占比例变化不是很大。

本研究根据柴达木盆地水资源利用现状，对规划水平年经济社会发展需水进行了预测，结合规划水平年供水工程规划，分析了柴达木盆地水资源供需矛盾。供需平衡分析结果表明，径流大于枯水年径流时，不存在缺水，盆地内经济社会发展需水基本可以得到满足；在枯水年时用水量达到最大，特枯年出现缺水。由于社会经济的发展，工业用水量比例将逐渐增加，相应地农业用水量比例有所降低，但仍然占主要比重。随着保证率的升高，生活、工业、城镇生态环境供水基本保持不变，缺水量逐渐变大，缺水主要出现在农业用水部门，农业供水量与总供水量同样具有先增加后减小的趋势，枯水年供水量达到最大。此后，随着保证率的进一步升高，供水量出现了减少趋势。柴达木盆地水资源供需配置，是在保护生态环境良性循环的前提下，对行业的用水进行了合理分配，并考虑了不同保证率下的用水分配，可为柴达木盆地经济社会的可持续发展提供重要支持。

8.2 柴达木盆地水土资源配置

根据《全国水资源分区》对水资源进行分区,柴达木盆地区域划分为柴达木盆地东部和柴达木盆地西部两个水资源三级区。按照水资源三区套县划分水资源单元,对研究区进行分区。根据分区结果,研究区共涉及9125、9126、9127、9129、9211、9213、9214、9215、9216、9217、9218、9219和91210等13个水资源调算单元。依据单元间的水流联系,建立柴达木盆地水资源系统网络图,采取自上而下、先支流后干流的顺序对水资源供需进行配置计算。

根据供水调度规则,在满足城镇最小生态环境需水的前提下,优先供给生活用水,然后是工业用水,最后是农业用水。经过配置计算,预计2030年柴达木盆地多年平均总用水量为18.11亿 m^3,其中生活用水量为0.50亿 m^3,占总水量的3%;工业用水量为7.90亿 m^3,占总水量的44%;农业用水量为9.06亿 m^3,占总水量的50%;城镇生态环境用水量(不包括自然条件下的生态环境用水)为0.65亿 m^3,占总水量的4%。考虑自然条件下的生态环境需水,生活环境总用水量为32.75亿 m^3。

考虑生活、工业、农业、生态环境等用水部门所产生的退水量,多年平均条件下,柴达木盆地耗水量为8.59亿 m^3,耗水率为47.42%,扣除生活、工业、农业以及生态环境的耗水后,柴达木盆地东部和西部可用于林草地灌溉的水资源总量分别为3.66亿 m^3 和5.19亿 m^3,如表8-3所示。

表8-3 柴达木盆地水资源统计信息

水资源三级区	水资源总量(亿 m^3)	耗水量(亿 m^3)	自然生态需水量(亿 m^3)	剩余水资源量(亿 m^3)
柴达木盆地东部	27.88	6.84	17.38	3.66
柴达木盆地西部	22.31	1.75	15.37	5.19
合计	50.19	8.59	32.75	8.85

2016年柴达木盆地农田毛用水定额为1 020 m^3/亩,灌溉水利用系数为0.40。随着柴达木盆地节水灌溉工程和新建灌溉工程的实施,通过加大设施农业种植比例和农田种植比例的调整等措施,农田灌溉综合用水定额呈下降趋势。参考《海西州国民经济和社会发展第十二个五年规划》《海西州水利十二五发展规划》《全国十二五大中型水库建设规划》《青海省柴达木绿洲灌区续建配套与节水改造规划报告》《青海省蓄集峡水利枢纽工程》《青海省乌兰县老虎口水库项目建议书》《青海省诺木洪水库项目建议书》《青海省都兰县哇沿水库可行性研究报告》《青海省都兰县沙柳河水库可行性研究报告》和《青海省小型水库建设规划报告》等规划成果,分析柴达木盆地农林牧灌溉综合毛需水定额变化趋势。2030年柴达木盆地农田毛用水定额为675 m^3/亩。

根据模型计算的剩余水资源量,按照亩均675 m^3 的灌溉定额,柴达木盆地可灌溉耕地面积为131.1万亩。根据计算优先开发的盐碱地面积为118.1万亩,水资源可以满足优先开发区域的开发。剩余水量可优先考虑开发西部。

按照青海省水中长期规划，预计到 2030 年柴达木盆地规划新建那棱格勒河水库、蓄积峡水库、香日德水库、哇沿水库、老虎口水库、沙流河水库、诺木洪水库、三岔河水库、鱼卡河水库、塔塔凌河等 10 座水库，使盆地大中型水库数达到 13 个。未来规划从那棱格勒河调水到芒崖、冷湖工业园区以及藏青工业园区。这些工程的实施将极大地提升柴达木盆地的供水保障能力，从而为盐碱地开发提供更好的水资源保障。

通过模型计算，得到柴达木盆地耗水量为 8.59 亿 m^3，耗水率为 47.42%，扣除生活、工业、农业以及生态环境的耗水后，柴达木盆地东部和西部可用于林草地灌溉的水资源总量分别为 3.66 亿 m^3 和 5.19 亿 m^3。按照亩均 675 m^3 的灌溉定额，柴达木盆地可灌溉耕地面积为 131.1 万亩。根据计算优先开发的盐碱地面积为 118.1 万亩，水资源可以满足优先开发区域的开发，剩余水量可优先考虑开发西部。

第9章　柴达木盆地盐碱地综合治理技术推广机制

柴达木盆地作为新一轮西部大开发和中亚新丝绸之路的重点开发区之一，同时也是维系青藏高原的生态屏障。由于其本身所处的自然环境条件恶劣，气候干旱，降水稀少，太阳辐射强烈，风蚀、沙化严重，土壤含盐量较高，自然生态系统十分脆弱。但也是青海省土地资源相对丰富的地区之一，该地区光热条件好，昼夜温差大，病虫害少，十分适宜农作物的生长。据最新研究成果，柴达木盆地适宜农作物种植的土地有266万亩，但这些土地基本上是大片分布的盐碱荒地和荒漠化土地。

20世纪50年代以来，由于对生态环境的承载能力没有引起足够的重视，盲目开荒破坏了大面积的优良牧场和林地；开荒地达到55%以上，造成了一个重要的后果就是大面积耕地次生盐渍化。土壤母质中盐分含量较高，灌溉水质母质矿化度较大，加上灌溉区灌溉措施不配套，耕地大水漫灌，基本上是有灌无排，渠道渗漏严重，造成地下水位上升，盐分上返，农田次生盐渍化发展很快。据调查，盆地现有1.87万 hm^2 的农田都存在不同程度的盐渍化，约占耕地的一半。柴达木盆地农田次生盐渍化最直接的危害就是导致农作物减产，甚至死亡。农田盐渍化是影响柴达木盆地农经作物高产稳产的主要障碍之一。

另外，因农田次生盐渍化而弃耕的土地极易发生沙化。由于土地开垦破坏了原生植被，弃耕后，植被恢复困难，地表裸露，在干燥多风的条件下，土地易风蚀沙化。因此，土壤盐渍化问题也是造成柴达木盆地荒漠化的因素之一。

根据国家发改委等十部委下发的发改农经〔2014〕594号《关于加强盐碱地治理的指导意见》文件精神，实时开展柴达木盆地盐碱地的治理是解决制约盆地生态系统建设和农林牧业可持续发展的途径之一。因此，开展柴达木盆地盐渍化土地的治理研究十分必要。

随着柴达木循环经济试验区建设的逐渐深入，人口将会迅速增加，人对自然环境的作用更加明显，高强度利用土地资源，给本来就脆弱的生态系统的冲击和压力越来越大。在柴达木地区，严酷的自然条件、严重的风沙和水土流失所形成的恶劣生态环境，使得这一地区开展生态恢复工作面临极大挑战。因地制宜地开展柴达木盆地盐碱地资源关键技术的攻关，开发柴达木盆地盐碱地综合防治技术集成与示范是柴达木盆地生态环境保护与盐碱地修复的当务之急。

根据目前初步掌握的基础资料，现有耕地和宜农荒地轻、中、重度盐碱地在200万亩左右。按土地整理项目的整治标准，每亩投资3 000元，对30余万亩重度和中度盐碱地进行综合整治，需投资9.0亿元。从经济效益来看，以牧草种植和枸杞种植来估算，每年可新增产值32.285亿元，有效增加农牧民收入，经济效益显著。

从生态效益看，主要有如下几点：

(1)减轻沙尘暴的危害。通过盐碱地的综合整治，可有效地保护和改善生态环境，减少沙尘暴和扬尘天气的发生，并逐步恢复草地植被，遏止沙漠化进程和沙尘暴的进一步发展,缓解地区的环境压力,为全国生态环境安全做出重要贡献。

(2)减少水土流失。通过盐碱地的整治,不但提高了草地植被覆盖度,也增加了防风固沙林和绿色通道保护林的成活率,对涵养水源、保持水土、减少水土流失、改善生态环境,起到了极其重要的作用。

文献和多年实践经验表明,青海省乃至我国灌区次生盐渍化的发生主要是灌排体系不健全,灌区重灌轻排,工程管理不到位,盐碱地治理工作责权划分不清,为了使盐碱地治理能够规模化推广,根据多年的工作经验应建立以下机制来作为盐碱地资源开发利用和防治次生盐渍化发生的保障。

9.1　建立健全水生态文明制度

按照国家加快推进生态文明建设和生态文明体制改革的总体部署,牢牢把握到2020年建成产权清晰、多元参与、激励约束并重、系统完整的生态文明制度体系的总体要求,以落实最严格水资源管理制度为核心,以健全水生态空间开发保护制度为抓手,以健全水资源资产产权制度、水资源有偿使用和生态补偿制度、水生态文明绩效评价考核与责任追究制度等为重点,加快建立具有地方特色的水生态文明制度体系,推动水治理体系现代化。

9.1.1　健全水资源资产产权制度

在用水总量分配指标基础上,坚持节水优先原则,研究制订并出台水权分配方案,建立健全水权登记、公示、调整、中止等管理制度,逐步建立格尔木市水权配置体系。积极推动水权转让制度建设,积极探索市内不同地区间、不同用水户间水权交易模式,探索多种形式的水权流转方式。逐步建立全市范围内由政府主导、各行业用水户、农民用水者协会等参与的水权交易市场,推动水权交易平台建设。健全水权交易市场规则,加强水权交易监管,维护水市场良好秩序。

9.1.2　健全水生态空间开发保护制度

建立红线管控目标确定及分解落实机制,出台《水生态空间保护红线实施方案》《水生态空间保护红线管理条例》,在红线划定基础上,构建全州水生态空间控制指标体系,研究制订水生态空间保护红线管控指标分解方案,将州、市、县级约束性指标分解落地,并纳入各区任期目标管理,严格考核和奖惩。提升水生态空间保护红线监测能力,加强与公安、环保、林业、气象、农业等不同部门间网络资源和监测站点的整合与合作。强化水生态空间保护红线实施监管,建立覆盖全州的水生态空间的监管台账,完善部门联动和司法联动执法机制。

9.1.3　落实总量强度双控的最严格水资源管理制度

强化计划用水管理,加强水资源用途管制,完善用水计量设施建设,健全水资源监控计量体系,严格用水总量控制管理。加大用水效率管理力度,全面加强用水户节水管理。健全完善《城市节约用水条例》等规章制度,突出节奖超罚,制定《节水奖励办法》,建立水资源节约专项资金,开展重点用水户的水效领跑者引领行动计划,建立重点用水户监控名录,积极推行合同节水管理。深入实施水污染防治行动计划,实施水功能区分级分类管理,加快落实入河湖排污口登记和审批制度,制定入河湖排污口布局优化实施安排。通过严格的用水总量管控措施的实施,有效地控制地下水位的抬升,从而达到控制耕地的次生盐渍化的发生。

9.1.4 健全水资源有偿使用和水价改革制度

建立健全水资源有偿使用制度,积极推进水资源费改革,合理调整水资源费标准,逐步制定超计划或超定额取水惩罚性征收标准,适当提高特种行业水资源费标准。进一步深化水价改革,加快推进农业水价综合改革,实行农业用水定额管理,建立用水精准补贴制度,建立节水奖励基金。继续完善城镇居民和研究制定农村生活用水阶梯水价制度,非居民用水超定额、超计划累进加价制度,合理制定再生水价格。

9.1.5 建立水生态文明绩效评价考核和责任追究制度

探索建立水资源环境承载能力监测预警机制。研究开展柴达木盆地水资源资产负债表编制。结合全国县域水资源承载能力评估工作,研究制定水量、水质、水生态空间三要素全覆盖的水资源环境承载能力评估技术体系,建立水资源环境监测预警平台,定期开展水资源环境承载能力监测预警,对超过或接近承载能力的区域, 实行预警提醒和限制性措施。

积极探索水生态文明建设考核制度。研究出台全州水生态文明建设考核办法,制定考核指标体系,把水生态文明建设纳入经济社会发展评价体系,作为各级党政干部考核的重要内容,纳入年度考核, 实行奖惩制度。

探索将水生态文明建设纳入领导干部自然资源资产离任审计制度。以水资源、水生态空间等资源为重点,积极探索领导干部自然资源资产离任审计的目标、内容、方法和评价指标体系。以审计结果和水生态环境损害情况为依据,积极探索实施生态环境损害责任终身追究制。

全面推行河(湖)长制。充分总结与吸纳柴达木盆地现有“湖长制” 的经验与做法,编制一河(湖)一策、一河(湖)一档方案,建立市、区、乡三级河长体系,各区设置河长办公室,督促相关部门单位按照职责分工,落实责任,密切配合,协调联动,共同推进河湖管理保护工作。

9.2 水资源管理体制建设

9.2.1 理顺高效的水管理体制

首先是理顺节水管理体制,各乡(镇、区)建立健全节约用水办公室,由水行政主管部门统筹管理城乡各行业的节约用水工作。其次是理顺城市公共供水管理体制,把城市公共供水企业、城市供水管网覆盖范围内的用水户,全部纳入水行政主管部门监管,分类制订下达年度或月度用水计划,实行计划管理。最后是理顺地下水管理体制,严格控制地下水开发利用规模,核定公布禁采和限采范围,规范地下水开采行为。

9.2.2 加强基层水利服务体系建设

9.2.2.1 加强基层水利管理协调服务组织建设

建立基层水务服务体系管理考核奖补机制,促进基层水务服务规范化建设。以行政村为单位,建设村级水务员队伍,落实市级、区级、乡镇和村共同负担的经费补助机制,明确以渠道、小型水库巡查、保洁、农田灌溉、自来水管理为主的工作责任,加强建设指导,建立扶持政策,落实运行经费,扶持村民治水管水自治组织建设良性发展。

9.2.2.2 农民用水合作组织

建立规范、高效、完善的用水合作组织。全面建立乡镇级用水合作组织,村级相应组建各种形式的用水合作组织或者分会,合作组织覆盖面达到100%以上。合作组织应依法进行登记注册,工商营业执照或社团法人登记证齐备,组织架构完善,有相关工作人员;有固定的办公场所或者服务场所,并挂牌办公;有必要的计量设施、维修设备和通信设备,并制定相关的规章制度。

9.2.3 规范水行政执法行为,加大水行政执法力度

(1)应明确执法主体的责任,水行政执法主体只能在职责范围内活动,越权行为无效。在水资源论证审查、取水许可审批、水资源费征收等水行政执法过程中,切实履行好自身的职责。

(2)规范执法程序。进一步加强程序制度建设,细化执法流程,对水行政执法的各个环节、步骤进行规范,制定具体的操作程序和执行标准,切实做到流程清楚、要求具体、期限明确。

(3)科学执法行为。要科学合理地细化、量化行政裁量权,严格规范裁量权行使,避免执法的随意性。完善行政执法考核评议制度,加强对市、县水政工作的考核,促进水政工作的规范化管理。使用统一、规范的执法文书,加强执法案卷的评查工作。

加强水政执法专职队伍建设,配足配强执法力量,强化经费保障,提高执法装备水平,自上而下打造一支"纪律严明、装备精良、执法规范、反应迅速"的水利执法队伍。为树立水资源管理权威,水行政主管部门应按照"有法可依、有法必依、执法必严、违法必究"的工作思路,定期开展水资源管理集中执法检查或专项整治活动,严厉查处各类违规违法甚至渎职犯罪行为。认真落实"三项制度",对发现存在违法问题的相关企业和个人,要加大处罚力度,绝不手软,增加相关违法企业的违法成本,确保水资源管理按照正确轨道进行循环的重要保障。

9.2.4 加强科技与人才队伍建设

水管理的技术性、专业性都很强,单纯地依靠行政管理机构很难完成相应的工作,所以在行政管理机构的外围必须建立不同层次、不同方面的服务组织,形成一个完整的技术支撑服务体系。把提升科技水平和加强人才队伍建设作为保障柴达木盆地水生态文明建

设战略后劲的重要内容,深化科技创新,引进 BIM 等先进技术,实现工程从规划阶段、设计阶段、施工阶段、运营阶段的全生命周期管理,在项目策划、设计、建造、运行和维护的全生命周期过程中进行共享和传递工程信息。强化人才队伍建设,用先进的科学技术和高素质的人才队伍保障水生态文明建设的持续推进。

加强重大战略问题与关键技术研究。开展河、湖、库防洪排涝安全保障、河湖生态环境改善、水资源高效与可持续利用、水生态文明制度创新与能力提升等水生态文明建设重大战略问题研究。重点加强在解决洪(涝)水灾害、水体污染、湖泊水生态损害,加快科技成果向实用技术转化。建立水务科技创新和技术推广的激励机制,加大科技创新投入,鼓励引导金融资本和社会资本对水生态文明建设技术创新的资金及技术投入,形成多元化、多渠道、多层次的科技投入机制。

加强人才队伍建设。抓好水利高层次人才队伍建设,选取经验丰富的机关、技术单位、高校专业技术人员,建立水利高端人才专家库,定期开展重大水务问题探讨会。加大湖泊保护与管理、水生态修复、水环境整治等领域专业人才引进与培养,建设一支结构合理、素质优良的水务创新人才队伍。建立水务职工终身教育体系,加大水利职工教育培训力度,培养更多、更高素质的水务人才。